本书为国家社科基金重大项目"中国国家图书馆所藏中文古地图的整理与研究"（16ZDA117）研究成果

成一农 著

History of Ancient Chinese Cartography

中国地图学史

（下）

中国社会科学出版社

目　录

（下册）

第六篇　河渠水利图

第七篇　军事图

第八篇　其他各类舆图

第九篇　中国地图绘制的转型

第十篇　地图的史料价值

第六篇 河渠水利图

　　我国境内虽然有着众多的河流，但在历史时期，由于黄河和运河对于历代王朝的重要性，且儒家经典《禹贡》中记载了黄河，因此流传下来的河渠水利图主要集中在黄河和运河上。当然，也存在一些关于长江、淮河、永定河等河流以及某一区域内河流的河渠水利图，但数量相对较少。

　　本篇第一章，主要讨论历代绘制的黄河图，重点分析的是表现黄河从河源到入海口的黄河全程的"黄河全图"；与此同时，还介绍了在各类注释《禹贡》的著作中以"导河图"为标题的一些黄河图；并在附录中简要介绍了具有历史地图性质的历代黄河迁徙图，以及一些具有代表性的河工图。

　　由于在中国古代文化中，"河源"具有重要的地位，因此中国古代对于黄河源头的关注、讨论，甚至实地探察持续不断，由此不仅留存下大量的文本文献，而且还留存下大量"河源图"，在第二章中详细分析了历代绘制的"河源图"以及背后所反映的文化现象。

　　长江与黄河虽然并称为中华文明的"母亲河"，但与黄河图相比，存世的长江图数量要少很多。除了黄河、运河以及长江之外，与其余河流相关的地图数量有限，且主要集中在今天北京、天津以及河北等少数几个省份内的河流以及永定河等少量水体上，这主要与明清时期京师所在的华北平原以及保证漕运的安全有关。在第三章中对上述这些"河图"进行了简要的描述。

　　运河对于唐代之后各王朝的重要性不言而喻，不过现存的中国古代的运河图基本集中于明清时期，大致可以分为四类，即：以描绘运河河道以及周边地理景观为主的运河河道图；以描述运河沿线各类水利工程为主题的运河河工图；呈现了漕运路线以及相关设施的漕运图；以及表现了运河沿线尤其是山东段，用于补给运河水源的各种泉源的泉源图。当然，一些运河图的功能并不是单一的，因此这些分类也存在一些重叠，如几乎所有的运河河工图也必然包括了对河道及其周边地理景观的描绘。这也是本篇第四章的内容。

第一章　黄河全图

第一节　研究概述

"黄河图"，就是以黄河为主要对象绘制而成的地图。按照李孝聪的观点，"黄河图"可分为"黄河全图""黄河区段图""黄河河工图"三类。其中，"'黄河全图'是指表现黄河从河源到入海口的黄河全程图"[①]。此外，在中国古代，由于黄河的泛滥和治理与漕运密切相关，因此在一些"漕运图"中也绘有从河源或者黄河上中游至入海口的黄河河道，本章中将这类地图中对黄河的描绘纳入"黄河全图"的范畴进行讨论。

当前，关于"黄河全图"的研究基本都集中在单幅的彩绘本或者石刻地图上，且其中一些只是对地图的绘制者、绘制年代以及图面信息的介绍，如刘家信《〈黄河图说〉：中国最杰出的黄河治理图》[②]、孙果清《鼎盛时期的中国古代传统形象画法地图之三：绢底彩绘〈黄河图〉长卷》[③]和《石刻〈黄河图说〉》[④]、殷春敏《明代治黄专家潘季驯与〈河防一览

---

① 李孝聪：《黄淮运的河工舆图及其科学价值》，《水利学报》2008年第8期，第948页。
② 刘家信：《〈黄河图说〉：中国最杰出的黄河治理图》，《资源导刊》2018年第18期，第29页。
③ 孙果清：《鼎盛时期的中国古代传统形象画法地图之三：绢底彩绘〈黄河图〉长卷》，《地图》2009年第4期，第130页。
④ 孙果清：《石刻〈黄河图说〉》，《地图》2006年第5期，第112页。

图〉》①、周铮《潘季驯〈河防一览图〉考》② 以及周伟州《明〈黄河图说〉碑试解》③等。

对绘本"黄河全图"进行了较多研究的则是席会东，如：

《〈王石谷全黄图〉研究》一文，"伦敦英国图书馆藏有清代著名画家王翚于康熙四十三年（1704）绘成的《王石谷全黄图》一幅。此图系由清圣祖康熙帝授命曾任职宫廷的画家绘制而成，不同于以河道总督为中心的清代黄河图，反映了清代河渠图的多样性。《王石谷全黄图》参照了明代晚期和清代前期的黄河图，画面精美，山脉绘制技法尤其精湛，有雍正初年的《黄淮河图》和道光二十五年（1845）司马钟的《黄河全图》两个摹本传世，具有一定的艺术价值和较深远的历史影响。《王石谷全黄图》先后由东河河道总督和海外收藏机构收藏，摹绘本先后由国立北平图书馆和台北故宫博物院收藏，该图反映了清代河渠水利图的绘制机制和流传方式，在中国地图史和文化交流史上都占有重要地位"。④

《海外藏康熙〈黄运两河全图〉研究》一文，提出"韩国首尔国立大学奎章阁和巴黎法国国家图书馆分别藏有一幅不具年代和作者、内容相似的《黄运两河全图》。两图在内容上描绘了康熙中期的黄、运两河大势，突出表现了江南黄河尾闾河段和里下河段运河的水利工程，反映了康熙中期河督董安国的治河情形，补全了国内所藏康熙朝河渠水利图的缺环。形式上则继承了明代和清初将黄、运两河绘于一图之中的模式，反映了康熙朝河渠水利图的多样性，在清代地图史、水利史上都具有重要地位"。⑤

《河图、河患与河臣——台北故宫藏于成龙〈江南黄河图〉与康熙中期河政》一文，认为"河图在清代尤其是康熙朝的河患治理和河政运作中具有重要作用。台北故宫博物院所藏《江南黄河图》是由康熙帝亲自授命、由河道总督于成龙在清康熙三十八年（1699）绘制而成的。为解决河

① 殷春敏：《明代治黄专家潘季驯与〈河防一览图〉》，《地图》2002 年第 6 期，第 38 页。
② 周铮：《潘季驯〈河防一览图〉考》，《中国国家博物馆馆刊》第 17 辑，1992 年，第 109 页。
③ 周伟州：《明〈黄河图说〉碑试解》，《文物》1975 年第 3 期，第 60 页。
④ 席会东：《〈王石谷全黄图〉研究》，《故宫博物院院刊》2010 年第 1 期，第 115 页。
⑤ 席会东：《海外藏康熙〈黄运两河全图〉研究》，《中国国家博物馆馆刊》2013 年第 10 期，第 79 页。

臣董安国误筑拦黄坝所引发的黄河河患，康熙帝于康熙三十八年三月第三次南巡阅河，并授命河臣于成龙、内务府官员董殿邦等人绘制黄河图，其后他还亲自创制立体'清口图'，这几幅类型多样的河图都在康熙中期的河政运作中得到了充分运用。于成龙绘呈的《江南黄河图》曾经康熙帝与大学士等朝臣研读讨论，是河道总督于成龙和康熙帝之间、康熙帝和大学士之间、大学士和九卿、詹事、科道之间沟通河务的桥梁，以及清廷进行河政决策的重要依据。此图表现了康熙中期河政党争、康熙帝南巡、于成龙治河等重大历史事件，反映了康熙中期的舆图绘制机制和河政运作，在清代河政史、水利史和地图史上都具有重要地位"。①

此外，他还撰有《河防职掌图所见晚清黄河河政变革》②、《清康熙绘本〈黄河图〉及相关史实考述》③ 以及《晚清黄河改道与河政变革——以"黄河改道图"的绘制运用为中心》④ 等文。这些研究中的一些观点被收录到了他所撰写的《中国古代地图文化史》⑤ 一书的相关章节中。需要注意的是，其对一些地图之间承袭关系的判断过于武断。

中国古代书籍中也存在众多的"黄河全图"，对这些地图谱系进行的研究，目前只有孔庆贤等的《古籍中所见"黄河全图"的谱系整理研究》⑥ 一文，该文对古籍中作为"插图"的22幅"黄河全图"的谱系进行了梳理和研究，提出这22幅"黄河全图"大致可以分为三类：一类，以《治河通考》"河源图"和"黄河图"为代表，有4幅；一类以《郑开阳杂著》"黄河图"为代表，共13幅；一类以《河防一览》"全河图"为代表，共5幅。该文存在的主要问题在于：未能将古籍中的地图与存世的

① 席会东：《河图、河患与河臣——台北故宫藏于成龙〈江南黄河图〉与康熙中期河政》，《中国历史地理论丛》2013年第4辑，第130页。

② 席会东：《河防职掌图所见晚清黄河河政变革》，《黄河文明与可持续发展》第10辑，河南大学出版社2014年版，第20页。

③ 席会东：《清康熙绘本〈黄河图〉及相关史实考述》，《故宫博物院院刊》2009年第5期，第104页。

④ 席会东：《晚清黄河改道与河政变革——以"黄河改道图"的绘制运用为中心》，《中国历史地理论丛》2013年第3辑，第142页。

⑤ 席会东：《中国古代地图文化史》，中国地图出版社2013年版。

⑥ 孔庆贤、成一农：《古籍中所见"黄河全图"的谱系整理研究》，《形象史学》第13辑，社会科学文献出版社2019年版，第180页。

绘本地图进行比照研究；对古籍中收录的黄河全图的搜集存在一些遗漏；且在一些具体的分析上也存在问题，如认为《治河通考》中的"河源图"和"黄河图"可以拼合为一幅地图。

此外，李孝聪在《中国传统河工水利舆图及其科学价值探析》[①] 一文中介绍了一些难得一见的黄河全图，如台北"故宫博物院"藏清康熙四十年（1701）张鹏翮的《黄河图说》、司马钟的《黄河全图》、《黄河发源至河南省各厅工程情形图》、《江南省黄河各厅属河道工程情形图》以及《黄河本末全图》，还有巴黎法国国家图书馆藏《黄、运河全图》、《黄、运河泉源工程图》以及美国国会图书馆藏《六省黄河埽坝全图》等。

第二节　黄河全图的发展脉络

从绘制形式而言，明清时期绝大部分绘本黄河全图都是长卷式的，由于在这样的地图上，黄河（有时也包括运河）的河道虽然依然呈现出各种曲折，但显然整体上变形必然较大，也就忽略了所谓方向的正确性。如：

英国图书馆藏《全黄图》，"《王石谷全黄图》，一幅，清康熙四十三年（甲申年，1704）王翚（石谷）彩绘，纸本，色绫装裱成长卷，全图纵、横44厘米、605厘米。该图以水平方向自右向左展开，以传统的地形地物形象画法，表现黄河从星宿海河源至江苏云梯关入海口的全流程，以黄河的右岸（一般指南岸）画在图的上方。全图分为两段，前段简要描绘了河源至陕西韩城两岸的黄河景致，下段详细描绘黄河韩城至海口段的黄河及沿岸水利工程、城镇与山岭、湖河。大运河从北京至与长江交汇处，与黄河平行地画在图的底部。图的末尾有王翚于甲申冬月的签名和署名石谷的印章。另有一份散页为杨庆麟于同治丁卯（1867）年十二月题写的跋。图上的地名暗示此图的原稿应画于1723年以前，例如仪真、真阳尚未改作仪征、正阳，因雍正即位后，凡与其姓名'胤禛'同字或同音的地名一律更改，以避其讳；而且东台县未标，虹县尚未改称泗州。此图现藏伦敦英国

---

① 李孝聪：《中国传统河工水利舆图及其科学价值探析》，李孝聪主编《中国古代舆图调查与研究》，中国水利水电出版社 2019 年版，第 320 页。

图书馆东方部，1981 年从李惠明（音译）手中购入"。① 台北"故宫博物院"藏清道光二十五年（1845）司马钟绘《黄河全图》以及雍正初年《黄淮河图》，与此图在很多方面都具有一致性②。

在中国国家图书馆、台北"故宫博物院"以及天津图书馆都藏有一套清康熙年间张鹏翮编的彩绘本《黄河全图》（又名"黄河图总说""黄河图说"）。其中天津图书馆藏本，纸本册装，每页 27×17 厘米；台北"故宫博物院"藏本，纸本 2 册，36.5×48 厘米；中国国家图书馆藏本同样为册装。就内容而言，台北"故宫博物院"藏本"为河督张鹏翮呈奏给皇帝的题本，陈述治河节宣之法。卷首为《黄河图说总》与《黄河全图》，卷末题'清康熙四十年十月初二日题本，月初五日奉旨依议'。上册为山东省宁阳、泗水、曲阜、滋阳、济宁、鱼台、邹县、滕县、峄县、蒙阴县等 11 州县泉图及泉事宜；禹王台图、禹王台图说（描绘运河经郯城、海州的减水河）；下河图与下河图说。皆为一图一说。下册为《河南黄河图说》《山东曹、单二县黄河事宜》，1932 年原国立北平图书馆新购"③。

美国国会图书馆藏"六省黄河埽坝河道全图"，"清中叶（1803—1820），纸本彩绘，长卷折叠装，27×875 厘米，纹锦套封墨书图题……地图方位以黄河从上游向下游流向的右岸为图的上方。用形象画法表现黄河起自青海巴颜喀拉山黄河源，至夺淮河入海，流经甘肃、陕西、山西、河南、山东、江南六省的黄河全程。描绘了沿黄河流域的山岭、河渠、湖泊、城镇、长城等景致，着重显示黄河从河南武陟县以下至入海口河段，两岸河堤、埽坝、堡工等河防工程的情况。凡曾决溃之处的险工描绘尤详，注记详细载录河防厅属上下汛界址、河隄长度及河防兵夫数目。黄河安东县境河段，在黄泥嘴、俞家滩上下画出四个牛轭湖。应该是嘉庆八年（1803）由南河总督吴璥主持截弯取直工程后旧黄河河道之遗迹。图内

---

① 李孝聪：《欧洲收藏部分中文古地图叙录》，国际文化出版公司 1996 年版，第 35 页；李孝聪：《中国传统河工水利舆图初探》，《邓广铭教授百年诞辰纪念论文集》，中华书局 2008 年版，第 797 页。

② 席会东：《〈王石谷全黄图〉研究》，第 115 页。

③ 李孝聪：《中国传统河工水利舆图及其科学价值探析》，李孝聪主编《中国古代舆图调查与研究》，中国水利水电出版社 2019 年版，第 320 页。

'宁'字均不避道光帝讳而缺笔或改写。所以，此图应绘于嘉庆八年之后至道光皇帝登基之前（1803—1820）"①。

中国科学院图书馆藏《黄河发源归海全图》，该图绘制于清嘉庆二十二年（1817）至嘉庆二十五年（1820），折装，共50折，每折23×11.2厘米，拼合后图幅23×560厘米，"全图右起小西洋、蒲昌海、星宿海等地，以此向左展开，至入海口位置，表现了黄河起自青海巴颜喀拉山星宿海河源，流经甘肃、陕西、山西、河南、山东、江南等六省，在江苏淮安夺淮，于云梯关入海的全程……本图方向并不固定，但始终以黄河从上游向下游流向的右岸为图的上方，以左岸为图的下方。全图描绘了沿黄河各地的山岭、河渠、湖泊、城镇、长城、村落以及水利工程等自然和人文地理景观，其中黄运交汇处是本图重点。全图对黄运交汇一带的河流情形与河工情况进行了细致的勾画，着重表现河南武陟至入海口河段黄河两岸的堤防、埽坝、堡工等河防工程，对险工和决口地段的描绘尤其详尽，并用文字注记详细记载河防厅属上下汛界址、河堤长度及河防兵夫数目"②。

中国科学院图书馆藏《黄河图》，该图绘制于清乾隆五十年（1785年）至嘉庆二十五年（1820），折装，30折，每折31.5×17.5厘米，"该图由右向左展开，卷首（右）起自星宿海、昆仑山等地，以此向左展开，卷尾（左）至黄河入海口之大通口为止，展现了黄河全程……全图用形象化的符号法，描绘了黄河各地的山岭、河渠、湖泊、城镇、长城、关隘、营汛以及水利工程等自然和人文地理景观，治所城市描绘成带城门的城垣符号，用不同颜色的立面城墙区别内外。水利工程是本图重点，全图对河南以下河段，尤其是黄运交汇一带的河流情形与河工情况进行了细致的勾画，着重表现黄河两岸的堤防、埽坝、堡工等河防工程。此图重在表现武陟以下河段，对其上游记载描绘简略，且治所城镇位置、名目错讹较多……"③。

---

① 李孝聪：《美国国会图书馆藏中文古地图叙录》，文物出版社2004年版，第153页。

② 孙靖国：《舆图指要：中国科学院图书馆藏中国古地图叙录》，地图出版社2012年版，第280页。

③ 孙靖国：《舆图指要：中国科学院图书馆藏中国古地图叙录》，第228页。

但明清时期也有少量黄河全图有着与众不同的特点，即地图的方位大致为上北下南，左西右东，此图幅大致为长方形，而不是沿着黄河（和运河）河道的展开且缺乏正方向的卷轴。受到这种绘制方法的影响，其绘制范围不再仅仅局限于黄河（和运河）沿线，而是扩大到了至少中国北部，甚至全国。不过，目前所见这类地图中的大部分虽然描绘了黄河和运河的全部河道，但重点呈现的是潼关以东的区域和河道，而对以西的区域呈现的相对简略，由此在现代人看来，比例显得过于失调。

目前所见这类地图中较早的当是现存西安碑林的刘天和《黄河图说》石碑，有大小石碑各一通，内容基本一致，仅图幅和字体大小存在差异，其中小图碑仅存石碑之右下角。"该图上北下南，北自山东德州，南达凤阳府（今安徽凤阳县），西起陕西潼关，东止淮安府以东的入海口。图上绘出了明朝中期黄河、运河流向的大致情景，突出反映了嘉靖十四年（1535年）初黄河分三道（一支出涡河口、一支出宿迁小河口、一支出徐州小浮桥）汇于淮河入海的纪实，并多处注明了堤坝的建筑年代、长度和河道通淤情况，以传统的形象画法，绘出区域内的山脉及寺庙。河流绘以双曲线、堤坝用宽粗线条突出显示，府、州、县分别用不同等级的符号表示，地名多达百余处。山脉、河流走向及图上各要素的地理位置均与现代地图十分相近"①，该图虽然名为"黄河图说"，但实际上只绘制了黄河潼关以下河段，这也显示了古人所关注的黄河的重点河段。在石碑的左上、右上以及左下角分别有 3 段图说，其中左上角为"古今治河要略"，右上角的图说为"国朝黄河凡五入运"，左下角的图说为"治河肟见"。中国国家图书馆藏有两种拓本，一种拓本的图幅为 119.2×93 厘米，另一种拓本的图幅为 85×92.5 厘米，分别对应于《黄河图说》的大小石碑。

此外，还有台北"故宫博物院"所藏《黄河图》，绘制于清初，绢本彩绘，图幅 226×464 厘米。"从北平图书馆 20 世纪 30 年代刊印的图影来看，该图方位大致为上北下南，左西右东，卷首起自黄河海口，卷尾止于黄河海口、星宿海。图中采用中国传统山水面技法、描绘了江苏黄河入海

---

① 刘家信：《〈黄河图说〉：中国最杰出的黄河治理图》，《资源导刊》2018 年第 18 期，第 29 页。

口至星宿海河源的黄河全程及其两岸的自然和人文地理景观，淮河全程、运河全程以及长江下游河势及沿岸地理景观。图中还用形象画法绘出云雾缭绕、状若天宫的京师北京，河流绘以双线，内绘水披纹，漕船扬帆其中，黄河除赭黄色、其他河流用青黄色。"①需要注意的是，该图在黄河上源绘制了巨大的由三个圆形构成的河源以及用九条河道标识的"九渡河"，且该图对于河源至黄河潼关之间的河段和区域绘制得极为简略，所占图幅面积也非常少，显得比例过于失调。大致而言，该图在地理空间上，主要关注潼关以下以及河源的部分。

巴黎法国国家图书馆《黄运河全图》，"清康熙年间，不著撰人，绢底色绘，250×350cm。覆盖范围：左起甘肃河州，右抵山东、江苏海滨；上自内蒙古河套、燕山长城脚下，下迄闽、粤沿海。以传统的地形地物形象画法，描绘黄河夺淮穿运时期，黄河流域、运河沿岸的山河景致，城镇分布。着重表现黄河干流自河南汜水、荥泽以下至入海口段，两岸的埽铺、堤岸、闸坝、引河、泄水湖等水利工程；注记有关的河工、埽工抢修等记事。大运河两岸的闸堰、月河，尤其是宿迁、淮安至扬州段，标绘得极其详尽。图内所有地名中的'真'字均不因避讳而改写，是图应做于清雍正帝登基（1723）之前；直隶宣化镇已标作'宣府'，而且不标延庆直隶州，说明此图展现了康熙三十二年（1693）以后的情况。图上所有县级以上城镇均用不同级别的立体鸟瞰符号表示，河流用双细线，河堤为黑粗线，海面加绘波纹，均为清前期地图的风格。全图绘制手法夸张，比例失真，但仍不失为现存已不多见的清早期表现黄、运河全景的绘本地图"。②

按照席会东的研究，韩国奎章阁所藏《黄运两河全图》也属于这一类型。该图图幅250×357.4厘米，与法国国家图书馆所藏近似。"奎章阁所藏的《黄运两河全图》从右向左展开，全图上北下南、左西右东，涵盖范围右起江苏安东县黄河入海口，左至青海星宿海黄河河源；上自内蒙古黄河河套、燕山长城，下至福建、广东沿海地区。该图以中国传统形象画

---

①　席会东：《海外藏康熙〈黄运两河全图〉研究》，《中国国家博物馆馆刊》2013年第10期，第82页。

②　李孝聪：《欧洲收藏部分中文古地图叙录》，国际文化出版公司1996年版，第34页。

法，生动描绘了黄河全程、京杭运河全程的河道大势及沿岸、沿线的山川河流、水利工程、城镇村落等自然和人文地理景观。图中着重表现河南武陟、荥泽至入海口段黄河两岸的堤防、埽铺、闸坝、引河等水利工程，重点描绘京杭大运河的山东运河段、里运河段（淮扬运河）和下河地区（高邮、宝应等七州县）的闸堰、月河等水利情形，并以文字注明重要水利工程"①，所绘地域范围和重点的绘制内容，也与法国国家图书馆所藏近似。且席会东将该图的绘制年代确定为康熙三十六年至三十八年之间（1697—1699，实际上应是地图的表现时间），也与法国国家图书馆所藏近似。因此，这两图可能有着一定的渊源关系。

在刻本书籍中也有绘制方法与此相近的地图，如《三才汇编》"漕黄合图"，该图上北下南、左西右东，涵盖范围右起黄河入海口，左至青海星宿海黄河河源，上自河套，下至长江入海口。图中描绘了黄河和运河的河道走向，重点呈现了黄河下游各类水利工程；对于黄河潼关以上的河段和区域绘制得过于简略，所占图幅面积也非常少，显得比例过于失调；虽然对于河源的绘制并不完整，只是呈现了"星宿海""一巨泽""二巨泽"的右半部分，但与上游河道其他部分相比，也属夸张。与此图几乎一致的还有冯应京《皇明经世实用编》"漕黄迹治考略"和陈仁锡《八编类纂》"漕黄迹治图考略"。

上述这些单幅的黄河全图，大部分缺乏可以追溯的明确的谱系关系，即使其中一些可能有着一定的渊源关系，但数量也较少。不过，明清时期还存在一些曾经有着一定影响力的"黄河全图"的谱系，下面分别进行介绍。

一　潘季驯《河防一览图》谱系

潘季驯曾于明嘉靖四十四年（1565）至万历二十年（1592）之间四任总督河道，提出了"筑堤束水，以水攻沙"的治河方略，并编纂了《河防一览》一书。书中所附"全河图"也即"河防一览图"被此后大量书

① 席会东：《海外藏康熙〈黄运两河全图〉研究》，《中国国家博物馆馆刊》2013年第10期，第81页。

籍所翻刻和摹绘。属于这一谱系的书籍中的插图主要有:《登坛必究》"全河漕图说"、《两河清汇》"黄运图"、《南河全考》"全河总图"、《武备志》"全河漕图说"、《南河志》"全河总图",以及《武备地利》"黄河图"。

需要说明的是《河防一览》"全河图"还存在一些彩绘本,目前所知的大致有:中国国家图书馆藏清康熙年间彩色摹绘本《明治河图》,1册,图幅25×26.6厘米;中国历史博物馆藏潘季驯题识的《河防一览图》,绢本设色彩绘,图幅45×2008厘米,图中文字说明并不是直接写到绢本上,而是用小纸签贴上去的,包首有似为后人所加的墨书题签"河督潘季驯皇陵图说黄河源流图";中国历史博物馆收藏的另一幅绢本设色彩绘的河防图,前后略残,图幅43.3×1834厘米,图中说明亦用"贴说"的方式。此外,在中国国家图书馆还藏有一幅明万历十九年立石的《河防一览图》的拓本,图幅43×2010厘米。①

《河防一览》书中的地图与中国国家图书馆所藏拓本、中国历史博物馆所藏两幅彩绘本地图之间的关系,大致是:"万历十八年三省直堤防告成时,潘季驯及其同僚绘制了绘乙本(即国博藏图幅43.3×1834厘米本),主要是用以反映此次治河的详细工程。此年潘季驯拟编辑《河防一览》,书中需要附图以'明地利'并无太大的必要,也会增加刻版的困难。此外绘乙本画得比较粗糙,有些地方不够理想。于是潘季驯对绘乙本的具体工程数字加以删削,另请画工摹绘了更精美的绘甲本(即国博藏图幅45×2008厘米本)。因为潘季驯原打算以绘甲本作为《河防一览》附图的蓝本,于是在绘甲本的前端题写了祖陵、皇陵及全河的图说。绘甲本虽绘制精美,但亦有疏漏和错误……文字说明亦有多处脱漏。加以翌年魁山支河开凿竣工、需要补绘。针对以上缺陷,于是潘季驯(或其同僚)又对绘甲本稍作修改,并于万历十九年在济宁刻石……石刻题为'全河图'。万历十九年《河防一览》一书尚未付梓,此时潘季驯已迭次上疏告病乞休,济宁河道总衙门东壁之河防一览图刻石,可能是潘季驯去职前留下的

---

① 关于中国国家图书馆所藏拓本与中国历史博物馆所藏两幅彩绘本地图的差异,参见周铮《潘季驯〈河防一览图〉考》,《中国历史博物馆馆刊》第17辑,1992年,第109页。

纪念……《河防一览》的附图，实以此'全河图'为底本，但改名为'两河全图'"。①

这一谱系的地图，以黄河为主，绘制出了黄河自河源至江苏徐州附近与运河合流后夺淮入海的整个河道，但与此同时，还绘制了从北京至浙江的大运河，且忽略了两者的实际方向，将黄河与运河平行地绘制在同一幅地图上，同时还绘制了一些两者的支流。在黄河下游还详细绘制了两岸的堤坝工程，且用符号呈现了沿岸的府州县以及一些名胜古迹。在图面上用大量图说介绍了黄河各段的水情、源流、改道以及河工等情况。该图有几个值得注意的特点。第一，河源的表示。在该图"星宿海"的北端有着"蒲昌海"三字，也即其认为"星宿海"是与位于北方的"蒲昌海"相通的，由此展现的是"伏流重源"说②。第二，将明朝的首都北京，标识为"神京"，且内城绘制为圆形，嘉靖时期修筑的外城绘制为环绕圆形左侧的半圆形。第三，突出绘制了"济河源"，且将其绘制为一个近似圆形的湖泊。第四，突出绘制了位于泗州城左侧的"祖陵"，且在《河防一览》以及相关摹绘本中大都也附有一幅"祖陵图"，这是因为黄河的泛滥多次影响到了明朝的祖陵，由此保护祖陵也是当时治黄的目的之一。

当然，谱系中各幅地图的绘制也存在或多或少的差异，如《两河清汇》的"黄运图"虽然标绘了神京，但没有绘制出城池的轮廓，其他府州县也都只是标注名称，而没有绘制符号；没有呈现出夸张的"济源"；图面中删除了绝大部分图说。再如，《南河志》"全河总图"中只绘制了瓜洲扬子江以上运河河段，而缺少从扬子江到浙省钱塘江这一段的运河河道。

此外，《图书编》中的第二幅"河源总图"以及"河漕全图"，实际上是将《河防一览》"全河图"中并行的黄河和运河切分开来，从而构成两幅地图。类似的还有《八编类纂》中的"黄河源流图"和"河漕全图"③。而夏允彝《禹贡古今合注》和茅瑞征《禹贡汇疏》中的"漕河图"

---

① 周铮：《潘季驯〈河防一览图〉考》，《中国历史博物馆馆刊》第17辑，1992年，第116页。

② 对此更为详细的介绍，参见本篇第二章。

③ 《八编类纂》中实际上收录了《图书编》的全文。

则是截取了《河防一览》"全河图"从"京师"至"长江"的部分。

二　《郑开阳杂著》"黄河图"谱系

《郑开阳杂著》"黄河图"、《广舆图》"黄河图"、《皇舆考》"黄河图"、《修攘通考》"黄河图"、《通漕类编》"黄河图"、《新镌焦太史汇选中原文献》"黄河图"、《三才图会》"黄河图"、《方舆胜略》"黄河图"、《汇辑舆图备考》"黄河源图"、《存古类函》"黄河图"、《地图综要》"黄河图"、《阅史津逮》"黄河图"、《戎笈谈兵》"黄河"以及《登坛必究》"黄河图"几乎完全一致，因此这些书籍中的"黄河图"应当来源于同一幅地图，或者存在相互之间的摹绘。

就成图年代而言，这幅"黄河图"图面上出现最晚的一个时间点是"考城"以西的文字注记中提到修筑河堤的年代，即"嘉靖十四年新筑"，因此该图绘制的时间上限最早当是在 1535 年（即嘉靖十四年）后。在这 14 部著作中，成书时间最早的应当是成书于嘉靖三十四年（1555）前后的《广舆图》初刻本。但《广舆图的》初刻本中的"黄河图"可能并不是这一系列地图中最早的，最早的可能是《郑开阳杂著》中的"黄河图"①；但《郑开阳杂著》"黄河图"是郑若曾亲自绘制的，还是别有来源，按照目前掌握的资料则难以确定。不过，大致可以将 1555 年作为该图绘制时间的下限。

《郑开阳杂著》"黄河图"，在图面上，黄河的河源被绘成了三个湖泊相连的形状，分别标注："星宿海"以及"二巨泽名阿脑儿"，且注明"黄河源在土番朵甘思西"；然后将"九渡河"表现为九条河流；黄河下游自孟津以下至淮阴段，河道被分成了数条，其中有两条近似东西向的河道绘制较粗，并绘有波浪纹饰，当是黄河主干道；其他的河道则绘制较细且多为白色，无纹饰，下方河道的旁边还有"金末黄河""元末黄河""正统间黄河"等注记；在广武至葵丘部分河段还有大量的堤坝等黄河水利河工设施，并以黑色实线突出表示；黄河于安东县金城镇入东海，在东海中还绘有山、岛屿等地理要素。此外，在图的左上角黄河河源上方有两条近

---

① 关于罗洪先《广舆图》与郑若曾《郑开阳杂著》之间的关系，参见本书第二篇第二章。

似平行的河流"瓜黎河"与"黑河",旁边标注有西域的地名,如"玉门关"等,不知表达的具体含义;图中将济河的河源表现为葫芦状,这种表现形式在其他谱系的一些黄河图中偶尔也能见到。

除此之外的 13 幅"黄河图",在图面内容上大致与此相近,但也存在一些细节上的差异。如《广舆图》《皇舆考》《通漕类编》《新镌焦太史汇选中原文献》中的"黄河图"加上了方格网,且其中一些注明"每方百里",这一方面显示出这些地图应源自《广舆图》;另一方面说明其中的"计里画方"只是表象,原图绘制时根本不是按照"每方百里"的比例尺经过折算后绘制的。

三　"导河图"谱系

在各类注释《禹贡》的著作中还存在以"导河图"为标题的一些黄河全图,按照图面内容,这些地图大致可以分为两类:

一类为《禹贡古今合注》"导河图"、《禹贡汇疏》"导河图"、《禹贡长笺》"导河图"、《禹贡谱》"导河图"以及《禹贡图说》"导河图"。这5 幅"导河图"对黄河河道的呈现有以下特点:图中将黄河"河源"呈现为从一堆可能代表了"泉"的小圆圈流出的水流构成的两个南北并列的"巨泽",这两个"巨泽"汇合而成"赤宾河";然后绘制了由九条河道构成的"九渡河",且九条河道构成了一系列的同心圆;然后在黄河河道第一个大拐弯处标绘了"昆仑",再往北标绘了"积石"。图中对黄河河源的这种描绘,显然不同于《禹贡》的记载,而是展现了唐代以来对河源的考察。在下游河道接近入海口的地方同样绘制了由九条河道构成的一系列同心圆,其表达的应当是《禹贡》"导河"一段中的"播为九河"一句。最后,黄河入渤海,这应当是对《禹贡》所载黄河河道的呈现;图中海域绘制有水波纹,且黄河入海口附近的河段也绘制有水波纹,应当表示的是"同为逆河,入于海"。该图中虽然标绘了《禹贡》"导河"中出现的所有地名,不过与此同时,图中用山形符号标绘了黄河两岸一些重要的山脉,还有明朝的一些政区名。这些地名以及《禹贡》"导河"中提及的一些地名直接书写于图面之上。①

另外一类是《禹贡锥指》"导河图"、《禹贡注节读》之《禹贡图说》"导河图"以及《禹贡图注》"导河图"。这三幅地图用"计里画方"绘制,且"每方二百里",与上一类地图相比,这三幅"导河图"似乎更接近于《禹贡》的文本,如将"河源"绘制于"西宁州"之下的"积石";在"今韩城"以北绘制了"龙门";在"潼关"以西标绘了"华阴";还标注了"底柱""孟津""洛汭""大伾"等《禹贡》中出现的地名,然后用图注的形式引用了《禹贡》的原文,即"北过降水""至于大陆""播为九河""同为逆河""入于海"。

此外,在《禹贡备遗》中有一幅"黄河图",同样是对《禹贡》文本的忠实描绘,但绘制得极为简单,大致勾勒出黄河以及相关支流的河道,并标注了一些《禹贡》中提到的地名。

四 其他谱系

《图书编》中的第一幅"河源总图"、《八编类纂》"黄河图"以及《治河通考》"河源图"和"黄河图"。需要说明的是,目前存世的《治河通考》有刘隅的《治河通考》和吴山的《治河通考》两种,不过,刘隅的《治河通考》是在吴山的授意下完成的,而且是在《治河总考》的基础上重新辑校而成的;吴山《治河通考》出版的时间与刘隅《治河通考》出版的时间相近,至迟也不晚于1533年,而据程学军的考证,这两个版本的《治河通考》,本就是同一本书,当是"明吴山修,刘隅纂"②。据查,《治河总考》是由车玺撰,陈铭续撰,目前存世最早的版本是上海图书馆收藏的明正德十一年(1516)刻本,该书共4卷,目前仅存第3、4两卷,其中无"黄河图""河源图",其他两卷是否有"黄河图"和"河源图"就不得而知了③。

需要提及的就是,《治河通考》"河源图"和"黄河图"拼合后形成

---

① 关于这一河源呈现方式更为细致的叙述,参见本篇第二章。
② 程学军:《〈治河通考〉考》,《农业考古》2014年第6期,第156页。
③ 参见孔庆贤、成一农《古籍中所见"黄河图"的谱系整理研究》,《形象史学》第13辑,社会科学文献出版社2019年版,第184页。

的地图，与《图书编》中的第一幅"河源总图"和《八编类纂》"黄河图"的图面内容基本上是一致的。但实际上《治河通考》"河源图"和"黄河图"是无法拼合的。第一，《治河通考》"河源图"实际上是一幅元代的地图，上面有着一些元代的地名①，而《治河通考》的"黄河图"则是一幅明代地图；第二，《治河通考》"河源图"向东绘制到了兰州，而"黄河图"起自潼关，两者距离遥远。由于是两幅地图强行拼合而成的，由此也解释了下文提及的黄河河道在不同部分绘制方式上的差异。由此，《图书编》中的第一幅"河源总图"和《八编类纂》"黄河图"实际上也不是一幅地图，而是将两幅本来无法拼合的地图，强行拼合的结果。

就图面内容，这三幅"黄河全图"有着如下特点：其一，河源部分被绘制为三个湖泊相连的形状，分别标注"星宿海""一巨泽""二巨泽"；其二，黄河在河源至兰州部分的河道在图中绘制得较弯曲，而自潼关以下黄河河道则绘制得相对较为平直；其三，黄河河道在"汴城"以下部分分成了数条分岔的河道，在下游宿迁县附近又并入黄河主干道，且在这一段河道旁，几幅地图都用黑色线条标绘了堤坝等大量水利工程；其四，在右上角部分都有"黄河源远流长，本难模写，此图与后图中间稍有不同，因并存之，以备考"的文字注记。

第三节　结论

总体而言，明清时期留存下来大量"黄河全图"，其中刻本书籍中作为插图存在地图大部分都属于某一谱系，绘本地图中虽然也存在一些相互之间有着极高相似性的地图，但数量有限。绘本黄河全图，一方面是绘本，且图幅巨大，复制起来并不方便；另一方面，这些绘本地图很多可能是因事而绘，即使绘制时有着一定的范本可以参考，但通常都会增绘一些新的反映了后续变化的内容；再加上绘画者的画风、强调的重点的差异，因此大部分绘本地图之间可能并不存在像刻本黄河全河那样明确的谱系关

---

① 参见本篇第二章"河源图"部分的介绍。

系。不过，还需要强调的是，这并不是说这些绘本黄河全图之间没有关系，从目前所见的绘本"黄河全图"来看，这些地图中在某些局部的地理要素和绘制方式上存在一定的相似性，如徐州部分，大都将徐州府城绘制为朝向黄河河道凸出的半月形，其上方绘制有如"奎山""常山"等山峰以及一些河流，有时也会绘制出"丁塘"，右侧则绘制有一条汇入黄河河道的河流，并标绘有"天然闸"，再往右则会绘制被群山环绕的"萧县"。虽然，这些相似性可以被视为对当地地理要素的呈现，但当地除了这些"黄河全图"中经常出现的地理要素之外，必然还存在其他众多地理要素，那么这种相似性似乎并不能简单地认为是对当地地理要素的呈现，而可以大致认为，明清时期对于黄河河道各个局部或者河段可能有着一定绘制模式，在绘制新地图时，可以基于这些模式来绘制底图，然后再在其上标绘绘制者所要绘制的内容。① 当然，还有一种解释就是，明清时期由于某些黄河图，如《河防一览图》的绘本和刻本广为流传，因此在绘制黄河图时大都会参考这类地图或者参考受到这类地图影响的其他地图。

此外，就黄河全图绘制所关注的区域而言，大部分集中在河源地区和潼关以东的部分，对于中间部分通常绘制得都比较简略。如上文提及的台北"故宫博物院"所藏《黄河图》、巴黎法国国家图书馆《黄运河全图》、韩国奎章阁所藏《黄运两河全图》以及《三才汇编》"黄漕合图"。很多长卷式的地图也是如此，如《河防一览图》谱系中地图，对于黄河几字形河段绘制得非常简略，在"西宁州"至"潼关"之间，除了"宁夏"之外，甚至几乎没有绘制什么府州县。

更有甚者，部分地图完全省略了黄河的中间河段，如中国科学院图书馆《黄河图》，绘制了黄河源头之后向东只是绘制到了"临洮府"，然后直接就在"大黄河"左侧绘制了"韩城县"，完全忽略了中间的黄河的"几"字形。从绘制内容来看，这一河段所绘地理要素，在《河防一览图》谱系中的相应部分都能找到，如"积石州""来羌县""西宁州""杀马

---

① 这似乎可能就是孙靖国强调的中国"古代地图绘制群体和小传统"，参见孙靖国《20 世纪以来的中国地图史研究进展和几点思考》，《中国史研究动态》2018 年第 4 期，第 42 页。

关"等，"星宿海"的轮廓也近乎相似，因此这段河道的绘制可能参考了与《河防一览图》有关的地图；但"韩城县"之下的河道的绘制，与《河防一览图》相去甚远，至少《河防一览图》中并没有绘制"韩城县""蒲州府"。由此来看，该图这两段河道可能有着不同的资料或者底本来源，但经过绘制者之手，将原本不连接在一起的河道，天衣无缝地连接在一起。

类似的还有前文所述，《治河通考》"河源图"和"黄河图"拼合后构成了《图书编》中的第一幅"河源总图"，但实际上这两者是无法拼合的，这两幅地图不仅年代不同，而且所绘黄河河道本身也是无法连接起来的。但《图书编》的第一幅"河源总图"不仅将两者直接拼合为一幅地图，而且为了让这幅地图看起来"天衣无缝"，还在《治河通考》"河源图"中"兰州"左侧也即这幅地图的最左侧增绘了一座山峰，由此就与"黄河图"最右侧"潼关"的山峰完美地连接起来成为一座山体。

这种绘制地图的方式，不仅反映了中国古人绘制地图时关注的重点，而且反映了中国古人对地图的态度，即地图是一种表达包括空间认知等在内的思想的工具，而不只是指导我们认知和思考空间的指南。

附　历代黄河迁徙图

由于黄河下游河道的迁徙有着极大的破坏性，甚至可以说在一些时期影响到了中国历史的进程和某些王朝的兴衰，是历代王朝关注的重要问题，因此近代以来对于历史时期黄河河道的迁徙过程进行了大量研究，如民国时期沈怡等的《黄河年表》[①] 和岑仲勉《黄河变迁史》[②] 等。通过长期的研究，对于黄河河道在历史时期的重要改道，目前学界基本达成了一些大致统一的意见，尤以邹逸麟的观点为代表。大致而言，历史上黄河下游的河道主要有：1. 战国筑堤以前（公元前 4 世纪前），河道极不稳定，主要有山经大河、禹贡大河和汉志大河，其中汉志大河是见于记载

---

① 沈怡等：《黄河年表》，国民政府军事委员会 1935 年版。
② 岑仲勉：《黄河变迁史》，人民出版社 1957 年版。

最早的一条黄河河道，且是春秋战国时期长期存在着的河道；2. 战国中期筑堤以后至西汉末期（公元前 4 世纪至公元初年），历史上称为"大河故渎"，又因改道发生在王莽时期，也被称为"王莽河"或"王莽故渎"；3. 东汉至北宋前期（公元 11 年至 1047 年）；4. 北宋后期（1048 年至 1127 年），分为北流和东流两派，最终决而北流；5. 金代（1128 年至 13 世纪中叶），干流逐渐趋向东南，以入淮泗为常，且几股岔流同时存在；6. 元代至明初（13 世纪中叶至 1390 年），长期存在汴、涡、颍三股分流，而以汴道为正流；7. 明洪武二十四年至嘉靖二十五年（1391 年至 1546 年），趋势为逐渐以单股入淮为主；8. 明嘉靖二十六年至清嘉庆五年（1547 年至 1854 年），黄河下游分支的局面基本结束，"全河尽出徐、邳，夺泗入淮"；9. 清咸丰五年至中华人民共和国成立前夕（1855—1949），结束了夺淮入海的历史，由渤海湾入海。而黄河历史上重要的改道，张修桂认为有 6 次，即：战国中期修筑堤防，形成了汉志大河的河道；东汉时期王景治河后形成的河道；宋代庆历时期黄河北流由渤海湾西岸入海；南宋建炎二年，黄河经由淮泗入海；元代至元时期，黄河夺颍涡等水入淮；咸丰时期黄河改道入渤海。[①]

　　但是需要注意的是，对于黄河下游河道变迁的关注，并不是自近代以来才有的。一方面由于黄河下游河道变迁所带来的现实上的重要影响；另一方面由于对黄河下游河道变迁的复原研究是解读《禹贡》中所记黄河河道的基础，因此对于黄河下游河道变迁的研究，古已有之，且存在众多研究成果，只是这些研究被今人多所忽略，如邹逸麟提出"关于历史上黄河下游大改道问题，自来有多种说法。清人胡渭在《禹贡锥指》里首创五大徙说，即周定王五年、王莽始建国三年、北宋庆历八年、金明昌五年、元至元二十六年。后人研究黄河多循此说"[②]，这一总结是不够全面的。当然，本书以中国地图学史为主题，因此此处只对相关地图进行初步介绍。

　　目前存世最早的反映了历史上黄河下游河道变迁的地图，应当是宋代程大昌《禹贡论》中的"历代大河误证图"。该图绘制的大致是渭水、华

　　① 以上参见邹逸麟等《中国历史自然地理》，科学出版社 2013 年版，第 203 页。

　　② 邹逸麟等：《中国历史自然地理》，科学出版社 2013 年版，第 203 页。

山、龙门山以下的黄河河道，图中用一些双曲线绘制了历史时期黄河的不同河道，且在一些双曲线内侧或者两侧有着一些文字注记，如"大河，汉元光改流于此""王莽枯河"等，但由于该图是"历代大河误证图"，清晰的标注历代河道并不是该图的主要目的，因此图中一些文字注记主要在于指出以往学者对于黄河下游河道的"误证"，如"汉屯氏河，郦道元指为降水"等。

真正意义上的最早的历代黄河河道迁徙图，应当是元代王喜《治河图略》中的"禹河之图"、"汉河之图"、"宋河之图"以及"今河之图"。这四幅地图绘制的范围大致从河源（"蒲昌海""于阗""葱岭"）、"积石"直至黄河入海口，但"龙门山"以上河段绘制得极为简略。这几幅地图中，"禹河之图"在黄河下游河道标绘了"九河"，且注明了"简洁河""马颊河""覆釜河""勾盘""太史河""胡苏河""徒骇河""鬲津河"的所在，同时图中还注明了汉、宋以及金末黄河河道的路线，即"汉河徙此""宋河徙此""金末河徙于此"，因此该图似乎是一幅"历代黄河河道迁徙总图"。"汉河之图"所绘基本内容与"禹河之图"大致近似，但删除了对"九河"的呈现，且标注了一些之前"故河"的河道，如"九河故道""禹河枯渎"等，同时不再标注"简洁河"等九河的位置，图中重点标注了汉代黄河下游河道的情况，如"屯氏河与大河等入漳水合流""张甲河受屯氏河"等。"宋河之图"和"今河之图"大致也是如此，也即在简略标注历史河道的基础上，分别重点标绘了宋、元时期黄河下游河道的情况。

在明清时期的三部禹贡注疏类著作，即艾南英《禹贡图注》、胡渭的《禹贡锥指》以及马俊良《禹贡注节读》中也存在一套历代黄河河道迁徙图，大致包括以下几幅："九河逆河碣石图""禹河初徙图""禹河再徙图""汉屯氏诸决河图""郏东故大河图""唐大河图""金大河图""宋大河图""元明大河图"。这些地图皆用"计里画方"绘制，每方百里；绘制范围集中在黄河下游，某些地图中用黑色实线标绘了一些"故道"，如"金大河图"中的"宋京东故道""宋横陇故道"。地图右侧通常用文字对该图所绘时代黄河下游河道的变迁进行总体性描述，如"禹河初徙图"中地图右侧的文字注记为"河自禹告成之年，下逮东周齐桓公之世，九河亡其八枝。后数十岁，为定王五年己未，当鲁宣公之七年，而河遂东徙，凡一千六百六十余岁"；图中也用文字注记的形式对所绘的一些图面内容进行解释，如在"故章武地"之下的注记为"禹河本由碣石入海，其后海水溢，西南出□数百里，逆河两岸吞食者广，世遂谓之勃海而不复知其为逆河。故《汉志》云，河至章武入海也"。

此外，顾栋高《春秋大事表》中的"河初徙图"，也是以"计里画方"的方式绘制的，每方一百二十五里，绘制范围西起莋城，东至临淄，无论是绘制范围、地图上的地名、文字注记以及黄河的河道都与上述三部《禹贡》注疏著作中的"禹河初徙图"和"禹河再徙图"存在较大差异。

徐璈《历代河防类要》中绘制有 13 幅历代黄河河道图，即"三代河北行之图""周徙河至西汉末年北行之图""汉成徙河瓠子河张甲河鸣犊河""汉屯氏诸河水经十一""汉荥阳引河石门渠明南徙河合汴睢入淮合涡顿入淮""王莽河灉川河笃马河马颊河""东汉魏晋南北朝至唐末河合济灉东行之道""宋金元河东行南行之道""五代赤河宋二股河四界晋河商胡六塔横流诸河""金大定河""明弘治后河合汴泗南行之道""明浊河银河苻离河徐州北徙河沙湾河""汉南徙宋熙宁金明皆分流河"，与《禹贡》注疏类的著作相比，其对历代河道绘制得更为细致。这 13 幅地图的绘制范围集中在黄河下游，用文字标注了其所绘河道迁徙的情况，如"三代河北行之图"中的文字注记为"自禹治河至周定王时河北行者凡一千六百余岁"等。

此外，还存在以黄河河道迁徙图为主题的著作，如清代光绪年间成书的刘鹗的《历代黄河变迁图考》，书中共收录地图 10 幅，即"禹贡全河图""禹河龙门至于孟津图""禹河自孟津至于大陆图""禹贡九河逆河图""周至西汉河道图""东汉以后河道图""唐至宋初河道图""宋二股河图""南河故道图""见今河道图"。这 10 幅地图上绘制有方格网，但未按照传统的"计里画方"的方式说明每方代表的里数，不过刘鹗熟悉西方测量技术，且曾经从事过河务，因此这些地图有可能有着测量的基础。这套图集的绘制范围同样集中在黄河下游，且在各图之后附有详细的图说。

除了这一刻本之外，中国国家图书馆还藏有四个绘本，即：

彩绘本《历代黄河移徙图》，1 册，地图 24 幅，图末有"大明万历末年八月用五彩墨笔绘测历代至明地图，徐光启测绘"字样，不过"测绘"
一词显然是近代才使用的术语，因此这一图册很可能是近代假托徐光启之
名而作。

可能绘制于清乾隆时期的彩绘本《历代黄河移徙图》，1 册，地图
29 幅。

清光绪元年摹绘的橘荫人《历代黄河迁徙图》，1 册，收录自大禹导河
图至清代的河图 30 幅，内容与乾隆年间彩绘同名图册大致近似，只是增加
了"光绪元年河图"。

清中期的彩绘本《历代黄河图》，1 册，收录了商代至清代的黄河河图
16 幅。

此外，清代朱鋐撰《河漕备考》附有《历代黄河指掌图说》1 卷，收
录了从上古至清朝的黄河图 29 幅，但笔者所见《北京图书馆古籍珍本丛
刊》所收该书的清抄本中并未有地图，也许这一版本的地图已经佚失。从
现存的图说来看，朱鋐绘制这套图集是为治理黄河服务的。

附　河工图以及河工水势"情形图"

由于黄河下游在明清时期的频繁泛滥，以及其对漕运和王朝核心地区
华北平原的城池、聚落、人口、粮食生产等造成了严重的威胁，因此明清
两朝对于黄河河工极为重视，这方面的研究不仅数量众多，而且近年来的
视角也日益多元，从河工本身延伸到了明清王朝的政治制度、制度的运作
等等。与此同时，明清时期也留存下来大量的河工图，对于这些河工图，
李孝聪教授在其诸多论著中多有研究，如《黄淮运的河工舆图及其科学价
值》①、《中国传统河工水利舆图及其科学价值探析》② 等，在其编写的
《中国运河志·图志·古地图卷》中也涉及部分黄河河工图，且在其撰写
的一些图书馆藏图的图录中也都有对相应馆藏河工图的研究。

---

① 李孝聪：《黄淮运的河工舆图及其科学价值》，《水利学报》2008 年第 8 期，第 947 页。
② 李孝聪：《中国传统河工水利舆图及其科学价值探析》，李孝聪主编《中国古代舆图调查
与研究》，中国水利水电出版社 2019 年版，第 318 页。

大致而言，明清时期的大多数黄河全图上都或多或少的绘制有"河工"的内容，对于这些地图，可以参见本章的正文，此处不再赘述。除此之外的河工图，基本都是局部性的，或以多省、或以一省、或以某一府州县所辖区域内的河工为表现对象。当然，这些区域性的河工图，可能会有着不同的主题，或主要表示修筑的堤坝，或表示河道上的闸坝，或表示负责河道的官员所辖区域，或表示某次河工修筑中不同官员负责的地段等，但这些主题上的差异通常用贴签的形式体现出来，同时在图面所绘内容上，往往没有本质的区别。由于河工图数量众多，几乎在世界各主要藏图机构都有收藏，且这些地图缺乏明显的脉络可循，因此此处仅基于李孝聪的研究，对美国国会图书馆所藏一些具有代表性的黄河河工图进行简要介绍：

"黄河南河图"，清乾隆年间，绢本彩绘，长卷裱轴，图幅 38×183 厘米。"图题原贴在轴背面，已残缺，仅存'黄'字。图卷从右向左展开，以黄河从上游流向下游的右岸为图的上方，覆盖范围：右始于江苏砀山县杨家楼、赵家庄，距河南省界 22 里；左止于云梯关黄河海口，清朝又称该段黄河为南河。用形象画法表现江苏省境内黄河下游的流路、与运河及其它河流的位置关系和周围环境，详细绘出山岭、河流、城池、堤坝、闸桥；突出山体形状，非一致符号，黄河涂赭黄色，其他河用兰青，河堤用褐色。图上黄河至海口间的辛家落裁弯取直，旧河湾未形成牛轭湖。'邳州旧城'标为湖面，徐州府、云龙山绘之甚细，似出自徐州人之手。"①

"乾隆黄河下游闸坝图"，绘制于清乾隆年间（1749—1753），纸本彩绘，20 幅地图叠装成册，29×29 厘米，各具图题，并附图说。"每幅图的方位标于图的四围，除 4 幅图以东方或西方为上外，其余各图均以南方为上。描绘黄河下游在江苏省境与运河交汇地区至海口河段的堤、坝、闸、埽情况；兼及大运河与长江衔接的扬州府属瓜洲和镇江府属京口地区，凡山岭、河流、城池、祠庙、埽工等皆详细显示。但是，各幅地图不能拼合，黄河涂黄色，其它河、湖皆用青蓝色。图说用红签墨书，贴于每幅图上。描述康熙皇帝有关此段黄河修治的御旨，历届河院主持兴修黄河堤坝

---

① 李孝聪：《美国国会图书馆藏中文古地图叙录》，文物出版社 2004 年版，第 141 页。

的始末，及乾隆朝新修情况。文中记载的最晚年代为乾隆十四年（1749），又有'杨家庄运口系康熙四十二年圣祖仁皇帝南巡指示改挑……迄今五十年利赖无疆'之语，据此推断该图应绘制于乾隆十四年至十八年间（1749—1753）"①。

美国国会图书馆藏《南岸三厅光绪二年分河道起止里数做过工程段落丈尺总河图》，清光绪二年（1876），纸本彩绘，长卷，图幅 26 × 469 厘米；呈送折 26 × 12 厘米，绿花纹锦背封，贴黄签墨书图题，签书"及字第十七号"，加盖关防红印。"图卷从右向左展开，以黄河从上游流向下游的右岸为图的上方，此段黄河流向东西，所以图卷方位上南下北。覆盖范围：西自荥泽县西堤界起，东至下南厅陈留汛与兰仪厅兰阳汛上交界处。描绘此段长 217 里 45 丈 1 尺 6 寸黄河南岸土堤，各类堤坝的位置和修筑情况，北岸不具。凡施工地点贴红签，描述该段黄河顺堤、补厢、埽工施工地段、负责官员与工程长度，并押盖满汉文关防红印，以防贴红脱落后不知工程的位置。卷首贴红押印，说明南岸三厅所管工程段起止点与河堤总长。清朝后期管理黄河大堤河防的南岸三厅为：上南厅、中河厅、下南厅；三厅管辖各汛分别为：上南厅属荥泽汛、郑州上汛、郑州下汛，中河厅属中牟上汛、中牟下汛，下南厅属祥符上汛、祥符下汛、陈留汛。图上标绘出一些庙宇，如：大王庙、将军庙、佑宁观，均是河防兵丁祈河神之所。从图题可判知：此图是光绪二年（1876）河堤抢修工程做过之后的送审图"②。

《河北道属光绪二年黄河形势做过工程全图》，清光绪二年（1876），纸本色绘，长卷，图幅 26 × 249 厘米；呈送折 26 × 12 厘米，红绢背封，贴黄签墨书图题，签书"及字第十五号"，加盖关防红印。"图卷从右向左展开，以黄河从上游流向下游的右岸为图的上方；河南省内黄河自西向东流，所以图卷方位上南下北，方位标于图卷四缘。覆盖范围：西起武陟县唐郭汛；东止于下北厅兰阳下汛交界处。描绘河北道管辖河段，从武陟县至兰阳县黄河决口处之间黄河北岸的堤、埽、坝、埝、河防营堡的位置及

---

① 李孝聪：《美国国会图书馆藏中文古地图叙录》，文物出版社 2004 年版，第 140 页。
② 李孝聪：《美国国会图书馆藏中文古地图叙录》，文物出版社 2004 年版，第 144 页。

修筑情况，南岸不标注。凡抢修工程处贴红签，总计21处；描述该段黄河顺堤补厢或埽工施工地段工程的长度，押盖满汉文关防红印，以防止贴红脱落后不知工程的位置。清朝后期黄河大堤北岸的河防由河北道统管，下属四厅管辖各汛分段负责，自西向东分别为：黄沁厅属唐郭汛、原武下汛，上北卫粮厅属阳武上汛、阳封汛，祥河厅属封丘下汛、祥符上汛，下北河厅属祥符下汛、祥陈上汛。由于咸丰五年（1855）河决铜瓦厢东北流，所以河北道东与曹考厅交界。该图卷系河北道属黄河北岸四厅的总图，所以卷首贴红签押印，说明北岸四厅所管工程自道光十三年（1833）划定的官修与民修各段起止点与堤埝长度"①。

"铜瓦厢以下黄河穿运隄工图贴说"，曾国荃编制，清光绪初年（1875—1876）纸本彩绘，未注比例，56×71厘米。"该图用黄缎面封，墨书'臣曾国荃恭呈御览'，系曾国荃提交皇廷的呈折。该图以上为南方，描绘咸丰五年（1855）黄河在铜瓦厢决口，东北流穿运河以后，自兰仪县溃口龙门至东阿县大清河交汇处的黄河泛道，及其两岸的堤埽形势。贴黄墨书注记修筑堤堰埽坝的位置、长度等工程状况。图内京杭运河张秋镇运河河道虽然被多条黄河决流切穿，但是尚未淤塞，陶城埠还未开凿新运河"②。

需要注意的是，与"海塘图"中存在定期记录和汇报海塘附近沙水变化的"海塘沙水情形图"类似，在黄河图中也存在一些描绘河工水势的"情形图"；且这些描绘黄河河工水势的"情形图"也同样通过在绘制的地图上贴黄、贴红等方式记录了其所关注的水情、水利工程等的"最新情况"。

如中国国家图书馆藏清咸丰末年彩绘本《黄水穿运及大清河一带现在情形图说》，该图虽然绘制了"开封府"至黄河入海口之间的黄河河道及大运河，但重点绘制的是黄河与运河交汇口，这一部分占据了图面的中心；图中用大量贴黄注明了水情、两岸官堤民埝等水利工程的情况，如在黄运交汇处有四处贴黄，分别注明"张秋黄流前将民埝官堤冲缺，桥北高

① 李孝聪：《美国国会图书馆藏中文古地图叙录》，文物出版社2004年版，第147页。
② 李孝聪：《美国国会图书馆藏中文古地图叙录》，文物出版社2004年版，第150页。

家林一带缺口八处，接长一百余丈，堵筑所费不赀"，"张秋迤南，黄水漫衍，宽处居多，虽刷有河槽，不若大清河之深"，"张秋黄水串运溜势平缓，探量南北坝前水深二丈一二尺不等"，以及"大清河当伏水正旺之时，水面平铺归海无泛滥之处，皆由刷成河槽足行耳"。

北京大学图书馆藏《河南黄河北岸各厅癸卯年霜后河势工程情形图》，该图呈现的应当是道光二十三年（即癸卯年，1843）河南中牟县黄河南岸决口后，北岸的河工情况；描绘了从武陟县西广济河、马河入河口开始，自西向东至兰阳的黄河北岸的各类堤工工程的情况①。图中用贴红对沿岸水利工程的情况进行了简要说明，如在武陟县以北有三处贴红"此埽六段均系临黄""此埽三段均系临黄"以及"此埽二段均系临黄"；在武陟汛与荥泽汛交界处的贴红为"荥泽汛堤土西自武陟汛下交界起，东至原武汛上交界止，共长八里零"。

中国科学院图书馆藏彩绘《荥泽汛民埝现在河势情形图》，该图描绘了荥泽县境内的山川、村落和水利工程，"其中黄河横亘地图中央，河水涂以黄色，并绘有波纹；广武山涂以青色；村落用旁有树木的屋符号表现；水利工程用暗红色线段标识。图中黄河上方偏左的'荥泽县大堤'线条较粗，偏右且与大堤相接的'民埝'线条较细，并在左端标有'民埝尾'，右端标有'民埝头'"②。图中用贴红的方式记录了水情，如"太保桥"下的贴红、"此系最低洼之处，并附近戴涟港、沙家溶、严家溶、万福桥、文家板桥、赵家湾、文王港等处，均有低地，现定请款价买归官以备潴水"；"青竹标"处的贴红为"青竹标滩春冬两季，浪滚汹涌，泡漩最险，南岸大碛巴，在北岸下上船支最惧，系报部险滩"；但对水利工程缺乏描述。

需要注意的是中国国家图书馆清道光二十二年（1842）的彩绘本《桃北厅属萧家庄漫口拟定坝基引河情形图》，该图呈现了为使黄河回归故道入海而拟开引河的情形，绘制范围大致西起黄河与中运河交汇处以西，东

---

① 北京大学图书馆编：《皇舆遐览：北京大学图书馆藏清代彩绘地图》，中国人民大学出版社 2008 年版，第 198 页。

② 孙靖国：《舆图指要：中国科学院图书馆藏中国古地图叙录》，地图出版社 2012 年版，第 316 页。

至黄河的入海口。图中用贴红说明了拟开引河的情况，如"引河尾估挑口宽四十六丈五尺"，"引河头长一千五百丈，内滩唇留长五千丈，临时抢办，实挑切滩长一千四百五十丈，深三丈三尺"；还说明了一些水势的情形，如在漫口处注明"缉量金门水面宽一百八十八丈，东岸嫩滩宽九丈"；在地图的右上方用贴红说明了整个工程的情形，即"桃南北两厅自引河尾起至外南北上交界止，共河长一万零九百七十丈，内间段估挑河长六千二百丈，未挑河长四千七百七十丈。水塘两头俟积水宣放时，再行酌量挑捞"。而中国国家图书馆所藏另外一幅彩绘本《桃北厅属萧家庄漫口拟清坝基引河情形图》则被认为是该图的草图。①

此外，如本篇第三章第三节所介绍的，中国国家图书馆藏未有图名的"永定河堤工图"似乎是有着贴签的刻印本《永定河堤工图》的底图。

总体而言，虽然河工图中目前发现的这类地图数量不多，且不像"海塘图"中的"海塘沙水情形图"那样集中在一个地区，但由于对清朝而言，黄河等河流的重要性不弱于甚至要高于海塘，因此存在定期绘呈记录一些河段河工水势的"情形图"的制度应该是非常可能的。

---

① 北京图书馆善本特藏部舆图组编：《舆图要录——北京图书馆藏 6827 种中外文古旧地图目录》，北京图书馆出版社 1997 年版，第 303 页。

第二章　河源图

第一节　研究概述

由于黄河河源在中国古代文化中特殊的地位，以及在儒家经典《禹贡》中的相关记载，因此中国古代对于黄河源的关注、讨论，甚至实地探察持续不断，由此在历史上，对于河源形成了一些不同的认知。以往的研究对于这些认知已经进行了大致的归纳，如钮仲勋《黄河河源考察和认识的历史研究》①、章巽《论河水重源说的产生》②、陈可畏《论黄河的名称、河源与变迁》③以及田尚《黄河河源探讨》④；等等。通过这些研究，大致可以归纳出，中国古代关于河源的认知主要有以下几种：

"导河积石"说，大致以《尚书·禹贡》中的记述为开端，即"导河积石，至于龙门"。虽然关于"积石山"的位置一直存在争议，且有"大积石山"和"小积石山"的区分，但主流的认知就是"大积石山"应当就是今天的阿尼玛卿山，"小积石山"则位于今天循化撒拉族自治县附近，而《禹贡》中所载"积石山"通常被认为是"小积石山"。这一问题与此处的论述关系不大，因此不展开讨论。不过，需要强调的是，中国古代长

---

① 钮仲勋：《黄河河源考察和认识的历史研究》，《中国历史地理论丛》1988年第4辑，第39页。

② 章巽：《论河水重源说的产生》，《学术月刊》1961年第10期，第38页。

③ 陈可畏：《论黄河的名称、河源与变迁》，《历史教学》1982年第10期，第7页。

④ 田尚：《黄河河源探讨》，《地理学报》1981年第3期，第338页。

期以来就有学者认为所谓"导河积石"，只是表示大禹"导河"之始，因此"积石"并不一定就是河源所在。

"河出昆仑"说以及"重源伏流"说，这一认知目前认为可能起源于《山海经》。《山海经·北山经》载"曰敦薨之山……敦薨之水出焉，而西流注于泑泽。出于昆仑之东北隅，实惟河原"①；又《山海经·西山经》载："曰不周之山……东望泑泽，河水所潜也，其原浑浑泡泡"②；又《山海经·西山经》载："曰积石之山，其下有石门，河水冒以西流"。③ 大致而言，就是认为黄河河源出自昆仑，东流至罗布泊（泑泽），然后潜流地下，自积石山冒出。此后，通过汉代张骞在西域获得的"实地"知识，更进一步坐实了"河出昆仑"说，即《史记·大宛列传》载："于阗之西，则水皆西流，注西海；其东水东流，注盐泽。盐泽潜行地下，其南则河源出焉。多玉石，河注中国"④，以及"而汉使穷河源，河源出于阗，其山多玉石，采来，天子案古图书，名河所出山曰昆仑云"。⑤ 到了《汉书》中，则以此为基础形成了"重源伏流"说，即《汉书·西域传》："西域……南北有大山，中央有河……其河有两源：一出葱岭山，一出于阗。于阗在南山下，其河北流，与葱岭河合，东注蒲昌海。蒲昌海，一名盐泽者也，去玉门、阳关三百余里，广袤三百里。其水亭居，冬夏不增减，皆以为潜行地下，南出于积石，为中国河云"⑥，即黄河的源头为两条分别发源于葱岭和于阗的河流，这就是重源；这两条河流汇合后，东注蒲昌海（罗布泊），然后从蒲昌海潜流地下，从积石山而出，成为黄河，这就是伏流。且从"南出于积石"来看，"重源伏流"实际上吸收了"导河积石"说。

"河出星宿海"说，大致在西晋张华所撰的《博物志》中就有记载。唐代侯君集、李道宗追击吐谷浑部、文成公主入藏以及刘元鼎出使吐蕃都到过河源地区；元朝派都实探求河源；清代康熙时期以及乾隆时期也都曾

---

① 袁珂：《山海经校注》，上海古籍出版社1980年版，第75页。
② 袁珂：《山海经校注》，上海古籍出版社1980年版，第40页。
③ 袁珂：《山海经校注》，上海古籍出版社1980年版，第51页。
④ 《史记·大宛列传》，中华书局1982年版，第3160页。
⑤ 《史记·大宛列传》，中华书局1982年版，第3173页。
⑥ 《汉书·西域传》，中华书局1962年版，第3871页。

派人勘查过河源。这些有意或无意地对河源地区的勘查,虽然对于河源的具体位置存在不同认知,但基本都认识到河源在星宿海附近或其西南。

需要注意的是,虽然以往关于河源认知的研究较多,尤其集中在 20 世纪五六十年代河源探察的时期,但这些研究基本都认为随着唐代之后对于河源地区的不断探察,那些早期的对于河源的错误认知被逐渐抛弃,"河出星宿海"说日益占据主流,且通过这些实地探察,对于河源的具体所在日益接近现代的认知。不过,需要注意的是,已经有学者指出,虽然清代乾隆时期对河源进行了勘察,但乾隆帝依然强调的是"重源伏流说"①。基于此,中国古代对河源实地考察与河源认知之间的关系,是此处所关注的主要内容之一。

不仅如此,长期以来,对于"河源图"的研究数量极少,且为数不多的研究也基本是介绍性的,其中关于单幅地图的研究有朱琼臻的《乾隆四十七年绘制的〈黄河源图〉》②、孙果清的《元代〈黄河源图〉》③、刘家信的《黄河之水天上来——黄河河源及其古图》④,张小锐的《康熙年间黄河探源与河源地图》⑤ 则介绍了难得一见的中国第一历史档案馆所藏与康熙年间黄河探源有关的《星宿海河源图》和《黄河发源图》。

将河源图与古代河源认知联系起来的研究数量极少,大致只有李新贵的《黄河河源绘制体系的初步研究》⑥ 以及冯令晏的《元前文献图籍所载黄河河源》⑦ 两文。

李新贵的《黄河河源绘制体系的初步研究》认为"黄河河源绘制体系

---

① 关于这些考察以及对河源问题的探讨,可以参见刘惠《乾隆朝重构黄河河源的实践与国家认同》,《清华大学学报(哲学社会科学版)》2018 年第 2 期,第 147 页;刘惠《1782 年阿弥达奉命勘察黄河河源史实考》,《中国历史地理论丛》2019 年第 1 期,第 15 页。

② 朱琼臻:《乾隆四十七年绘制的〈黄河源图〉》,《历史档案》2019 年第 3 期,第 3 页。

③ 孙果清:《元代〈黄河源图〉》,《地图》2006 年第 1 期,第 89 页。

④ 刘家信:《黄河之水天上来——黄河河源及其古图》,《中国测绘》2016 年第 6 期,第 66 页。

⑤ 张小锐:《康熙年间黄河探源与河源地图》,《中国档案》2014 年第 2 期,第 78 页。

⑥ 李新贵:《黄河河源绘制体系的初步研究》,《文津学志》第 5 辑,国家图书馆出版社 2012 年版,第 114 页。

⑦ 冯令晏:《元前文献图籍所载黄河河源》,《云南大学学报(社会科学版)》2020 年第 2 期,第 71 页。

可分为禹贡、汉书、唐代初探、元史、清初测绘五个体系。禹贡系、汉书系、唐代初探系表现为曲线，元史系多表现为葫芦形，清初测绘系则用范围线绘制。禹贡、汉书这两个体系反映了唐之前的人们基于传世文献对河源的认知，而唐代初探、元史、清初测绘三个体系则是基于实地探索的结果"。总体而言，其分类虽然有一定合理性，但问题在于其对一些地图的归类存在问题，如将《大清万年一统地理全图》归类为清初测绘系，且属于"河出星宿海"说，但实际上该图在西域部分标有"于阗河源"和"葱岭河源"，显然该图展示的是"重源伏流"说；且与以往河源认知的研究类似，该文带有明显的"进步史观"的色彩，认为历史时期，对于河源的认知应当是逐渐进步的，且提出，进步的动力主要是河源地区被逐渐纳入王朝的管理范围、地图绘制技术的进步以及对河源的探索；最后，该文所分析的河源图过少。

冯令晏的《元前文献图籍所载黄河河源》认为"有关黄河河源的概念，古代各种史学、地理，以及宗教文献都有相关记载。早期文献中提出的重源潜流的概念，也为塑造河源空间概念留下了发挥余地。及至唐朝，各种类书、笔记、野史关于位于境外的河源的著述沿用了上述文献中已有的地理知识，并融入了佛教世界观的空间概念以及唐代实地考察的纪录，逐渐构成了河源这一多元化的空间想象。本文探讨了不同知识框架对唐代河源记载的影响，以及在几幅现存宋代地图上所反映出的相关影响。这类文献资料有助于我们理解中古地理知识的深化与演变，以及后代地图上展示河源的更丰富的地图表现形式"。"河源这一多元化的空间想象"是一种非常有意思的视角，但遗憾的是该文分析得过于简单，且局限于元代以前，更为重要的是其只是展示了"河源这一多元化的空间想象"的现象，而未能对其进行深入的分析。

总体而言，中国古代的各种史学、地理以及宗教文献中都有着大量与黄河河源有关的记载，以往的研究大致认为随着唐代之后对河源的不断探索，对于河源的文本记载以及地图上对河源的描绘应当逐渐由"错误"走向"正确"，当然这种从"错误"走向"正确"是现代意义的，也是现代人的认知。但实际上，正如后文所分析的，这种简单的线性"进步"并不存在。在很长时间内，传闻和经典中记录的河源与通过实地考察而获得的河源认知都受到关注，也都出现于文本和地图中，最新的地理发现并没有取代传闻和经典中的关于黄河河源的空间概念，且存在将这些所谓"地理发现"与经典观点进行糅合的努力。甚至到了19世纪，尽管在现代人看来，唐代以来不断进行的实地考察，实际上应当推翻了"导河积石"、"河出昆仑"和"重源伏流"说，但在文献以及在地图上，试图弥合这些说法和实地考察的各种努力依然存在，"重源伏流"甚至依然占据主导。

在以往进步史观和科学史观之下，这样的努力被归结于"世俗权力的作用"[1]以及构建"国家认同"[2]的需要等，但这样的分析显然过于表面和肤浅了。在受到现代科学影响的现代人看来，实地考察是知识可靠性的来源，但问题在于，这样的认知对于我国的古人是否适用，尤其是当来源于实地考察的知识与经典以及长期占据主导的传闻发生冲突的时候。当然这是一个老生常谈的问题，不过此处试图对这一问题进行一些简单分析。

在分析之前，首先就中国古代不同时期地图上对河源的描绘进行简要介绍。

第二节　宋代以来的河源图以及地图上对河源的呈现

虽然对"河源"位置的探究早已有之，但现存的对"河源"进行了描绘的地图则最早出现于宋代。

一　宋代

虽然并无真正意义上的宋代的"河源图"存世，但宋代的一些全国总图中标绘了河源，如：

陕西现碑林博物馆的《禹迹图》中虽然没有标绘河源，但在图中黄河

---

[1] 李新贵：《黄河河源绘制体系的初步研究》，《文津学志》第5辑，国家图书馆出版社2012年版，第130页。

[2] 刘惠：《乾隆朝重构黄河河源的实践与国家认同》，《清华大学学报（哲学社会科学版）》2018年第2期，第147页。

河道的尽头标绘有"积石";而镇江的《禹迹图》,则在黄河的尽头标绘有"积石河源",因此这两图呈现的是始于《禹贡》的"导河积石"说,这也符合两图的标题。类似的还有《坠理图》。

《华夷图》与《历代地理指掌图》的"古今华夷区域总要图"有着渊源关系①,图中没有标绘黄河源,但在黄河河道尽头之前一段标绘有"积石山",显然在该图中"积石山"并不是"河源"。《历代地理指掌图》中其他各图对于河源的呈现与"古今华夷区域总要图"大致近似,其中在"华夷山水名图"旁有着一段名为"辨河源"的文字注记,即"河出昆仑山,刘元鼎尝使吐蕃,见其源自别馆界来,吐蕃之人皆云山在国中",因此,该图呈现的似乎是唐代河源勘查的结果,只是将"昆仑山"认为是在"吐蕃"界中,这一认知也存在于后代的大量描绘"河源"的地图中,大致而言该图似乎呈现的是"河出昆仑"说,只是将唐人的考查与这一说法弥合在一起。不过,《历代地理指掌图》的各图中,在西域地区绘制了大量河道,标绘了"葱岭""于阗""蒲昌海",且在"古今华夷区域总要图"左下角的文字注记中有"其河有两源,一出葱岭,一出于阗,于阗在南山下,其河北流与葱岭河合,东注蒲昌海,其水停居,冬夏不曾减,世皆以为潜行于地下,南出于积石山,此为中国河",这段文字虽然抄录自《汉书》,但作者抄录这段文字,显然表达了其并不否认"重源伏流"说。由此,可以认为这些地图实际上呈现的是"重源伏流"说,但同时承认"河出昆仑",只是将"昆仑"定位在了"伏流"出露之处,且认为唐代对河源的探查发现了"伏流"出露之处。当然,这也意味着,这些地图放弃了"导河积石"说,或者说,认为《禹贡》中所载"导河积石"的"积石"作为大禹治水时"导河"的开始之处,因此其并不是黄河的源头。类似的还有《六经图碑》"诸国今所属图",图中按照从东向西的顺序标绘了积石、蒲昌海和昆仑。

《宋刻舆地图》中则将黄河的河道与位于西域的蒲昌海直接连接起来。该图中绘制了一条环绕蒲昌海以西、以北和以东的河流,且这条河流与黄

---

① 参见成一农《浅析〈华夷图〉与〈历代地理指掌图〉中〈古今华夷区域总要图〉之间的关系》,《文津学志》第6辑,国家图书馆出版社2013年版,第156页。

河河道直接连接起来；其与黄河连接处有一条支流向西连接到了蒲昌海；同时这条河流的上流汇合了源自于阗、昆仑山以及葱岭等的支流。大致而言，虽然该图没有直接表达"重源伏流"说，不过其必然受到"重源伏流"的影响，但由于其在源头绘制有昆仑山，因此大致也可以认为该图也承认"河出昆仑"说，只是将两说糅合起来。

《六经图》中的"禹贡随山浚川图"，图中的黄河由双实线绘成，"河源"发源于昆仑山，并从积石山脚下绕过，似乎将"河出昆仑"说以及"导河积石"说糅合了起来。类似的还有《帝王经世图谱》"禹贡九州山川之图"。

在《禹贡山川地理图》中的"九州山川实证总图"中，黄河的源头有三，即葱岭、于阗南山以及"大积石河源"，因此其表达的应该是"重源伏流"说，但将"重源伏流"说与"导河积石"说糅合了起来。类似的还有《佛祖统纪》中的"汉西域诸国图"，虽然图中将河源标绘在了积石山，并有文字注记"河源行九千四百里，东入于海"，但在图面上突出绘制了"蒲昌海"，且"蒲昌海"以西、以南各有一条大河流入其中，且以南的河流源自于阗，以西的河流则源自葱岭且河道上标注有"葱河东行"，因此该图实际上展示的是"重源伏流"和"导河积石"说的结合。该书中的"东震旦地理图"，表达的也是对河源的这种认知。

大致而言，在宋代的地图中，河源的"重源伏流"说实际上占据了主流，只是或与"河出昆仑"说，或与"导河积石"说糅合在一起，并且在对"伏流"出露处的认知上有时受到了唐代河源探查的影响。

二 元代

元代都实对河源进行了考察，也存在记录和呈现其考察结果的相关著作和地图，如在陶宗仪《辍耕录》中就记录了都实的考察过程和发现，其中还附有一幅"黄河源图"。该图的正方向大致左东右西，黄河源自"星宿海"，然后是"鄂楞诺尔"，且还将"昆仑山"标绘在"九渡河"与"西宁州"之间。王喜《治河图略》中也有一幅"河源之图"，其所绘与《辍耕录》"黄河源图"有所差异。图中黄河的源头为"鄂敦诺尔"，然后是与其相连的"星宿海"，再后为两个标注为"泽"的湖泊，但同样在

"九渡河"与"西宁州"之间标绘了"昆仑"。从这两幅来看，显然是将都实的河源探查与"河出昆仑"说结合了起来。此外，在《治河图略》中还收录有 5 幅黄河图，分别是"禹河之图""汉河之图""治河之图""宋河之图""今河之图"。在这 5 幅黄河图中，黄河源自西域的"蒲昌海"，"蒲昌海"两侧标绘有"葱岭"和"于阗"，且都在"蒲昌海"右下方标绘有"积石"，因此表达的是"重源伏流"说，且与"导河积石"说相结合。

需要注意的是，陶宗仪《辍耕录》在图后文字中谈及"汉张骞使绝域，羁联拘执，艰厄百罹，历大宛、月氏等数国，其傍大国五六，皆称传闻，以为穷河源，乌能睹所谓河源哉！史称河有两源，一出于阗，一出葱岭，于阗水北行，合葱岭河，注蒲类海，不流，泆至临洮出焉。今洮水自南来，非蒲类明矣。询之土人，言于阗、葱岭水，其下流散之沙碛"①，显然其对"伏流重源"说是持否定态度的。王喜《治河图略》并未对河源所在表达直接的意见，虽然其肯定了都实所至应当就是河源，但从其所收录的地图，尤其是"今河之图"和"治河之图"来看，其对"重源伏流"至少并不持绝对的否定态度。

对河源的探察也影响到了这一时期总图的绘制，如在明代叶盛《水东日记》中收录的元人清濬的"广轮疆里图"中，河源被标绘在了"积石"西南很远的地方，且存在两个大的湖泊，这应当是受到了都实河源探察的影响。

不过，与宋代类似，关于河源的其他说法依然存在，如虽然宋代的《六经图》中的"十五国风地理图"中没有表达河源，但是属于这一谱系的元人的《诗集传附录纂疏》和《诗集传名物钞》中的"十五国风地理之图"则在黄河的尽头标绘了"积石山"，因此表达的是"河出积石"说。且明清时期的属于"十五国风"谱系的地图也都表达的是"河出积石"说，如清代杨魁植《九经图》"十五国风地理之图"等。②

---

① 陶宗仪：《南村辍耕录》卷二十二"黄河源"，中华书局 1959 年版，第 268 页。
② 关于这一谱系的地图，参见成一农《"十五国风"系列地图研究》，《安徽史学》2017 年第 5 期，第 18 页；以及本书的第一篇第三章。

三 明代

明代留存下来的"河源图"主要有：

王圻《三才图会》"黄河源图"，其基本是抄录的《辍耕录》"黄河源图"。

章潢《图书编》有两幅"河源总图"：其中第一幅以"星宿海"为黄河源头，然后标绘了两个注记为"泽"的湖泊，且在"九渡河"之北标绘有"昆仑"。《治河通考》"河源图"以及《八编类纂》"黄河图"兰州之前的部分，与章潢《图书编》"河源总图"的第一幅图几乎完全一致。需要注意的是这幅"河源图"中出现了一些元代的"站"名，如"阿齐伯站"等，这些地名也都出现在《辍耕录》的"黄河源图"中，因此很可能该图同样是一幅源自元代的，或与《辍耕录》"黄河源图"，或与都实考察存在联系的"河源图"，但其绘制范围西至兰州，要广于《辍耕录》的"黄河源图"。

比较有趣的是《图书编》中的第二幅"河源总图"，该图右侧绘制有一个巨大的、形状不规则且标注有"星宿海"的湖泊，需要注意的是这一湖泊在地图下方（也即北方）的部分与其在地图右侧（即西侧）部分的水波纹并不一致，且地图右侧部分的水波纹中绘制有代表泉眼的圆圈，而地图下方的部分则没有，而且地图下方的部分的上侧有两条支流汇入，这似乎有着某种寓意。这一巨大的"星宿海"之后则为"一巨泽""二戶泽"，在"乞里塔"之东标绘有"昆仑"。茅瑞征《禹贡汇疏》的"河源图"，与章潢《图书编》中的第二幅"河源总图"大致近似，但比较有意思的是，该图"星宿海"的北端有着"蒲昌海"三字，由此似乎解释了这一"河源总图"湖泊有趣的表示方式，即其认为充满泉眼的"星宿海"是与位于北方的"蒲昌海"相通的，而由此湖泊上方汇入的两条河流应当寓意着"重源"，因此这幅地图表达的是"重源伏流"说，只是与"河出昆仑"说结合在一起。与此类似的还有夏允彝《禹贡古今合注》的"河源图"，《河防一览》"全河图"谱系其他各图中对河源的表达也是如此[1]。

---

[1] 关于《河防一览》"全河图"谱系，参见本篇第二章第一节的介绍。

　　除了这几幅河源图之外，明代绘制的一些"西域图"中表达的也基本是"重源伏流"说。以《图书编》"西域图"为例，图中虽然将河源标绘在了"星宿海"，且在距离河源不远处的河道旁标绘了"昆仑"；但同时在哈密以西绘制了"蒲昌海"，且有两条大河分别从西、从南流入，其中从南流入的河流源自于阗，从西流入的河流源自中亚，且流经了"葱岭极顶"，因此该图似乎表达的是"重源伏流"说，但同样结合了"河出昆仑"说。同样的地图还出现在了《修攘通考》《武备地理》《武备志》《八编类纂》《阅史津逮》《三才图会》中。

　　明代的总图中也有着对"河源"的表达：

　　《大明混一图》虽然在黄河河道尽头绘制了几个圆形的湖泊，但不可忽视的是，其在西域地区绘制有一个深色的大湖，且有西南和南方的山中发源的两条河流注入该湖中，因此不排除其反映的是"重源伏流说"。

　　《杨子器跋舆地图》在黄河河道尽头绘制了三个圆形的湖泊，标注为"星宿海"，但需要说明的是，在河源南侧还有两条流入"星宿海"的河流，且在这两条河流末端标记有"黄河源"。由于该图对西域地区绘制极为简单，因此难以考察绘制者所持的河源说，但仅从图面来看，其所呈现的应当是基于都实考察的结果。不过需要提及的是，图中这两条河流都源自"阿耨达山"，而"阿耨达"源于佛教，且在佛教中，"阿耨达池"有四条大河向四方分流①，因此图中对"阿耨达山"的呈现应当是受到佛教的影响。

　　在《广舆图序》"大明一统图"谱系的大部分地图中，黄河都源自"星宿海"，但在其"三大干龙"和"二十八宿"子类中，在西域标绘有"昆仑"；在"舆地总图"子类中，"昆仑"的位置被标绘在河源以北不远处。②

　　在《广舆图》"舆地总图"谱系的地图中，黄河都源自"星宿海"。比较特殊的是以《广舆图》"舆地总图"为底图绘制的《今古舆地图》中

---

① 参见章巽《论河水重源说的产生》，《学术月刊》1961年第10期，第40页。
② 这一谱系的地图，参见成一农《中国古代舆地图研究》，中国社会科学出版社2018年版；以及本书第二篇第二章第三节。

的"今古华夷区域总要图",其虽然将"黄河源"标绘在了"星宿海",但在西域的伊吾和哈密以西增绘了"蒲昌海"。①

《古今形胜之图》中虽然将"黄河源"标绘在了"星宿海",文字注记则有"黄河源在昆仑山之南";但在西域的"盐泽"处的文字注记为"其水潜行地下南流积石千里"。这似乎是将两种河源说,并置在一幅地图上,且这种标识方式几乎存在于受到《古今形胜之图》影响的之后一系列的地图上②。

王泮题识《舆地图》中黄河河源被标识在了"星宿海",但在西域还绘制有"蒲昌海"。

此外,在《大明一统志》的"大明一统之图"中没有准确表达黄河源,只是大致认为其出自"西番",这一谱系的其他地图也基本如此。③

大致而言,明代的地图对于河源的表达大致分为两类,一类是将河源明确或者不明确地标注在了"星宿海"或者"星宿海"大致所在的位置上,但某些地图在河源不远处标绘有"昆仑";另一类,则表达的是"重源伏流",且认为"伏流"出露处就是"星宿海",但同时或将"河出昆仑"或将"导河积石"说与此糅合起来。就目前掌握的地图来看,第二类地图在明代占据着主导。

不仅地图如此,在明代的文本中也存在否定都实河源考察所获资料的可信性,同时对"重源伏流"和"河出昆仑"说加以辩护的论证,其中被广为引用的就是王鏊《震泽集》卷三十四中的《河源辨》一文,该文被《禹贡锥指》《名臣经济录》《山西通志》《钦定河源纪略》《昆仑河源考》所征引。由于这段文字与后文的分析有关,因此此处列出原文:

> 有问河源者,王子曰:是非余所及履也,虽然,予以为必出于昆仑。曰:子何以知之?曰:予以理知之。山与水同原,天下之山起于

---

① 这一谱系的地图,参见成一农《中国古代舆地图研究》,中国社会科学出版社2018年版;以及本书第二篇第二章第三节。

② 关于《古今形胜之图》系列地图,参见本书第二篇第八章。

③ 这一谱系的地图,参见成一农《中国古代舆地图研究》,中国社会科学出版社2018年版;以及本书第二篇第二章第三节。

昆仑，天下之水出于昆仑，无疑也。曰：子不闻乎，昔元世祖欲穷河源，遣使行四五千里，至吐番朵甘思西部，有曰"鄂端诺尔"者，华言"星宿海"也，有水百泓，望之如列星，此河源也，逾昆仑二十余日矣。予曰：西域之迹，发自张骞。骞所历诸国，甚久且远。东汉之世，大秦、条支、安息至于海滨四万里外，重译贡献；班超遣掾甘英，穷临西海而还，皆未睹所谓昆仑也！何元使得之易乎？《禹本纪》言，河出昆仑，去嵩高五万里外；《国图》云，从大晋西七万里得昆仑之墟。今元使行不及五千里，云已逾之，何昆仑之近乎？自昔言昆仑者，皆在西北，元使所图，乃在西南，何也？然则，元使所谓昆仑者，果昆仑乎？所谓星宿海者，果河源乎？未可知也！《尔雅》云，河出昆仑，虚色白，并千七百川色黄。《山海经》云，昆仑之丘，河水出焉，东南流注于氾天之水；洋水出焉，西南流注于丑涂之水；黑水出焉，西流注于大杆。《淮南子》云，昆仑之墟，河水出其东北陬，赤水出其东南陬，洋水出其西北陬。雪山高五百由旬，山顶有阿耨达池，池东有恒伽河，从象口出，共五百河，流入东海；南有新颖河，从牛口出，共五百河，流入南海；西有博义河，从马口出，共五百河，流入西海；北有斯陁河，从狮子口出，共五百河，流入北海。康泰《扶南传》曰，恒水之源出昆仑，有五大源，分流为诸水。《洛书》曰，河自昆仑出于重野，径积石为中国之河。张骞云，于阗之西，水皆西流，注西海，其东水东流，注盐泽，盐泽潜行地下，其南，则河源出焉。古书所纪，先后一辙，岂皆不可信？而元使独可信乎？曰：为其得之亲见也！曰：古之至人夫独非亲见，凿空以欺后世乎？释氏生于天竺，穆王宴于瑶池，夫独非亲见乎？而疑之也！然则，元使其诬乎？曰：吾尝考之，河有两源，一出于阗，一出昆仑之墟，且汉使亦尝穷河源矣，谓出于阗，其山多玉石，采来，天子案古图书，名其山为昆仑，然非古所谓昆仑也。元使所见，其殆是乎？若昆仑之墟，彼固未之睹也，且天竺诸国有身热头痛之坂，县度之阨，热风夏雪，毒龙恶鬼，虎狮子之害，元使亦尝历此乎？《禹本纪》言，河出昆仑，昆仑其高二千五百余里，日月所相避，隐为光明也，其上有醴泉瑶池。《淮南子》载，昆仑之上有木禾、珠树、玉树、悬圃、阆风；《十洲记》谓，弱水绕之上，有金台玉阙之类，元使亦尝睹此乎？虽其神怪恍惚不可尽信，而河源之出于是不可诬也！近有佛图调者谓，钟山西六百里，有昆仑；郭璞谓，别自有小昆仑也，则昆仑固非一乎？曰，昆仑之远近不一，然则河源恶乎定。曰：《水经》云，昆仑在西北，河水出其东北，陬东南流入渤海，其一源出于寘之南山，北流与葱岭合东注蒲昌海。郭璞云，河出昆仑，潜行地下，至于寘国，复分流岐出，合而东注盐泽，复行积石，为中国河，此定论也！予见近世之论河源者，每以一夫之目，废千古之论，故为之辩！①

四　清代

清代留存下来的"河源图"数量众多：

许缵曾《宝纶堂稿》和《宝纶堂集》中的"黄河源图"，抄录的是元代《辍耕录》的"黄河源图"。王棠《燕在阁知新录》"河源图"也是如此，只是变形比较大而已。

徐璈《历代河防类要》中的"河源图"，实际上是一幅"黄河全图"，虽然其将河源标绘在"星宿海"，但该图左上角的注记则记为"《水经注》：自昆仑至积石一千七百四十里……"，实际上所持的是"河出昆仑"说，只是将昆仑定位在了星宿海附近。

胡渭《禹贡锥指》和马俊良《禹贡注节读》中都有"吐蕃河源图"和"西域河源图"。"吐蕃河源图"中用文字抄录了刘元鼎、潘昂霄以及朱思本对河源的记载；在"西域河源图"右上角用文字抄录了《汉书·西域传》对河源的记载。在文本中，胡渭《禹贡锥指》只是在卷十三提及"但当验积石重源之有无，以辨西域吐蕃之是非耳，其孰为昆仑，孰非昆仑，孰为河源，孰非河源，愚不敢臆为决也"，也即胡渭无法确定"重源伏流"说是否有误。此外，在《禹贡锥指》的"尔雅九州图""职方九州图""九州贡道图""导黄河图""雍州图"等中展现的都是"导河积石"说。

---

① 王鏊：《震泽集》卷三十四"河源辨"，文渊阁《四库全书》本。

　　康乾时期都对河源进行了实地勘察，也留下了一些与此有关的地图，如反映了康熙时期河源勘察的收藏在中国第一历史档案馆的拉锡等绘的《星宿海河源图》以及收藏在中国第一历史档案馆和北京大学图书馆的《黄河发源图》；反映了乾隆时期阿弥达河源勘察的分别收藏在中国第一历史档案馆、中国国家图书馆、美国国会图书馆的《河源图》（或名《黄河源图》）。

　　中国第一历史档案馆《星宿海河源图》，纸本彩绘，图幅147.5×360厘米。图上有黄、红两色贴签，其中黄色贴签是拉锡绘图的原签，红色贴签则是根据后来阿弥达的奏折以及附图上的说明文字抄录上去以便乾隆帝阅览的。该图上南下北，范围东起庄浪、西至天池、巴尔布哈山。在星宿海河源地区，绘制出了河源的三条支流，其中最长的一支的贴签为"黄河源三河名固尔班索尔马"；图中还绘制有与此次河源探查相关的山川地名①。

　　中国第一历史档案馆《黄河发源图》，彩绘纸本，图幅95.5×116.5厘米，应为《星宿海河源图》的缩简版。此图方位上北下南，左西右东，四周标有经纬度。绘制范围东起与陕西交界处，西至巴颜喀拉山，南侧众多河流汇入黄河，北至与陕西交界处。图中河源地区明确标出"黄河源三河名孤尔班索尔马"②。

　　中国第一历史档案馆《河源图》（《黄河源图》），该图上部是满汉文合璧的乾隆四十七年七月十四日《上谕》《御制河源诗》《御制读〈宋史·河渠志〉》，下部是墨绘涂彩纸本图，图幅110×346.5厘米。地图正方向为上南，绘制范围东起兰州，西至天池，用满汉文标注地名53个，图中有四处用黄签，标注了拉锡和阿弥达所到之处。③

　　需要注意的是，虽然这些基于实地考察的地图都清楚地表达了河源所在，不过在乾隆授意下由纪昀等编纂的《钦定河源纪略》中依然强调的是

---

　　① 参见曹婉如主编《中国古代地图集（清代）》"图版说明"，文物出版社1997年版，第2页。

　　② 张小锐：《康熙年间黄河探源与河源地图》，《中国档案》2014年第2期，第79页。

　　③ 参见曹婉如主编《中国古代地图集（清代）》"图版说明"，文物出版社1997年版，第19页。

"重源伏流"说。该书中绘制有"汉书河源图""水经注河源图""唐刘元鼎所见河源图""元使所穷河源图"等图,但"重源伏流"说在该书的"河源全图"中表达得最为充分。该图在黄河河道末端绘制了用大量圆圈标识的"星宿海",以及表现为两个湖泊且有文字标注的"鄂凌淖尔"和"扎凌淖尔",在"星宿海"以西绘制有三条注入其中的河流,其西南一支右侧标注有"阿勒坦郭勒",而在三条支流的末端标注有"阿勒坦噶达素",这是对河源探察的反映;但与此同时,在新疆地区绘制了"罗布淖尔"等湖泊以及相关支流,且这部分占据了整个图幅的四分之三。结合文本,可以认为该图反映了依然是"重源伏流"说,只是与这次考察的结果结合在一起,将"伏流"出露的地点具体定在了阿勒坦噶达素。

而且还需要注意《河源图》(或名《黄河源图》)上的以乾隆口吻撰写的一段文字注记:

又因《汉书》河出昆仑之语。考之于今,昆仑当在回部中,回部诸水皆东注蒲昌海,即盐泽也。盐泽之水入地伏流,至青海始出,而大河之源独黄色,非昆仑之水伏地至此出,而挟星宿海诸水为河渎而何?济水三伏三见,此亦一证矣。因于河源诗后复加按语,为之决疑传正嗣。检阅《宋史·河渠志》有云,河绕昆仑之南折而东,复绕昆仑之北诸语。夫昆仑大山也,河安能绕其南又绕其北,此不待辨而知其诬。且昆仑在回部,离此万里,谁能移此为青海之河源。既又细阅康熙年间锡拉所具图,于贵德之西有三支河,名昆都伦,乃悟,"昆都伦"者蒙古语谓"横"也,横即支河之谓,此元时旧名,谓有三横河入于河,盖蒙古以横为昆都伦,即回部所谓昆仑山者,亦系横岭,而修书者不解其故,遂牵青海至昆都伦河为回部之昆仑山耳。既解其疑,不可不详志,因复读《宋史·河渠志》一篇,兹更捡起《元史·地理志》,有河源附录一卷,内称汉使张骞道西域,见二水交流发葱岭,汇盐泽,伏流千里,至积石而再出,其所言与朕蒲昌海即盐泽之水入地伏流,意颇合,可见古人考证已有先得我心者。按《史记·大宛传》云,于阗之西水皆西流注西海,其东水东流注盐泽,潜行地下,其南则河源出焉,河注中国。《汉书·西域传》"于阗国"条下所引亦同，而说未详尽。张骞既至蒲昌海，则或越过星宿海直至回部地方，或回至星宿海而未训至阿勒坦郭勒等处。当日还奏必有奏牍，或绘图陈献而司马迁、班固记载弗为备详始末，仅以数语了事，致后人无从考证，此作史者之略也。然则《武帝纪》所云，昆仑为河源，本不误，特未详伏流而出青海之阿勒坦噶达素，而经星宿海为河源耳。至元世祖时，遣使穷河源亦但言至青海之星宿海，见有泉百余泓，便指谓河源，而不言其上有阿勒坦噶达素之黄水，又上有蒲昌海之伏流，则仍属得半而止。朕从前为《热河考》，即言河源自葱岭以东之和阗、叶尔羌诸水潴为蒲昌海，即盐泽，蒙古语谓之罗布卓尔，伏流地中复出为星宿海云云。今覆阅《史记》《汉书》所纪河源，为之究极原委，则张骞所穷正与今所考订相合……

从这段文字来看，乾隆依然坚持的是"重源伏流"说，且其得意之处在于，经过这次考察，他可以具体指出"伏流而出青海之阿勒坦噶达素，而经星宿海为河源耳"，由此超越了前人的认知。

而且，由前文来看，"重源伏流"说长期以来在关于河源的各种认知中占据着主流，除了明清时期的地图之外，相关的文本也提供了证据。如清代大儒万斯同，其著有《昆仑河源考》一书。《四库全书总目提要》对该书的内容进行了简要概括：

是书，以元笃什言河源昆仑，与《史记》《汉书》不合，《水经》所载亦有谬误，因历引《禹贡》《禹本纪》《尔雅》《淮南子》及各史之文，以考证之。考张骞言河源出盐泽，司马迁又言河源出于阗，天子案古图书，名河所出山曰昆仑，后来诸书都无异说。《唐书·吐谷浑传》始有李靖望积石山，览观河源之言，而亦未确有所指。迨至笃什奉命行求，称得之朵甘思西鄙，潘昂霄等妄为附会经传，音译舛讹，遂以鄂敦塔拉之潜行复见者，指为河源，以阿木尼玛勒占木逊山，即古积石山者，指为昆仑。《元史》因而采入《地理志》中，耳食相沿，混淆益甚。我国家德威遐播，天山两道尽入版图，月窟以西，皆我户闼。案图考索，知河有重源。笃什所访，仅及其伏地再出者，而河水之出葱岭、于阗，注盐泽潜，行至积石者，则笃什皆未之见。伏读《御批通鉴辑览》，考辨精详，河源始确有定论。斯同此书作于康熙之初，核以今所目验，亦尚不尽吻合，然其时西域未通，尚未得其实据，而斯同穿穴古书，参稽同异，即能灼知张骞所说之不诬，而极论潘昂霄等之背驰瞀乱，凡所指陈，俱不甚相远，亦可谓工于考证，不汩没于旧说者矣。

这一时期中的其他一些地图也反映了这样的认知，如前文提及的《大清万年一统地理全图》。还有孙丙章绘的同治元年（1862）刻本《皇朝京省舆地总图》，"该图伪彩色套印，轴装，四轴，现藏北京大学图书馆。图面采用经纬度与计里画方相结合的方法。在第四轴左下有黄河河源。它是以双曲线表示的一个葫芦。它下面的注记：'河自蒲昌海潜行地中，至此重源。《禹贡》所谓导河积石也'"①。

此外，"河出积石说"的依然存在，如杨魁植《九经图》和江为龙等辑《朱子六经图》"十五国风地理之图"。

总体而言，虽然清代康乾时期对河源进行了实地探查，但并不像之前的很多研究所展示的，对河源的认知有了切实的进展，乾隆基于河源探查得出的依然是"重源伏流"说的结论，实地考察只是让其更为确凿地肯定了"伏流"所出的地点。

第三节　结论

首先，需要说明的是，那些将河源绘制为"星宿海"或者大致位置上的全国总图并不能证明，这些地图是对"重源伏流说"的否定，原因是这些地图中的大部分其绘制目的并不在于呈现河源，且这类地图中的大部分对于西域的描绘极为简单②，两者结合起来，使其可能忽视了对西域地区

---

① 李新贵：《黄河河源绘制体系的初步研究》，第117页。
② 关于中国古代地图上对于西域的呈现，参见成一农《从古地图看中国古代的"西域"与"西域观"》，《首都师范大学学报（社会科学版）》，2018年第2期，第25页；以及本书第十篇第六章。

"重源伏流"的呈现。

　　总体而言，从地图来看，宋代之后，在关于"河源"的问题中，"重源伏流"说实际上一直占据着主流，只是有时明显或者不明显地糅合了"河出昆仑"说或"导河积石"说；而唐代以来对河源的考察并未动摇上述三种说法，尤其是未能动摇"重源伏流"说，只是在"重源伏流"的框架中，确凿了"伏流"露出地面的位置。而就"重源伏流说"的长期存在而言，"世俗权力"以及构建"国家认同"的需要并不是原因，因为其本身就是一种长期存在且占据主流的中国古代关于黄河河源的认知。

　　最后，本章基于此对知识史的相关问题进行初步的讨论。人类历史上，在知识平稳发展的时代，绝大多数的研究工作基本就是对"经典"观点的注释、补充和改进；同时对于那些不同于传统认知的"新发现"，也会尽量将它们与已有的"经典"观点整合在一起，或对不同于传统认知的"新发现"按照已有的"经典"观点进行解释，或对"经典"观点进行微调从而为这些不同于传统认知的"新发现"留下可以存在的位置。这样的情况，在人类知识史中不断出现，如地理大发现起始阶段对于从"新大陆"传来的新材料的解读即是如此；在牛顿建立起经典物理学之后的很长一段时期，甚至在量子物理学诞生的初期，对于一些物理现象的解释也是如此。

　　而且这种情况在现代以及在历史学中也是存在的，如最早由日本学者提出，由施坚雅归纳而形成的"中世纪城市革命"，20世纪80年代之后在国内城市史研究中成为一种"经典"观点。虽然在文献中发现了大量与此不符的材料，但大部分学者并不因此质疑"中世纪城市革命"，而是在加藤繁的命题之内提出了自己的解释。[1]

　　而只有到了"知识革命"的时候，才会基于新发现对"经典"观点提出挑战，最终推翻"经典"观点，并对新发现作出符合最新观点的"正确"解释，欧洲文艺复兴以及地理大发现即是如此。总之，"新发现"会推翻错误的"经典"观点，这只是研究者后见之明的一厢情愿；单纯的

---

　　[1]　参见成一农《"中世纪城市革命"的再思考》，《清华大学学报》2007年第2期，第77页。

"新发现"并不会带来知识的革命。"知识革命"需要原有知识体系的各个方面共同发生变革，也是一种知识整体结构的变革，当然这是一个复杂的命题，此处不再展开。

回到本文的主题，无论是王鏊还是乾隆，对于"重源伏流"说的坚持，也有其逻辑基础。除了相信一些"经典"著作中的记载是正确的之外，他们实际上也都持有今人所持的"眼见为实"的信念。其中王鏊认为各类古书中的记载应当都是撰写者或者撰写者所依据的"当事人""眼见为实"的结果，否则不会存在那么多相近之处，并基于此认为都实的探察实际上并未真正做到"眼见为实"；而乾隆对张骞的推崇也是如此。此外，这些认知还使用了同样为今人所强调的逻辑推理，即"以理度之"的思路，如王鏊基于昆仑山的遥远而认为都实实际上没有进行全面的考察；以及乾隆以推理的方式否定了《宋史·河渠志》中对昆仑山位置的记载，从而认为昆仑山应当在"回部"。

此处基于此讨论一下中国传统的考据学以及中国现代史料学的问题。中国考据学和史料学根本性的方法实际上只有三种：

一是版本。即认为最好的版本应当最为接近文献成书时的样貌，但问题在于文献成书时的样貌并不等于"史实"，在今天的史学看来，这点应当毋庸置疑。

二是区分一手史料和二手史料。对于很多史料而言，如何将其确定为一手史料和二手史料，本身就是非常困难的问题，如官修史志。甚至我们通常视为一手史料的原始档案也是如此，大致而言，就其中撰写者亲历的事件而言，其可谓是一手史料，但对于其中那些撰写者根据他人叙述或者其他材料撰写而成的事件而言，其就成为二手材料，但如何辨识哪些是撰写者亲历的事件，哪些不是，有时非常困难。更为麻烦的就是，为什么一手史料的价值要高于二手史料？对于这问题有一个简单明了的否定性的回答，即如果认为二手史料的价值要高于一手史料，那么这就是对历史学自身的否定。因为我们所有的研究，都可以被归为二手材料。如果认为一手史料的价值要高于二手史料的话，那么一段时间后，我们所有研究都是没有价值的。因此，以一手史料和二手史料来区分史料价值，本身就是不成立的。而且，即使承认一手史料的价值要高于二手史料，也只是一个不知道具体概率的概率问题，也即在概率上，一手史料的价值要高于二手史料。但问题在于，这个概率在面对具体研究时，通常就会变为 0 和 100% 的问题，而两者中哪者为 0，哪者为 100%，则影响到了最终的结论。如上文"重源伏流"说的辩护者和反驳者，他们的差异之一就是对《史记》《汉书》中的相关记载以及都实等考察是一手史料，还是二手史料的认定上。

三是"以理度之"。在很多时候，从古至今，关于很多史学问题的考据（考证），研究者使用的都是相同的史料，但往往会得出完全不同的结论，这种差异很大程度上可以归结于不同研究者采用了不同的推理方式，也即"以理度之"的"理"不同。其实，古代河源图的研究也存在类似的情况。上文引用的王鏊和乾隆帝的推理，自有其理；而否定"重源伏流"说的人也有其"理"，如上文引用的陶宗仪的《辍耕录》。这些理，在很多时候难辨对错，这也是自古至今很多史学问题争论不休的原因。试想，如果没有现代地质学和地理学对黄河源的探察，仅就流传的史料而言，现代史学家"以理度之"会得出什么样的结论呢？

总体而言，在史学发展的今天，传统的认为通过考据或者对于史料的辨析能得到或者接近"史实"的梦想应该放弃了，我们应做的只是：说服更多的人相信我们所论证的很有可能是史实。

最后，还有一个有趣的现象需要谈及。除了康乾时期的考察留下来了考察者直接或者参与绘制的"河源图"之外，之前的所谓"河源图"实际上都是后人根据文献记载或者亲历者的描述绘制的。那么，这些描述是如何"图像化"的，是一个较为有趣的问题。

如都实将"星宿海"描述为"河源在土蕃朵甘斯西鄙，有泉百余泓，或泉或潦，水沮洳散涣，方可七八十里，且泥淖弱，不胜人迹，逼观弗克。旁履高山，下视灿若列星，以故名火敦恼儿，火敦译言星宿也。群流奔凑，近五七里，汇二巨泽，名阿楞恼儿"[1]。此后，在各种"河源图"以及某些总图中，就将星宿海呈现为一个大湖，但其中用众多的小圆圈来表达"有泉百余泓"。

---

① 陶宗仪：《南村辍耕录》卷二十二"黄河源"，中华书局 1959 年版，第 267 页。

但也有着其他一些"与众不同"的呈现方式，如在《大明混一图》上将星宿海表现为由一串相互连接的小圆圈构成的两个环形，环形的上端则与两个大的湖泊相连。在万历《陕西通志》的"黄河图"中，则将其标绘从一堆小圆圈流出的水流构成了两个南北并列的"巨泽"，然后"巨泽"汇合而成"赤宾河"，这种表现方式还出现在以《禹贡古今合注》"导河图"为代表的一些"导河图"中。另外，现藏中国历史博物馆的明嘉靖末年兵部职方司据嘉靖十三年（1534）许论原图摹绘的《九边图》中，河源被呈现为一个大的湖泊，周围为大小不等的八个小湖泊，在大的湖泊上注有"昆仑山"，其下注"黄河原九泉"。"黄河原九泉"目前所能找到的相关认知，只出现于在明初唐文凤的《梧冈集》"昆仑滩"中，即"昆仑在西极，山水皆所祖。浑浑黄河源，九泉元气吐泄，此天汉津狂流"。

在一些明清对地图中有时将黄河源绘制为三个圆圈相连，有时又绘制为两个圆圈相连，其中三个圆圈相连标识的应该是星宿海以及扎陵湖和鄂陵湖；而两个圆圈相连，则可能是将本为"二巨泽"的"阿楞恼儿"误为一个湖泊，或是省略了"星宿海"。

最后，在都实的考察中还记载有"九渡"的地名，即"然水清，人可涉。又一二日，岐裂八九股，名孙斡论，译言九渡，通广六七里，马亦可度"[1]。《辍耕录》"黄河源图"中将其绘制为一个有着波浪纹的湖泊；在后续的一些地图中有时则演化为一段加宽的河道，如《图书编》中的第一幅"河源总图"；而在明清时期的一些地图中则将黄河的这段河道表现为由九条河道构成，如《大明混一图》以及以《郑开阳杂著》"黄河图"为代表的古籍中的一系列地图。

如何将描述转化为"图像"是一个颇为有趣的问题，其间必然要掺杂或多或少的想象。更为有趣的是，对于观看者而言，如何分辨出其间蕴含的"想象"同样也是个问题，而这种分辨本身也不可避免地带有观看者的"想象"，因此，这也证明作为史料的古地图、现代地图，以及似乎是写实的照片都具有不可避免的想象的成分。当然，这并不是否定图像的史料价值，因为本人认为图像的史料价值恰恰在于这些想象的成分。

---

[1]　陶宗仪：《南村辍耕录》卷二十二"黄河源"，中华书局1959年版，第267页。

第三章　长江及其他河流水利图

第一节　长江图

虽然长江与黄河并称为中华文明的"母亲河"，但与黄河图相比，存世的长江图数量要少很多。相关的研究大都集中在某些河段以及某些地图上，如关于乾隆时期绘制的三幅"金沙江"地图，以及清末民国时期"峡江"段的一些地图，且其中国璋编绘的《峡江图考》得到了更多的关注。下面基于这些研究对相关地图进行一些简要介绍：

蓝勇在研究清代滇铜运输过程中，在海内外搜集到了三幅清乾隆年间绘制的《金沙江图》①。第一幅为收藏于中国第一历史档案馆的《云南金沙江上下两游全图》，绢底彩绘，图幅 51 × 7280 厘米。"该图分成三部分：第一部分系云南巡抚张允随进呈乾隆皇帝的，故图中附有张允随的奏折；第二部分是一幅《金沙江上下游总图》，描绘从武定府到叙州府大的山川形势；第三部分正图描绘了从汤丹厂到叙州府的下游 82 滩、上游 52 滩的情况。从画风上来看，此图为一人所绘。"② 第二幅为《金沙江全图》，原收藏于民间，现由北京国家博物馆收藏，绢底彩绘，"共分五幅（卷），每幅宽约为 0.51 米，五幅全长共 74.22 米。每幅长度分别为 1692 厘米、1190 厘米、1490 厘米、1580 厘米、1470 厘米。首卷为上游绘制双龙滩至

---

① 蓝勇等：《清乾隆〈金沙江全图〉考》，《历史研究》2010 年第 5 期，第 166 页。
② 蓝勇等：《清乾隆〈金沙江全图〉考》，《历史研究》2010 年第 5 期，第 167 页。

石硐滩，计32滩；二卷绘制横木滩至河口滩，计20滩；三卷为下游，绘制利远滩至硫磺滩，计28滩；四卷绘制三堆石滩至大佛漕滩，计32滩；五卷绘制杉木滩至新开滩，直到叙州府，计22滩，总计134滩。此图没有张允随的进奏折子和刘文诰的进呈文字。从画风上看，此图为多人所绘"①。第三幅《金沙江全图》，收藏在海外私人手中，"此图描绘从独石滩到叙州府间的滩险、山川、城镇、营汛。以其图式来看，也在70多米长以上。此图与其他两图相比的独特之处在于图上的文字标注较为详明，同时卷首又有'臣刘文诰谨呈'六字的进奏题字。从画风上来看，此图也为一人所绘"②。这三幅地图的图面上皆有大量的文字图记，标注了江中险滩的情况以及是否应开修船路和纤路的建议，如"焦石岩滩，离金锁关滩六里，系次险滩，应于南岸开修船路，并开纤路""门坎三滩，离猪肚石滩八里，系次险滩，应于北岸开修船路，并开纤路"等。

　　关于这三幅地图之间的关系，以及它们与乾隆七年（1742）开通金沙江航运过程中张允随进呈的《金沙江全图》的关系，蓝勇认为"基于以上认识，我们认为由于有张允随的进奏折子，又有《总图》，一档《金沙江上下两游图》可能就是前面《张允随奏稿》和《清实录》中谈到的张允随进呈的原图。因滩数与一档同，没有其他文字、总图，国博《金沙江全图》可能与张允随进呈图有直接关系"，"由于从画风上来看，国博图可能由三人以上完成，很有可能是当时实地勘察绘制时的拼合的草图，是为一档张允随图的蓝本"，"但海外《金沙江图》没有《金沙江上下游总图》，也没有张允随的折子，所记滩数与其他两图少两滩，但此图画工精细，文字较为详明，特别是图首有'臣刘文诰进呈'之字，可能与一档和海外《金沙江图》的关系并不直接"，且"三幅图中虽然大的滩数、滩名相差不多，但三者的具体山川形势并不完全一样，有的地名标注的方位也不一样，不可能是简单的完全摹绘"③。

　　关于这三幅地图的进一步研究，还可以参见李鹏的《乾隆年间的三

　① 蓝勇等：《清乾隆〈金沙江全图〉考》，《历史研究》2010年第5期，第167页。
　② 蓝勇等：《清乾隆〈金沙江全图〉考》，《历史研究》2010年第5期，第167页。
　③ 蓝勇等：《清乾隆〈金沙江全图〉考》，《历史研究》2010年第5期，第173页。

幅〈金沙江图〉长卷》①和《乾隆朝金沙江工程与〈金沙江图〉的绘制》②。

此外，在顾炎武《天下郡国利病书》中也有一幅"金沙江总图"，该图方位左西右东，西侧起自"澜沧卫河""盐井卫河""建昌卫河"的交界处，东侧大致至叙州府。由于该图图幅仅 19.2×67.5 厘米，因此图中所绘非常简单，只是在江流两侧简单标注了滩名以及州县名称和少量山脉名称。

长江"三峡"江段航运十分艰辛，在清代中晚期流传下来一批"川江航道图"。最早对清末民国这类地图进行系统分析和介绍的是蓝勇的《近代三峡航道图编纂始末》③一文，此后李鹏撰写了一系列论文，如《近现代川江航道图编绘补录》④、《清末民国川江航道图编绘的现代性》⑤以及《晚清民国川江航道图编绘的历史考》⑥等。根据上述研究，近代时期最早的"川江航道图"应当是光绪四年（1878）宜昌总兵罗缡施的《峡江救生船志》，其中正文二卷二册，附刻《行川必要》一册，《峡江救生船志图考》一册，共四册，其中附有《巴东至东湖峡路图》；以及同年夔州知府汪晓潭编绘的从巫山至夔州府的《由夔至巫创修峡路图》，两种共 134 幅；另外，还有《救生船勇弁图》。其中罗缡施所绘地图涵盖范围是从今宜昌到巴东一段；汪晓潭所绘则是从今万县狐滩段到奉节，且其中有大量脱程，绘制也十分简略，如《峡江救生船志》几乎只有北岸图例，仅附沿江救生船和炮船的位置，没有附上更多的以备参考的水道里程和行舟注意事项。基于上述这些地图，巴县县令国璋编绘了《峡江图考》，该图册在对罗缡施《川行必要》进行考订增补的基础上，将《巴

　　① 李鹏：《乾隆年间的三幅〈金沙江图〉长卷》，《地图》2017 年第 6 期，第 124 页。
　　② 李鹏：《乾隆朝金沙江工程与〈金沙江图〉的绘制》，《历史地理》第 35 辑，复旦大学出版社 2017 年版，第 152 页。
　　③ 蓝勇：《近代三峡航道图编纂始末》，《近代史研究》1994 年第 5 期，第 204 页。
　　④ 李鹏：《近现代川江航道图编绘补录》，《长江文明》第 18 辑，重庆大学出版社 2014 年版，第 69 页。
　　⑤ 李鹏：《清末民国川江航道图编绘的现代性》，《西南大学学报（社会科学版）》2017 年第 5 期，第 183 页。
　　⑥ 李鹏：《晚清民国川江航道图编绘的历史考察》，《学术研究》2015 年第 2 期，第 96 页。

东至东湖峡路图》、《由夔至巫创修峡路图》和《救生船勇弁图》三图合为一册，且增补了由万县至重庆的部分。此外，还有四川按察使司绘制的《四川省额设救生船只驿站渡船水手挑夫各项数目图说》，于清光绪二十九年（1903）成图，彩绘本，"图中用粗细不同的双线条表示川江水系，用方形套圆、方形与圆形分别表示府州县治所，用船型符号表示救生船与渡船，依次标注当时川江额设救生船只、渡船与水手挑夫的数目及分布"①。

在这一系列地图中，《峡江图考》可以被称为集大成之作，因此蓝勇和李鹏对该图进行了更为细致的研究，如蓝勇《三峡最早的河道图〈峡江图考〉的编纂及其价值》②和李鹏等《晚清川江内河航运变迁与航图制作——以〈峡江图考〉为中心》③。大致而言，《峡江图考》的编纂完成于光绪十五年（1889），最早于光绪二十七年（1901）由上海袖海山房书局石印出版，后又于民国六年（1917）由宜昌二架牌坊中市晏文盛书局印行第二版，民国八年印行第三版，民国十五年印行第四版④。光绪二十七年版"上册封面上由卤湖渔子题字《川行必读峡江图考》，扉页上书'峡江图考'四隶体字。扉页后是国璋的'峡江图考叙'。在叙后是'宜昌至夔府水道程途'，分列沿途各重要的城镇、居民点、险滩的位置、水文和里程，然后又是图文并茂的正文和图，共53幅。其后又是一个'夔府至宜昌水道程途'，以便于检阅，即：'上水则从册首以逮尾，下水则从册尾以达首，反复顺溯，皆为浏览。'下册的封面和扉页同上册，内文开始是'夔府至重庆道程途'，然后是图文并茂的正文和图，共44幅。其后又为一从尾朝前的'重庆至夔府水道程途'"⑤。

---

① 李鹏：《近现代川江航道图编绘补录》，《长江文明》第18辑，第70页。

② 蓝勇：《三峡最早的河道图〈峡江图考〉的编纂及其价值》，《文献》1995年第1期，第244页。

③ 李鹏等：《晚清川江内河航运变迁与航图制作——以〈峡江图考〉为中心》，《长江文明》第20辑，重庆大学出版社2015年版，第91页。

④ 此外，在《舆图要录》和《美国国会图书馆藏中文古地图叙录》还分别记载有光绪二十年和光绪十五年的版本，不知是否正确。此外，《舆图要录》中还记载有一个清光绪五年水师新副中营刻印本的程以辅的《峡江图考》，因为未能看到原图，所以无法了解其与国璋《峡江图考》之间的关系。

⑤ 蓝勇：《三峡最早的河道图〈峡江图考〉的编纂及其价值》，第245页。

　　除此之外，还有一些长江沿岸的局部图，如中国科学院图书馆藏"巴东县长江图"，道光十八年（1835）至光绪二十八年（1902）间绘制①，纸本彩绘，大致上北下南，绘制范围起自图右"归州交界"，至图左的"四川巫山县交界"，绘制的应是湖北宜昌府巴东县境内长江峡流的情况。"该图用中国传统的山水画技法描绘了巴东县境内江段的水流、矶石、江滩、渡口、村落、驿铺、寺观、沙碛等地物。巴东县地处长江三峡中段，水流湍急，险滩峻石密布，严重威胁经航船只，所以此图对影响航行的山峡、江滩标注非常详细"②，图中用大量贴红说明了险滩和情况，如"三松子又名火焰石，其滩最汹，泡漩南岸，横江过北岸，系报部险滩""青竹标滩春、冬两季浪滚汹涌，泡漩最险，南岸大碛巴在北岸，上下船支最懼，系报部险滩"等。

　　除了这些局部江段的地图之外，还存在一些以"万里长江图""大江图""长江图"为名的地图，但这些地图中的大部分并没有绘制长江的全部江段，绘制范围大都是从湖北（具体而言，很多起自洞庭湖湖口附近）开始，直至长江入海口。

　　如中国国家图书馆藏清同治六年（1867）冯世基的彩绘长卷《长江名胜图》，绘制范围右起湖北石首县，左至江苏江阴县。该图采用对景的绘制方法呈现了长江河道以及两岸的景物。两岸的府州县城绘制为带有城楼的城郭，用黑白两色的形象的房屋符号标注场、市镇和巡司等，用涂有红色的形象的房屋符号或者楼阁符号表现寺庙、楼阁等；此外，图中用一些简要的文字注明了暗礁、河流的走向以及可泊舟之处，如长沙府城右侧的河湾处注有"南湖港可住舟"，右侧的"矮子洲"处注有"此处有暗矶"。

　　北京大学图书馆藏绘制于同治时期的《江苏、江西、湖南、湖北、安徽五省南北两岸长江全图》，纸本设色，册页装，绘制范围起自江苏通州，由东向西上溯至湖北荆州。图中长江及其支流用蓝色呈现，河道中的沙洲大部分用明黄色表现，山脉用青绿色形象画法绘制；用大段文字注记标注

---

① 参见李鹏《晚清民国川江航道图编绘的历史考察》，《学术研究》2015年第2期，第97页。
② 孙靖国：《舆图指要：中国科学院图书馆藏中国古地图叙录》，第312页。

了沿江重要地点的历史沿革，以及有关的军事活动，且注意标注了各段的水陆里程。[①]

中国国家图书馆藏清末彩绘本的《长江图》，该图绘制范围起自岳州府以及洞庭湖口，止于淮安府山阳县，还包括了运河和黄河的一部分河段。图中用对景的方式绘制了河道两岸的景物，但绘制重点在于府州县、庙宇、山脉、仓厫以及支流的入江处、矶石和江中的沙洲。河流的主干道用黄色水波纹表示，支流、山脉矶石和沙洲用深浅不一的青绿色标识，府州县用带有垛口的形象的城墙符号表示。图中有少量文字标记，或标注里程，如"汉江至九江五百四十里"；或标注水情，如"江西湖广二水合流，浪大难行"；或标注景观，如"白香山听琵琶处，有《琵琶行》"等；或标注漕运情况，如"江西湖广粮船由此河进罗泗闸"。

中国国家图书馆藏绘制于清末的《长江大观全图》中的"长江胜景图"和"长江总程图"。"长江胜景图"右起镇江府，左至洞庭湖口。图中用深浅不等的灰色绘制了长江两岸的景物，但并没有用清晰的方式呈现出长江的河道；用文字标注了一些河流的走向、可泊舟之处以及少量里程数据；在少数景物附近抄录了一些诗文，如"白云矶"处"白云矶上白云飞，白云飞去矶仍在。更有江水流不尽，何日何时歇风波"。"长江总程图"（"长江总图"）右起江陵府城，左至南通、海门的出海口，用双黑线简要勾勒了长江的河道，用三角形符号在表示河道的黑色线条内侧标注了"矶"，但没有注明具体的名称，且位置似乎也只是示意性的，在河道两侧标注了一些地名以及相距里数；需要注意的是，与长江沿岸的其他地区相比，该图对于太湖周围给予了更为细致的表述。

刻本书籍中也存在一些长江图，如明代章潢《图书编》中的"万里长江图"。该图绘制范围右起青城县以东的牛汉口，显然将长江的源头定在了岷江，左至"建康"。图中在"牛汉口"以下绘制了一些长江的支流且用文字简要叙述了流经和汇入长江的地点，如在"嘉定州"下方绘制了"大渡河"，在图中河道的上源尽头即"叙州"右侧标注了"大渡河"，且

---

①　参见北京大学图书馆编《皇舆遐览：北京大学图书馆藏清代彩绘地图》，中国人民大学出版社 2008 年版，第 217 页。

　　注明"沫水自崔门州会大渡河，穿夷界十山，俱合于此"；在"马湖江口"标注"自叙州马湖江诸水俱合于此"。图中在长江两岸标绘了府州县、山脉、寺庙，以及"八阵图""赤壁赋"等历史典故所在的地点，对长江中的沙洲和矶石标绘的并不多。

　　王圻等《三才图会》中的"长江图"是少有的绘制了整个长江河道的地图。图中长江发源于位于"西番"的"岷山"之下，至通州、海门的"大江口"入海。图中长江河道中绘制有水波纹，两岸的支流用双曲线呈现，标绘有府州县和山脉；可能受到图幅的限制，南岸的洞庭湖只呈现有一半，而鄱阳湖只呈现了"九江府"右侧的"小孤山""大孤山"；在长江的三峡河道中标注了"西陵峡""白狗峡""归峡""巫峡""瞿塘峡"；在"内江"汇入"长江"处的左侧"九顶山"下有一段文字注记，即"北大江即岷江也，一名蜀江，一名都江，一名汶江"，而在"内江"河道右侧标注有"一名中江，又名金川"，且图中此处河道南岸则是"马湖江"汇入长江之处。

　　此外，在一些古籍中还存在一些呈现《禹贡》中所载与"长江"有关内容的地图。如在胡渭《禹贡锥指》、马俊良《禹贡注节读》和艾南英《禹贡图注》中都有一幅"导江图"，与这三部《禹贡》注疏类著作中的其他地图近似，该图同样以"计里画方"的方式绘制，每方二百里。图中长江源自"羊膊岭"，在"海门"入海。除了"长江"之外，图中还绘制出了长江的各条支流以及"洞庭"、"彭蠡"、"巢湖"和"震泽"四个湖泊以及流入这四个湖泊的河流，但其中大部分河流，《禹贡》中并无记载。图中有四段图注对《禹贡》中相关的一些重要地名进行了解释，如"彭蠡"右侧的图注为"郑康成云，左合汉为北江，右会彭蠡为南江，岷山居其中则为中江。故书称东为中江者，明岷江至彭蠡与南北合，始得称中，是为三江也"。顾栋高《春秋大事表》中有一幅"江水汉水图"，同样是以"计里画方"的方式绘制，不过每方一百二十五里，且绘制范围稍小，没有呈现出江源和入海处，河流的走向以及数量也存在差异，因此两图之间应当没有太强的渊源关系。

　　章潢《图书编》中的"江南诸水总图"，虽然图名为"江南诸水"，但实际上呈现的只是长江以及汉水、赣水和盱水，以及"洞庭湖即古九江"、"彭蠡即鄱阳湖"、"巢湖"和"震泽"四个湖泊，还有"大庾岭即梅岭""天目山""黄山""岷山""嶓冢"。需要注意的是图中"江水"发源于岷山，在"洞庭湖"以西绘制了九条汇入的河流且没有标注名称，在震泽一下标注了"三江"。大致而言，该图似乎同样是对《禹贡》所载内容的呈现。

长江沿岸，尤其是湖北省境内的荆江段存在大量的水利工程，但流传下来的与此有关的水利工程图数量有限，与黄河中下游的水利工程图相比，要少很多。如美国国会图书馆藏"湖北省抢修长江、汉水隄工图"，绘制于清中叶，纸本彩绘；绘制范围右自四川巫山县界，左至安徽宿松县界，方向大致为上南下北。图中长江和汉水用黄色绘制，其余支流用青绿色绘制，山脉用青绿色形象画法绘制；府城和州城用大致正方形的带有城门的城郭符号标识；县城用圆形带有城门的城郭符号标识；但湖北省城（武昌府）、汉阳府城以及荆州府城用圆形带有城门的城郭符号标识，且前两者绘制有城楼以及少量城内的建筑，荆州府城中则绘制出了整个府城；在长江、汉江以及极少量支流上用红字标注了水利工程的简要情况，如"自金口镇起至金沙洲止，分二十七段，计长六千二百八十一丈五尺"，"汉川县汉隄共堤长三十里，计三垸"等。

第二节　中国古代对江源的认知以及江源图

儒家经典《禹贡》中对于"长江"的流经有着简明的记载，即"岷山导江，东别为沱，又东至于澧；过九江，至于东陵，东迆北，会于汇；东为中江，入于海"。由此，在中国古代通常认为长江发源于"岷山"，如《水经注》"岷山，在蜀郡氏道县，大江所出"[1]等。

当然，对于"岷山"的具体位置有着不同的认知，如齐召南《水道提纲》卷八"江上自岷源至会金沙江于叙州府"中就提到"大江源出岷山，山自边外地，绵数千里，《禹贡》'导江之岷山'，亦曰汶山，今四川松潘

---

[1] 郦道元撰，杨守敬纂疏，熊会贞参疏，段仲熙点校，陈桥驿复校：《水经注疏》卷三十三"江水一"，江苏古籍出版社1989年版，第2733页。

卫西北也。又有北源岷山，在陕西岷州卫；南源又有二岷山，一在茂州，
一在灌县，皆不如据"。不过通常都认为"岷山导江"的岷山在四川松潘
卫西北①。

　　到了近代，丁文江在《徐霞客先生宏祖年谱》中抄录了徐霞客的《溯
江源考》，并提出中国历史上应当是徐霞客最早提出金沙江才是长江的源
头，即"知金沙江为扬子江上游，自先生始，亦即先生地理上最重要之发
见也。惜无继先生而起者，为之宣传……先生言江之发源，不详尽，仅言
出犁牛石，经石门关，按石门关在丽江西五十里石鼓里之东，亦非由丽江
入藏之大路，《江源考》亦不言及巴塘，似足为先生未尝入藏边之旁证"②。

　　从徐霞客《溯江源考》的文字来看，确实徐霞客主张岷江并不是长江
的源头，即"第见《禹贡》'岷山导江'之文，遂以江源归之，而不知禹
之导，乃其为害中国之始，非其滥觞发脉之始也。导河自积石，而河源不
始于积石；导江自岷山，而江源亦不出于岷山。岷流入江而未始为江源，
正如渭流入河，而未始为河源也"③。而且确实明确提出金沙江为江源，即
"岷流之南，又有大渡河，西自吐蕃，经黎雅与岷江合，在金沙江西北，
其源亦长于岷，而不及金沙，故推江源者，必当以金沙为首"④。

　　但在 1942 年，谭其骧在其《论丁文江所谓徐霞客地理上之重要发现》
一文中对丁文江的这一认知提出了异议，大致而言，其认为实际上早在徐
霞客之前，中国古人就已经知道金沙江源流的大致情况，如《水经注》以
及《天下郡国利病书》所引前人《金沙江源流》《明史·地理志》等，因
此金沙江的长度要超出岷江在当时应当是一种常识。不过，谭其骧并未彻
底否定徐霞客的贡献，在文末最终的评价为"霞客所知前人无不知之，然
而前人终无以金沙为江源者，以岷山导江为圣经之文，不敢轻言改易耳。
霞客以真理驳圣经，敢言前人所不敢言，其正名之功，诚有足多，若云发

---

① 除了文献之外，后文引用的地图也能证明这一点。
② 丁文江：《徐霞客先生宏祖年谱》，台湾商务印书馆 1978 年版，第 58 页。
③ 徐霞客《江源考》，转引自丁文江《徐霞客先生宏祖年谱》，第 57 页。
④ 徐霞客《江源考》，转引自丁文江《徐霞客先生宏祖年谱》，第 57 页。

见，则不知其可"①。谭其骧的这一评价比较中肯，但后来一些徐霞客的研究者对此依然存在一些异议②，这与此处论述的问题无关，不再赘述。

丁文江提到的《徐霞客先生宏祖年谱》"知金沙江为扬子江上游，自先生始，亦即先生地理上最重要之发见也。惜无继先生而起者，为之宣传"是存在问题的。明代晚期和清代支持徐霞客这一认知的人还是存在的，如钱谦益在其所作《徐霞客传》中就提到"客以《溯江纪源》一篇寓余，言《禹贡》'岷山导江'，乃泛滥中国之始，非发源也。中国入河之水，为省五；入江之水，为省十一。计其吐纳，江倍于河。按其发源，河自昆仑之北，江亦自昆仑之南，非江源短而河源长也。又辨三龙大势，北龙夹河之北，南龙抱江之南，中龙中界之，特短；北龙只南向半支入中国，惟南龙磅礴半宇内，其脉亦发于昆仑，与金沙江相并南下，环滇池以达五岭。龙长则源脉亦长，江之所以大于河也。其书数万言，皆《桑经》《郦注》及汉、宋诸儒疏解《禹贡》所未及"。③虽然没有对徐霞客的观点直接表明态度，但从"皆《桑经》《郦注》及汉宋诸儒疏解《禹贡》所未及"一句来看，钱谦益对其观点还是持肯定态度的。此外，《图书编》卷五十八"江源总论"，实际上也是持这样的认知，即：

　　水必有源，而源必有远近、小大不同，或远近各有源也，则必主夫远；或远近不甚相悬，而有大小之殊也，则必主夫大；纵使近大远微，而源远流长，狱必以远为主也，况近者微、远者大，乃主近而遗远，岂知源之论哉！是故，古之言河源者，皆曰出昆仑山北陬而东行；又曰河有两源，一出葱岭，一出于阗，不知昆仑为正源，三河合而东过蒲昌入中国，自临洮宁夏流至延绥、山西两界之间。夫昆仑特河之流绕过其山麓耳，非河之源也。迫元穷河源，使都实出西域，自河州行五千里抵星宿海，则是言河源者，至元始得其真焉。言江源

　　①　谭其骧：《论丁文江所谓徐霞客地理上之重要发现》，《长水集》（上），人民出版社1987年版，第438页。

　　②　朱亚宗：《徐霞客是长江正源的发现者——谭其骧对丁文江辨正之辨正》，《自然科学史研究》1991年第2期，第182页。

　　③　引自胡渭《禹贡锥指》卷十四下"附论江源"，上海古籍出版社1996年版，第569页。

者，则不然。谓江水出岷山东南，至天彭山……又东过涪州、忠州、万州，言中国之江水，信得其源矣。然岷山在今茂州汶山县，发源不一而亦甚微，所谓发源滥觞者也。及阅《云南志》，则谓金沙江之源出于吐蕃异域，南流渐广，至于武定之金沙巡司，经丽鹤庆，又东过四州之会州建昌等卫，以达于马湖叙南，然后合于大江，趋于荆吴。又《缅甸宣慰司志》谓其地势广衍，有金沙江阔五里余，水势甚盛，缅人恃以为险。夫以缅甸较之茂州，其远近为何？如以汶山县之发源甚微者，较之缅甸阔五里余者，其大小又何如？况金沙江源出于吐蕃，则其远且大也明矣！何为言江源者止于蜀之岷山，而不及吐蕃之犁石？是舍夫远且大者，主夫近且微者。以是论江之源，吾不知也……或曰，水必发源于山，昆仑乃山之最高广者，岷山亦高山也，江源何为不祖岷山，而祖犁石？即曰，星宿海有泉百余窦，从平地泡出，非山也！何独疑犁石未必非高山乎？安知今之主江源于岷山者，无异昔之主河源于昆仑乎？唐刘元鼎所探河源，自以为过汉张骞矣。安知今之所谓江源出吐番犁石者，非唐之刘元鼎，而尚未得夫星宿海乎？姑即江水来自西番者，以俟真知江源之君子云。

图书编为章潢所编，明万历四十一年（1613）由其门人付梓成书，其时间应当早于徐霞客撰写《溯江源考》，且《图书编》所收大部分为前人著述，因此其中的"江源总论"的成文时间有可能更早。

这一认知实际上在当时还是有着一定影响力的，甚至乾隆也对其进行了评价，如在《御制诗集》三集卷九十三中就提到"按《禹贡》有岷山导江之文，厥后《桑经》《郦注》及汉宋诸儒并云江出岷山，其源不越益州之境，此皆囿于内地见闻所及，非探本之论。惟胡渭著《禹贡锥指》引明徐宏祖传，称其平生好远游，出玉门关至昆仑山，去中夏三万余里，尝作《溯江纪源》一篇，以岷山导江，特泛滥中国之始，按其发源则河自昆仑之北，江亦自昆仑之南，非江源短而河源长也。其说实得之目击，渭乃以其所经里数吹毛索瘢，殊为过当。夫昆仑即今所谓刚底斯，为群山祖脉，其水四方分流，然则大江之雄长四渎，不徒恃源于西蜀之眉州，义复何疑？但谓江源出天汉，则史家不无穿凿之说耳"。乾隆所持的观点也有着旁证，徐文靖《管城硕记》卷四"按《溯江纪源》曰，《禹贡》岷山导江，特汜滥中国之始，按其发源，河自昆仑之北，江亦自昆仑之南。其龙脉与金沙江相并南下，环滇池以达五岭，江之所以大于河也。然亦志得其梗概，多略而不详。我圣祖谕阁部诸臣曰：'岷江之源出黄河西巴颜喀拉岭察七尔哈纳，番名岷捏撮。《汉书》，岷山在西徼外，江水所出是也。《禹贡》导江之处在今四川黄胜关外乃楮山。古人谓江源与河源相近，《禹贡》岷山导江乃引其流，斯言实有可据，自黄胜关灔澦而入至灌县，分数十道，至新津县复为一，东南行至叙州，金沙江自马湖来合之。金沙江之源自达拉喇嘛东北……迤逦诸土司界入蜀，合岷江出三峡，入楚'，天语煌煌，地理、河渠瞭然指掌……"①

不过，在明清时期，反对这样认知的依然不少，如全祖望的《江源辨》：

> 河源远而江源近，江源之不始于岷山，犹河源之不始于积石，昔人所同辞也。虽然谓不始于岷山则可，离岷山以求江源则不可。自明崇祯间，江阴徐霞客谓河源在昆仑之北，江源在昆仑之阳。常熟钱氏为作传，盛称其言。而吾乡万处士季野，已力辨以为妄。或曰：霞客所指，殆即金沙江也。然钱氏述霞客语谓，江源与金沙水相并南下，环滇池以达五岭，则似乎别有可以称一江者。今以舆地按之，殆即鸦礲之泉，霞客未知其名耳。至近日，李侍郎穆堂则直以金沙为江源，乃祖霞客而复变之。按《方舆路程图》，西番之阿克达母必拉（西番人云"必拉"者，江也），南行千八百里，始有"金沙"之名。又东南九百里，至云南之丽江府，又行千四百里，至四川境，又行千二百里，有打冲河来会之，又行千四百里，至马湖府，又东行二百里，至叙州府与岷江会，凡六千九百余里。而岷江自羊膊岭至此，仅一千八百余里。故侍郎谓，水必以源远者为主，而近者从而附之，今不以六千九百余里之水为源，而反主一千八百余里之水，其势不能以相统。然无如《禹贡》明文，确不可易。如侍郎之说，当自金沙入四川以

---

① 徐文靖：《管城硕记》卷四，中华书局1998年版，第71页。

后，穴山通道，直抵羊膊岭，而后与岷山导江合，且可与河源之自昆仑而积石者相比。不然，姑无论岷山之不得以羊膊尽之也。即羊膊以来之水，已由松而茂而叙，历一千八百余里矣。安得忽指金沙之自滇来会者，以为之源也哉。且侍郎既以金沙为江源，而又自狐疑，其辞谓，西番之查楚必拉，亦发源于昆仑，南行二千余里，纳东西大水十余，名"鸦礲江"；又南行六百里，即所谓"打冲河"；又八百里而会于金沙；凡五千里而至叙，似亦可以为江源。特以视金沙，较近一千余里，故弗取。按此即霞客所云，与金沙并行南下者，更就其远近，以为定说。夫以四渎之在天壤，且明著其文于遗经，而可任吾之择而取之乎？且以洪武间宗泐之言证之，其云，西番抹必力赤巴山者，东北为河源，西南为江源。然胡处士胐明，以是山为共龙山非昆仑，若据都实昂霄所记，以西番朵甘思之西为河源，虽不知其即抹必力赤巴与否，要之去昆仑尚远，斯皆前代史书与方舆图之可考者也。然则侍郎所谓，高山耸峙，因据之以为昆仑者，侍郎自以意定之耳。况累代之穷河源也，皆以天子之力，不能得其要领。是故汉武张骞所定，则唐人非之；薛元鼎都实所定，则明人疑之。今欲凿空求一江源，视河源为更远，不亦过欤？陆放翁曰，吾尝登岷山，求江源不可得，盖自蜀郡之西，大山广谷，谽牙起伏，走蛮箐中皆岷山也。李赞皇曰，岷山连岭西，不知其极。薛士隆曰，今自岷洮松叠以南，大山峻岭，班班可考者，皆岷山之随地立名者也。《括地志》谓，岷州溢乐县南，连至蜀几二千里，皆名岷山。胐明墨守《班志》，以为必在氐道西徼之外，方可当之，亦非通人之论。近有引《江源记》者，谓在临洮郡之木塔山。胐明驳之。然木塔亦岷山之支峰，必有水入江，故云然也。愚最取范石湖之说，以为大江自西戎来，自岷山出。举其大略，而不必确求所证于大荒之外。盖河山两戒，南纪以岷山嶓冢，负地络之阳为越门。北纪以三危积石，负地络之阴为胡门。而河源、江源，并在极西。以其九州之表，故《禹贡》略而不书。必指其地以实之，恐如宋孝宗之所以诮程泰之者矣。侍郎之学，淹贯古今，方今人物，愚所首推。而《江源考》失之好奇，故不敢不辨。①

此外，胡渭在《禹贡锥指》中介绍了徐霞客的观点之后，对其这一认知进行了反驳，即：

> 古书言昆仑者非一处。一在槐江山南；一在西海之外，《山海经》所言是也；一在于阗，汉武所名之山是也；一在吐蕃，刘元鼎所称紫山者是也。霞客云：河出昆仑之北，江出昆仑之南。其所谓昆仑者，在何地乎？据彼言，出玉门关数千里至昆仑，则昆仑当在西域，玉门以东即是中夏之地。既云出玉门数千里，何又云去中夏三万四千余里乎？即谓星宿海，有若是之远，亦属妄言。昔刘元鼎奉使自廓州洪济梁南行二千三百里，便得昆仑，东距长安止五千里。而都实使还，自星宿海东北至昆仑，亦不过三十日程，何至如霞客所言之远？且西域之昆仑，与星宿海绝无交涉。万季野云：朵甘思去云南丽江西北止一千五百里，去四川马湖正西亦止三千里。苟欲穷星宿海，既至鸡足山，便当由丽江而往，不半月即可达其地。舍此不由，而更远走玉门关，何也？玉门东距肃州之嘉峪关约九百里，嘉峪南至丽江约五千里，朵甘思去玉门则六七千里矣。不走千五百里之近，而走六七千里之遥，必非人情。意者以汉武所名之昆仑，即都实所指之昆仑乎？夫汉之昆仑在于阗，元之昆仑在吐蕃，相距可四五千里，而霞客乃浑而一之，其不学无识一至此乎？余谓霞客所言东西南北，茫然无辨，恐未必身历其地，徒恃其善走，大言以欺人耳，非但不学无识也。人皆以为能补《桑经》《郦注》及汉宋诸儒疏解《禹贡》所未及，过矣。或曰：僧宗泐云，黄河出西番抹必力赤巴山，东北流为河源，西南流为牦牛河。牦牛河即丽水，一名金沙江者，自丽江府界，东北流，合若水为泸水，又东北至叙州府，而注于江。霞客言江源自昆仑之南，殆谓此耳。然抹必力赤巴非昆仑也。且岷山导江，经有明文，其可以丽水为正源乎？霞客不足道，牧斋一带巨公，文采炫耀，最易动人，

---

① 全祖望：《鲒埼亭集外编》第四十八卷"江源辨"，《清代诗文集汇编》第303册，上海古籍出版社2010年版，第541页。

故吾特为之辨。①

大致而言，在清末之前，对于江源大致有两种认知，一种遵循《禹贡》的记载，认为是发源于岷山的岷江；一种认为金沙江才是长江的正源，而其发源于"西番"。此外，也有一些调和之说，如认为长江虽然发源于岷山，但这只是长江流入"九州"之处，其源头应当在更西的"九州"之外，但难以确知其地。

我们再看历代地图中对江源的描绘：

宋代《禹迹图》中，在成都西北标绘了"岷山"，在"岷山"西北标绘了"大江源"，也即大致将"岷山"作为江源，不过需要注意的是，图中还绘出了一条发源于大渡河以西流经今天云南以北最终注入"大江"的"若水"，其河道长度要长于发源于"大江源"的河道。

《华夷图》中虽然没有标注"江源"和"岷山"，但在位于成都、永康西北，威州以西处的长江一支河道的尽头上标注了"长江"，这应当代表地图绘制者认为长江的这一支应当就是"江源"所在。不过，该图同样还绘出了一条发源于恭州以西，流经云南以北最终注入"大江"的河道，其长度要远远长于标注有"大江"的河道。与《华夷图》存在源流关系的《历代地理指掌图》"古今华夷区域总要图"也是如此②，《历代地理指掌图》中的大部分地图也是如此。

《佛祖统纪》中的"东震旦地理图"，虽然没有标注"江源"，但图中长江的源头被绘制在"岷山"之下，且没有绘制更往西的其他河道。

《六经图》"禹贡随山浚川图"在"岷山"下标绘了"江源"，且没有绘制更往西的其他的河道。需要提及的是，这幅地图在一些清代的著作中依然被引用。

明代《杨子器跋舆地图》中虽然没有绘制"岷山"，但在威州东北标绘了"大江源"，此外还在黎州安抚司以北标绘了"大渡河源"，在"星宿海"右侧标绘了"澜沧江源"，由于图中从这些"源头"发源的水流最

① 胡渭：《禹贡锥指》卷十四下"附论江源"，上海古籍出版社1996年版，第569页。
② 参见成一农《浅析〈华夷图〉与〈历代地理指掌图〉中〈古今华夷区域总要图〉之间的关系》，《文津学志》第6辑，国家图书馆出版社2013年版，第156页。

终都流入了长江，因此从图中的这种标绘方式来看，其所呈现的依然是传统的江源"岷山"说。

《广舆图叙》"大明一统图"谱系的"三大干龙"子类的地图，在"岷山"处标绘了"江源"；在"二十八宿"子类的地图中，虽然没有标绘"岷山"，但将"江源"标绘在了成都西北不远处；"舆地总图"子类的地图中，则将"江源"标绘在了成都以北和岷州以东。[①]

《大明一统志》"大明一统之图"谱系的地图，虽然没有明确标注"江源"，但图中长江发源于四川境内的一座山峰之下，显然其呈现的也是长江发源于岷山的观点。

清代中晚期流传甚广的《大清万年一统天下全图》谱系也是如此，如美国国会图书馆所藏嘉庆年间的《大清万年一统地理全图》以及嘉庆十六年（1811）的《大清万年一统天下全图》都将"大江源"标绘在了"岷山"之下，虽然其还绘制出了发源于西藏的众多长江的支流，且在"乌斯藏"右上角"礼塘"标注"阿六江下流入金沙江"。甚至在清末民国时期出版的杨守敬的《历代舆地沿革险要图》中也持这一观点。

通过上文的介绍可以看出，无论从传世的舆图还是文献来看，确实中国古人很早就知道在长江上游的诸多河道中，就长度而言，金沙江的河道要远远长于岷江的，但就目前所见，大致到了明代才有人对江源"岷山"说提出疑义，且徐霞客并不是最早者。虽然这一认知，在明清时期有着一定的支持者，但并没有动摇传统的长江源自岷山的观点。由此也就产生了一个现代人难以理解的问题，即中国古人很早就知道在金沙江的河道要远远长于岷江，那些支持传统长江源自岷山的人也是如此，但如此众多学者为什么还坚持长江源自岷江呢？

在思考这一古代的问题之前，我们可以先考虑一下现代的问题。实际上截止到现代时期，对于确定河流正源的标准依然存在争议，由此，也使对于一些河流的正源存在争议，长江也是如此，孙仲明在《我国对长江江源认知的历史过程》一文中就谈到"由于到目前为止，国际上还没有一种

---

① 以上地图参见本书第二篇；以及成一农《中国古代舆地研究》，中国社会科学出版社2018年版。

公认的划分河源的准则，所以在具体划分时，往往会出现不同的看法，这是很自然的。河源划分的依据颇为复杂，既要考虑到它的自然因素，又要顾及历史上的传统习惯。在自然因素中，除了长度、水量以外，还要考虑到流域面积、水系平面位置、方向、上下游的一致性、河谷地质年代、河流宽度和比降等。在社会因素方面，既要考虑到历史传统，又要注意到当地群众的习惯称呼等。以自然因素来说，当曲流量远比沱沱河为大（约大4—5倍），其流域面积也大些，沱沱河的长度若不算姜根迪如冰川（长12.5公里），则要比当曲短11.5公里，如算上冰川也只比当曲长1公里（至于冰川能否算作河源的延伸，尚无统一规定）。根据这三点，当曲作为长江之源也未尝不可。楚玛尔河的长度、流域面积等均不如当曲和沱沱河，所以它被选择为长江正源的可能性已经排除。再从水系平面位置看，沱沱河位于楚玛尔河和当曲这两条大支流中间，河势方向比较顺直，而且源头位于所有长江支流的最西点，从该点至河口的直线距离最长，这是其它支流所不及的。另外，沱沱河的源头海拔比当曲要高，比降要大，在江塔曲汇流口以下，河道变宽，在沱沱河沿附近河谷宽约10公里，河床宽有500—600米，这也是当曲无与伦比的。而且当曲源头处还有一个向东的大弯曲，其行程远不如沱沱河顺当。综合上述这些条件，沱沱河可以作为长江正源"[1]。

由此可以得出的结论就是，今天确定"江源"虽然使用的是一些现代的数据，但实际上基于这些数据的标准依然是主观的，而不是纯粹客观，且由此对于"江源"的确定依然存在争议。以此，我们可以反观中国古代确定"江源"的标准。

《图书编》卷五十八"江源总论"开篇即交代了其用以确定河源的标准，即"水必有源，而源必有远近、小大不同，或远近各有源也，则必主夫远；或远近不甚相悬，而有大小之殊也，则必主夫大；纵使近大远微，而源远流长，犹必以远为主也，况近者微远者大，乃主近而遗远，岂知源之论哉！"也即其标准是"远"和"大"，而两者中又以"远"为主，这

① 孙仲明：《我国对长江江源认知的历史过程》，《扬州师院自然科学学报》1984年第1期，第78页。

也是该文将金沙江确定为"江源"的依据。而从徐霞客《溯江源考》来看，其所持的标准也是"远"。

而持长江发源"岷山"的学者所持的依据虽然不太一致，但大部分学者主要是坚持《禹贡》文本的经典地位，而不以河流的长度、远近作为标准，前文所举以《禹迹图》《华夷图》《杨子器跋舆地图》为代表的一些地图也是如此，虽然在这些地图中，显然发源于岷山的岷江的长度并不是最长的，但在图中其依然被标绘了"江源"。全祖望实际上也持这一观点，只是对"源"有着不同的认知，即长江确实源自岷山之外，但过岷山进入到"华夏""九州"的范围后，才需要关注，而其在"华夏"之外的源头则难以确定，且不需要关注，即"愚最取范石湖之说，以为大江自西戎来，自岷山出。举其大略，而不必确求所证于大荒之外……而河源、江源，并在极西。以其九州之表，故《禹贡》略而不书。必指其地以实之，恐如宋孝宗之所以诮程泰之者矣"。胡渭的辩驳虽然以徐霞客和钱谦益论述中的内在矛盾为主，但在结论中强调的是，"且岷山导江，经有明文，其可以丽水为正源乎"，依然强调《禹贡》记载的正当性。

总体而言，"江源"并不是一个关于事实的问题，而是一个主观认知的问题，没有绝对的对错，古代如此，今天也是如此，由此中国古代文化中基于《禹贡》将长江认定为发源于"岷山"，也是有其道理的，且不是错误的。因此，从古至今，对于"江源"的认知，并不是一个从错误走向正确的过程，而是一个标准变化的过程，我们不能将今人确定的标准强加给古人。

第三节　其他河流及水利工程图

总体而言，除了黄河、运河以及长江之外，与其余河流相关的地图数量有限，且主要集中在今天北京、天津以及河北等少数几个省份内的河流上，如永定河等，而集中在这些地区以及这些水体，主要与明清时期京师所在的华北平原以及保证漕运的安全有关。此外，还存在一些与"西湖"有关的地图，这应当与"西湖"在中国传统文人文化中的特殊地位有关，因此将相关地图放在第八篇第三章中进行介绍。现对明清时期除了黄河、长江之外的其他河流以及水利工程图进行一些简单介绍：

描述单一河流的地图，以永定河图为代表，数量也较多。如藏于台北"故宫博物院"的清乾隆三十六年（1771）彩绘本《永定河全图》，该图大致上南下北，呈现了永定河进入直隶石景山、卢沟桥直至下游凤河间南北两岸水利工程的状况。"图中以橘黄色标识永定河位置，其两岸南北各工及重要堤坝则以灰绿色标示，并附以黄签贴说，详细描述各工之所在位置"①，如"南岸三工草坝一座，宽十六丈，入身五丈，历经过水，所有坝台应另修做，现在办理""金门闸宽五十六丈，入身五丈，坝台每座宽十二丈。乾隆三十四年添石龙骨一道，长五十六丈，高二尺五寸"。

陈琮《永定河志》中的"永定河源流全图"，将永定河的河源确定在了山西宁武府的"分水岭"，图中绘制有宁武府境内的"天池"和"元池"，除绘制了永定河的主河道之外，重点绘制了永定河沿线的支流、山脉和府州县，在"石景山"之下绘制了两岸的堤工，终止于"沙家淀"。

中国国家图书馆藏清光绪年间司马钟绘制的《永定河图》，该图为彩绘本，绘制范围西起宛平县的卢沟桥，下至天津府永定河汇入海河止。地图上方绘制了"京都"以及"南苑"，永定河的河道用黄色弯曲的粗线条呈现，两岸的堤工用灰色线条呈现，府州县用带有城门的方形城郭符号表示，还绘制了两岸的汛署、寺庙和村庄。图中永清县以下的河道用灰色双曲线绘制了历年的河形，并有一些文字注记，如"初次康熙三十七年自老君堂开河水由狼城达淀河形""五次乾隆二十年北六工二十号开堤放水河形""道光十一年河水由六百地村至安光清光单家沟等村归凤河韩家树村前如大清河"等。在地图右侧还绘制有子牙河、南运河、海河和北运河的局部河段。

中国国家图书馆藏清末刻印本《永定河堤工图》，绘制了永定河从石景山至固安、永清界的河段。图中所绘地理要素极少，仅仅局限于永定河的河道、两岸的府州县以及堤工的号段。由于为刻印本，绘制较为粗糙，

---

① 宋兆霖主编：《水到渠成：院藏清代河工档案舆图特展》，台北故宫博物院2012年版，第27页。

字迹较为模糊，在河道中涂以红色，并用贴签简要说明了堤工的情况，如"北岸石隄头号至四号平工""头号至九号石隄平工""十四号新险""由七号至八号平险"等。此外，中国国家图书馆还藏有一幅清末刻印本的"永定河堤工图"，似乎是上图的底图。由此，大致可以推测，该图刻印有多幅，此后在不同时期，按照需要通过贴签的形式以说明当时的堤工情形。

总体而言，虽然永定河的河图数量较多，但这些地图的主题或者绘制重点基本集中在河工上，即偏重于"实用"，而缺乏黄河图、运河图和长江图中那些呈现河道大致走向或者两岸地理景观的地图。

还有呈现某一区域河道全貌的地图，如中国国家图书馆藏清光绪年间彩绘本《直隶通省河道堤埝全图》，该图详细绘制了直隶境内的山川地貌，尤其是河流的走向，地图右下方注明了图例，即"图内每方百里。墨线为界，红线为大路，深绿色为河道淀波，赭墨色为堤埝，赭黄色为浑水，红方城为府，红扁方城为州，蓝方城为县。其山水关口桥梁并府州县著名古迹仍各以其属之色别之"，但该图图面并未画方，这似乎说明该图应当有着一幅"计里画方"的底图，或者该图是据有着"计里画方"的原图摹绘的。地图左侧还有一些文字说明了河流的源流情况，如"桑干河发源山西太原府神池县之海水，伏流至马邑县雷山之阳，浸吐于山下涌出七泉，曰上源泉、玉泉、三泉、司马洪涛泉、金龙池泉、小芦泉、小泊泉，此七泉相间不远，形势有别，大小不一，于马邑县城西合为一股，流至城南会恢河东注，名桑干河，由沿河口以下为永平河"。

还有绘制某一河流源流的地图，如中国国家图书馆藏清宣统二年（1910）绘本《渭水源流图》，1册，绘制范围起自"鸟鼠同穴山"的"渭源品自泉"，下至虢川镇，用形象画法绘制了渭河两岸的山脉，用文字标注了州县城以及一些居民点，内容比较简要。在地图上下方用文字标注了一些水情，如"渭水至宝鸡县，计深一丈四尺，宽至五十五丈，城南旧有官船数只往来利济，四民便之"，"河马口为陇西宝鸡两县交界处，对岸马头镇向有民船以资利济"。图册最后一页贴有红签"陇西之'西'宜作'州'"，似乎是对册中文字的校正。

书籍中也有一些描绘某一河流源流的地图，如《行水金鉴》中的"淮水图"，范围为从淮水源头的桐柏县西北的"胎簪山"，直至安东县入海处。图中用形象的带有水波纹的双线绘制了淮水及其支流，用写实的画法描绘了沿岸的府州县城，并在两岸点缀有一些山脉和聚落，但基本没有标注名称，除了洪泽湖的"高堰"之外，也基本没有绘制水利工程，因此该图的重点在于描绘淮河的大致走向。《图书编》"淮水源流"绘制得更为简单，只是绘制了淮河及其支流洄水和沂水的源头所在的山脉和县、几条河流的交汇处，以及在海州的入海处。

还有一些河渠图，如中国国家图书馆清末彩绘本《宁夏河渠图》，该图绘制范围南起青铜峡唐徕渠口，北至平罗县石嘴山，方向大致为上西下东。图中用黄色详细绘制了各水渠且标注了名称，天然河道以及湖泊用浅蓝色绘制，道路用红色虚线呈现；地图上方用水墨画的方式绘制了贺兰山，城堡用在左侧有着城楼形象的双线方框表示，宁夏府城绘制得较为写实，绘制出了南北关城以及城门的位置。图中有着两处贴红，说明了呈请修建水利工程的地点，即"平罗县通伏堡士民徐炳等呈请，由西河沟之谢官湖口开建退水洞子泄水入河处""清汉两渠新口被河流侵刷，并归一统，宽至一百二十丈。今岁春工清渠帮给汉渠草六千束，连清渠新口埽坝一并卷堵，共用过草五万四千余束，工料甚巨，来春汉渠应否仍卷新口或抢堵杨家夏家等河，修筑迎水石□两渠各卷旧口之处，俟估工生监公同勘议禀覆至日，再为核详办理"。

第四章　运河图

　　中国开凿运河有着悠久的历史，大致在春秋战国时期，就开始了一定规模的运河的修建，如百尺渎等，还有秦代著名的灵渠。早期的运河，其功能主要是运输，但运输的对象并不主要是粮食。此后，中国古代的王朝绝大部分建都于北方，北方也聚集了大量的人口，且黄河下游河道的不断迁移，也使中原地区原本丰腴的土壤逐渐受到了破坏；同时随着南方的逐渐开发，南方的粮食产量逐渐提高，由此北方对于南方粮食的依赖也不断增加。隋唐时期开凿了贯通南北的大运河，便利了南方物资运往北方，而唐朝对于南方物资，尤其是粮食的依赖也非常之强，以至于大运河成为唐王朝的命脉。除了元朝曾使用海运之外，这种对于大运河物资运输，尤其是粮食运输功能的依赖，也被后续各王朝继承下来，因此保证大运河的畅通就成为历代王朝的日常政务之一。

　　由于大运河贯通南北，而中国东部绝大部分的天然河流都是自西向东流淌的，因此大运河的河道必然要与这些天然河流存在交叉，或者借助这些河流的部分河段作为河道，由此必然需要修建一些水利工程加以控制。在各条河流中，明清时期的黄河河道淤塞严重，不仅其自身就威胁到了华北平原上众多城市、村庄和聚落的安全，而且更是威胁到了运河的安危，因此在运河和黄河的交汇处，历代河臣都想方设法地修建各类水利工程，以保证运河河道的安全。而且大运河作为一条人工河道，必须要依靠人工来获得水源，而在某些局部，水源缺乏，由此也就威胁到了大运河的畅通，因此还需要想方设法"挖掘"各处的泉水来保障运河水源的稳定。不仅如此，在大运河的某些河段，下游的水位要高于上游，由此还需要修建一些闸坝来提高水位。总体而言，作为一条人工河道，大运河除了堤坝之外，还存在大量需要经常维护、修理、加固以及增建的水利工程。

大致而言，大运河的河道可以分为七段，从北往南就是：从北京至通州的"通惠河"，也称为"大通河"；从通州至天津的"北运河"，又称为"白河""潞河""外河"；从天津至临清为"南运河"，又称为"卫河"和"御河"；从临清至伽口镇为"会通河"，又称为"鲁运河""山东运河"；从伽口镇至淮安段，原本利用黄河河道，后来康熙二十六年（1687）靳辅开中河，由此这段运河被称为"中河"；从淮安至扬州为"里运河"，又称"淮扬运河"和"高宝运河"；从镇江至杭州，称为"江南运河"或"转运河"，其中苏州以北称"丹徒运河"，以南称"浙江运河"。①

第一节　研究综述

由于明清时期，大运河涉及众多的历史事件，也关系到王朝的盛衰，因此绘制有大量的运河图，且正是由于其重要性，这些运河图也成为目前存世的中国古代地图中少有的进行了系统研究的地图类型。其中最新的也是最为全面的就是，李孝聪的《中国运河志·图志·古地图卷》②，该书收录了国内外各藏图机构收藏的大量具有代表性的运河图，为此李孝聪还撰写有《〈中国运河志·图志·古地图卷〉综述》一文。该文首先介绍了宋代以来运河图绘制的历史及其背景；然后详细介绍了清代运河舆图的绘制及其现在的收藏情况，并提出"根据内容，清代运河舆图大致可以分为运河全图、分段运河图、运河道里图、运河堤工程图、运河泉源图等类型"③；最后介绍了《中国运河志·图志·古地图卷》收录地图的体例，"从运河舆图的内容与覆盖范围考虑，划分为运河全图、运河分段图、运河泉源闸坝图、运河漕运航运图、运河工程图五种类型。运河全图，指图

---

① 以上参见席会东《中国古代地图文化史》，中国地图出版社 2013 年版，第 239 页。

② 李孝聪：《中国运河志·图志·古地图卷》，江苏凤凰科学技术出版社 2019 年版。

③ 李孝聪：《〈中国运河志·图志·古地图卷〉综述》，《运河学研究》第 1 辑，社会科学文献出版社 2018 年版，第 39 页。

面能够覆盖京杭大运河全程或绝大部分河道的运河舆图；运河分段图，指图面仅选取京杭运河的某个区段为表现对象，胶莱运河作为特例归入此类；运河泉源闸坝图，专以表现提供运河水源的山东泉源为主要内容；运河漕运航运图，描绘运河担负漕运的航程和皇帝南巡的程途；运河工程图，专指以运河修治工程为内容的舆图"。①

王耀的《水道画卷：清代京杭大运河舆图研究》②，是一部以清代绘本运河图为对象的研究专著。该书分为五章：第一章主要介绍了国内外重要的藏图机构以及现存运河图的分类、绘制技法、形制特点、绘制功用和史料价值，其中在运河图的分类中，基于地图的不同用途，将运河图分为"运河河工图，依据其绘制目的而定名，以运河水利工程、河渠治理为绘画重点，地图的覆盖范围一般是北起北京、南达杭州。此种运河河工图属于最为常见的运河图，目前留存数量最多"，且其中比较特殊的就是"咨估图"，还有"漕运图。不同于运河河工图的最大地方在于，其在覆盖范围上不仅包括大运河流域而且涵盖洞庭湖以下的长江河段"，以及"运河景观图。这类地图不同于具有较高实用价值的运河河工图，也不同于以表达宽泛地域为主题的漕运图，其绘制内容以运河沿途的景点名胜为主要内容，绘制精美，但是不太强调实际功用"③。第二章，则分朝代对现存的一些具有代表性的运河图进行了系统介绍。第三章，则按照运河河段介绍了相应的地图以及与此有关的一些文本。第四章则讨论了"咨估图"和漕运图，作者收集到39幅咨估图，经过分析认为运河工程施工前的工程预算图一般称为"咨估图""题估图"，而完工后的费用结算图则称为"咨销图""报销图""题销图"，且这些地图"贴红签标注运河工程名目、地点、施工长度等内容，与贴红签内容相比，图幅中绘制的运河、闸坝、市镇等仅起到基本示意作用"④。第五章则讨论了清代河渠治理与运河河工图，即在历史背景之下，审视运河河工图的绘制。

---

① 李孝聪：《〈中国运河志·图志·古地图卷〉综述》，《运河学研究》第1辑，社会科学文献出版社2018年版，第46页。

② 王耀：《水道画卷：清代京杭大运河舆图研究》，中国社会科学出版社2016年版。

③ 王耀：《水道画卷：清代京杭大运河舆图研究》，中国社会科学出版社2016年版，第21页。

④ 王耀：《水道画卷：清代京杭大运河舆图研究》，中国社会科学出版社2016年版，第108页。

　　此后，王耀在《明代京杭大运河地图探微》一文中对现存的明代书籍中的运河图以及少量单幅的绘本运河图进行了详尽的分析①；在《清代漕运图的绘制内容与图幅特征》一文通过"解析美国国会图书馆藏图和中国国家图书馆藏图等，可以看出漕运图与其他类型运河图的主要区别体现在图幅内容上。相比较而言，漕运图的绘制表现区域更为宽泛。其图幅内容不仅包括京杭大运河流域，而且包括洞庭湖以下的长江流域；不仅标注运河沿线的水利工程，而且标注长江中下游的沙洲、矶头等与航运相关的状况"②。

　　席会东的《中国古代地图文化史》第四章第二节，在简要勾勒中国古代开挖运河的历史以及绘制运河图的背景的基础上，详细介绍了一些典型的运河图及其绘制背景，如清康熙《运河全图》与张鹏翮修疏运河、清乾隆《全漕运道图》与乾隆晚期漕运危机等。③

　　还有一些对单幅运河图或某一区域的运河图以及绘制背景的研究，如席会东《高斌〈南河图说〉与乾隆首次南巡研究》一文，提出"雍正年间黄河河政管理制度的变化，推动了清代黄河图绘制内容和机制的变化；而康熙年间张鹏翮所绘河渠水利图集的内容和形式，也影响了乾隆年间江南黄运河图集的编绘。海内外分别收藏有以江南黄河、运河、洪泽湖、淮河工程为主题的河渠水利图集——'南河图说'，经考证均为乾隆十五年（1750）江南河臣高斌、张师载等人在乾隆帝首次南巡的背景下绘制呈送的定本、副本或后人摹绘本。《南河图说》既是河督高斌反映河情、陈述治河政见、彰显治河政绩的工具，也是乾隆帝确定南巡路线、了解河务、进行河政决策的重要依据。《南河图说》的绘制、呈奏和运用在很大程度上确定了乾隆首次南巡的模式，对研究乾隆南巡和乾隆朝河政运作具有重要价值"④。相关的研究还有席会东《海峡两岸分藏康熙绘本'京杭运河

　　① 王耀：《明代京杭大运河地图探微》，《中华文史论丛》2016 年第 4 期，第 307 页。
　　② 王耀：《清代漕运图的绘制内容与图幅特征》，《昆明学院学报》2016 年第 2 期，第 91 页。
　　③ 席会东：《中国古代地图文化史》，中国地图出版社 2013 年版，第 239 页。
　　④ 席会东：《高斌〈南河图说〉与乾隆首次南巡研究》，《中国历史地理论丛》2012 年第 2 辑，第 132 页。

图'研究》①、席会东《欧洲所藏清代〈南河图〉研究》②、王耀《古地图所见乾隆朝清口地区河渠治理》③、王耀《美国藏〈山东运河全图〉与光绪朝山东运河状况》④ 以及尹学梅《天津博物馆藏〈清代乾隆漕运图〉》⑤ 等。

　　除了上述这些研究之外，还存在一些图录，如天津图书馆编《水道寻往：天津图书馆藏清代舆图选》⑥；此外，在曹婉如主编的《中国古代地图集》、李孝聪的《美国国会图书馆藏中文古地图叙录》《欧洲收藏部分中文古地图叙录》以及孙靖国的《舆图指要：中国科学院图书馆藏中国古地图叙录》等中都有对单幅运河图的研究。

　　本篇在以往这些研究的基础上撰写，将现存的运河图分为四类，其中"运河河道图"，包括了李孝聪提出的运河全图、运河分段图，以及王耀的"运河景观图"；运河河工图，即运河工程图；漕运图，即运河漕运航运图；泉源图，即运河泉源闸坝图。当然，一些运河图的功能并不是单一的，因此这些分类也存在一些重叠，如几乎所有的河工图也必然包括了对河道及其周边地理景观的描绘。

第二节　运河河道图

　　李孝聪在《中国运河志·图志·古地图卷》中基于自己多年的研究对清代绘制的运河河道图进行了详尽的调查和介绍，本节的内容基本来源于这一研究。

　　首先，李孝聪认为传世的描绘了运河全程的河道图，有长卷式和册页

---

　　① 席会东：《海峡两岸分藏康熙绘本'京杭运河图'研究》，《文献》2015年第3期，第177页。
　　② 席会东：《欧洲所藏清代〈南河图〉研究》，《中国国家博物馆馆刊》2011年第7期，第118页。
　　③ 王耀：《古地图所见乾隆朝清口地区河渠治理》，《中国典籍与文化》2016年第3期，第128页。
　　④ 王耀：《美国藏〈山东运河全图〉与光绪朝山东运河状况》，《贵州师范学院学报》2016年第1期，第17页。
　　⑤ 尹学梅：《天津博物馆藏〈清代乾隆漕运图〉》，《历史档案》2015年第2期，第140页。
　　⑥ 天津图书馆编：《水道寻往：天津图书馆藏清代舆图选》，中国人民大学出版社2007年版。

式两类。其中长卷式的运河全图，根据绘画笔法分为"青绿山水画鸟瞰运河图"和平立面结合形象画法的运河图，前者如清朝康熙年间周洽、李含渼所绘地图，后者目前可以见到最早的应当是张鹏翮授意绘制的运河图。册页式运河全图，则基本采用平立面结合的形象画法，只是在装帧上按照折页的尺寸，将长卷切分为若干连续的画页，用书籍的方式折叠函装成册。①

　　然后，李孝聪将传世的描绘了运河全程的绘本河道图分为了几个谱系。其中最早的应当就是河道总督靳辅以及画师周洽等人在康熙二十六年（1687）绘制的"京杭运河图"，"绢本彩绘，长卷裱装，青绿山水画法，纵 78.6 厘米，横 2050 厘米。现存两长卷，覆盖范围、内容、画法及尺寸基本一致。其中一部卷轴藏中国第一历史档案馆；另一部卷轴藏台北'故宫博物院'图书文献处""京杭运河图以水平方向从右向左展开，方位随时变换，将从南向北看的运河右岸画在图卷上方，卷首起自杭州湾，卷尾止于京师北京西北的八达岭长城。采用中国传统的青绿山水画绘制技法，以鸟瞰视角，用工笔重彩，生动而细致地描绘了杭州至北京间的大运河及其两岸的自然和人文地理景观。图中山脉施青绿色，重峦叠嶂峇峙于氤氲的云雾之中，山体阴暗相间，气象万千，山间数目繁翳，草木葱茏。河流绘以双线，赭黄着色，运河内绘水波纹；漕船扬帆其中，大海和钱塘江潮绘出波纹和浪花，尤其逼真。堤坝用宽粗线条突出显示，以阴影突出立体感，并以形象绘法标明大堤之上的各种建筑和设施。图中出现的府、州、县城池，绘立面城墙、城门楼阙，并注出名称，城中的重要建筑如衙署、寺庙、桥等均采用形象画法一一绘出。运河沿岸的山峦、城镇、名胜、闸坝名称均用蝇头泥金小楷注记，甚至标注城镇之间的距离。总体来看，图中河道、运河及其他河流的位置关系描绘尤其详尽、清晰和准确，山脉、城池、堤坝、闸桥绘制精美"②。此外，在浙江省博物馆还藏有一幅与此近似的地图，"绢本彩绘，长卷装裱，青绿山水，纵 78.5 厘米，横 2032 厘

---

① 李孝聪：《中国运河志·图志·古地图卷》，第 14 页。
② 李孝聪：《中国运河志·图志·古地图卷》，第 15 页。

米"①，与台北"故宫博物院"藏图对比来看，这幅地图有不少未完成之处，且绘制的精细度和精美方面都有所差距，"因此浙江省博物馆藏京杭道里图或许是康熙二十六年（1687）靳辅、周洽等人编绘的稿本，或是后世的摹绘本，而中国第一历史档案馆和台北'故宫博物院'藏京杭运河图则是两套精绘进呈本"②。

此后流传最广的就是成于康熙后期的与总河张鹏翮有关的运河全图。其中存世最早的应当是中国国家图书馆藏《运河全图》（附运河全图说），彩绘本，56页册装，每页28×17.5厘米。李孝聪认为该图表现内容的年代为康熙三十九年至四十一年之间（1700—1702），"该图采用中国传统平立面结合的形象画法，描绘北起京师北京，南抵杭州钱塘江之间的京杭大运河。凡运河航道、堤岸、闸坝、桥梁皆逐一详尽描绘，兼及运河沿线的城池、河流、山峦、庙宇等自然和人文地理景观。图中用不同色彩及波纹描绘不同的河流：运河涂以青灰色，清口至北京段加绘鱼鳞波纹，清口至杭州段不加波纹；闸、坝、桥梁涂深蓝色或土黄色，按实际立面形象表示。淮河、长江、洪泽湖与其他湖泊均涂青灰色，加绘水波纹。黄河画黄色水体，加绘大水波纹，白色浪花表示湍流；堤岸、埽工、堰坝等河防工程用棕褐色立面形象表示不同的形状。城墙用青蓝色立面形象表示"③。

英国图书馆藏有一幅对运河的描绘与此相近的"运河图"，李孝聪分析认为该图"所绘内容重点表现康熙三十八年至四十一年（1699—1702），康熙帝南巡指示总河张鹏翮直隶河工的情形"，"该图以水平方向自右向左展开，运河的西岸画在图的上方，大致方位为上西下东，左南右北，描绘从京师北京至浙江杭州的大运河全程。全图以传统形象画法，描绘了京杭运河沿线的山脉、河流等自然地理景观及堤坝、闸涵等水利工程和桥梁、城镇等人文地理景观，并用文字注记标示康熙朝修建的重要水利工程。图中大小不同的菱形、方形城圈标示层级不同的府州县城，京师北京城周围

---

① 李孝聪：《中国运河志·图志·古地图卷》，第18页
② 李孝聪：《中国运河志·图志·古地图卷》，第19页。
③ 李孝聪：《中国运河志·图志·古地图卷》，第68页。

绘有祥云，如同天宫一样绚丽多彩。城墙、堤防用棕色的粗线表示，石工、闸坝用蓝色表示。山脉画青色山体、蓝色山顶；来源不同的水体用不同种色彩和波纹描绘，运河着水青色，湖水用青灰色带浪花波纹表示，黄河水用黄色表示，海水用清灰底色加墨勾白色波浪表示"①，但与国图所藏地图最大的差异在于，该图绘制有孟县以下河段的黄河，也即将黄河与运河并列绘制在一幅地图上。

天津图书馆所藏张鹏翮辑《治河全书》第三卷中收录有一幅"运河全图"以及"运河总图说"，据李孝聪考订，其应当编制于康熙四十二年（1703），该图"采用平立面结合的形象画法描绘京师北京至浙江杭州之间大运河全程沿线的运道、河流、湖泊、桥梁、闸坝、村庄、祠庙等景致和运河设施；重点表现淮安府清口一带，黄河、淮河、洪泽湖与运河交汇的情况，据实画出新旧运口、闸门、堤坝、石矶、险工、草坝等水利工程"②。与国家图书馆藏图相比，其尺寸较小，虽然所显示的内容基本一致，但从画法来看，应当出自不同画工之手，且"两图对比，最大的不同在于中运河北运口之差异"③。

张鹏翮《治河全书》还存在多个抄绘本，"北京大学图书馆、重庆市图书馆和大连市图书馆分别藏有《圣谟治河全书》《圣谟全书》和《治河全书》24卷的抄绘本"，"除了上述三个抄本外，今台北'故宫博物院'图书文献处藏有张鹏翮进奏本《治河全书》的部分卷次，分别为《黄河图说》2册、《治河事宜》1册……而《治河事宜》则包括运河全图、洪泽湖图、下河图等河工图"④。

此外还有一些基于张鹏翮运河全图的局部图，如美国华盛顿弗利尔美术馆收藏的"运河图"，"该图的内容、画法及注记文字皆与张鹏翮系列运河全图基本一致，惟其所表现的京杭运河河道范围仅右起京师北京，左止于仪真县运河入长江；兼及自镇江至（南）通州长江入海口和安东县至黄河入海口段沿岸的自然环境与人文景致，而没有显示江南运河"，"总体来

---

① 李孝聪：《中国运河志·图志·古地图卷》，第41页。
② 李孝聪：《中国运河志·图志·古地图卷》，第86页。
③ 李孝聪：《中国运河志·图志·古地图卷》，第109页。
④ 李孝聪：《中国运河志·图志·古地图卷》，第110页。

看，美国华盛顿弗利尔美术馆藏运河图比张鹏翮运河全图系列舆图中所描绘的水利工程更为完备，文字注记也更为具体和准确，应该是在其基础上进一步精绘而成的"①。

除了这两个系列之外，还存在一些运河全图，如中国国家博物馆藏清乾隆十六年（1751）唐岱绘制、乾隆十七年王安国题跋，绢本青绿山水画式的《南巡道里图》，图幅 79×1784 厘米②；国家基础地理信息中心国家测绘档案资料馆藏清光绪七年至二十七年间（1881—1901）绘制的纸本彩绘"京杭运河全图"，为经折长卷，图幅 20×798 厘米，采用的是平立面结合的形象画法。

此外，还存在大量的运河分段图，对此李孝聪也进行了详尽的研究，现择要进行介绍：

中国国家图书馆藏《运河来水归江全图》，纸本彩绘，大致绘制于清嘉庆二十二年至二十五年（1817—1820）之间，长卷经折装，图幅 22×546 厘米。"该图卷首起自八达岭长城，沿运河向左展开，卷尾止于镇江府徒阳运河。该图采用平立面结合的形象画法，描绘京师至扬州府仪征县入长江段的运河河道及其沿线的山峦、河流、泉源、湖泊、闸坝、河堤以及沿线的府州县城镇。河流、湖泊均以双曲墨线或闭合曲线勾勒，用不同颜色区别水性，黄河、浊漳河、南运河涂黄色，运河及其他河湖着绿色；加绘红色线条表示堤岸。山峦画立面形象，用青绿色、土黄色描绘山体和焦山。由该图的名称'运河来水归江全图'推测，编绘者的用意在于着重表现提供运河的水源、排泄多余水量的河道，故闸门、减水坝、桥梁、涵洞、引河、斗门、水口、港汊等相关运河水利工程均一一上图；各段管理运河的河厅、州同、州判、主簿、把总的管段交界位置，钞关、营务、寺庙等亦详细标绘。清口一带详细绘出草闸、御黄坝、二坝、拦清堰等水利工程"③。此外，中国国家图书馆藏有同名的"运河来水归江全图"残卷一幅，中国科学院图书馆藏有《运河来水归江全图》和《直隶山东江

---

① 李孝聪：《中国运河志·图志·古地图卷》，第 127 页。

② 李孝聪：《中国运河志·图志·古地图卷》，第 29 页。

③ 李孝聪：《中国运河志·图志·古地图卷》，第 138 页。

南运河各厅归江全图》，绘法、内容和时代与中国国家图书馆藏《运河来水归江全图》基本一致。

中国国家图书馆藏《北运河图》，纸本彩绘，图幅 67×67 厘米，应绘制于光绪、宣统之交（1908—1909），"该图标注方位尺，大致方位为上西北下东南，显示地域范围：北起武清县界的阜庄、郎庄，南至天津大直沽。该区域内北运河东安、筐儿港减河西岸、大直沽、金钟河以北画红色堤岸圈护，重点表现霍家嘴减河、塌河淀、新开河、金钟河及大毕庄减河、何庄减河、孙庄减河等新开、新挑减河水道与北运河的相对位置关系，桥、闸、滚水坝、涵洞等工程的分布。图上还标志出直隶总督在天津的督署衙门、银元厂、造币厂、盐关、盐场、御操场、实习工厂、官房、洋房等职能建筑的位置，描画出京榆铁路的走势和沿线的新、老车站。图中的北运河河道用墨线勾画，涂蓝色；其他河流或着蓝色，或涂棕色。堤岸用棕红色线条表示，水利与交通设施用红色符号表示，建筑物画立面符号，铁路用连续格子线表现"①。

中国国家图书馆藏《山东省运河全图》，绘制时间为清乾隆二十一年至二十四年（1756—1759）之间，绢本长卷彩绘，图幅 28.5×248 厘米，"该图从右向左展开，方位大致为上东下西，左北右南，卷首起自江南邳州（今江苏邳州）与山东峄县（今枣庄市峄城区）交界处的黄林庄，卷尾止于山东德州与直隶景州交界处的柘园镇。全图用形象画法表现咸丰五年（1855）黄河改道之前山东境内京杭大运河的走势，详细描绘运河沿岸的山脉、河湖、泉流等自然地理景观，桥梁、堤岸、闸坝、桥洞、城池、村镇、祠庙等人文地理要素；堤防用土黄色表现，船闸、减水闸、滚水坝、涵洞、斗门、桥梁着青蓝色表示，城池用淡青色勾画立面形象，画竖立的石碑符号表示管界，全图绘制精细。图内用文字标注运河沿线洳河同知、运河同知、捕河通判、上河通判、下河通判、泉河通判六厅及其所属各汛经管的地方、船闸、水口、滚水坝的长度、间距、界址，各泉河源流。图中临清州板闸以南的运河用青色描绘，板闸以北的运河用黄色绘制，显示

---

① 李孝聪：《中国运河志·图志·古地图卷》，第150页。

运河因卫河流入而引起的水质变化"①。

此外，中国国家图书馆和美国国会图书馆还藏有多幅清代的山东省运河图，其中画法比较特殊的是清同治年间绘制的绘本《运河图》，图幅 112×40 厘米，该图图面上打有方格，但图面没有标注画方对应的里数。还有清光绪后期绘制的纸本墨绘上色的《运河厅河道全图》，图幅 35.5×145 厘米，图中部偏左绘制有方位标尺，左下角附图例，图面上绘制有斜方格网，图例中注明"开方每方十里"；中国国家图书馆还藏有一幅同名的地图，图幅为 59.5×129.4 厘米，所绘基本一致，但绘制更为精细，同样用"计里画方"绘制。这种用"计里画方"绘制的运河图在现存的运河图中并不多见。

第三节 运河河工图

由于运河在清初江南省的长江以北与黄河存在密切的关系，因此这里也是运河河工的重中之重，因此现存的运河河工图大都集中在这一区域。

如中国国家图书馆藏《江南省黄运湖堤埽闸坝工程情形总图》，"未注绘制年代和绘者，图题墨书于红签，贴于图背。经考证为嘉庆二十二年（1817）前后，河臣吴璥所绘。纸本墨绘设色，纵 101.2 厘米，横 167.8 厘米""此图方位书于图缘，上北下南，左东右西，覆盖范围：清朝江南省长江以北，江南省丰北厅与山东省粮河厅交界以南；江南省萧南厅与河南省归河厅交界以东至海岸之间的地区。凡此区域内的山川、湖泊、城镇尽数上图，重点表现江南省境内黄河的河道、堤防、埽工、闸坝等河防工程，运河的河道、堤岸、船闸、闸坝、引河、桥梁等漕运工程设施；兼及长江南岸镇江府徒扬运河的运口、船闸、临江埽坝；洪泽湖高家堰与运盐河之间的堤坝、石工；沿海范公堤及其河闸。图上的山峦一律着翠绿色，山脚略施土黄淡影；水系湖泊均施青绿色，惟黄河涂以黄褐色；城镇分别用蓝色、黄色的方形、圆形符号表示，使整个地图的绘制显得线条清晰，

---

① 李孝聪：《中国运河志·图志·古地图卷》，第 154 页。

地物符号简单，色彩鲜明，凸显出此图的绘制目的正如图题所述，将全面展现江南省黄、运、河、湖堤埽闸坝工程的总体情形"①。

中国国家图书馆藏彩绘本《江南省黄运河湖堤埽闸坝工程情形总图》，图幅 64.9×115.7 厘米，所绘与上图基本一致，仅图幅略小。该馆所藏彩绘本《长江黄河淮运形势全图》，图幅 101.4×142 厘米，与上图所绘也基本相同。

这一区域还存在一套分幅图，即中国国家图书馆藏清嘉庆年间彩绘本"江南省黄运图"，24 幅，图廓不等，第一幅封面所题图名为"江南省黄运河湖堤埽闸坝工程情形总图"，但该图实际上绘制的是从中运河厅界至东海的桃源和清安两汛所辖的运河和黄河河段，而此后的 23 幅地图则是如"里河厅属事宜图"等各厅的"事宜图"，因此第一幅地图的图名应当为"桃源安清中河通判属事宜图"，而"江南省黄运河湖堤埽闸坝工程情形总图"应为整套图集的名称。整套图集覆盖的范围基本就是清朝江南省长江以北境内各厅所管辖的河道。各图中黄河用中间涂以黄色的双曲线绘制，其余河流，包括运河用中间涂以青绿色的双曲线绘制；湖泊和海域涂以青绿色；府州县城绘制为带有城门的城郭，其中淮安府城勾勒出了府城、夹城和新城；图中用淡褐色实线绘制出了堤坝，在河道中标绘出了闸、埽工等设施。各图上用贴红说明了各厅下属各汛的管辖范围，如"平桥汛分管，上自清江汛界起，下至扬河厅界止，西堤长七千三百七丈五尺，计程四十里零，东堤长七千三百五十四丈，计程四十里零"。

类似的区域堤工图还有一些，如中国科学院图书馆藏清嘉庆九年至嘉庆二十五年（1804—1820）纸本彩绘《黄运湖河庚子图说》，2 册，经折装，上册 56 折，下册 66 折，每折 26.9×16.6 厘米。"该图册共有图十八幅，分别为总图一幅、毛城铺滚水坝图、王家山天然闸图、峰山四闸图、禹王台图、骆马湖图、十字河竹络坝图、朱家闸图、刘老涧石坝图、盐河图、九里岗埽工图、杨庄运口图、洪泽湖图、洪泽湖五滚坝图、清口图、黄河入海图、东西坝图和高宝两境运河图。其中总图描绘的范围起自山东与江南省交界，止于长江，描绘江南省内长江以北地区黄运形势""图中

---

① 李孝聪：《中国运河志·图志·古地图卷》，第 407 页。

对地物的描绘，保留了浓厚的传统舆图特色，大部分地理要素采用形象化的符号来表现。河流河道与堤工是该图册表现的重点所在，故绘制颇为精细：河流和湖泊填以淡绿色，唯黄河填以淡黄色；河道描绘甚为细致，极力表现其星罗棋布的形势；堤坝用赭石色的实线描绘，桥梁、闸门、埽坝等水利设施则用蓝色线条勾勒。山脉、城邑则相对来说并非表现的重点，所以用符号来表示：山体描绘为青绿色的峰峦状符号；而城邑则用蓝色线条勾勒出城垣的形状，大多为方形，少数重要城市则体现其特殊的圆形或不规则的外观；祠庙用红色墙垣和青色坡顶的形象化符号来表现。在分幅图中，少数重要城市则绘为带有鸟瞰透视效果的城垣形状。"①

这一区域的运河水利工程图还有中国第一历史档案馆所藏《南河黄运湖河宣泄机宜图说》和"黄运河工程图"，以及美国国会图书馆藏"黄运湖河全图"等。

明清时期黄河、运河交汇的清口地区，是治河保运的重中之重，清代的麟庆编绘有《黄运河口古今图说》一书，通过绘图及图说对清口地区的河道和水利工程的演变进行了介绍，其中共有地图 10 幅，即"前明嘉靖年河口图""康熙十一年河口图""康熙十五年后河口图""康熙三十四年后河口图""乾隆三十年河口图""乾隆四十一年河口图""乾隆五十年河口图""嘉庆十三年河口图""道光七年河口图""道光十八年河口图"。中国国家图书馆还有藏有该书的彩绘本，即麟庆《河口图说》，1 册 10 幅并附图说。

除了麟庆编绘的《黄运河口古今图说》之外，刻本书籍中的运河工程图数量极少，目前所见大致还有董恂《江北运程》中的"江北运程河湖堤排坝全图"，由 10 图幅构成，图面上绘制有方格网，但没有标注相应的里数；用粗细不等的曲线绘制了运河、黄河等河流；勾勒了京师北京内外城的轮廓；府城、州城和县城分别用正方形、矩形和圆形符号标识；用虚线勾勒了省界；且详细标注了运河沿岸的堤坝、闸堤等水利工程。

此外，还留存有大量局部的运河河工图，这些局部工程图大部分属于

---

① 孙靖国：《舆图指要：中国科学院图书馆藏中国古地图叙录》，中国地图出版社 2012 年版，第 236 页。

王耀论证的"咨估图"和"题估图"。王耀对这些地图的图幅特点进行了分析,即"其一,图题的书写格式一般为施工范围(以厅为单位)+年份+施工内容+表示图幅性质的图名。其二,施工前的工程预算图一般称为'咨估图''题估图',而完工后的费用结算图可称之为'咨销图''报销图''题销图'。两类图应该是一一对应的,是在施工前、后针对同一期运河工程而分别绘制的不同功用的套图。其三,贴红签标注运河工程名目、地点、施工长度等内容,与贴红签内容相比,图幅中绘制的运河、闸坝、市镇等仅起到基本示意作用"①。且王耀根据留存下来的这些地图推测,清代在运河治理过程中,存在与工程申报审核、费用评估核销有关的制度。李孝聪在《中国运河志·图志·古地图卷》中也有着相近的观点。

"咨估图",如中国国家图书馆藏清光绪二十三年(1897)纸本彩绘《捕河厅光绪二十三年咨办各工咨估图》,图幅19.3×57.6厘米,"该图自右向左展开,方位为上东下西,左北右南。卷首起自山东东平上汛南界,卷尾止于阳谷县汛北界,展示捕河厅所辖运河各汛界址、运河河道、堤坝、闸涵等水利设施,以及沿河的城镇、村庄、祠庙等景观"②,卷首右下方的注记记述了捕河厅所属河道的范围及其长度,"在阿城镇钤盖'山东通省运河兵备道之关防'满汉文关防红印,贴有红签2条,记录运河西岸土山搬移工程名目及施工长度"③,即"搬移南首长十二丈六尺""搬移北首长十二丈六尺"。

"报销图",如中国国家图书馆藏清光绪二十三年纸本彩绘《捕河厅光绪二十三年岁修工程报销图》,图幅19×57厘米。图面所绘内容与《捕河厅光绪二十三年咨办各工咨估图》基本完全一致,差异就是在于贴红以及钤盖关防红印的位置,"图上在寿东主簿景观寿张县汛界内的沙湾铺,钤盖'山东通省运河兵备道之关防'满汉文关防红印,贴有5条红签,注录五项护崖埽、挑水坝、堤埽等工程地点、名目和施工长度"④,如"寿字一号曹家单簿南护崖埽长五十丈"。

---

① 王耀:《水道画卷:清代京杭大运河舆图研究》,第108页。
② 李孝聪:《中国运河志·图志·古地图卷》,第474页。
③ 李孝聪:《中国运河志·图志·古地图卷》,第475页。
④ 李孝聪:《中国运河志·图志·古地图卷》,第478页。

除了这两幅地图之外，中国国家图书馆收藏的与捕河厅有关的咨估图或报销图还有：

清光绪二十年彩绘本《捕河厅光绪二十年咨办工程咨估图》，图幅18.8×57.8厘米；

清光绪二十三年彩绘本《捕河厅光绪二十三年咨办各工咨销图》，图幅19.3×57.6厘米；

清光绪二十三年彩绘本《捕河厅光绪二十三年岁修工程题估图》，图幅19×57厘米；

清光绪二十三年彩绘本《捕河厅光绪二十三年帮筑东平寿东阳谷等汛残缺堤工题销图》，图幅19.3×57.3厘米；

清光绪二十三年彩绘本《捕河厅光绪二十三年帮筑东平寿东阳谷等汛残缺堤工题销图》，图幅19.3×57.3厘米；

清光绪二十四年彩绘本《捕河厅光绪二十四年咨办工程咨估图》，图幅19×57.4厘米。

这八幅地图不仅图幅极为相近，且图面所绘内容也基本一致，存在的差异只是在图名、贴红以及钤盖关防红印的位置。因此可以猜测，清朝不仅在运河工程的预算、报销和审核中存在使用地图的习惯甚至制度，而且各厅为了满足经常使用这类地图的需要，可能也绘制和保存有地图的一些副本。

第四节　漕运图

大运河作为一条以运输粮食为主要功能的一条人工河道，也存在一些描绘其运输路线的地图，即"漕运图"。不过，需要注意的是，现存的"漕运图"的绘制范围大都没有包括大运河的全部航道，只是从京师直至运河与长江的交汇处；但与此同时，通常图中还绘制了长江中下游前往大运河的航道。

现存较早的"漕运图"，应当是在成书于明弘治年间的王琼《漕河图志》和成书于嘉靖初年的杨宏《漕运通志》中的"漕河之图"和"漕运总图"。王琼《漕河图志》"漕河之图",绘制范围右起京师,左至大江;图中用双曲线勾勒了长江、运河以及相关支流和湖泊,图面标绘的内容较为简略,除了府州县以及河流、湖泊名称之外,只是标注了一些船闸的名称。杨宏《漕运通志》的"漕运总图",绘制范围右起大江,左至京师,方向与王琼《漕河图志》"漕河之图"相反;图中用双曲线勾勒了长江、运河以及相关支流和湖泊,长江填充以水波纹,图中所标绘的内容较为简略,除了府州县以及河流、湖泊名称之外,只是标注了一些船闸的名称。两图相较,除了方向相反之外,《漕运通志》的"漕运总图"相对绘制得更为细致一些。

还有成书于明代嘉靖年间的罗洪先《广舆图》中的"漕运图"。《广舆图》"漕运图"图面上标有正方向,上东下西,左北右南;右侧起自瓜州、镇江,也即大运河与长江的交汇口,左至通州、京师和怀柔;用"计里画方"绘制,每方百里;图中大运河和长江河道用填充有水波纹的双曲线绘制,其他河流只是用双曲线绘制。"尤其详细标记了运河沿线船闸的名称与各'浅'的数目。'浅',即沿运河设置的浅铺。浅铺设于运河水浅处,建铺舍,每铺舍内置浅夫 5 ~10 人,专管挑挖疏浚运道。当运河漕船经过浅铺时,浅夫招呼漕船当心水浅,使漕船能够避浅而行"①。图后还附有"漕运建置",用列表的形式详细记录了管理漕运的各级官员、卫所的数量和所辖官兵的数量以及运粮的数量,从表格来看,运粮的范围除了图中所绘地区之外,还包括了湖广、江西和浙江等地,最后还罗列了从明初直至嘉靖元年间某些年份岁运粮食的数量。

由于《广舆图》在明代晚期流传甚广,再加上漕运涉及国计民生,长期以来都得到士大夫的关注,因此《广舆图》"漕运图"也出现在明代晚期和清初的一些书籍中,如程百二《方舆胜略》"漕运图"、朱国达《地图综要》"漕河图"、王鸣鹤《登坛必究》"漕运图"、张天复《皇舆考》"漕运图"、陈组绶《存古类函》"漕河图"、《三才图会》"漕运图"以及《阅史津逮》"漕运图"。

此外,如本篇第一章"黄河全图"部分所述,潘季驯《河防一览》

---

① 李孝聪:《中国运河志·图志·古地图卷》,第 296 页。

"全河图"谱系的地图，以黄河为主，绘制出了黄河自河源至江苏徐州附近与运河合流后夺淮入海的整个河道，但与此同时，还绘制了从北京至浙江的大运河，且忽略了两者的实际方向，将黄河与运河平行地绘制在同一幅地图上，此外还绘制了两者的一些支流。而《图书编》一书将《河防一览》"全河图"中并行的黄河和运河切分开，其中关于运河的地图图名为"河漕全图"，这幅"河漕全图"还被收录在了《八编类纂》中①。来自《河防一览》"全河图"的这幅"漕河全图"，绘制范围起自北京，直至钱塘江，图中存在大量的文字注记，运河各段标注的内容并不一致。大致从北京至长江，除了标注沿岸的府州县之外，用文字详细注记了各"浅"的人员以及相应物资的数量、船闸的名称、堤坝的修建情况，在山东段更是详细标注了泉源以及水源的情况；在长江以南，描绘的内容明显减少，主要标注了各处水深的情况以及桥梁。

这种重点标注大运河沿岸的船闸和"浅"以及泉源的漕运图，还存在于明清时期的一些关于漕运的书籍中，如明代何镗《修攘通考》中的"漕运图"、明末清初潘光祖、李云翔的《汇辑舆图备考》中的"漕运图"、清代杨锡绂《漕运则例纂》中的"运河全图"等。

除了书籍中的这些"漕运图"之外，还留存下来一些清代的彩绘本"漕运图"，如：

《七省粮船运道图》，该图"纸本彩绘，长卷装帧，纵 31 厘米，横 945 厘米。原图无图名，收藏单位以‘岳阳至长江入海及自江阴沿大运河至北京故宫水道彩色图'为名著录，显然属于现代人杜撰，现根据图上的贴签，酌拟图名。该图描绘的内容，经考证为乾隆四十四年至四十九年之间（1779～1784）。现藏中国国家图书馆""该图采用中国传统的形象画法，将长江自岳阳荆江段下至入海口段、京杭大运河自杭州至北京京师，以及淮安到徐州段的黄河，全部描绘在长约 10 米的长卷之上。全图从右向左展开，方位灵活变换。长江，从荆江段至海口段的长江中下游，以长江的南岸为上，表现沿岸的沙洲、滩涂、矶头、支流、湖泊以及城镇。京杭运河，兼及钱塘江南岸的绍兴府到萧山县，总是以运河的东岸为上，着重描

---

① 《八编类纂》中实际上收录了《图书编》的全文。

绘运河航道、沿线河塘、湖泊、桥梁、码头、闸坝等航运工程，以及城镇、寺庙、墩台等景物。图上的运河用墨勾岸线，水面涂绿色表现；黄河用墨勾岸线，水流描绘成棕褐色；府州县城镇用平立面城垣符号表现；寺庙画殿宇符号，加绘红色或灰色；墩台画立面望楼形象，镇铺画房屋形式。总体来看，此长卷地图展现清代自江南、江西、湖广诸省向京师提供用度的粮船，顺长江而下，转入大运河，北上至京师北京的航运路线。一般运河图中必然表现的堤坝、闸堰等水利工程，没有细致描绘，可见其重点在于显示与运河航运相关的船闸、墩台、水源和粮船行运的水程，而不是水利工程"①。

　　还有中国国家图书馆藏"漕河挽运图"，"清乾隆五十年至六十年（1785～1795）绘制，原著录为'江西挽运图'，未注绘者和绘制年代。纸本彩绘，经折长卷，纵26厘米，横1391厘米""全图从右向左展开，卷首起于江西省城南昌，卷尾止于京师北京，采用中国传统的山水画画法，生动形象地描绘出自江西经水路航运入京的漕运路线"②"该图将长江中下游与运河合绘一卷，京师紫禁城和江西省南昌城周围景物绘制较为详尽。南昌，绘出滕王阁、绳金塔等名胜古迹；北京，则详细展示宫殿、城墙、京郊的圆明园、畅春园与昆明湖等景致，其他城池只标注省、府、县名称。图中不仅表现一般运河图常见的山川、城镇、闸坝，还添画了行进中的漕船、纤夫等场景。图上所有的船只，在长江段的船头朝向下游，表明长江中的船只顺流而下；进入扬仪运河，入京杭运河，船头朝向京城，表明是北上进京的漕船。全程有两端漕路绘出纤夫，一段是从邵伯湖至南旺分水处，一段是天津道通州码头，其他路段没有纤夫的船只都扬帆起航……由此可见，此图是一幅专门反映自江西至京师漕船运程状况的地图"③。

　　类似的还有美国国会图书馆藏清光绪十年（1884）段必魁绘制的纸本彩绘《全漕运道图》，该图图幅20×660厘米。④

　　①　李孝聪：《中国运河志·图志·古地图卷》，第298页。
　　②　李孝聪：《中国运河志·图志·古地图卷》，第327页。
　　③　李孝聪：《中国运河志·图志·古地图卷》，第328页。
　　④　李孝聪：《〈中国运河志·图志·古地图卷〉综述》，第340页。

第五节　泉源图

正如李孝聪所述"山东运河穿过地势高低错落的鲁西丘陵，因势高水涩，难以载舟，需要建造多级船闸，还需要汇集周围的泉水，接济运河"①，因此为了表现山东境内用以接济运河的泉源，明清时期绘制有多种多样的泉源图。

目前所能见到时间最早的当数章潢《图书编》中的"泉河总图"，该图绘制范围左起清河县，右至孟阳泊闸，济宁州旁的"南旺湖"占据了图面的中心；图中用双曲线勾勒了运河以及汇入运河的河流，且河流河道和南旺湖中填充有水波纹；非常详细地标绘了运河沿线大量的闸；在"在城闸"之下，标绘了从运河以东汇入运河的"白马河等泉""三角湾泉""马陵泉""芦沟泉"等六条泉水。该图也被《八编类纂》收录，只是在河流使用的水波纹上存在差异。

在大致同时期的王在晋的《通漕类编》中也有一幅"泉源总图"，该图绘制范围左起济宁，右至峄县，下起鱼台，上至平阴、肥城、泰安以及莱芜等地，大致左北右南，上东下西。图中州城用双边圆形符号绘制，县城用矩形或者方形符号标绘；地图上方的泰山等山脉用山形符号绘制；河流用双曲线绘制，且在河道中标注有河流名称。图中绘制的河道众多，且有着大量的支流，这些支流上都没有标注名称，但从走势来看，似乎应当就是各类泉源。这幅地图还出现在了谢肇淛的《北河纪》中，图名为"泉河图"，此后还被阎廷谟《北河续纪》所收录，图名为"泉源图"。

在清康熙四十二年（1703）张鹏翮辑的《治河全书》中存在一套山东相关各县的18幅"泉图"，如"泗水泉图"等。这些分县的"泉图"绘制方式基本一致，以青绿色形象画法绘制山脉，山的顶部多涂以深蓝色；将州县城绘制为带有城门、城楼和垛口的侧立面的城郭形象，不绘制城内的衙署等建筑，但对城郭轮廓进行了较为写实的描绘，如东平州城就被绘

---

① 李孝聪：《〈中国运河志·图志·古地图卷〉综述》，《运河学研究》第 1 辑，社会科学文献出版社 2018 年版，第 45 页。

制为曲尺形；河流用双曲线绘制，涂以青绿色，且简要绘制了相关的桥梁、水坝；在河道两侧用青绿色绘制有大量椭圆形，中间写有泉水的名称，由此形象地表达了泉、河以及运河之间的关系。

但是《治河全书》中的这些"泉图"并不是原创的，这些"泉图"最早可以追溯到明万历二十七年（1599）刻清顺治四年（1647）增修本的胡瓚的《泉河史》，不过由于该书是刻本，因此书中所附各图绘制得较为简单、粗糙。各图中山脉用山形符号绘制，对城郭轮廓进行了较为写实的描绘，且绘制有城楼、城门和垛口；河流用双曲线绘制，河道两侧绘制有大量末端为圆形或椭圆形的支流，且标注有泉水名称。将书中所附这些地图与《治河全书》的地图相比，所绘内容基本一致，因此《治河全书》中的"泉图"应当是《泉河史》地图的彩绘本。此外，这些"泉图"还出现在了成书于康熙十九年（1680）的叶方恒《山东全河备考》中。

除此之外，清代还有一些专门的绘本的"山东泉源图"，如中国国家图书馆藏彩绘本《山东水泉图》，根据图中所绘判断，该图表现的时间为清乾隆年间；"图上注有'东平州泉源四十七处，乾隆四十六年巡漕，臣德尔炳阿奏……'，可知此图绘于其后"①；该图集1册17幅，图幅24.8×23.2厘米，其中总图一幅即"山东十七州县泉源总图"，然后是17州县分图各一幅，分图采用图文对照的形式，右侧为图，左侧为图说。其中"山东十七州县泉源总图"，"图上注明上东下西，左北右南……本图还突出地标绘出各州县的大小泉源四百八十四处，对各泉源及其与运河的关系反映得非常清楚"②；图中山脉用形象绘法绘制，涂以青绿色；河流用青灰色双曲线绘制，湖泊涂以同样的青灰色；府州县绘制为侧立面的带有城门的城郭，且大致勾勒了城郭的形状；在河流两侧用双曲线绘制了尽头为大致圆形的泉源，且标注有名称。各分图在图面上方标注有方向，大致都是上南，但各图的绘制方式不太一致，如"泰安县水泉图"，山脉用青绿色形象画法绘制，河流用中间涂以灰黄色的双曲线绘制，在河流两侧标注

---

① 北京图书馆善本特藏部舆图组编：《舆图要录——北京图书馆藏6827种中外文古旧地图目录》，北京图书馆出版社1997年版，第268页。

② 曹婉如主编：《中国古代地图集（清代）》"图版说明"，文物出版社1997年版，第10页。

有泉源；而"莱芜县水泉图"中河流和泉源的绘制方式虽然与"泰安县水泉图"一致，且山脉也以形象画法绘制，但施以灰褐色。该图册中的各图与张鹏翮辑的《治河全书》中的泉图所绘差异很大，且很多泉源标注的名称也不同，因此两者之间似乎不存在直接的继承关系。

中国国家图书馆还藏有一套清乾隆年间绢底彩绘本《山东十七州县运河泉源总图》，1册18幅，图幅26.6×24.6厘米，"与馆藏彩绘《山东水泉图》相较，增峄县（今枣庄市）泉源图1幅；总图仅绘出州、县位置，未注水泉名称；河流绘画更加精细；各州、县境水泉名称注记及城郭、山脉、林木等绘法基本一致。据图上所绘清乾隆四十六年（1781）发现的新永旺、新西席、新近汇等3泉推断，此图当绘于乾隆年间"①。

中国国家图书馆还藏有一些山东某一县的泉源（河）图，如清光绪年间彩绘本《峄县泉河图》，图幅37×35厘米，"图上贴签注出县境运河两岸各水泉座落方向、距城里数、发源地以及入运情形"②；清光绪年间彩绘本《峄县境内候孟泉坐落方向汇流济运情形图》，图幅34.5×34.5厘米，与《峄县泉河图》基本一致；清光绪年间彩绘本《兖州府滋阳县泉河图》，图幅43.5×46.5厘米，"此图绘画简略，贴签注出县境河流及各泉名称"③；清光绪年间彩绘本《泗水县泉图》，图幅41.2×61.5厘米，"图上注出了县境121泉名称"④；以及清光绪年间彩绘本《汶上县湖河泉源图》，图幅46.5×46厘米。

清代还有一系列的《八省运河泉源水利情形图》，其中目前所见时间最早的当数中国国家图书馆所藏清嘉庆二十二年之后至道光元年间（1817—1821）彩绘本《八省运河泉源水利情形图：湖北、湖南、江西、安徽、浙江、江苏、山东、直隶》，图幅23.7×900厘米。"该图的覆盖范

---

① 北京图书馆善本特藏部舆图组编：《舆图要录——北京图书馆藏6827种中外文古旧地图目录》，北京图书馆出版社1997年版，第268页。

② 北京图书馆善本特藏部舆图组编：《舆图要录——北京图书馆藏6827种中外文古旧地图目录》，北京图书馆出版社1997年版，第275页。

③ 北京图书馆善本特藏部舆图组编：《舆图要录——北京图书馆藏6827种中外文古旧地图目录》，北京图书馆出版社1997年版，第280页。

④ 北京图书馆善本特藏部舆图组编：《舆图要录——北京图书馆藏6827种中外文古旧地图目录》，北京图书馆出版社1997年版，第280页。

围起自洞庭湖经长江、运河至北京的水路，将东西向的长江中下游和南北向的京杭运河绘在同一卷上，并把长江与江南运河、里运河、中运河以及徐州至淮安段黄河都并置一图，长江漕运与运河漕运线路基本呈现'T'字形走向……长江从洞庭湖至入海口，主要表现江中与漕运航道密切相关的沙洲、矶头；运河始于钱塘江，止于京师昆明湖。山东、江苏段运河两岸的泉源、河道、湖泊以及重要闸坝等水利工程绘注最为详细，山东段的泉源绘制得尤为突出"①；"全图采用形象画法绘制，图中的黄河、浊漳河、卫运河、永定河用黄色双曲线描绘，黄河干流用灰土色来表现，长江、钱塘江、运河、泉源、湖泊用青绿色线画描绘，山脉用青绿色的象形符号表现。图中的文字注记详细注出各段运河的水源及其水性，重要闸坝修筑情形及其功能，以及河防厅属上下汛界址、河堤长度，对山东泉湖、北运河、永定河段的注记尤其详尽，可见此图重在表现运河的水源补给。该图中并未注明绘制年代，从文字注记、政区设置和水利工程来判断，此图的表现年代在嘉庆二十二年（1817）至道光元年（1821）之间"②。现存与此图相近的地图还有中国国家图书馆藏清咸丰年间彩绘本《八省运河泉源水利情形全图》，图幅 26.8×925 厘米；台北"故宫博物院"藏清咸丰十年（1860）彩绘本《八省运河泉源水利情形图：湖北、湖南、江西、安徽、浙江、江苏、山东、直隶》，折装，每折 25.1×12.5 厘米；山东济宁汶上县档案馆藏同治彩绘本《八省运河泉源水利情形总图》，图幅 27.3×937.5 厘米。大致而言，这系列的地图实际上更多的是运河图，但在山东段着重描绘了泉源。

此外，美国国会图书馆藏有一幅《四省运河水利泉源河道全图》，"经考订其底本为嘉庆二十五年（1820）三月左右南河总督吴璥编绘。纸本彩绘，经折长卷，纵 27 厘米，横 845 厘米"，"该图卷自右向左展读，大致方位为上东下西、左北右南。表现范围：从浙江杭州至京师北京的大运河全程以及绍兴府至萧山县浙东运河一段。全图以形象画法，描绘了运河沿线的山脉、河流、湖泊、城镇、村庄、寺庙等自然和人文地理景观，突出

---

① 席会东：《中国古代地图文化史》，中国地图出版社 2013 年版，第 250 页。
② 席会东：《中国古代地图文化史》，中国地图出版社 2013 年版，第 251 页。

表现堤坝、闸涵等运河水利工程。图中用不同颜色表示不同的水情，用黄色曲线表现黄河、永定河、子牙河、南运河等泥沙含量较高的河流；用青蓝色曲线描绘北运河、卫河（馆陶县以上）、山东运河、江淮河流、江南河流，用绿色表现长江。注记监理运河的机构经管的起止界址与航程长度、负责维护运河工程各汛管段的河道长度，运河各船闸之间的距离、沿运河陆路各驿站之间的里程"，"本图在山东运河部分，详细标绘供给运河水源的泉流，并注记各泉流分水济运的管理办法。由此可见，该运河图重在显示运河经过浙江、江南、山东、直隶四省的水利工程、泉源、河道，其绘制手法和表现内容，与中国国家图书馆藏'九省运河泉源水利情形图'十分相近，反映清代中叶编绘的这类运河泉源水利图不止一种"①。

将这一系列地图中的山东段与《山东水泉图》的"山东十七州县泉源总图"相比较，两者在对湖泊、府州县以及水泉的表现上，在很多方面较为近似，但《八省运河泉源水利情形图》等图大都为长卷，而"山东十七州县泉源总图"的图幅则大致为长方形，因此两者对很多地理要素相对位置的表现上存在差异，且"山东十七州县泉源总图"对于泉源的绘制更为细致。大致而言，《八省运河泉源水利情形图》在绘制时可能参考过《山东水泉图》"山东十七州县泉源总图"或近似的地图。

---

① 李孝聪：《中国运河志·图志·古地图卷》，第287页。

附表五　河渠水利图

一　黄河图

本附表中没有收录绘制范围局限于县（属州）的地图。

绘制者、刊刻者或作者和著作名或图册名	图名	绘制年代或收录地图的古籍的版本以及相关信息	收藏机构或者收录地图的古籍（包括现代影印本）等
刘天和制，刘缵总立	黄河图说（"国朝黄河凡五入运""古今治河要略""治河意见"）	明嘉靖十四年立石，大小两块 拓本：119.2×93厘米 拓本：85×92.5厘米，图幅和字迹略小	石碑：现存西安碑林 拓本：中国国家图书馆，《舆图要录》0699 拓本：中国国家图书馆，《舆图要录》0700
潘季驯	河防一览图（"祖陵图说""皇陵图说""全河图说"）	明万历十九年立石 拓本：1幅，43×2010厘米	拓本：中国国家图书馆，《舆图要录》0701
潘季驯	明治河图	清康熙年间据潘季驯《河防一览》书中的"全河图"摹绘而成；彩色摹绘本，1册	中国国家图书馆，《舆图要录》0702；中国国家博物馆；《中国运河志·图志》
潘大复《河防一览榷》	"全河图说"	成书于明万历时期；潘大复为潘季驯的长子；该书中的"全河图说"与《河防一览》附图基本一致 现存有明刻本；明万历四十七年刻清康熙三十六年（1697）重修本	《中国运河志·图志》 明刻本：中国国家图书馆；复旦大学图书馆；湖南图书馆 明刻清修本：中国国家图书馆；宁波市天一阁博物馆

续表

绘制者、刊刻者或作者和著作名或图册名	图名	绘制年代或收录地图的古籍的版本以及相关信息	收藏机构或者收录地图的古籍（包括现代影印本）等
张鹏翮编	黄河全图（"黄河图总说""黄河图说"）	清康熙年间或稍后，彩绘本，1 册	中国国家图书馆，《舆图要录》0707；天津图书馆；《中国古代地图文化史》；台北"故宫博物院"；《中国运河志·图志》
	黄河全图	清中期，彩绘本，1 幅，29×635 厘米	中国国家图书馆，《舆图要录》0709
	黄河发源归海图	清中期，彩绘本，1 幅，22×502 厘米	中国国家图书馆，《舆图要录》0710；另有摹绘本 1 幅
	黄河图（潼关至江苏海口）	清中期，彩绘本，1 幅，24×273 厘米	中国国家图书馆，《舆图要录》0711
	黄河图	清中期，彩绘本，1 幅，49×729 厘米	中国国家图书馆，《舆图要录》0712
	黄河图	清中期，彩绘本，1 幅，23×852 厘米	中国国家图书馆，《舆图要录》0713
	黄河水道全图	清中期，彩绘本，1 幅，22.5×580 厘米	中国国家图书馆，《舆图要录》0714
	黄河水道全图	清中期，彩绘本，22.5×580，1 幅；封面图题"黄河发源各厅工程情形全图"，内容与绘法与 0714 大致相同	中国国家图书馆，《舆图要录》0715
	黄河图	清光绪年间，彩绘本，2 幅，153×54 厘米	中国国家图书馆，《舆图要录》0719
	黄河图	清乾隆五十年至嘉庆二十五年，折装，30 折，每折 31.5×17.5 厘米	中国科学院图书馆，史 580079；《舆图指要》
	黄河发源归海全图	清嘉庆二十二年至嘉庆二十五年，折装，共 50 折，每折 23×11.2 厘米，拼合后 23×560 厘米	中国科学院图书馆，史 580077；《舆图指要》
	六省黄河工程埽坝情形图	清中期，彩绘本，1 册	中国国家图书馆，《舆图要录》0716

续表

绘制者、刊刻者或作者和著作名或图册名	图名	绘制年代或收录地图的古籍的版本以及相关信息	收藏机构或者收录地图的古籍（包括现代影印本）等
	"六省黄河埽坝河道全图"	清中叶，纸本彩绘，长卷折叠装，1 幅，27×875 厘米；纹锦套封墨书图题	美国国会图书馆，gm71002474，G7822.Y4N22.L8；《美国国会图书馆藏中文古地图叙录》
王石谷	全黄图	清康熙四十三年，彩绘纸本，色绫装裱成长卷，1 幅，44×605 厘米	英国图书馆；《欧洲收藏部分中文古地图叙录》
	"黄运交会图"	清中叶，纸地色绘，1 幅，尺寸不详	法国国家图书馆；《欧洲收藏部分中文古地图叙录》
陈仁锡《八编类纂》	黄河图	明天启刻本	《四库禁毁书丛刊》和《续修四库全书》北京大学图书馆藏明天启刻本
陈仁锡《八编类纂》	黄河源流图	明天启刻本	《四库禁毁书丛刊》和《续修四库全书》北京大学图书馆藏明天启刻本
王鸣鹤《登坛必究》	全河漕图说	明万历刻本 清刻本	《四库禁毁书丛刊》北京大学图书馆藏明万历刻本 《续修四库全书》北京大学图书馆藏清刻本
傅泽洪《行水金鉴》	黄河图	《文渊阁四库全书》本	《文渊阁四库全书》
崔维雅《河防刍议》	黄河总图	清抄本 清康熙刻本	《续修四库全书》南京图书馆藏清康熙刻本 《四库存目丛书》清抄本
潘季驯《河防一览》	全河图	《文渊阁四库全书》本	《文渊阁四库全书》
张天复《皇舆考》	"黄河图"	明万历十六年张象贤遐寿堂刻本	《四库存目丛书》明万历十六年张象贤遐寿堂刻本
靳辅《黄河图黄河旧险工图黄河新险工图众水归淮图运河图淮南诸河图五水济运图》	黄河图	清抄本	《四库未收书辑刊》清抄本

续表

绘制者、刊刻者或作者和著作名或图册名	图名	绘制年代或收录地图的古籍的版本以及相关信息	收藏机构或者收录地图的古籍（包括现代影印本）等
薛凤祚《两河清汇》	黄运图	《文渊阁四库全书》本	《文渊阁四库全书》
朱国盛纂，徐标续纂《南河全考》	全河总图	明天启刻崇祯增修本	《续修四库全书》浙江图书馆藏明天启刻崇祯增修本
茅元仪《武备志》	"全河漕图说"	明天启刻本	《续修四库全书》和《四库禁毁书丛刊》北京大学图书馆藏明天启刻本
郑晓《禹贡图说》	"导河图"	明刻项皋谟校本	《续修四库全书》上海图书馆藏明刻项皋谟校本
胡渭《禹贡锥指》	导河图	《文渊阁四库全书》本	《文渊阁四库全书》
马俊良《禹贡注节读》之《禹贡图说》	导河图	清乾隆端溪书院刻本	清乾隆端溪书院刻本：《四库未收书辑刊》；《欧洲收藏中文古地图叙录》；伦敦英国图书馆东方部
朱鹤龄《禹贡长笺》	导河图	《文渊阁四库全书》本	《文渊阁四库全书》
艾南英《禹贡图注》	导河图	清道光十一年六安晁氏活字学海类编本	《四库存目丛书》中国国家图书馆藏清道光十一年六安晁氏活字学海类编本
王澍《禹贡谱》	导河图	清康熙四十六年积书岩刻本	《四库存目丛书》清康熙四十六年积书岩刻本
茅瑞征《禹贡汇疏》	导河图	明崇祯刻本	《续修四库全书》和《四库存目丛书》北京大学图书馆藏明崇祯刻本
夏允彝《禹贡古今合注》	导河图	明末刻本	《续修四库全书》中国国家图书馆藏明末刻本
张鹏翮《治河全书》	黄河全图	清抄本	《续修四库全书》天津图书馆藏清抄本

续表

绘制者、刊刻者或作者和著作名或图册名	图名	绘制年代或收录地图的古籍的版本以及相关信息	收藏机构或者收录地图的古籍（包括现代影印本）等
罗洪先《广舆图》	黄河图	嘉靖三十四年前后的初刻本 嘉靖三十七年南京十三道监察御史重刊本 嘉靖四十年胡松刻本 嘉靖四十三年吴季源刻本 嘉靖四十五年韩君恩刻本 万历七年钱岱刻本 嘉庆四年章学濂刊本	初刻本："中华再造善本丛书·明代编·史部"；中国国家图书馆，《舆图要录》0371；荷兰海牙绘画艺术博物馆；《广舆图全书》；《续修四库全书》 清嘉庆四年刻本：中国国家图书馆，《舆图要录》0372；伦敦英国图书馆东方部；巴黎法国国家图书馆；维也纳奥地利国家图书馆 《欧洲收藏部分中文古地图叙录》
《八编类纂》	河漕全图	明天启刻本	《续修四库全书》和《四库禁毁书丛刊》北京大学图书馆藏明天启刻本
王鸣鹤《登坛必究》	黄河图	明万历刻本 清刻本	《四库禁毁书丛刊》北京大学图书馆藏明万历刻本 《续修四库全书》北京大学图书馆藏清刻本
朱绍本、吴学俨等《地图综要》	黄河图	明末朗润堂刻本 明弘光元年刻本	《四库禁毁书丛刊》北京师范大学图书馆藏明末朗润堂刻本 中国国家图书馆藏明弘光元年刻本，《舆图要录》0378；《欧洲收藏部分中文古地图叙录》；伦敦英国国家图书馆东方部藏残本
程百二《方舆胜略》	黄河图	明万历三十八年刻本	《四库禁毁书丛刊》北京大学图书馆藏明万历三十八年刻本
潘光祖《彙辑舆图备考》	黄河源图	清顺治刻本	《四库禁毁书丛刊》北京师范大学图书馆藏清顺治刻本
潘季驯《两河经略》	黄运图	《文渊阁四库全书》本	《文渊阁四库全书》

续表

绘制者、刊刻者或作者和著作名或图册名	图名	绘制年代或收录地图的古籍的版本以及相关信息	收藏机构或者收录地图的古籍（包括现代影印本）等
朱国盛《南河志》	全河总图	明天启刻崇祯增修本	《续修四库全书》浙江图书馆藏明天启刻崇祯增修本
王圻《三才图会》	黄河图	明万历三十七年刻本	《四库存目丛书》北京大学图书馆藏明万历三十七年刻本
王在晋《通漕类编》	黄河图	明万历刻本	《四库存目丛书》明万历刻本
施永图《武备地利》	黄河图	清雍正刻本 清刻本 清中期刻印本	《四库未收书辑刊》清雍正刻本 《四库禁毁书丛刊》北京大学图书馆藏清刻本 中国国家图书馆藏清中期刻印本，《舆图要录》0381
焦竑《新镌焦太史汇选中原文献》	黄河图	明万历二十四年汪元湛等刻本	《四库存目丛书》清华大学图书馆藏明万历二十四年汪元湛等刻本
何镗《修攘通考》	黄河图	明万历六年自刻本	《四库存目丛书》北京师范大学图书馆明万历六年自刻本
黎世序、潘锡恩《续行水金鉴》	黄河图	清道光十二年刻本	《四库未收书辑刊》清道光十二年刻本
胡瓒、胡宗绪《禹贡备遗》	黄河图	清初刻本	《四库存目丛书》清初刻本
郑若曾《郑开阳杂著》	黄河图	《文渊阁四库全书》本	《文渊阁四库全书》
刘隅《治河通考》	"黄河图"	明嘉靖十二年顾氏刻本	《续修四库全书》上海图书馆藏明嘉靖十二年顾氏刻本
吴山《治河通考》	"黄河图"	明嘉靖刻本	《四库存目丛书》明嘉靖刻本
陈潢原论、张霭生编述《治河奏绩书》《河防述言》	黄河全图	《文渊阁四库全书》本	《文渊阁四库全书》

续表

绘制者、刊刻者或作者和著作名或图册名	图名	绘制年代或收录地图的古籍的版本以及相关信息	收藏机构或者收录地图的古籍（包括现代影印本）等
陈组绶《存古类函》	黄河图	明末刻本	《四库禁毁书丛刊》北京大学图书馆藏明末刻本
朱约淳《阅史津逮》	黄河图	清初彩绘钞本	《四库存目丛书》中国科学院图书馆藏清初彩绘抄本
汪绂《戊笈谈兵》	"黄河图"	清光绪二十年刻本	《四库未收书辑刊》清光绪二十年刻本
	黄河本末全图	清嘉庆三年，折本，1册，纸本彩绘，28开，每开26×10.5厘米	台北"故宫博物院"，平图020873；《水到渠成》
	黄河发源至河南省各厅工程情形图	清代，纸本彩绘，折叠装1册，16开，每开23×10.5厘米	台北"故宫博物院"
	江南省黄河各厅属河道工程情形图	18、19世纪之交，折叠装1册，13开，每开23×10.5厘米	台北"故宫博物院"，平图020883；《水到渠成》
司马钟	黄河全图	清道光二十五年，绢本彩绘，1幅，48.5×696厘米	台北"故宫博物院"，平图020871；《笔画千里》；《水到渠成》
	黄运两河全图	清乾隆三十年，朝鲜人金喜敏摹绘本，1幅，250×357.4厘米	韩国奎章阁
	黄河图	清初，绢本彩绘，1幅，226×464厘米	台北"故宫博物院"
	黄淮河图	清雍正初年，纸本彩绘，1幅，51.5×246厘米	台北"故宫博物院"，平图020874；《水到渠成》
冯应京《皇明经世实用编》	漕黄迹治考略	明万历刻本	《四库存目丛书》北京大学图书馆藏明万历刻本
陈仁锡《八编类纂》	漕黄迹治图考略	明天启刻本	《四库禁毁书丛刊》和《续修四库全书》北京大学图书馆藏明天启刻本
龚在升《三才汇编》	漕黄合图	清康熙五年刻本	《四库存目丛书》湖北省图书馆藏清康熙五年刻本
夏允彝《禹贡古今合注》	漕河图	明末刻本	《续修四库全书》国家图书馆藏明末刻本

续表

绘制者、刊刻者或作者和著作名或图册名	图名	绘制年代或收录地图的古籍的版本以及相关信息	收藏机构或者收录地图的古籍（包括现代影印本）等
茅瑞征《禹贡汇疏》	漕河图	明崇祯刻本	《续修四库全书》和《四库存目丛书》北京大学图书馆藏明崇祯刻本
	由陕西潼关至江苏安东黄河沿岸地区图	2轴	第一历史档案馆；《内务府舆图目录》
易顺鼎编纂，顾潮等测绘《三省黄河全图》		清光绪十六年，上海鸿文书局，石印本，5册	中国国家图书馆，《舆图要录》0718
	"黄淮两河沿河地方道里图"	清光绪年间，彩绘本，1幅，67×58厘米	中国国家图书馆，《舆图要录》2987
	山东山左河大略情形图	清光绪年间，彩绘本，1幅，38.6×39厘米	中国国家图书馆，《舆图要录》3165
	山东黄河全图	清光绪二十九年，彩绘本，计里画方一方十里，27×280厘米	中国国家图书馆，《舆图要录》3168
	下北厅属铜瓦厢漫溢由张秋穿运入大清河至铁门关归海图	清光绪年间，彩绘本，1幅，27.4×275厘米	中国国家图书馆，《舆图要录》3169
	黄河图（贴签题名"山东黄河沿岸村庄图"）	清光绪年间，彩绘本，1幅，11.5×267.5厘米	中国国家图书馆，《舆图要录》3170
	黄河图	清光绪年间，彩绘本，1幅，34.3×406厘米	中国国家图书馆，《舆图要录》3171
	黄河图	清光绪年间，彩绘本，1幅，59.3×163.5厘米	中国国家图书馆，《舆图要录》3172
	山东省黄河图	清光绪年间，彩绘本，1幅，274.×664厘米	中国国家图书馆，《舆图要录》3174
	山东黄河全图	清光绪年间，彩绘本，1幅，27.4×654厘米	中国国家图书馆，《舆图要录》3175
	山左河道图	清光绪年间，彩绘本，1幅，20.5×303厘米	中国国家图书馆，《舆图要录》3179
	黄河穿运图	清末，彩绘本，1幅，47×53.5厘米	中国国家图书馆，《舆图要录》3199

续表

绘制者、刊刻者或作者和著作名或图册名	图名	绘制年代或收录地图的古籍的版本以及相关信息	收藏机构或者收录地图的古籍（包括现代影印本）等
张瀛奎摹绘	铜瓦厢金门以下黄河串运入海情形图	清光绪十三年，彩绘本，1幅，25.9×134.7厘米	中国国家图书馆，《舆图要录》3200
林铺	黄运台串图	清光绪年间，彩绘本，1幅，22×33.5厘米	中国国家图书馆，《舆图要录》3201
	德州河图	清光绪年间，彩绘本，1幅，43×47厘米	中国国家图书馆，《舆图要录》3498
	"武定府属惠青滨蒲利等州县黄河情形图"	清光绪年间，彩绘本，1幅，61.5×112.5厘米	中国国家图书馆，《舆图要录》3520
	单砀两境黄河现在水势情形图	清中期，彩绘本，1幅，58.2×49厘米	中国国家图书馆，《舆图要录》3586
	"单砀境内黄河南北两岸堤坝全图"	清中期，彩绘本，1幅，43×79厘米	中国国家图书馆，《舆图要录》3587
	东昌府河图	清光绪年间，彩绘本，1幅，50.5×48厘米	中国国家图书馆，《舆图要录》3604
"江苏黄淮运河水利图说"（原题名《抄绘水利图》）		清中期，彩绘本，1册，25.2×13.6厘米	中国国家图书馆，《舆图要录》3745
《黄运湖河全图说》		清乾隆年间，彩绘本，1册，26×15厘米；河署绘呈本	中国国家图书馆，《舆图要录》3746
"江南省黄运图"		清嘉庆年间，彩绘本，24幅，图廓不等	中国国家图书馆，《舆图要录》3747
麟庆编绘"河口图说"		清道光二十年，彩绘本，1册，32×36.5厘米	中国国家图书馆，《舆图要录》3748
	江南山东两省湖河分泄漫水归海去路情形全图	清道光年间，彩绘本，1幅，62×135.6厘米	中国国家图书馆，《舆图要录》3749
	黄运交汇图	清咸丰初年，彩绘本，1幅，40×40.7厘米	中国国家图书馆，《舆图要录》3751
	长江黄河淮运形势全图	清光绪年间，彩绘本，1幅，101.4×142厘米	中国国家图书馆，《舆图要录》3753
	桃北厅属萧家庄黄水漫口情形图	清道光二十二年，彩绘本，1幅，21.5×38.8厘米	中国国家图书馆，《舆图要录》3771

续表

绘制者、刊刻者或作者和著作名或图册名	图名	绘制年代或收录地图的古籍的版本以及相关信息	收藏机构或者收录地图的古籍（包括现代影印本）等
	桃北厅属萧家庄黄河漫口与旧道入海里数并五州县被水灾轻重情形图	清道光二十二年，彩绘本，1幅，21.8×38.5厘米	中国国家图书馆，《舆图要录》3772
	专委查探桃北漫口以下河道水势实在情形图	清道光二十二年，彩绘本，1幅，21.3×58厘米	中国国家图书馆，《舆图要录》3773
	江南萧工以下黄水归海现在情形图	清道光二十二年，彩绘本，1幅，32.2×67厘米	中国国家图书馆，《舆图要录》3774
	黄河旧道图说	清光绪年间，彩绘本，1幅，22×152厘米	中国国家图书馆，《舆图要录》3782
	旧黄河图	清光绪年间，蜡绢，彩绘本，有缩尺，1幅，79.5×259厘米	中国国家图书馆，《舆图要录》3783
	"徐淮海三属河道图"	清光绪年间，彩绘本，1幅，58.6×104厘米	中国国家图书馆，《舆图要录》3808
	"河南黄河图"	清咸丰初年，绢底彩绘本，1幅，28×264厘米	中国国家图书馆，《舆图要录》4813
	"河南黄河图"	清咸丰年间，彩绘本，1幅，26×274厘米	中国国家图书馆，《舆图要录》4815
	河南黄河图	清咸丰年间，彩绘本，1幅，50×192厘米	中国国家图书馆，《舆图要录》4816
	河南黄河图	清光绪年间，彩绘本，1幅，32×212.5厘米	中国国家图书馆，《舆图要录》4818
	河南省至山东省黄河及山脉大道详图	清光绪年间，彩绘本，1幅，24×288.4厘米	中国国家图书馆，《舆图要录》4819
	河南山东黄河全图	清光绪年间，彩绘本，1幅，63×303厘米	中国国家图书馆，《舆图要录》4820
	委查现在河势情形图	清光绪年间，彩绘本，1幅，25×135.8厘米	中国国家图书馆，《舆图要录》4821
	河南黄河全图	清光绪年间，彩绘本，画方不计里，1幅，26.2×202.5厘米	中国国家图书馆，《舆图要录》4822

续表

绘制者、刊刻者或作者和著作名或图册名	图名	绘制年代或收录地图的古籍的版本以及相关信息	收藏机构或者收录地图的古籍（包括现代影印本）等
《河南省各县黄河河势情形图》	郑工现在河势图	清光绪年间，彩绘本，15幅，图廓不等	中国国家图书馆，《舆图要录》4827
	郑工上移情形图		
	中河厅实在河势及大堤弯曲情形图		
	查勘现在河势图		
	开封府鄢陵县造送舆河图		
	郑汛裴昌庙河势图		
	中河厅中牟下汛现在河势图		
	中河厅属中牟下汛三八堡现在河势情形图		
	下北河厅现在河势图		
	下南河厅经管祥陈三汛堤工事宜图		
	卫粮厅黄河图		
	荥泽县民埝石坝工程现在河势草图		
	卫辉府封丘县议筑黄陵一带堤埝情形图		
	郑州下汛十堡漫口河势图		
	西平舞阳两县洪河庄村图		
《河南各县黄河图》	朱仙镇贾鲁河南岸决口形势图说（2幅）	清光绪年间，彩绘本，14幅，图廓不等，附说贴及信札1包	中国国家图书馆，《舆图要录》4828
	武陟县沁河堤工图		
	漕运厅北寺庄新筑堤坝情形图		
	扶沟县双洎河图		
	淮宁县大沙河图		

续表

绘制者、刊刻者或作者和著作名或图册名	图名	绘制年代或收录地图的古籍的版本以及相关信息	收藏机构或者收录地图的古籍（包括现代影印本）等
《河南各县黄河图》	彰德府临漳河决口堵筑口门河道情形图	清光绪年间，彩绘本，14幅，图廓不等，附说贴及信札1包	中国国家图书馆，《舆图要录》4828
	兰仪县河图		
	初八日自苏家桥至石沟一带河道情形图		
	初七日自赵北口至苏家桥一带河道情形图		
	谨呈六月二十五日楚饷失鞘漳河尚图		
	贾鲁河全图		
	陈州府淮宁县河图		
	睢州城河图		
	"河南黄河八厅图"	清咸丰初年，彩绘本，1幅，29×438厘米	中国国家图书馆，《舆图要录》4829
赵广壎	七厅河图指掌	清光绪年间，计里画方每方一里，1幅，30×203厘米	中国国家图书馆，《舆图要录》4832
周普安	陕州至荥泽黄河水势情形图	清光绪年间，彩绘本，1幅，20×59厘米	中国国家图书馆，《舆图要录》4833
	陕州至荥泽黄河水势情形图	清光绪年间，彩绘本，1幅，21.7×60厘米	中国国家图书馆，《舆图要录》4834
	河南府陕州一带现在河势情形图	清宣统年间，彩绘本，1幅，25×130.5厘米	中国国家图书馆 《舆图要录》4835
	灵宝陕州渑池新安孟津巩县汜水黄河情形图	清宣统年间，彩绘本，1幅，21.7×101.4厘米	中国国家图书馆，《舆图要录》4836
	灵宝陕州渑池新安孟津巩县汜水黄河情形总图	清宣统年间，彩绘本，1幅，32.3×203.4厘米	中国国家图书馆，《舆图要录》4837
	"道光二十三年黄河漫溢所经地方图"	清道光二十三年，彩绘本，1幅，40.5×58厘米	中国国家图书馆，《舆图要录》4848
	黄河南溢经过豫皖苏三省图	清道光年间，彩绘本，1幅，74×82厘米	中国国家图书馆，《舆图要录》4849
	陈州归德府各州县被水图	清道光年间，彩绘本，1幅，302×39.2厘米	中国国家图书馆，《舆图要录》4850

续表

绘制者、刊刻者或作者和著作名或图册名	图名	绘制年代或收录地图的古籍的版本以及相关信息	收藏机构或者收录地图的古籍（包括现代影印本）等
陆成沅	归陈二府黄水经由归宿大概情形图	清道光年间，彩绘本，1幅，27.2×38.3厘米；风格内容与《陈州归德府各州县被水图》基本一致	中国国家图书馆，《舆图要录》4851
	勘查豫省中河漫口黄水经过州县入淮归湖情形图	清道光二十三年，彩绘本，1幅，42.3×59厘米	中国国家图书馆，《舆图要录》4852
	查勘中河厅中牟下汛九堡漫水经过州县情形图	清道光二十三年，彩绘本，1幅，43.7×58厘米	中国国家图书馆，《舆图要录》4853
	河南府河图	清光绪年间，彩绘本，1幅，44.2×49厘米	中国国家图书馆，《舆图要录》5020
	许州直隶州河图	清光绪年间，彩绘本，1幅，48×49厘米	中国国家图书馆，《舆图要录》5116
	灵宝县陕州两处河势情形图	清光绪年间，彩绘本，1幅，23.1×74.3厘米	中国国家图书馆，《舆图要录》5125
	光绪十三年陈州合属被水图	清光绪十三年，绘本，二色，1幅，53.8×57厘米	中国国家图书馆，《舆图要录》5148
	"豫东黄河全图"	清咸丰五年至同治十三年，纸本彩绘，长幅卷轴，1幅，25.3×295.2厘米；与《山东运河全图》合装一盒	中国科学院图书馆，257988；《舆图指要》
	山东境内全河形势详细图说	清光绪后期，彩绘本，折页装，40折，每折27.5×11.5厘米	中国科学院图书馆，261936；《舆图指要》
	山东黄河全图	宣统元年，纸本设色，经折装，计里画方每方十里，1幅，29×238厘米	北京大学图书馆，《皇舆遐览》
	"黄河南河图"	清乾隆年间，绢本彩绘，长卷裱轴，1幅，38×183厘米；图题原贴在轴背面，已残缺，仅存"黄"字	美国国会图书馆，gm71005024，G7822.Y4A5.H9；《美国国会图书馆藏中文古地图叙录》
	"山东全省河图"	清后期，纸本色绘，无图题，长卷，1幅，49×85厘米	美国国会图书馆，gm71005026，G7822.Y4A5.S5；《美国国会图书馆藏中文古地图叙录》

续表

绘制者、刊刻者或作者和著作名或图册名	图名	绘制年代或收录地图的古籍的版本以及相关信息	收藏机构或者收录地图的古籍（包括现代影印本）等
	豫东黄河全图	清中叶，绢本彩绘，长卷裱装，锦缎轴背贴图题，1幅，33×187厘米	美国国会图书馆，gm71005027，G7822.Y4A5.Y8；《美国国会图书馆藏中文古地图叙录》
《河南府河图》		清乾隆年间，绢底彩绘，分切18幅，80×90厘米；拓裱折叠装，锦缎封，贴图题，32×16厘米 河南府河图册由河南府的10个属县，每县各具一幅河图，连同河南府河图共11幅合成一套	美国国会图书馆，gm71005049，G7823.H33P5.H6；《美国国会图书馆藏中文古地图叙录》
	"黄、运河全图"	清康熙年间，绢底色绘，1幅，250×350厘米	巴黎法国国家图书馆；《欧洲收藏部分中文古地图叙录》
靳辅《黄河图黄河旧险工图黄河新险工图众水归淮图运河图淮南诸河图五水济运图》	淮南诸河图	清抄本	《四库未收书辑刊》清抄本
《天下郡国利病书》	旧河图	四部丛刊影印稿本	《四库存目丛书》和《续修四库全书》四部丛刊影印稿本
	郡境大河运道全图		
	新河图		
	新旧河总图		
《江南各厅全河图说》		清嘉庆年间，绘本，1册	中国国家图书馆，《舆图要录》3758
阿弥达	黄河源图	清乾隆四十七年绘制，刻本，1幅，110×346.5厘米	中国第一历史档案馆
拉锡等	星宿海河源图	清康熙四十三年，彩绘纸本，黄色贴签为拉锡绘图的原签，红签是根据以后阿弥达的奏折及附图上的说明文字抄录上去以便乾隆帝阅览的，1幅，147.5×360厘米	中国第一历史档案馆

绘制者、刊刻者或作者和著作名或图册名	图名	绘制年代或收录地图的古籍的版本以及相关信息	收藏机构或者收录地图的古籍（包括现代影印本）等
阿弥达原绘	黄河源图	清乾隆四十七年之后，刻印本，1幅分切5条，97×250厘米。系乾隆四十七年阿弥达前往河源告祭河神后测绘而成	中国国家图书馆，《舆图要录》0708；另有"黄河源图"摄影照片10幅
	黄河发源图	清康熙五十八年，纸本设色，硬纸折装，有经纬线，为康熙五十八年《皇舆全览图》彩绘本分图之一，1幅，96×105厘米	北京大学图书馆；《皇舆遐览》；中国第一历史档案馆
阿弥达	河源图	清乾隆年间，刻印本，10印张，每印张58×70厘米，上下两排，整幅116×350厘米	美国国会图书馆，gm71005135，G7822.Y4A5.H6；《美国国会图书馆藏中文古地图叙录》
徐璈《历代河防类要》	河源图	清道光元年卧云书屋刻本	《四库未收书辑刊》清道光元年卧云书屋刻本
纪昀等《钦定河源纪略》	阿勒坦郭勒重源图	《文渊阁四库全书》本	《文渊阁四库全书》
	北山河源图		
	葱岭河源图		
	汉书河源图		
	和阗河源图		
	河流积石山南会三昆都伦河图		
	河流绕积石山三面至贵德堡图		
	河源全图		
	库库淖尔图		
	罗布淖尔东境北路诸泉图		
	罗布淖尔东南方伏流沙碛图		
	罗布淖尔图		
	水经注河源图		
	唐刘元鼎所见河源图		
	元使所穷河源图		

续表

绘制者、刊刻者或作者和著作名或图册名	图名	绘制年代或收录地图的古籍的版本以及相关信息	收藏机构或者收录地图的古籍（包括现代影印本）等
章潢《图书编》	河源总图	《文渊阁四库全书》本	《文渊阁四库全书》
夏允彝《禹贡古今合注》	河源图	明末刻本	《续修四库全书》中国国家图书馆藏明末刻本
茅瑞征《禹贡汇疏》	河源图	明崇祯刻本	《续修四库全书》和《四库存目丛书》北京大学图书馆藏明崇祯刻本
马俊良《禹贡注节读》之《禹贡图说》	吐蕃河源图	清乾隆端溪书院刻本	清乾隆端溪书院刻本：《四库未收书辑刊》；《欧洲收藏中文古地图叙录》；伦敦英国图书馆东方部
	西域河源图		
	吐蕃河源图		
胡渭《禹贡锥指》	西域河源图	《文渊阁四库全书》本	《文渊阁四库全书》
	河源之图		
王喜《治河图略》	黄河源图	《文渊阁四库全书》本	《文渊阁四库全书》
许缵曾《宝纶堂稿》	黄河源图	稿本	《续修四库全书》南京图书馆藏稿本
许缵曾《宝纶堂集》	河源图	稿本	《四库存目丛书》稿本
王棠《燕在阁知新录》	河源图	清康熙五十六年刻本	《四库存目丛书》和《续修四库全书》清康熙五十六年刻本
刘隅《治河通考》	"黄河源图"	明嘉靖十二年顾氏刻本	《续修四库全书》上海图书馆藏明嘉靖十二年顾氏刻本
吴山《治河通考》	"黄河源图"	明嘉靖刻本	《四库存目丛书》明嘉靖刻本
陶宗仪《辍耕录》	黄河源图	《文渊阁四库全书》本	《文渊阁四库全书》
王圻《三才图会》	黄河源图	明万历三十七年刻本	《四库存目丛书》北京大学图书馆藏明万历三十七年刻本
查笃绘《清代黄河河工图》	陕西潼关至河南陈留段黄河图	清同治年间，彩绘本，2幅，图幅不等	中国国家图书馆，《舆图要录》0717
	河南考城至山东利津段黄河图		

续表

绘制者、刊刻者或作者和著作名或图册名	图名	绘制年代或收录地图的古籍的版本以及相关信息	收藏机构或者收录地图的古籍（包括现代影印本）等
	大名同知所属光绪三十二年分上中下三汛各铺另抢土埽砖工估销河图	清光绪三十二年，彩绘本，1幅，28.3×141厘米	中国国家图书馆，《舆图要录》1633
	大名同知所属光绪三十三年分上中下三汛各铺另抢土埽砖工估销河图	清光绪三十三年，彩绘本，1幅，28.3×140厘米	中国国家图书馆，《舆图要录》1634
	宁夏河渠图	清末期，彩绘本，1幅，117.5×305厘米	中国国家图书馆，《舆图要录》2897
	江南省黄运湖堤埽闸坝工程情形总图	清中期，彩绘本，1幅，101.2×167.8厘米	中国国家图书馆，《舆图要录》2985；《中国运河志·图志》
	江南省黄运河湖堤埽闸坝情形总图	清中期，彩绘本，1幅，64.9×115.7厘米。与2985基本相同，仅无签注，图幅略小	中国国家图书馆，《舆图要录》2986
	"山东黄河长堤 暨小清河图"	清光绪年间，彩绘本，1幅，69×135.4厘米	中国国家图书馆，《舆图要录》3176
"山东黄河河道工程图"	黄汛盛涨民埝冲决漫入运渠情形图	清光绪年间，彩绘本，8幅	中国国家图书馆，《舆图要录》3173
	黄运交汇图		
	济南泺口起至滨州老君堂止现在河势工程情形图		
	山东河图		
	单县黄河图		
	山东黄河图		
	利津黄河入海图		
	挖泥机器图		
	黄河官堤民埝图	清光绪年间，彩绘本，1幅，86×90厘米	中国国家图书馆，《舆图要录》3177
	民埝全图	清光绪年间，彩绘本，1幅，27×115.8厘米	中国国家图书馆，《舆图要录》3178

续表

绘制者、刊刻者或作者和著作名或图册名	图名	绘制年代或收录地图的古籍的版本以及相关信息	收藏机构或者收录地图的古籍（包括现代影印本）等
	山东黄河大堤全图	清光绪年间，彩绘本，1幅，44.5×210.3厘米	中国国家图书馆，《舆图要录》3180
贾庄河防局	上游黄河两岸金堤临黄险工村庄里分贴说全图	清光绪二十年，彩绘本，1幅，31×112厘米	中国国家图书馆，《舆图要录》3187
	黄河上游南北两岸大堤民埝村庄里数并阎潭河全图	清光绪年间，彩绘本，计里画方每方四里，1幅，53.8×106.6厘米	中国国家图书馆，《舆图要录》3188
	上游南北两岸各处埽坝形势险要旧全河图	清光绪年间，彩绘本，1幅，30×150厘米	中国国家图书馆，《舆图要录》3189
	上游北岸金堤濮范寿阳一带形势图说	清光绪年间，彩绘本，1幅，23.2×182.8厘米	中国国家图书馆，《舆图要录》3190
	上游南岸下段大堤河势情形极次险工图说	清光绪年间，彩绘本，1幅，24.3×92.3厘米	中国国家图书馆，《舆图要录》3193
	山东上游黄河河势堤工图	清光绪年间，彩绘本，1幅，24.3×216厘米	中国国家图书馆，《舆图要录》3194
高保津	上游黄河堤埝全图（另题名：绘呈上游黄河堤堰形势全图）	清光绪年间，彩绘本，1幅，47×82厘米	中国国家图书馆，《舆图要录》3195
	黄水穿运及大清河一带现在情形图说	清咸丰末年，彩绘本，1幅，48×72.5厘米	中国国家图书馆，《舆图要录》3198
	山东黄水穿运并节次堵口筑埝现在情形图	清光绪年间，绘本，1幅，52×57.2厘米	中国国家图书馆，《舆图要录》3202
	中游南北两岸堤埝河图贴说	清光绪年间，彩绘本，1幅，34×450厘米	中国国家图书馆，《舆图要录》3203
	"中游黄河南北两岸大堤民埝全图"	清光绪年间，彩绘本，1幅，27.1×142.6厘米	中国国家图书馆，《舆图要录》3204
	黄河下游工程图说	清光绪年间，彩绘本，1幅，21.5×152厘米	中国国家图书馆，《舆图要录》3206
	"黄河下游堤工图"	清光绪年间，彩绘本，计里画方每方一十五里，1幅，41.7×227.8厘米	中国国家图书馆，《舆图要录》3207
	下游黄河堤埝险工埽坝图说	清光绪年间，彩绘本，画方不计里，1幅，26.5×112.5厘米	中国国家图书馆，《舆图要录》3208

续表

绘制者、刊刻者或作者和著作名或图册名	图名	绘制年代或收录地图的古籍的版本以及相关信息	收藏机构或者收录地图的古籍（包括现代影印本）等
	下游北岸第二营河形堤势图说	清光绪年间，彩绘本，1幅，28.5×48厘米	中国国家图书馆，《舆图要录》3209
	下游北岸第三营防守险工埽坝形势图说	清光绪年间，彩绘本，1幅，24×90厘米	中国国家图书馆，《舆图要录》3210
	光绪二十一年中游南北两岸抢护险工处所文职衔名图说	清光绪二十一年，彩绘本，1幅，31.5×180.4厘米	中国国家图书馆，《舆图要录》3213
	光绪二十二年中游南北两岸抢护险工处所武职衔名图说	清光绪二十二年，彩绘本，1幅，31.5×180.4厘米	中国国家图书馆，《舆图要录》3214
	光绪二十三年中游南北两岸抢护险工处所武职员弁衔名图说	清光绪二十三年，彩绘本，1幅，31.5×180.4厘米	中国国家图书馆，《舆图要录》3215
	上游南北两岸文武衔名抢险图说	清光绪年间，彩绘本，1幅，43×110.5厘米	中国国家图书馆，《舆图要录》3216
	"山东运河河工图"	清雍正六年，彩绘本，1幅，24.1×525厘米	中国国家图书馆，《舆图要录》3217
	黄水入曹分流各处以及新筑郓巨菏三县民堰全图	清末，彩绘本，1幅，56×91.5厘米	中国国家图书馆，《舆图要录》3571
	"山东濮郓范寿各县黄河堤埝图"	清光绪年间，彩绘本，1幅，64×95厘米	中国国家图书馆，《舆图要录》3574
《黄淮河河工情形图》	安东至桃源引河草图式	清道光年间，彩绘本，5幅，图廓不等	中国国家图书馆，《舆图要录》3750
	洪泽湖至海口堤工图		
	洪泽宝应等湖一带闸坝堤工图		
	孙民房至萧工丈尺情形图		
	自花庄至孙民房丈尺情形图		
	二套引河并正河归海尾闾情形图	清乾隆五十二年，彩绘本，1幅，21.5×59厘米	中国国家图书馆，《舆图要录》3760

续表

绘制者、刊刻者或作者和著作名或图册名	图名	绘制年代或收录地图的古籍的版本以及相关信息	收藏机构或者收录地图的古籍（包括现代影印本）等
	绘造江南清黄河道各工事宜全图	清嘉庆年间，彩绘本，1幅，62.5×108厘米	中国国家图书馆，《舆图要录》3761
	丰北厅旧口门图说	清末，彩绘本，1幅，40.5×40.8厘米	中国国家图书馆，《舆图要录》3767
	桃北厅属萧家庄漫口拟定坝基引河情形图	清道光二十二年，彩绘本，1幅，21.2×140厘米	中国国家图书馆，《舆图要录》3768
	桃北厅属萧家庄漫口拟清坝基引河情形图	清道光二十二年，彩绘本，1幅，21.2×39厘米；为《桃北厅属萧家庄漫口拟定坝基引河情形图》的草图	中国国家图书馆，《舆图要录》3769
	桃北萧家庄漫口迤下间段估挑引河形势图	清道光二十二年，彩绘本，1幅，21.2×58.8厘米	中国国家图书馆，《舆图要录》3770
	"洪泽湖口北部黄河堤工图"	清嘉庆年间，彩绘本，1幅，21.5×35.5厘米	中国国家图书馆，《舆图要录》3781
祝补斋编绘《淮扬水利全图》	淮扬水利全图	清咸丰初年，彩绘本，8幅合裱1卷，每幅28×65厘米	中国国家图书馆，《舆图要录》3804
	淮黄交汇入海图		
	御坝常闭水不归黄沿江分泄图		
	漕堤放坝下河筑堤束水归海图		
	漕堤放坝水不归海汪洋一片图		
	东台水利来源图		
	东台水利去路图		
	东台扬堤加高图		
	淮徐海三属河道闸坝形势图	清光绪年间，彩绘本，1幅，60×105厘米	中国国家图书馆，《舆图要录》3809
	河南黄河堤工图	清咸丰初年，绢底彩绘本，1幅，31×212厘米	中国国家图书馆，《舆图要录》4814
《河南黄河河道工程图》	荥泽县民埝工图	清光绪年间，彩绘本，17幅图廓不等；附估价清册14册及说贴2份	中国国家图书馆，《舆图要录》4817
	下北厅兰阳上汛新旧河口门情形图		

续表

绘制者、刊刻者或作者和著作名或图册名	图名	绘制年代或收录地图的古籍的版本以及相关信息	收藏机构或者收录地图的古籍（包括现代影印本）等
《河南黄河河道工程图》	祥河厅属祥符上汛现在堤坝归段河势情形图	清光绪年间，彩绘本，17幅图廓不等；附估价清册14册及说贴2份	中国国家图书馆，《舆图要录》4817
	兰阳汛堤河势草图		
	归德府商丘县旧管大堤堡房黄河图		
	曹县旧营黄堤岸图		
	进筑挑水坝第十九占图		
	下北河厅属河图		
	下北河厅属经营一切事宜河势情形图		
	下北河厅属现在河势情形图（2幅）		
	开封图兰仪县河图		
	虞城县境黄河旧身图说		
	兰仪县地舆全图		
	考城县旧河图（2幅）		
	测量干河图说		
	荥泽县河图		
	考城县绘勘老黄河身图		
张瀛奎	豫省黄河南北上游七厅现在河势工程情形全图	清光绪十三年，彩绘本，1幅，25.8×293.8厘米	中国国家图书馆，《舆图要录》4830
黄家驹	豫河南北两岸八厅经管工坝垛埽段情形全图	清光绪年间，彩绘本，1幅，53.5×225.3厘米	中国国家图书馆，《舆图要录》4831
	"黄河河道堤工图"	清道光元年至咸丰五年，彩绘本，长卷，裁成若干幅装裱，1幅，23.8×863厘米	中国科学院图书馆，史580074；《舆图指要》

续表

绘制者、刊刻者或作者和著作名或图册名	图名	绘制年代或收录地图的古籍的版本以及相关信息	收藏机构或者收录地图的古籍（包括现代影印本）等
	山东黄河工图	清咸丰五年至宣统三年，纸本设色，经折装，1 幅，28×669 厘米	北京大学图书馆；《皇舆遐览》
周普安	河南中牟下汛黄河二坝双合龙安澜图	清道光二十五年，纸本设色，册页装，1 幅，29×620 厘米	北京大学图书馆；《皇舆遐览》
	河南黄河北岸各厅癸卯年霜后河势工程情形图	清道光二十三年，纸本设色，经折装，1 幅，26×424 厘米	北京大学图书馆；《皇舆遐览》
《乾隆黄河下游闸坝图》	禹王台图	清乾隆年间，纸本彩绘，20 幅地图叠装成册，29×29 厘米，各具图题，并附图说	美国国会图书馆，2002626798，G2370.H8.C5；《美国国会图书馆藏中文古地图叙录》
	禹王台图		
	十字河竹络坝图		
	朱家闸引河图		
	九里岗埽工图		
	刘老涧石坝、王营减坝图		
	盐河图		
	杨庄运口图		
	清口运口图		
	御坝木龙图		
	洪泽湖图		
	高宝各坝下河图		
	芒稻河归江各路闸坝图		
	瓜洲江工图		
	京口江工图		
	滚坝、天然坝、蒋家闸图		
	毛撑铺减少坝图		
	王家山天然坝图		
	峰山四闸图		
	黄河海口图		

续表

绘制者、刊刻者或作者和著作名或图册名	图名	绘制年代或收录地图的古籍的版本以及相关信息	收藏机构或者收录地图的古籍（包括现代影印本）等
萨载、高晋等编绘《黄、运、湖、河全图》	黄运湖河全图	清乾隆年间，绢本彩绘，长卷 25×150 厘米；叠装，木板封贴题签《人（？）健堂记》。该图实含 5 幅地图，各具图题，并附图说	美国国会图书馆，gm71005017，G7822.Y4N22.Z3；《美国国会图书馆藏中文古地图叙录》
	移建东、西坝图		
	陶庄新河并拦黄顺黄坝图		
	吴城三堡图		
	海口并二套图		
	"兰、仪、睢三厅光绪二年分河道起止里数工程段落丈尺总河图"	清中叶，纸本彩绘，长卷，1 幅，25×107 厘米；呈送折 21×12 厘米，裱红绣花锦裱装，图题脱失，根据内容补	美国国会图书馆，80692838，G7822.Y4N22.H92；《美国国会图书馆藏中文古地图叙录》
	南岸三厅光绪二年分河道起止里数做过工程段落丈尺总河图	清光绪二年，纸本彩绘，长卷，1 幅，26×469 厘米；呈送折 26×12 厘米，绿花纹锦背封，贴黄签墨书图题，签书"及字第十七号"，加盖关防红印	美国国会图书馆，80692830，G7822.Y4N22.N3；《美国国会图书馆藏中文古地图叙录》
	河北道属光绪二年黄河形势做过工程全图	清光绪二年，纸本色绘，长卷，1 幅，26×249 厘米；呈送折 26×12 厘米，红绢背封，贴黄签墨书图题，签书"及字第十五号"，加盖关防红印	美国国会图书馆，80692831，G7822.Y4N22.H6；《美国国会图书馆藏中文古地图叙录》
	"豫省黄河南岸堤坝工程图"	清光绪年间，绢本色绘，长卷，1 幅，39×279 厘米；似乎为未完成的图稿	美国国会图书馆，gm71005025，G7822.Y4N22.H92；《美国国会图书馆藏中文古地图叙录》
曾国荃编制	"铜瓦厢以下黄河穿运隄工图贴说"	清光绪初年，纸本彩绘，1 幅，56×71 厘米。该图用黄缎面封，墨书"臣曾国荃恭呈御览"，系曾国荃提交皇廷的呈折	美国国会图书馆，gm71002482，G7822.Y4N22.Z4；《美国国会图书馆藏中文古地图叙录》
"铜瓦厢至海口新黄河河道隄工形势图"		清后期，纸本彩绘，2 幅，无图题，不注比例；红锦缎拓裱，折叠为呈送折状，一幅 53×53 厘米，另一幅 54×52 厘米	美国国会图书馆，gm71002473，G7822.Y4N2.H8；《美国国会图书馆藏中文古地图叙录》

续表

绘制者、刊刻者或作者和著作名或图册名	图名	绘制年代或收录地图的古籍的版本以及相关信息	收藏机构或者收录地图的古籍（包括现代影印本）等
	"中游河工全图"	清晚期，纸本彩绘，长卷，画方不计里，卷首墨书图题，1幅，33×202厘米	美国国会图书馆，gm71002470，G7822.Y4N2.Z5；《美国国会图书馆藏中文古地图叙录》
靳辅《黄河图黄河旧险工图黄河新险工图众水归淮图运河图淮南诸河图五水济运图》	"黄河旧险工图"	清抄本	《四库未收书辑刊》清抄本
	"黄河新险工图"		
顾炎武《天下郡国利病书》	曹县志河防图	四部丛刊影印稿本	《四库存目丛书》和《续修四库全书》四部丛刊影印稿本
王喜《治河图略》	治河之图	《文渊阁四库全书》本	《文渊阁四库全书》
徐光启《历代黄河移徙图》	"总图"	图末有"大明万历末年八月用五彩墨笔绘测历代至明地图，徐光启测绘"字样，"绘测""测绘"皆不是传统舆图上所用词汇，该图册很可能是近代假托徐光启名而作；彩绘本，1册图24幅	中国国家图书馆，《舆图要录》0703
	大禹导河图		
	东西汉河图（3幅）		
	魏晋河图		
	前五代河图		
	唐河图		
	宋河图（4幅）		
	元河图（2幅）		
	明河图（10幅）		
《历代黄河移徙图》	黄河全图（1幅）	可能绘制于乾隆年间，彩绘本，1册图29幅	中国国家图书馆，《舆图要录》0704
	大禹导河图（1幅）		
	商河图（2幅）		
	秦河图（1幅）		
	西汉河图（1幅）		
	东汉河图（2幅）		
	魏晋河图		

续表

绘制者、刊刻者或作者和著作名或图册名	图名	绘制年代或收录地图的古籍的版本以及相关信息	收藏机构或者收录地图的古籍（包括现代影印本）等
《历代黄河移徙图》	前五代河图	可能绘制于乾隆年间，彩绘本，1册图29幅	中国国家图书馆，《舆图要录》0704
	唐河图		
	宋河图（4幅）		
	元河图（2幅）		
	明河图（10幅）		
	清河图（2幅）		
橘荫人绘《历代黄河迁徙图》		清光绪元年，彩色摹绘本，1册，自大禹导河图至清代河图30幅，与乾隆年间彩绘同名图册大致近似，只是增加了"光绪元年河图"1幅	中国国家图书馆，《舆图要录》0705
《历代黄河图》		彩清中期，绘本，1册地图16幅，反映了商代至清代黄河河道的变迁	中国国家图书馆，《舆图要录》0706
刘鹗撰《历代黄河变迁图考》	禹贡全河图	清光绪十九年袖海山房石印本 清宣统二年，山东河工研究所，重印本	《四库未收书辑刊》清光绪十九年袖海山房石印本宣统二年重印本：中国国家图书馆，《舆图要录》0720，有残
	禹贡九河逆河图		
	禹河龙门至于孟津图		
	周至西汉河道图		
	东汉以后河道图		
	见今河道图		
	南河故道图		
	唐至宋初河道图		
	宋二股河图		
	禹河自孟津至于大陆图		
徐琠《历代河防类要》	东汉魏晋南北朝至唐末河合济漯东行之道	清道光元年卧云书屋刻本	《四库未收书辑刊》清道光元年卧云书屋刻本
	汉成徙河瓠子河张甲河鸣犊河		
	汉南徙宋熙宁金明皆分流河		
	汉屯氏诸河水经十一		

续表

绘制者、刊刻者或作者和著作名或图册名	图名	绘制年代或收录地图的古籍的版本以及相关信息	收藏机构或者收录地图的古籍（包括现代影印本）等
徐璈《历代河防类要》	汉荥阳引河石门渠明南徙河合汴睢入淮合涡顿入淮	清道光元年卧云书屋刻本	《四库未收书辑刊》清道光元年卧云书屋刻本
	金大定河		
	明宏治后河合汴泗南行之道		
	明浊河银河苻离河徐州北徙河沙湾河		
	三代河北行之图		
	宋金元河东行南行之道		
	王莽河漯川河笃马河马颊河		
	五代赤河宋二股河四界晋河商胡六塔横流诸河		
	周徙河至西汉末年北行之图		
程大昌《禹贡论》《后论》及《山川地理图》	历代大河误证图	《文渊阁四库全书》本	《文渊阁四库全书》
艾南英《禹贡图注》	禹河初徙图	清道光十一年六安晁氏活字学海类编本	《四库存目丛书》中国国家图书馆藏清道光十一年六安晁氏活字学海类编本
	元明大河图		
马俊良《禹贡注节读》之《禹贡图说》	汉屯氏诸决河图	清乾隆端溪书院刻本	清乾隆端溪书院刻本；《四库未收书辑刊》；《欧洲收藏中文古地图叙录》；伦敦英国图书馆东方部
	金大河图		
	宋大河图		
	唐大河图		
	邺东故大河图		
	禹河初徙图		
	禹河再徙图		
	元明大河图		

续表

绘制者、刊刻者或作者和著作名或图册名	图名	绘制年代或收录地图的古籍的版本以及相关信息	收藏机构或者收录地图的古籍（包括现代影印本）等
胡渭《禹贡锥指》	九河逆河碣石图	《文渊阁四库全书》本	《文渊阁四库全书》
	金大河图		
	宋大河图		
	唐大河图		
	邺东故大河图		
	禹河初徙图		
	禹河再徙图		
	元明大河图		
王喜《治河图略》	汉河之图	《文渊阁四库全书》本	《文渊阁四库全书》
	今河之图		
	宋河之图		
	禹河之图		
顾栋高《春秋大事表》	河初徙图	《文渊阁四库全书》本	《文渊阁四库全书》
傅泽洪《行水金鉴》	古今黄河通塞图	《文渊阁四库全书》本	《文渊阁四库全书》
	黄河水路图说	清光绪年间，绘本，1幅，36×79厘米（系陕西、陕西和河南3省交界之河段。凡宜设税局之处均贴签注明）	中国国家图书馆，《舆图要录》2737
	陕西榆林县河防图	清光绪年间，彩绘本，1幅，61.8×108.4厘米	中国国家图书馆，《舆图要录》2779
	大河南北两岸舆地图	清光绪年间，彩绘本，1册，36×16.5厘米；（添设炮台及防务图）	中国国家图书馆，《舆图要录》4951
	"山西河防全图"	清光绪年间，彩绘本，1幅，34.5×72.8厘米	中国国家图书馆，《舆图要录》1997
	山东黄河全图	光绪二十五年二月前，彩绘本，经折装，1幅，34.5×478.5厘米	天津图书馆；《水道寻往》
	山东全省黄河图说	清代，彩绘本，经折装，20折，1幅，28.3×710厘米	天津图书馆；《水道寻往》

续表

绘制者、刊刻者或作者和著作名或图册名	图名	绘制年代或收录地图的古籍的版本以及相关信息	收藏机构或者收录地图的古籍（包括现代影印本）等
	山东黄河简明全图	光绪二十四年之后，彩绘本，经折装，22折，1幅，27.4×732.6厘米	天津图书馆；《水道寻往》

二 运河图

绘制者、刊刻者或作者和著作名或图册名	图名	绘制年代或收录地图的古籍的版本以及相关信息	收藏机构或者收录地图的古籍（包括现代影印本）等
	九省运河泉源水利情形图：湖北湖南江西安徽浙江江苏山东直隶（八省运河泉源水利情形图：湖北湖南江西安徽浙江江苏山东直隶）	清嘉庆二十五年，彩绘本，1幅，23.7×900厘米	中国国家图书馆，《舆图要录》0735；《中国运河志·图志》
	八省运河泉源水利情形图：湖北湖南江西安徽浙江江苏山东直隶	清咸丰十年，纸本彩绘，78折，每折25.1×12.5厘米	台北"故宫博物院"，平图020912；《笔画千里》
	八省运河泉源水利情形全图	清咸丰年间，彩绘本，1幅，26.8×925厘米	中国国家图书馆，《舆图要录》0743
	江西輓运图（漕河挽运图）	清乾隆五十年至八十年，彩绘本，1幅，26×1391厘米	中国国家图书馆，《舆图要录》0736；《中国运河志·图志》
	"岳阳至长江入海及自江阴沿大运河至北京故宫水道彩色图"（"七省粮船运道图"）	清乾隆后期，彩绘本，1幅，31×945厘米	中国国家图书馆，《舆图要录》0737；《中国运河志·图志》
	运河来水归江全图	清嘉庆二十二年至二十五年，彩绘本，1幅，22×546厘米	中国国家图书馆，《舆图要录》0738；《中国运河志·图志》
	运河来水归江全图	清嘉庆二十二年至二十五年，纸本彩绘，折装，拼合后23×511.6厘米	中国科学院图书馆，史580077；《舆图指要》

续表

绘制者、刊刻者或作者和著作名或图册名	图名	绘制年代或收录地图的古籍的版本以及相关信息	收藏机构或者收录地图的古籍（包括现代影印本）等
	运河全图（附运河全图说）	清中期，彩绘本，1册，28×17.5厘米	中国国家图书馆，《舆图要录》0739
	运河全图	清中期，彩绘本，1幅，24×860厘米	中国国家图书馆，《舆图要录》0740
	运河水道全图	清中期，彩绘本，1幅，22.3×546厘米	中国国家图书馆，《舆图要录》0741
	运河图	清中期，绘本，1册，26.2×16.2厘米	中国国家图书馆，《舆图要录》0742
	长江运河图	清光绪元年，彩绘本，1幅，21×617厘米	中国国家图书馆，《舆图要录》0744
	蓟运河图说	清光绪年间，彩绘本，1幅，23.5×52厘米	中国国家图书馆，《舆图要录》1320
华树《长芦直豫二省运河总分图》	长芦直豫二省运河总图	清同治二年，彩绘本，7幅，37.5×61厘米（附图说）	中国国家图书馆，《舆图要录》1432
	黄河以北引地图		
	黄河以南引地图		
	上西河引地图		
	下西河引地图		
	北河引地图		
	御河引地图		
	"南运河全图"	清光绪年间，彩绘本，1:900000，1幅，51×136.3厘米	中国国家图书馆，《舆图要录》1436
	南运河图	清光绪宣统之际，彩绘本，1幅，41.5×63厘米	中国国家图书馆，《舆图要录》1437；《中国运河志·图志》
	通州至天津北运河图	清光绪年间，彩绘本，计里画方一方十里，1幅，65.5×88厘米	中国国家图书馆，《舆图要录》1441
	"北运河图"	清光绪宣统之际，彩绘本，1幅，67×67厘米	中国国家图书馆，《舆图要录》1442；《中国运河志·图志》
	勘估北运全河图说	清宣统年间绘图晒印，晒印本，有缩尺，1幅，68×77.8厘米	中国国家图书馆，《舆图要录》1443

续表

绘制者、刊刻者或作者和著作名或图册名	图名	绘制年代或收录地图的古籍的版本以及相关信息	收藏机构或者收录地图的古籍（包括现代影印本）等
	运河图	清同治年间，绘本，画方不计里，112×40厘米（存可拼合的2幅，山东张秋至苏北清口运河段）	中国国家图书馆，《舆图要录》2989；《中国运河志·图志》
	山东省运河全图	清乾隆二十一年至二十四年，绢底彩绘，1幅，28.5×248厘米	中国国家图书馆，《舆图要录》3218；《中国运河志·图志》
	山东省运河全图	清中期，彩绘本，1幅，36×702.8厘米	中国国家图书馆，《舆图要录》3219；《中国运河志·图志》
	"山东运河图"	清咸丰年间，彩绘本，1幅，19.8×116.5厘米	中国国家图书馆，《舆图要录》3220
查笃	山东运河图	清同治末，彩绘本，1幅，24.6×297.6厘米	中国国家图书馆，《舆图要录》3221
	山东省运河图	清光绪年间，绢底彩绘本，1幅，58.5×329.2厘米	中国国家图书馆，《舆图要录》3222
	山东直隶运河图	清光绪年间，彩绘本，1幅，30×319.5厘米	中国国家图书馆，《舆图要录》3223
	山东通省运河图	清光绪年间，彩绘本，1幅，24.5×332厘米	中国国家图书馆，《舆图要录》3224
	山东通省运河事宜情形全图	清光绪年间，彩绘本，1幅，24.3×383.4厘米	中国国家图书馆，《舆图要录》3225
	山东通省运河情形全图	清光绪年间，彩绘本，1幅，24.5×387厘米	中国国家图书馆，《舆图要录》3226
	山东运河详细全图	清光绪年间，彩绘本，1幅，22.3×362厘米	中国国家图书馆，《舆图要录》3227
	山东运河详细全图	清光绪年间，彩绘本，1幅，22.3×360.4厘米	中国国家图书馆，《舆图要录》3228
	运河图	清光绪年间，绢底彩绘，1幅，27.7×291厘米	中国国家图书馆，《舆图要录》3229
	"黄运河南北运口河形图"	清光绪年间，彩绘本，1幅，393.×61.5厘米	中国国家图书馆，《舆图要录》3232
	黄运河南北运口河形旧图	清光绪年间，彩绘本，1幅，42.5×46.3厘米	中国国家图书馆，《舆图要录》3233

续表

绘制者、刊刻者或作者和著作名或图册名	图名	绘制年代或收录地图的古籍的版本以及相关信息	收藏机构或者收录地图的古籍（包括现代影印本）等
	黄运河南北运口河形新图	清光绪年间，彩绘本，1幅，42.5×46.3厘米	中国国家图书馆，《舆图要录》3234
	运河厅河道全图	清光绪年间，彩绘本，计里画方一方十里，1幅，35.5×145厘米	中国国家图书馆，《舆图要录》3254；《中国运河志·图志》
	运河厅河道全图	清光绪年间，彩绘本，计里画方一方十里，1幅，59.5×129.4厘米（与同名图基本一致，但绘制更为精细）	中国国家图书馆，《舆图要录》3255
	下河厅经管河道起止里数图	清光绪年间，彩绘本，1幅，20.1×67.8厘米	中国国家图书馆，《舆图要录》3276
张谦宜摹绘《胶莱河辩议图说》		清雍正三年张谦宜摹绘、辑录明万历二十九年胶州灵山卫指挥谈九畴原著；纸本彩绘，经折装，1幅，30×1600厘米；总图1幅，分段图9幅，一图一说	美国国会图书馆，G7821.R4.W3，gm71005020；《美国国会图书馆藏中文古地图叙录》；《中国运河志·图志》
"江苏黄淮运河水利图说"		清中期，彩绘本，1册	中国国家图书馆，《舆图要录》3745
《黄运湖河全图说》		清乾隆中期，彩绘本，1册	中国国家图书馆，《舆图要录》3746
"江南省黄运图"		清嘉庆年间，彩绘本，24幅，图廓不等	中国国家图书馆，《舆图要录》3747
麟庆《河口图说》		清道光二十年，绘本，1册10幅（附图说）	中国国家图书馆，《舆图要录》3748
麟庆《黄运河口古今图说》	康熙三十四年后河口图	清道光二十一年云荫堂刻本	《四库未收书辑刊》清道光二十一年云荫堂刻本
	前明嘉靖年河口图		
	康熙十一年河口图		
	康熙十五年后河口图		
	道光十八年河口图		
	乾隆四十一年河口图		
	乾隆五十年河口图		
	嘉庆十三年河口图		
	道光七年河口图		
	乾隆三十年河口图		

续表

绘制者、刊刻者或作者和著作名或图册名	图名	绘制年代或收录地图的古籍的版本以及相关信息	收藏机构或者收录地图的古籍（包括现代影印本）等
	黄运交汇图	清咸丰初年，彩绘本，1幅，40×40.7厘米	中国国家图书馆，《舆图要录》3751
	长江黄河淮运形势全图	清光绪年间，彩绘本，1幅，101.4×142厘米	中国国家图书馆，《舆图要录》3753
	江苏运河图	清道光年间，彩绘本，1幅，20.5×27.5厘米	中国国家图书馆，《舆图要录》3786
靳辅、周洽	京杭运河图	清康熙二十六年，绢本彩绘，1幅，78.6×2050厘米	台北"故宫博物院"，善购002078；《笔画千里》；《中国运河志·图志》；第一历史档案馆
靳辅、周洽	京杭道里图	清康熙二十六年，绢本彩绘，长卷装裱，1幅，78.5×2032厘米	浙江省博物馆；《中国运河志·图志》
	"京杭运河全图"	清光绪七年至二十四年，纸本彩绘，经折长卷，1幅，20×798厘米	《中国运河志·图志》；国家基础地理信息中心国家测绘档案资料馆
	"运河图"	清康熙晚期，绢本彩绘，长卷装裱，1幅，55.6×932.2厘米	美国纽约大都会博物馆，2006.272a、b；《中国运河志·图志》
唐岱	南巡道里图	清乾隆十六年，绢本彩绘，长卷，1幅，79×1784厘米	中国国家博物馆；《中国运河志·图志》
	"南河图"	清嘉庆八年至嘉庆二十五年，纸本彩绘，1幅，66×122.5厘米	中国科学院图书馆，史580199；《舆图指要》
	黄运湖河庚子图说	清嘉庆九年至嘉庆二十五年，纸本彩绘，2册，经折装，每折26.9×16.6厘米	中国科学院图书馆，史725004；《舆图指要》
	山东通省运河情形全图	清后期，纸本彩绘，长卷折叠装，1幅，23×382厘米	美国国会图书馆，G7822.G7N22.S5，80692829；《美国国会图书馆藏中文古地图叙录》；《中国运河志·图志》
	山东运河全图	清光绪年间，纸本彩绘，长卷裱轴，1幅，31×326厘米	美国国会图书馆，G7822.G7.S5，gm71005023；《美国国会图书馆藏中文古地图叙录》；《中国运河志·图志》

续表

绘制者、刊刻者或作者和著作名或图册名	图名	绘制年代或收录地图的古籍的版本以及相关信息	收藏机构或者收录地图的古籍（包括现代影印本）等
	四省运河水利泉源河道全图	清嘉庆年间，纸本彩绘，长卷，1 幅，27×845 厘米。叠成呈送折：27×13 厘米	美国国会图书馆，G7822.G7N22.S7，gm71002475；《美国国会图书馆藏中文古地图叙录》；《中国运河志·图志》
段必魁	全漕运道图	清光绪十年，纸本彩绘，长卷折叠裱装，1 幅，20×660 厘米。木板封，贴红墨书图题	美国国会图书馆，G7822.G7.T8，gm71005057；《美国国会图书馆藏中文古地图叙录》；《中国运河志·图志》
	"运河图"	清中叶，绢本彩绘，装裱成长卷，1 幅，50×944 厘米	英国国家博物馆；《欧洲收藏部分中文古地图叙录》
	"江苏南河图"	清乾隆中期，绢底彩绘，1 幅，69×135 厘米	法国国家图书馆；英国皇家地理学会（纸本）；《欧洲收藏部分中文古地图叙录》
	"黄、运河交会图"	清中叶，纸底色绘，尺寸不详	法国国家图书馆；《欧洲收藏部分中文古地图叙录》
	"江苏南河图"	清嘉庆年间，绢本彩绘，1 幅，128×180 厘米	英国皇家地理学会；《欧洲收藏部分中文古地图叙录》
	"江苏南河图"	清道光年间，纸本彩绘，1 幅，84×114 厘米	英国皇家地理学会；《欧洲收藏部分中文古地图叙录》
陈组绶《存古类函》	漕河图	明末刻本	《四库禁毁书丛刊》北京大学图书馆藏明末刻本
潘光祖、李云翔《汇辑舆图备考》	漕运图	清顺治刻本	《四库禁毁书丛刊》北京师范大学图书馆藏清顺治刻本
程百二《方舆胜略》	漕运图	明万历三十八年刻本	《四库禁毁书丛刊》北京大学图书馆藏明万历三十八年刻本
朱国达《地图综要》	漕河图	明末朗润堂刻本	《四库禁毁书丛刊》北京师范大学图书馆藏明末朗润堂刻本
董恂《江北运程》	江北运程并有漕诸省图	清咸丰刻本	《四库未收书辑刊》清咸丰刻本

续表

绘制者、刊刻者或作者和著作名或图册名	图名	绘制年代或收录地图的古籍的版本以及相关信息	收藏机构或者收录地图的古籍（包括现代影印本）等
龚在升《三才汇编》	漕黄合图	清康熙五年刻本	《四库存目丛书》湖北省图书馆藏清康熙五年刻本
王在晋《通漕类编》	漕运图	明万历刻本	《四库存目丛书》华东师范大学图书馆藏明万历刻本
何镗《修攘通考》	漕运图	明万历六年自刻本	《四库存目丛书》北京师范大学图书馆藏明万历六年自刻本
朱约淳《阅史津逮》	漕运图	清初彩绘钞抄本	《四库存目丛书》中国科学院图书馆藏清初彩绘抄本
张天复《皇舆考》	漕运图	明万历十六年张天贤遐寿堂刻本	《四库存目丛书》北京大学图书馆藏明万历十六年张天贤遐寿堂刻本
杨宏《漕运通志》	漕运总图	明嘉靖七年杨宏刻本	《四库存目丛书》和《续修四库全书》中国国家图书馆藏明嘉靖七年杨宏刻本
陈仁锡《八编类纂》	河漕全图	明天启刻本	《续修四库全书》和《四库禁毁书丛刊》北京大学图书馆藏明天启刻本
王圻等《三才图会》	漕运图	明万历三十七年刻本	《四库存目丛书》北京大学图书馆藏明万历三十七年刻本
王琼《漕河图志》	漕河之图	明弘治刻本	《续修四库全书》南京图书馆藏明弘治刻本
罗洪先《广舆图》	漕运图	嘉靖三十四年前后的初刻本 嘉靖三十七年南京十三道监察御史重刊本 嘉靖四十年胡松刻本 嘉靖四十三年吴季源刻本 嘉靖四十五年韩君恩刻本 万历七年钱岱刻本 嘉庆四年章学濂刊本	初刻本："中华再造善本丛书·明代编·史部"；中国国家图书馆，《舆图要录》0371；荷兰海牙绘画艺术博物馆；《中国运河志·图志》；《广舆图全书》；《续修四库全书》 清嘉庆四年刻本：中国国家图书馆，《舆图要录》0372；伦敦英国图书馆东方部；巴黎法国国家图书馆；维也纳奥地利国家图书馆《欧洲收藏部分中文古地图叙录》

续表

绘制者、刊刻者或作者和著作名或图册名	图名	绘制年代或收录地图的古籍的版本以及相关信息	收藏机构或者收录地图的古籍（包括现代影印本）等
夏允彝《禹贡古今合注》	漕河图	明刻本	《续修四库全书》明刻本和《四库存目丛书》清华大学图书馆藏明刻本
潘季驯《两河经略》	黄运图	《文渊阁四库全书》本	《文渊阁四库全书》
傅泽洪《行水金鉴》	五水济运图	《文渊阁四库全书》本	《文渊阁四库全书》
	运河图		
靳辅等《黄河图黄河旧险工图黄河新险工图众水归淮图运河图淮南诸河图五水济运图》	五水济运图	清抄本	《四库未收书辑刊》清抄本
叶方恒《山东全河备考》	五水济运图	清康熙十九年刻本	《四库存目丛书》北京大学图书馆藏清康熙十九年刻本
张鹏翮《治河全书》	五水济运图	清抄本；图为彩绘本	《续修四库全书》天津图书馆藏清抄本；《水道寻往》
汪绂《戊笈谈兵》	"运河"	清光绪二十年刻本	《四库未收书辑刊》清光绪二十年刻本
靳辅等《黄河图黄河旧险工图黄河新险工图众水归淮图运河图淮南诸河图五水济运图》	运河图	清抄本	《四库未收书辑刊》清抄本
徐璈《历代河防类要》	运河全图	清道光元年卧云书屋刻本	《四库未收书辑刊》清道光元年卧云书屋刻本
黎世序、潘锡恩《续行水金鉴》	运河图	清道光十二年刻本	《四库未收书辑刊》清道光十二年刻本
杨锡绂《漕运则例纂》	运河全图	清乾隆刻本	《四库未收书辑刊》清乾隆刻本

续表

绘制者、刊刻者或作者和著作名或图册名	图名	绘制年代或收录地图的古籍的版本以及相关信息	收藏机构或者收录地图的古籍（包括现代影印本）等
叶方恒《山东全河备考》	运河南北全图	清康熙十九年刻本	《四库存目丛书》北京大学图书馆藏清康熙十九年刻本
张鹏翮《治河全书》	运河全图	清抄本；图为彩绘本	《续修四库全书》天津图书馆藏清抄本；《水道寻往》
胡瓒《泉河史》	旧运河图	明万历二十七年刻清顺治四年增修本	《四库存目丛书》华东师范大学图书馆藏明万历二十七年刻清顺治四年增修本
	闸河图		
崔维雅《河防刍议》	淮阳运河全图	清抄本 清康熙刻本	《续修四库全书》南京图书馆藏清康熙刻本 《四库存目丛书》清抄本
丁显《复淮故道图说》	江淮河济沂泗漳汶运道全图	同治八年春集韵书屋	《续修四库全书》南京图书馆藏同治八年春集韵书屋
顾炎武《天下郡国利病书》	郡境大河运道全图	四部丛刊影印稿本	《续修四库全书》和《四库存目丛书》四部丛刊影印稿本
	复旧路保高堰以全运道之图		
高晋等初编，萨载等续编，阿桂等合编《钦定南巡盛典》	黄运湖河全图	《文渊阁四库全书》本	《文渊阁四库全书》
	济宁河图		
	旧运河图		
谢肇淛《北河纪》	北河全图	《文渊阁四库全书》本	《文渊阁四库全书》
阎廷谟《北河续纪》	北河全图	清顺治九年刻本	《四库存目丛书》故宫博物院图书馆藏清顺治九年刻本
史起蛰等《两淮盐法志》	兼理河道图	明嘉靖三十年刻本	《四库存目丛书》北京图书馆藏明嘉靖三十年刻本
	京城至扬州沿河地区图（原名"京城至扬州河图"）	1 轴	第一历史档案馆；《内务府舆图目录》
高晋绘《南河图说》	瓜洲江口图	清乾隆年间，绢底彩绘本，1 册，26×16 厘米。残本，各图附有图说	中国国家图书馆，《舆图要录》3759
	夏家马路放淤工图		
	毛城铺滚水坝图		
	金湾坝图		
	木龙图说		

续表

绘制者、刊刻者或作者和著作名或图册名	图名	绘制年代或收录地图的古籍的版本以及相关信息	收藏机构或者收录地图的古籍（包括现代影印本）等
高晋绘《南河图说》	清口东西坝图	清乾隆年间，摹绘本，1册，26×16厘米。残本，各图附有图说	中国国家图书馆，《舆图要录》3759
	木龙图		
	金湾滚坝图		
	瓜洲江工图		
	通惠河南北两岸岁修各工图说	清道光二十九年，彩绘本，1幅，21.6×40.2厘米	中国国家图书馆，《舆图要录》1084
	南运河光绪三十二年分抢修草土工程图说	清光绪三十二年，彩绘本，1幅，32×112厘米	中国国家图书馆，《舆图要录》1434；《中国运河志·图志》
	"南运河堤工图"	清光绪年间，彩绘本，1幅，108.8×50.1厘米	中国国家图书馆，《舆图要录》1435
	江南省黄运湖堤埽闸坝工程情形总图	清中期，彩绘本，1幅，101.2×167.8厘米	中国国家图书馆，《舆图要录》2985
	江南省黄运河湖堤埽闸坝工程情形总图	清中期，彩绘本，1幅，64.9×115.7厘米	中国国家图书馆，《舆图要录》2986
	"山东运河河工图"	清雍正六年，彩绘本，1幅，24.1×525厘米　另有彩色摹绘图2幅，各分切5张，26×550厘米，字迹更清晰，颜色更艳丽	中国国家图书馆，《舆图要录》3217
	山东运河十三闸暨引河湖坝全图	清光绪年间，彩绘本，1幅，25.5×112厘米	中国国家图书馆，《舆图要录》3239
	运迦捕上下泉六厅光绪二年抢修工程咨估图	清光绪二年，纸本彩绘，1幅，23×596厘米；叠成呈送折23×11厘米，紫红布面背封，贴黄签，墨书图题	美国国会图书馆，G7822.G7N22.Y9，80692826；《美国国会图书馆藏中文古地图叙录》；《中国运河志·图志》
	运迦捕上下泉六厅光绪二年分做过岁抢二修另案等工用过银两及河道起止里数图	清光绪三年，纸本彩绘，1幅，23×621厘米；叠成呈送折23×11厘米，紫红布面背封，贴黄签，墨书图题，签押"及字十六号"	美国国会图书馆，G7822.G7N22.Y91，80692827；《美国国会图书馆藏中文古地图叙录》；《中国运河志·图志》

绘制者、刊刻者或作者和著作名或图册名	图名	绘制年代或收录地图的古籍的版本以及相关信息	收藏机构或者收录地图的古籍（包括现代影印本）等
	运泇捕上下泉六厅光绪九年抢修工程咨估图	清光绪九年，纸本彩绘，1幅，24×614厘米；叠成呈送折24×11厘米，红布面背封，贴黄签，墨书图题，签押"四字三十七号"（原文简体）	美国国会图书馆，G7822.G7N22.Y9，80692828；《美国国会图书馆藏中文古地图叙录》；《中国运河志·图志》
	运泇捕上下泉六厅光绪二十二年抢修工程报销图	清光绪二十二年，彩绘本，1幅，25.6×422厘米	中国国家图书馆，《舆图要录》3244
	运泇捕上下泉六厅光绪二十五年抢修工程报销图	清光绪二十五年，彩绘本，1幅，26×422厘米	中国国家图书馆，《舆图要录》3245；《中国运河志·图志》
	运泇捕上下泉六厅光绪二十五年抢修工程咨估图	清光绪二十五年，彩绘本，1幅，24×567厘米	中国国家图书馆，《舆图要录》3246
	运泇捕上下泉六厅光绪二十六年抢修工程咨估图	清光绪二十六年，彩绘本，1幅，24.2×561.8厘米（与二十五年的图内容相同，仅贴签存在差异）	中国国家图书馆，《舆图要录》3247
	运泇捕上下泉六厅光绪二十六年分做过岁抢二修另案等工用过银两及河道起止里数图	清光绪二十六年，彩绘本，1幅，22.8×585.2厘米（与二十六年咨估图基本一致，仅增加了引渠和碎石堤坝段长等的签注）	中国国家图书馆，《舆图要录》3248
	运河厅光绪十八年冬挑河筑坝需用桩□银两咨估图	清光绪十八年，彩绘本，1幅，17.6×34.6厘米	中国国家图书馆，《舆图要录》3249；《中国运河志·图志》
	运河厅光绪二十三年修筑济宁州汛运河两岸残缺堤工题估图	清光绪二十三年，彩绘本，1幅，17.7×52.8厘米	中国国家图书馆，《舆图要录》3250；《中国运河志·图志》
	运河厅光绪二十三年拆修济宁州汛运河东安草桥下大石堤工题估图	清光绪二十三年，彩绘本，1幅，17.7×52.8厘米	中国国家图书馆，《舆图要录》3251；《中国运河志·图志》

续表

绘制者、刊刻者或作者和著作名或图册名	图名	绘制年代或收录地图的古籍的版本以及相关信息	收藏机构或者收录地图的古籍（包括现代影印本）等
	运河厅光绪二十三年咨案工程咨销图	清光绪二十三年，彩绘本，1幅，18.7×105.5厘米	中国国家图书馆，《舆图要录》3252；《中国运河志·图志》
	运河厅光绪二十四年咨案工程咨估图	清光绪二十四年，彩绘本，1幅，18.5×71厘米	中国国家图书馆，《舆图要录》3253；《中国运河志·图志》
	济宁以南两岸堤工已未出水情形图	清光绪年间，彩绘本，1幅，20.4×205厘米	中国国家图书馆，《舆图要录》3256
	泇河厅光绪十七年冬挑河筑坝需用桩□银两咨估图	清光绪十七年，彩绘本，1幅，20×83.4厘米	中国国家图书馆，《舆图要录》3257；《中国运河志·图志》
	泇河厅光绪十七年岁修滕汛十字河防风裹头并挑挖坝下浮沙等工题估图	清光绪十七年，彩绘本，1幅，20×31.8厘米	中国国家图书馆，《舆图要录》3258；《中国运河志·图志》
	捕河厅光绪二十年咨办工程咨估图	清光绪二十年，彩绘本，1幅，18.8×57.8厘米	中国国家图书馆，《舆图要录》3259；《中国运河志·图志》
	捕河厅光绪二十三年咨办各工咨估图	清光绪二十三年，彩绘本，1幅，19.3×57.6厘米	中国国家图书馆，《舆图要录》3260；《中国运河志·图志》
	捕河厅光绪二十三年咨办各工咨销图	清光绪二十三年，彩绘本，1幅，19.3×57.6厘米（与同年的咨估图基本一致）	中国国家图书馆，《舆图要录》3261
	捕河厅光绪二十三年岁修工程报销图	清光绪二十三年，彩绘本，1幅，19×57厘米	中国国家图书馆，《舆图要录》3262；《中国运河志·图志》
	捕河厅光绪二十三年岁修工程题估图	清光绪二十三年，彩绘本，1幅，19×57厘米（与同年报销图完全相同）	中国国家图书馆，《舆图要录》3263
	捕河厅光绪二十三年帮筑东平寿东阳谷等汛残缺堤工题估图	清光绪二十三年，彩绘本，1幅，19.3×57.3厘米	中国国家图书馆，《舆图要录》3264；《中国运河志·图志》
	捕河厅光绪二十三年帮筑东平寿东阳谷等汛残缺堤工题销图	清光绪二十三年，彩绘本，1幅，19.3×57.3厘米（与同年题估图基本一致）	中国国家图书馆，《舆图要录》3265

绘制者、刊刻者或作者和著作名或图册名	图名	绘制年代或收录地图的古籍的版本以及相关信息	收藏机构或者收录地图的古籍（包括现代影印本）等
	捕河厅光绪二十四年咨办工程咨估图	清光绪二十四年，彩绘本，1 幅，19×57.4 厘米（与光绪二十年咨估图完全一致，仅贴签内容有差异）	中国国家图书馆，《舆图要录》3266；《中国运河志·图志》
许广身	上河厅光绪二十年加帮聊堂二汛残缺堤工题销图	清光绪二十年，彩绘本，1 幅，18.5×57.5 厘米	中国国家图书馆，《舆图要录》3267；《中国运河志·图志》
	上河厅光绪二十三年咨办工程咨估图	清光绪二十三年，彩绘本，1 幅，19.2×57.6 厘米	中国国家图书馆，《舆图要录》3268；《中国运河志·图志》
	上河厅光绪二十三年咨办工程咨销图	清光绪二十三年，彩绘本，1 幅，192.×57.6 厘米（与同年咨估图相同）	中国国家图书馆，《舆图要录》3269
	上河厅光绪二十三年岁修工程报销图	清光绪二十三年，彩绘本，1 幅，19.2×56.7 厘米	中国国家图书馆，《舆图要录》3270；《中国运河志·图志》
	上河厅光绪二十三年加帮聊堂二汛残缺堤工题估图	清光绪二十三年，彩绘本，1 幅，19.2×57.4 厘米	中国国家图书馆，《舆图要录》3271；《中国运河志·图志》
罗锦文	上河厅光绪二十五年加帮聊堂二汛残缺堤工题估图	清光绪二十五年，彩绘本，1 幅，19×51 厘米	中国国家图书馆，《舆图要录》3272；《中国运河志·图志》
	上河厅属经管河道里数闸坝桥洞界址图	清光绪年间，彩绘本，1 幅，23×82.5 厘米	中国国家图书馆，《舆图要录》3273；《中国运河志·图志》
	下河厅光绪二十三年咨办工程咨估图	清光绪二十三年，彩绘本，1 幅，19.2×57.2 厘米	中国国家图书馆，《舆图要录》3274
	下河厅光绪二十三年咨办工程咨销图	清光绪二十三年，彩绘本，1 幅，19.2×57.2 厘米（与同年的咨估图基本一致）	中国国家图书馆，《舆图要录》3275；《中国运河志·图志》
	下河厅经管河道起止里数图	清光绪前期，彩绘本，1 幅，20.1×67.8 厘米	中国国家图书馆，《舆图要录》3276；《中国运河志·图志》
	泉河厅光绪二十三年咨办工程咨估图	清光绪二十三年，彩绘本，1 幅，19.4×57 厘米	中国国家图书馆，《舆图要录》3277；《中国运河志·图志》

右上角：续表

绘制者、刊刻者或作者和著作名或图册名	图名	绘制年代或收录地图的古籍的版本以及相关信息	收藏机构或者收录地图的古籍（包括现代影印本）等
	泉河厅光绪二十三年咨办工程咨销图	清光绪二十三年，彩绘本，1 幅，19.4×57 厘米（与同年的咨估图相同）	中国国家图书馆，《舆图要录》3278；《中国运河志·图志》
	泉河厅光绪二十三年修做东平州汛新戴字各号碎石护堤并挑坝等工题估图	清光绪二十三年，彩绘本，1 幅，19.4×57 厘米	中国国家图书馆，《舆图要录》3279；《中国运河志·图志》
	扬河扬粮二厅塌卸砖石各工情形图	清嘉庆年间，彩绘本，1 幅，21.5×160 厘米	中国国家图书馆，《舆图要录》3787
	中河清汛北岸其纤堤拟建石闸情形图	清道光年间，彩绘本，1 幅，20.7×57 厘米	中国国家图书馆，《舆图要录》3793
	宝氾永高廿五汛东西两岸河道闸坝涵洞砖石土埽及本年应修各工程段落长丈一切事宜全图	清光绪年间，彩绘本，1 幅，26.5×182.5 厘米	中国国家图书馆，《舆图要录》3794
董恂《江北运程》	江北运程河湖闸排坝全图	清咸丰刻本	《四库未收书辑刊》清咸丰刻本
《山东水泉图》		清乾隆年间，彩绘本，1 册 17 幅（附泉说），24.8×23.2 厘米	中国国家图书馆，《舆图要录》3288
《山东十七州县运河泉源总图》		清乾隆后期，绢底彩绘本，1 册 18 幅，26.6×24.6 厘米	中国国家图书馆，《舆图要录》3289；《中国运河志·图志》
	峄县泉河图	清光绪年间，彩绘本，1 幅，37×35 厘米	中国国家图书馆，《舆图要录》3390
	峄县境内候孟泉坐落方向汇流济运情形图	清光绪年间，彩绘本，1 幅，34.5×34.5 厘米（与《峄县泉河图》基本一致）	中国国家图书馆，《舆图要录》3291
	兖州府滋阳县泉河图	清光绪年间，彩绘本，1 幅，43.5×46.5 厘米	中国国家图书馆，《舆图要录》3455
	泗水县泉图	清光绪年间，彩绘本，1 幅，41.2×61.5 厘米	中国国家图书馆，《舆图要录》3459
	汶上县湖河泉源图	清光绪年间，彩绘本，1 幅，46.5×46 厘米	中国国家图书馆，《舆图要录》3461

续表

绘制者、刊刻者或作者和著作名或图册名	图名	绘制年代或收录地图的古籍的版本以及相关信息	收藏机构或者收录地图的古籍（包括现代影印本）等
章潢《图书编》	东泉总图	《文渊阁四库全书》本	《文渊阁四库全书》
	泉河总图		
王在晋《通漕类编》	泉源总图	明万历刻本	《四库存目丛书》华东师范大学图书馆藏明万历刻本
叶方恒《山东全河备考》	"宁阳县泉图"等17幅	清康熙十九年刻本	《四库存目丛书》北京大学图书馆藏清康熙十九年刻本
阎廷谟《北河续纪》	泉源图	清顺治九年刻本	《四库存目丛书》故宫博物院图书馆藏清顺治九年刻本
胡瓒《泉河史》	"泗水泉图"等18幅	明万历二十七年刻清顺治四年增修本	《四库存目丛书》华东师范大学图书馆藏明万历二十七年刻清顺治四年增修本
	泉源总图		
张鹏翮《治河全书》	"泗水泉图"等18幅	清抄本；图为彩绘	《续修四库全书》天津图书馆藏清抄本；《水道寻往》；《中国运河志·图志》
陈仁锡《八编类纂》	泉河总图	明天启刻本	《续修四库全书》和《四库禁毁书丛刊》北京大学图书馆藏明天启刻本
陈应芳《敬止集》	淮南漕堤以内被水之图	《文渊阁四库全书》本	《文渊阁四库全书》

三　长江图

绘制者、刊刻者或作者和著作名或图册名	图名	绘制年代或收录地图的古籍的版本以及相关信息	收藏机构或者收录地图的古籍（包括现代影印本）等
胡渭《禹贡锥指》	导江图	《文渊阁四库全书》本	《文渊阁四库全书》
顾栋高《春秋大事表·舆图》	江水汉水图	《文渊阁四库全书》本	《文渊阁四库全书》
傅泽洪《行水金鉴》	汉水江水图	《文渊阁四库全书》本	《文渊阁四库全书》
章潢《图书编》	江南诸水总图	《文渊阁四库全书》本	《文渊阁四库全书》
	万里长江图		

续表

绘制者、刊刻者或作者和著作名或图册名	图名	绘制年代或收录地图的古籍的版本以及相关信息	收藏机构或者收录地图的古籍（包括现代影印本）等
蒋骥《山带阁注楚辞》	涉江路图	《文渊阁四库全书》本	《文渊阁四库全书》
朱国达《地图综要》	长江分界分里全图	明末朗润堂刻本	《四库禁毁书丛刊》北京师范大学图书馆藏明末朗润堂刻本
汪绂《戊笈谈兵》	大江	清光绪二十年刻本	《四库未收书辑刊》清光绪二十年刻本
黎世序、潘锡恩《续行水金鉴》	江图	清道光十二年刻本	《四库未收书辑刊》清道光十二年刻本
马俊良《禹贡注节读》之《禹贡图说》	导江图	清乾隆端溪书院刻本	《四库未收书辑刊》清乾隆端溪书院刻本
龚在升《三才汇编》	大江图	清康熙五年刻本	《四库存目丛书》湖北省图书馆藏清康熙五年刻本
艾南英《禹贡图注》	导江图	清道光十一年六安晁氏活字学海类编本	《四库存目丛书》北京图书馆藏清道光十一年六安晁氏活字学海类编本
丁宝桢《四川盐法志》	长江运道图	清光绪刻本	《续修四库全书》清光绪刻本
王圻等《三才图会》	长江图	明万历三十五年刻本 明万历三十七年刻本	《续修四库全书》明万历三十五年刻本 《四库存目丛书》北京大学图书馆藏明万历三十七年刻本
	楚江图		
	西湖图		
顾炎武《天下郡国利病书》	金沙江总图	四部丛刊影印稿本	《续修四库全书》和《四库存目丛书》四部丛刊影印稿本
	江苏、江西、湖南、湖北、安徽五省南北两岸长江全图	同治四至十三年，纸本设色，册页装，每页27.5×55厘米	北京大学图书馆；《皇舆遐览》
马征麟《长江图说》		清同治九年金陵提署刻印本，12册（12卷），二色 清同治十年湖北崇文书局刊本，5册（12卷），二色 清同治十年湖北崇文书局刊本，6册35幅地图，朱格墨印，计里画方每方5里	清同治九年本：中国国家图书馆，《舆图要录》0687 清同治十年本（5册）：中国国家图书馆，《舆图要录》0688 清同治十年本（6册）：英国图书馆；《欧洲收藏部分中文古地图叙录》

绘制者、刊刻者或作者和著作名或图册名	图名	绘制年代或收录地图的古籍的版本以及相关信息	收藏机构或者收录地图的古籍（包括现代影印本）等
丁门应	长江图	清末，彩绘本，1幅，51×1499厘米	中国国家图书馆，《舆图要录》0689
《长江大观全图》	长江胜景图	清末，彩绘本，1册，23×13.5厘米	中国国家图书馆，《舆图要录》0690
	洞庭潇湘八景图		
	湖口县经鄱阳湖至饶州府水道图		
	长江总程图		
	休宁至汉口水陆路程赋		
	长江图	清末，彩绘本，1幅，28×420厘米	中国国家图书馆，《舆图要录》0691
	江源图	清光绪年间，彩绘本，3册，28×17.5厘米（自雪山至苏州松江府）	中国国家图书馆，《舆图要录》0694
"东西汉水图及江水全图"	东汉水图	摹绘本，1册，18×11.5厘米	中国国家图书馆，《舆图要录》0695
	西汉水图		
	江水全图		
	洞庭湖图		
	鄱阳湖图		
冯世基	"长江名胜图"	清同治六年，彩绘本，1幅，25.2×1119厘米	中国国家图书馆，《舆图要录》0077
黄勺岩	江南长江计里全图	清光绪二十四年，长江水师节署，彩色，刻印本，1幅，120×99.5厘米	中国国家图书馆，《舆图要录》2988
	长江图	清末期，彩绘本，1幅，20.5×432.5厘米（江西九江至长江海口）	中国国家图书馆，《舆图要录》4083
	"长江图"	清光绪年间，绘本。1幅分切12张，27×325厘米（标绘九江至江宁长江两岸各汛位置）	中国国家图书馆，《舆图要录》4084
	安徽太平府至铜陵县长江形势图	清光绪年间，彩绘本，1幅，55×63厘米（贴签注明各地距署道之里程）	中国国家图书馆，《舆图要录》4085

续表

绘制者、刊刻者或作者和著作名或图册名	图名	绘制年代或收录地图的古籍的版本以及相关信息	收藏机构或者收录地图的古籍（包括现代影印本）等
程以辅《峡江图考》		清光绪五年水师新副中营刻印本，1 册	中国国家图书馆，《舆图要录》5896
国璋《峡江图考》		清光绪十五年、光绪二十年和光绪二十七年，上海袖海山房书局石印本，皆为 2 册	光绪十五年版：美国国会图书馆，G2307.Y3.C3, 2002626796；《美国国会图书馆藏中文古地图叙录》 清光绪二十年版：中国国家图书馆，《舆图要录》5897 光绪二十七年版：西南师大图书馆
	江阴县绘呈沿江水势港口情形图	清后期，官绘本，贴红签，纸本彩绘，1 幅，24×48 厘米	英国国家博物馆；《欧洲收藏部分中文古地图叙录》
	"巴东县长江图"	清雍正十三年以后绘制，纸本彩绘，1 幅，48.1×80.9 厘米	中国科学院图书馆，史 580159；《舆图指要》
	"湖北省抢修长江、汉水隄工图"	清中叶，纸本彩绘，长卷，1 幅，74×140 厘米	美国国会图书馆，G7822.Y3N22.C4, gm71005075；《美国国会图书馆藏中文古地图叙录》
	云南金沙江上下两游全图	清乾隆时期，绢底彩绘，长卷，1 幅，图幅 51×7280 厘米	中国第一历史档案馆
	金沙江全图	清乾隆时期，绢底彩绘，分为 5 幅（卷），每幅宽约为 0.51 米，5 幅全长共 74.22 米。每幅长度分别为 1692 厘米、1190 厘米、1490 厘米、1580 厘米、1470 厘米	中国国家博物馆
	金沙江全图	图幅横 70 多米长	海外私人收藏
罗筋施《峡江救生船志》	巴东至东湖峡路图（三峡全貌图）	清光绪四年刻，正文二卷二册，附刻《行川必要》一册，《峡江救生船志图考》一册，共四册	中国国家图书馆；四川大学图书馆；台湾"中研院"傅斯年图书馆

续表

绘制者、刊刻者或作者和著作名或图册名	图名	绘制年代或收录地图的古籍的版本以及相关信息	收藏机构或者收录地图的古籍（包括现代影印本）等
四川按察使司绘制	四川省额设救生船只驿站渡船水手挑夫各项数目图说	清光绪二十九年成图，彩绘本，1幅，61×196厘米	中国国家图书馆，《舆图要录》5916
汪绂《戊笈谈兵》	江源图	清光绪二十年刻本	《四库未收书辑刊》清光绪二十年刻本
	金沙江源澜沧江源图	纸本设色，有经纬线，为康熙五十八年《皇舆全览图》彩绘本分图之一，1幅，92×78厘米	北京大学图书馆；《皇舆遐览》
	岷江源打冲河源图	纸本设色，有经纬线，为康熙五十八年《皇舆全览图》彩绘本分图之一，1幅，92×78厘米	北京大学图书馆；《皇舆遐览》
	长江地理图	明万历二十六年至四十一年，绢本彩绘，1幅，62×1355厘米	台北"故宫博物院"，平图020878；《河岳海疆》
郑若曾《郑开阳杂著》	江防图	《文渊阁四库全书》本	《文渊阁四库全书》
程道生《舆地图考》	江防图	明天启刻本	《四库禁毁书丛刊》上海图书馆明天启刻本
王鸣鹤《登坛必究》	江防图	明万历刻本 清刻本	《四库禁毁书丛刊》北京大学图书馆藏明万历刻本 《续修四库全书》清刻本
范景文《师律》	大江全图	明崇祯刻本	《续修四库全书》明崇祯刻本
茅元仪《武备志》	江防图	明天启刻本	《续修四库全书》和《四库禁毁书丛刊》北京大学图书馆藏明天启刻本
吴惟顺等《兵镜》	江防图	明末问奇斋刻本	《续修四库全书》和《四库禁毁书丛刊》明末问奇斋刻本
施永图《武备地利》	江防图	清雍正刻本 清刻本	《四库未收书辑刊》清雍正刻本 《四库禁毁书丛刊》北京大学图书馆藏清刻本

续表

绘制者、刊刻者或作者和著作名或图册名	图名	绘制年代或收录地图的古籍的版本以及相关信息	收藏机构或者收录地图的古籍（包括现代影印本）等
朱国达《地图综要》	江防全图	明末朗润堂刻本	《四库禁毁书丛刊》北京师范大学图书馆藏明末朗润堂刻本
	安徽省城至九江长江江防图	清光绪年间，彩绘本，1幅，80.5×164.5厘米	中国国家图书馆，《舆图要录》4099
	长江图	清雍正二年至四年，纸本彩绘，1幅，24×587.5厘米	台北"故宫博物院"，平图020879；《河岳海疆》
吴时来主持编纂、王篆增补《江防考》	"江营新图"	大致成书于嘉靖万历时期，现存明万历五年刻本	林为楷《明代的江防体制》，明史研究小组："明史研究丛刊"第7辑，2003年
	长江江防图	清顺治十六年（1659年）之前，绢地、黄绫装裱，1幅，59.7×1340厘米	甘肃省博物馆
方观承等修，查祥等纂《勑修两浙海塘通志》	江塘图	清乾隆刻本	《续修四库全书》北京大学图书馆藏清乾隆刻本；《故宫珍本丛刊》
翟均廉《海塘录》	江塘图	《文渊阁四库全书》本	《文渊阁四库全书》

四　其他河流水利工程图

绘制者、刊刻者或作者和著作名或图册名	图名	绘制年代或收录地图的古籍的版本以及相关信息	收藏机构或者收录地图的古籍（包括现代影印本）等
周馥	直隶沿海各州县入海水道及沙碛远近陆路险易图说	清光绪十一年，纸本彩绘，1幅，107.7×141.1厘米	中国科学院图书馆，史580073；《舆图指要》
	淮河流域图	清咸丰五年之前，纸本彩绘，1幅，61.5×111厘米	台北"故宫博物院"，平图021486；《河岳海疆》；《水到渠成》
	肇庆府属桂林汛至新江水口情形图	清道光年间，纸本彩绘，1幅，22×20.5厘米（折件附图）	台北"故宫博物院"，故机070733；《河岳海疆》

绘制者、刊刻者或作者和著作名或图册名	图名	绘制年代或收录地图的古籍的版本以及相关信息	收藏机构或者收录地图的古籍（包括现代影印本）等
	吉林九河图	清康熙五十年之前，纸本彩绘，1幅，107.5×123厘米	台北"故宫博物院"，平图021457；《河岳海疆》
	大清河源流图	清乾隆年间，纸本彩绘，1幅，41×33厘米（折件附图）	台北"故宫博物院"，故机028131；《河岳海疆》
王凤生	江淮河及南北运道全图	清道光六年，刻印本，1幅分切6条，158.8×194.2厘米	中国国家图书馆，《舆图要录》0682
沈梦兰	五省沟洫图说	清光绪六年，江苏书局刻印本，1册	中国国家图书馆，《舆图要录》0684
	凤泉凉水河图	清同治年间，1幅，彩绘本，40×198厘米	中国国家图书馆，《舆图要录》1173
	永定河上游图	清光绪年间，彩绘本，1幅，120×66厘米	中国国家图书馆，《舆图要录》1190
	通州境内河道底图	清光绪末年，彩绘本，1幅，56×45.5厘米	中国国家图书馆，《舆图要录》1225
陈文琪	"天津城至紫竹林图"	清光绪十四年，彩绘本，1幅，75×234厘米	中国国家图书馆，《舆图要录》1237
"北河图"	上北河图	清光绪年间，二色，绘本，2幅，每幅64.2×95.8厘米	中国国家图书馆，《舆图要录》1268
	下北河图		
	天津海河图	清光绪年间，二色，绘本，1∶30000，1幅，33.9×128厘米	中国国家图书馆，《舆图要录》1270
	"天津至大沽北塘海河图"	清光绪年间，彩绘本，1幅，画方不计里，59.2×92厘米	中国国家图书馆，《舆图要录》1271
	天津大沽图	清光绪年间，彩绘本，画方不计里，1幅分切2张，91.4×124.9厘米	中国国家图书馆，《舆图要录》1272
黄维煊	天津至葛沽大沽图	清光绪年间，彩色，2幅，图廓不等	中国国家图书馆，《舆图要录》1273
	"天津附近海口河道图"	清光绪年间，彩绘本，画方不计里，1幅，40×40.1厘米	中国国家图书馆，《舆图要录》1274

续表

绘制者、刊刻者或作者和著作名或图册名	图名	绘制年代或收录地图的古籍的版本以及相关信息	收藏机构或者收录地图的古籍（包括现代影印本）等
	天津五河淀地图（天津五大河塌河淀地势全图）	清光绪年间，彩绘本，1幅，68.5×65.5厘米	中国国家图书馆，《舆图要录》1276
	塌河淀附近河道图说	清光绪年间，彩绘本，1幅，45.2×69厘米	中国国家图书馆，《舆图要录》1277
	塌河淀附近河道图	清光绪年间，彩绘本，1幅，34.5×34.7厘米	中国国家图书馆，《舆图要录》1278
	天津堤头减水大石坝暨各引河图说	清光绪年间，彩绘本，1幅，56.2×56.2厘米	中国国家图书馆，《舆图要录》1279
	"北运河塌河淀附近形势图"	清光绪年间，绘本，1幅，63×54.5厘米	中国国家图书馆，《舆图要录》1280
	淀北村庄并上下游河道图	清光绪年间，彩绘本，1幅，56×46.7厘米	中国国家图书馆，《舆图要录》1281
	估修堤头河下游挖河建闸并主筐儿港西堤及韩家洼新开河堤工程图	清光绪年间，彩绘本，1幅，63.1×55.2厘米	中国国家图书馆，《舆图要录》1310
	蓟运河图说	清光绪年间，绘本，1幅，23.5×52厘米	中国国家图书馆，《舆图要录》1320
	直隶通省河道堤埝全图	清光绪年间，彩绘本，计里画方每方百里，1幅，159×107厘米	中国国家图书馆，《舆图要录》1409
	"直隶河道图"	清光绪年间，彩绘本，1幅，136×73.7厘米	中国国家图书馆，《舆图要录》1410
	畿辅六大河流图	清光绪年间，刻印本，计里画方每方四十里，1幅，59.5×47.5厘米	中国国家图书馆，《舆图要录》1413
永宁左右诸水汇归图		清同治九年，绘本，2幅，18.5×17.8厘米	中国国家图书馆，《舆图要录》1428
冀赵深定易五直隶州属河图		清末，彩绘本，1册22幅	中国国家图书馆，《舆图要录》1429
保定府属河图		清后期，彩绘本，册页1册，每页22×21.6厘米；每县一图	天津图书馆；《水道寻往》

续表

绘制者、刊刻者或作者和著作名或图册名	图名	绘制年代或收录地图的古籍的版本以及相关信息	收藏机构或者收录地图的古籍（包括现代影印本）等
正定府属河图		清后期，彩绘本，册页1册，每页22×21.6厘米；每县一图，14幅	天津图书馆；《水道寻往》
冀赵深定易五直隶州属河图		清后期，彩绘本，册页1册，图22幅	天津图书馆；《水道寻往》
"直隶各县河道地舆图"		清光绪年间，彩绘本，41幅，图廓不等	中国国家图书馆，《舆图要录》1430
	源流全图（永定河）	清末，彩绘本，1幅折成1册，29.5×619.5厘米	中国国家图书馆，《舆图要录》1450
	永定河堤防图	清末，彩绘本，计里画方一方十里，1幅，88.3×60.5厘米	中国国家图书馆，《舆图要录》1451
	"永定河堤工图"	清末，刻印本，1幅，60×127厘米	中国国家图书馆，《舆图要录》1452
	永定河堤工图	清末，彩色，刻印本，1幅，60×127厘米（以"永定河堤工图"为底图，涂色并贴签）	中国国家图书馆，《舆图要录》1453
	永定河全图	清末，彩色刻印本，1幅，87.6×78.6厘米	中国国家图书馆，《舆图要录》1454
	永定河落漕后形势及间漕中泃图	清末，彩绘本，1幅，29.8×30.5厘米	中国国家图书馆，《舆图要录》1455
	永定河上下游大工图说	清末，彩绘本，1幅，22.2×75.5厘米	中国国家图书馆，《舆图要录》1456
	永定河图	清末，彩绘本，1幅，60×134.5厘米	中国国家图书馆，《舆图要录》1457
招锡恩	永定河图	清光绪六年，彩色，刻印本，1:45000，1幅分切2张，68×254厘米	中国国家图书馆，《舆图要录》1458
	永定河图	清光绪十九年，二色，刻印本，1幅，60×127厘米（以招锡恩《永定河图》为底图绘制）	中国国家图书馆，《舆图要录》1459

续表

绘制者、刊刻者或者作者和著作名或图册名	图名	绘制年代或收录地图的古籍的版本以及相关信息	收藏机构或者收录地图的古籍（包括现代影印本）等
黄式圻	永定河全图	清光绪三十一年，石印本，1：135000，1 幅，50.3×48 厘米	中国国家图书馆，《舆图要录》1460
	"永定河光绪三十二年修厢垫工程销图"	清光绪三十二年，彩绘本，1 幅，28.7×103.3 厘米	中国国家图书馆，《舆图要录》1461
司马钟	永定河图	清光绪年间，彩绘本，1 幅，55×125.6 厘米	中国国家图书馆，《舆图要录》1462
	"永定河下口河流形势图说"	清光绪末年，彩绘本，1 幅，36.6×55.8 厘米	中国国家图书馆，《舆图要录》1463
"永定河河工图"		清末，彩绘本，5 幅，图廓不等	中国国家图书馆，《舆图要录》1464
	大清河子牙堤工图	清末期，彩绘本，1 幅，35×70 厘米	中国国家图书馆，《舆图要录》1475
	大清河上游图	清光绪年间，彩绘本，1 幅，65.5×69.5 厘米	中国国家图书馆，《舆图要录》1476
	直隶清水河东西淀全图	清光绪年间，彩绘本，1 幅，22×118 厘米	中国国家图书馆，《舆图要录》1477
	天津至保定河图	清光绪年间，彩绘本，计里画方一方十里，1 幅，26.7×126.2 厘米	中国国家图书馆，《舆图要录》1478
	东淀河道堤埝全图	清光绪年间，彩绘本，1 幅，31.2×63 厘米	中国国家图书馆，《舆图要录》1479
	"直隶省津保一带淀河图"	清光绪年间，绢本彩绘，1 幅，66×248.7 厘米	中国国家图书馆，《舆图要录》1480
	拟清河改道并浑河出口淤嘴图说	清光绪年间，彩绘本，1 幅，27×69.3 厘米	中国国家图书馆，《舆图要录》1481
	子牙河宣泄图说	清末期，彩绘本，1 幅，41.3×72.8 厘米	中国国家图书馆，《舆图要录》1482
	查勘滹沱河漫口改流情形拟请仍归故道挖淤筑坝全图	清末期，彩绘本，1 幅，47.8×81.5 厘米	中国国家图书馆，《舆图要录》1484
	滹沱河源流图	清光绪年间，彩绘本，1 幅，32.6×424.4 厘米	中国国家图书馆，《舆图要录》1485

续表

绘制者、刊刻者或作者和著作名或图册名	图名	绘制年代或收录地图的古籍的版本以及相关信息	收藏机构或者收录地图的古籍（包括现代影印本）等
直隶分巡清河道属河道工程图册（正定府）		清乾隆末年，绘本，1册	中国国家图书馆，《舆图要录》1566
	查勘正定等属滹沱滏阳子牙河工图说	清光绪年间，彩绘本，1幅，49.4×127厘米	中国国家图书馆，《舆图要录》1567
	查勘漳河水势情形图	清光绪二十一年，彩绘本，1幅，47×64厘米	中国国家图书馆，《舆图要录》1635
	蓟香宝宁河道全图	清末，彩绘本，1幅，113.5×68.5厘米	中国国家图书馆，《舆图要录》1807
	直隶深州城垣河道总图	清光绪年间，彩绘本，1幅，26×31厘米	中国国家图书馆，《舆图要录》1928
《山西山水图》		清雍正初年，绢底彩绘，3幅，126×32厘米	中国国家图书馆，《舆图要录》1949
	文峪磁窑两河上下游全图	清光绪年间，彩绘本，1幅，52.6×43.8厘米	中国国家图书馆，《舆图要录》2112
	东三省河图	清光绪末年，绘本，1幅，131.5×332厘米	中国国家图书馆，《舆图要录》2370
	松花江图	民国十八年据清内府藏本摄制，摄影本，1幅，31×29.5厘米	摄影本：中国国家图书馆，《舆图要录》2371
萨荫图	松花江流域全图	清光绪三十三年，彩色，石印本，1幅，46×52厘米	中国国家图书馆，《舆图要录》2373
	奉省辽河松花江源流形势图说	清光绪末年，彩绘本，1幅，57×77.3厘米	中国国家图书馆，《舆图要录》2374
	奉省辽河源流形势详细图说	清光绪末年，1幅，彩绘本，42.3×55.6厘米	中国国家图书馆，《舆图要录》2440
	"黑龙江山川形势图"	清道光年间，彩绘本，1幅，212×240厘米	中国国家图书馆，《舆图要录》2612
《渭水源流图》		清宣统二年，彩绘本，1册	中国国家图书馆，《舆图要录》2723
汪廷栋《华州开河浚渠图说》		清光绪二十三年，彩色，石印本，1册，计里画方一里方	中国国家图书馆，《舆图要录》2797

续表

绘制者、刊刻者或作者和著作名或图册名	图名	绘制年代或收录地图的古籍的版本以及相关信息	收藏机构或者收录地图的古籍（包括现代影印本）等
	山东新小清河形势全图	清光绪十九年，彩绘本，1幅，计里画方每方五里，32.5×262.2厘米	中国国家图书馆，《舆图要录》3281
	马颊河图	清光绪年间，彩绘本，1幅，52.5×111厘米	中国国家图书馆，《舆图要录》3285
《山东水泉图》		清乾隆年间，彩绘本，1册17幅，21.8×23.2厘米	中国国家图书馆，《舆图要录》3288
	德州河图	清光绪年间，彩绘本，1幅，43×47厘米	中国国家图书馆，《舆图要录》3498
	会勘武定府商惠滨沾徒骇河道情形图	清末，彩绘本，1幅，59.8×109.5厘米	中国国家图书馆，《舆图要录》3518
	武定府河道舆图	清光绪年间，彩绘本，1幅，54×52.8厘米	中国国家图书馆，《舆图要录》3519
	东昌府河图	清光绪年间，彩绘本，1幅，50.5×48厘米	中国国家图书馆，《舆图要录》3604
	东昌属境徒骇马颊两河图说	清光绪年间，彩绘本，1幅，40.5×44厘米	中国国家图书馆，《舆图要录》3605
	临清直隶州老元坑北堤口堤埝图	清光绪年间，彩绘本，1幅，33.4×47.8厘米	中国国家图书馆，《舆图要录》3608
李庆云《江苏水利图说》		清宣统二年，石印本，2册	中国国家图书馆，《舆图要录》3743
汪德《江南水利河道地势水势修防图说》		清乾隆四年，绢底彩绘，1册，34.5×26.7厘米	中国国家图书馆，《舆图要录》3744
董恂	诸江图	清光绪年间，1幅，绘本，47.6×60厘米	中国国家图书馆，《舆图要录》3755
	由江宁省城至湾沚镇外江内河总图	清光绪末年，绘本，1∶120000，1幅，80×102厘米	中国国家图书馆，《舆图要录》3756
徐传隆	江浙太湖全图	清光绪三十一年，彩绘本，计里画方一方十里，1幅，71.6×102.4厘米	中国国家图书馆，《舆图要录》3812
	太湖图说	清中叶，官绘本，纸底色绘，58×62厘米	英国国家博物馆，《欧洲收藏部分中文古地图叙录》

续表

绘制者、刊刻者或作者和著作名或图册名	图名	绘制年代或收录地图的古籍的版本以及相关信息	收藏机构或者收录地图的古籍（包括现代影印本）等
	宝应高邮邵伯三处湖河现在情形图	清光绪年间，彩绘本，1幅，42×76厘米	中国国家图书馆，《舆图要录》3814
	凤阳府淮水入湖详图	清光绪年间，彩绘本，1幅，68.5×124厘米	中国国家图书馆，《舆图要录》4087
	安徽全省水界全图	清光绪年间，彩绘本，有经纬线，1幅，94.5×59.8厘米	中国国家图书馆，《舆图要录》4088
	巢湖全图	清光绪年间，彩绘本，1幅，58×70厘米	中国国家图书馆，《舆图要录》4089
	淮河河图	清光绪末年，彩绘本，1幅，39×57.5厘米	中国国家图书馆，《舆图要录》4920
胡宝璩	"开归陈汝四郡河图"	清乾隆二十三年刻石，1幅，拓本，1幅，87.5×61厘米	拓本：中国国家图书馆，《舆图要录》4923
	新开上游贾鲁河总图	清光绪年间，彩绘本，1幅，44×112厘米	中国国家图书馆，《舆图要录》4924
	原估贾鲁河改道避沙冰挑浅情形全图	清光绪年间，彩绘本，1幅，45×78厘米	中国国家图书馆，《舆图要录》4926
	勘定改估贾鲁河情形图	清光绪年间，彩绘本，1幅，42.5×62.5厘米	中国国家图书馆，《舆图要录》4927
	查勘新旧贾鲁河情形图	清光绪年间，彩绘本，1幅，56.4×64.5厘米	中国国家图书馆，《舆图要录》4928
	改估贾鲁河情形图	清光绪年间，彩绘本，1幅，53.5×62厘米	中国国家图书馆，《舆图要录》4929
	拟估贾鲁河改道避沙情形图	清宣统年间，彩绘本，1幅，41.7×65.5厘米	中国国家图书馆，《舆图要录》4932
"归德府属睢州柘城鹿邑三县惠济河情形图"		清光绪年间，彩绘木，9幅，图廓不等	中国国家图书馆，《舆图要录》4935
	查勘祥陈杞三县惠济河全图	清光绪年间，彩绘本，1幅，31×210厘米	中国国家图书馆，《舆图要录》4936
马光裕《卫河全览》		清顺治八年，刻印本，1册	中国国家图书馆，《舆图要录》4939

续表

绘制者、刊刻者或作者和著作名或图册名	图名	绘制年代或收录地图的古籍的版本以及相关信息	收藏机构或者收录地图的古籍（包括现代影印本）等
	豫省卫河全图	清光绪年间，彩绘本，1幅，20.8×90.5厘米	中国国家图书馆，《舆图要录》4940
	许州直隶州河图	清光绪年间，彩绘本，1幅，48×49厘米	中国国家图书馆，《舆图要录》5116
	"荆襄地图"	清光绪年间，计里画方每方四十里，彩绘本，1幅，60×63.4厘米	中国国家图书馆，《舆图要录》5268
田宗汉《湖北汉水图说》		清光绪二十七年刻印本，计里画方每方五里，1册	中国国家图书馆，《舆图要录》5270
	楚北江汉总图	清光绪末年，彩绘本，1幅，25.9×78.9厘米	中国国家图书馆，《舆图要录》5271
李洪斌	湖南西路常辰沅靖河图	清光绪年间，彩绘本，1幅，57×95厘米	中国国家图书馆，《舆图要录》5439
	株洲至湘东河道图	清光绪年间，蜡绢彩绘本，1幅，95×380厘米	中国国家图书馆，《舆图要录》5449
	韩江图	清光绪末年，彩绘本，1幅，48.5×224厘米	中国国家图书馆，《舆图要录》5573
黄士杰编绘，刘人选校刊《六河总图说》		清道光十五年，重刻本，1册	中国国家图书馆，《舆图要录》6281
	牙鲁藏布江图	清康熙年间，绢底彩绘，1幅，56.3×58.6厘米（与康熙《皇舆全览图》中相应部分基本一致）	中国国家图书馆，《舆图要录》6343
	都江堰灌区图	清道光元年至宣统三年，纸本设色，折页，43×74厘米	北京大学图书馆；《皇舆遐览》
	江苏吴淞海口入黄浦江由泖湖、淀湖赴苏州地里图	清道光元年至宣统三年，纸本设色，折页，48×63.5厘米	北京大学图书馆；《皇舆遐览》
	广东乐昌以上武江河道勘修险要图	清光绪年间，纸本设色，折页，43×69厘米	北京大学图书馆；《皇舆遐览》

续表

绘制者、刊刻者或作者和著作名或图册名	图名	绘制年代或收录地图的古籍的版本以及相关信息	收藏机构或者收录地图的古籍（包括现代影印本）等
	乌苏里江图	清康熙五十八年，纸本设色，硬纸折装，有经纬线，1 幅，36.5×21 厘米（康熙五十八年《皇舆全览图》彩绘本分图之一）	北京大学图书馆；《皇舆遍览》
	色楞厄河图	清康熙五十八年，纸本设色，硬纸折装，有经纬线，1 幅，111×124 厘米（康熙五十八年《皇舆全览图》彩绘本分图之一）	北京大学图书馆；《皇舆遍览》
"岷江图说"		清前期，彩绘本，14 页叠装成册	美国国会图书馆，G7822.Y3A5.S9，gm71005028；《美国国会图书馆藏中文古地图叙录》
《浙江全省水道略图》		清末期，墨绘本，1：212000，11 幅分装 2 册	美国国会图书馆，G2308.Z5.Z6，2002626743；《美国国会图书馆藏中文古地图叙录》
	"广东省水道图"	清嘉庆年间，彩绘本，1 幅，151×277 厘米（与清嘉庆年间陈蓥编绘《广东通省水道图》类似）	美国国会图书馆，G7823.G8A5.K8，gm71002467；《美国国会图书馆藏中文古地图叙录》
陈蓥编绘	广东通省水道图	清嘉庆年间，木刻墨印，40 块印版拼接，168×470 厘米	此图在欧洲流传甚广；《欧洲收藏部分中文古地图叙录》；美国国会图书馆，G7823.G8A5.K8，gm71002467；《美国国会图书馆藏中文古地图叙录》》
蒋荣地	淮扬水道图	清后期，纸本彩绘，1 幅，83×105 厘米	英国图书馆；《欧洲收藏部分中文古地图叙录》
	黄浦江图	清后期，纸本彩绘，1 幅，46×65 厘米	英国皇家地理学会；《欧洲收藏部分中文古地图叙录》
赵庠	"苏州、无锡河道图"	清后期，纸本墨绘，50×55 厘米	英国国家博物馆；《欧洲收藏部分中文古地图叙录》
赵□清	苍洱图	清光绪二十一年，墨绘，1 幅，62×102 厘米	英国皇家地理学会；《欧洲收藏部分中文古地图叙录》

续表

绘制者、刊刻者或作者和著作名或图册名	图名	绘制年代或收录地图的古籍的版本以及相关信息	收藏机构或者收录地图的古籍（包括现代影印本）等
顾栋高《春秋大事表·舆图》	"淮水图"	《文渊阁四库全书》本	《文渊阁四库全书》
傅恒等《钦定皇舆西域图志》	"西域水道图"	《文渊阁四库全书》本	《文渊阁四库全书》
张内蕴等《三吴水考》	收录府州县水利图24幅	《文渊阁四库全书》本	《文渊阁四库全书》
张国维《吴中水利全书》	收录相关地图50余幅	《文渊阁四库全书》本	《文渊阁四库全书》
傅泽洪《行水金鉴》	济水图	《文渊阁四库全书》本	《文渊阁四库全书》
	淮水图		
	卫河图		
	清江浦图		
	洞庭湖图		
	鄱阳湖图		
	太湖图		
毕沅《关中胜迹图志》	渭水图	《文渊阁四库全书》本	《文渊阁四库全书》
	汉江图		
章潢《图书编》	汉水	《文渊阁四库全书》本	《文渊阁四库全书》
	济水源流		
	渭水源流		
	淮水源流		
	江南诸水总图		
	洛水源流		
	浙江西湖图		
靳辅等《黄河图黄河旧险工图黄河新险工图众水归淮图运河图淮南诸河图五水济运图》	众水归淮图	清抄本	《四库未收书辑刊》清抄本
	淮南诸河图		

续表

绘制者、刊刻者或作者和著作名或图册名	图名	绘制年代或收录地图的古籍的版本以及相关信息	收藏机构或者收录地图的古籍（包括现代影印本）等
陈銮《重浚江南水利全书》	江苏水利全图	清道光二十一年刻本	《四库未收书辑刊》清道光二十一年刻本
	重浚吴淞江工段图		
	泖湖图		
	太湖图		
黎世序、潘锡恩《续行水金鉴》	沁水图	清道光十二年刻本	《四库未收书辑刊》清道光十二年刻本
	永定河图		
范铜《布经》	嘉定县四境水利全图	清抄本	《四库未收书辑刊》清抄本
	水利图		
富玹《萧山水利》	萧山县水利图	清康熙五十七年雍正十三年孝友堂刻本	《四库存目丛书》浙江图书馆藏清康熙五十七年雍正十三年孝友堂刻本
金友理《太湖备考》	收录相关地图11幅	清乾隆十五年艺兰园刻本	《四库存目丛书》中国人民大学图书馆藏清乾隆十五年艺兰园刻本
王圻《东吴水利考》	收录相关地图120余幅	明刻本	《四库存目丛书》北京图书馆藏明刻本
沈棨《吴江水考》	吴江水利全图	清乾隆五年沈守义刻本	《四库存目丛书》天津图书馆藏清乾隆五年沈守义刻本
	东南水利七府总图		
	吴淞江全图		
	太湖全图		
孙承泽《九州山水考》	水道会同源委	清康熙刻本	《四库存目丛书》北京图书馆藏清康熙刻本
陈沣《东塾集》	潢水图	清光绪十八年菊坡精舍刻本	《续修四库全书》湖北省图书馆藏清光绪十八年菊坡精舍刻本
徐松《西域水道记》	收录相关地图10幅	稿本	《续修四库全书》中国国家图书馆藏稿本
顾炎武《天下郡国利病书》	淮南水利总图	四部丛刊影印稿本	《续修四库全书》和《四库存目丛书》四部丛刊影印稿本
	盐河图		
	新河图		

续表

绘制者、刊刻者或作者和著作名或图册名	图名	绘制年代或收录地图的古籍的版本以及相关信息	收藏机构或者收录地图的古籍（包括现代影印本）等
顾士琏《太仓州新浏河志》	太仓干河图	清康熙五年刻本	《四库存目丛书》故宫博物院图书馆藏清康熙五年刻本
	娄江全图		
陈琮《永定河志》	收录相关地图 12 幅	清乾隆内府抄本	《续修四库全书》北京大学图书馆藏清乾隆内府抄本
张鹏翮《治河全书》	淮河全图	清抄本	《续修四库全书》天津图书馆藏清抄本
	卫河图		
吴仲《通惠河志》	通惠河源委图	明隆庆刻本 明嘉靖刻隆庆增修本	《续修四库全书》南京图书馆藏明嘉靖刻隆庆增修本 《四库存目丛书》民国三十年辑玄览堂丛书影印明隆庆刻本
	通惠河图		
张雨《边政考》	洮岷河图	明嘉靖刻本	《续修四库全书》民国二十六年上海商务印书馆影印北平图书馆善本丛书第一集影印明嘉靖刻本
严如熤《三省边防备览》	黑河图	清道光刻本	《续修四库全书》天津图书馆藏清道光刻本
	安康平利紫阳洵阳白河图		
归有光《三吴水利录》	淞江下三江口图	《文渊阁四库全书》本	《文渊阁四库全书》
	三江图		
张聪咸《左传杜注辩证》	江汉图	清光绪贵池刘世珩刻聚雪轩丛书本	《续修四库全书》上海辞书出版社清光绪贵池刘世珩刻聚雪轩丛书本
王士性《王太初先生五岳游草》	襄江	清康熙三十年冯甦刻本	《续修四库全书》和《四库存目丛书》上海图书馆藏清康熙三十年冯甦刻本
郑若曾《江南经略》	太湖图	《文渊阁四库全书》本	《文渊阁四库全书》
茅元仪《武备志》	太湖全图	明天启刻本	《续修四库全书》和《四库禁毁书丛刊》北京大学图书馆藏明天启刻本
	刘家河全图		
	泖淀合图		
	白茆河全图		
	吴淞江全图		
	黄浦全图		

绘制者、刊刻者或作者和著作名或图册名	图名	绘制年代或收录地图的古籍的版本以及相关信息	收藏机构或者收录地图的古籍（包括现代影印本）等
施永图《武备地利》	太湖总图	清雍正刻本 清刻本	《四库未收书辑刊》清雍正刻本 《四库禁毁书丛刊》北京大学图书馆藏清刻本
	"江苏盐河图"	清后期，纸本色绘，1幅，104×62厘米	英国国家博物馆；《欧洲收藏部分中文古地图叙录》
	永定河全图	清乾隆三十六年，彩绘本，1幅，43×104厘米	台北"故宫博物院"，故机014930；《水到渠成》
	永定河北岸二工漫口情形图	清乾隆三十六年，彩绘本，1幅，46×68.3厘米；为《奏报永定河二工漫口合龙日期折》附图	台北"故宫博物院"，故机014803；《水到渠成》
	永定河北岸二工拟筑堤坝图	清乾隆三十五年，彩绘本，1幅，43.1×78厘米；为《永定河北岸漫口拟请接筑堤坝折》附图	台北"故宫博物院"，故机012192；《水到渠成》
	永定河工图式	清光绪四年，彩绘本，1幅，109.7×77.5厘米；为《奏报查勘永定河工现已就绪情形折》附图	台北"故宫博物院"，故机120035；《水到渠成》
	宁夏河渠图	清末期，彩绘本，1幅，117.5×305厘米	中国国家图书馆，2897；《舆图要录》
	吉林宁古塔河流图	1幅，满文	第一历史档案馆；《内务府舆图目录》
	黑龙江源图	1幅	第一历史档案馆；《内务府舆图目录》
《黑龙江源图》		11幅	第一历史档案馆；《内务府舆图目录》
	黑龙江口图	1幅	第一历史档案馆；《内务府舆图目录》
	黑龙江口图	1幅	第一历史档案馆；《内务府舆图目录》
《黑龙江中图》		11幅	第一历史档案馆；《内务府舆图目录》

续表

绘制者、刊刻者或作者和著作名或图册名	图名	绘制年代或收录地图的古籍的版本以及相关信息	收藏机构或者收录地图的古籍（包括现代影印本）等
	黑龙江中图	1幅	第一历史档案馆；《内务府舆图目录》
	黑龙江河流图	1幅，满文	第一历史档案馆；《内务府舆图目录》
	黑龙江河流图（原名：萨哈亮乌喇乌苏木丹图）	1轴，满文	第一历史档案馆；《内务府舆图目录》

第七篇 军事图

　　"军事图"指的是除海防图和江防图之外的与军事有关的地图，也即主要是"陆地"方面的军事图。本篇第一章是对以往研究的综述；通过对以往研究的总结以及对现存地图的分析，可以认为，存世的"军事图"主要集中在明清时期，且其中的主体与明代的"边"有关，而且这些明代绘制的"边图"也影响到了清初甚至清代中期相关区域地图的绘制，因此本篇将明清的"边"图放在第二章中单独进行处理；而将其他军事地图，如驻防图、营汛图、缉私图和作战图等放入第三章处理。

第一章　研究概述

就本篇关注的"军事图"而言，以往关于这方面的研究虽然数量众多，但主要集中在对单幅地图绘制年代、绘制背景以及绘制内容的介绍上，比较典型的如：

黄盛璋和汪前进合写的《最早一幅西夏地图——〈西夏地形图〉新探》一文，提出"关于《西夏地形图》的绘制年代，学术界一直存在两种不同的观点，一种认为：此图为宋人所绘，证据是文献记载此图出于宋人《范文正公集》；一种认为：此图为清人所绘，因为所见实物仅存于清张鉴《西夏纪事本末》一书中。本文作者由于在明万历三十六年（公元1608年）刻《宋两名相集》中找到了此图，从而否定了'清代说'。继而又结合图的内容和有关文献分析，推定地图为宋代官吏绘于大观二年（公元1108年），从而基本解决了地图的年代问题。文中还着重分析了这幅迄今所见最早西夏地图的地学内容和科学价值"①。

《行都司所属五路总图》是台北故宫博物院收藏的数种彩绘本边防图之一，具有典型的明代官绘本舆图特征。卢雪燕的《彩绘本〈行都司所属五路总图〉成图年代及价值考述》，一文通过将图中所载城堡存废、职官变化以及所绘边墙、驿路和驿站与文献记载进行详细比照，认为该图的成图年代当在明清鼎革的17世纪中叶。"由于原藏于清内阁大库，再加上鲜明之官绘风格，推估此图极可能是边官按例绘送兵部的，功能在说明边墙

---

① 黄盛璋、汪前进：《最早一幅西夏地图——〈西夏地形图〉新探》，《自然科学史研究》1992年第2期，第177页。

之内外防御体系、城堡分布、驿路主干线与支线"①。该文的研究方式在明清军事图以及其他类型的古地图的研究中较为常见,但需要考虑的是,花费了大量篇幅进行的年代考订的价值到底是什么? 毕竟绝大部分古地图通过图中的一些标志性地名就可以大致确定其表现年代;且在笔者看来,对于古地图表现年代的考订应当只是地图研究的出发点,而不是地图研究的主要目的。

孙靖国的《〈新平堡图〉及相关历史地理问题》一文,"描述了北京大学图书馆藏《新平堡图》的形制与绘制内容,并对该图所描绘的山西天镇县新平地区的城堡修筑历史进行了梳理和对比。在此基础上,考释出此图绘制于清代后期,并指出:该地区的城堡系明代后期为加强边防而修筑;进入清代以后,随着长城地带民族关系的调整,该地区的城堡军事色彩逐渐消退,驻军数量渐次削减。该图反映了这一历史背景,具有重要的史料价值"②。

覃影的《美国国会图书馆藏〈全川营汛增兵图〉考释》③,分析了美国国会图书馆藏《全川营汛增兵图》的绘制背景,认为其与四川总督福康安有关,然后对其绘制内容进行了详细介绍,并以该图为基本史料并结合文献,复原了当时四川省相关地区的军事驻防情况。

田中和子和木津祐子的《国立故宫博物院所藏〈山西边垣图〉、〈山西三关边垣图〉与京都大学所藏〈山西镇边布阵图〉的比较研究》,"基于'国立'故宫博物院之调查,对所获资料进行分析,以下几点已得到明确:(1)'国立'故宫博物院藏有与京都大学《山西镇边垣布阵图》来源一致的《山西边垣图》、《山西三关边垣图》,今将这些地图(京大所藏地图也包在内)统称'山西边垣图群'。(2)这些'山西边垣图群'一套总共该有二十幅图,由三个部分所构成,各分别表示山西镇东路(计六幅图)、

---

① 卢雪燕:《彩绘本〈行都司所属五路总图〉成图年代及价值考述》,《故宫博物院院刊》2009 年第 5 期,第 83 页。

② 孙靖国:《〈新平堡图〉及相关历史地理问题》,《文津学志》第 8 辑,国家图书馆出版社 2015 年版,第 255 页。

③ 覃影:《美国国会图书馆藏〈全川营汛增兵图〉考释》,《故宫博物院院刊》2011 年第 1 期,第 56 页。

中路（计六幅图）、西路（计八幅图）及其周边地域，（3）大体沿'内长城'自东向西排列。(4)'国立'故宫博物院所藏的《山西边垣图》、《山西三关边垣图》，总计二十二套一百四十八幅图；（5）京都大学所藏《山西边垣布阵图》（计十三幅图）所缺损之图为中路五幅合西路二幅图。(6) 不过，在故宫博物院的地图群中没能发现可以互补京大所缺部分的多余的七幅图。(7) 故宫博物院的'山西边垣图群'中有两座城堡用白色颜料描绘的城郭，根据《三关图说》中有关记载进行考证，竟然得知这些白色是为了表示石砌包修的城郭配用的。(8) 以此为线索而重新探讨《三关图说》的记载，可知《山西镇边垣布阵图》中用蓝、黄颜料彩色的城郭，分别表示瓦、土包修的城郭"①。

还有尚珩的《美国哈佛大学汉和图书馆藏〈边城御房图说〉研究》一文，通过分析认为"现收藏于美国哈佛大学汉和图书馆内《边城御房图说》成图于万历五年，现为残本，仅 1 册，描绘了真保镇长城南部的倒马关路参将、龙固关路参将分管的茨沟营、龙泉关、鹞子崖、十八盘、固关所辖边墙隘口共计 116 座。根据《边城御房图说》描绘、记述的内容，结合其他史料，综合判断该《边城御房图说》实为万历元年汪道昆议修空心敌台竣工，巡按御史或汪道昆本人阅视边防后向皇帝进呈的'图本'"。②

在各种"军事图"中，《九边图》得到了更多的关注，存在一系列研究，如：周铮《彩绘申用懋九边图残卷》③，对中国历史博物馆所藏申用懋《九边图》的基本情况和图面内容进行了介绍，并对比了其与许论《九边图》的异同，且根据该图的图题，认为中用懋《儿边图》是对许论《九边图》的修订和增补。孙果清的《明朝北方边疆形势一览——〈九边图〉》④，对保存在中国国家图书馆的许论《九边图论》和辽宁省博物馆藏《九边图》的演变脉络进行了简单介绍。王绵厚的《明彩绘本〈九边图〉

---

① 田中和子、木津祐子：《国立故宫博物院所藏〈山西边垣图〉、〈山西三关边垣图〉与京都大学所藏〈山西镇边布阵图〉的比较研究》，《清华中文学报》2011 年第 6 期，第 137 页。

② 尚珩：《美国哈佛大学汉和图书馆藏〈边城御房图说〉研究》，《北方民族考古》第 7 辑，科学出版社 2019 年版，第 161 页。

③ 周铮：《彩绘申用懋九边图残卷》，曹婉如主编《中国古代地图集（明代）》，文物出版社 1995 年版，第 101 页。

④ 孙果清：《明朝北方边疆形势一览——〈九边图〉》，《地图》2007 年第 4 期，第 105 页。

研究》①，对辽宁省博物馆所藏《九边图》的发现和流传过程、作者、成图年代、绘制内容和技法及其影响进行了详细分析。

不过，截至目前，对存世的《九边图》（《九边图说》）进行了系统梳理的只有赵现海，其对《九边图》的研究主要集中在以下几篇论文：

《首都图书馆藏明末长城地图〈九边图〉考述》，认为"首都图书馆藏彩绘《九边图》，绘于崇祯后期，民国年间由汪申伯收藏。全图采用形象绘法，是现存《九边图》中形象绘法最为突出的地图，是一幅军事示意图，而非作战地图，反映出以直观、实用为目的的中国古代地图绘制的人文传统，直到明末仍发挥着主要作用。首图《九边图》机构、方位错讹较多。不过，由于这幅地图很可能是明代最后一幅长城地图，反映了明末九边长城防御体系的全貌"②。

《明代嘉隆年间长城图籍撰绘考》，提出"明代嘉隆年间产生了四部长城图籍。其中郑晓《九边图志》是明代第一部长城图籍，完成于嘉靖四年，以文字为主，并分镇绘制地图。许论《九边图论》地图与文字并重，重在议论，从整体上系统探讨了九边形势。该书地图部分《九边图说》首次用整幅地图的形式，展示了九边长城防御体系的全貌。三门峡市博物馆藏《九边图说》残卷是第一幅长城地图。《九边图论》未继承《九边图志》的内容与体例，而是别创体例。魏焕《皇明九边考》以文字为主，重在史事记载，第一次全面梳理了九边制度源流。这三种图籍都是中央负责地图创制机构的官员的私撰图籍。兵部《九边图说》为官撰图籍，以地图为主。四部图籍基本开创了明后期长城图籍的创作模式，引领与规约了长城图籍的创作风气与体例。后三部图籍提出与发展的两种九边说法也成为明代以来影响最大的两种九边说法。后三部图籍皆未使用'计里画方'与图例绘法，这也是明代地图，尤其官方所绘地图的主流绘法"。③

《第一幅长城地图〈九边图说〉残卷——兼论〈九边图论〉的图版改

---

① 王绵厚：《明彩绘本〈九边图〉研究》，《北方文物》1986 年第 1 期，第 26 页。
② 赵现海：《首都图书馆藏明末长城地图〈九边图〉考述》，《古代文明》2012 年第 2 期，第 83 页。
③ 赵现海：《明代嘉隆年间长城图籍撰绘考》，《内蒙古师范大学学报（哲学社会科学版）》2010 年第 4 期，第 26 页。

绘与版本源流》，"《九边图说》残卷东起镇北关，西至偏头关西，现存三门峡市博物馆，是许论上呈世宗的副本"①，"历博、辽博《儿边图》是该图的改绘本，成于隆庆元年。谢少南嘉靖十七年《九边图》是该图的翻刻本，稍有改动。修攘通考本、兵垣四编本《九边图》又在谢少南本的基础上增补、改名。兵垣四编本、长恩室丛书本、后知不足斋丛书本皆将《广舆图·全国总图》改称《九边总图》，置于许论《九边图》之前。兵垣四编本《九边图论》在文字内容上，尚吸取了《舆地图》、《广舆图》与《皇舆图》的内容。总之，谢少南本《九边图》基本继承了《九边图说》的原貌，其他版本《九边图》都对许论原绘本进行了不同程度的改绘"②。

此外，他还在《明代长城地图绘制与〈延绥东路地里图本〉考》中对明代官方长城图的绘制制度进行了讨论，认为"可见，大体而言，明代长城地图绘制可分为三个环节：各镇三年绘制一次本镇图本；各镇巡抚或总督在此基础上，整合、绘制各镇或所辖诸镇图说；兵部职方司在各镇或诸镇图说基础上，绘制九边长城全图或撰绘九边图籍"。"不过，在长城地图绘制的三个环节之下，还有一个更为基础的环节，那就是各镇所辖诸路绘制出各路图。这类图本应是各军镇为绘制全镇图本，而分命诸路绘制的，全镇图本最终在各路子图本的基础上，整合为各镇图本"③。

目前为止，对明清时期的"长城图"进行了较为系统梳理的只有李孝聪，其在《解读古地图上的长城》一文中提出以下一些认知，"长城在中国古代地图上起着地标的作用""宋代地图上标出的长城很难确定属干哪个朝代""明朝中叶以前所绘地图上的长城并不是明长城的真正走向""明长城《蓟镇图》侧重于建置和指掌布防的实用效果""无论全国舆图还是地区图，清朝地图总是要明确绘出长城"。④《中国长城志·图志·古代舆图》的序言是在《解读古地图上的长城》基础上进一步的阐释，且对明清

① 赵现海：《第一幅长城地图〈九边图说〉残卷——兼论〈九边图论〉的图版改绘与版本源流》，《史学史研究》2010 年第 3 期，第 84 页。

② 赵现海：《第一幅长城地图〈九边图说〉残卷——兼论〈九边图论〉的图版改绘与版本源流》，《史学史研究》2010 年第 3 期，第 95 页。

③ 赵现海：《明代长城地图绘制与〈延绥东路地里图本〉考》，《史学史研究》2017 年第 2 期，第 11 页。

④ 李孝聪：《解读古地图上的长城》，《中国国家地理》2003 年第 8 期，第 52 页。

时期长城修筑的情况进行了简要的介绍，同时对长城图进行了分类，即："展示明代边墙的长城图"，其中包括"九边图系列""分镇边墙图系列"；"描述长城战守形势的舆图"，其中包括"战守图说类""长城边垣图类"；"显示长城修筑工程的舆图"；且在文中还对各类中的一些典型地图进行了简要介绍。李孝聪还在《中国长城志》正文中对大量长城图或者绘制有长城的地图进行了详尽的分析。

第二章　明清时期的"边图"

第一节　明代的"边"与边图

关于中国历史上"边"，以往虽然存在一些讨论，但大都涉及的是汉代的"边郡"①、唐宋时期的"边州"②，以及明代的"九边"③。不过需要注意的是，以往这方面的研究大都有着这样一个被研究者默认的前提，即汉唐宋明等王朝类似于现代国家，有着现代的"疆域"的概念，由此，基于这一前提，对"边郡""边州""九边"的讨论，往往与这些王朝的疆域和边疆联系在一起，如杜芝明、黎小龙《"极边"、"次边"与宋朝边疆思想探析》一文认为"在地理空间上，'极边'体现的是宋人对疆域（边疆）和华夷之辨的认识；就具体问题看，其强调的是对外军事功能和对内民族控驭功能。因此'极边'也就具有了政治边疆、文化边疆（族群边界）的意义"④。作者还提出"在宋人的认识中，极边的地理空间包括了两

---

① 谢绍鹢：《秦汉边郡概念小考》，《中国历史地理论丛》2009 年第 3 辑，第 46 页；杜晓宇：《20 世纪 80 年代以来的秦汉边郡研究》，《中国史研究动态》2011 年第 6 期，第 30 页等。

② 许伟伟：《唐代前期边州若干问题初探》，武汉大学中国古代史专业硕士学位论文，2006 年；杜芝明、黎小龙：《"极边"、"次边"与宋朝边疆思想探析》，《中国边疆史地研究》2010 年第 2 期，第 33 页等。

③ 赵现海：《"九边"说法源流考》，《雁北师范学院学报》2007 年第 1 期，第 40 页；赵现海：《明代九边军镇体制研究》，东北师范大学明清史专业博士学位论文，2005 年。

④ 杜芝明、黎小龙：《"极边"、"次边"与宋朝边疆思想探析》，《中国边疆史地研究》2010 年第 2 期，第 36 页。

大部分：首先是宋疆域最外围的州军构成的区域，可以称之为'外边'……其次是与域内少数民族接壤的区域，可称之为'内边'"①，这样的划分在现代人看来似乎颇有道理，但问题在于，不仅在宋代文献，而且在中国古代文献中，基本没有"内边"一词，因此这样的划分显然是作者基于现代"疆域"概念进行的现代人的划分。最为重要的是，从政治空间结构来看，历代王朝完全不同于现代国家，也不能被认为是"帝国"，也必然不会存在现代意义上的"疆域"概念和"疆域"意识②，文献中出现的"边郡""边州""九边"也不能与"疆域""边疆"这样的概念联系起来。当然，这是一个宏大的问题，也不是本书此处讨论的重点，这里主要基于明代的地图和相关文献来简要讨论一下明人心目中的"边"。

明代罗洪先《广舆图》中，除了我们熟悉的关于"九边"的一系列地图之外，还包括了5幅"诸边图"，即"洮河边图""松潘边图""麻阳图""建昌图""虔镇图"。罗洪先在《广舆图序》中对于收录"九边图"和"诸边图"的目的进行了介绍，即"王公设险，安不忘危，中外大防，严在疆围，作九边图十一；山谷藏疾，时作弗靖，虺虺窜伏，功在刊涤，作洮河、松潘、虔镇、麻阳诸边图五"。从罗洪先的这段话来看，似乎"九边"与"诸边"是不同的，其尤其强调了"九边"是"中外大防"；但他没有强调"诸边"在政治空间结构中的位置。霍冀在其所作的《广舆图叙》中则提到"四海一家，车书万国。惟洮、潘、虔、麻时作轩轾，北漠南倭每怀不轨"，在这段话中，霍冀并没有区分诸边和九边，同时将蒙古与倭寇并置在一起。

要"正确"理解罗洪先和霍冀的这段话，首先需要先了解历代王朝的空间政治结构。大致而言，在中国"华夷"构成的"天下观"以及"普天之下莫非王土"的观念下，古人的"疆域观"实际上有着三个层次，第一个层次就是囊括"华夷"的"普天之下"，第三个层次则是"九州"（在地理空间上基本等同于"中国"），而"九州"（"中国"）是正统王朝

---

① 杜芝明、黎小龙：《"极边"、"次边"与宋朝边疆思想探析》，《中国边疆史地研究》2010年第2期，第34页。

② 上述这些方面的讨论，可以参见本书第十篇中的相关章节。

应当直接领有的。此外，在两者之间还存在一个实际的第二层次，即王朝实际控制的地理空间。王朝应当（必须）占有"九州"（"中国"），然后通常还占有一些"夷"地，或者与周边某些"夷"地存在明确或不明确的藩属关系。基于此，由于在某些情境下，王朝也将自己称为"中国"，因此这些语境下的"中国"实际上是第三个层次中对应于"华"的"中国"的扩展，地理范围上要大于"九州"，代表着占据着"中国"或者名义上应当占据着"中国"的王朝（分裂时期）所实际控制的地理范围。需要强调的是，王朝实际控制的地理空间通常不经由类似于近代国家通过条约、谈判划分来明确界定的，而是其实力所能达到或者认为保障王朝安全应达到的地方。

如果上述认知正确的话，那么罗洪先强调的"中外大防"，实际上就是"华夷"之分（再次强调这并不是现代意义上的"疆域"）。不过，在中国古人的空间政治结构中比较麻烦的就是位于"九州"范围之内的"夷"，如云南、贵州、湖南等地的"苗疆"以及松潘。至少自秦汉以来，王朝就曾试图将这些地区正式纳入自己的直接管辖之下，也即在政治、经济和文化上将这些地区和人口纳入"九州"之中，但显然一直并不成功，至少在清代大规模"改土归流"之前一直是"失败"的，"改土归流"之后何时真正达成这一目的也是一个值得讨论的问题。当然，不管如何，这些地区在文化上不属于"华"，在行政建置上也不直属于王朝，而且有时还会给周边的府州县带来威胁，因此在王朝眼中，这里与"九边"之外的蒙古，在性质上，似乎没有太大的区别，同样可以被称为"边"，只是威胁没有那么大而已。

那么除了"九边"和"诸边"之外，明朝或者在明人的心目中是否不存在别的"边"呢？应当不是，只是可能明人认为这些"边"没有那么重要，或者对于王朝而言，不存在太大的问题，所以也就没有给予太多的关注，同时也大概不需要绘制地图了，或者绘制有地图，也由于流传不广，所以没有保存下来。由此明代中晚期流传下来的除了"九边"之外的"边图"，也基本上只是局限于《广舆图》"诸边图"涉及的这几个地区。

因此，至少在明代人的心目中，"边"并不是现代意义上的"边疆"，更多的是"华"与"夷"的交界之处，且更多是文化、地理和生活方式上的"边"。

"边"的这种概念在清代依然在继续使用，如严如熤《三省边防备览》，以"边防"为名，但其所述地区大致相当于今天重庆渝北部、陕南与鄂西北山地，这显然不是今天意义上的"边防"，而是传统语境下的"边"的"防"；还有其绘制的《汉江以南三省边舆图》和《汉江以北四省边舆图》。

在现代国家语境下，尤其是在经历了近代以来的疆域危机和边疆危机之后，将"边"大致等同于"边疆"是我们现代人的问题。"边"虽然在空间结构中属于"边缘"的位置，但"空间结构"不仅包括地理实在的，而且还包括文化上的、政治上的、经济上的，以及心理上的等等。总体而言，"边"首先就是"边"。

还需要提到的就是，明代可能存在绘制"边图"的一些制度性的规定，对此已有学者进行过一些介绍，如上文提及的赵现海的《明代长城地图绘制与〈延绥东路地里图本〉考》一文。此外，在留存下来的一些关于"边政"和"九边"的明代书籍的前言中，有时也能看到对相关规定的援引，如后文所引隆庆三年（1569）兵部刊本的《九边图说》。而目前所能见到的对这一制度记述得最为详细的应当就是张雨的《边政考》，在该书之前收录了与这一制度有关的一份完整的"院扎"。

> 该本部议拟题奉钦依每叁年壹次，该巡按御史阅视各镇军马、器械，体察将官贤否，同画图具奏，并缴本部查照施行等因，屡经通行钦遵无异，但因袭既久，初意浸失，内除将官贤否另议，外切照军马钱粮不无增减，地方城堡不无迁改，每年奏缴图册，多因旧本错乱遗失，若不申明核实，不无徒事虚文，而该司遇有处分，将何所据以资筹料。况今边事殷，尤宜加慎，必须本部逐壹查审备开款目，通行各镇照款图注，且如军马壹节，须查壹镇员额总数，分守城堡墩台细数，及逃亡实在召募等项，每年紧要有无，征调供给草粮岁额若干，各省征解本地办纳并盐引花布年例，及新增等项，壹壹明开，则军马之政，庶为核实。倘遇有事，自可酌量盈缩矣。地图壹节，须以本镇为主，某处要害去本镇道路若干里，砦堡墩台孰为旧设，孰为添改，

某年失事，贼从何路，今当何以处之，逐壹旁注，则地里之图，庶为核实。倘遇有事，自可据图料敌矣。他如各镇府州县志、古今诸贤经略，检查订正以备参考，尤不可缺。案呈到部，看得该司所议，委因边方多事，遥度为难，历年所缴册图，只为文具，无益。申请旧议异核实，诚为有理，相应依拟为此，合咨前去，烦行彼处各巡按御史转行各镇地方并有司镇卫等衙门，督令照依，后开款目，逐壹查实军马钱粮多寡备细造册，地里城堡隘塞要害备细画图，至于新旧志书、古今经略各该地方所有者，通限叁月以里缴部权备目前稽考。自后照依前议，叁年壹次缴部，无或因仍旧本，姑应故事，如有本司遗漏，未及查异事关地方壹体开具事件处置明白，壹并缴部存留备照，以凭施行等因，咨院拟合通行为此，合札本职依奉查照施行。

然后是一些具体的规定，其中关于地图的部分规定如下：

本镇通计东西南北四境界若干里，各界抵某处，镇内所辖者或关或寨或营或堡各几处，即今或参将或守备，何官提调。

某处要害去镇若干里，某处可为策应按伏，又去要害处若干里。

某处空缺可通大举，即今有无防戍，某处空缺可通小贼，即今有无隄备。

某关口塞堡墩台，原系旧设，去镇若干，某处近来添改，去镇若干。

某处界与临镇某地相连，紧急可便征调。

某处界与境外某虏相接，强弱，即今何如？

某城堡内官几员，军马若干，钱粮若干。（以上画图照此旁注）

就这段文字来看，边镇每三年绘制地图且上报相关数据的制度在明代确实是长期施行的。而且需要注意的是，上文中提到的一些规定，也即需要上报的数据，在明代后期的一些地图，尤其是相关书籍中确实可以看到。由此，大概可以认为明代中后期留存下来如此众多的"边图"，除了是现实需要的结果之外，可能也是这一制度性规定的结果。

总体而言，就制度和需要而言，至少从明代中期之后，绘制了大量与

"边"有关的地图。由于这些地图中的绝大部分直接或间接地来源于中央，尤其是兵部汇总的各边镇的材料，且在制度上对于地图上的某些绘制内容有着具体的规定，因此这些地图之间存在或多或少相似性也是可以理解的。再加上中国古代刻本与绘本地图之间存在双向的转换关系；改编地图时必然会增删、修订一些内容；即使是摹绘，很多时候也不太可能完全忠实于原图，尤其是刻本地图；某些地图是对之前地图的剪裁等等因素，以及这些因素的叠加，由此使要完全理清这些地图之间的谱系和脉络变得非常困难。因此，此处能做到的只是进行一些大概的分类，且对基于地图的众多其他领域的研究而言，准确的谱系也并无绝对的必要。

最后，如本书第二篇第十章所述，《广舆图》"九边总图"绘制范围大致相当于明朝控制的地理范围，除了绘制长城沿线的边镇之外，还绘制有长城沿线重要的关口和行政治所，在内地则主要绘制了都司、河道总督以及督府和总府的驻地，在长江以南的沿海地区标注了各区域倭寇的名称，如"宁台海倭"等，在西南地区则标注了"诸蛮""恶苗""诸猺"等民族的所在，在西方标注有"西番"以及临近的州县。由绘制内容来看，这幅"九边总图"实际上表现得并不全是"九边"，而涵盖了当时明朝各方向所面对的军事威胁。因此，以《广舆图》"九边总图"为代表的这一系列的地图描绘的并不仅仅是"九边"，由此该图更为准确的标题应当如这一系列的某些地图那样，为"镇戎总图"或"天下各镇各边要图"。

属于这一谱系的地图大致有：许论《九边图论》"九边图略"（北京大学图书馆藏明天启元年茗上闵氏刻本朱墨印兵垣四编本）、方孔炤《全边略记》"九边图"、程道生《舆地图考》"九边总图"、范景文《师律》"九边图"、汪缝预《广舆考》"九边总图"、程子颐《武备要略》"九边总图"、朱绍本等《地图综要》"九边总图"和"天下各镇各边要图"、程百二编《方舆胜略》"九边总图"、张天复《皇舆考》"九边总图"、夏允彝《禹贡古今合注》"镇戎总图"、焦竑《新镌焦太史汇选中原文献》"九边图"、王圻《三才图会》"九边总图"、王在晋《海防纂要》"镇戎总图"、王鸣鹤《登坛必究》"一统总图"、茅元仪《武备志》"一统总图"、申时行等《大明会典》"镇戎总图"、茅瑞征《禹贡汇疏》"镇戎总图"、施永图《武备地利》"一统总图"、潘光祖《汇辑舆图备考全书》"九边总图"、陶承庆等《大明一统文武诸司衙门官制》"九边总图"、陈组绶《存古类函》"九边总图"、何镗《修攘通考》"九边总图"、章潢《图书编》"天下各镇各边总图"、陈仁锡《八编类纂》"天下各镇各边总图"以及张天复等《广皇舆考》"九边总图"。对于这一系列地图更多的介绍，参见本书第二篇第十章。

第二节　九边图和诸边图

大致而言，明代描绘北方"九边"全貌的地图主要有以下几个系列。

一　许论《九边图论》系列

许论《九边图论》系列，如前文所述，赵现海曾对属于这一系列的一些地图进行过分析，其主要分析的是收藏于三门峡市博物馆的许论《九边图说》残卷、许论《九边图论》的嘉靖十七年（1538）谢少南本、万历年间刊刻的修攘通考本、天启间兵垣四编本以及中国历史博物馆和辽宁省博物馆所藏彩绘本《九边图》，认为"修本、兵本《九边图》在继承谢本《九边图》的基础上，对内容有所增减或改名。历博、辽博《九边图》在《九边图说》、谢本《九边图》的基础上，增补了不少嘉靖中后期的内容"①，"总之，从绘制方法来看，各版本《九边图》皆继承《九边图说》形象绘法，山川、道路、水道、镇卫、关楼、营堡、墩台、驿站图例大同小异，皆体现了直观、实用的特点与目的。较大的不同是历博、辽博《九边图》改长卷式为屏风式，从而导致海湾、山形有所变化"，"从图记内容上来看，谢本《九边图》基本继承《九边图说》，改动极少。修本《九边图》在谢本的基础上，有所增补。历博、辽博《九边图》结合时代情况，增补了不少图记"②。并还提到"兵本《九边图论》影响颇大，天启间程

---

① 赵现海：《第一幅长城地图〈九边图说〉残卷——兼论〈九边图论〉的图版改绘与版本源流》，《史学史研究》2010 年第 3 期，第 86 页。

② 赵现海：《第一幅长城地图〈九边图说〉残卷——兼论〈九边图论〉的图版改绘与版本源流》，《史学史研究》2010 年第 3 期，第 89 页。

道生撰绘《舆地图考》凡六卷，第四卷为《九边图考》，其中之《九边图》便照刻兵本《九边图》，只是注明了兵本《九边图》未注出的边防旧址，尤其增加了辽东镇山川与建州位置的图记。至于文字部分，虽各镇皆增加议论，不过唯独辽东镇下增《建夷考》。总之，《九边图考》在兵本《九边图论》基础上，进一步结合当时形势，有所增补。《九边图考》中的《九边图》又被明末《地图综要·九边》直接翻刻"①，且还提到首都图书馆藏有的彩绘《九边图》。

虽然赵现海的分析极为细致，但属于这一系列的地图并不止上述这些。应当归于这一系列的刻本书籍中的地图还有吴惟顺、吴鸣球编撰的《兵镜》中的"九边图"、范景文《师律》中的"九边全图"、申时行《大明会典》中收录的各边图、方孔炤《全边略记》中的"九边图"。魏焕的《皇明九边考》中的"九边图"也是如此，但其中收录的"辽东边图""蓟州边图"等似乎是对构成的"九边图"的相应各镇地图的简化，去掉了对堡寨的呈现。陈仁锡《八编类纂》"边总图"的大致轮廓，与许论《九边图论》系列相近，但似乎进行了较大的修改和补充。

不仅如此，李孝聪提出台北"故宫博物院"和第一历史档案馆中保存的明万历后期编制的、纸本木刻墨印、11条幅图拼合相连成一册的《九边图》也属于这一系列。其中台北"故宫博物院"藏图"详尽表现长城沿边的山川、海疆，边墙、烟墩，府州县城、边镇卫所、营堡等要素，城址皆用方形城堞符号表示，以大小区别其等级。计第一辽东镇图、第二辽东山海关图、第三蓟州镇图、第四蓟昌宣府图、第五宣府镇图、第六大同镇图、第七山西镇图、第八延绥镇图、第九延绥宁夏固原镇图、第十临洮镇图、第十一甘肃镇图。每图上端为九边图论的文字，说明九边本镇的形势、要害、边夷等，下部绘本镇图。临洮镇图说述及万历二十三年（1595）设置临洮镇以后的形势，图上已显示万历二十五年（1597）兰州以北红水河堡新开边墙。推知此图为万历末叶以后（1597—1643）的刻本，内容显然已经不止九边，却仍然冠以九边图名。由于图左缺少甘州卫

---

① 赵现海：《第一幅长城地图〈九边图说〉残卷——兼论〈九边图论〉的图版改绘与版本源流》，《史学史研究》2010年第3期，第94页。

所属边墙、边堡和嘉峪关,故推知此图并非完帙。北京中国第一历史档案馆保存明万历朝纸本木刻九边图印本一套,亦11条幅图拼合相连成册,纵33厘米、横330厘米,与台北'故宫博物院'藏木刻本九边图一致,但是不缺甘肃镇嘉峪关段"①。还有台北"故宫博物院"藏彩绘本"北方边口图","明朝后期,纸本长卷墨绘,青绿着色,纵60.5厘米、横648厘米。右卷首起自辽阳镇鸭绿江口,卷尾至嘉峪关,描绘明代边墙内的边城、卫、所及道路的分布情势,详细标绘边墙各口和边堡。地名注记写在框内,旁注道路至相邻州县、卫所、边堡的里程。图上依次标注第一辽阳镇、第二山海镇、第三蓟州镇、第四蓟昌宣府镇、第五宣府(镇)、第六大同镇、第七山西镇,延绥镇、宁夏镇、固原镇、甘肃镇均不写序号。图上已展现辽东镇宽甸六堡、兰州北边的红水堡新边,殆为万历中期以后的作品。该图有很多错字、异体字,以及未填写的空白框,推测此图可能系明代后期九边图之摹绘稿"②。

　　还有中国历史博物馆所藏明万历三十年(1602)申用懋《九边图》,该图绢本彩绘,前半段缺失,残图43×174厘米。周铮认为该图是基于许论《九边图》增补、修订后绘制的,并将其与兵垣四编本的《九边图论》进行对比后发现:除了绘制技法上的差异之外,申图还标注了某些城邑驻守;一些在《九边图论》中不太重要的城邑在申图中重要性有所提高;两图在地名以及一些地理位置上也存在一些差异。总体而言,申图相对更为详细,新增了一些地名。③

二　隆庆三年兵部刊本《九边图说》系列

　　隆庆三年(1569)兵部刊本《九边图说》中也存在一套"九边图"。按照《九边图说》之前的文字来看,该书是兵部奉旨撰写和绘制的,且其

---

　　①　李孝聪:《中国长城志·图志》,凤凰出版传媒股份有限公司、江苏凤凰科学技术出版社2016年版,第22页。

　　②　李孝聪:《中国长城志·图志》,凤凰出版传媒股份有限公司、江苏凤凰科学技术出版社2016年版,第22页。

　　③　周铮:《彩绘申用懋九边图残卷》,曹婉如主编《中国古代地图集(明代)》,文物出版社1995年版,第101页。

对该书的编绘过程进行了简要叙述，即："咨行各镇督抚军门，将所管地方开具冲缓，仍画图贴说，以便查照。去后随该各镇陆续开报前来，或繁简失宜，或该载未尽。又经咨驳，务求允当。往返多时，始获就绪。本司稽之往牒，参诸堂稿，东起辽左，西尽甘州，每镇有总图以统其纲，有分图以析其目，某为极冲，某为次冲，某为偏僻，某处切近虏巢，某处极为单弱，与夫一镇之兵马钱粮数目，无不毕具，诚为简要，似应恭上御前以备检阅，不惟思患预防时厪圣念，而各镇之地利险夷，各边之兵马多寡，一开卷而圣心自洞析矣。及照先任本部尚书许论，先为礼部主事时曾奏上《九边图考》，嗣后本司主事魏焕亦曾续之。迄今近三十年，边堡之更置，将领之添设，兵马之加增，夷情之变易，时异势殊，自有大不同者，合无自今具题之后，仍移文各省督抚，遵照旧例，每年中将建革缘由开报到部。本部随即更正，庶筹边之士，不必身履其地，自可得闻其详，而他日经略疆围，咸有所凭籍矣。均乞施行等因"，"以后每三年一次修正，悉如改司所拟施行……"① 也即，不仅兵部刊本的《九边图说》是依据各边镇的最新资料编纂的，而且要求此后各镇每年年底上报一次资料，且每三年将《九边图说》修订一次。

　　从《九边图说》所收地图来看，与许论《九边图》的差异在于，其除了"各镇总图"之外，还存在"各镇分图"，而其中的"各镇总图"绘制得较为简略。赵现海曾将《九边图说》与之前的许论的《九边图论》和魏焕的《皇明九边考》进行过对比，即："《九边图论》地图具体到了堡、寨，《皇明九边考》具体到了堡，而《九边图说》进一步具体到了墩，内容更为翔实。《九边图说》地图由于是军事地图，图记也全属军事内容，在军事要冲的图标里，注明该地至边墙的距离，机构设置，以及'极冲'、'次冲'的战略位置。《九边图论》与《皇明九边考》的地图部分都没有记述长城以外的地理状况，《九边图说》却简要记载了一些地理面貌"，"《九边图说》文字以简要为特点，篇幅并不大，内容基本为疆域四至、边防形势、主要问题、解决方案与主要职官，以及按照极冲、次冲的顺序，简要

---

① 兵部编：《九边图说》，《玄览堂丛书》（初集）第 5 册，影印明隆庆三年刊本，"国立中央图书馆"出版，正中书局印行，无年份，第 2 页。

条列本镇重要地区及其职官，末为本镇军马、钱粮。可见，《九边图说》实吸收了《九边图论》与《皇明儿边考》注重议论与史事的特点。但无疑，《九边图说》的史事要简要得多"①。

这套地图对于明代后期九边图的绘制也有着一定的影响，如《地图综要》中有两套"九边图"，即"沿边图"系列和"分里图"系列，其中"沿边图"系列，即"固原沿边图""甘肃沿边图""宁夏沿边图""辽东沿边图""宣府沿边图""大同沿边图""延绥沿边图""蓟镇沿边图"，与兵部刊本《九边图说》非常近似。关于该书中的"分里图"系列，参见后文介绍。《登坛必究》和茅元仪《武备志》中的"辽东边图""蓟镇边图""宣府边图"等边图皆是如此。此外，天都山臣《女直考》中的"辽东镇图"、茅瑞征《万历三大征考》中的"辽东镇图"，基本与兵部刊本《九边图说》中的"辽东总图"近似。《图书编》中的"山西边图"与兵部刊本《九边图说》中的"山西镇总图"近似。

三　《广舆图》系列

在明代中晚期的古籍中还存在另外一套可以追溯至《广舆图》的九边图，由"辽东边图""蓟州边图""内三关边图""宣府边图""大同外三关边图""榆林边图""宁夏固兰边图""庄宁凉永边图""甘肃山丹边图"组成，其中"蓟州边图" 2 幅，其他边图都为 1 幅。各图皆用"计里画方"的方式绘制，除《蓟州边图》为每方四十里外，其余各图皆每方百里。每幅图之后都详细记述了各边的军事建置、各级官员的数量以及兵员、马匹、粮草等的数量，并用表格的形式罗列了各卫所的兵员、粮草等数量以及所负责的堡寨数量，最后还有《总论》，分析了各边的形势要害和防御措施。需要注意的是，这些数据非常详细，应当来源于官方，且其中一些还出现在孙承泽的《春明梦余录》中。

由于《广舆图》在明代中后期成为大量书籍抄录（抄袭）和改编的对象，因此其中的"九边图"也广为流传，大致可以确定的有：

---

① 赵现海：《明代嘉隆年间长城图籍撰绘考》，《内蒙古师范大学学报（哲学社会科学版）》2010 年第 4 期，第 35 页。

张天复《皇舆考》中的"边图"基本保留了《广舆图》中"九边图"的原貌，也保留了方格网，只是将"宁夏固兰边图"改为"固兰边图"。黄道周《博物典汇》也是如此，只是缺少了"内三关边图"和"庄宁凉永边图"，还将"大同外三关边图"改为"大同边图"。

《图书编》中除了"山西边图"之外的其他边图，与《广舆图》"九边图"的主要差异在于去掉了方格网，以及将"大同外三关边图"改为"大同边图"。何镗《修攘通考》和朱约淳《阅史津逮》中的边图，也是去掉了方格网，但没有对图名进行修改。

程子颐《武备要略》中的各图保留了"计里画方"，但缺少了"内三关边图"和"庄宁凉永边图"，将各边图改名为"地图"，如将"大同外三关边图"改为"大同地图"，"甘肃山丹边图"改为"甘肃地图"，此外还将"宁夏固兰边图"分割为"宁夏地图"和"固原地图"。陈组绶《存古类函》中的地图和《地图综要》中的"分里图"系列与程子颐《武备要略》中的基本一致。

南京博物院藏明万历三十三年（1605）黄兆梦的《边镇地图》（"边镇图卷"），纸本墨绘，35.8×119.3厘米，是对《广舆图》九边图和诸边图的摹绘。

此外，天都山臣《女直考》中的"辽东图"以及陶承庆校正、叶时用增补《大明一统文武诸司衙门官制》中的"辽东边图"是对《广舆图》中"辽东边图"的摹绘，但去掉了方格网。

四　其他"九边图"

明代还存在一些难以归属到上述三个谱系中的绘本"九边图"或者一些局部图，如收藏于第一历史档案馆的《两河地里图》，绘制时间大致是在明万历三十年（1602）之后，"这是一册山水画式的明代陇、甘、凉、肃地区军事设防图。地理范围东起巩昌府，西至嘉峪关，南括洮州卫，北达长城"，"有都司图二幅，府州县图二十六幅，卫所图十四幅。都司图标注较详细，突出了驻防各点的设置。黄色方框或多边形框表示设防城垣，内注地名，分大小五等区别府、州（卫）、县、所镇（驿、堡、巡检司）……方位为上南下北"①，且各图附有详细的图说，重点在于强化边防的各种措施和建议。

还有一些关于"九边"各镇的绘本图，如：

意大利地理协会藏明万历年间的《大同镇图说》，该图绢本色绘，册叶装，蓝绫硬纸，封未具图题。28 幅地图附图说，各具图题，双叶叠装，右叶为图，左叶为图说，每叶开本纵 36 厘米、横 31 厘米。"该图用形象画法描绘明代九边之大同镇分属各路参将管辖内区域的山川、长城边墙、关口、马市的形势，各城堡的分布，兼及名胜古迹和长城外蒙古诸部的游牧场景。图上的长城，用墨勾边墙和插红旗杆的骑墙敌台，着土黄色；火路墩、边墩下缘加绘围墙拱门，台顶插红旗杆。城堡采用平立面结合的形象画法。城墙分蓝色、土黄色两种，以表示包砖或尚待瓷砖；蓝色砖城画白色拱券城门加雉堞，黄色夯土城堡画蓝色城门，均配红色角楼。凡易遭边外之敌入犯的紧要墩口之处，均注记'极冲'"。"图说叙述城堡始建与复修年代、形制，四至里程，驻守的官员职称、官军员额，分防长城边墙的长度，边墩和火路墩的数目，有无市场，通边外的道路、冲口，当地气候与农产状况，历次遭遇犯边等兵要形势"。"经与明万历刻本杨时宁《宣镇山西三镇图说》对照，彩绘本《大同镇图说》与明万历三十一年宣达总督杨时宁完成巡边后，呈进《宣镇山西三镇图说》系同一时期的作品"②。

台北"故宫博物院"藏《陕西镇战守图略》，明嘉靖年间绘制，纸本彩绘，52×90 厘米，折叠装，青绫皮面，共有 2 册，"第 1 册仅存 11 页，为延绥镇所辖木瓜园、永兴、孤山、镇羌、常乐、双山、波罗、柏林（存半页图，图说佚）、神木、大柏油等长城沿线边堡。另有 1 页图佚，尚存图说'驿于关山岭入清涧县军门调度添发花马池'。图上描绘的边堡多数位于榆林南侧的旧边墙沿线，而不是处在榆林卫两侧的新边长城。故推测此图册应属于明嘉靖年间绘制的《陕西镇战守图略》的残页"③。

———————————

①　曹婉如主编：《中国古代地图集（明代）》"图版说明"，文物出版社 1995 年版，第 4 页。

②　李孝聪：《中国长城志·图志》，凤凰出版传媒股份有限公司、江苏凤凰科学技术出版社 2016 年版，第 17 页。

③　李孝聪：《中国长城志·图志》，凤凰出版传媒股份有限公司、江苏凤凰科学技术出版社 2016 年版，第 296 页。

台北"故宫博物院"藏《固原镇战守图略》，明嘉靖年间，纸本墨绘设色。本图册原以"陕西镇战守图略"为名著录的第 2 册，共 55 页，"首 4 页为'陕西镇烟火号令'，其覆盖地域范图仅限于陕西镇所属环庆、固原、靖虏、兰州、河州、临巩、洮州、岷州等地驻扎。其余 51 页为陕西镇各驻扎守备所属之卫、所、堡、城图说，左文右图，一图一说兼俱，各具图题。此图的尺寸、画法、式样与前图皆一致，但是，惟缺延绥镇所属边墙，仅覆盖固原镇统属的地域"①；"该图册，东起自庆阳府环县境内边墙，西止于阶州文县守御千户所，此段内边长城正是嘉靖年间镇守固原的三边总制所修筑，各页图说分别表现明代固原镇统管地域内的山川、井泉，内边长城的走势，沿边卫、所、营、堡、墩台之分布，以及对蒙古诸部入犯情势的预测和守御堵截的战术。可能属于兵部议决陕西三边军务时编绘"，"舆图各图方位上北下南，图上长城画土黄色边墙上缘为白色雉堞，城关画灰色墙体加红色城楼。壕堑边墙用深黄色描绘高崖断堑。卫、所城堡画红底色，黄色城垣加白色雉堞，灰色券拱城门、红色城楼加黄色旗杆。营堡画红色方框符号涂粉底色，火路墩画黄色围墙、白色墩体、红色顶楼加黄旗杆。每座卫、所城堡外侧墨书注记，内容记录该城堡原额官军员名（数目）、实有员名（数目）、马队员名（数目）、步队员名（数目）、事故员名（数目），可设伏兵或塘马的数目，至相邻的卫、所城堡以及所隶属镇城的里程。图上对河流、井泉等水草丰沛之处，详加标绘，以指示蒙古诸部可能入边墙寻找水源饮马放牧的位置"②。

目前可见的明代的关于"九边"各镇的彩绘本地图还有台北"故宫博物院"藏《甘肃镇战守图略》③ 和《宁夏镇战守图略》④，中国科学院图书

① 李孝聪：《中国长城志·图志》，凤凰出版传媒股份有限公司、江苏凤凰科学技术出版社 2016 年版，第 298 页。

② 李孝聪：《中国长城志·图志》，凤凰出版传媒股份有限公司、江苏凤凰科学技术出版社 2016 年版，第 299 页。

③ 李孝聪：《中国长城志·图志》，凤凰出版传媒股份有限公司、江苏凤凰科学技术出版社 2016 年版，第 366 页。

④ 李孝聪：《中国长城志·图志》，凤凰出版传媒股份有限公司、江苏凤凰科学技术出版社 2016 年版，第 328 页。

馆藏《庄浪总镇地里图说》①、北京大学图书馆藏《巩昌分属图说》②、美国哈佛大学汉和图书馆藏《边城御虏图说》③、台湾"国立中央"图书馆藏《延绥东路地里图本》④、中国国家博物馆藏《蓟镇图》⑤ 以及意大利地理协会藏《甘肃全镇图册》等。

此外，明代中后期还存在大量与"九边"和"边防"有关的书籍，这些书籍中有时也附有相关的地图，如张鼎《辽筹》中的"辽东山海关图"、宋应昌《经略复国要编》中的"四镇图"、刘效祖《四镇三关志》中的"四镇总图"、"昌镇地形图"、"真保镇地形图"和"蓟镇地形图"、王琼《北虏事迹》"设险守边图"、茅元仪《武备志》中的"辽东分图"，以及茅瑞征《万历三大征考》中的"广宁镇图""辽阳镇图""开铁疆场总图""固原控带外夷图""宁夏图"等。在某些书籍中还存在一些更为详细的呈现"九边"某些卫所的地图，如《三才图会》和施永图《武备地利》等，数量最多的当数杨时宁《宣大山西三镇图说》，其中几乎每座城堡都绘制有地图。当然，类似于刻本和绘本《九边图》之间的关系，书籍中的这些边镇地图与某些绘本地图之间可能也存在一些联系，如李孝聪经过对比认为彩绘本《大同镇图说》与刊刻本《宣镇、山西三镇图说》文字略同。

《图书编》中除了前文提及的属于《广舆图》"九边图"系统的地图之外，也还存在一些各镇的地图，如"山西省外三关图"。"外三关"指的是宁武关、雁门关和偏头关，但该图中只是突出绘制了太原府城，以及太原城的北关、南关以及"石领关"，但没有任何与"外三关"有关的内容，

---

① 李孝聪：《中国长城志·图志》，凤凰出版传媒股份有限公司、江苏凤凰科学技术出版社2016年版，第332页，以及孙靖国《舆图指要：中国科学院图书馆藏中国古地图叙录》，中国地图出版社2012年版，第130页。

② 可以参见李新贵《〈巩昌分属图说〉初探》，《故宫博物院院刊》2008年第2期，第118页。

③ 参见尚珩《美国哈佛大学汉和图书馆藏〈边城御虏图说〉研究》，《北方民族考古》第7辑，科学出版社2019年版，第161页。

④ 参见赵现海《明代长城地图绘制与〈延绥东路地里图本〉考》，《史学史研究》2017年第2期，第11页。

⑤ 参见杨文和《明长城蓟镇图考略》，《中国历史博物馆馆刊》第10期，1987年，第110页；杨文和《长城蓟镇图续》第11期，1989年，第126页。

反而在图中还绘制了"朦山晓月"等景观，因此似乎该图实际上可能只是一幅地方志中常见的"八景图"。在该书中有着"外三关"各关单独的地图，即"雁门关图"、"宁武关图"和"偏头关图"。此外，《图书编》中与"九边"有关的地图还有"陕西三边四镇之图"、"三镇总图"、"山海关图""延绥边图"和"固原镇疆域图"等。其中的"陕西三边四镇之图"，绘制范围非常广大，北至河套、南至汉中府、东至肃州、西至延安府，简要呈现了明代陕西地区的军镇和卫的分布情况，但比较特殊的是，该图上南下北，这种绘制方式只是出现在明清时期少量绘本长城图中，在书籍的插图中较为少见，该书中类似绘制方式的地图还有"延绥疆域图"。"三镇总图"，详细呈现了"宣府镇"、"大同镇"和"太原镇"所辖长城、城堡以及山河形势，甚至还简要绘制了边外各部落的分部情况，这似乎是一幅"九边全图"的局部。

沈应明《新镌注解武经》中有着一套边图，即"辽东镇图""辽东山海关图""蓟州镇图""蓟昌宣府图""宣府图""大同镇图""山西镇图""延绥镇图""延绥宁夏固原镇图""甘肃镇图""临洮镇图"，由此也构成了一幅"九边全图"，但其似乎与其他"九边全图"都存在差异。

张雨《边政考》，明嘉靖二十六年（1547）成书，是张雨任巡按陕西监察御史时所作，书中的"三边四镇之图"为"陕西三边"的总图，此外还有"固原靖兰图""宁夏图""甘州山丹图"等一些分图。

最后，王庸曾在《明代北方边防图籍录》① 一书中收录了大量其所见以及文献中有记载的与明代北方"边防"，主要是与"九边"有关的著作和地图，可以作为此处的补充。

五 诸边图

罗洪先的《广舆图》中除了"九边图"之外，还存在 5 幅"诸边图"，即"洮河边图""松潘边图""麻阳图""建昌图"和"虔镇图"。与《广舆图》中其他地图类似，这 5 幅"诸边图"同样使用"计里画方"绘制，各图皆"每方百里"，其中"建昌图"和"松潘边图"之前标注了

---

① 王庸：《中国地理图籍丛考》"明代北方边防图籍录"，商务印书馆 1947 年版，第 24 页。

"安抚招讨""宣府""堡""长官""站""驿"所使用的符号,"麻阳图"之前标注了"营""寨""长官司"使用的符号,"虔镇图"中标注了"隘"的符号。此外,在"麻阳图"的图面上存在一段图注,说明了各地的"叛苗"。每幅图后附有对相应地区行政、军事建置的描述,并用表格的形式介绍了各卫所关寨堡的基本情况,还有罗洪先撰写的按语。

与"九边图"类似,这些"诸边图"也出现在一些明代中晚期的书籍中,但数量上要少于"九边图"。如:《图书编》中收录了所有5幅地图,主要差异就是图面上没有方格网和图例;此外,在图面内容上也存在少量差异,如《图书编》"洮河边图"中在图面左侧中部增绘了一条河流,"麻阳图"中将《广舆图》"麻阳图"中"平茶"左侧的"涪江源"标注为了"浯江源",且绘制的要短了很多。何镗《修攘通考》和朱约淳《阅史津逮》中的5幅"诸边图"也基本如此。《三才图会》中收录了4幅"诸边图",缺少"建昌图";虽然图面上保留了方格网,但没有说明每方代表的里数以及图例;且由于对图幅进行了一些剪裁,所以剪裁掉了原图图面边缘的少量内容;"麻阳图"右下角的图说也没有保留。张天复《皇舆考》中只收录了"洮河边图"。

除了这一套"诸边图"之外,明代中晚期在一些与内地"少数民族"相关的书籍中也存在一些专题性的"边图",如谭希思《四川土夷考》和吴国仕《楚边图说》等都收录有大量地图。

第三节　清代的长城图和边图

长期以来,清代不修长城是一种流行观点,但却与文献记载不符。在清代的文献中存在大量修筑长城的记载,成大林曾对清朝边墙修筑的情况进行过初步整理①,大致自顺治时期开始,清军就在明长城一线驻防,康熙时期除了零星修筑了一些明代关口之外,还曾大规模重修了陕西三边长城,此后直至清末都时有修筑。且其研究得出了以下几点认知:"一、清

---

① 成大林:《大清王朝与边墙》,《万里长城》2012年第1期,第2页。

朝300年中，没有大的间断地利用了前朝的边墙和长城，特别是明朝的边墙。二、清朝对明朝的边墙进行了全面的修缮，也有改建和重建。现在我们所见的明长城相当多的地段已不是明朝的原貌。三、清朝也新修过不少'边墙'，还有不少我们还没有发现。现在已知的至少已有千里之上。四、清代'边墙'的功能是多样性的，但不外乎'安内攘外'"①。

究其原因，一方面清代前中期，长城以北广大地区并未完全纳入清朝的统治，尤其是来自准噶尔的威胁，因此长城的军事防御的价值并没有消失；另一方面，"九边"也即"长城"作为"中外大防""区隔华夷"的功能依然存在，同时清朝长期坚持着限制"汉人"进入"蒙地"和东北的政策，因此"长城"作为一道人为界限的功能同样长期存在。由此清代也存在一些长城图，虽然与明代相比数量少了很多，如中国国家图书馆藏《陕西舆图》：

《舆图要录》中对该图的基本情况作了如下著录："–绘本，–未注比例，–［明天启年间］，–1幅分裱5条；绢底彩色；250＊320.5厘米"②。从图中来看，其绘制范围为今天陕西全境、甘肃省大部、青海省东部及宁夏回族自治区大部地区，东起黄河、西至嘉峪关、南至汉中盆地南侧、北至长城。图中用黄色水波纹表示黄河，其他河流用绿色实线表示，湖泊用绿色水波纹展现；山脉一般用青绿色绘制，但陕西中部、北部，也就是黄土高原地区的一些山脉用黄色表示；行政城池一般用绿色双实线勾勒出实际形状以及关城或外郭，府级城市涂有红色，沿边的城堡用黄色双实线方框绘制，驿站大部分用黑色单实线长方形框标注；长城用立体画法表示，且绘制有墩台，并标注了一些重要关口。该图用红色双线详细描绘了这一地区城镇、城堡以及关隘之间的交通路线，尤其还绘制了一些长城之外的道路走向，并用文字标注了各个地点之间的道路距离。比较特殊的就是，与大多数明清时期的政区图和边防图不同，该图以南为正上方。

该图与明代晚期边防图和政区图在绘制风格上比较近似，图中所绘行

---

① 成大林：《大清王朝与边墙》，《万里长城》2012年第1期，第25页。

② 北京图书馆善本特藏部舆图组编：《舆图要录——北京图书馆藏6827种中外文古旧地图目录》，北京图书馆出版社1997年版，第222页

政建置、卫所以及沿边的堡寨看上去似乎符合明代的状况，且图中所描绘的城池形状以及外郭城或关城也基本属于明代后期，如明代三原县有东西南三个关城，其中西关城修建于明初，不过规模很小①；北关城修建于嘉靖二十六年（1547），规模很大，周四里四分②；东关城修建于崇祯八年（1635），规模也较大，为三里三分，且修筑后非常繁荣③，但图中只表现有北关城，因此可以推测图中表现的是嘉靖二十六年之后至崇祯八年之前三原县城的样貌。又如兰州，自宣德至弘治时期修筑了包裹了内城西侧、北侧和东侧的外郭城，而图中所绘与此相符，只是外郭城的方向反了④。因此，初步看来，《舆图要录》中对该图的断代是基本正确的。

　　不过，该图中有一处难以理解的地方就是，在宁夏东侧的长城之外黄河以北的一条道路上有一段文字注记："三十五年出口进剿大路"。查明代大规模北征蒙古主要集中在洪武和永乐时期，"洪武"只有三十一年，而永乐时期大规模征伐蒙古在二十二年前后基本就结束了，因此这段文字不太可能指的是洪武和永乐时期对于蒙古的征讨。而此后明代在位三十五年以上的皇帝只有嘉靖和万历，这两代对于蒙古基本都处于防守的态势，没有大规模的且是从宁夏出发深入蒙古的军事进攻。但是清代康熙三十五年（1696）进攻噶尔丹时兵分三路，即"六月癸巳，上还京。是役也，中路上自将，走噶尔丹，西路费扬古大败噶尔丹，唯东路萨布素以道远后期无功"⑤，其中"西路费扬古"是从归化城出发的，与其配合的孙思克则是从宁夏北上⑥，正符合图中所绘，由此一来该图所表现的时间应该是康熙三十五年或之后，绘制时间也当在这一时间之后。

　　而且查看地图，还可以找到一个明显的支持这一地图为清代而不是明代

---

① 光绪《三原县新志》卷二"建置志"，成文出版社有限公司 1976 年版，第 68 页。
② 光绪《三原县新志》卷二"建置志"，成文出版社有限公司 1976 年版，第 70 页。
③ 光绪《三原县新志》卷二"建置志"，成文出版社有限公司 1976 年版，第 72 页。
④ 道光《兰州府志》卷三"建置志·城池"，成文出版社有限公司 1976 年版，第 181 页："兰州府城……宣德间，佥事卜谦、指挥戴旺自城西北起至东筑外郭，凡十四里二百三十一步。正统十二年，又增筑承恩门外郭，自东至北七百九十九丈有奇，名曰新关，郭门九……宏治十年，都指挥梁瑄又筑外郭东墙三百六十丈，为游兵营使居之"。
⑤ 《清史稿》卷七《圣祖本纪二》，中华书局 1976 年版，第 244 页。
⑥ 《清史稿》卷二百五十五《孙思克传》，中华书局 1976 年版，第 9785 页："三十五年，上亲征，大将军费扬古当西路，思克率师出宁夏，与会于翁金"。

绘制的证据，图中在兰州的东北、宁夏的东南方向，也就是今天靖远县的位置上绘制有"靖远卫"，但在明代其应当是"靖虏卫"，清初为了避免使用"虏"这一带有侮辱性的词汇，才将其改为了"靖远卫"。由此可以确凿地认为该图应当绘制于清代，或者更为具体地说是康熙三十五年（1696）之后。

那么，如何解释图中存在大量的卫所呢？其实查阅史料就可以发现，陕西、甘肃地区卫所的大规模裁撤以及改为府州县发生于雍正二年（1724）前后①，因此在雍正之前，这一地区的政区与明代后期相比并没有太大的差异。由此也基本可以确定该图所表现时间的下限，即雍正二年。

但图中也存在一些与此不符的内容，如康熙三年（1664）降庄浪卫为所，但图中依然绘制为"庄浪卫"②。又如庄浪县晚至乾隆四十二年（1777）才废入隆德县③，因此在图中应该有所表示，但在图中只绘有"庄浪驿"，而没有庄浪县。对于这些矛盾之处，大致可以有以下两种可能的解释：

1. 《陕西舆图》很可能是根据一幅康熙三年之前的明末或者清初的地图改绘的，如果是依据明末地图改绘的话，那么改绘时将带有侮辱性词汇的"靖虏卫"改为了"靖边卫"；由于图中没有绘制庄浪县，因此改绘的时间可能是在乾隆四十二年之后，不过这种改绘只局限于极少数地理要素，因为早在雍正二年陕西地区的卫所就已经进行了全面的改置和废置，此外改绘时还添加了康熙三十五年进攻噶尔丹的路线。

2. 从图中"三十五年出口进剿大路"一句没有加上"康熙"这一限定语来看，该图的原图最初很可能是在康熙三十五年之后至康熙末绘制的，只是绘制时没有将已经降为所的庄浪卫按照当时的等级进行表示。中国国家图书馆所藏《陕西舆图》则可能是乾隆四十二年之后根据该图改绘的，不过绘制者可能只是将已经废置的"庄浪县"改成了"庄浪驿"，而对其他政区没有进行修改。

---

① 具体可以参见《嘉庆重修大清一统志》，中华书局 1986 年版。牛平汉：《清代政区沿革综表》，中国地图出版社 1990 年版。

② 牛平汉：《清代政区沿革综表》，中国地图出版社 1990 年版，第 459 页，根据《雍正会典》定为康熙三年。《甘肃通志》（四库全书本）则记为康熙二年。两者不存在根本性区别。

③ 《嘉庆重修大清一统志》，中华书局 1986 年版，第 12860 页。

　　上述两种解释都有成立的可能，不过无论哪种解释成立，中国国家图书馆所藏《陕西舆图》很可能是根据之前的地图改绘的，这种改绘还有着一些旁证，即上文提到的兰州的外郭城被绘制到了相反的方向。如本文开始部分提到的，这一时期的边防图和政区图大都以北为正上方，而《陕西舆图》则以南为正上方，可能正是由于这种方向上的倒置，使改绘者也完全难以适应，因此在改绘时将原来以上为北的地图上的兰州府的形象完整地复制了过来，由此也就产生了这样的错误。类似的还有秦州，明清时期的秦州由一座东关和多座西关构成①，但图中显然同样绘制得颠倒了。

　　此外，在梵蒂冈人类学教廷博物馆藏有一幅绢底彩绘的"长城图"，图幅 22.3×335 厘米。李孝聪和唐晓峰都曾对该图进行过介绍。唐晓峰认为该图绘制于清康熙年间，且"北京大学历史系李孝聪曾于 1994 年在梵蒂冈亲见此图。图为手绘彩色绢底横卷。着色之法乃'黄为川（黄河），红为路，青为山'，为明以来习用方法。据 Miejer 所附图可知，图分十三帧，所绘长城西起嘉峪关，东迄大同。自嘉峪关至神木一段内容较详。随长城延绵，罗列大小镇堡 183 座，并写上名称、标出道里远近。沿途河流走向、山岭分布，均描绘得当。在要紧之处，附有简短题记（约七、八十条，但大同至山西黄河一段全无题记），指出驻军数目、'西夷'名称等。长城之外以及祁连山南，绘有草滩、湖沼、井泉，以及'夷番'毡帐驼羊、狩猎嬉戏等生活图景。长城内线，仅城堡而已。图面基本是上南下北，但因长城总是横贯画面，故宁夏一段约为上东下西"②，认为其绘制背景可能和清康熙时期与噶尔丹之间的战事有关。李孝聪则更是进一步认为"该图描绘从山西大同至河西走廊嘉峪关之间明长城内外的山川、城池、营堡，以及长城外蒙古部族放牧的生活场景。图上仅有明代九边的甘肃镇、宁夏镇、延绥镇和大同镇管段边墙，而且卷尾没有完整地显示大同镇管辖的全部边墙（堡），推断图卷有残缺而非完帙。该长卷地图的视图方位上南下北，不考虑图上实际的地理方位，未遵循九边图从长城内向外透视的常例，而是从长城外望向边内，其形式与中国第一历史档案馆藏明代

---

① （乾隆）《直隶秦州新志》卷三"建置"，成文出版社有限公司 1976 年版，第 212 页。
② 唐晓峰：《梵蒂冈所藏中国清代长城图》，《文物》1996 年第 12 期，第 84 页。

彩绘本两河地里图相似，但是此图贴有与清朝相关人物事迹的白色纸签注记。根据图内有关'噶尔旦'的注记，推知此图为康熙平定蒙古噶尔丹之乱时清廷兵部所制，故依照清朝讳例，图内杀胡口堡改作'杀虎口'，平虏卫改名'平鲁卫'。结合《清圣祖实录》记载康熙三十六年（1697）西巡途中每日经停的边堡地名，与梵蒂冈藏长城图上画的边堡和红线道路比对，几乎出入不大。所以，梵蒂冈藏长城图应与康熙西巡时谕令官员勘明去宁夏道路之事联系起来，目的为了解西北各边镇的道路与形势"①。

　　因此上述这两幅地图有着相似的绘制背景，且似乎都有可能是根据明代地图改绘的。

　　此外，李孝聪在《长城志·图志》中对现存的清代的"长城图"进行过系统性的介绍，并对这些地图的绘制背景和资料来源等提出了一些非常有见地的认知，如"清朝灭明，移都北京。顺治初立，由于发生大同姜瓖兵变，又要绥和内、外蒙古诸部，尤其康熙朝用兵蒙古平定噶尔丹之叛乱，大军辎重进出边墙，需要熟悉长城各边口的形势和道路，以严加掌控，因此谕令当地官署呈送或由内务府造办处舆图房重新绘制长城各边镇的地图"②；"清朝前期，用兵内、外蒙古，需要了解京师北部长城边墙、边堡的防御布局，所以可能沿用截获的明代遗存长城九边之宣府、大同两镇舆图，或以明代未竟图本为基础重新贴签"③；"晚清绘制长城图可能与当时清廷加强京师周围防务及环渤海的军事形势有关"④；"清朝前期的顺治、康熙年间，北方局势初定，边外蒙古诸部尚待绥和，戍守长城严控进出，形势依然很紧迫。于是清廷陆续要求沿长城各地方官署在明代长城各镇舆图的基础上编绘、造送长城边垣图。清代绘制的山西边垣图，在形式、内容、用色等方面均与明朝的战守图说相近，甚至有可能就是在明代

---

①　李孝聪：《中国长城志·图志》，凤凰出版传媒股份有限公司、江苏凤凰科学技术出版社2016年版，第110页。

②　李孝聪：《中国长城志·图志》"综述"，凤凰出版传媒股份有限公司、江苏凤凰科学技术出版社2016年版，第23页。

③　李孝聪：《中国长城志·图志》"综述"，凤凰出版传媒股份有限公司、江苏凤凰科学技术出版社2016年版，第25页。

④　李孝聪：《中国长城志·图志》"综述"，凤凰出版传媒股份有限公司、江苏凤凰科学技术出版社2016年版，第28页。

遗存的原图上改绘，但是凡有违清朝嫌讳的地名，全部做了改动"① 等。

李孝聪在《长城志·图志》中论及的清代长城图有②：台北"故宫博物院"、北京中国第一历史档案馆所藏以及传世的多种《南山图本》；台北"故宫博物院"藏黄绢封《居庸关图本》、红绢封《居庸关图本》和青绢封《居庸关图本》；三种《宣府镇图本》，共 22 册，计绢本图 7 册（北京中国第一历史档案馆存 2 册、台北"故宫博物院"存 5 册）、纸本图 15 册；清朝初叶绘制的《大同镇图本》；台北"故宫博物院"藏康熙年间的《杀虎口图》和《张家口外图》；中国国家图书馆所藏清光绪年间的《直隶长城分防险要关峪各口山水形势地舆图》；第一历史档案馆藏清前期的《山海关图》；中国国家图书馆藏清光绪年间和宣统三年（1911）的《山海关图》；中国科学院图书馆藏清顺治前期的《整饬大同左卫兵备道造完所属各城堡图说》；台北"故宫博物院"藏分别为顺治二年（1645）黄徽胤呈进（2 种）、顺治四年（1647）吕维櫆呈进、顺治五年（1648）刘漪呈进的《山西边垣图》，以及台北"故宫博物院"藏顺治六年蔡应桂呈进，第一历史档案馆藏清顺治九年（1652）刘嗣美呈进，台北"故宫博物院"藏顺治十五年（1658）白尚登呈进的《山西边垣图》；日本京都大学图书馆藏残本《山西镇边垣布阵图》。此外，还有清乾隆五十四年（1789）的《嘉峪关边墙图》和《嘉峪关关门图》这两幅工程图。

除了长城图之外，清代还存有其他一些边图：

如中国国家图书馆藏清光绪十四年（1888）金昭绘制的彩绘本《四川卫藏沿边全图》，该图主要绘制的是从成都经巴塘、前藏至后藏的道路、沿途的村寨和河流，绘制范围除了前后藏之后，南侧还包括了廓尔喀和印度。图中河流用填有绿色的双曲线标识，山脉用蓝黑色勾勒然后涂以深浅不等的蓝黑色，城镇、村庄用大小不等的方形、长方形符号标识，道路用虚线绘制，其中从成都经巴塘、前藏至后藏的道路用红色虚线加以强调，地图中部用紫色绘制有一个巨大的湖泊且用文字注记为"青海水源"。地

---

① 李孝聪：《中国长城志·图志》"综述"，凤凰出版传媒股份有限公司、江苏凤凰科学技术出版社 2016 年版，第 29 页。

② 这里只作简单介绍，具体可以参见李孝聪《中国长城志·图志》，凤凰出版传媒股份有限公司、江苏凤凰科学技术出版社 2016 年版。

图上部和右侧存在大量文字注记，主要记录的是道路里程以及沿途的塘汛、寺庙等，且记录了钦差大臣的驻地和巡视的情况，即"西藏曰卫，札什伦布部落也，土地平衍，道路四通，百水环流，万山围绕，为西方胜地。佛寺以达赖喇嘛为黄教之主。有钦差大臣驻防，并有同知游击驻防""后藏，此班禅额尔德尼坐床之所，山川奇秀，风土人情与内地相似，寺宇丽富，后藏之敬班禅，与前藏之敬达赖同。钦差大臣每岁前往巡阅一次云"。地图左侧也存在少量文字注记，除了记载昆仑、葱岭河源之外，克什米尔处的文字注记为："克什米尔，一名塞奇，东北连后藏雪山。道光二十六年，俄国用兵于此，欲图后藏未果，今为英人占去"。

严如熤的《汉江以南三省边舆图》和《汉江以北四省边舆图》，两幅地图大致绘制于清道光二年（1822）前后，且在台北"故宫博物院"、中国国家图书馆和美国国会图书馆中都有收藏，其中前两者收藏的为彩绘本，后者收藏的则为刻印本。

《汉江以北四省边舆图》，覆盖范围从汉江上游源头至下游白河县，汉水以北的甘肃、陕西、河南、湖北四省交界地区。以形象画法描绘汉水流域的山脉、河流、行政区划和道路；用方形、竖长方形、矩形、圆形和椭圆形符号，分别标识府、厅、州、县和分防、营汛的位置；用点线表示道路，注记道路沿线的村镇、关口、驿铺；用三角山型符号表示地貌；用红线标绘四省分界；在部分山形符号上加标森林符号，以区别树木多寡。附6处注文，分别描述本图的编绘及图例，汉江源流及水文特征，四省境内山川形势、物产、垦殖、林木、道路及移民情况。

《汉江以南三省边舆图》的覆盖范围在地图下方的文字注记中有简要说明，即为汉江以南岷江以北的四川、山西和湖北三省的边境地区。该图绘制方式与《汉江以北四省边舆图》基本一致，即以形象画法描绘汉水流域的山脉、河流、行政区划和道路；用方形、竖长方形、矩形、圆形和椭圆形符号，分别标示府、厅、州、县和分防、营汛的位置；用点线表示道路，注记道路沿线的村镇、关口、驿铺；用三角山型符号表示地貌；用红线标志四省分界；在部分山形符号上加标森林符号，以区别树木多寡；并用图记录境内山川形势、物产、垦殖、林木、道路及移民情况。

虽然这两幅地图的呈现内容和形式类似于政区图，但其所绘地区集中在几省交界的"边"，文字注记也多强调军事因素，因此这两幅地图可以被看成军事地图以及"边图"。如《汉江以北四省边舆图》中的文字注记："汉江自宁羌嶓冢山发源，历沔县、南郑、城固、洋县、西乡、石泉、紫阳、安康、洵阳、白河、郧西、郧县，至均州而出平原，盘折于雍梁山内三千余里。在汉中郡城以上，涓涓细流，搴裳可渡；自汉中而下，会合湑水河、木马河、洞河、月河、大道河、南河、洵河各流，至白河而始大。夏秋水涨，汹涌可畏；冬春水涸，浅漱鳞鳞，仅通小舟。防汉之议在白河以西无益也"；"凤县之北、秦州之东为吴寨、利桥，大山盘折数百里，多未辟老林。川楚流寓入南山垦种者，数年之后，山地稍薄，往往移至吴寨、利桥各处，棚民渐次繁多"；"东自二华，西至宝鸡，其南入山之口，共计七十二峪。峪外为三辅之地，所谓'沃野千里'者。进峪，重重险隘。其由大峪口经孝义、镇安、洵阳抵兴安者，为东道，计程八百余里。由宝鸡口经凤县、留坝、褒城抵汉中者为西道，计程六百四十里，路即栈道，崎岖与东道同，而辟途稍大。又有长安之子午峪至西乡之子午谷，魏延欲以此道出长安，计程亦六百四十里。而经由五郎从老林上下，东马緼人，其险加倍矣"。此外，在严如煜所撰《三省边防备览》和《苗防备览》中也收录有一些地图。

中国科学院图书馆藏清嘉庆年间的彩绘本《乾永保三厅县碉卡图》，该图为纸本经折装，共72折，可拼接，每幅图占一个折页，各折页图内未标方位，仅卷尾二折标方位，上南下北。"该图采用中国传统的形象画法描绘湖南乾州厅、永绥厅与永顺府保靖县境内的山川、道路与城、碉、卡、汛等清朝官军驻守据点。其中山峦、河流使用山水画技法绘制，城堡采用平立面结合的写实手法，城墙、雉堞、城门、城楼全部绘出，碉楼也描绘甚详，道路用红色虚线表示。此三厅、县地处湖南西部，与苗疆交错，所以清政府在此控制甚严，这一点在图中得到充分体现。图中地名直接墨书于图上，而图说则贴红签，全图图说甚多，详细叙述了三厅、县的地理位置、战守形势、营汛分防的范围和要害、各碉卡、堡汛数目以及相邻苗寨的情况等，有较高的史料价值"①。

段汝霖《楚南苗志》中则有"楚南苗疆图""边墙图""楚黔蜀三省接壤苗人巢穴总图"，其中"楚南苗疆图"简要绘制了"苗疆"的范围以及主要的府州厅县的位置；"边墙图"简要绘制了"乾州城"一带的营、塘等建筑，并用一系列断续连接的大致呈现为长方形的符号代表边墙，在地图右侧的文字注记为"边墙旧址，现在沿边一路塘汛"；"楚黔蜀三省接壤苗人巢穴总图"，实际上只是详细绘制了"苗疆"的山川形势以及州县的分布，但并没有标出"苗人"的位置。

李来章《连阳八排风土记》"猺排总图"非常详细地绘制出了连阳县境内"猺人"、田地、山川、营汛的分布情况。台北"故宫博物院"藏清道光年间的《广东八排猺图》是道光十三年（1833）两广总督卢坤派人入山调查后所绘，该图上南下北，绘制范围大致为连州直隶州以及韶州的一部分。图中城池用城垣符号标识，汛用带有旗帜的房屋符号标识，而排、冲、坳、坪等聚落用数量不等交错在一起的房屋符号代表。地图左下角文字注记为"谨按猺山周围柒百壹拾贰里，共墩台汛房叁拾捌处，内捌大排，壹百肆拾小冲"。

关于东北地区的柳条边，则有北京大学图书馆藏清朝中后期绘制的《辽宁凤凰边门边栅里数图》和《辽宁瑷阳边门边栅里数图》，两图皆为上西下东，左南右北，且两者可以衔接，大致描绘了柳条边老边东段的情况。

① 孙靖国：《舆图指要：中国科学院图书馆藏中国古地图叙录》，中国地图出版社 2012 年版，第 158 页。

第三章　其他军事图

目前现存最早的军事图，大致可以认为是出自《范仲淹文集》的"西夏地形图"。不过在很长一段时间内有学者认为该图是清人绘制的，原因在于当时所见该图只是出自清人张鉴的《西夏纪事本末》，且"图中地名年代已在范仲淹及其子范纯仁二人死后，且图又不见于通行本的范氏文集，清张鉴告沈垚仅说旧本，年代交待不明……陈炳应还认为图上所标四至、河流绘成双线、山的画法等近似清代乾隆内府舆图的画法，都是时代比较晚的特征"①。不过后来黄盛璋和汪前进在明万历三十六年（1608）《宋两名相集》中也发现了这幅"西夏地形图"，且通过对图面内容的分析，认为该图应为宋代官吏绘制于大观二年（1108）。该图图面四缘分别标注了东西南北，其中西在左侧；绘制范围大致西起敦煌郡，东至"府州界"，北至"鞑靼界"，南至"兴平城"一带。图面用双线绘制了河流，用山形符号代表山脉，标注了大量府州县和堡寨名称以及一些山川名，用虚线绘制了一些交通路线，且在一些交通路线上标注了一些驿站名称。②

张鉴的《西夏纪事本末》中还有一幅"陕西五路之图"，黄盛璋和汪

---

① 黄盛璋、汪前进：《最早一幅西夏地图——〈西夏地形图〉新探》，《自然科学史研究》1992年第2期，第178页。

② 关于这幅地图图面内容的研究，除了黄盛璋和汪前进一文之外，还可以参见杨浣《〈西夏地形图〉之"两府一京"考》，《中国古都研究》第32辑，陕西师范大学出版总社2017年版，第132页；张多勇、李并成：《〈西夏地形图〉所绘交通道路的复原研究》，《历史地理》第36辑，复旦大学出版社2017年版，第247页。

前进通过对图面内容的考订认为该图绘制于金贞祐二年，也即南宋宁宗嘉定七年（1214）。[①] 该图图面四缘分别标注有东西南北，其中西在左侧；绘制范围大致西起积石州，东至"河东南路界"，南至眉县、盩厔，北至临夏；图面用双线绘制了河流，用山形符号代表山脉，标注了大量府州县和堡寨名称以及一些山川名，路府名书写在长方框符号中，用虚线绘制了一些交通路线，还标绘了长城的走向以及一些榷场。

此外，在欧阳修的《文忠集》中还有一幅"麟州五寨兵粮地里"图。该图是一幅示意图，图中只是用文字标注了麟州、镇川堡、建宁寨、中堠寨、百胜寨、清塞堡和府州的相对位置以及相互之间的距离，在地图上缘用文字标注"黄河东西流"，用大量文字标注了各处的军兵人数以及"乞留"的人数、粮草数量以及可以使用的年数，地图左侧有着几段关于调整驻防情况的说明，如"臣已与明镐等共奏乞减一千人过河屯岢岚军"等。该图是《文忠集》中"论麟州事宜札子"的附图，"论麟州事宜札子"的第一句即是"臣昨奉圣旨至河东与明镐商量麟州事"，这与该图图注中出现的"臣已与明镐等共奏"相符。在这一"札子"中欧阳修"条陈其利害措置之说列为四议，一曰辨众说，二曰较存废，三曰减寨卒，四曰委土豪，如此则经久之谋，庶近御边之策，谨具画一如后"，将其所述内容与"麟州五寨兵粮地里"对照，可以发现"麟州五寨兵粮地里"确实是为了展示"札子"中所叙述的内容而绘制的。

大致而言，就绘制内容而言，除了"麟州五寨兵粮地里"之外，其余两幅地图虽然有着一些"军事色彩"，但并不突出。目前现存的军事图基本都是明清时期的，且可以按照主题分为众多类型，现对其中一些类型进行简要介绍。

第一节　驻防图

所谓"驻防图"指的是呈现某一区域内军事布防情况的地图，这类地

---

① 黄盛璋、汪前进：《最早一幅西夏地图——〈西夏地形图〉新探》，第179页。

图在明清时期大量存在，现就其中一些进行简要介绍：

《琼管山海图说》，顾可久著，成书于明嘉靖十六年（1537），2册，有琼州府总图 1 幅，分图 14 幅，图后附有图说。顾可久曾任广东按察副使，其间曾在琼州府缉抚当地黎族，且在这一过程中进行了大量实地踏勘，该图册正是在其实践基础上编绘的。图册大致为一图一说的形式，首为"琼州府总图"，此后为各州县的分图。图中除了行政治所之外，用线条简单勾勒了山川，同时详细标绘了境内的大量卫所、营寨、烽堠以及当地的聚落，所附图说则详细记载了当地黎族村落的分布情况、道路走向以及要害之处、沿海的港口及其是否可供船只停泊、烽堠堡寨的分布以及军事设防的情况。该图说成书后，曾经刊印，但原版可能已经佚失，目前所能见到的是清光绪十六年（1890）广州龙藏街萃经堂的刻印本。

美国国会图书馆藏绢底彩绘本《全川营汛增兵图》，李孝聪和覃影都曾对该图进行过详细研究和介绍。《全川营汛增兵图》"含总图 1 幅和分图 9 幅……图封、图底、图函俱全，均以绣有祥云图案的锦缎装裱。总图与分图为经折装，计 56 厘米×391 厘米。图封贴图题'全川营汛增兵图'，图函墨书题'四川全省舆图'，右上角书'地字一之五十，四川全省舆图一套一册'，显为宫廷舆图的编目……总图有图题注：'四川通省各营全图：督标三营，军标两营，提标四营，城守两营，松潘、建昌、川北、重庆四镇，各设中、左、右三营，维州、夔州、阜和三协，各设左右两营，惟阜和右营分驻清溪县，其余驻防各路共四十四营，通省总共七十三营。'《全川营汛增兵图》系乾隆四十七年（1782）福康安为'名粮改补实兵'，随奏折呈献的附图，直观展现了清代平定大小金川后，四川省七十三营及汛塘分布的地理位置和形势。描述了四川总督、成都将军、四镇总兵官、三协副将，以及参将以下直至外委等官员驻军的具体范围，即全川绿营营制镇、协、营、汛、塘各等级的统属及地理分布，以贴签注明增兵情况，是一幅颇具代表性的清代省级地区军事驻防地图"[1]；总图"方位上北下南采用传统立平面结合的形象画法，鸟瞰式显示四川全省的山川地貌与城镇

---

① 覃影：《美国国会图书馆藏〈全川营汛增兵图〉考释》，《故宫博物院院刊》2011 年第 1 期，第 55 页。

重点表现清代四川省内的驻军及驻防情况。图中范围大致覆盖了当时四川省的行政区域东起巫山，西到打箭炉，北自松潘、广元，南迄会理、筠连、赤水。以山水为主体勾勒出全川地势概貌布局，以河渠密布的总督和将军驻地省府成都为中心，四镇三协标注醒目均用立面图形符号表示城池防守。红色点线引导陆路交通。分别设色，表示省城和四镇三协所属不同等级的营汛以及辖区范围"；"此外省城、镇、协以不同颜色涂绘不仅可以区分辖领范围还具有索引的功能"；"分图幅用蓝、红、绿色立面形象化符号分别指代镇（省城）、协及营的不同等级，惟有懋功营比较特殊，用与省城和四镇图形符号相同的蓝色标记，表示它的地位高于一般营区"①。

美国国会图书馆所藏绘制于清乾隆三十五年（1770）至嘉庆末年的"新嶍营舆图"，"该图以上为北方，'新嶍营'是清朝新平县绿营兵城守营的番号，实际上该图覆盖的范围与新平县舆图是一致的，只是所要突出的内容不同。此图主要描绘云南省元江州属新平县境内绿营兵分汛防守的分布形势。山岭用形象化表现，城镇、营汛地皆绘围绕形象化的城墙符号，塘址画哨房与瞭望楼标志，并贴黄签注记名称。河流、道路、桥梁均用平面线条表示。与相邻州县的四至里程亦用黄签墨书贴于地图四缘。'新嶍营'城即新平县城绘立面城墙围绕，所占空间较大，并非实际，而是突出新嶍营（新平县）在该地区是级别最高的建制，反映该舆图是典型的中国清代县级官本军事舆图的样式"②。

中国国家图书馆藏绘制于清光绪年间的彩绘本《太平府营汛驻防图》，其绘制方式大致与"新嶍营舆图"类似，山岭用形象画法呈现，城镇绘制有形象的城墙符号，其中太平府为方形，繁昌县和芜湖县为圆形，河流、桥梁均用平面线条表示，道路用涂有土黄色的虚线标识，"汛"用哨房与瞭望楼标识，并在符号之下用文字记述了兵员数量和四至，如博望汛"此汛防兵四名。距营陆路一百三十里，通溧水县。东十五里至明觉寺界牌与汤营溧水县交界；西十里至土墩与本营新市汛交界；南十里至本营长流嘴汛交界；北二十里至本营横山汛交界"。

①　李孝聪：《〈全川营汛增兵图〉的价值》，《地图》2004 年第 5 期，第 45—46 页。
②　李孝聪：《美国国会图书馆藏中文古地图叙录》，文物出版社 2004 年版，第 97 页。

类似的还有中国国家图书馆藏清光绪年间彩绘本《福建云霄营舆图说》1册，该图册实际上主要的覆盖范围为云霄抚民厅，但与政区图的差异在于，各图中突出和主要呈现了辖区内的分汛防守的分布形势。图册中的第一幅为"福建云霄营舆图"，图中山脉用蓝绿两色的山形符号标识，云霄营所在的云霄抚民厅用带城门和城楼的城垣符号表示，且绘制出了城墙内的主要衙署，汛塘用带有哨房的望楼符号表示，河流用绿色呈现，道路用涂有土黄色的虚线标识。"福建云霄营舆图"之后为各汛的分图，绘制方式大致相似。各图之前附有图说，记载了沿革以及官兵、马匹、俸禄、米粮和盔甲等武器的数量，还有四至八到，以及民情等信息。

第二节　缉私图

中国古代施行食盐专卖，通常不允许私人贩卖，但由于食盐贸易丰厚的利润，因此一些人也就铤而走险，贩卖私盐。对此，政府除严格施行法律，对贩卖私盐加以重惩之外，还绘制了一些地图标注私贩经常使用的走私道路，以作为防范私盐贩卖的工具之一。目前所能见到的这类"缉私图"大部分都是盐法志中的插图，且主要集中于两淮盐法志中，时间也较晚。目前查阅到的大致有以下几种：

童濂、魏源的《淮北票盐志略》中的"淮北走私道路图"，该图上南下北，绘制范围大致西至与山东交界处，南至"武障湖"，北至赣榆县，东至大海；用双线标识河流，府州县用带城门的城垣符号表示，其余聚落用房屋符号表示，道路用虚线表示，在某些道路上注明"走私道路"，在某些聚落处标注有"卡巡"的情况，如"张家店"处的文字注记为"此处原设卡巡"。此外，在不著撰者的清代的《两淮鹾务考略》中收录有"川湖交界私盐浸灌之图""粤湖交界私盐浸灌之图""襄豫交界私盐浸灌之图"等；在王定安等撰《重修两淮盐法志》中则存在更为详细的地图，且数量众多，如"乐平坝口缉私图""浔栈姑塘缉私合图""浮梁景德镇倒湖缉私合图""安仁石港缉私万年子店合图"等近20种。

中国科学院图书馆还藏有一套《淮北水陆透私图说》，这可能是目前见到的唯一一套彩绘本"缉私图"。图集卷首为目次,然后是"淮北水道透私要隘""淮北旱道透私要隘""海口水程里数"三篇图说,再后则是"淮北水陆透私总图""太平朐山各垣图""中富各垣图""西临各疃图""临浦各垣图""青口三疃图""三场五局总图""桃宿睢邳食盐口岸图""淮水发源水程里数图"等9幅地图。① 其中前两篇图说,主要介绍了私盐走私者经常采用的水陆道路以及重要的隘口,如"临兴场富安一带之私,由旱三十里至上房,上房至高虚三十里,高虚至赵集三十五里,赵集至衔官亭二十五里,衔官亭至沭阳四十里,沭阳至大牌坊四十五里,大牌坊至小牌坊十五里,小牌坊至曹集三十里,曹集至宿迁二十里,上下散卖,或过运河十八里至罗家圩,由罗家圩三十里入安徽泗州界"。"淮北水陆透私总图",上南下北,绘制范围大致西至"山东界",东至海,北至"赣榆县"和"青口镇"稍北,南至洪泽湖和宝应湖北岸。图中用黄色双曲线绘制了黄河,其他河流和湖泊大致用深浅不等的青绿色呈现;府州县用双实线的方形符号标识,其他聚落等用房屋符号代表,或者直接用文字标识;用虚线标识道路,用红字在某些虚线上标注"走私道路",在一些河流的入海口用红字标注"走私要口",其绘制方式与《淮北票盐志略》"淮北走私道路图"大体近似。其他各垣和各疃图主要描绘和介绍了当地食盐的产量、品质等,且简要说明了"宜堵"之处,如"青口三疃图","唐生、柘汪、兴庄三疃,亦归临兴场所辖统,名曰青口,坐落赣榆县境,北与山东日照毗连,其晒盐池面皆棋布于沿海之间,汲井晒扫有色无粒,空有棱角,夹杂红砂,运贩难之。向设局员驻扎青口镇,专司收盐应贩,及经征醃切税客给票事宜,改票时曾行三万余引。兵燹后,引运道较远,捆驳维艰,恩纲仅止试办一成,至设团稽扫,扫法与西临客池同,不复赘焉","此处之私水路进淮河、黄河二口,旱路由蒜庄湖一带至宿迁界,亦有侵入山东郯城者"。

---

① 孙靖国:《舆图指要:中国科学院图书馆藏中国古地图叙录》,中国地图出版社 2012 年版,第 200 页。

第三节　行军图和作战图

《行军备要舆地图说》，马正泰绘制于清光绪二十四年（1898），彩绘本，1册。其中"四川全省总图"1幅，有经纬网。分图5幅，皆用"计里画方"绘制，其中"大足县图"，每方纵横十里；"遂宁县图"每方纵横二十里；"铜梁县图"，每方二十里；"安岳县图"，每方二十里；"荣昌县图"，每方纵横十里。"四川全省总图"的左上角附有图说，记载了四川省的经纬度，即"按四川省在赤道北纬线二十九度四十分，经线由北京偏西十二度五十分"，且说明了图中府、直隶厅、厅、直隶州、州和县所使用的符号。图中详细绘制了四川省境内的河流分布和政区，但没有对山脉加以呈现，且图中还标绘了众多的关隘，用红色虚线标注了由成都出发的四条道路。与"四川全省总图"不同，5幅分图的绘制手法较为传统，用形象画法呈现了各县境内的山川以及县城和场坝等聚落，各图附有图说，简要说明了县城的地理位置、职官尤其是军队的驻防情况、县城的沿革、重要的关隘和山脉及河流，以及场镇的数量。如"大足县图"后所附图说：

大足县在重庆府西三百一十里，东西距一百二十里，南北距一百四十里。东六十里交铜梁县界，西六十里交潼川府安岳县界，南九十里交永川县界，北五十里交潼川府遂宁县界，东南八十里交永川铜梁两县界，西南一百一十里交荣昌县界，东北八十里交铜梁县界，西北百里交潼川府安岳、遂宁两县界。

一驻城职官，知县一、训导一、典史一；镇标左营分防大足汛外委一，领兵十一名，铺递五处，额设司兵十二名。

一县城，宋时旧址无存。明天顺中，邑令赵恕重砌石城。嘉靖中，邑令袁衍增修，东南带河为池，西北负山为濠，岁久倾圮。国朝嘉庆二年，邑令徐景建新城，垣高一丈二尺，周八百八十五丈，四门，各建城楼。

一县东二十里有米粮关，即宋之米粮镇也。城北三十里之化龙关，亦犹是也。

一牛斗山，在县东南六十五里，崖石巉岩，双峰对峙，如牛斗之状，因名。宋淳化二年，贼任琇等寇合州，供俸官卢斌屯兵牛斗山，侦知贼在龙水镇，驰马斩琇，今之余蛮即此山也。

一望乡山，在县西北七十里，于众山中最为高峻，可以望乡。

一长桥河，在县西上流，即岳阳溪，自安岳县石羊场流入，八十里至县东关长桥下，又六十里至路孔河，入荣昌县界。

一县属分十四里、场镇十六，披图以按，一览无遗。

大致而言，这一图册的主要内容与政区图近似，但通过文字注记强调了一些"军事因素"，结合图题，因此可以认为该图的绘制似乎有着一些军事考虑。

此外，中国古代还应当存留有一些作战图，但可能这些作战图"过于"具有时效性以及机密性，而且通常可能也就绘制一两份以供使用，因此可能在使用之后不久或者被销毁，或者也就佚失了。不过在华林甫整理的《英国国家档案馆庋藏近代中文舆图》①中收录了一些英国国家档案馆收藏的一些作战图，"这批舆图原属两广总督、广东巡抚及水师提督等衙门的文件，在第二次鸦片战争期间，英法联军占领广州，生俘两广总督叶名琛，并于1858年初将总督府等衙门内的档案悉数掳走，1959年入藏位于伦敦的国家档案馆。按照原作者的统计，这批夹在文件之中的舆图计72种，125幅，多数作战舆图绘于19世纪50年代，反映的主要是两广天地会起义，特别是各路洪兵围攻广州城的事件，还有一些塘汛图及太平天国时期的舆图"②。这批地图中的军事图大致可以分为"动态作战舆图"（28幅）和"静态驻防图"（91幅）③，后者大致相当于本章第一节介绍的"驻防图"，而前者大致对应于作战图。一些研究者曾对其中的"动态作战图"

---

① 华林甫：《英国国家档案馆庋藏近代中文舆图》，上海社会科学院出版社2009年版。
② 韩昭庆：《中国近代军事地图的若干特点——兼评〈英国国家档案馆庋藏近代中文舆图〉》，《历史地理》第26辑，上海人民出版社2012年版，第457页。
③ 参见韩昭庆《中国近代军事地图的若干特点——兼评〈英国国家档案馆庋藏近代中文舆图〉》，《历史地理》第26辑，上海人民出版社2012年版，第458页。

的绘制特点进行过分析，如韩昭庆认为"同静态图相比，这类图上多有红签，以突出显示敌人的位置或值得注意的情况，如图 1899《番禺县官军围剿洪兵地图》在'昇平公所'处旁贴有'贼匪在此屯聚'的红签"，且她还对 1901 年的《浛洸司剿匪地图》进行了详尽的分析①。此外，从绘制方法来看，这些地图大都是用中国地图传统的绘图方法绘制的。

此外，书籍中也有一些与具体战役有关的地图，但数量较少且绘制较为简略，如王鸣鹤《登坛必究》"播州十路进兵图"。

第四节　其他

除了上述这些类型的军事地图之外，还存在其他一些类型的军事地图，但现存地图数量有限，如：

布置军营的地图，军事科学院藏清光绪十七年（1881）蔡标编绘的彩绘图册《地营图说》，主要以一图一说的形式，论述不同地形下地营，以及军营的布置模式。《地营图说》开篇主要讲述绘制地营图的目的；然后，论述地营的选址、构造与布局；再次，讲述不同地形下以地营为依托的攻守战术，即"海口、长江地营""依山地营"；再次，讲述如何进攻敌军的地营；最后，简述了地营的来源及改进措施。

马匹在近代之前是重要的军事资源，因此历代王朝通常都设置有一些马厂（马场），且设置有专门的管理马匹的机构，即太仆寺。明代两淮及江南马政属南太仆寺，顺天等府以及山东、河南马政属北太仆寺。明代陈组绶的《皇明职方地图》中的"太仆牧马总辖地图"呈现了明代两京、十省以及两边镇，用文字注记了马政设置情况以及内地某些府州县所养马匹数量，且图右侧的图注所记为"两京十省二镇皆牧马之地"。不过，明代的《南京太仆寺志》中绘制有"江北疆域""江南疆域""属辖总图"，但图中并没有标注与马匹有关的内容；《图书编》和《八编类纂》中都有内容近似的"太仆总辖图"，其同样没有标注与马匹有关的内容。此外，《图

① 参见韩昭庆《中国近代军事地图的若干特点——兼评〈英国国家档案馆庋藏近代中文舆图〉》，《历史地理》第 26 辑，上海人民出版社 2012 年版，第 458 页。

书编》和《八编类纂》中还有 4 幅"点马图",即"太平营塞点马图"
"古北口点马图""冷关口点马图""宣府点马图",但图中同样没有标注
与马匹有关的内容。

　　清代则绘制有一些马厂图,如中国国家图书馆藏《庄浪满营龙潭河马
厂图说》,大致绘制于清代后期。该图范围北至牧毛山,南至平城堡、蒙
古营,西至庄浪大河,东至照壁山;通过红线将"界牌"连接起来,从而
标绘出马厂的范围;山脉用山形符号标识,用涂以灰色的双线标绘了河
流。图中有 5 条贴红,左上角的贴红为"咸丰元年五月内奉旨勘定庄浪满
营马厂界址说",详细叙述了马厂的范围和面积;右上角的贴红大致说明
了维护马厂面积的一些措施;其余贴红非常简要,是对马厂范围的补充说
明,如"黄线内均满营马厂草滩地""此泉虽在且暴族界内,满营来此饮
马,不得阻挡,取有甘结存案"等。

　　类似的还有中国国家图书馆藏清光绪三十二年至宣统三年(1906—
1911)间绘制的《凉州满营王城滩马厂图说》等。《凉州满营王城滩马厂
图说》绘制范围北至草滩以北的山脉,南至雪山,西至鸡冠山,东隔山梁
为武威山场。图中用黄实线勾勒了马场的范围;山脉用山形符号标识;用
涂以灰色的双曲线绘制了河流,但北侧的"红泉"则涂以红色;用虚线标
绘了道路;东北侧山上绘制有界墩,且标注"满汉两营马厂交界"。图中
有贴红 11 条,其中左上角的贴红对马厂所在的"大草滩"进行了描述,
即"查滩东西长约六十余里,南北宽约三四十里。除雪山、鸡冠山无草,
此外低山山坡,以及平滩蒙茸尽草。四面环山,中注两河、四水,石佛
崖、上石桥两河长流不息,其余各沟夏秋皆有水。惜乎!水低山高,天气
寒冷,不能开垦,以之牧养,诚沃野也!向为满营马厂,中无回番及地方
民人基址。近年来虽有回民及武威、永昌两县殷实之户在该处牧放牲畜,
皆恳求满营准令来此。理合贴明";紧邻的贴红则叙述了"皇城滩"的历
史;还有多处贴红记述了马厂的四至,如"山梁以北为汉营马厂,以南为
满营马厂",以及道路的情况,如"路出大通约百余里,凡西宁大通一带
民人入滩住牧者,皆由此路往来"。

附表六　军事图

绘制者、刊刻者或作者和著作名或图册名	图名	绘制年代或收录地图的古籍的版本以及相关信息	收藏机构或者收录地图的古籍（包括现代影印本）等
章潢《图书编》	虔镇总辖地方图	《文渊阁四库全书》本	《文渊阁四库全书》
	麻阳图		
	两广总镇图		
	建昌图		
	甘肃山丹边图		
	松潘边图		
	山西边图		
	太仆总辖图		
	太平营塞点马图		
	古北口点马图		
	泠天口点马图		
	辽东边图		
	山海关图		
	蓟州边图		
	三镇总图		
	宣府点马图		
	宣府边图		
	洮河边图		
	山西外三关图		
	雁门关图		
	宁武关图		
	偏头关图		

续表

绘制者、刊刻者或作者和著作名或图册名	图名	绘制年代或收录地图的古籍的版本以及相关信息	收藏机构或者收录地图的古籍（包括现代影印本）等
章潢《图书编》	大同边图	《文渊阁四库全书》本	《文渊阁四库全书》
	河套图		
	陕西三边四镇之图		
	延绥疆域		
	延绥边图		
	榆林边图		
	宁夏固兰边图		
	固原镇疆域		
	庄宁凉永边图		
	内三关边图		
	虔镇图		
	九边全图		
	天下各镇各边总图		
张鼎《辽筹》《辽夷略》《奏草》附《陈遥杂咏》	辽东山海关图	明天启刻本	《四库禁毁书丛刊》北京图书馆藏明天启刻本
沈应明《新镌注解武经》	大同镇图	明崇祯九年经世堂刻本	《四库禁毁书丛刊》明崇祯九年经世堂刻本
	甘肃镇图		
	蓟州镇图		
	辽东镇图		
	蓟昌宣府图		
	宣府图		
	辽东山海关图		
	延绥镇图		
	延绥宁夏固原镇图		
	甘肃镇图		
	临洮镇图		
	山西镇图		

续表

绘制者、刊刻者或作者和著作名或图册名	图名	绘制年代或收录地图的古籍的版本以及相关信息	收藏机构或者收录地图的古籍（包括现代影印本）等
程子颐《武备要略》	榆林地图	明崇祯五年刻本	《四库禁毁书丛刊》中国科学院图书馆藏明崇祯五年刻本
	九边总图		
	蓟州地图		
	大同地图		
	宁夏地图		
	固原地图		
	甘肃地图		
	辽东地图		
	宣府地图		
陈组绶《存古类函》	固原地图	明末刻本	《四库禁毁书丛刊》北京大学图书馆藏明末刻本
	宁夏地图		
	辽东地图		
	宣府地图		
	大同地图		
	榆林地图		
	九边总图		
	甘肃地图		
	蓟州地图		
程道生《舆地图考》	九边全图	明天启刻本	《四库禁毁书丛刊》上海图书馆藏明天启刻本
	九边总图		
程道生《九边图考》		民国八年，庄炎石印本，1册；为《舆地图考》中的一卷	中国国家图书馆，《舆图要录》0888
宋应昌《经略复国要编》	四镇图	明万历刻本 民国影印明万历刻本	《四库禁毁书丛刊》北京大学图书馆藏民国影印明万历刻本
天都山臣《女直考》	辽东图	清抄本	《四库禁毁书丛刊》上海图书馆藏清抄本
	辽东镇图		
潘光祖、李云翔《汇辑舆图备考》	九边总图	清顺治刻本	《四库禁毁书丛刊》北京师范大学图书馆藏清顺治刻本

续表

绘制者、刊刻者或作者和著作名或图册名	图名	绘制年代或收录地图的古籍的版本以及相关信息	收藏机构或者收录地图的古籍（包括现代影印本）等
程百二《方舆胜略》	九边总图	明万历三十八年刻本	《四库禁毁书丛刊》北京大学图书馆藏明万历三十八年刻本
许论《九边图论》	九边全图	明天启元年苕上闵氏刻本朱墨印兵垣四编本	《四库禁毁书丛刊》明天启元年苕上闵氏刻本朱墨印兵垣四编本
	九边图略		
许论《九边图论》	九边全图	明嘉靖十七年谢少南本	法国图书馆；《欧洲收藏部分中文古地图叙录》；中国国家图书馆
许论	九边图说	明嘉靖年间，黄麻纸彩绘绢裱，残本，1 幅，40×420 厘米（原图长度可能 10 米）	三门峡市博物馆
	九边图	明隆庆年间，摹绘本，绢本彩绘，1 幅，184×665 厘米	中国历史博物馆
	九边图	明隆庆年间，摹绘本，绢本彩绘，12 屏拼合 1 幅，208×600 厘米	辽宁省博物馆；《中国长城志·图志》
	九边图	明崇祯年间，摹绘本，绢本彩绘，凡 10 轴，佚失第 2 轴，每轴长 148 厘米	首都图书馆
申用懋	九边图	明万历三十年，绢本彩绘，前半段缺失，残图 1 幅，43×174 厘米	中国历史博物馆
朱国达《地图综要》	天下各镇各边要图	明末朗润堂刻本	《四库禁毁书丛刊》北京师范大学图书馆藏明末朗润堂刻本
	固原沿边图		
	甘肃沿边图		
	宁夏分里图		
	固原分里图		
	甘肃分里		
	宁夏沿边图		
	九边总图		
	辽东沿边图		
	辽东分里图		
	延绥分里图		
	蓟镇分里图		

续表

绘制者、刊刻者或作者和著作名或图册名	图名	绘制年代或收录地图的古籍的版本以及相关信息	收藏机构或者收录地图的古籍（包括现代影印本）等
	宣府沿边图		
	宣府分里图		
	大同沿边图		
	大同分里图		
	延绥沿边图		
	蓟镇沿边图		
张天復，张元忭《广皇舆考》	九边总图	明末刻本	《四库禁毁书丛刊》北京师范大学图书馆藏明末刻本
陈仁锡《皇明世法录》	辽阳镇境图	明崇祯刻本	《四库禁毁书丛刊》中国史学丛书影印明崇祯刻本
	广宁左中屯卫境图		
	义州卫境图		
	广宁镇城图		
	广宁镇境图		
	金州卫境图		
	复州卫境图		
	盖州卫境图		
	广宁右屯卫境图		
	辽阳镇城图		
	铁岭卫境图		
	全辽总图		
	海州卫境图		
	大同镇总图		
	偏头关图		
	宁武关图		
	宁远卫境图		
	山西镇总图		
	广宁前屯卫境图		
	宣府镇总图		
	永宁监境图		
	开原控带外夷图		
	开原卫境图		
	沈阳卫境图		
	雁门关图		

续表

绘制者、刊刻者或作者和著作名或图册名	图名	绘制年代或收录地图的古籍的版本以及相关信息	收藏机构或者收录地图的古籍（包括现代影印本）等
刘效祖《四镇三关志》	昌镇地形图	明万历四年刻本	《四库禁毁书丛刊》中国文献珍本丛书影印明万历四年刻本
	永保镇地形图		
	四镇总图		
	辽镇地形图		
俞大猷《正气堂集》（《近稿》《余集》《续集》《镇闽议稿》）	交黎水陆道路图	清道光孙云鸿味古书屋刻本	《四库未收书辑刊》清道光孙云鸿味古书屋刻本
	各州县生熟黎岐之图		
	罗活宜立参将府之图		
	抱头宜立县之图		
	古镇州宜立屯城之图		
	催抱村宜迁巡检司之图		
	岭脚峒宜迁巡检司之图		
	道路宜通之图		
	沙湾峒宜迁巡检司之图		
施永图《武备地利》	陕西省图一	清雍正刻本 清刻本	《四库未收书辑刊》清雍正刻本 《四库禁毁书丛刊》北京大学图书馆藏清刻本
	陕西省图二		
	九边图		
	"金州卫图"		
	"广宁右屯卫图"		
	"广宁后屯卫图"		
	"中屯卫、左屯卫图"		
	"宁远卫图"		
	"广宁前屯卫图"		
	"盖州卫图"		
	"复州卫图"		

续表

绘制者、刊刻者或作者和著作名或图册名	图名	绘制年代或收录地图的古籍的版本以及相关信息	收藏机构或者收录地图的古籍（包括现代影印本）等
焦竑选，陶望龄评，朱之蕃注《新镌焦太史汇选中原文献》	"九边图"	明万历二十四年汪元湛等刻本	《四库存目丛书》清华大学图书馆藏万历二十四年汪元湛等刻本
王琼《北房事迹》	设险守边图	明嘉靖吴郡袁氏嘉趣堂刻金声玉振集本	《四库存目丛书》中国科学院图书馆藏明嘉靖吴郡袁氏嘉趣堂刻金声玉振集本
冯应京《皇明经世实用编》	辽东镇图	明万历刻本	《四库存目丛书》北京大学图书馆藏明万历刻本
	辽东山海关图		
	蓟州镇图		
	蓟昌宣府图		
	宣府镇图		
	大同镇图		
	山西镇图		
	延绥镇图		
	延绥宁夏固原镇图		
	临洮镇图		
	甘肃镇图		
谭希思《四川土夷考》	荥经县紫眼关图说	旧抄本	《四库存目丛书》云南省图书馆藏旧抄本
	峨眉县邻边松坪等处总图		
	黎州安抚司今改土千户地界图		
	木瓜三枝腻乃邛部大小赤口图		
	冕山泸沽等所驿关堡图		
	越嶲卫图		
	宁番卫图		
	会川卫图		
	盐井卫图		
	松坪堡图		

续表

绘制者、刊刻者或作者和著作名或图册名	图名	绘制年代或收录地图的古籍的版本以及相关信息	收藏机构或者收录地图的古籍（包括现代影印本）等
谭希思《四川土夷考》	镇西越嶲等卫所图	旧抄本	《四库存目丛书》云南省图书馆藏旧抄本
	建昌卫图		
	会门石□等关堡图		
	临河等关堡图		
	北关开堡番寨图		
魏焕《皇明九边考》	固原边图	明嘉靖刻本	《四库存目丛书》国立北平图书馆善本丛书影印明嘉靖刻本
	甘肃边图		
	宁夏边图		
	榆林边图		
	三关边图		
	大同边图		
	宣府边图		
	蓟州边图		
	辽东边图		
	九边图		
何镗《修攘通考》	九边图	明万历六年自刻本	《四库存目丛书》北京师范大学图书馆藏明万历六年自刻本
	内三关边图		
	洮河边图		
	甘肃山丹边图		
	庄宁凉永边图		
	宁夏固兰边图		
	榆林边图		
	宣府边图		
	蓟州边图		
	辽东边图		
	九边总图		
	虔镇图		
	麻阳图		
	建昌图		
	松潘边图		
	大同外三关边图		

续表

绘制者、刊刻者或作者和著作名或图册名	图名	绘制年代或收录地图的古籍的版本以及相关信息	收藏机构或者收录地图的古籍（包括现代影印本）等
朱约淳《阅史津逮》	陕西舆图一	清初彩绘抄本	《四库存目丛书》中国科学院图书馆藏清初彩绘抄本
	陕西舆图二		
	榆林边图		
	宣府边图		
	庄宁凉永边图		
	甘肃山丹边图		
	洮河边图		
	松潘边图		
	建昌图		
	麻阳图		
	虔镇图		
	大同外三关边图		
	天下边镇总图		
	内三关边图		
	蓟州边图一		
	蓟州边图二		
	辽东边图		
	宁夏固兰边图		
吴辅国、沈定之《今古舆地图》	九边图	明崇祯十六年刻本朱墨套印本	《四库存目丛书》中国科学院图书馆藏明崇祯十六年刻本朱墨套印本
张天复《皇舆考》	固兰边图	明万历十六年张天贤退寿堂刻本	《四库存目丛书》北京大学图书馆藏明万历十六年张天贤退寿堂刻本
	洮河边图		
	庄宁凉永边图		
	九边总图		
	榆林边图		
	大同外三关边图		
	宣府边图		
	内三关图		
	蓟州边图一		

续表

绘制者、刊刻者或作者和著作名或图册名	图名	绘制年代或收录地图的古籍的版本以及相关信息	收藏机构或者收录地图的古籍（包括现代影印本）等
张天复《皇舆考》	蓟州边图二	明万历十六年张天贤遐寿堂刻本	《四库存目丛书》北京大学图书馆藏明万历十六年张天贤遐寿堂刻本
	辽东边图		
	甘肃山丹边图		
	陕西图		
陈仁锡《陈太史无梦园初集》	纪山海关内外手摹边图	明崇祯六年张一鸣刻本	《续修四库全书》明崇祯六年张一鸣刻本
黄道周《博物典汇》	辽东边图	明崇祯刻本	《续修四库全书》中国科学院图书馆藏明崇祯刻本
	蓟州边图		
	宣府边图		
	大同边图		
	甘肃山丹边图		
	榆林边图		
	大明一统图		
	宁夏固兰边图		
陈仁锡《八编类纂》	冷关口点马图	明天启刻本	《续修四库全书》和《四库禁毁书丛刊》北京大学图书馆藏明天启刻本
	古北口点马图		
	太平营营塞点马图		
	宣府点马图		
	太仆总辖图		
	边总图		
	河套图		
	天下各镇各边总图		
王圻、王思义《三才图会》	"广宁后屯卫、义州卫图"	明万历三十七年刻本 明万历三十五年刻本	《续修四库全书》明万历三十五年刻本 《四库存目丛书》北京大学图书馆藏明万历三十七年刻本
	"左屯卫、中屯卫图"		
	"宁远卫图"		
	"广宁前卫图"		
	"盖州卫图"		
	"復州卫图"		

续表

绘制者、刊刻者或作者和著作名或图册名	图名	绘制年代或收录地图的古籍的版本以及相关信息	收藏机构或者收录地图的古籍（包括现代影印本）等
王圻、王思义《三才图会》	榆林边图	明万历三十五年刻本 明万历三十七年刻本	《续修四库全书》明万历三十五年刻本 《四库存目丛书》北京大学图书馆藏明万历三十七年刻本
	大同外三关图		
	宣府边图		
	内三关边图		
	蓟州边图		
	九边总图		
	宁夏固兰图		
	辽东边图		
	"广宁右屯卫图"		
	庄宁凉永图		
	虔镇图		
	松潘图		
	麻阳图		
	洮河图		
	甘肃山丹图		
吴惟顺、吴鸣球编撰《兵镜》	九边图	明末问奇斋刻本 明刻本	《续修四库全书》明刻本 《四库禁毁书刊》明末问奇斋刻本
茅元仪《武备志》	蓟镇边图	明天启刻本	《续修四库全书》明天启刻本和《四库禁毁书丛刊》北京大学图书馆藏明天启刻本
	辽东边图		
	宣府边图		
	大同边图		
	山西边图		
	延绥边图		
	宁夏边图		
	甘肃边图		
	辽东分图		
	固原边图		
范景文《师律》	九边图	明崇祯刻本	《续修四库全书》山东省图书馆藏明崇祯刻本
	九边全图		

续表

绘制者、刊刻者或作者和著作名或图册名	图名	绘制年代或收录地图的古籍的版本以及相关信息	收藏机构或者收录地图的古籍（包括现代影印本）等
王鸣鹤《登坛必究》	蓟镇边图	明万历刻本 清刻本	《四库禁毁书丛刊》北京大学图书馆藏明万历刻本 《续修四库全书》北京大学图书馆藏清刻本
	播州十路进兵图		
	甘肃边图		
	固原边图		
	辽东边图		
	宁夏边图		
	延绥边图		
	山西边图		
	大同舆图		
	宣府边图		
申时行《大明会典》	甘肃边图	明万历内府刻本	《续修四库全书》明万历内府刻本
	蓟镇边图		
	辽东边图		
	宣府边图		
	大同边图		
	山西边图		
	延绥边图		
	固原边图		
	镇戎总图		
	宁夏边图		
陶承庆校正，叶时用增补《大明一统文武诸司衙门官制》	辽东边图	明万历十四年宝善堂刻本 明万历四十一年宝善堂刻本	《续修四库全书》中国国家图书馆藏明万历四十一年宝善堂刻本 《四库存目丛书》中国社会科学院近代史研究所图书馆藏明万历十四年宝善堂刻本
	九边总图		
王在晋《海防纂要》	镇戎总图	明万历四十一年自刻本	《续修四库全书》上海图书馆藏和《四库禁毁书丛刊》华东师范大学图书馆藏明万历四十一年自刻本

续表

绘制者、刊刻者或作者和著作名或图册名	图名	绘制年代或收录地图的古籍的版本以及相关信息	收藏机构或者收录地图的古籍（包括现代影印本）等
王士琦《三云筹俎考》	北东路参将分属图	明万历刻本	《续修四库全书》民国二十六年上海商务印书馆影印国内北平图书馆善本丛书第一集影印明万历刻本
	井坪参将分属图		
	分守冀北道所辖西井二路图		
	威远路参将分属图		
	中路参将分属图		
	西北路参将分属图		
	西路参将分属图		
	不属路城堡图		
	分赵冀北道所辖北东路暨不属路图		
	东路参将分属图		
	阳和道所辖新东二路图		
	大同镇总图		
	大同左卫道所辖中北西威远三路图		
廖希颜《三关志》	三关总图	明嘉靖二十四年刻本	《续修四库全书》中国国家图书馆藏明嘉靖二十四年刻本
	偏头关图		
	宁武关图		
	雁门关图		
方孔炤《全边略记》	"九边图"	明崇祯刻本	《续修四库全书》和《四库禁毁书丛刊》北京大学图书馆藏明崇祯刻本
张雨《边政考》	固原靖兰图	明嘉靖刻本	《续修四库全书》民国二十六年上海商务印书馆影印国内北平图书馆善本丛书第一集影印明嘉靖刻本
	宁夏图		
	甘州山丹图		
	庄浪图		

续表

绘制者、刊刻者或作者和著作名或图册名	图名	绘制年代或收录地图的古籍的版本以及相关信息	收藏机构或者收录地图的古籍（包括现代影印本）等
张雨《边政考》	西宁图	明嘉靖刻本	《续修四库全书》民国二十六年上海商务印书馆影印国内北平图书馆善本丛书第一集影印明嘉靖刻本
	洮岷河图		
	肃州图		
	榆林镇图		
	三边四镇之图		
	阶文西固图		
顾炎武《天下郡国利病书》	边境总图	稿本	《续修四库全书》四部丛刊影印稿本
	夷中地图		
	边外地图		
	内拨图		
	安民营图		
	"健跳所图"		
罗洪先《广舆图》	洮河边图	嘉靖三十四年前后的初刻本嘉靖三十七年南京十三道监察御史重刊本嘉靖四十年胡松刻本嘉靖四十三年吴季源刻本嘉靖四十五年韩君恩刻本万历七年钱岱刻本嘉庆四年章学濂刊本	初刻本："中华再造善本丛书·明代编·史部"；中国国家图书馆，《舆图要录》0371；荷兰海牙绘画艺术博物馆；《广舆图全书》；《续修四库全书》清嘉庆四年刻本：中国国家图书馆，《舆图要录》0372；伦敦英国图书馆东方部；巴黎法国国家图书馆；维也纳奥地利国家图书馆《欧洲收藏部分中文古地图叙录》
	庄宁凉永边图		
	甘肃山丹边图		
	内三关边图		
	蓟州边图一		
	蓟州边图二		
	辽东边图		
	九边总图		
	松潘边图		
	麻阳图		
	建昌图		
	榆林边图		
	宁夏固兰边图		
	宣府边图		
	大同外三关边图		
	虔镇图		

续表

绘制者、刊刻者或作者和著作名或图册名	图名	绘制年代或收录地图的古籍的版本以及相关信息	收藏机构或者收录地图的古籍（包括现代影印本）等
茅瑞征《万历三大征考》	辽阳镇图	明天启刻本 旧抄本	《续修四库全书》上海图书馆藏明天启刻本 《四库禁毁书丛刊》北京大学图书馆藏旧抄本
	沈阳卫图		
	固原控带外夷图		
	开铁疆场总图		
	"辽东镇图"		
	"播州图"		
	"宁夏图"		
	广宁镇图		
	辽东连朝鲜图		
茅瑞征《禹贡汇疏》	镇戍总图	明崇祯刻本	《续修四库全书》明崇祯刻本；《四库存目丛书》北京大学图书馆藏明崇祯刻本
夏允彝《禹贡古今合注》	镇戍总图	明刻本	《续修四库全书》中国国家图书馆藏明刻本；《四库存目丛书》清华大学图书馆藏明刻本
杨时宁《宣大山西三镇图说》	"延庆州图"	明万历刻本	《续修四库全书》上海古籍出版社藏明万历刻本
	"柳沟城图"		
	宣府怀隆道辖南山总图		
	"礬山堡图"		
	"保安旧城图"		
	"麻峪口堡图"		
	"西八里堡"		
	"保安新城图"		
	"东里堡图"		
	"良田屯堡图"		
	"沙城堡图"		
	三镇总图		
	"怀来城图"		

续表

绘制者、刊刻者或作者和著作名或图册名	图名	绘制年代或收录地图的古籍的版本以及相关信息	收藏机构或者收录地图的古籍（包括现代影印本）等
杨时宁《宣大山西三镇图说》	大同镇总图	明万历刻本	《续修四库全书》上海古籍出版社藏明万历刻本
	"刘斌堡图"		
	"靖胡堡图"		
	"黑□□堡图"		
	"周四沟堡图"		
	"四海冶堡图"		
	"永宁城图"		
	宣府怀隆道辖东路总图		
	"□□□堡图"		
	"三岔口堡图"		
	"龙门城图"		
	"土木驿图"		
	"得胜堡图"		
	"靖房堡图"		
	"守口堡图"		
	"天城城图"		
	"阳和城图"		
	大同阳和道辖东路总图		
	"镇房堡图"		
	"镇河堡图"		
	"拒墙堡图"		
	"镇川堡图"		
	"镇边堡图"		
	"居庸关图"		
	"镇羌堡图"		
	"榆林堡图"		
	大同巡道辖北东路总图		
	"广昌城图"		

续表

绘制者、刊刻者或作者和著作名或图册名	图名	绘制年代或收录地图的古籍的版本以及相关信息	收藏机构或者收录地图的古籍（包括现代影印本）等
杨时宁《宣大山西三镇图说》	"蔚州城图"	明万历刻本	《续修四库全书》上海古籍出版社藏明万历刻本
	"广灵城图"		
	"灵丘城图"		
	"王家庄堡"		
	"浑源城图"		
	"新家庄图"		
	"聚落城图"		
	大同巡道辖不属路		
	"小白阳堡图"		
	"弘赐堡图"		
	宣府守道辖下西路总图		
	"龙门关堡图"		
	"桃花堡图"		
	"蔚州城图"		
	"顺圣川东城"		
	"顺圣川西城图"		
	宣府守道分辖南路总图		
	"怀安城图"		
	"李信屯堡图"		
	"西阳和堡图"		
	"渡口堡图"		
	"□□店堡图"		
	"柴沟堡图"		
	"黑石岭堡图"		
	"宁远站堡"		
	"万全卫城图"		
	"新河口堡图"		
	"新开口堡图"		

续表

绘制者、刊刻者或作者和著作名或图册名	图名	绘制年代或收录地图的古籍的版本以及相关信息	收藏机构或者收录地图的古籍（包括现代影印本）等
杨时宁《宣大山西三镇图说》	"膳房堡图"	明万历刻本	《续修四库全书》上海古籍出版社藏明万历刻本
	"张家口堡图"		
	"万仓卫城图"		
	宣府分道辖上西路总图		
	"鸡鸣驿堡图"		
	宣府守道辖不属路		
	宣府镇总图		
	"洗马林堡图"		
	"样田堡图"		
	"镇宁堡图"		
	"大白阳堡图"		
	"羊房堡图"		
	"青边口堡图"		
	"常峪口图"		
	"葛峪堡图"		
	宣府巡道分辖中路总图		
	"长安岭堡图"		
	"滴水崖堡图"		
	"宁远堡图"		
	"深井堡图"		
	"雕鹗堡图"		
	"赵川堡图"		
	"牧马堡图"		
	"龙门所城图"		
	宣府巡道辖下北路总图		
	"伴壁店堡图"		

绘制者、刊刻者或作者和著作名或图册名	图名	绘制年代或收录地图的古籍的版本以及相关信息	收藏机构或者收录地图的古籍（包括现代影印本）等
杨时宁《宣大山西三镇图说》	宣府巡道辖上北路总图	明万历刻本	《续修四库全书》上海古籍出版社藏明万历刻本
	"广昌城图"		
	"长伸地堡图"		
	"北楼口城图"		
	"威胡堡图"		
	"长林堡图"		
	"八角堡图"		
	"利民堡图"		
	"神池堡图"		
	"□道堡图"		
	"宁化城图"		
	"阳方堡图"		
	"宁武关图"		
	山西宁武道辖中路总图		
	"偏头关图"		
	"小石口城图"		
	"桦林堡图"		
	山西雁平道辖北楼路图		
	"广武城图"		
	"雁门关图"		
	"代州城图"		
	山西雁平道辖东路总图		
	汾州府城图		
	山西省城		
	山西镇总图		
	"祁家河堡图"		

绘制者、刊刻者或作者和著作名或图册名	图名	绘制年代或收录地图的古籍的版本以及相关信息	收藏机构或者收录地图的古籍（包括现代影印本）等
杨时宁《宣大山西三镇图说》	"威平堡图"	明万历刻本	《续修四库全书》上海古籍出版社藏明万历刻本
	"镇门堡图"		
	"平形关城图"		
	"黄龙池堡图"		
	"河曲县城图"		
	"河会堡图"		
	"河曲营城图"		
	"楼平营堡图"		
	山西岢岚道辖河保路图		
	"兴县城图"		
	"岚县城图"		
	"三岔堡图"		
	"五寨堡图"		
	山西岢岚道辖西路总图		
	"滑石涧堡图"		
	"威远城图"		
	"草垛山堡图"		
	"寺□堡图"		
	"水泉营堡"		
	"八柳树堡图"		
	"贾家堡图"		
	"栢杨岭堡图"		
	"老营城图"		
	"楼沟堡图"		
	"永兴堡图"		
	"马站堡图"		
	"韩家坪图"		
	"岢岚州城图"		

续表

绘制者、刊刻者或作者和著作名或图册名	图名	绘制年代或收录地图的古籍的版本以及相关信息	收藏机构或者收录地图的古籍（包括现代影印本）等
杨时宁《宣大山西三镇图说》	"灭胡堡图"	明万历刻本	《续修四库全书》上海古籍出版社藏明万历刻本
	"云石堡图"		
	"败胡堡图"		
	"迎恩堡图"		
	"平虏城图"		
	大同守道分辖西路总图		
	"西安堡图"		
	"马邑城图"		
	"山阴城图"		
	"怀仁城图"		
	"应州城图"		
	"高山城图"		
	"将军会堡图"		
	大同左卫道辖中路总图		
	"朔州城图"		
	"井坪城图"		
	大同守道辖井坪路总图		
	"桦门堡图"		
	"保平堡图"		
	"平远堡图"		
	"新平堡图"		
	大同阳和道辖新平路图		
	"永嘉堡图"		
	"瓦窑口堡图"		
	"保德州城图"		
	"乃河堡图"		

续表

绘制者、刊刻者或作者和著作名或图册名	图名	绘制年代或收录地图的古籍的版本以及相关信息	收藏机构或者收录地图的古籍（包括现代影印本）等
杨时宁《宣大山西三镇图说》	"红土堡图"	明万历刻本	《续修四库全书》上海古籍出版社藏明万历刻本
	大同左卫道辖威远路图		
	"旧云冈堡、新云冈堡图"		
	"云西堡图"		
	"破房堡图"		
	"威房堡图"		
	"灭房堡图"		
	"宁房堡图"		
	"拒门堡图"		
	"保安堡图"		
	"防马堡图"		
	"阻胡堡图"		
	"黄土堡图"		
	"镇口堡图"		
	"牛心堡图"		
	"云阳堡图"		
	"三屯堡图"		
	"铁山堡图"		
	"马堡图"		
	"残胡堡图"		
	"杀胡堡图"		
	"破胡堡图"		
	"马营河堡图"		
	"右卫城图"		
	"左卫城图"		
	大同左卫道辖北西路图		

续表

绘制者、刊刻者或作者和著作名或图册名	图名	绘制年代或收录地图的古籍的版本以及相关信息	收藏机构或者收录地图的古籍（包括现代影印本）等
	九边图	明代（17世纪初），纸本墨印，11幅拼合而成，166.5×60厘米；有图说	有缺：台北"故宫博物院"，平图 020846–020856；《河岳海疆》；完整：第一历史档案馆
	北方边口图	明万历四十六年后，纸本彩绘，1幅，60.5×648厘米	台北"故宫博物院"，平图 020857；《河岳海疆》
	宣府镇总图	明末，刻印本，彩色，1幅，21.5×28.5厘米	中国国家图书馆，《舆图要录》1751
	山西镇总图	明末，刻印本，彩色，1幅，21.2×28厘米	中国国家图书馆，《舆图要录》1995
巡按山西监查御史刘嗣美进《山西东中西三路边垣图》（原名《山西边垣图》）		明顺治九年，3册，绢本，彩绘。山西东路边垣图一册，每页137×221厘米；山西中路边垣图一册，每页140×220厘米；山西西路边垣图一册，每页143×223厘米	第一历史档案馆
《甘肃镇战守图略》	红城子图说	明嘉靖二十三年，彩绘本，14幅	台北"故宫博物院"；《中国长城志·图志》
	庄浪图说		
	西宁图说		
	镇羌图说		
	古浪图说		
	凉州图说		
	镇番图说		
	永昌图说		
	山丹卫图说		
	甘州图说		
	高台图说		
	镇夷图说		
	肃州图说		
	后附《西域土地人物略》与《西域沿革略》		

续表

绘制者、刊刻者或作者和著作名或图册名	图名	绘制年代或收录地图的古籍的版本以及相关信息	收藏机构或者收录地图的古籍（包括现代影印本）等
《陕西镇战守图略》		明嘉靖年间绘制，纸本彩绘，52×90厘米，折叠装，共有两册，第一册仅存十一页	台北"故宫博物院"
《宁夏镇战守图略》		明嘉靖年间，纸本彩绘，青绫皮，1册19页，每页52×90厘米。一图一说，左文右图，各具图题	台北"故宫博物院"
《固原镇战守图略》		明嘉靖年间，纸本墨绘设色。本图册是原以"陕西镇战守图略"为名著录的第2册，共55页	台北"故宫博物院"；《中国长城志·图志》
《行都司所属五路总图》		明清之际，纸本彩绘，1册7页，30×79厘米	台北"故宫博物院"
《巩昌分属图说》		明万历年间，纸本彩绘，折页册装，11幅	北京大学图书馆
《三关图说》		明万历三十五年前后，纸本彩绘，经折装图册，现存26幅，图廓不等；刻本，现存107页	中国国家图书馆
《陕西四镇图说》		明万历四十一年或之后，原4册现存2册（延绥、宁夏）	台湾"国立中央"图书馆（可能现存于台北"故宫博物院"）
《边城御虏图说》		明万历五年，残存1册，经折装，纸本彩绘，凡58折，每折47厘米×25厘米	美国哈佛大学汉和图书馆
	延绥东路地里图本	明万历三十五年，绢面纸本经折装，彩绘，残本，13开，2半开，每半开46.5×25.8厘米	台湾"国立中央"图书馆，（可能现存于台北"故宫博物院"）
	山西边垣图	顺治二年，黄徽胤呈进，纱本，彩绘，58厘米×85厘米，黄绫拓裱。第一种裱黄棱边，第二种裱红绫皮	台北"故宫博物院"
	山西边垣图	顺治四年，吕维櫄呈进，纱本，彩绘，57.5×85厘米	台北"故宫博物院"

绘制者、刊刻者或作者和著作名或图册名	图名	绘制年代或收录地图的古籍的版本以及相关信息	收藏机构或者收录地图的古籍（包括现代影印本）等
	山西边垣图	顺治五年，刘漪呈进，纱本，彩绘，58×86厘米	台北"故宫博物院"
	山西边垣图	顺治六年，蔡应桂呈进，纱本，彩绘，57×86厘米	台北"故宫博物院"
	山西边垣图	顺治十五年，白尚登呈进，纱本，彩绘，59.5×85厘米	台北"故宫博物院"
《山西镇边垣布阵图》		残本，存13幅	京都大学图书馆
	河州二十四关图	彩绘本，1幅，55×54.2厘米	甘肃省临夏回族自治州档案馆
《蓟镇图》		明万历十一年，纸本彩绘，经折装图册，残损，存670余页	中国国家博物馆；《中国长城志·图志》
《大同镇图说》		明万历后期，绢本色绘，册页装，28幅地图附图说，双面叠装，右页为图，左页为图说，每页36×31厘米	意大利地理协会；《中国长城志·图志》
《甘肃全镇图册》		明，绢本彩绘，16幅，每幅分切2页，47页	意大利地理协会；《中国长城志·图志》
黄兆梦	边镇地图（"边镇图卷"）	明万历二十二年，纸本墨绘，1幅，35.8×119.3厘米；摹绘《广舆图》；除九边之外，还包括有松潘、建昌、麻阳、虔镇诸镇	南京博物院
《两河地里图》		明万历三十年之后，绢本彩绘，1册42幅，32×50.5厘米	第一历史档案馆
	宁夏镇图	明正统之后，纸本彩绘，1幅，420×197.5厘米	《中国古代地图集》
李辅《全辽志》	"全辽总图"等19幅	明嘉靖十四年	《辽海丛书》；《中国古代地图集（明代）》；中国国家图书馆

续表

绘制者、刊刻者或作者和著作名或图册名	图名	绘制年代或收录地图的古籍的版本以及相关信息	收藏机构或者收录地图的古籍（包括现代影印本）等
吴国仕《楚边图说》	镇筸营哨图	明万历四十五年	《中国古代地图集（明代）》；中国国家图书馆
	沅州营哨图		
	平溪卫营哨图		
	清浪卫营哨图		
	镇远卫营哨图		
	偏桥卫营哨图		
兵部《九边图说》	辽东总图	明隆庆三年	《玄览堂丛书》初集影印明隆庆三年刊本
	辽东镇分图		
	蓟镇总图		
	蓟镇分图		
	宣府镇城五路图		
	东路城堡之图		
	北路城堡之图		
	中路城堡之图		
	西路城堡之图		
	南路城堡之图		
	大同镇总图		
	大同镇分图		
	山西镇总图		
	山西镇分图		
	延绥镇总图		
	延绥镇分图		
	宁夏镇总图		
	宁夏镇分图		
	固原镇总图		
	固原镇分图		
	甘肃镇总图		
	甘肃镇分图		
冯瑷辑《开原图说》		明万历年间刊本	《玄览堂丛书》初集影印明万历年间刊本

续表

绘制者、刊刻者或作者和著作名或图册名	图名	绘制年代或收录地图的古籍的版本以及相关信息	收藏机构或者收录地图的古籍（包括现代影印本）等
胡宗宪《筹海图编》	"中屯卫、右屯卫图"	《文渊阁四库全书》本	《文渊阁四库全书》
	"金州卫图"		
	"復州卫图"		
	"盖州卫图"		
	"宁远卫图"		
	"广宁后屯卫图"		
	"广宁右屯卫图"		
	辽阳总图		
	"广宁前屯卫图"		
江旼《戎筏谈兵》	右江图	清光绪二十年刻本	《四库未收书辑刊》清光绪二十年刻本
	宣化大同山西北边蒙古图		
	辽东蓟镇北边蒙古图		
	榆林宁夏固原甘肃北边蒙古图		
	甘肃北边蒙古图		
	辽东蓟镇外极北蒙古图		
	宣化大同山西外极北边蒙古图		
	榆林宁夏甘肃外极北蒙古图		
	甘肃外极北边蒙古图		
	四川西边外吐蕃图		
欧阳修，周必大《文忠集》及附录	麟州五寨兵粮地里	《文渊阁四库全书》本	《文渊阁四库全书》

续表

绘制者、刊刻者或作者和著作名或图册名	图名	绘制年代或收录地图的古籍的版本以及相关信息	收藏机构或者收录地图的古籍（包括现代影印本）等
童濂，魏源《淮北票盐志略》	淮北走私道路图	清道光刻本	《四库未收书辑刊》清道光刻本
不著撰者《两淮鹾务考略》	川湖交界私盐浸灌之图	清抄本	《四库未收书辑刊》清抄本
	粤湖交界私盐浸灌之图		
	襄豫交界私盐浸灌之图		
盛万年《岭西水路兵纪》	"水路图"	清雍正宝纶堂刻本	《四库存目丛书》北京图书馆藏清雍正宝纶堂刻本
段汝霖《楚南苗志》	楚南苗疆图	清乾隆二十三年刻本	《四库存目丛书》北京图书馆藏清乾隆二十三年刻本
	边墙图		
	楚黔蜀三省接壤苗人巢穴总图		
李来章《连阳八排风土记》	猺排总图	清康熙四十七年连山书院刻乾隆增刻本	《四库存目丛书》中央民族大学图书馆藏清康熙四十七年连山书院刻乾隆增刻本
欧阳必进《交黎剿平事略》	乐会县境	明嘉靖刻本	《四库存目丛书》清华大学图书馆藏民国三十年辑玄览堂丛书影印明嘉靖刻本
	交南疆域图		
	琼州府疆域图		
	琼山县境图		
	澄迈县境图		
	定安县境图		
	文昌县境图		
	儋州境图		
	昌化县境图		
	万州境图		
	陵水县境图		
	崖州境图		
	感恩县境图		
	会同县境图		

续表

绘制者、刊刻者或作者和著作名或图册名	图名	绘制年代或收录地图的古籍的版本以及相关信息	收藏机构或者收录地图的古籍（包括现代影印本）等
长普等《驻粤八旗志》	城垣分汛图	清光绪五年广州龙藏街韶元阁刻十年增修本	《续修四库全书》上海辞书出版社藏清光绪五年广州龙藏街韶元阁刻十年增修本
希元《荆州驻防八旗志》	满城全图	清光绪五年荆州军署刻本	《续修四库全书》湖北省图书馆藏清光绪五年荆州军署刻本
王定安等《重修两淮盐法志》	乐平坝口缉私图	清光绪三十一年刻本	《续修四库全书》中国科学院图书馆藏清光绪三十一年刻本
	浔栈姑塘缉私合图		
	浮梁景德镇倒湖缉私合图		
	安仁石港缉私万年子店合图		
	泰和南门印霞江缉私合图		
	万安南门良口缉私合图		
	庐陵神冈山缉私图		
	峡江龙母庙缉私图		
	余干瑞洪缉私图		
	临川黄江口金溪许湾缉私合图		
	萍乡南坑缉私图		
	豫岸缉私卡图		
	襄阳提标选锋营缉私各卡图		
	石湾缉私口岸图		
	华容分销并雷湾缉私图		
	酉港缉私口岸图		
	陈陵矶缉私口岸图		
	淮南仪征盐栈沙漫缉私合图		
	鼎字营缉私各卡图		

续表

绘制者、刊刻者或作者和著作名或图册名	图名	绘制年代或收录地图的古籍的版本以及相关信息	收藏机构或者收录地图的古籍（包括现代影印本）等
梁廷枏《粤海关志》	东炮台口图	清道光刻本	《续修四库全书》复旦大学图书馆藏清道光刻本
	西炮台口图		
	北炮台口图		
洪亮吉《乾隆府厅州县图志》	"边墙图"	清嘉庆八年刻本	《续修四库全书》复旦大学图书馆藏清嘉庆八年刻本
	"两幅河西走廊手绘地图"		
	"敦煌到寿昌的地图"		
	"中卫至宝应县的地图"		
	"郢城至谷城图"		
张鉴《西夏纪事本末》	西夏地形图	清光绪十一年刻半厂丛书初编本	《续修四库全书》复旦大学图书馆藏清光绪十一年刻半厂丛书初编本
	陕西五路之图		
严如熤《三省边防备览》	郧西郧县图	清道光刻本	《续修四库全书》天津图书馆藏清道光刻本
	宁沔南襃西乡定远图		
	边境交界相连险要图		
	川陕湖边境总图		
	兴山房县竹山竹溪图		
	广元通江南江巴州图		
	太平城口图		
	奉节巫山大宁云阳开县图		
	华阳厚畛子图		
	郿县岐山宝鸡凤县图		
	安康平利紫阳洵阳白河图		
	黑河图		

续表

绘制者、刊刻者或作者和著作名或图册名	图名	绘制年代或收录地图的古籍的版本以及相关信息	收藏机构或者收录地图的古籍（包括现代影印本）等
严如熤	汉江以南三省边舆图	清道光二年左右，纸本彩绘，1 幅，100×250 厘米	台北"故宫博物院"，平图 021473；《河岳海疆》；中国国家图书馆，《舆图要录》0602
严如熤	汉江以北四省边舆图	清道光二年左右，纸本彩绘，1 幅，109×16 厘米	台北"故宫博物院"，平图 021472；《河岳海疆》；中国国家图书馆，《舆图要录》0601；美国国会图书馆，G7820.C5，84696078；《美国国会图书馆藏中文古地图叙录》
严如熤《苗防备览》	苗疆总图	清嘉庆二十五年本	中国国家图书馆，首都图书馆等；《中国方志丛书》
	乾州厅图		
	凤凰厅图（即镇筸镇）		
	永绥厅图（新设绥靖镇在厅属至花园）		
	永顺县图（附新设之古仗坪营）		
	保靖县图		
	麻阳县图（附新添之岩门营）		
	泸溪县图（附浦市新堡）		
	沅陵县图（附新添之乌宿营）		
	辰溪县图		
	铜仁府图（附施溪司及四十八溪六堡）		
	松桃厅图（附磐石营）		
	秀山县图（附绥宁营）		

续表

绘制者、刊刻者或作者和著作名或图册名	图名	绘制年代或收录地图的古籍的版本以及相关信息	收藏机构或者收录地图的古籍（包括现代影印本）等
	秦楚蜀三省边界合图	清道光年间，彩绘本，计里画方每方百里，1幅，49×46.8厘米；根据《三省边防备览》绘制	中国国家图书馆，《舆图要录》2719
	黑龙江各军驻防图	清光绪三十四年，硫酸纸，墨绘，1∶2850000，1幅，34.2×45.7厘米	中国科学院图书馆，263979-9；《舆图指要》
《庄浪总镇地理图说》		明万历后期，绢底彩绘，册装，1册，每页25×31.5厘米	中国科学院图书馆，史580045；《舆图指要》；《中国长城志·图志》
《整饬大同左卫兵备道造完所属各城堡图说》		清顺治元年至顺治五年，绫纸本彩绘，33页经折装，每页26.3×33.1厘米，32幅，图说29	中国科学院图书馆，史580042；《舆图指要》；《中国长城志·图志》
	乾永堡三厅县碉卡图	清嘉庆七年至嘉庆二十五年，纸本彩绘，经折装，72折，可拼接，每折25×14厘米	中国科学院图书馆，史5804832；《舆图指要》
	"泰宁营汛守图"	清后期，纸本彩绘，1幅，57.2×94.5厘米	中国科学院图书馆，史580206；《舆图指要》
	吉林常备军附近略图	清宣统元年至宣统二年，墨绘，1∶10000，有方针，1幅，60×43.2厘米	中国科学院图书馆，史263980；《舆图指要》
《淮北水陆透私图说》	淮北水陆透私总图	清后期，纸本彩绘，经折装，12页，每页33.3×28.7厘米	中国科学院图书馆，史735084；《舆图指要》
	太平胸山各垣图		
	中富各垣图		
	西临各疃图		
	临浦各垣图		
	青口三疃图		
	三场五局总图		
	桃宿睢邳食盐口岸图		
	淮水发源水程里数图		

绘制者、刊刻者或作者和著作名或图册名	图名	绘制年代或收录地图的古籍的版本以及相关信息	收藏机构或者收录地图的古籍（包括现代影印本）等
	移设卡伦添立封堆禁止砍木界址图	清道光六年，纸本彩绘，1幅，42×57.5厘米；富俊《奏为移设卡伦稽查偷砍木植保护参苗由》的附图	台北"故宫博物院"，故机054335；《河岳海疆》
	磨盘山勘设分防图	清光绪年间，纸本彩绘，1幅，32.5×63.5厘米	台北"故宫博物院"，故机0120711；《河岳海疆》
	乌里雅苏台筹防图	清同治十年，纸本彩绘，1幅，67×131厘米；福济等《定边左副将军福济等呈送乌里雅苏台站地图之咨文》附图	台北"故宫博物院"，故机106999；《河岳海疆》
	恰克图－库伦－乌里雅苏台通道图	清同治九年，纸本彩绘，1幅，64×112.5厘米；张廷岳等《奏报绘制乌城要图并筹防事宜》附图	台北"故宫博物院"，故机105220；《河岳海疆》
	贵州牛皮箐地方汛防图	清乾隆年间，纸本彩绘，1幅，59×61.5厘米；舒常《奏报查看牛皮箐一带之实在情形》附图	台北"故宫博物院"，故机026094；《河岳海疆》
	广东八排猺图	清道光年间，纸本彩绘，1幅，42.5×41.5厘米	台北"故宫博物院"，故机065573；《河岳海疆》
	左江右江两镇所属沿边关隘塘卡图	清光绪年间，纸本彩绘，1幅，54×88厘米	台北"故宫博物院"，故机039156；《河岳海疆》
	石峰堡一带地形图	清乾隆四十九年，纸本墨绘，1幅，40×59厘米；为阿桂《奏为臣等奉谕旨带领侍卫章京并京兵前往甘省办理逆回务期剿捕净尽事》附图	台北"故宫博物院"，故宫074089；《河岳海疆》
	谨绘具越嶲峨边清溪境内夷匪滋事地方图说	清道光十三年，纸本彩绘，1幅，44×48厘米；为杨芳《奏为督剿越嶲夷匪近日情形具覆》附图	台北"故宫博物院"，故机064089；《河岳海疆》
	凤凰二边门外图式	清同治十年，纸本彩绘，1幅，43×67.5厘米；为都兴阿等《奏报查勘凤凰二边门外地亩完竣事》附图	台北"故宫博物院"，故机108422；《河岳海疆》

续表

绘制者、刊刻者或作者和著作名或图册名	图名	绘制年代或收录地图的古籍的版本以及相关信息	收藏机构或者收录地图的古籍（包括现代影印本）等
	嘉峪关边墙图	清乾隆五十四年，纸本彩绘，1 幅，36×73 厘米；为德成等《查勘嘉峪关边墙情形折》附图	台北"故宫博物院"，故机041666；《笔画千里》
	嘉峪关关门图	清乾隆五十四年，纸本彩绘，1 幅，36×47 厘米；为德成等《查勘嘉峪关边墙情形折》附图	台北"故宫博物院"，故机041665；《笔画千里》
《全川营汛增兵图》		清中叶，绢底彩绘，18 幅地图拼合，56×391 厘米；第1 幅为总图，后 17 幅为各镇所属营汛分布图	美国国会图书馆，G7823.S55R2.C5，gm71005070；《美国国会图书馆藏中文古地图叙录》
	"新嶍营舆图"	清乾隆三十五年至嘉庆末年，纸本彩绘，1 幅，49×51 厘米	美国国会图书馆，G7824.H58A5.H7，71005106；《美国国会图书馆藏中文古地图叙录》
"艾浑、罗刹、台湾、蒙古"	艾浑之地图	清康熙年间，绢本彩绘长卷，55×585 厘米；长卷由前两幅鸟瞰式图画与后两幅地图组成	美国国会图书馆，G7811.R4.A4，gm71005078；《美国国会图书馆藏中文古地图叙录》
	罗刹之地图		
	第三幅不具图题；以形象画法描绘台湾与澎湖列岛		
	第四幅不具图题，描绘从黄河河套东至辽河，内蒙古诸旗、部落游牧地之划分		
	广西边关形势略图	清光绪年间，纸本色绘，两幅拼合，裱装长卷，57×120 厘米	美国国会图书馆，G7823.G85R4.K81，gm71005015；《美国国会图书馆藏中文古地图叙录》
	怀柔县城乡巡警图说	清光绪末年，彩绘本，1幅，47.2×79.8 厘米	中国国家图书馆，《舆图要录》1213
	通州城团练驻防图	清光绪年间，彩绘本，1幅，62.6×66.5 厘米	中国国家图书馆，《舆图要录》1231

绘制者、刊刻者或作者和著作名或图册名	图名	绘制年代或收录地图的古籍的版本以及相关信息	收藏机构或者收录地图的古籍（包括现代影印本）等
	通州四乡巡警区地图	清光绪年间，1 幅，彩绘本，82.3×73.5 厘米	中国国家图书馆，《舆图要录》1232
	武清县全境巡警局全图	清光绪年间，彩绘本，计里画方一方十里，1 幅，54.4×45.6 厘米	中国国家图书馆，《舆图要录》1312
"扎营图"		清咸丰年间，彩绘本，7 幅，图廓不等	中国国家图书馆，《舆图要录》1546
北洋陆军参谋处《光绪三十一年秋季大操一览图》		清光绪三十一年，武备研究所，石印本，存 15 幅，图廓不等；总图 1∶1000000，分图 1∶25000	中国国家图书馆，《舆图要录》1547
	光绪三十一年秋操地图	清光绪三十一年，石印本，1∶100000，1 幅，109×83 厘米	中国国家图书馆，《舆图要录》1548
军咨府制图局	宣统三年开平附近秋季大操一览图	清宣统三年，彩色，石印本，1∶1000000，1 幅，26.8×42.6 厘米	中国国家图书馆，《舆图要录》1549
崔汝立	直隶长城分防险要关峪各口山水形势地舆城图	清光绪年间，彩绘本，1 幅，30×1344 厘米	中国国家图书馆，《舆图要录》1561；《中国长城志·图志》
	"正定府驻防图"	清光绪年间，彩绘本，1 幅，138.5×95 厘米	中国国家图书馆，《舆图要录》1568
北洋陆军参谋处测绘股《北洋陆军广平府附近秋季演习地图》		清光绪三十二年，石印本，1∶25000，27 幅，36×44 厘米	中国国家图书馆，《舆图要录》1615
	沙河县辖境城镇村庄暨警察区域全图	清末期，彩绘本，1 幅，27.4×13.3 厘米	中国国家图书馆，《舆图要录》1642
	山海关图	清光绪年间，彩绘本，1 幅，87×150 厘米	中国国家图书馆，《舆图要录》1853
北洋陆军参谋处测绘《河间附近秋操图》		清光绪三十一年，存 35 幅（缺 20 幅），1∶25000，36×43.9 厘米	中国国家图书馆，《舆图要录》1865

续表

绘制者、刊刻者或作者和著作名或图册名	图名	绘制年代或收录地图的古籍的版本以及相关信息	收藏机构或者收录地图的古籍（包括现代影印本）等
怡寿	雁门杀虎归化四至舆图	清光绪年间，彩绘本，1幅，123×245厘米	中国国家图书馆，《舆图要录》1996
	山西全省要害略图	清光绪末年，彩绘本，1幅，67.5×49.5厘米	中国国家图书馆，《舆图要录》1999
蒲鉴《库伦东北沿边军事调查报告书附图》		清宣统三年，绘本，比例不等，1册8幅	中国国家图书馆，《舆图要录》2284
	旅顺山海关至盛京一带沿海地图要塞图	清光绪年间，彩绘本，1幅，64×75厘米	中国国家图书馆，《舆图要录》2453
	"现用卡伦图"（盛京鸭绿江北）	清末，彩绘本，1幅，67×120厘米	中国国家图书馆，《舆图要录》2454
窦凤林	"奉天乡镇巡警总局所属舆图"	清宣统元年，石印本，1：150000，1幅，58.6×59厘米	中国国家图书馆，《舆图要录》2468
	新民府四乡巡警各局所辖地势图	清光绪末年，彩绘本，1幅，132×85.5厘米	中国国家图书馆，《舆图要录》2477
	新民府四乡巡警各局区域图	清宣统年间，摄影本，1幅，28.4×21.5厘米	中国国家图书馆，《舆图要录》2478
	铭军部队驻扎锦州各处营垒大概图式	清光绪年间，彩绘本，1幅，44.8×62.5厘米	中国国家图书馆，《舆图要录》2490
	凤凰城边口图	清末，彩绘本，1幅，40×116厘米	中国国家图书馆，《舆图要录》2510
于树云	吉胜新军中营各哨分扎处所及管辖地段形势图	清光绪末年，蜡绢彩绘，1：50000，1幅，39.5×72厘米	中国国家图书馆，《舆图要录》2659
"甘肃边墙图"		清光绪年间，刻印本，1册	中国国家图书馆，《舆图要录》2821
周焕文	"西宁塘汛图"	清光绪年间，彩绘本，1幅，98×114.5厘米	中国国家图书馆，《舆图要录》2919
	大通营一带驻防图	清光绪年间，彩绘本，1幅，56×119.5厘米	中国国家图书馆，《舆图要录》2920
奇台县	奇台县属安设卡伦图	清末，彩绘本，有缩尺，1幅，35.8×35厘米	中国国家图书馆，《舆图要录》2962

续表

绘制者、刊刻者或作者和著作名或图册名	图名	绘制年代或收录地图的古籍的版本以及相关信息	收藏机构或者收录地图的古籍（包括现代影印本）等
	江南苏松镇标中营水陆汛境舆图	清光绪年间，彩绘本，1幅，69×120厘米	中国国家图书馆，《舆图要录》3093
	近畿陆军第四师各部队在淞沪一带现在暨将配备驻扎区域略图	清光绪年间，彩绘本，1幅，49.5×69.5厘米	中国国家图书馆，《舆图要录》3094
	齐东县河防图	清同治年间，彩绘本，1幅，45×48厘米	中国国家图书馆，《舆图要录》3381
	右路巡防步队第十五、六两营分防舆图	清光绪年间，彩绘本，1幅，56×52厘米	中国国家图书馆，《舆图要录》3446
	山东后路巡防各营分扎全图	清光绪年间，彩绘本，1幅，97.5×61.8厘米	中国国家图书馆，《舆图要录》3606
	平定太平天国军事扬州至江宁水陆驻防形势图	清同治二年，彩绘本，1幅，120×240厘米	中国国家图书馆，《舆图要录》3851
海州署	海州境内各军择要驻扎处所绘图说贴	清光绪末年，彩绘本，1幅，71.5×70厘米	中国国家图书馆，《舆图要录》3933
	丹阳官兵扎营之图	清咸丰年间，彩绘本，1幅，54×67.5厘米	中国国家图书馆，《舆图要录》4033
"安徽省关口图"		清光绪年间，彩绘本，15幅，图廓不等	中国国家图书馆，《舆图要录》4098
南洋陆地测量司《光绪三十四年秋季大操地图》（潜山县、太湖县附近）		清光绪三十四年，比例不等，1册，20幅	中国国家图书馆，《舆图要录》4130
	宁海县防汛图	清光绪年间，彩绘本，1幅，49×46.8厘米	中国国家图书馆，《舆图要录》4323
陈志能"江西省九江四路炮台总分图"		清光绪年间，蜡绢彩绘本，7幅，比例不等，图廓不等	中国国家图书馆，《舆图要录》4493

续表

绘制者、刊刻者或者和著作名或图册名	图名	绘制年代或收录地图的古籍的版本以及相关信息	收藏机构或者收录地图的古籍（包括现代影印本）等
	福建防汛图	清乾隆五十四年至嘉庆五年间，彩绘本，1 幅，83×87 厘米	中国国家图书馆，《舆图要录》4603
《福建云霄营舆图说》		清光绪年间，彩绘本，1 册，34.5×21.5 厘米	中国国家图书馆，《舆图要录》4679
	台湾后山防军分扎地所全图	清光绪年间，二色，彩绘本，1 幅，25.5×67.5 厘米	中国国家图书馆，《舆图要录》4757
	河南汝宁营舆图	清宣统年间，彩绘本，1 幅，驻防图说，62.1×73 厘米	中国国家图书馆，《舆图要录》4953
	陆军第二十九混成协司令部暨各标营位置一览图	清光绪末年，彩绘本，1∶7500，1 幅，51×60 厘米	中国国家图书馆，《舆图要录》4978
练兵处军令司	光绪三十二年彰德府附近秋季大演习一览地图	清光绪三十二年，1 幅，彩色石印本，1∶1000000，36.5×31.5 厘米	中国国家图书馆，《舆图要录》5084
湖北官书局《鄂省绿营汛地全图》		清末期，刻印本，二色，1 册，30 幅	中国国家图书馆，《舆图要录》5291
《鄂省绿营汛地全图》		清末期，二色，彩绘本，1 册；系基于刻印本的绘本	中国国家图书馆，《舆图要录》5292
《荆州驻防牧厂全图》		清末期，彩绘本，1 册，10 幅	中国国家图书馆，《舆图要录》5381
	"凤乾二厅碉堡图"	清末期，彩绘本，1 幅，25.5×1134 厘米	中国国家图书馆，《舆图要录》5519
姚翰	广东六门缉私地舆图	清光绪年间彩绘本的静电复印本，计里画方一方十里，1 幅，67×86.3 厘米	静电复印本：中国国家图书馆，《舆图要录》5612
《湟川人排猺峒图》		清末，绢底彩绘本，1 册，10 幅	中国国家图书馆，《舆图要录》5722
	永安县塘汛驻防图	清光绪年间，彩绘本，1 幅，25×547 厘米	中国国家图书馆，《舆图要录》5803
	广东北海镇营汛图	清光绪末年，二色，彩绘本，1 幅，51×48 厘米	中国国家图书馆，《舆图要录》5804

绘制者、刊刻者或作者和著作名或图册名	图名	绘制年代或收录地图的古籍的版本以及相关信息	收藏机构或者收录地图的古籍（包括现代影印本）等
	钦州水陆防务图	清光绪末年，彩绘本，1幅，60×118.8厘米	中国国家图书馆，《舆图要录》5813
明顾可久《琼管山海图说》		清光绪十六年如不及斋刻印本，2册图15幅；据明嘉靖十六年原著重刊	中国国家图书馆，《舆图要录》5823
金昭	四川卫藏沿边全图	清光绪十四年，彩绘本，1幅，58×106.5厘米	中国国家图书馆，《舆图要录》5837
关外学务编译局	西南备边简明图	清光绪三十二年，刻印本，计里画方每方百里，1幅，75×58厘米	中国国家图书馆，《舆图要录》5838
马正泰《行军备要舆地图说》（四川）		清光绪二十四年，彩绘本，计里画方，1册，32×20厘米	中国国家图书馆，《舆图要录》5859
	"重庆及附近府州县驻防图"	清光绪年间，彩绘本，1幅，104×118厘米	中国国家图书馆，《舆图要录》5862
马正泰《行军备要分详舆图：资州四属》		清光绪年间，彩绘本，1册	中国国家图书馆，《舆图要录》5890
王建寅、张濂《四川省府厅州县城厢巡警区域图》		清宣统三年，彩绘本，3册，143幅	中国国家图书馆，《舆图要录》5922
"太平天国紫打地战图"		清同治年间，彩绘本，2幅，118×238厘米	中国国家图书馆，《舆图要录》5923
	泸州叙马建武永宁各营塘汛图	清光绪年间，彩绘本，1幅，86.5×94.5厘米	中国国家图书馆，《舆图要录》5926
	四川成都府巡防驻扎各处地形图	清光绪年间，彩绘本，1幅，64.9×69.3厘米	中国国家图书馆，《舆图要录》5942
	"处州府呈送十县汛境舆图"	清后期，官绘本，纸地色绘，36×41厘米	英国国家博物馆；《欧洲收藏部分中文古地图叙录》
	大金川地理图形	清乾隆十二年，纸本墨绘，1幅，56×98厘米	法国国家图书馆；《欧洲收藏部分中文古地图叙录》
	"京口协水师营汛图说"	清中叶官绘本，纸地绢裱长卷，色绘，1幅，49×629厘米	法国皇家地理协会图书馆；《欧洲收藏部分中文古地图叙录》

续表

绘制者、刊刻者或作者和著作名或图册名	图名	绘制年代或收录地图的古籍的版本以及相关信息	收藏机构或者收录地图的古籍（包括现代影印本）等
	京口协水师左营江汛舆图	清中叶，官绘本，纸本色绘，1幅，24×85厘米	英国国家博物馆；《欧洲收藏部分中文古地图叙录》
	盐城营绘呈河海舆图	清后期，官绘本，纸底色绘，1幅，53×50厘米	英国国家博物馆；《欧洲收藏部分中文古地图叙录》
	"盐城营绘呈河海舆图"	清后期，官绘本，纸本色绘，1幅，36×42厘米；与《盐城营绘呈河海舆图》内容近似，图幅略小	英国国家博物馆；《欧洲收藏部分中文古地图叙录》
	靖江营绘呈汛境舆图	清后期，官绘本，纸本色绘，1幅，29×38厘米	英国国家博物馆；《欧洲收藏部分中文古地图叙录》
	海门厅绘呈管辖各港营汛分界全图	清后期，官绘本，纸底色绘，1幅，52×63厘米	英国国家博物馆；《欧洲收藏部分中文古地图叙录》
	孟河营绘呈营汛舆图	清后期，官绘本，纸底色绘，1幅，32×60厘米	英国国家博物馆；《欧洲收藏部分中文古地图叙录》
	"太仓州绘呈沿江水势港口营汛分界图"	清后期，官绘本，纸底色绘，1幅，37×49厘米	英国国家博物馆；《欧洲收藏部分中文古地图叙录》
	金山营舆图	清后期，官绘本，纸底色绘，1幅，35×35厘米	英国国家博物馆；《欧洲收藏部分中文古地图叙录》
	标下青村营呈送汛境舆图	清后期，官绘本，纸底色绘，1幅，27×30厘米	英国国家博物馆；《欧洲收藏部分中文古地图叙录》
	福山营汛总图	清后期，官绘本，纸底色绘，1幅，46×38厘米	英国国家博物馆；《欧洲收藏部分中文古地图叙录》
	常州营绘呈卑营汛境驻兵数目地界全图	清后期，官绘本，纸底色绘，1幅，42×42厘米	英国国家博物馆；《欧洲收藏部分中文古地图叙录》
	浏河营舆图	清后期，官绘本，纸底色绘，1幅，33×62厘米	英国国家博物馆；《欧洲收藏部分中文古地图叙录》
	川沙营绘呈营汛舆图	清后期，官绘本，纸底色绘，1幅，46×44厘米	英国国家博物馆；《欧洲收藏部分中文古地图叙录》
	柘林营造呈营汛图说	清后期，官绘本，纸底色绘，1幅，64×57厘米	英国国家博物馆；《欧洲收藏部分中文古地图叙录》
	松江城守营舆图	清后期，官绘本，纸底色绘，1幅，50×60厘米	英国国家博物馆；《欧洲收藏部分中文古地图叙录》

续表

绘制者、刊刻者或作者和著作名或图册名	图名	绘制年代或收录地图的古籍的版本以及相关信息	收藏机构或者收录地图的古籍（包括现代影印本）等
	苏省舆地营伍全图	清道光年间，计里画方每方二十里，1幅，123×177厘米；柏在中摹绘金陵省署刊版	英国皇家地理学会；《欧洲收藏部分中文古地图叙录》
	"海宁州绘呈沿江营汛处所图"	清后期，官绘本，纸底彩绘，1幅，31×79厘米	英国国家博物馆；《欧洲收藏部分中文古地图叙录》
	"海宁州绘呈沿江营汛处所图说"	清后期，官绘本，纸底彩绘，1幅，31×37厘米；与同名图相连	英国国家博物馆；《欧洲收藏部分中文古地图叙录》
	"海宁州绘呈沿江营汛处所图说"	清后期，官绘本，纸底彩绘，长卷裱装，1幅，31×105厘米	英国国家博物馆；《欧洲收藏部分中文古地图叙录》
	钱塘县绘呈沿江营汛处所图说	清后期，官绘本，纸底彩绘，1幅，27×70厘米	英国国家博物馆；《欧洲收藏部分中文古地图叙录》
	"金华府七县汛境舆图"	清后期，纸底彩绘，1幅，30×35厘米	英国国家博物馆；《欧洲收藏部分中文古地图叙录》
	浙江处州镇标右营松阳汛全图	清后期，官绘本，纸本墨绘，1幅，43×37厘米	英国国家博物馆；《欧洲收藏部分中文古地图叙录》
	"廿捌都塘汛界址图"	清后期，官绘本，纸底彩绘，1幅，39×60厘米	英国国家博物馆；《欧洲收藏部分中文古地图叙录》
	浙江宁波城守营呈送兼辖鄞、慈、奉二县汛界址舆图	清后期，官绘本，纸底色绘，绢裱，1幅，33×95厘米	英国国家博物馆；《欧洲收藏部分中文古地图叙录》
吴金标	镇海营水陆图册	清道光二十一年，纸底彩绘，1幅，67×64厘米	英国国家博物馆；《欧洲收藏部分中文古地图叙录》
	奉化县洋汛界址图	清后期，官绘本，纸底色绘，1幅，45×57厘米	英国国家博物馆；《欧洲收藏部分中文古地图叙录》
	"奉化县陆洋汛界址图"	清后期，官绘本，纸底彩绘，1幅，51×58厘米	英国国家博物馆；《欧洲收藏部分中文古地图叙录》
	"象山营汛舆图"	清后期，纸本彩绘，1幅，52×57厘米	英国国家博物馆；《欧洲收藏部分中文古地图叙录》
	呈送浙江太平营舆图	清后期，官绘本，纸底色绘，1幅，51×52厘米	英国国家博物馆；《欧洲收藏部分中文古地图叙录》

续表

绘制者、刊刻者或作者和著作名或图册名	图名	绘制年代或收录地图的古籍的版本以及相关信息	收藏机构或者收录地图的古籍（包括现代影印本）等
	浙江温标中营海汛舆图	清后期，官绘本，纸底色绘，1幅，36×78厘米	英国国家博物馆；《欧洲收藏部分中文古地图叙录》
	浙江温州镇标右营陆汛舆图	清后期，官绘本，纸底色绘，1幅，55×56厘米	英国国家博物馆；《欧洲收藏部分中文古地图叙录》
	磐石营城汛四至交界图	清后期，官绘本，纸底色绘，1幅，26×36厘米	英国国家博物馆；《欧洲收藏部分中文古地图叙录》
	平阳营舆图	清后期，官绘本，纸底绢裱色绘，1幅，26×280厘米	英国国家博物馆；《欧洲收藏部分中文古地图叙录》
	平阳营沿海界址图	清后期，官绘本，纸底色绘，1幅，53×104厘米	英国国家博物馆；《欧洲收藏部分中文古地图叙录》
	大荆营水陆舆图	清后期，官绘本，纸底色绘，1幅，24×56厘米	英国国家博物馆；《欧洲收藏部分中文古地图叙录》
《福建兴化左右营舆图》		清后期，官绘本，纸底色绘，11幅，30×35厘米	英国图书馆；《欧洲收藏部分中文古地图叙录》
	四川嘉定府太平堡形势图	清中叶，纸底色绘，1幅，30×75厘米	英国国家博物馆；《欧洲收藏部分中文古地图叙录》
"新安县水陆塘汛舆图"		清后期，纸本彩绘，27幅，册装，28×27厘米	英国国家博物馆；《欧洲收藏部分中文古地图叙录》
	山海关一带图	1幅	第一历史档案馆；《内务府舆图目录》
《长城八大岭居庸关图本》		1册，汉满文	第一历史档案馆；《内务府舆图目录》
《居庸关图本》		1册，汉满文	第一历史档案馆；《内务府舆图目录》
《居庸关图本》		清顺治朝，纱本彩绘，每幅47×40厘米，占2页为1开，共7开，14页	《中国长城志·图志》；台北"故宫博物院"
《直隶省南口居庸关营防图》（原名南山图本）		1册	第一历史档案馆；《内务府舆图目录》
《南山图本》（南口、八达岭、居庸关墩口图）		1册，汉满文	第一历史档案馆；《内务府舆图目录》

续表

绘制者、刊刻者或作者和著作名或图册名	图名	绘制年代或收录地图的古籍的版本以及相关信息	收藏机构或者收录地图的古籍（包括现代影印本）等
《南山图本》		清顺治，纸本彩绘，折叠成2面，册装14页，1幅，46.5×40厘米	《中国长城志·图志》；台北"故宫博物院"
《宣府镇图本》		1册，汉满文	第一历史档案馆；《内务府舆图目录》
《宣府镇图本》		1本	第一历史档案馆；《内务府舆图目录》
《宣府镇图木》		清顺治朝，纱本，墨绘设色	《中国长城志·图志》；台北"故宫博物院"
《大同镇图本》		2册，汉满文	第一历史档案馆；《内务府舆图目录》
《大同镇图本》		清顺治，凡黄绢封或红绢封面皆纱本，青绢封面皆纸本，墨勾设色，每侧绘图32幅，共64页，每页48×20厘米，全卷横长1280厘米	《中国长城志·图志》；台北"故宫博物院"
	陕西通省边镇图	1卷，满文（地名原用汉文记注名以绢签贴注满文）	第一历史档案馆；《内务府舆图目录》
	陕西延绥镇图	1幅，满文（地名原用汉文记注名以绢签贴注满文）	第一历史档案馆；《内务府舆图目录》
	甘肃镇图	1幅	第一历史档案馆；《内务府舆图目录》
	甘肃新设安西镇内外境汛舆图	1幅，绢底彩绘	第一历史档案馆；《内务府舆图目录》
	宁夏镇全图	1幅	第一历史档案馆；《内务府舆图目录》
	广西省与安南国交界各营汛关隘图	1卷	第一历史档案馆；《内务府舆图目录》
	甘肃地图	清初期，满文标注汉文贴签，纸本彩绘，分装2幅，左幅251.5×167.5厘米，右幅251.5×165.5厘米	台北"故宫博物院"
	新平堡图	清后期，纸本彩绘，1幅，55×63厘米	北京大学图书馆

右上角：续表

绘制者、刊刻者或作者和著作名或图册名	图名	绘制年代或收录地图的古籍的版本以及相关信息	收藏机构或者收录地图的古籍（包括现代影印本）等
	"长城图"	清康熙年间，绢底彩绘，1幅，23×335厘米	梵蒂冈人类学图书馆；《中国长城志·图志》
《四川省四路关驿图》	壹路西北四川都司至威茂迭溪松潘等处西番界设关叁拾陆座	明末，55×1085厘米	台北"故宫博物院"，平图020801
	壹路正北四川都司至保宁千户所接陕西沔县界设关九座		
	壹路西南四川都司至雅州碉门天全大渡河等处西番界设关弍拾陆座		
	壹路西北四川都司至青州千户所接陕西文县界设关拾伍座		
青麟	武昌清军布防图	1854年，62×103厘米	第一历史档案馆；《武汉历史地图集》
	陕西舆图	清康熙年间，绢本彩绘，1幅，256×320.5厘米	中国国家图书馆
	杀虎口图	清康熙年间，纸本色绘，1幅，146×252厘米	台北"故宫博物院"；《中国长城志·图志》
	张家口外图	清康熙时期，纸本色绘，1幅，121×297厘米	台北"故宫博物院"；《中国长城志·图志》
	独石口外图	清康熙时期，纸本色绘，1幅，336×300厘米	台北"故宫博物院"；《中国长城志·图志》
	山海关图	清前期，纸本彩绘，二幅拼合，每幅57×46厘米，全图57厘米×92厘米	第一历史档案馆
	太平府营汛驻防图	清光绪年间，彩绘本，1幅，91.2×75.3厘米	中国国家图书馆，《舆图要录》4109
蔡标	地营图说	清光绪十七年，彩绘抄本，28.8×33.8厘米	军事科学院

续表

绘制者、刊刻者或作者和著作名或图册名	图名	绘制年代或收录地图的古籍的版本以及相关信息	收藏机构或者收录地图的古籍（包括现代影印本）等
	庄浪满营龙潭河马厂图说	清光绪十二年，纸本彩绘，1 幅，35.8×55.8 厘米	中国国家图书馆，《舆图要录》2863
	凉州满营王城滩马厂图说	光绪三十二年至宣统三年间，纸本彩绘，1 幅，36.2×56 厘米	中国国家图书馆，《舆图要录》2884
《乾永保三厅县碉卡图》		清嘉庆年间，纸本经折装，共 72 折，可拼接，每幅图占一个折页，25×28 厘米	中国科学院图书馆，史5804832；《舆图指要》
陈组绶《皇明职方地图》	太仆寺牧马总辖之图	明崇祯九年	
	新旧九边图		
	边镇图		
	辽宁凤凰边门边栅里数图	清乾隆三十七年至光绪二年，纸本设色，卷轴装，1 幅，100×208 厘米	北京大学图书馆；《皇舆遐览》
	辽宁暖阳边门边栅里数图	清乾隆三十七年至光绪二年，纸本设色，卷轴装，1 幅，100×208 厘米	北京大学图书馆；《皇舆遐览》
	甘肃甘州府全图	清乾隆十八年至宣统三年，纸本设色，折叶，1 幅，74.5×170 厘米	北京大学图书馆；《皇舆遐览》
	秦晋陇三省边境舆图	清光绪年间，彩绘本，1 幅，60×83 厘米	中国国家图书馆，《舆图要录》2171
聂士成等"东北边境地区舆地图"		清光绪年间，武备学堂石印本，1 册，比例不等；据光绪十六年洪钧所绘之图编辑而成	中国国家图书馆，《舆图要录》2311
《新疆驻防图》		清光绪年间，彩绘本，2 幅，图廓不等	中国国家图书馆，《舆图要录》2952
	"湖南麻阳苗寨图"	清康熙年间，布底彩绘本，1 幅，96.3×151.5 厘米	中国国家图书馆，《舆图要录》5516
《潼川人排猺峒图》		清末期，绢底彩绘本，1 册10 幅	中国国家图书馆，《舆图要录》5722

续表

绘制者、刊刻者或作者和著作名或图册名	图名	绘制年代或收录地图的古籍的版本以及相关信息	收藏机构或者收录地图的古籍（包括现代影印本）等
湖北官书局	滇桂粤边境舆图	清同治三年，刻印本，计里画方每方百里，1 幅，55×41 厘米	中国国家图书馆，《舆图要录》6253
惠龄	长阳凉山全图	清嘉庆年间，彩绘本，1 幅，61.2×53.8 厘米	中国国家图书馆，《舆图要录》5357
惠龄等	宜都灌湾脑全图	清嘉庆年间，彩绘本，1 幅，62×54.2 厘米	中国国家图书馆，《舆图要录》5355

第八篇 其他各类舆图

　　除了之前各篇介绍的留存数量较多的地图类型之外，中国古代还存在一些有着一定数量或者数量较少的地图类型，本篇即对这些类型的舆图进行简要勾勒。其中第一章主要关注交通通讯图，大致可以分为呈现皇帝出巡等皇室出行路线的地图，以及驿铺和台站图、道里图和近代以来的铁路轨线、邮政等图。第二章则关注于矿业、物产、土地和仓储图。第三章主要涵盖了宫殿、园林、陵寝、山川名胜图，其中对山川名胜图的介绍主要集中于佛教的四大名山图以及在中国传统文化中具有重要地位的关于五岳的舆图。除了上述这些主题的地图之外，中国古代还有着一定数量的星图和专题性的历史地图（集），而这是第四章主要介绍的内容。

第一章　交通通讯图

中国古代的政区图、军事图、海图以及黄河图、长江图等类型的地图中有时甚至经常会标注距离数据，这些地图也可以被看成交通图，或者至少可以被视为包含道路里程数据的地图，可能正是因为如此，中国古代专门的交通图数量并不是很多。现存的数量不多的交通图大致可以分为呈现皇帝出巡等皇室出行路线的地图，以及驿铺和台站图、道里图和近代以来的铁路轨线图。此外，近代还产生了邮政图和电线电报图，这两类地图并不能算是交通图，而属于通讯图，在本章中对两类地图也进行了简要介绍。

在以往对中国古代的政区图、军事图、海图以及黄河图、长江图等地图的研究中，有时也会涉及对这些地图上绘制的交通路线的分析，关于这些研究，可以参见本书相关篇章的介绍。当然，也存在关于交通图的专门研究，但数量极为有限，如：

毕琼和李孝聪的《〈陕境蜀道图〉研究》一文，对美国国会图书馆所藏一幅不具图名的描绘了自宝鸡县直至陕蜀边界的地图进行了研究。基于该图绘制的内容，毕琼和李孝聪将该图命名为"陕境蜀道图"，且认为该图绘制于1735年至1773年之间。[①] 而冯岁平则认为该图最初绘制于乾隆三十年（1765）至乾隆四十年（1775）之间，且在留坝厅升为同知后不久，即乾隆四十年之后，才补绘、补注了部分内容；并认为绘制者"只因与连云栈有着十分紧密的联系，创造这个图卷，旨在标明连云栈道的路线

---

① 毕琼、李孝聪：《〈陕境蜀道图〉研究》，《地图》2004年第4期，第45页。

及其沿途的相关信息。从绘制水平与绘制风格看，似乎并不是官方所为"，最后还介绍了目前收藏在各藏图机构的其他一些栈道图①。

刘凤的《台北"故宫博物院"藏明代驿路图初探》一文②，考订了收藏于台北"故宫博物院"的五幅明代彩绘驿铺图的绘制时间，认为这几幅驿铺图多注重表示相对位置，而忽视了绝对位置，并且通过将这几幅驿铺图中所载的驿铺名称和道路距离数据与《寰宇通衢》《一统路程图记》进行比照，认为这几幅驿铺图的绘制者应当是兵部职方司。

覃影《〈四川省四路关驿图〉考释》一文③，认为台北故宫博物院文献处所藏的《四川省四路关驿图》实际上是由四幅不同的地图连缀而成的，且地图的表现时间大致在明洪武二十六年至二十九年（1393—1396）之间，但现存的地图有可能是后代摹绘的。

白鸿叶和孙果清在《古旧舆图善本掌故》一书中对中国国家图书馆所藏的一些交通通讯图进行了分析和介绍④。

大致而言，由于交通路线都是线状的，因此中国古代以交通为主题的地图通常都是长卷或者卷轴的；且大部分这类地图，不仅突出绘制了交通线，而且通常只是关注道路两侧的地理要素，而忽略了交通线经过的区域内的其他地理要素。当然，呈现全国和某一区域的地图则是例外。下面即对中国古代的交通图和通讯图分类进行介绍。

第一节　表现皇帝出巡等皇室出行的路线图

在中国古代，皇室尤其是皇帝出行都是极为少有的事情，当然也是极为重要的事情，需要进行长期和细致的准备工作。现存的与皇帝出巡等活动有关的路线图基本都是清代的，从这些地图来看，绘制地图以作为安排出

① 冯岁平：《美国国会图书馆藏〈陕境蜀道图〉再探》，《文献》2010 年第 2 期，第 33 页。
② 刘凤：《台北"故宫博物院"藏明代驿路图初探》，李孝聪主编《中国古代舆图调查与研究》，中国水利水电出版社 2019 年版，第 414 页。
③ 覃影：《〈四川省四路关驿图〉考释》，李孝聪主编《中国古代舆图调查与研究》，中国水利水电出版社 2019 年版，第 427 页。
④ 陈红彦主编：《古旧舆图善本掌故》，上海远东出版社 2007 年版。

行日程和住宿地点的工具，甚至作为皇帝的"旅行指南"，应当是这些准备活动的一部分。现存的与皇帝出行有关的道路图，大致可以分为以下两类。

一　出巡图

清朝皇帝"出巡"，有着众多的原因，其中最为著名的当然是康熙和乾隆的几次"下江南"了。这些"出巡"活动，都根据需要绘制有地图。目前流传下来数量最多的就是与乾隆帝"下江南"有关的地图，这些地图在国内外众多藏图机构多有收藏，如：

台北"故宫博物院"藏清乾隆十六年（1751）彩绘本《乾隆南巡纪程图》，共254扣，每扣13×7厘米，"内容为办理圣驾南巡江苏，相关官员预先规划的巡幸路线图。图册未署年代，经比对乾隆朝《起居注册》，时间可确定为乾隆十六年（1751），高宗首次南巡，在江苏的路线及驻跸的地点。全图构图以形象绘制山川村落、河川湖泊，图中未定方位或依路线而改变；设色淡雅朴素。依巡幸路站，分十八站。因此，《纪程图》应有十八册，惟十六、十七册已散佚未见。首站由山东郯城、宿迁界起，第十八站止于江南吴江、浙江秀水县界；运河贯穿全图。全程分段绘制，每段自成单元，详载站程起讫、临幸地点、道路里程、州县沿革、史迹源流、山川名胜、尖营行宫与驻跸位置等"①。如第四程图后图说为"第四营，圣驾自淮安府桃源县王家庄至清河县徐家渡大营，计程六十七里。自王家庄起十四里众兴集，八里徐家庄尖营，二十里万家庄，桃源清河二县分界。清河县属淮安府，《禹贡》徐州之域，天文与宿迁同，汉淮阴县地，唐为临淮县，宋为泗州清河口地，后置清河军，元属淮安路，明改府治，本朝因之。泗水下流为清河，自山东泗水县流经徐邳之境，至县西北分流而入于淮，今为淮黄交会之口。三里，丁家庄尖营。二十二里，徐家渡大营。"由图面所绘以及图说来看，该图册很可能是为乾隆帝沿途阅览而准备的，有些类似于现代的导游手册。

美国国会图书馆藏清乾隆年间（1765—1772）刻印本《安澜院至尖山

---

① 林天人主编：《河岳海江——院藏古舆图特展》，台北"故宫博物院"2012年版，第151页。

起座道里图说》，该图长卷折叠封，图幅 15×112 厘米，"该呈折图从右向左展开，不考虑实际方位，覆盖范围从浙江省海宁州城内安澜园至东南海滨之尖山，描绘沿途杭州湾海塘、塘河、道路、桥梁、塘铺、闸涵，以及大、小尖山、塔山一带宫殿庙宇。折文依次介绍这段路途的里程，海塘工程修缮和闸坝的情况。图说提到清乾隆三十年（1765）命增修石塘一事，是年（1765），乾隆皇帝开始第四次南巡，由此推断该呈折之刻印应距此事不久，或在乾隆皇帝第五次南巡之前（1772），以备皇帝临幸时核查。呈折封题目下刻有'第三站'三字，与 G2309. H2. A5《安澜园至杭州府行宫道里图说》为同一套呈送折，当是从中散出的第三折"①。

美国国会图书馆还藏有清乾隆年间（1765—1772）刻印本《安澜园至杭州府行宫道里图说》，该图长卷折叠封，图幅 15×128 厘米，"该呈折图从右向左展开，不考虑实际方位，覆盖范围从浙江省海宁州城内安澜园至杭州府城内行宫，描绘沿途的杭州湾海塘、塘河、道路、桥梁、塘铺、闸涵，以及两座城市的布局。折文依次介绍这段路途的里程，海塘工程修缮和闸坝的情况。呈折封题目下刻有'第四站'三字，与 G7823. H23P2. A5《安澜院至尖山起座道里图说》为同一套呈送折，当是从中散出的第四折。虽然提到清乾隆二十七年（1762）特谕加修柴塘一事，三十年（1765），乾隆皇帝开始第四次南巡，但两幅呈折刻印时间应当一致，推断该呈折应刻印于乾隆皇帝第四、五次南巡之间，以备核查"②。

还有英国图书馆藏清乾隆年间绢本色绘的"自杭州行宫游西湖道里图说"，5 帧地图连同图说裱装成 5 折册，加彩缎硬封，用黄缎包裹，"每折图说均有各自的题目，依次是：（1）城内行宫出候潮门，由望江楼开化寺六和塔至云栖道里图说，纵横：14×87 厘米。（2）杭州省城行宫至教场出钱塘门，由白堤平湖秋月梅林归鹤圣因行宫道里图说，14×49 厘米。（3）圣因寺行宫由水路至柳浪闻莺三潭印月湖心亭苏堤春晓一天山道里图说，14×25 厘米。（4）圣因寺行宫由曲院风荷花神庙玉泉双峰插云云林韬光至上天竺道里图说，14×50 厘米。（5）圣因寺行宫由苏堤花港观鱼净慈

---

① 李孝聪：《美国国会图书馆藏中文古地图叙录》，文物出版社 2004 年版，第 165 页。

② 李孝聪：《美国国会图书馆藏中文古地图叙录》，文物出版社 2004 年版，第 166 页。

寺敷文书院进凤山门上吴山回城内行宫道里图说，14×48 厘米。用鸟瞰图的形式描绘了围绕杭州城和西湖的五条皇帝出游的线路。每折图说详细记录了游览线路的各个景点和相互的距离。文中提到'圣祖仁皇帝南巡四幸寺中'，当指康熙皇帝四次下江南。故推测此图应做于乾隆皇帝第一次南巡（十六年，1751）之前，为使乾隆奉皇太后遍游西湖了解名胜而绘"①。

还有法国国家图书馆藏清乾隆年间《程站图》，该图纸本色绘，一图一说，折叠连装，图幅 15×760 厘米。"52 页鸟瞰景致图与注文折叠连装，自右至左，一图一文，逐次展开，不考虑实际方位……此图侧重皇帝巡幸的路线与驻跸地，当属配套图，共五册。第一册：详细描绘大运河在清江县与清（淮河）、黄（河）交会的情势，扬州、镇江府城及金山寺之鸟瞰。第二册：'自江宁府句容县龙潭行宫至江宁府，再至燕子矶永济寺行宫'；第三册：'自苏州行宫至灵岩山'；第四册：'自镇江丹徒县金山行宫至江宁句容县龙潭'，该图不在前注录之列；第五册：'江宁行宫至栖霞，回龙潭。'"②。

留存下来的类似的地图数量众多，还有如：北京大学图书馆藏清乾隆十六年至四十六年（1751—1781）经折装绫本设色的《石门镇至杭州府仁塘栖和县镇大营道里图》，图幅 14×81.5 厘米，图面自右向左展开，起自浙江桐乡石门镇大营，沿京杭大运河至杭州府仁和县塘栖镇，但图中所绘未至塘栖镇，因此该图可能残缺了后半段③。荷兰莱顿大学汉学院藏清乾隆年间的绢本色绘的"崇家湾至天宁寺站图"和《平桥至海棠庵站图折》，前者裱装成 14 折页，图幅 12×84 厘米；后者裱装成 18 折页，图幅 12×108 厘米。

总体来看，现存的这类地图通常都带有图说，甚至一图一说，图说中对地图上所绘的道路路线、行宫以及当地的历史沿革和水利工程进行了简要描述，便于乾隆帝在途中查阅。

除了"下江南"之外，清朝皇帝有时还会前往蒙古会见蒙古王公，由

---

① 李孝聪：《欧洲收藏部分中文古地图叙录》，国际文化出版公司 1996 年版，第 76 页。

② 李孝聪：《欧洲收藏部分中文古地图叙录》，国际文化出版公司 1996 年版，第 84 页。

③ 北京大学图书馆编：《皇舆遐览—北京大学图书馆藏清代彩绘地图》，中国人民大学出版社 2008 年版，第 129 页。

此也存留下来少量与此有关的地图。如中国国家图书馆藏彩绘本《玛尼图布拉克口至多伦诺尔御道程站图说》,图幅 39.5×41 厘米。该图中部底色为浅黄色,四周的底色为浅绿色;图中用浅粉色的山形符号表示山脉;用浅蓝绿色双曲线绘制了河流,湖泊同样涂以浅蓝绿色;用黄色虚线绘制了道路;扎克索图诺尔北等处的"尖营"用黄色圆圈表示,多伦诺尔等处的"大营"用黄色正方形表示;用双层楼阁符号标注了"善因寺",用房屋符号标注了"汇宗寺"和"龙王庙"。图中用黄色贴签标注了各类地名以及里距,如"自多伦诺尔至扎克索图诺尔九里五分"。地图左上角和右上角分别用贴黄说明了启銮和回銮的经行和路程,即"圣驾启銮自玛尼图布克拉口起,至沙尔鄂龙尖营十五里,至商都河大营二十里;自商都河至鄂伯图尖营十五里,至多伦诺尔大营十七里","圣驾回銮自多伦诺尔至扎克索图诺尔北十九里,至商都河大营二十二里;自商都河至沙尔鄂龙尖营二十里,至玛尼图布拉克口十五里"。从图名、图面绘制有"尖营"以及图说等来看,该图应是清朝皇帝出巡时所用,图中绘制有雍正五年(1727)敕建的善因寺,因此该图应绘制于是年之后,而此后清朝皇帝出巡多伦诺尔,有文献可查的基本只有乾隆时期,具体就是乾隆十年(1745),且这次出巡确实经过了图中绘有的商都河,因此该图应绘制于这一年,也就是为这次乾隆皇帝的出巡服务的。

东北作为满人的龙兴之地,从清初开始,历代皇帝偶尔会前往东北进行东巡。大致清朝一代,皇帝东巡共有 11 次,目前也有与此有关的一些地图存世。如台北"故宫博物院"藏纸本彩绘《京城至山海关程站细图》和《山海关至夏原程站细图》,两者都为张若澄绘制,前者共 92 扣,每扣 13.5×7.5 厘米,后者共 132 扣,每扣 13.5×75 厘米。两图"全图绘制细腻,形象画出山脉、河道一一注记名称,图中不注方位,图中方位随路线而变化,沿途详注所经与驻跸地点及各军事卫、堡、营汛,另贴黄签注记巡行日期等;图面中间虚线为东巡路线"[①]。

中国国家图书馆所藏清乾隆年间的彩绘本图册《奉天黑龙江吉林舆图》中共有 18 幅地图,即"长白山图""医巫闾山""宫殿图""广宁县

---

① 林天人主编:《河岳海江——院藏古舆图特展》,台北"故宫博物院"2012 年版,第 153 页。

观音阁图""千山图""千山庙宇图""永陵图""福陵图""昭陵图""大政殿图""盛京地舆全图""盛京城图""兴京图""奉天将军所属形势图""奉天府形势图""锦州府形势图""吉林将军形势图""黑龙江将军所属形势图",从图集中包括三幅祖陵图以及"大政殿图""宫殿图""长白山图"等山图来看,这套图集应当与皇帝东巡有关。不过从图面所绘来看,该图呈现的应当是乾隆十二年(1747)前后的政区,而乾隆帝前往东北祭祀祖陵分别是在乾隆八年(1743)、乾隆十九年(1754)、乾隆四十三年(1778)和乾隆四十八年(1783),因此这套图集与乾隆东巡之间的关系还需要进行进一步的分析。

此外,清朝设立了多座围场,作为训练八旗子弟,保持战斗力的措施之一。这一措施一直延续到嘉庆、道光年间,随着清朝国力的衰落和八旗军事力量的衰败而逐渐废弃。由于这一措施,清朝皇帝长期维持着前往围场围猎的习惯,由此也存留下来一些前往围场的路线图。如中国国家图书馆所藏清代中期的彩绘本"京师至吉林围场路线图",图幅57×85厘米。该图用形象画法表现山脉,用淡绿色粗实线绘制河流,长城用蓝色墙体形象表示,清朝中期修建的柳条边绘制为延绵的黄褐色栅栏。图中用红色虚线表现了自京师经燕郊、蓟州、永平府、山海关、奉天至吉林,以及从圆明园经古北口、承德至吉林狩猎的两条路线,并用满文标注了地名。吉林围场设立于康熙七年(1668),包括吉林西围场、伯都讷围场和蜚克图围场。康熙和乾隆东巡时,都曾前往吉林围场围猎。

二 谒陵图

清朝皇帝的陵寝主要有三处。早期的陵寝都位于关外,即沈阳附近的清太祖努尔哈赤及其皇后叶赫那拉氏的福陵、清太宗皇太极及其皇后博尔济吉特氏的昭陵以及抚顺市新宾县境内埋葬清朝六位祖先的永陵。入关后的清朝皇帝分别埋葬在东陵和西陵。清东陵位于今天河北省唐山市遵化县,这里有顺治帝的孝陵、康熙帝的景陵、乾隆帝的裕陵、咸丰帝的定陵、同治帝的惠陵,以及东(慈安)、西(慈禧)太后等后陵四座、妃园五座、公主陵一座。清西陵则位于今天河北省保定市易县,这里有雍正的泰陵、嘉庆的昌陵、道光的慕陵和光绪的崇陵,还有3座后陵。

清朝皇帝都会不定期地前往各处陵寝进行谒陵，由此也就流传下来一些与此有关的地图。如：

中国国家图书馆藏彩绘本"京城至东陵路程图"，图幅 32 × 65.5 厘米。该图绘制范围左起京师，右至清东陵。图中山脉用形象画法绘制，山顶涂以青绿色，其余部分涂以黄褐色；河流用浅绿色双曲线绘制；用蓝色线条勾勒了京师的内外城，用红色线条勾勒了紫禁城，众多城门中只标注了路程的起点和行经的城门，即东华门和朝阳门；图中行经的通州、三河县、蓟州，只是用蓝色线条勾勒了城池的轮廓，其中蓟州标注了东西城门，城内还绘制于一所房屋，这可能是因为蓟州城内有独乐寺行宫的缘故；图中的各处行宫，则用内部绘制有房屋的蓝色正方形标识；道路用红色虚线标注；在地图右上角绘制了清东陵的各个陵园。图中用黄色贴签标注了去程的里数和日期，如白涧行宫处的标注为"初六日""燕郊至此七十四里"；用粉红色贴签标注了返程的日期和里数，如白涧行宫处的标注为"初十日""桃花寺至五十九里"。东陵中绘制有定陵（咸丰），而没有绘制惠陵（同治），因此该图应绘制于同治时期。从图中着重绘制行宫来看，该图应当是为同治帝前往东陵而绘制的，同治前往东陵谒陵是在同治十二年（1873）三月初九日，这与图中所绘日期相近（图中在东陵之前的隆福寺行宫上的黄色贴签标注的日期是初七初八日，因此同治抵达东陵的时间正好是初九日），因此该图应当绘制于清同治十二年。

中国国家图书馆藏清末期绘制的彩绘本《东陵图示》，共 2 册，其中一册用山水画的形式彩绘了前往东陵的路线和沿途的地理景物，另一册则仅以墨色简绘出道路以及沿途的村庄。[①]

中国国家图书馆藏清光绪年间的彩绘本《西陵路程图式》，图幅 28.3 × 62 厘米，绘制了自京城至梁各庄清西陵帝后谒陵路线，且用贴签标注了沿途各地里程及日期。

除了谒陵路线图之外，还存留有少量运送帝后棺椁前往陵寝的路线图。如中国科学院图书馆藏清光绪元年（1875）彩绘本的"穆宗梓宫安奉

---

① 北京图书馆善本特藏部舆图组编：《舆图要录——北京图书馆藏 6827 种中外文古旧地图目录》，北京图书馆出版社 1997 年版，第 158 页。

陵寝路程图（自白涧至桃花寺）"，图幅25.9×64.7厘米，"该图运用传统的山水画技法描绘直隶省顺天府蓟州城及附近的山峦、寺庙、行宫、桥梁、村庄，用红色虚线表示道路，城垣、行宫、寺庙、村庄等建筑采用写实与形象结合的透视画法，桥梁可视与不可视的两面用不同颜色区分。舆图的东西侧标注'交界'。在西侧略偏内，绘有二红色方块，用墨笔标注为'芦殿地盘'与'黄幄地盘'，右有绘错处，用宣纸覆盖；在东侧略偏内，绘有一红色方块，标注为'芦殿地盘'。图东缘贴红，上题'自段家岭交界起过白涧芦殿地盘，至桃花寺芦殿地盘止，计道八十六里六分七厘'"，"按'芦殿'，为清代帝后梓宫迁至陵寝图中停灵场所，搭造最为考究，缭以黄幔城。蓟州邻近遵化州，此芦殿当为赴东陵停灵所设。清代皇帝亲送梓宫赴东陵者，计有世宗、仁宗、文宗与德宗，则此图应绘于此四代，为皇帝亲送前代皇帝梓宫预设行程所用"[①]。

中国国家图书馆也藏有几幅这类地图，即清宣统元年（1909）的绘本"慈禧太后金棺出京路线图"，图幅78×107.7厘米，比例尺1:5000，但仅绘出东华门至东直门之间的路线；咸丰年间的彩绘本《恭送佳贵妃金棺芦殿路程图式》，图幅33×64.5厘米，用山水画法，绘制出自田村经卢沟桥、良乡、涿州直至易州梁各庄的路线；光绪十九年（1893）的彩绘本《恭送庄静皇贵妃汶贵妃金棺芦殿道路图式》，图幅32×75厘米，绘制了从田村经通州、蓟州直至东陵的路线，且用贴签注明沿途各芦殿之间的距离及日期；还有光绪年间的彩绘本《芦殿路程图式》，2幅，图廓不等，包括芦殿路程图式和芦殿黄幄地盘道路图式。

第二节　驿铺、台站图

"驿铺"和"台站"都是官方经营的交通和运输系统，其中驿铺设立在全国，而台站则主要设立在边疆地区。

由于在政区图等地图中通常都绘制有驿站和交通路线，因此目前存世

---

① 孙靖国：《舆图指要：中国科学院图书馆藏中国古地图叙录》，中国地图出版社2012年版，第178页。

的专门的驿铺图数量不算很多，其中存世最早的当数台北"故宫博物院"所藏"太原至甘肃驿铺图""岳州至龙州驿铺图""南京至甘肃驿铺图""无字驿铺图"，这四幅驿铺图大致绘制于明洪武末年。其中《南京至甘肃驿铺图》，编号为"平图020798"，彩绘纸本长卷，55×2432厘米，保存完整。此图无图题，民国七年（1918）编目时取名为"明驿铺道里图"，民国十五年（1926）编目时改为现名。不过刘夙认为按照图中所绘内容来看，该图应定名为"江浦至沙州驿铺图"。"太原至甘肃驿铺图"，编号为"平图020799"，彩绘纸本长卷，54.5×664厘米；卷首破损，卷尾仅到东胜左、右卫为止。此图亦无图题，名称为民国十五年编目时所拟。"岳州至龙州驿铺图"，编号为"平图020800"，彩绘纸本长卷，54.5×1851厘米；图中在岳州（今湖南岳阳）之前，还绘有从岳州至临湘县（今岳阳陆城镇）的驿路，临湘县以上则因卷首破损而全缺，因此图中所绘驿路的起点并不是岳州。此图亦无图题，民国七年编目称"五彩明驿铺道里图"，并注"自岳州起至龙州"，王庸改为现名。"无字驿铺图"，编号为"平图020802"，彩绘纸本长卷，54.5×1657厘米。全无注记，亦无图题。此外，台北故宫博物院还藏有一幅绘制于宣德十年（1435）至成化十九年（1483）之间的"四川省四路关驿图"，编号为"平图020801"，彩绘纸本长卷，55×1085厘米；保存完整。此图由四幅各自独立的小图首尾相接拼成，虽无总图题，但四幅小图图首各有文字一列，分别是"壹路西北四川都司至威茂叠溪松潘等处西番界设关叁拾陆座""壹路西南四川都司至雅州碉门天全大渡河等处西番界设关贰拾陆座""壹路西北四川都司至青州千户所接陕西文县界设关拾伍座""壹路正北四川都司至保宁千户所接陕西沔县界设关玖座"。据此，民国七年编目时此图取名为"四川全省四路驿铺图"，而未用图之卷轴端所题的"纸彩画诸司山川地理图手卷"的名字。王庸鉴于图中所绘记地方以关驿为主，乃改为现名。

这几幅地图绘制方法比较近似，以《南京至甘肃驿铺图》为例，图中山脉的画法为典型的写实法，大部分着以彩色，有的着色深，有的着色浅；未着彩色的又有两种情况，或者可能表示童山，或者表示雪山。山上往往还绘有圆圈状符号，可能是表示特立的树木。山的朝向有两种情况：驿路南侧，也即图幅下方的山倒画，山名也多半倒标；在驿路北侧，也即图幅上方的山则正画，山名正标。表示河流、湖泊、泉等的水文符号具有一定的抽象性，但全图最右侧的长江的浩瀚水面画出了水波纹，黄河的局部河段亦画出水波纹或绘成黄色。人文地物包括驿路、桥梁、三大邮驿系统（驿站、急递铺、递运所）设施、城池、军事设施和一些风景名胜等。驿路用单实线表示；从南京至甘肃的主驿路基本绘制于图的正中，逐段标出里程，起讫均为府州县卫城；去往他处的支驿路则择要在近图边处标出去向地、去向地方向和里程。主驿路在过河处均画出桥梁，绝大多数桥名均予标注。邮驿设施、城池、军事设施则共用一套写实性符号，如单一的屋顶侧视为翘尖三角形的建筑符号，用于全部的急递铺站点；单一的屋顶侧视为正梯形的建筑符号，用于城中的卫所、驿站、府、州、县衙和其他官署，以及寺庙和个别递运所等。图中对于较大的府州县卫城的画法，除表示出实际大小外，还画出城墙（带雉堞或不带雉堞）、城门、城内主要道路及用上述写实性符号表示的官署、王府、寺庙、祭坛等标志性建筑物。对于较大的废弃城池，也画出其形状和城墙缺口。图上所绘风景名胜则种类甚多，包括陵墓、寺庙、塔等，各用不同的写实性符号表示。

另外，现存的这五幅驿路图很可能不是原图，而是后来的抄绘本，原图应为明代兵部职方司所绘。[①]

此外，还有中国科学院图书馆藏清乾隆二十六年至道光十九年（1761—1839）纸本彩绘"科布多驿站卡伦图"，图幅 54.54 × 72 厘米。"图中采用中国传统山水画的画法来表现山峦、河流、湖泊等自然地物，河流用宽窄不一的双曲线表示，内填深绿色，湖泊颜色与河流相同，形状与面积各不相同。山脉多涂以灰黑色，部分山脉上层填以青黑色，少部分山脉上晕染有蓝色和白色，似是表现植被分布情况和山顶积雪高度，且大部分山脉描绘得较为陡峻……该图文字全部使用满文……图中描绘了科布多地区的城池、驿站、卡伦、道路、山川以及土谢图汗的游牧活动等内容。该图用形象画法表现科布多和古城两座中心城镇，用红点表现驿站和卡伦，用虚线表现道路。图中由右向左排列了二十四个卡伦，其中大部分

---

① 关于这几幅驿路图的描述改编自刘凤《台北"故宫博物院"藏明代驿路图初探》，李孝聪主编《中国古代舆图调查与研究》，中国水利水电出版社 2019 年版，第 414 页。

只标'卡伦'而不书地名"①。

还有中国国家图书馆藏清末期湖北官书局的刻印本《鄂省州县驿传全图》，2册69幅，画方不计里。该馆还藏有另外一个绘本的同名图册，二色，同样画方不计里，推测该图册为湖北官书局刻印本的稿本。

当前还存有少量清代的台站图，如：

中国国家图书馆藏清晚期绘制的彩绘本"归化城至新疆外蒙古里程图"，图幅63×310厘米。该图两侧有着大量文字注记，其中图右侧的文字首先描述了归化城所属的范围，然后详细叙述了从归化城出发前往新疆和外蒙古各地的行程以及各段道路的路况，其中对交通路线上的重要城镇，如乌里雅苏台、科布多、伊犁、哈密等的地理形势和所属范围进行了简明扼要的叙述。图左侧的文字对蒙古各部所属各旗的地理位置进行了简要的描述。图面的绘制范围北至"唐努乌梁海游牧界"和"俄罗斯界"，南至黄河河套和长城沿线，西起阿克苏界、善达斯岭和布鲁特界，东至张家口一带。图中山脉用蓝色的山形符号简要表示；黄河用黄色粗实线表示，其余河流以及黄河的支流用淡绿色双实线表示；用黑色虚线详细标绘了蒙古各部的范围；用旗帜符号标记了各旗的地理位置；道路主要用红色和淡黄色虚线表示，并详细标注了沿途所经的地点以及地点之间的距离，其中淡黄色虚线似乎描绘的是台站和驿站道路系统。

中国国家图书馆还藏有与该图非常近似的一幅地图，即"内外蒙古及新疆台站图"。该图为绢底彩绘，图幅83.5×116.5厘米，绘制范围东起张家口，西至新疆的库车和伊犁。图中底色为浅褐色；用形象画法表示山脉，山形符号中涂以浅绿灰色和浅褐色，且在一些山上绘制有树木；黄河用黄色双曲线绘制，其余河流湖泊用与地图底色近似的颜色表示；用黑虚线表示政区之间的界线；府州县等城市用黑色双线方框表示；各旗所在地用旗帜符号标识。该图重点表示了内外蒙古和新疆地区的交通路线，与其他地图不同的是，该图区分了官路和商民贸易之路，即图题所载"黄点系官路台站，红点系商民易易之路"。从绘制范围、绘制内容和绘制方式来

---

① 孙靖国：《舆图指要：中国科学院图书馆藏中国古地图叙录》，中国地图出版社2012年版，第154页。

看，该图与"归化城至新疆外蒙古里程图"非常近似，只是在着色以及山脉、府州县的绘制方式上存在差异，且该图也没有图幅两侧的图说。需要注意的是，该图虽然没有图说，但图幅两侧都留有数量不等的红色竖栏，应该是用于书写图说的，因此"内外蒙古及新疆台站图"应当是一幅未完成稿。

还有中国国家图书馆藏清光绪年间的绘本《阿勒泰军台四十四站地图》，图幅 20.2×422 厘米，图中绘制有自头台察汗托罗海至第九台庆岱入内蒙古锡林郭勒盟苏尼特旗界，以及自第二十四台默霍尔噶顺起入外蒙古界的路线。与大部分中国古代交通图不同，该图以近似于表格的形式展现了交通路线沿线的各旗，并用文字标注了各台站的四至、各旗游牧的范围，并用红签注明了各台站额设的马、驼、廪羊的数量以及负责帮台的各旗；但图中没有绘制任何山川、聚落等自然地理要素。

第三节　道里图

"道里图"实际上包括了除上述两类之外，近代之前绘制的其他各种以表现道路路线以及路程距离为主题的地图。如：

美国国会图书馆所藏大致绘制于 1735—1773 年间的"陕境蜀道图"，"内容是描绘自宝鸡县城出发，经大散关走连云栈到达留坝，再经褒城、沔县、宁羌州直达陕蜀边界七盘关这一翻越秦岭的道路走向及沿途景致。其中褒城至沔县之间的部分图幅缺佚。由于地图所反映的主要是自陕入蜀的一段道路沿途，故定名为《陕境蜀道图》。该图采用中国传统的形象画法绘成，以立面的形式详细描绘了道路沿途的山川桥梁、塘铺驿站、庙宇碑刻及名胜古迹，内容丰富，色彩鲜艳。山脉以土黄色调为主加以淡蓝色晕染略绘植被。山间河流采用棕色或黑色，用直线条表示河流自山中流出的形态。远山用蓝色表示。图中没有东西南北四方的注记，随着图幅的展开大致遵循自北而南的方向，反映出该图的功能应当主要为反映道路走势及状况。作者将山脉绘制在图卷的中间，下方为河流道路以双线加红色虚线表示，从而突出表现了在山中曲曲折折回绕而行的栈道、碥道及其间的桥梁、房舍等。从《陕境蜀道图》的绘制手法和注记文字看，个别地方出现错字，画法略显粗糙，说明该图为民间所绘，且绘图者水平不高。而且，图中多处出现的'打尖处'、'住宿处'、'尖站'、'宿站'等字样以及'樊哙故里'、'此系南郑县管'等标识，墨色较深且与其他注记笔体不同，说明该图曾经被某人在沿途使用并留下记号。此外，图中宁羌州城中，许多房舍的朝向留有被修改的痕迹，笔者虽然无法证明该修改者与留下注记的是否同为一人，却可以认为原始的绘图者也许并没有到过宁羌州，但修改者一定是到了这里才会根据所见在图上进行改动"[①]。

还有美国国会图书馆藏伊靖阿等《浙江郡邑道里图》，刻印本1册，该图"封面题名'两浙舆图'，首冠周人骥、申祺2篇序文。内容包括'浙江省图'和'道里图'。省图只描绘府、州、县城市位置和水陆交通线，注记两地之间的里程，不表现地形；'道里图'为形式简单的各州县道路里程图表式"[②]。

中国国家图书馆藏清同治年间彩绘本《盛京全省山川道里四至总图》，图幅121.5×197厘米。该图底色为淡褐色；山脉用形象画法表示，涂以淡青色和淡褐色；河流用浅绿色双曲线绘制，并用线条的粗细区别主流和支流；行政治所城池用浅蓝色带有城门的形象的城郭符号表示；盛京则绘制为带有众多城楼、角楼的浅蓝色城郭，且外侧还绘制有一道黄色的带有城门的外郭城；其余城寨则用长方形符号表示；用近似于房屋的符号详细标绘了境内的各处居民点；柳条边绘制为延绵的木栅栏的形象，并标绘了柳条边上开设的城门；政区之间的边界用红色实线表示；境内的交通线用红色虚线详细标绘，并在一些地点标注有距离，如"城厂边门，此门距瑷阳门一百七十里"；山海关一带的长城则用浅蓝色的带有城门的墙垣符号绘制。在地图右下角有着两段贴签，上方淡黄色的贴签为"盛京全省山川道里四至总图"，描述了奉天省城和全省的四至、河流的通行情况、开埠口岸以及盗贼出没的情况；下方的红色贴签为"东边迤外产木参山图说"，用文字描述了产木参山的范围、地形地势，且重点描述了盗贼出没的险要之地。

---

① 毕琼、李孝聪：《〈陕境蜀道图〉研究》，《地图》2004年第4期，第45页。
② 李孝聪：《美国国会图书馆藏中文古地图叙录》，文物出版社2004年版，第35页。

　　还有使用"计里画方"绘制的道里图，如中国国家图书馆藏清光绪年间瞿继昌绘《西藏全境舆地图说》，共有地图 11 幅，图廓不等。这一图集描绘的是从成都前往西藏的路程，各图皆"计里画方"。总图"由成都至后藏极边总图"，每方二百里，图中河流用双曲线绘制，没有绘制山脉，道路用虚线绘制，各级治所用不同符号标识，一般的聚落用实心圆标绘，左侧用文字记录了"由成都至后藏极边总图"的总距离，即"共计八千四百余里"。分图 10 幅，是总图所绘道路的分段图，如"成都府至打箭炉道里图"，其中大多数分图每方二十里，且在地图左侧注有总里程，所用符号和绘图方式与总图近似，但各图在重要地点处有简要文字说明，如"泸定桥跨泸水上，铁索九条，东西长三十余丈，宽九尺，覆板于上，水颇险恶，恃桥为利济焉。役巡检一，千总一"。

　　到了光绪时期，还有基于现代测绘技术绘制的道里图，如中国国家图书馆藏清光绪二十八年（1902）崔朝庆绘制的《通州水陆道里图》，石印本，图幅 123×220 厘米，绘制对象是江苏省通州境内的交通道路以及村庄聚落的分布。首先为一幅"通州城厢图"，用"计里画方"绘制，每方一里，绘制出了通州城的城郭、城门、城内的重要衙署以及城厢的部分情况，且用虚线绘制了交通路线。然后是一幅"通州州境图"，同样使用"计里画方"绘制，但是没有注明每方对应的里数。需要注意的是，在"五南沙"的图注中提及"依会典新图摹绘此沙"，因此该图应当参考过《光绪会典舆图》。最后是一幅"通州水陆道里图"，该图由六图幅拼合而成，图面上用红线绘制有方格网。在图幅上方有着"测绘通境舆图刍议八条"，介绍了测绘的范围，以及测绘所使用的方法，大致就是沿着道路、河流用绳子测量距离，在折拐处用罗盘测量方位，然后在记录本上记录下来，绘图时则先绘制每方一里的草图，然后缩绘为二里半方的草图，最后誊清为二里半方的正图。图面上还有"释例"，且用文字说明图中每方对应为二里半。从图中所绘以及"释例"来看，该图确实以绘制通州境内的各类道路为主要目的，图中的道路有城镇街道、四乡大路、江中轮船道和水道四种，此外还标绘有一些交通辅助设施，如桥、待修之断桥、江边洋灯、浮筒。

　　还有美国国会图书馆藏宗源翰等《浙江全省舆图并水陆道里记》，浙江官书局石印本，线装 20 册，"该图集根据光绪十五年（1889）《大清会典舆图》的技术规定和统一的图式符号删繁就简而编制。经纬度刻在每幅地图的边缘，兼用计里画方，省图每方百里，府图二十里（会典图规定五十里），县图五里（会典图规定十里）。描绘浙江全省各级行政建置统辖区域内的山川形势、水陆道路、城镇和村落的分布，重点在水路交通道路与驿铺、关口。每图附图说，除记录传统的历史沿革、乡镇和职官之外，更着重水陆路道里，水路详细描述江流名称、干枝流、所经村、桥及流程；陆路以州县城门为起点，分别记述干路和支路。该舆图集首列凡例，先图后文；附拼图式，以面南分左右，使所有地图便于索引与拼合，图说更加实用，反映中国旧制图方法向近代新式地图的转变"①。

当然，这一时期不用测量数据的传统的（彩）绘本道里图依然存在，如：

中国国家图书馆藏清光绪年间的彩绘本"前后藏交通图"，图幅194×48.2 厘米。该图由上下相接的两幅地图构成，两图在地图四缘各标注有方向，都是上西下东，右北左南。位于下方的地图为主图，描绘了从布达拉的大昭寺出发直至堆噶尔本的交通线路网；而上方的地图，图幅不大，描绘了北起叶尔羌，南至噶里噶达，东起拉达克，西至德立部落、鹿底哈拉等地的交通网络。两图虽然并不直接相连，但下图上端（即西方）的两条道路都标注有"路通拉达克"，而上图下方（即东方）最为主要的聚落就是拉达克，因此两图确实存在一定关系，且上下并置的放置方式也有其合理性。不过上下两图的绘制方式存在一些差异，且下方的地图也是由存在差异的两部分构成的。下图下半部分，底色为深褐色，用简单的山形符号绘制了山脉，下部和右部的山脉涂以青绿色，而左上部的山脉则与底色相同；河流用青绿色双曲线绘制；"海子"，即湖泊，用蓝色绘制，且填充有用曲线表示的水波纹；一些寺庙用各种各样的形式绘制，可能是希望尽可能如实地描绘相应寺庙的形态，但所使用的主要颜色为红色和黄色，在图面中显得较为突出；用房屋的符号描绘了官寨、民房、公馆等建筑和聚落；道路用红色曲线绘制。下图的上部，所用符号与下部近似，但

---

① 李孝聪：《美国国会图书馆藏中文古地图叙录》，文物出版社 2004 年版，第 41 页。

底色为浅褐色。图面中的文字除了记述地名和地理要素的归属之外，还记载了一些里程，如"济咙营官寨至廓尔喀国王住所计程二站"，"此处至拉达迭木曲地界，计程三站，至拉达克部长住处，计程十站，至浓底及噶厦尔等处各计程十站，至嘉木比计程十二站"。位于上部的地图，底色为淡青色；山脉虽然同样用山形符号绘制，且同样涂以青绿色，但所用山形符号由双三角形构成；河流则用艳蓝色双曲线绘制；道路用红色曲线绘制；所有聚落都使用带有城楼的城垣符号绘制，但每座聚落的城楼数量并不固定，其数量与通往该聚落的道路数量一致。图中同样用文字注记了道路里程，如叶尔羌处"至拉达克赶站计程十二站，不赶站计程二十四站"。

还有少量前往"外国"的道里图，如：

中国国家图书馆藏清光绪年间绢底彩绘本《永昌府入缅京道里图》，图幅 39×168.5 厘米，简要绘制了从云南永昌府至濒临"南海"的缅甸国都仰光的交通路线；图中虽然没有标记方向，但永昌府被绘制在了地图左侧，仰光在地图的右侧，因此该图大致左北右南，但需要注意的是图中缅甸国都的四门都标记有方向，其中左侧的城门标注为"东"，因此该图的方向是示意性的，这也是中国传统地图的特征。图面底色为浅黄色；图中山脉用形象的山形符号绘制，有些山上还绘制有树木，山顶涂以蓝色，山底涂以浅黄色，其余部分涂以绿色；河流用浅绿色双曲线绘制；永昌与缅甸的交界线，用一条在永昌境内渲染有红色的深红色线条绘制；道路用浅黄色虚线勾勒；聚落大都用涂有褐色的正方形符号标识；缅甸境内的木邦、猛密司则用带有四座城门的城垣符号表示；永昌府城勾勒出城垣的轮廓，并绘出了七座城门以及城楼，较为写实。地图右侧详细绘制了缅甸的都城，其不成比例地占据了图幅的三分之一；该城由三重城郭构成，最外层的城郭绘制为黄色的木栅栏，城门四座；第二层城郭，绘制以蓝色的砖垣墙体，城门四座；最内层的城垣绘制为红色的砖垣墙体，城门两座；且详细标绘了三道城墙之间的众多建筑；用少量文字对都城进行了简要介绍，如"外城周围约二十余里""砖城高三丈零，周围约八九里""内红砖城周围约二里""缅王居处之所"等等。永昌府城左侧的文字注记记录了从永昌至缅甸国都的距离，即"由永昌府至缅甸城，约二千五百四十余里"。

可能由于"道里图"图幅都比较大，因此在现存的古籍中以"道里"为主题的地图数量极少，如：

《一统路程图记》中的"北京至十三省各边路图"和"南京至十三省各边路图"。《一统路程图记》，又名《新刻水陆路程便览》《图注水陆路程图》，黄汴撰，成书于明隆庆四年（1570），全书分为 8 卷，其中在卷首附有地图 3 幅。明代商业发达，为了满足商人往来经商的需要，当时编纂了不少记述水陆驿站、行程里距、各条道路起止、山川险要、物产，甚至官府衙门风气好坏、名胜古迹和地方税收的道路指南著作，《一统路程图记》即是其中一种。该书中的"北京至十三省各边路图"和"南京至十三省各边路图"，分别是从明朝的两京前往十三省的路线图，图中都绘有用虚线表示的交通线，因为是全国总图，所以交通线绘制的极为简单，且由于两图实际上都是全国的交通网，因此内容基本是一致的，只存在稍许区别，如"北京至十三省各边路图"缺少"南京至十三省各边路图"中的贵州以西的几条交通线以及从南京向西至湖广的交通线。此外，"北京至十三省各边路图"没有绘制海岸线，也没有绘制海域中的海波纹。

第四节　铁路、邮政和电线图

鸦片战争之后，随着中国的近代化以及以洋务运动为开端的工业和科学技术领域的近代化，西方的一些近代的交通设施和通信工具也开始在清朝出现，如铁路、邮政系统以及电报电线等，与此同时也出现了相关的地图。

中国境内的第一条铁路是 1876 年由美国策划英国擅自修建的上海至吴淞的铁路，因未经中国政府允许，随即被要求拆除。洋务运动时期，以李鸿章为代表的一些官员认为修铁路本身虽然有利于国家和民生，但绝不能够假手洋人，而应由中国自己独立修筑经营，在这一思想下清廷主导修筑了一些铁路。如光绪七年（1881）开平矿务局为便于运煤，修建了唐山到胥各庄的唐胥铁路，全长虽仅 9.2 公里，却是清政府批准、中国自建的第一条铁路。光绪三十二年（1906）清朝实行新政以后，改设邮传部专管船、路、电、邮等四政，第二年筹划全国铁路轨线与轨制的统一，奏定全国铁路线以京师为枢纽，分东西南北四大干线。在允许官督商办、地方商办的政策推动下，地方铁路也开始修建。清末铁路修建方式可分为三种，一是官办或官督商办；二是商办，不借外债，不入洋股；三是外国人承办。三者中官督商办成效较大。光绪三十三年（1907）七月十三日邮传部筹划全国铁路轨线，由图书通译局编制了《筹划中国铁路轨线全图》，反映了邮传部接管铁路事务后对全国铁路的规划。

邮传部图书通译局的《筹划中国铁路轨线全图》，于清光绪三十三年奏定，由上海商务印书馆刊行，多色套印，1幅，图幅83.2×100厘米，"图中突出表示铁路轨线，以不同色彩显示铁路轨线归属，红色表示官办铁路，绿色为商办铁路，紫色为外国人代办铁路，并用不同符号区别出官办商办铁路中已成、现办和拟办等轨线情况。图中方位上北下南，使用了26种符号将河流、湖泊、运河、长城、沙漠、国界、省界、府、州、厅等要素表示出来"①，中国国家图书馆以及其他一些藏图机构收藏有该图。中国国家图书馆还藏有清光绪年间石印本的《各省勘设铁路轨道图》，该图画方不计里，图幅49.6×49.6厘米，"本图除绘出北京至山海关及北京至保定间的通车铁路线外，还标绘了所有勘设线路"。②

此外，还存在某条铁路或者某一区域的铁路图，如中国国家图书馆藏《西陵铁路图》。该图绘制范围右侧起自"良谷庄车站"，左侧则至"高碑店芦汉车站"。图中西陵铁路用红色双曲线绘制，芦汉铁路用绿色实线绘制，高碑店车站则用虚线勾勒了轮廓；沟渠用深灰色曲线绘制；聚落用线条勾勒，形状不一，且中间涂有青灰色；易州城，用线条勾勒了城垣轮廓，标出了西门和东门，城垣内缘涂以青灰色，城内则留为空白；用假等高线绘制了山丘。该图图幅虽然较大，但图面上所绘仅仅是铁路沿线及其周边少量的地理要素；地图下方标注有比例尺，即"英尺一寸作英尺一千尺"。

西陵铁路修建于清光绪二十九年（1903），缘由是光绪二十八年刚刚

① 陈红彦主编：《古旧舆图善本掌故》，上海远东出版社2017年版，第191页。
② 北京图书馆善本特藏部舆图组编：《舆图要录——北京图书馆藏6827种中外文古旧地图目录》，北京图书馆出版社1997年版，第76页。

拜谒清东陵回到北京的慈禧太后，宣布要在次年清明节时去清西陵"祭祖"。自京城至清西陵，路途大致 125 公里，如果用传统的出巡方式的话，单程最少需要 4 天，往返则长达 9 天。同时为了照顾谒陵的皇帝、皇太后等的生活起居和办公需要，每次谒陵，除了必备的仪仗銮驾、日用物品，还要有各部院衙门、内务府各司、军机大臣等众多的官员跟随，仅车辆最少要五六百辆。此外，沿途还要派数以千计的士兵加以保护。因此，谒陵不仅需要花费大量的时间，而且需要动用大量的人力，且路途之上并不算平坦，因此每次谒陵都颇为艰辛。1902 年秋，袁世凯委派在津榆（天津至山海关）铁路任职的詹天佑为西陵铁路建设总工程师。詹天佑仅用了 4 个多月时间，便完成了西陵铁路的修筑任务。西陵铁路东起京汉铁路线上的河北保定高碑店站，向西经过涞水县，终点为河北易县梁各庄清西陵附近，全线总长为 46.42 公里。《西陵铁路图》即是对这条铁路及其沿线状况的描绘，其绘制应当是在 1903 年前后。

还有呈现外国人在清朝境内修建的铁路的路线图，如收藏于中国国家图书馆的清光绪年间彩绘本《澄江府至老街道路图》，图幅 100.8×63.5 厘米，在地图下部绘制有罗盘，正方向上北下南，左西右东；在地图左下部标注有比例尺，即"每寸四中里，合法国二鸡落麦头"，大致相当于 1∶60000；在比例尺上方，标注了图中用以表示山、水、海、旧路和铁路的符号，大致山用假等高线绘制，河流用浅蓝色绘制，并用深蓝色表示主干道，"海"即湖泊，用由湖岸向内逐渐变深的蓝色绘制，旧路用艳红色线条绘制，铁路用稍粗一些的深红色线条绘制；图面上详细标注了道路和铁路两侧的地名和自然地理要素，而对图幅内本应可以包括的所绘区域内的其他地理要素则一概忽略。总体来看，该图的目的实际上是将从澄江府至老街的旧路和铁路路线进行了对比，可能与法国建造滇越铁路有关。

清末绘制的铁路图在中国国家图书馆中多有收藏。如两幅光绪末年绘制的彩绘本《正太铁路大势图》，图幅分别为 34×192 厘米和 46×389 厘米，比例不等，"图的右上角图说部分，介绍了修筑正太铁路的原委和资金费用问题"[1]，"整幅地图从右到左一字展开，首先映入眼帘的是两根并

---

① 陈红彦主编：《古旧舆图善本掌故》，上海远东出版社 2017 年版，第 195 页。

行的铁轨，即京汉铁路（1901年，卢汉铁路北端延伸到北京正阳门，卢汉铁路改称京汉铁路）和正太铁路，它们交汇于石家庄车站"[①]。清光绪二十一年（1895）胡燏棻所绘"京奉铁路图"，该图为刻印本，二色，有缩尺，图幅26×84厘米，附有奕劻修筑津卢铁路奏折。还有清光绪三十年（1904）上海文明书局发行的胡惟德的《东三省铁路图》，图幅60×70厘米，比例尺为1：2400000，附有出使俄国大臣胡惟德"俄人建造东三省铁路工竣谨陈现在情形折"及"东三省铁路干支两线车驿里数清单"。

中国的邮政业务始于洋务运动时期，最初在北京、天津、上海等五处以海关为基础，试办邮政。到甲午战争前夕，海关邮局已经遍布沿海各口岸。清光绪二十二年（1896），总理各国事务衙门上书奏请开办邮政，第二年，正式开办大清邮政局，但仍由海关兼办。中国国家图书馆藏有清光绪二十九年（1903）管理外国通商局总税务司的《大清推广邮政舆图》，这一图册收图32幅，绘制了各总局所辖分局的路线。同一年邮传部还制作了《大清邮政公署备用舆图》，上海刊印本，黑红两色套印，中英文对照，图幅96.5×101.7厘米，"该图是一幅表示全国邮政状况的专题地图，主要描绘当时全国的邮政现状。内容丰富，除表示省会、府、州、厅、县等行政单位外，还划分了邮政地区，分别表示了送递快信邮路、航运、海运邮路、铁路运输邮路以及电报局的分布等。各省城、府、厅、州、县中开设邮局和没有邮局的分别用相同符号不同颜色来表示，设邮局的为黑色符号，没有邮局的为棕色符号"[②]。光绪三十二年（1906）清朝实行新政以后，改设邮传部专管船、路、电、邮等四政，由此在清光绪三十三年通商海关造册处出版了《大清邮政舆图》，这一图册为彩色印刷，有图22幅，包括舆图总目录1幅，分省图19幅，中国官职图、中国电线图各1幅，有中、英文图名目录各1页，图中"各省注明所属邮界、邮局，其邮路除铁路外，还注明'马差之邮路'，'昼夜兼程之邮路'，有江湖水域的省份，再注明'水道之邮路'。还标明火汇局、旱汇局、电报局等。图例表明，府、厅、州、县、村、镇，凡符号为黑色者系已设邮局，黑边而中未涂黑

---

① 陈红彦主编：《古旧舆图善本掌故》，上海远东出版社2017年版，第196页。
② 陈红彦主编：《古旧舆图善本掌故》，上海远东出版社2017年版，第199页。

者，系已设代办邮政铺商，红色者系尚未设有邮局及代办邮政铺商，若系总局则加写英文地名并于英文地名下加一黑线"①。

在修筑铁路和开设邮局的同时，清政府为了便利通信，在境内也逐步设立了电线电报网络，由此也存在一系列的电线电报地图。目前所见的这类地图都收藏于中国国家图书馆，如光绪二十九年（1903）彩绘本的《中国电线图》，图幅180×134厘米，还附有西比利亚、东京、西藏和缅甸诸线路图。清光绪年间的彩绘本《中国电报官线图》，有缩尺，图幅34×50.4厘米，绘制有北京、天津、锦州、盛京等地电报线路，标注了相邻两地间电报线路里程。光绪年间的彩绘本《中国电报官局图》，有缩尺，图幅33.2×52厘米，绘有北京、天津、山海关、锦州、旅顺口、盛京等地电报线路，标注了电报总局、分局及报房名称②。还有宣统元年（1909）的石印纸本彩色《中国电线图》，比例尺约为1:3000000，上北下南，"图中使用10种符号将各省的电报机构、陆线、海线、各省原设之官局、各省原设之官线、各国海线和江河各要素表现出来，其中地理要素只描绘出黄河、长江和珠江"③；"图中共绘出局、店、报房482处"④。

此外，还有修建车道后绘制的地图，如中国国家图书馆藏清同治七年（1868）刻印本的潘霨绘《福山烟台至蓬莱岳家圈新开车道全图》，图幅26.4×851.2厘米，封面为张室保题"潘观察新开车道图"；篇首为潘馥撰写的一篇序言，主要介绍了福山烟台至蓬莱岳家圈新开车道的始末。该图虽然为刻印本，但以山水画的形式呈"一"字形展开描绘了东自福山通神冈，西至蓬莱岳家圈新开车道的走向，以及沿途的地形地势。图中还用文字记录了新修道路各段的长宽等数据，如"诸纪村共修道八百五十一丈，内铺石路二百六十三丈，计宽一长五六尺不等，内筑石桥一道"，"后院东沟修道二百七十七丈，原道在南沟，深且狭，夏多泥泞，今买民地三处，一律开凿铺砌平坦"。

---

① 郑吉：《弥足珍贵的〈大清邮政舆图〉》，《档案工作》1990年第4期，第17页。

② 以上三幅地图的介绍，参见北京图书馆善本特藏部舆图组《舆图要录——北京图书馆藏6827种中外文古旧地图目录》，北京图书馆出版社1997年版，第82页。

③ 陈红彦主编：《古旧舆图善本掌故》，上海远东出版社2017年版，第205页。

④ 陈红彦主编：《古旧舆图善本掌故》，上海远东出版社2017年版，第207页

第二章 矿业、物产和仓储图

中国古代历朝虽然对一些重要资源的开发、生产和销售进行了管控，但留存下来的这方面的地图数量有限，其中数量最多的、涵盖地域最为广泛的就是盐场地图。而关于铁、煤、荒地和林地等资源的地图，就目前所见，留存下来的非常有限，且在时间上基本都集中在清代晚期。此外，与今天类似，中国古代为了应对自然灾害等问题，还设立了各类仓储，如义仓等，因此也留存下来一些关于仓储的地图，但数量同样有限。现分别对这些地图进行介绍。

第一节 盐场、盐池和盐井图

中国的盐矿大致分为海盐、湖盐和井盐三类。海盐，中国整个的沿海地区都有生产；湖盐，则主要集中于中国的北部和西部，其中最为著名的湖盐产地就是河东盐池；井盐的生产则主要集中在中国的西南地区，尤其是巴蜀和云南。

中国古代施行盐的专卖制度，因此历朝都在盐产地设立有盐场，管理盐的生产和销售，由此也绘制有大量相关地图，其中关于防范私盐行销的地图在本书第七篇军事图中的相关部分已经进行了介绍。留存下来的与盐的生产和销售有关的古代地图，多集中于沿海地区，尤其是关于两淮盐场的。由于清朝对每座盐场生产的食盐的销售地区有着明确的规定，因此这些地图除了描绘盐场本身之外，有时还涉及行盐的路线和行盐地区，如：

美国国会图书馆藏"两淮盐场及四省行盐图"，"清乾隆初年（1743—1754），纸本彩绘，折叠装95×174厘米，未注比例。该图无图题，右侧残破，贴补的纸背墨书'陕州全图'应与此图无关。地图方位上南下北，南起江西万安县，北至河南涉县，东自东海岸，西达湖广会同县。覆盖长江中下游江南、江西、湖广与河南四省部分地区。用传统形象画法描绘四省的山川地貌与城镇。河流用双线，长江、黄河涂黄色，其余河流皆涂青蓝色，黄河沿线增注河工，不加符号；山脉用青绿色形象符号表示，省界绘红色细线。府、州、县、盐场分别用方形、菱形、圆圈和实心圆点符号表示。图内有多处讹误，洞庭湖误绘在长江之北，长江南岸的武昌府及湖广省部分州县的位置均误。图的左上方墨书图文，部分城市符号旁加注记。鉴于图内地名注记凡'真'字已经改用'正'字替代，显然为避清朝雍正皇帝之讳；邳州标作'徐州府'，江西莲花厅已见注记，而宁都县尚未升州，故推定该图应绘制于乾隆八年以后至十九年之间（1743—1754）。清代沿海有十一座盐场，两淮盐场是朝廷盐税收入大户，为此清政府很重视两淮的盐务，曾多次纂修有关两淮盐法的志书。根据图文说明，知该图着力表现清朝乾隆前期淮南20座、淮北3座盐场的位置，淮盐在江南、江西、湖广与河南四省的行销范围，水陆经泊的口岸和稽查盐引各要地。图文写明四省淮盐运销的水陆途程，凡允许行盐分销地皆标注'额行××引'。多数州县城符号涂蓝色，属淮南盐场行盐区；长江以北部分州县涂红色，系淮北盐场行盐区。凡无注记的府州县或不属于淮盐行销区域，或因近盐场，例不销引"①。

还有中国科学院图书馆藏《淮盐产销图》，"清后期（1871—1911年）绘制，未注绘者。纸本彩绘，函装，经折装图集，共13叶，每叶纵三十一厘米，横三十四点六厘米，题名书于函套脊贴签。此图集开篇为淮北盐场情况的总说，占一叶篇幅；之后是十二幅地图，每幅占一叶篇幅，有的题有图名，有的未题，但从图说中可清楚知晓，其分别为：'淮北盐运四十二州县引地全图'、'板浦场属西临局图'、'板浦场属太平局图'、'临兴

---

① 李孝聪：《美国国会图书馆藏中文古地图叙录》，文物出版社2009年版，第127页。

场属青口局图'、'临兴场属临浦局图'、'中正场属中富局图'、'三场五局四至交错全图'、'江苏省食盐口岸图'、'江运安徽食盐口岸图'、'徐属境内正分局合图'、'河南安徽引地全图',最后一幅无图名,亦无图说,从其上标注了'分司署',可知为海州分司所驻守的板浦镇,图名可循例拟为'板浦镇图'。以上诸图都在四周标注方位,上南下北。诸图用符号法以不同比例呈现了清代淮北盐场三场五局的总体分布、内部布局、其行销的引地分布和食盐口岸分布,以及海州分司附近地区,描绘了广大地域的山峦、河流、沟渠、城邑、村落、道路、墙圩等地理要素。其中产销单位、运盐河渠、道路是诸图集中描绘的重点,标绘非常细致,保存了大量历史信息。除'淮北盐运二十四州县引地全图'和'板浦镇图'外,都附有大段图说,详细叙述其表现地域范围内淮盐生产、经销的制度、流程,以及所产食盐的质量等内容"①。

中国国家图书馆所藏清中期彩绘本《淮南淮北盐场图》1 册,"图册内有苏北盐场分布图 4 幅,其余各图皆为制盐过程图示,并附文字说明。图中所绘黄河由苏北入海,可知此图约绘于清咸丰五年(1855)前"②。该馆还藏有清光绪年间纂修两淮盐法志书总局编的彩绘本"淮南盐场图",地图 35 幅,各图图廓不等,描绘了淮南各盐场的范围,附带有纂修两淮盐法志书总局档稿 62 件。③

此外,还有两淮盐场某些分司所属盐场的地图,如中国科学院图书馆藏《通属九场择要图》,绘制于清中后期,纸本彩绘,1 幅,该"图右上方有方位标,上北下南。该图描绘了清代淮南盐区通州分司所辖九个盐场的地理位置与区内的河渠、堤防、桥梁、闸坝及相邻州县,其中盐场名用红色圆圈包围,府、厅、县名用红色方框包围。在重要地点附有贴红,并

---

① 孙靖国:《舆图指要:中国科学院图书馆藏中国古地图叙录》,中国地图出版社 2012 年版,第 192 页。

② 北京图书馆善本特藏部舆图组编:《舆图要录——北京图书馆藏 6827 种中外文古旧地图目录》,北京图书馆出版社 1997 年版,第 300 页。

③ 北京图书馆善本特藏部舆图组编:《舆图要录——北京图书馆藏 6827 种中外文古旧地图目录》,北京图书馆出版社 1997 年版,第 300 页。

标注驻防军队建置"①。类似的还有中国国家图书馆藏清光绪末年的石印本毓昌编《淮北三场池圩图》，1 册，附有淮北三场利弊说略和淮北三场各垣产数表各 1 册。

由于两淮盐场的重要性，明清时期还编纂有大量两淮盐场的志书，这些志书中通常都收录有大量的地图，其中现存时间较早的就是明代史起蛰和张榘的《两淮盐法志》，该志刊成于明嘉靖三十年（1551），由两淮巡盐御史杨选、两淮都转运盐使陈暹修，举人史起蛰、张榘撰，全书分 12 卷，约 30 万字，全面翔实地记载了明嘉靖以前两淮盐务情况。书中收录有"两淮盐场总图"、"两淮巡司总图"以及"通州分司总图"、"淮安分司总图"等分司图，各分司下属的"梁垛场图"等各盐场图，还有"按属地方图"和"行盐地方图"，以及"淮安分司公署图"等衙署图和"仪真批验所图"及"淮安批验所图"，大致有各类地图近 50 幅。其中"两淮盐场总图"，简要勾勒了两淮盐场的范围以及各分司和盐场的位置，府名书写在方框中，且在淮安府和扬州府城中突出标注了"察院"，州县名书写在矩形框中，河流用双曲线勾勒。在各盐场图中，除具体标注盐场的位置之外，还用双曲线绘制了河流，尤其详细地标绘了衙署和仓储的位置。"行盐地方图"实际上类似于一幅政区图，地图四缘标有正方向，上北下南，绘制范围大致包括了湖北、湖南、江西和河南，图中府和直隶州名书写于矩形框中，而将扬州府标注在较大的正方形框中且突出标注了城内的"察院"，山脉用简单的山形符号绘制，河流和湖泊用双曲线勾勒。

除了史起蛰和张榘的《两淮盐法志》之外，童濂和魏源的《淮北票盐志略》、王定安等的《重修两淮盐法志》以及不著撰者的《两淮鹾务考略》中都收录有大量地图。这些地图所绘内容大体与《两淮盐法志》相近，只是更为详细，尤其是王定安等的《重修两淮盐法志》，收录各类地图将近 200 幅。

除了两淮盐场之外，也有描绘沿海其他盐场的地图，如美国国会图书馆清乾隆十一年（1746）绢本彩绘、长卷装裱的惺园菩萨保绘《闽省盐场

---

① 孙靖国：《舆图指要：中国科学院图书馆藏中国古地图叙录》，中国地图出版社 2012 年版，第 210 页。

全图》，该图图幅33×571厘米，"卷首附乾隆十二年（1747）觉罗雅尔哈善跋文及乾隆十一年（1746）菩萨保序文。觉罗雅尔哈善于乾隆十年擢福建按察使，至十三年署江苏巡抚，此图所写之跋文当为其在福建任上时所作。作者名寅，姓氏不考，惺园为其字号，菩萨保或为其自称。此长卷图由福建和台湾府两部分粘合而成，闽省图卷陆地为上，海洋在下，北方在卷首；台湾图卷标明上东下西，左北右南。用山水画形象画法描绘台湾府及凤山、诸罗、彰化县，福建省福宁府及宁德县，福州府并罗源、连江、长乐、福清县，兴化府、泉州府并惠安、南安、同安县，漳州府并海澄、漳浦、诏安县的海岸山川地貌、城池、汛塘、寺庙、塔桥，着重表现闽、台沿海的盐场、盘坵、盐仓、露堆，以及运盐船泊地。据图文知该图着力表现清朝乾隆年间，菩萨保主持福建省盐政时的盐场位置，海船盘盐经泊口岸和管理盐田的官员驻扎地。注文记载各盐官驻地至总场衙门，以及盐围的路程距离。古今中国，食盐生产与售卖向为政府专利，私贩盐违法，该图的功能即帮助盐政官员了解'闽盐'产地的分布，以补书籍之不足"①。

还有美国国会图书馆藏清光绪二十三年（1897）的广东石经堂印纸本色绘的"广东盐场图册"，"22幅叠装图册，不注比例，每幅41×45厘米。本图册由广东省《电茂场十一厂全图》、电茂场属11个盐厂图、博茂场属9个盐厂图和《西场各漏晒盐一工式图》组成，各具图题。以山水画形式，描绘广东省电白县至吴川县沿海盐场滩涂的海塘工程。凡山岭、海岸、岛屿、城镇、村墟、盐场均以鸟瞰形象表现，方位不一，标于图缘。《西场各漏晒盐一工式图》描述盐田的标准面积、必备设施和晒盐程序规范，实为盐田的设计建造与使用平面图。注记描述各盐厂至县城的距离里数、盐厂基围四至、近海基围面积、盐工姓名及工量；上年八月受灾后，需要修复的冲塌缺口数字，修复工程所需顽石、草皮、泥土和银两。贴红表明已完成的修复处，贴黄表示未修复处"②。

此外，也存在其他沿海盐场的志书，如：

---

① 李孝聪：《美国国会图书馆藏中文古地图叙录》，文物出版社2009年版，第128页。

② 李孝聪：《美国国会图书馆藏中文古地图叙录》，文物出版社2009年版，第129页。

《长芦盐法志》，初修于雍正三年（1725），再修于嘉庆九年（1805），该书的嘉庆十年的黄掌纶重修本，20 卷，收录地图有"十场总图"和所属各场图，还有"天津分司公署图"等公署图，"通纲商人公所图"、"顺天直隶引地全图"、"柳野行宫图"以及"沧州天门书院图"等地图 30 幅。其中"十场总图"，除标绘了所属各盐场的位置之外，还用双曲线绘制了各条河流，尤其是描绘了大量的运河和与盐场相邻的河流。"顺天直隶引地全图"则是一幅"直隶"地区的政区图，图中用不同符号详细标注了京师以及各府州县的位置，政区边界用虚线勾勒，河流用双曲线绘制，山脉用三角形的山形符号绘制，长城则用带有垛口的墙垣符号绘制。

还有关于两浙沿海盐场的延丰等纂修的《钦定重修两浙盐法志》，清嘉庆七年（1802）刻印本，30 卷，卷首 2 卷。与其他盐场的志书类似，《钦定重修两浙盐法志》也包括了"长林场图"等各下属盐场的地图，"两浙盐院署图"、"嘉兴批验所图"等衙署图以及"行盐地方总图"，共计地图 43 幅。其中各场图，详细标绘了产盐各"场"的位置，并用侧立面的形式描绘了附近的山川、城郭、汛塘以及寺庙等等，河流和海域中都填充有水波纹。"行盐地方总图"则类似于一幅政区图，用虚线勾勒政区边界，用双曲线绘制了河流，山脉用三角形的山形符号绘制，用不同符号标注了府州县城。

关于山东地区的盐场则有明万历时期查志隆纂修的《山东盐法志》，4 卷，是书为查志隆任山东盐司同知时所作。在中国国家图书馆所藏该书的残本 1 卷中，收录有"十九场总图""盐河图""省城图""巡司图""洛口所图"等各类地图 8 幅。"十九场总图"中除简要标注了所属盐场的大致位置之外，还用不同符号标注了省城以及府州县城的位置，河流用双曲线绘制，山脉用山形符号绘制。"盐河图"除概要绘制了府州县之外，主要用双曲线绘制了盐河的流经。

还有清雍正年间莽鹄立纂修的《山东盐法志》，14 卷，包括诏敕、沿革、疆域、职官、公署、灶籍、商政、法制、禁令、宦绩、奏疏、古迹、人物及艺文十四门，书首列有雍正御制序。书中收录有各盐场图、"行盐地方河图"以及"巡盐察院衙门图"等衙署图和"省城图"。在各盐场图中，除了标绘盐场位置以及相关衙署之外，在有些地图的图面上还有着说明与相邻府州县和各场距离的图注。

中国古代最为重要的湖盐产地就是山西的河东盐池，也存在一些相关的地图和志书，其中现存时代最早的当数明万历二十五年（1597）刻石的石刻《河东盐池之图》。《河东盐池之图》的石碑高 103 厘米，宽 170 厘米，有所残损，石碑左侧有河东巡盐御史吴楷撰写的《南岸采盐图说》。"《河东盐池之图》南为逶迤的中条山脉，崇山峻岭，峰峦叠嶂，甚为壮丽。山下，从东向西，刻绘有蚩尤村、小李村、大李村、迎姚村、盐池镇巡检司、张村、关圣故里常平村、蚕坊。图北，从东向西有圣惠镇巡检司、安邑县，并有创建于唐贞观年间的太平兴国寺塔，运城，中有运学、察院、河东运司等衙署建筑，李店铺，长乐镇巡检司，星罗棋布，参差有致，很是壮观。姚暹渠于城北蜿蜒而过，渠畔，树木葱茏。池东是一汪淡水，即鸭子池，吴楷的《南岸采盐图说》即刻于是处。池西有女盐池，即现今之硝池滩。滩南为古解州城。环池有禁墙围绕。只是南岸的禁墙被掩蔽在浓密的柳阴之中"①。

清代康熙年间苏昌臣的《河东盐政汇纂》中有一幅"河东解池渠堰图"，该图大致上南下北，绘制范围要超过石刻《河东盐池之图》，大致向西直抵黄河，向东则超出了夏县，当然，重点绘制的就是河东盐池及其周边地区。图中用形象的山形符号绘制了南侧的中条山，用中间填充以水波纹的双曲线绘制了相关的众多河流；除位于地图中部的盐池之外，还绘制了"女盐池"、"苦池"、"鸭子池"和"五姓湖"多个湖泊；在盐池北侧用带有城楼和城门的城垣符号绘制了"运治"（即运城县）和"安邑县"；用绘制有城门的城垣符号描绘了环绕盐池的禁墙，禁墙上标绘有"东禁门"和"西禁门"；在盐池中有着大段图注，描述了盐池的来源及其特性；还详细标注了盐池两岸的大量村庄以及寺庙。

清乾隆时期蒋兆奎的《河东盐法备览》中的"河东盐池全图"，该图与苏昌臣的《河东盐政汇纂》中"河东解池渠堰图"基本一致。

还有单独的绘本地图，如中国国家图书馆藏清道光年间的彩绘本《山西河东盐池图》，图幅 101×240 厘米，"采用山水画法，精细地绘出了盐

---

① 柴继光：《明代〈河东盐池之图〉析》，《盐业史研究》1990 年第 4 期，第 57 页。

池、盐铺以及池神庙等名胜，并标出运盐路线及村镇间里程"①。

　　还有专门的行盐范围图，如中国国家图书馆藏清光绪末年的彩绘本《河东潞盐行销山西陕西河南三省府厅州县全图》，图幅 161.3 × 95.5 厘米，"本图依一统舆志编绘。主要标绘了河东潞盐自运城行销山西 44 州县、河南 32 厅州县、陕西 34 厅州县的名称、道路及距离，并贴签注出缉私或督销人数，山脉形象表示"②。

　　井盐主要产自四川和云南地区，现存相关地图中较早的就是收藏于国家博物馆的《滇南盐法图》，"《滇南盐法图》绘于清康熙四十六年（1707），长 1108.7 厘米，高 56.6 厘米，应属地图长卷。该图描绘了云南黑井、白井、琅井、云龙井、安宁井、阿陋猴井、景东井、弥沙井和只旧草溪井共九个盐井区的情形，图中包括山川、植被、河流、桥梁、城门、生产场所、人物、牲畜等形象，并在每个盐井图的后面有文字的'图说'。虽然在图中并未标识出山川、河流的名称，'图说'的内容主要在于说明盐井的情况，因此地图的特性不很明显，但从整体的构图及其功能来看，还是可以将其归于山水地图一类，特别是每幅图都有若干文字标记本地的位置，如《黑井图》上有一条大河，应即为龙川江，有小字标注此河从镇南州流至楚雄，南入黑井，经元谋汇入金沙江；其他还有小字标注如'东南由三道河、老王坡至禄丰一百四十里'、'西南出平川界，至琅井三十里，至定远县七十里'等五处四至八到标记，也证明它具有地图的性质"③；"根据图后的《盐法绘图跋》，此图绘制的授意者是直隶大兴人李苾。此人字洁庵，初曾在盛京为官，可能出自旗下。康熙中，他任云南按察司分巡通省清军驿传盐法道；康熙二十四年，他因母亲去世辞归，当地官绅上疏请留。李苾离任后，由布政使代其职，所谓'予以内艰去，藩司摄道篆'。跋文中又称，'余性本迂拙，谬膺特恩，复任边徼嵯政，于甲申

---

　　① 北京图书馆善本特藏部舆图组编：《舆图要录——北京图书馆藏 6827 种中外文古旧地图目录》，北京图书馆出版社 1997 年版，第 180 页。

　　② 北京图书馆善本特藏部舆图组编：《舆图要录——北京图书馆藏 6827 种中外文古旧地图目录》，北京图书馆出版社 1997 年版，第 168 页。

　　③ 赵世瑜：《康熙〈滇南盐法图〉与山水地图的意义》，《舆地、考古与史学新说：李孝聪教授荣休纪念论文集》，中华书局 2012 年版，第 628 页。

阳月，单骑衔命而至，今又三载矣'，说明他在时隔 20 年后，于康熙四十三年复任此职，直至康熙四十八年，朝廷升'云南驿盐道李苾为云南按察使司按察使'，说明此图是在他二次任驿盐道的末期命人做的"[1]。

中国国家图书馆还藏有描绘今天自贡境内的自流井桐垱、龙垱、新垱、邱垱和长垱 5 垱的《自流井五垱全图》，该图绘制于清光绪年间，为彩绘本，图幅 76×149 厘米。该馆还藏有另外一幅清光绪年间彩绘本的同名地图，图幅 69.5×140 厘米，两图内容近似，但后者绘制的较为粗糙。

除了绘本地图之外，在相关志书中也存在盐场图，如清光绪年间丁宝桢的《四川盐法志》，40 卷及卷首 1 卷，为编辑历代史书中有关四川盐政资料而成，有井厂、转运、行票、征榷、职官、缉私、禁令、纪遗等类，又有图、表多种。其中收录的地图，除"行盐疆域图"之外，基本是四川各政区中的盐井分布图，如"简州"图中用带有城门和垛口的城垣符号标注了简州城的位置，用双曲线绘制了河流，使用"井"字符号重点标注了盐井的位置。"行盐疆域图"，类似于政区图，用虚线勾勒了政区边界，用双曲线绘制了河流，用交叠的三角山形标注了山脉，各级政区治所用不同符号绘制。

第二节　土地图

历代王朝都以农为本，而农业的根本在于人口和农地。对于田地，明代初期就开始编造鱼鳞图册，以记录每户田地的分布、位置和面积。在民间社会研究兴起的近年来，鱼鳞图册的研究也日益增多，而且也逐渐发现了一些流散在民间的鱼鳞图册。大致而言，鱼鳞图册中的地图主要是示意图，大致表示涉及的田土的形状，而土地的四至、所有者等信息主要还是用文字进行表示。[2]

---

[1] 赵世瑜：《康熙〈滇南盐法图〉与山水地图的意义》，《舆地、考古与史学新说：李孝聪教授荣休纪念论文集》，中华书局 2012 年版，第 628 页。

[2] 对于据图鱼鳞图册较为详细的研究，可以参见胡英泽《营田庄黄河滩地鱼鳞册及相关地册浅析》，《中国史研究》2007 年第 1 期，第 151 页；以及汪庆源《清初徽州的"均图"鱼鳞册研究》，《清史研究》2009 年第 2 期，第 48 页等。

不过比较有意思的是，除了这些鱼鳞图册之外，就目前披露的地图来看，描绘了某一区域范围内的各类土地分布的地图极为少见，这对于以农业立国的各王朝而言，是一个颇有意思的现象。现对目前所见少量土地图进行介绍：

英国图书馆所藏"宁波府镇海县田地分布图"，该图绘制于清中叶，为官绘本，纸本彩绘，1 幅，图幅 65×83 厘米，"该图方位从陆地望向大海，描绘浙江省宁波府镇海县境内土地使用的状态，以及城镇、村落、海塘和清军营汛地的分布。它还指示了一定类型的土地所应交纳的土地税。这些土地类型包括：民田，肥沃的农业用地；灶田，滨海盐田；荡田，新垦低洼地；滩涂，海滨泥沙淤积地。这些土地的使用、税收和交纳的地点，使这幅地图绘制极为有趣而不同于一般。图的背面曾贴有图题签（已佚），并加盖官印，说明它是一帧官绘本地图"①。图中宁波府城和镇海县城绘制为青绿色的带有垛口和城门的城垣，其中宁波府城位于地图左缘，只有一部分，且并不是对城垣轮廓的如实描绘；而镇海县城则大致描绘了城垣的基本轮廓，绘制了城内的一些衙署等建筑；此外，还用侧立面的城垣符号标绘了其他一些城池；河流用黄绿色双曲线绘制；山丘用青绿色形象的山形符号绘制。图中用不同颜色区分了不同的田地类型，其中民田和灶田用浅褐色绘制，滩涂和荡田用深褐色绘制。在某些局部，用黑色线条划分了民田和灶田的范围；用文字描述了滩地的所在，如"石塘西围三舍有荡"；还用文字描述了税收缴纳的地点，如"此系山居围荡，田二百余亩，系慈邑完粮"。

类似的地图还有中国国家图书馆藏清康熙六年（1667）吉顺绘制的彩绘本《密云县山场林地村落界址全图》，图幅 99×87.6 厘米，"图上标注山场林地南北长 64 余里，东西宽 40 余里，并绘出垦户村落 205 处的位置"②。中国国家图书馆藏清光绪年间王恩俊绘制的绘本《武邑东乡北运河迤东各乡苇渔课地舆图》，图幅 67.2×101.5 厘米，比例尺为 1:25000。

① 李孝聪：《欧洲收藏部分中文古地图叙录》，国际文化出版公司 1996 年版，第 274 页。

② 北京图书馆善本特藏部舆图组编：《舆图要录——北京图书馆藏 6827 种中外文古旧地图目录》，北京图书馆出版社 1997 年版，第 112 页。

　　清代前期，东北大部分地区处于封禁状态，只是偶尔允许满人闲散余丁耕种，存在少量与此有关的地图，如中国国家图书馆藏清乾隆末年彩绘本《黑龙江东部屯垦图》，图幅 56.5×79 厘米，"本图所绘范围主要包括今呼兰县以东地区。图中贴签注释清乾隆五十三年（1788）吉林将军奉准将黑龙江省呼兰所属江北地界拨给三姓闲散余丁居住，沿江安设台站等情况。沿江台站标绘较详细"①。

　　由于长期封禁，东北地区边疆地区人口空虚。鸦片战争之后，随着俄国对东北地区的野心，边疆危机逐渐加剧，尤其是俄国东清铁路修筑后，俄人越界侵夺权益等事不断发生，在边疆危机的刺激下，移民实边作为应对方案很快被提上日程。光绪十一年（1885），吴大澂等与俄人重勘东界；后为巩固边防，即在三岔口（今东宁市三岔口镇）设招垦总局，下设穆棱河分局。但此次招垦，效果仅限于穆棱河上游地区。光绪二十一年（1895），清廷发布上谕："东三省为根本重地，山林川泽之利，当留有余以养民，是以虽有闲荒，尚多封禁。今强邻逼处，军食空虚，揆度时宜，不得不以垦辟为筹边之策"。② 由此使整个东北地区全面开禁，光绪二十八年至三十三年间（1902—1907），各级招垦局相继设立。由此，在清光绪时期，出现了一大批与东北开垦荒地有关的地图。

　　如德国普鲁士文化遗产图书馆藏《蜂蜜山招垦四至地图》，图幅 53×78.5 厘米，左上角绘制有方位罗盘，大致东南为上，西北方向为下；图面左上方图注"查蜜蜂山地势"的最后落款为"时在光绪二十九年正月十八日勘绘"，因此该图大致绘制于清光绪二十九年（1903）或稍后。图中所绘地物以蜂蜜山为中心，重点描绘了穆棱河及兴凯湖流域的山川和聚落。图中上下和右侧用山形符号简要绘制了山脉的走向，河流用浅灰色双曲线绘制；兴凯湖位于地图左侧，用黑实线勾勒了轮廓，并涂以浅灰色，且在湖泊西北岸绘制了一些树木；道路用红色虚线绘制；用房屋符号绘制了大小不等的聚落；招商总局位于地图右侧；图面上用文字标注了一些距

---

　　① 北京图书馆善本特藏部舆图组编：《舆图要录——北京图书馆藏 6827 种中外文古旧地图目录》，北京图书馆出版社 1997 年版，第 219 页。
　　② 《清德宗实录》卷三百七十三，中华书局 1985 年版，第 881 页。

离；还绘制了中俄两国的界碑。地图上方的文字注记，依次记载了关于八面通、亮子河、白草沟、城厂沟、夹心子、大柞木台、三梭通、梨树沟、龙王庙、穆稜河、兴凯湖等的距离和四至范围。地图左上方的"查蜂蜜山地势"全文为"蜂蜜山地旷民稀，现时无从清丈，此图致难开方计里，将来荒务完竣，屯镇分明，再行详加丈量，复绘图说，庶可清晰无讹也。时在光绪二十九年正月十八日勘绘"。

与东北垦荒有关的地图，在中国国家图书馆多有收藏，如清光绪年间彩绘本的《巴林旗报勘荒地图》，图幅 109×90 厘米，用"计里画方"绘制，每方十里；光绪七年（1881）彩绘本《汪清边地垦荒图说》，图幅 45.6×49.2 厘米；光绪十年（1884）绘本《大青川荒地图》，图幅 47×43 厘米，图中用文字记录了荒地的概况。

第三节　仓储、矿产等图

义仓，与常平仓、社仓并称"三仓"，为隋唐以来传统仓储体系的重要组成部分，是设立于民间的储备粮食以备荒年救济的粮仓。学界一般认为义仓与社仓有着密切的联系，甚至有学者认为义仓就是社仓，不过大致而言，两者在功能上存在着重合。由于涉及国家的救助以及民间基层组织的运作，以往对于义仓、社仓等学界多有研究①。

在各类与此有关的地图中，流传最广的应是方观承编《直隶义仓图》一书，又名《畿辅义仓图》，成书于清乾隆十八年（1753）。方观承在该书序言中记述了设立义仓和绘制地图的缘由，以及书中地图的数量和内容，即"我皇上念切民依仁周菑屋，凡于备荒足食之政，靡不宵旰勤求，尤以义仓足资民间缓急。于乾隆十一年十月特降谕旨，命地方大吏，乘时劝导。臣先于直隶布政使任内，与督臣训谕酌议规条，以有谷而不筹其地则

---

① 如佑虞：《中国仓储制度考》，正中书局 1948 年版；陈春声：《论清末广东义仓的兴起——清代广东粮食仓储研究之三》，《中国社会经济史研究》1994 年第 1 期，第 50 页；龙登高、王正华、伊巍：《传统民间组织治理结构与法人产权制度——基于清代公共建设与管理的研究》，《经济研究》2018 年第 10 期，第 175 页；吴四伍：《清代仓储的制度困境与救灾实践》，社会科学文献出版社 2018 年版等。

洇变可虞，有地而不察其形则经界莫定，故劝捐必先建仓，建仓必先绘图。当经指示属员通行循照。及臣蒙恩，擢任畿辅，因复申明前令，次第经理。就其幅员之广狭，度其道里之均齐，于四乡酌设仓座，自三四区以至十八区，其地必择烟户稠密，形势高阜之处，使四面村庄相为附丽……而图与仓先后告成，州县卫各具一图，大小村庄并各村到仓里数悉载，统计为图一百四十有四，合一百四十四州县卫，共村庄三万九千六百八十七，为仓一千有五"。该书现存的版本，计6册，地图144幅，在中国国家图书馆以及欧洲的一些图书馆皆有收藏。

在该书的图例中还记述了绘制地图的方法和标准，如使用"计里画方"绘制，且每方五里；"图内附仓各村庄俱注明至仓里数"等等。然后还记述了建设和管理义仓的各项规定，即"择地建仓""劝捐分别奖励""典守择人""出纳积息""收掌盘查晾晒"等等，极为详细。

所附各图，除使用"计里画方"绘制，且每方五里之外，图中用黑实线绘制了政区边界，用虚线绘制了道路，用双曲线绘制了河流，用形象的山形符号绘制了山丘，用城郭符号绘制了府州县；最为重要的是图中详细标绘了村庄的位置、名称以及与义仓之间的距离；在地图的角落中，则用大段图注介绍了所绘政区的四至八到，以及所属村庄数量和义仓的位置，如文安县"县属大小一百六十八村，每二十里内建仓一区，计安祖店、团河镇、苏桥镇、左家庄、胜芳镇、柳河镇、大赵村、岳村镇、孙氏，共建仓九区"。

与仓储有关的其他地图数量不多，大致还有中国国家图书馆藏清光绪年间绘本"北京各仓库房全图"，12幅，图廓不等，绘制有北京城内的裕丰仓、海运仓、禄米仓、太平仓、旧太仓、富新仓、储济仓、兴平仓、南新仓、北新仓、东万安、西万安。还有中国国家图书馆藏清宣统年间的彩绘本《西平县新捐筹备仓图》，图幅24×26.6厘米。

虽然中国古代开采各类矿物的历史悠久，但现存的相关地图则基本都是清代晚期的。如吴其濬撰、徐金声绘辑的《滇南矿厂工器图略》，该书记录了云南的矿产分布、开采技术，以及与云南矿业有关的资料，绘图并加以文字说明。吴其濬于道光二十四年（1844）任云南巡抚；当时徐金声为东川知府，而东川为云南重要矿区之一。《滇南矿厂工器图略》分上、下两卷，上卷为《云南矿厂工器图略》，记述了康熙、雍正、乾隆、嘉庆四朝云南南部开采铜、锡、金、银、铁、铅金属等矿产的分布、矿冶技术以及管理制度等；下卷为《滇南矿厂舆程图略》，分为铜厂、银厂、金锡铅铁厂（附白铜）、帑、惠（附户部则例）、考、运、程（附王昶《铜政全书·筹改寻甸运道移于剥隘议》）、舟、耗、节、铸、采（附王大岳《论铜政利病状》）等13篇。卷首载全省图1幅，府、州、厅图21幅。

全省图，即"云南舆图"，在整体轮廓上与乾隆《云南通志》"云南全省舆图"谱系的地图比较接近，只是在地名和某些细节上存在差异，且标注的地名较少，如没有标注与缅甸交界的"八关"。各府州厅图也是如此，因此这套地图应当与乾隆《云南通志》"云南全省舆图"谱系存在密切联系，且由此受到了康雍乾时期大地测量的影响①，只是各府州厅图中用半环形符号标注了矿厂的位置。此外，书中还有一幅"矿厂图"，似乎不属于乾隆《云南通志》"云南全省舆图"谱系的地图，图中四缘标注有方向，上北下南，用双曲线绘制了河流，除标注了府州县之外，更是详细地标注了各矿厂的位置和名称。

目前所见保存下来的矿厂地图主要集中在中国国家图书馆，如清光绪年间的彩色绘本"阜平等县矿区分图"，存6幅，图廓不等，分别为"海拉坎山全图""直隶定州曲阳县白石沟煤矿四至里数图说""宣怀两县所属三家楼等磺矿方里四至图""直隶定州曲阳县野北村煤矿地亩图说""阜平县炭灰铺煤矿图说""阜平县煤矿图说"。清光绪年间彩色绘本《承德府属金银煤铁等矿全图》，比例尺为1：350000，图幅79×63.5厘米，"图上绘有经纬网，范围包括承德府辖全境及邻近地区。以地形图为底图，用绿、黑、红、黄、白五种颜色分别表示铜、煤、铁、金、银的分布；水系、道路、居民点及长城等绘制精细，位置准确，地形用等高线表示"②。杨晓岩等测制的清光绪年间晒印的《开采金砂矿矿区图》（迁安县），比例尺1：5000，10幅，每幅54×78.6厘米。清光绪三十三年（1907）的彩色绘本

---

① 对此可以参见本书第三篇第二章第三节的论述。
② 北京图书馆善本特藏部舆图组编：《舆图要录——北京图书馆藏6827种中外文古旧地图目录》，北京图书馆出版社1997年版，第154页。

"山西部分地区矿山图"，比例尺 1∶20000，6 幅，图廓不等，即 "山西垣曲同善镇矿山图""山西闻喜瓦渣沟矿山图""山西闻喜柳庄隘矿山图""山西绛县桑池村矿山图""山西垣曲铜矿峪矿山图""山西阳曲县石漕沟矾水沟矿区图"，各图附图说。清光绪末年的绘本《吉林府产煤草图》，图幅 70×60 厘米，图上有贴签。

第三章　中国古代的宫殿、园林、陵寝、山川名胜图

　　中国古代尤其是清代留存下来大量的宫殿、园林、陵寝、山川名胜图，这类地图中的绝大多数都是描述"风景"的，其主题与中国传统绘画中的山水画比较类似，且从绘制技法而言，两者之间也存在一些相似之处，甚至有些地图如果去掉上面的贴签，或者如果其上没有书写地名的话，那么在现代人眼中，似乎与山水画在本质上没有太大的区别，而且有些地图的绘制者也是著名的画师。实际上，地图与绘画之间这样的相似性，在其他类别的地图中也或多或少的存在，如某些长江图、黄河图，以及一些类似于青绿山水画的政区图。

　　对于绘画与地图之间的区别，以往的研究偶有提及，如田萌就提到"由于此种地图和山水画非常相似，其绘制者也常常是知名画家，界定似乎也值得怀疑。但笔者认为，地图和山水画的区别还是相当明显的，一方面有地名标识和很详细的地物标志，这是最明显的区别；另一方面从绘画技法来看，虽然两种图都有明显的清代青绿山水画特征，也都是采用散点透视法，但是山水画因为具有浓厚的人文气质而更讲究构图和详略，并注意通过气韵来表现，绘制技法更为丰富。相比山水画而言，地图技法比较单一，为展现行宫的全景，地图在构图的艺术性上往往不及山水画，而是注重在当地的地理原貌和地理特征的写实。但另一方面也说明，中国古代舆图与绘画艺术有着密切的关系"①。但仅仅是构图和写实方面的差异，似

---

① 田萌：《古舆图之行宫图初探》，李孝聪主编《中国古代舆图调查与研究》，中国水利水电出版社 2019 年版，第 484 页。

乎并不构成一种本质上的差异，因为基于这一标准，这些地图可以被看成"匠气"过重的绘画，甚至有些地图可以被认为属于"界画"的范畴。

余定国在《中国地图学史》的第四章"人文学科中的中国地图学：客观性、主观性、展示性"中也对这一问题进行了讨论。作者首先提出"只有采用一个非常狭义的概念来界定地图，才能说 20 世纪以前的中国地图属于定量的传统"①，地图无疑是对自然世界的呈现，但问题在于地图具体的表现方式不一定要建立在客观的计量之上。然后，作者分析了中国古代的艺术与现实的关系，认为中国地图在注重外形相似的同时，也注重美学的表现，同时古代的文学中也注重对于地理现象的描述，注意对现实世界描述的准确性，这点与地图的绘制是相似的，因为"形似"是两者共同追求的目标之一，而且中国古代认为语言和图画具有同样的表现力量。不仅如此，这种表现还应当超越对事物外形的客观描述，而表达一些主观概念，如"气韵"等等，而且客观与主观的表达两者间要互补，也就是艺术与科学的结合，中国古代地图也是如此。基于此，在表现形式上，中国古代的地图与绘画存在很多相似性，如具体的制作工艺，而且更重要的是两者在理论上的关联性，如很多地图采用的就是"图画比例尺"而不是"自然比例尺"（也就是实际比例尺），此外还有不定视点等等，由此余定国提出"地图即画，画即地图"，而且这种关联性一直持续到了王朝末期。基于此，作者提出要重新界定地图，即地图不仅是对客观世界的表现，而且是一种主观体验的表达。最后，作者提出，将地图史研究与艺术史的研究相结合，并且要注意地图在摹绘、仿制过程中对原有信息的伤损和丢失以及当时允许伤损和丢失的程度，并再次强调事实（如实表达）与价值（主观）在研究中具有同等的重要性。

余定国提出的上述认知非常具有价值。地图与绘画，在今人看来存在着绝对的差异，分属于两个完全不同的领域，但在中国古代显然并不是如此，两者有着相同，或者至少存在部分交叠的绘制群体，有着相近的绘制技法，且所描绘的也是相近的对象；就使用目的而言，地图虽然更倾向于服务于实际，但不可否认的就是服务于实际，并不与具有一定的艺术性相

---

① 余定国：《中国地图学史》，姜道章译，北京大学出版社 2006 年版，第 142 页。

矛盾，因此将两者截然分开，是我们今人的一种认知，而这种认知并不符合古人的认知。就像余定国所说"地图即画"，也即地图首先是一种绘画。当然这方面还有待进一步的深入讨论，但这样的讨论应以中国传统文化作为切入点。

第一节 宫殿、园林、陵寝图

一 宫殿、行宫图

1. 宫殿图

现存较早的宫殿地图，应当是1934年在西安小湘子庙街出土的唐代兴庆宫的图碑，通常将其称为"兴庆宫图"，目前该石碑藏于西安碑林博物馆。该图与"大明宫图"刻于一通石碑的同一面，上半部分的"大明宫图"已经断残，仅存望仙门、丹凤门和百官待漏院和一段城墙。根据分析，这幅地图是北宋元丰三年（1080）吕大防命刘景阳、吕大临绘制的，以唐代韦述《两京新记》为本，参以遗址考订而成。图的上方题有"兴庆宫"三字，并注明"每六寸折地一里"[1]。地图上详细标注了兴庆宫中的宫殿、宫门的名称以及宫殿南侧的"龙池"，还有东西向贯穿兴庆宫的一条水渠，"图上共有25处竖排的名称注记，字体端正工整，外围均有方框，既醒目又便于判读，注记排列位置和方法与现代地图完全一致，名称注记有5座宫殿（兴庆殿、大同殿、南薰殿、新射殿、长庆殿），2栋楼房（勤政务本楼、花萼相辉楼），还有堂（龙堂）、亭（沉香亭）、落（金花落）、院（翰林院）和20个门（兴庆门、金明门、通阳门、明义门、初阳门、跃龙门、丽苑门、芳苑门、瀛洲门、大同门、仙灵门、明光门）等注记"[2]。

在南宋末年成书的陈元靓的《新编纂图增类群书类要事林广记》中收

---

[1] 关于"兴庆宫图"的介绍和研究，参见刘家信《〈兴庆宫图〉考》，《地图》1989年第2期，第14页。

[2] 刘家信：《宋碑〈兴庆宫图〉考》，《测绘通报》2004年第4期，第42页。

录有一幅"内城之图"，对北宋东京开封皇城内部的宫殿、衙署、内诸司的位置进行了较为详细的绘制①。

现存最早的北京宫殿图，就是现收藏于日本宫城县东北大学的《北京城宫殿之图》，图幅 99.5×49.5 厘米；1981 年中国国家图书馆据该图静电复印，复印本图幅 100×50 厘米。该图绘制者不详，据推测绘制于明嘉靖十年至四十年（1531—1561）之间，刊于万历年间。图幅纵 99.5 厘米，宽 49.5 厘米，未注明比例尺。此图范围为今北京城的整个内城。图中用形象画法绘制了宫殿建筑、衙署、坛庙、城垣和主要街道，但图中宫殿的比例过于夸张，这种夸张显然并不是测绘的问题，而是绘图者有意为之，而这正符合该图的名称——《北京城宫殿之图》②。

台北"故宫博物院"藏有一幅明嘉靖四十一年（1562）至明末绘制的纸本彩绘《北京宫殿图》，图幅 169×156 厘米，"全图结合立面与平面的形象绘法，表现明代北京皇城及部分内城的宫殿建筑、城垣、城门（楼）、衙署、王府、河湖、苑囿、坛庙、寺观等。按宫城三大殿奉天、华盖、谨身已改为皇极、中极、建极，承天之门未改为天安门，以及图右下立一著明官服男子推测图绘时间约在嘉靖四十一年至明末。本图的重点是形象绘出宫城内的主要宫殿，视图视角自南边高点向北俯视，故越往北边的宫殿建筑看起来越小，自南边的正阳桥、正阳门起，向北依序是大明门、承天之门、端门、午门、皇极门、皇极殿、中极殿、建极殿，一字排开，相当壮观。城楼、宫殿屋顶一律涂上黄色，城垣本身施以粉彩，牌匾蓝底金字，城门、宫门、牌坊全部涂上大红色，宫城地面灰色，其余地面土黄色。图下有霍初阉铎（1875～1934）题记，内容大致叙述三大殿在嘉靖三十六年（1557）为火所焚，四十一年重修更名，以及重修宫殿的最大功臣，吴县人徐杲以普通工匠官至工部尚书的事迹"③。

---

① 关于这幅地图以及基于此对北宋宫殿布局的复原研究，参见李合群等《北宋东京皇宫布局复原研究——兼对元代〈事林广记〉中的〈北宋东京宫城图〉予以勘误》，《中原文物》2012 年第 6 期，第 70 页。

② 对于该图更多的介绍，参见本文第四篇第三章。

③ 冯明珠等主编：《笔画千里—院藏古舆图特展》，台北"故宫博物院"2013 年版，第 74 页。

　　还有《北京皇城宫殿衙署图》，绘制于康熙中期，图幅 238×178.7 厘米，彩绘绢本，墨线勾勒，施以淡彩。上北下南，图幅范围南起大清门，东至东安门，北到地安门，西至西安门，即明皇城三十六铺内的区域。地图中的地形地貌、建筑方位和距离等都有着比较严格的比例关系，推测应当是在实际测绘的基础上，按照比例尺绘制的。该图采用平立面结合的表现手法，道路、水体、城垣、院墙采用平面线性符号绘制；宫殿、门阙、坛庙、衙署、亭台楼阁、桥梁等建筑物用立面象形符号表示。绘制者不详，但据朱竞梅考证，应为清代的宫廷画师。绘制时间，根据图中建筑判断，当在康熙中叶以前。该图绘制之后，一直深藏内宫，直至20世纪30年代，刘敦桢和单士元在检读国立北平图书馆明清舆图时，才无意中发现了该图。20世纪三四十年代，随着北平文物南迁，该图离开北平，辗转运至台湾，现收藏于台湾"故宫博物院"。在中国国家图书馆保存有该图1933 年的摄影本，图幅 27×21 厘米。根据现有的研究来看，《北京皇城宫殿衙署图》与《乾隆京城全图》两者之间存在着一定的关系，如朱竞梅认为在绘制《乾隆京城全图》时，利用了《皇城宫殿衙署图》的制图成果；而《京城全图》的实测方法、图示符号等等，也可能直接受到《皇城宫殿衙署图》的影响。

　　此外，还存在少量清代晚期的宫殿图，如中国国家图书馆藏清道光年间的彩绘本《清宫殿平面图》，图幅 100×175 厘米，"图中贴签注出宫殿、院、馆、楼、园等名称。为避清宣宗（旻宁）讳，凡慈宁宫、坤宁宫中的'宁'字皆缺笔注记"[1]。还有该馆藏清光绪年间的彩色绘本"北京皇城内东南角建筑图"，图幅 134.2×67.6 厘米。

　　2. 行宫图

　　无论是谒陵、出巡，还是避暑、围猎等等，在清朝皇帝出巡路线的沿途和目的地都修建有大量的行宫。在各类行宫中最为著名的就是热河行宫，也就是避暑山庄。这方面的地图数量众多。

　　热河行宫兴建于清代早期，到了康熙四十一年到四十七年（1702—

---

① 北京图书馆善本特藏部舆图组编：《舆图要录——北京图书馆藏6827种中外文古旧地图目录》，北京图书馆出版社1997年版，第106页。

1708)，避暑山庄初具规模，行宫已修建了围墙、宫门、殿宇和湖区。从康熙四十八年到五十二年（1709—1713），避暑山庄进行了扩建，将东面和南面的宫墙外移，扩展了湖区，并将热河正宫区由如意洲移到了万壑松风以南。乾隆时期，对热河行宫进行了大规模的建造与维修，这其中既包括建设新景观，也有对康熙时期建筑的调整，前后构成了72景。在清代晚期之前，由于各朝皇帝都会经常到热河行宫避暑，因此也留下了大量的关于热河行宫（避暑山庄）的地图。

美国国会图书馆所藏清乾隆年间（1736—1775）纸本彩绘、裱装长卷的"热河行宫图"是目前存世较早的热河行宫图，该图图幅119×226厘米，"以鸟瞰式全景画形式描绘清朝热河行宫（避暑山庄）及其周围山水胜境与庙宇。行宫内外所有建筑物与外八庙均贴黄签，墨书名称……该图绘制精细，行宫内外建筑均具名贴签。乾隆四十年（1775）在山庄内建成'文渊阁'，专藏《四库全书》，图内没有标绘，故推断此图应绘制于1775年之前"①。该馆还藏有清光绪年间管念慈绘制的纸本彩绘、裱装长卷的"热河行宫全图"，图幅119×246厘米，"以鸟瞰式全景画形式展现清代热河行宫（避暑山庄）及其周围环境和庙宇。行宫内的建筑物与外八庙均贴黄签，墨书名称；行宫外的附属建筑设施、山岭、村庄、桥梁贴红签，墨书名称……本图作者管念慈（？—1909），苏州画师，善画山水、人物、花鸟，光绪年间召入内廷。晚年侨居上海，与友人同绘《点石斋》画报。'热河行宫全图'色彩绚丽，应是其被召入内廷时期所绘，绘制时间不会早于光绪元年（1875），也不会晚过1909年"②。

田萌曾经对这两幅地图进行过研究，"从绘画技法来看，两幅行宫图的画风都比较严谨，视野比较开阔，有很明确的散点透视感，介于工笔和写意之间，基本上以勾线为主，再在勾好的线上施以墨色皴出山水的肌理感，最后用墨点苔。两幅图中用到了很多皴法，包括披麻皴、折带皴等典型的国画技法。具体来说，山体和树木多用皴法，而在表现房屋时仅用简洁的线稿。虽然这两幅图为行宫图，但和明清的大部分山水画一样，主要

① 李孝聪：《美国国会图书馆收藏中文古地图叙录》，文物出版社2004年版，第120页。

② 李孝聪：《美国国会图书馆收藏中文古地图叙录》，文物出版社2004年版，第121页。

也是采用石青、石绿等色渲染，应该也属于青绿山水系，树木用墨点和染或用藤黄染，房屋则用不同浓度的朱砂分染和罩染"①；"纵观《避暑山庄》全图和《热河行宫图》，其画风基本一致，绘图技巧与旨趣也一脉相承，都是皇家宫廷绘制并收藏的地图，以供帝王御览之用，地图上的标签有很强的指示作用，全图类似于今天游览导视图的功能。清朝有一个类似于前代画院的专门机构——如意馆，其中有作画画家和装裱工匠、其他工艺美术工匠，所绘之图应属于内务府造办处。根据《清宫热河档案》的记录，如意馆经常会向皇帝进奏热河行宫的画作，大多为各个景点单独的图样。笔者推测，《行宫全图》也应该和管氏全图一样，是如意馆画师所作，管念慈即如意馆画师亦可证实。但如前文所述，管氏《全图》在绘制的精确度方面要比《行宫全图》相差不少，加之清朝后期早已不再遵循秋狝之制，偶然临幸避暑山庄也是迫不得已的避难之举，如咸丰皇帝。所以避暑山庄在清后期已经失去了其辉煌的地位，山庄也逐渐衰败以致屡遭破坏。绘于光绪年间的管氏《全图》给人金碧辉煌之感，这与管念慈本人技法和当时掌握实权的慈禧太后的喜好有很大的关系……结合图中讹误之处，推测这幅地图是描摹前代相关的行宫图结合文献绘制的"②。

中国第一历史档案馆也藏有一幅乾隆年间的纸本彩绘的《热河行宫图》，该图图幅147×273厘米，详细描绘了行宫和外八庙宏伟优美的布局和建筑。

中国国家图书馆藏有多幅热河行宫图，其中时间最早的当数清乾隆年间钱维城绘制的彩绘本"避暑山庄全图"，图幅141.5×224厘米，"采用传统形象画法，生动地描绘了承德离宫与外八庙及附近山水胜景全貌。以红、黄签分别标出康熙四字题名的36景和乾隆三字题名的36景"③。此外，还藏有一幅据清初刻本摄制的"避暑山庄鸟瞰图"，1幅，图幅11.2×19.5

---

① 田萌：《古舆图之行宫图初探》，李孝聪主编《中国古代舆图调查与研究》，中国水利水电出版社2019年版，第486页。

② 田萌：《古舆图之行宫图初探》，李孝聪主编《中国古代舆图调查与研究》，中国水利水电出版社2019年版，第488页。

③ 北京图书馆善本特藏部舆图组编：《舆图要录——北京图书馆藏6827种中外文古旧地图目录》，北京图书馆出版社1997年版，第154页。

厘米，"采用工笔画法绘制，无名称注记"①。还有，清光绪年间彩绘本《热河百景合幅图》，1 幅分切 2 张，图幅 101.8×202.9 厘米；清光绪年间彩绘本《热河行宫图》，图幅 200×360 厘米；清光绪年间彩绘本《避暑山庄全图》，图幅 211×383 厘米；以及清宣统年间马绶权绘制的彩绘本《避暑山庄图》，图幅 122×243 厘米。

除了热河行宫图之外，还存在多种描绘乾隆南巡时驻跸过的江南地区行宫的地图，如：

北京大学图书馆藏《行宫坐落图》，1 册，线装刻本，"主要描绘的是乾隆南巡时期江南主要行宫和名胜，包括徐州府柳泉行宫、云龙山行宫、龙泉庄行宫、顺河集行宫，淮安府桃源县境内的林家庄行宫、陈家庄行宫和清河县境内的杨家庄行宫、河神庙坐落、惠济祠，扬州府境的天宁寺行宫、万寿重宁寺、高旻寺行宫、金山行宫、焦山坐落，苏州府境的苏州行宫，镇江府钱家港行宫，江宁府境内的龙潭行宫、栖霞行宫、江宁府行宫、汉府。对比台北'故宫博物院'藏《行宫坐落图》，笔者发现，绝大部分内容是相同的，行宫的刻画也完全基本一致，相同行宫应该用的是同一刻板。不同之处在于，北京大学的版本全部用彩色渲染，台北藏版中前半部分为彩色，后半部分则未着色，似乎没有完成。不过，在北京大学所藏的版本中的有杨家庄行宫，台北藏版中没有，而是以桂家庄行宫代之。下文中将谈到乾隆第五次南巡时本驻跸于桂家庄，第六次则以杨家庄取而代之，所以从时间上来看，北大版时间略晚"②。

还有法国国家图书馆藏"江南行宫全图"，该图于清乾隆年间，纸本色绘，由 22 幅鸟瞰景致图折叠分装成册，各具图题，每页 15×7 厘米，总图幅为 15×1988 厘米；最后三折为苏州府、上元县和江宁府的名胜古迹。英国图书馆藏钱维城"乾隆南巡驻跸地景致图"，同样绘制于清乾隆年间，绢本色绘，23 帧装裱成册，各具图题，每帧 26×33 厘米，绘制了苏州至宿迁运河河段的 23 处行宫。

---

① 北京图书馆善本特藏部舆图组编：《舆图要录——北京图书馆藏 6827 种中外文古旧地图目录》，北京图书馆出版社 1997 年版，第 154 页。

② 田萌：《古舆图之行宫图初探》，李孝聪主编《中国古代舆图调查与研究》，中国水利水电出版社 2019 年版，第 494 页。

比较特殊的就是中国科学院图书馆藏清乾隆四十四年（1779）或四十八年（1783）绢底彩绘《行宫名胜园亭总图》，图幅 50.2×91.8 厘米，"此图右起黄河与洪泽湖，左止于长江及以南的镇江府，描绘了运河沿线的城池、山川、湖泊、桥梁、祠庙、营汛、名胜古迹等，重点突出了扬州城西北的天宁寺、观音山、平山堂等地，并用山水画的技法夸张地放大。文字注记与各种建筑、山体亦无固定方向，而是随使用人的视角而旋转。注记还记载了各处行宫之间的路程"，"从内容来看，此图应是为皇帝南巡所使用。清代皇帝每次出巡前，均要求沿途官员将所要经过或驻跸地区的地图和行宫的画样事先呈送，以备皇帝了解或奏请修缮，此为常制。该图即遵制而绘"。①

二　"三山五园" 图②

京西海淀是华北平原西北部的边缘地带，是永定河冲积平原的组成部分。由此形成西部、北部为山地，东部、南部为平原的地形特征，成为清代皇家园林得天独厚的地理优势。三山五园陆续在这里建成，成为海淀最深刻的历史印记。中国国家图书馆藏"三山五园"图详细绘制了西郊园林和驻军旗营情况，为我们了解清代皇家园林提供了直观而丰富的信息。

（一）"三山五园"地图的版本及视角

中国国家图书馆藏"三山五园"地图共有五幅，分别是《三山五园外三营地理全图》《五园图》《西山图》《西郊图》《五园三山及外三营图》。这五幅地图均采用形象画法绘制，都属于山水园林地图。此处首先要解决的就是五幅地图的版本、绘制年代等基本问题。

五幅地图中明确标注作者和绘图年代的是《五园图》③ 和《三山五园外三营地理全图》。

《五园图》为彩绘本，画面呈灰褐色，详细绘制了京西园林建筑、守

---

① 孙靖国：《舆图指要：中国科学院图书馆藏中国古地图叙录》，中国地图出版社 2012 年版，第 174 页。

② 这一部分的作者为中国国家图书馆古籍馆的任昉霏。

③ 国家图书馆书目检索系统中，这幅地图命名为《五园三山及外三营图》。

军营盘、寺庙、村落及水系情况，并标注了建筑名和地名。其中，一些重要地点附有图说。这幅地图的左下角有作者用小楷书写的落款"甲辰端阳中浣常印恭绘"。原图没有图名，后经人装裱，另题写图名与跋文记："五园图，乙卯夏得于厂肆，画虽不佳，尚是圆明园未火前旧本，景物里在足资考证，故与避暑山庄图并存之。钟某识"。根据地图上保存的信息来看，地图的作者是常印，绘制时间是甲辰年五月中旬。晚清甲辰年包括1844和1904两个年份。根据地图的中心区域标注颐和园①，确定《五园图》的绘制时间是光绪三十年（1904）。另根据跋文提示，本文将这幅地图暂定名为《五园图》。

《三山五园外三营地理全图》②同样是彩绘本，画面呈黄褐色，绘制内容与《五园图》相似。在地图的左侧有一图说："此图为三山五园外三营地理全图，□□观者一见便知。时在丁酉年嘉□□上卫香山常印恭绘。"根据这条图说，地图的作者仍是常印，绘制年代为农历丁酉年即光绪二十三年（1897），图名是《三山五园外三营地理全图》。这幅地图是国家图书馆藏"三山五园"地图中年代最早的一幅。

另外三幅"三山五园"地图没有写明作者和绘制年代，这里只能通过图中信息对绘图时间作大致判断。

《西山图》为单色刻印本。这与大多数山水园林地图的浓墨重彩形成鲜明对比。与《五园图》相比，《西山图》出现了多处新的地名变化，见表8-1。

表8-1　　　　　　　　　　《西山图》中出现的新地名

《西山图》地名	名称变化时间	备注
试验场西门	1906	乐善园，1906年划为农事试验场
西直门火车站	1906	名为京张铁路西直门车站，1906年8月竣工
（京张）铁路	1905—1909	1905年9月开始修建，1909年建成
静宜女学校	1920	1920年10月3日香山慈幼院成立，1953年迁入新校址

① 颐和园是光绪十四年（1888）重建后对清漪园的改称。
② 国家图书馆书目检索系统中记录为这一图名。

续表

《西山图》地名	名称变化时间	备注
禁卫军司令部	1912—1928	1912 年 9 月，禁卫军司令部改制，出台的《禁卫军军师协司令处人员职掌规则附编制表》，悬挂五色旗。1914 年，禁卫军改编为北洋陆军第十六师。直到东北易帜改换青天白日满地红旗
工厂	1904 年之后	《五园图》中不见
烟囱	1904 年之后	《五园图》中不见
宪兵营	1912—1928	清末民初设置的员警队，维持京畿治安
禁卫军□坟碑	1912—1928	

　　如表所示，《西山图》中的地名变化集中在 1906—1928 年之间，也就是清朝末年和北洋政府统治时期。根据五色旗的出现推测，地图绘制于北洋政府统治时期。另据禁卫军司令部图说："司令部后，前石幢，系前清畅春园集凤轩纪事考，乾隆戊辰九月夫西门楼集侍卫校射，上亲发二十矢中十九矢，有集凤轩纪事诗刻石，今为古迹之。"也可判断此图绘制于民国时期。此外，静宜女学校的标注，将地图的绘制年代上限压缩在 1920 年以后。静宜园在 1920 年至 1948 年专供香山慈幼院使用。慈幼院女校在静宜园宫殿区，也就是地图中标注的地点。据此，《西山图》的刻印年代应在 1920 年静宜女校建立之后，1928 年东北易帜，五色旗退出历史舞台之前。

　　《五园三山及外三营图》为彩绘本，全图以灰黑色为主色，特定的建筑以橙红色绘制，辅以淡蓝色的水波纹，画面简约，线条清晰。与前几幅"三山五园"地图比较，这幅地图没有标注重要地点历史变迁的图说，仅标注了地名信息。地图中出现了与《西山图》相似的地名变化，比如农事试验场、静宜女学校、（京张）铁路等。根据这些地名变化，《五园三山及外三营图》的绘制时间可以确定在 1920 年以后。此外，这幅地图又出现了一些《西山图》中没有标注的地名，见表 8－2。

表 8 – 2　　　　　　　　　《五园三山及外三营图》中出现的新地名

《五园三山及外三营图》地名	名称变化时间	备注
清华园车站	1910	宣统二年（1910）詹天佑建，是京张铁路出京的第一站
清华园	1911	清政府外务部为游美学务处上奏建设肄业馆，改名为清华学堂，1911 年开学
清华园礼堂	1917—1920	1920 年建成，由美国建筑师亨利·墨菲设计
第四工厂	1904	《西山图》中不见
第五工厂	1904	《西山图》中不见
（香山）电话局	1949	1949 年 3 月初，中共中央从西柏坡迁至香山，北平电信局组建香山专用局，位于香山慈幼院理化馆①
玉泉旅馆	1912—1949	民国时期，玉泉山南门一带建起了玉泉旅馆，玉泉山辟为公园。建国初，静明园被国家机关占用

　　根据清华园各处标注，特别是清华园礼堂，可以将地图的绘制时间确定在 1920 年以后。此外，玉泉旅馆和（香山）电话局的出现，将地图的绘制年代确定在 1949 年北平解放前夕。所以，这幅地图不是清末的作品，也不可能是马缘权绘制的版本②。

　　《西郊图》③ 与《五园三山及外三营图》极为相似，彩绘本。全图以青色和黑色为主色，配色淡雅清秀。图中标注地名，没有图说。《西郊图》新出现的地名，见表 8 – 3。

表 8 – 3　　　　　　　　　《西郊图》中新出现的地名

《西郊图》地名	《五园三山及外三营图》地名	《西山图》地名
静宜女学校（1920）	静宜女学校	静宜女学校
清华园（1911）	清华园	
试验场（1906）	农事试验场	试验场西门

---

① 马树林：《北京电话图志——民国 1912—1949》，北京市电话局 2000 年版。
② 国家图书馆书目检索系统显示为光绪末年马缘权绘。
③ 国家图书馆书目检索系统中，绘制时间为民国初年（1912），作者不详。

续表

《西郊图》地名	《五园三山及外三营图》地名	《西山图》地名
	清华园车站	
		西直门火车站
	（香山）电话局	
玉泉饭店（1912—1949）	玉泉旅馆	
	第四工厂	
	第五工厂	工厂
禁卫军司令部（绘出）		禁卫军司令部（标注）
（京张）铁路（1905—1909）	（京张）铁路	（京张）铁路
烟囱（1904）	烟囱	烟囱
	清华园礼堂	

根据《西郊图》地名信息变化，地图的绘制时间应由出现最晚的地名决定。所以《西郊图》的绘制年代上限由静宜女学校的建校时间来确定，也就是1920年。绘制年代的下限由玉泉饭店为限，应在1949年之前。

五幅地图绘制时间有一定差异，但都选用了相同的视角和构图方式。地图的视角是由东部平原向西山方向侧俯视。这样的视角人为地将京西区域东西间距离拉近、南北间距离拉长。从开阔的平原向陡峭的山峰逐层描绘，气势恢宏，又不影响每个皇家园林的全景展示，可以说是最佳的视角选择。相比之下，按照现代的制图规则，上北下南的俯视视角以及抽象的符号画法，西郊园林远没有形象画法展现的规模和气势。当采用同比例绘图时，三山五园东西之间的跨度远大于南北之间的距离。如此，圆明园、畅春园和颐和园之间显得十分拥挤。相反，静明园与静宜园之间的大片空地完全展露。这种视觉差异在"三山五园"地图中是感觉不到的。东西向侧俯视，拉开了圆明园、畅春园、颐和园的间距，各个园林间距舒朗很多。这种视角同时隐藏了静明园与静宜园之间的空地，使整幅画面更加紧凑。

（二）"三山五园"地图之"五园"对比

1. 畅春园区域

畅春园，康熙时期兴建，是清朝前期"避喧听政"的政治中心，在光绪年间已经破败不堪。国家图书馆馆藏五幅"三山五园"地图均是畅春园衰败以后绘制。

《三山五园外三营地理全图》和《五园图》按照畅春园盛期的园林场景绘制。其中，《五园图》的绘制最详细。画面上，宫殿建筑分为东、中、西三路。中路建筑是主体，东路和西路建筑处于次要地位。宫殿建筑并未全部绘制，主体建筑基本绘制完整，特别是与政务和祭祀有关的建筑，比较突出。

《三山五园外三营地理全图》对畅春园的画法比较简单，园内范围没有《五园图》大。整体来看，园子东南角边墙收缩，园内北半部的水面明显大于《五园图》，建筑在园内所占区域缩小。园内建筑也可以分为东、中、西三路，但建筑的数量、规模和详细程度均比《五园图》简略。《三山五园外三营地理全图》突出画出园内与听政、祭祀相关的建筑。地图中将恩佑寺和恩慕寺的位置标注错误，一定程度上说明作者对畅春园情况并不十分熟悉。而在《五园图》中，常印修正了这个错误。

《西山图》《西郊图》《五园三山及外三营图》对畅春园区域的画法，除恩佑寺和恩慕寺外，仅有四组建筑，其余就是大片被河流环绕的空地。《西山图》真实反映了北洋政府统治时期畅春园区域的旧貌。图中绘制的四组西式建筑，以禁卫军司令部[①]为主体。其余三组西式建筑推测应为同时期驻扎在此地的冯玉祥国民军第十一师、万福麟五十三军和宋哲元二十九军等军队。大片空地成为北洋驻军的练兵场。《西郊图》和《五园三山及外三营图》的畅春园区域更为荒凉。虽然绘制了恩佑寺、恩慕寺和四组建筑，但所有建筑均没有标注地名，而且四组建筑由西式画法重新改为中式硬山顶的样式。这种变化也是对畅春园旧址的客观反映。北洋政府衰落以后，驻军营盘凋敝，原有军队驻地废弃。据可靠记载，日伪时期，畅春园被开辟成农田，再也不复当年的盛况。

五幅地图对畅春园区域的画法差别巨大。光绪年间，面对破败的园子，士人常印想尽办法去做复原。这种绘图背后隐藏着晚清文人对当时政局的复杂情感。辛亥革命以后，士人对清朝已不再有幻想，忠实记录畅春

---

① 辛亥革命以后，根据《清室优待条例》，禁卫军保留原编原饷，归陆军部编制，冯国璋兼统。1914 年，禁卫军改编为北洋陆军第十六师。

园旧址的原貌是他们最好的选择。

2. 圆明园区域

五幅地图对圆明园区域的画法，比畅春园更值得琢磨。英法联军火烧圆明园和八国联军对西郊园林的再次破坏，圆明园早已荒无人烟。"三山五园"地图的绘制时代，真实的圆明园除了残垣断壁就是大片空地。但与畅春园区域画法不同的是，五幅地图无一例外地画出了圆明园当年的盛景。

《三山五园外三营地理全图》和《五园图》主要绘制了圆明三园中的圆明园，展现了雍正时期的原貌。《五园图》圆明园区域画出了乾隆皇帝钦定的圆明园四十景并加以标注，四十景外其他建筑都没有画出。此外，在圆明园东南角院墙处，画出正觉寺。而正觉寺是火烧圆明园后幸运保留下来的建筑。可以说《五园图》中的圆明园大都是想象中的景色，写实景致仅有正觉寺一处。在圆明园四十景的描绘中，许多建筑位置与实际相差较大①。这一方面反映了作者强烈复原圆明园盛景的愿望。另一方面，由于对景点认识模糊不清，导致了画出的建筑位置失真。

《三山五园外三营地理全图》圆明园区域绘制较为简略。这幅地图展现的圆明园，水面区域大，建筑分布稀疏。图中标注共计十五处，除正觉寺外，均属于圆明园四十景②。这些景色既有处理政事的宫殿，也有独具特色的祭祀、休闲场所。图中位置绘制错误的建筑有八处③，可以说大部分建筑的位置都画错了。

《西山图》中圆明园区域包括圆明园、长春园和正觉寺。圆明园内画出四十景中的三十景④，另绘不在四十景范围内的舍卫城和文渊阁。长春

---

① 包括涵虚朗镜（境）、夹镜鸣琴、鱼跃鸢飞、多稼如云、廓然大公、澡身浴德、水木明琴（瑟）、淡泊宁静、映水兰香、濂溪乐处、武陵春色、鸿慈永祜、汇芳书院等。

② 这十四处分别是万方安和、多稼如云、坦坦荡荡、鸿慈永祜、淡泊宁静、别有洞天、汇芳书院、映水兰香、夹镜鸣琴、涵虚朗鉴、北远山村、正大光明、勤政亲贤和九州清晏。

③ 包括万方安和、别有洞天、坦坦荡荡、鸿慈永祜、淡泊宁静、别有洞天、汇芳书院、映水兰香。

④ 包括正大光明、勤政亲贤、九洲清晏、镂月开云、天然图画、碧桐书院、茹古涵今、长春仙馆、万方安和、山高水长、月地云居、鸿慈永祜、汇芳书院、日天琳宇、映水兰香、濂溪乐处、多稼如云、鱼跃鸢飞、西峰秀色、四宜书屋、方壶胜境、澡身浴德、梦（平）湖秋月、蓬岛瑶台、接秀山房、别有洞天、夹镜鸣琴、涵虚朗鉴、廓然大公、洞天深处。

园内大部分建筑均画出①。图中虽未标注西洋楼，但却将西洋楼准确地画
在长春园内北侧。万春园内仅画出正觉寺一处。《西山图》对圆明三园的
建筑标注几乎没有错误，这与常印画形成了鲜明对比。

《西郊图》同样画出了圆明三园，但圆明园面积明显缩小，长春园和
圆明园南宫门外水面和空地扩大。圆明园内景色绘制简单，共画出圆明园
三十一景②。此外，园内还绘制标注了玲峰、文渊阁、舍卫城三处不属于
四十景的建筑。长春园内大片水面零星绘有几处建筑，其中标注名称的仅
有海岳开襟、熙春洞两处，西洋楼景区完全没有画出。万春园仅绘出正觉
寺一处。长春园的绘制简略，园内区域显得十分空旷。

《五园三山及外三营图》对圆明园区域的绘制明显比《西郊图》详细，
对长春园和万春园的画法与《西郊图》相似，在大片的水面中零星画出几
处建筑。标注的建筑更少，仅有海岳开襟、狮子林、熙春洞和正觉寺四
处。圆明园中绘制四十景中的三十八景，仅有洞天深处和濂溪乐处没有标
注。除此之外，园内还绘出标注了一些不属于圆明园四十景的建筑③。

总结五幅地图圆明园区域的特征：第一，光绪年间绘制的地图，展现
的是雍正时期圆明园的面貌。民国时期绘制的地图，展现了圆明三园的全
貌。第二，光绪年间绘制标注园内景色，均属于圆明园四十景范围之内，
且部分建筑的位置绘制错误。民国年间绘制标注建筑既包括圆明园四十
景，又包括不属于四十景的建筑，所有建筑位置基本准确。第三，万春园
的画法，均绘制保存下来的正觉寺，其余建筑均未画出。第四，《西郊图》
和《五园三山及外三营图》对长春园的画法基本上保持了 1860 年至 1900
年之间长春园的旧貌。第五，五幅地图对圆明园的画法均是基于想象。第

① 包括淡怀堂、众翠亭、云容水态、含经堂、淳化轩、海岳开襟、法慧寺、宝相寺、敦素
堂、如园、鉴园、玉玲珑、正谊明道、狮子林、纳景堂、占峰亭。
② 圆明园内绘制的景色包括正大光明、勤政亲贤、九州清晏、长春仙馆、山高水长、慈云
普护、上下天光、杏花村馆、万方安和、月地云居、鸿慈永祜、洞天深处、镂月开云、天然图画、
碧桐书院、坐石临流、水木明瑟、汇芳书院、濂溪乐处、澡身浴德、廓然大公、北远山村、多稼
如云、西峰秀色、平湖秋月、蓬岛瑶台、别有洞天、峡镜鸣琴、接秀山房、涵虚朗鉴、方壶胜境，
共三十一景。
③ 包括春雨轩、紫碧山房、断桥残雪、柳浪闻莺、玲峰、文渊阁、天地一家春、舍卫城、
安澜园、北□正宇、瀛海仙山，共十一处。

六,五幅地图同时绘制并标注的地点有鸿慈永祜、万方安和、正大光明、汇芳书院、九州清晏、勤政亲贤、涵虚朗鉴、夹镜鸣琴、别有洞天、多稼如云、正觉寺。这些地点具有明确的听政、祭祀和休闲功能,也是圆明园内最具代表的建筑。

五幅地图对圆明园区域的画法相似,且年代越晚,画面反映的内容越详细。这种画法反映了国人对圆明园的惋惜之情既痛亦重。这种感情早已超越了晚清和民国的时代差异。直至当代,火烧圆明园的印记仍被人深深铭记。

3. 静明园区域

五幅地图对静明园区域的画法差别不大,绘图范围展现静明园平地及山峰东麓的园林景色。从画面繁简程度上看,《五园图》对静明园的绘制最为简略。这与《五园图》对畅春园、圆明园区域绘制详细形成强烈反差。根据图中绘制建筑判断,五幅地图展现的应该是英法联军火烧西郊园林以后,光绪朝重修静明园的景色。以往学者研究认为,第二次鸦片战争以后,静明园经历了两次大规模重修①。大部分重修建筑被标注在地图之上,而没有修葺的建筑大都在地图中不见。五幅地图均标注的景色有南宫门、廓然大公、芙蓉晴照、华滋馆、华岩寺、香岩寺、峡雪琴音七处,均是重修静明园时复原的建筑。竹炉山房和第一凉两个没有重修的建筑被画在图中,是虚实结合的画法。

4. 静宜园区域

静宜园在香山东麓,园内由两道界墙隔开,分为内垣、外垣和别垣三部分,园子最外一周界墙将静明园与其他区域分开。五幅地图均画出了静宜园最外围界墙,但对园内的画法有一定差异。据记载,静宜园于咸丰十年(1860)和光绪二十六年(1900)两次遭受破坏之后,原有建筑物除见心斋和昭庙外,都已荡然无存。五幅地图画出了静宜园的全貌,反映了英法联军火烧西郊园林之前的景色。据统计,五幅地图共标注静宜园二十八

---

① 杨菁、王其亨:《解读光绪重修静明园工程——基于样式雷图档和历史照片的研究》,《中国园林》2012 年第 11 期,第 117—120 页。

景中的十七景①。

《三山五园外三营地理全图》和《五园图》对静宜园的画法及标注相似。第一，园内仅画出分隔外垣和别垣之间的界墙。内垣、外垣没有明显区分，看似一个区域。第二，两幅地图在绘制园内建筑和标注方式的选择上基本一致，园内建筑标注详细。静明园内宫殿区（内垣）建筑占据园内主要位置。其中，《三山五园外三营地理全图》对宫殿区的画法最详细，《五园图》对宫殿建筑的标注最详。

《西山图》《西郊图》《五园三山及外三营图》对静明园的画法和标注相似。第一，除静明园最外一周界墙外，园内两道界墙均清晰画出。内垣、外垣和别垣三部分的分界和每个区域内的建筑区分明显。静宜园在整幅地图所占比例增大。第二，园内建筑和标注方式与常印地图也不相同。这三幅地图绘制宫殿的数量远多于常印绘图，但标注名称的建筑却较少。此外，这三幅地图还标注了园内重要景色。第三，这三幅地图加入了静宜女学校、电话局等少量写实的地点标注。

5. 颐和园区域

颐和园是地图中绘制最详细的区域，主要展现了昆明湖及万寿山东麓建筑。由于侧视角度的变化，五幅地图按照年代早晚，昆明湖和万寿山宫殿区在画面上的所占比例发生了此消彼长的变化。《三山五园外三营地理全图》昆明湖最大，占颐和园区域幅面的三分之二，万寿山仅画出东麓南面宫殿区部分，占画面的三分之一。宫殿建筑采用由东向西的侧视视角绘制，建筑多展现东侧及屋顶。《五园图》昆明湖所占幅面缩小，万寿山宫殿区扩大，二者所占比例相当。万寿山宫殿区绘制精致，标注详细。宫殿区建筑仍由东向西绘制。

民国时期的三幅地图，昆明湖继续缩小，万寿山区域扩大，万寿山宫殿区已占据图面的大半部分。万寿山宫殿区的变化表现在：第一，万寿山宫殿区建筑基本上采用由南向北的侧视视角绘制，大部分建筑可以看见建筑南侧正面。第二，增绘了仁寿殿以北的宫殿建筑，包括德和园大戏楼、

---

① 包括勤政殿、丽瞩楼、绿云舫、虚朗斋、璎珞岩、栖云楼、香山寺、来青轩、霞标蹬、玉孔泉、绚秋林、雨香馆、芙蓉坪、栖月崖、重翠庵、玉华岫、森玉笏。

谐趣园等。第三，万寿山前山，特别是佛香阁两侧山坡上建筑绘制详细。如佛香阁东侧写秋轩区域、西侧石舫附近区域等。第四，昆明湖景色没发生太大变化，建筑之间更加紧凑。与常印图最大的区别是昆明湖区域视角发生了变化。光绪年间地图视线是由昆明湖东侧铜牛至文昌阁一线向西看，而民国年间地图视线集中在廓如亭到绣漪桥之间。这样的视角差异导致画面中十七孔桥的画法不同：前者看到的是十七孔桥的北侧，后者看到的是桥的南侧。

五幅地图绘制的颐和园均是光绪年间重建后的景色。由于国力所限，光绪朝集中修复万寿山前山建筑群。这与图中的绘制区域十分相似。特别是《三山五园外三营地理全图》，真实地反映了1884—1895年间颐和园重建的成果。图中文昌阁城楼为两层，这是由于经费紧迫，改建时将原有三层城楼减为两层的结果。《五园图》中文昌阁画成三层，是清漪园时期的文昌阁的样式。而这幅地图同时标注了近代化特征的颐和园电灯所（1904）①。这种虚实结合的画图方法，再次反映了作者复杂的情感。民国年间的三幅地图对文昌阁的画法均是两层城楼的样式。另外，五幅地图乐寿堂均画成单檐建筑，也是复建之后的样子。

《三山五园外三营地理全图》对颐和园的绘制也出现了标注错误。昆明湖上的几座桥，从南向北的顺序依次是界湖桥、景明桥、练桥、镜桥，而这幅地图的标注顺序却是镜桥、景明桥、界湖桥、练桥。从画面来看，桥的样子绘制基本正确，但标注名称错误。这与此幅图对恩慕寺和恩佑寺的标注错误情况相似。

（三）"三山五园"地图的特点

1. 主与次

"三山五园"在整幅画面的布局上，非常注意区分各个区域的主与次，

---

① 丁辉：《京城亮起的第一盏电灯：慈禧太后寝宫仪銮殿电灯》，《北京日报》2012年9月5日。光绪十六年（1890），在颐和园宫门外东南角的耶律楚材祠南侧，建立了颐和园电灯公所，供给颐和园电灯照明。八国联军进京，颐和园的发电机组及电灯设备被毁坏。光绪二十八年（1902）清政府重修颐和园电力设施，于光绪三十年恢复电灯照明。《五园图》上，颐和园文昌阁的北面、宫门外侧，有一处建筑屋顶清晰标注"电灯"二字。此处建筑与记载中的颐和园电灯公所位置吻合。电灯所的标注，既印证了地图的绘制年代，又反映了清末民初近代化进程的细节。

五园之间、五园与三山之间、三山五园与其他园林之间、园林与驻防旗营之间、园林与其他建筑及村落之间、园林与水系之间均做到了主次分明，突出主体的效果。这与作者绘图视角的选择和突出颐和园的绝对主角地位有关。

五园之间，颐和园处于画面的中心区域。它既是五园的中心，又是整幅画面的中心。颐和园区域在整幅地图中所占面积最大。以颐和园为界，东侧分布着两座平地园林畅春园和圆明园，西侧则是两座山地园林静明园和静宜园。圆明园和静宜园是五园中的主要配角。光绪年间的两幅地图，圆明园画出雍正时期的盛景，所占区域较大。民国年间的三幅地图，圆明园区域画出了圆明三园，但画面所占面积有所缩小。静宜园区域所占幅面正好与圆明园相反。光绪年间两幅地图，静宜园在画面上的范围较小，标注信息也比较简单。民国年间三幅地图，静宜园的表现区域扩大。静明园绘制区域变化不大，面积小于圆明园和静宜园。但静明园占据了颐和园和西山之间大片区域，主要为了凸显颐和园的壮丽景色。畅春园在五园中居于最次地位，无论是所占幅面还是园内建筑均可看出差距。光绪年间两幅地图画出了畅春园的盛况，但与其他四园相比仍较单薄。民国三幅地图畅春园区域已不再画园林，这种对比就更为明显了。三山作为五园的依附屏障，与五园相比，处于次要位置，成为展示五园景色的背景。而三山之间，以居于近处中心的万寿山为主体。香山与庞大的西山山脉组成了画面的背山，是三山中次要表现的山脉。玉泉山夹在万寿山和香山之间，绘制规模最小，处于三山中最次位置。

画面中除了三山五园以外，还有其他园林、驻防旗营、河流水系、名胜古迹、村庄道路等。其他园林包括乐善园（农事试验场）、紫竹院、清华园（花园）、鸣鹤园、碧云寺、普觉寺等。与五园相比，这些园林散布在画面四周，所占面积小，无法与五园相提并论。这也是突出五园的构图需要。驻防旗营环绕在五园周围，是三山五园之外画面最有必要展示的部分。整幅地图的南、北两侧，是旗营的两片主要驻守区域。驻防营盘分布分散，画面中火器营八旗和西山健锐营八旗成为旗营最集中的区域。具体来看，光绪年间两幅地图对外三营的绘制远比民国时期三幅地图详细。但圆明园护军营因为保卫区域范围大，旗营分散①，地图无法集中展示，只能在三山五园周围，绘出旗营并标注。另外一些与旗营地位相似的建筑是京西古迹，特别是与皇家相关的建筑，如西直门、真觉寺、万寿寺、觉生寺等。这些地点绘制精细，虽不占据图面主要位置，却是西郊地位的象征。河流水系与大面积的水域是海淀的特色，地图中对水系的绘制也较为详细，水系和道路的走向穿插在三山五园之间，成为地图中不可缺少的次要因素。村落在画面中处于最为次要的地位，成为三山五园及外三营的参照标志物。

2. 虚与实

五幅"三山五园"地图无一例外采用了虚实结合的画图方式。从宏观看，颐和园、静明园在光绪年间重建，作者对这两个园子基本上采用写实的画法。圆明园和静宜园被毁后没有重建，地图中对它们的画法基本上是虚构复原的画法。最特殊的是畅春园，光绪年间地图采用虚构复原的画法画出全貌，而民国年间地图采用写实的画法，直接展现军营和空地。从细节看，在写实的园林中包含一部分虚构的建筑。比如静明园的竹炉山房、第一凉，《五园图》颐和园文昌阁城关的三层城楼等。在虚构复原的园林中同样包含一部分写实的建筑。比如畅春园区域的恩佑寺和恩慕寺，圆明园区域的正觉寺和海岳开襟等。

除了画面表现出的虚实结合之外，颐和园万寿山西北侧、静明园玉泉山西麓一些被毁区域并未复建，但由于地图视角的选择，这些区域被山遮挡住了，破败景色不必写实径直就虚的选择来实现，实在是明智的选择。

3. 对与错

画法和标注错误在传统绘图中十分常见。五幅地图也有类似问题。归纳起来，"三山五园"地图在以下方面值得商榷。

建筑位置及建筑间相对位置绘制错误。这种情况主要出现在《三山五园外三营地理全图》和《五园图》中圆明园四十景的绘制与标注和实际位

---

① 北达马连洼、黑山扈，西至玉泉山静明园，南达长河边的东冉村、蓝靛厂，东至中关村、五道口一线。八旗驻防区域分配得极为合理。北部侧重，设四旗驻防，西北部设两旗，东南两向因靠京城，仅各设一旗。

置差别较大。同样的错误还有《三山五园外三营地理全图》畅春园恩佑寺和恩慕寺的位置标注错误，颐和园昆明湖中桥的位置标注错误等。

地图标注中出现了许多别字。其中《五园图》中的别字最多，其他地图中别字零星出现。《五园图》中出现的别字有集咸（贤）院、高亮桥、涵虚朗镜（境）、水木明琴（瑟）、楼（镂）月开云、坐诗（石）临流等。《三山五园外三营地理全图》的一些别字在《五园图》中做出了修正，如玉阑堂改注为玉澜堂等。民国时期的三幅地图中，零星的别字包括梦（平）湖秋月、峡（夹）镜鸣琴等。

视角的不一致。这种情况主要出现在民国年间的地图上。由东向西侧俯视的视角，在颐和园万寿山区域变成由南向北侧视的视角。这种在局部区域调整视角的情况，不符合一般视觉规律，但却更好地展现了重点区域。

地图的命名。上文所述，国家图书馆馆藏五幅"三山五园"地图的图名均不相同。根据图中绘制区域的变化，笔者认为光绪年间两幅地图画出了三山五园及相关旗营的旧貌，地图的命名应尊重作者本来意图，名为《三山五园外三营地理全图》。民国年间绘制的三幅地图没有画出畅春园旧貌，不能反映三山五园的整体面貌，统一命名为类似"西郊图"等更为合适。

从国家图书馆藏"三山五园"地图的画面特征可以看出，流传于晚清至民国时期的"三山五园"地图虽然作者、版本、绘制方法等方面均有差异，但不同地图的画面构成基本一致。这说明以"三山五园"为主题的园林地图，在流传过程中被多次临摹、修正。随着时代的变化，画面在局部区域进行修改重绘，具有了一定的时代特征，形成了虚实结合、主次分明的京西园林地图。这样的表达方式，为我们留下了园林变迁过程中的诸多信息，也揭开了隐藏在国人心中对"三山五园"的一种情节。

三　陵寝图

目前存世最早的陵寝图，应当就是 1974 年在河北中山王陵 1 号墓出土的金银嵌错铜版"兆域图"。大致而言，这幅"兆域图"应当是中山王后陵的设计图，时间大致在公元前 3 世纪初。"兆域图版长约 940 毫米，宽约

480 毫米，厚约 10 毫米。背面中部有铺首一对，正面为图，图中所注尺寸单位有'尺'和'步'两种，大台（丘）以上的长度、距离用尺衡量，台下用步衡量；所注建筑名称有'王堂'、'哀后堂'、'王后堂'、'夫人堂'、'（疒）宗堂'、'正奎堂'、'执旦堂'、'大将宫'等。这个陵园平面图，表现了内外两道宫墙，里面是一个平面呈'凸'字形的大夯土台，台上建筑有五座享堂。王堂居中，左右为同样大小的两后享堂，最外侧左右是规模稍小的夫人堂和某（此字已损坏不清）堂，北部内外宫墙之间还有四座宫室"①。图中的两道垣墙以及各类建筑都用粗实线勾勒，垣墙上的门用文字标出并留有空缺；"丘足"用细实线勾勒；并用文字详细注明了各类建筑和墙垣的尺寸。

此后留存于世的陵寝图主要集中在明清时期。

明代潘季驯的《河防一览》卷首附有"祖陵图说"和"皇陵图说"。明王朝的奠基者朱元璋出生在安徽凤阳，后来其在凤阳为其父母和兄嫂修建了皇陵，在泗州修建了高祖、曾祖、祖父的衣冠冢及其祖父的墓地。由于在明代绝大部分时间里，黄河借淮入海，故处于淮泗之间的泗州祖陵及淮泗以南的凤阳皇陵就经常处于黄河频繁水害的威胁下。但是，在明前半期（洪武至弘治时期），因河患大多发生在河南开封附近，河患对归德、徐州以南的淮泗地区的威胁不是很大。弘治年间，黄河在河南境内的北岸、南岸堤防相继修成，加之黄河由颍入淮的河道又于嘉靖初逐渐淤塞，黄河河患逐渐移至山东和南直隶境内，淮泗之地逐渐成河患威胁重灾区。由此，保护祖陵、皇陵就成为明代中后期治河的重大政治问题。这也是潘季驯《河防一览》中收录两幅地图的原因。

"祖陵图说"，在图面四缘标注有正方向，上北下南；"祖陵"位于地图的中部，图中对其内部建筑的描绘较为简略，但详细绘制了周围的山川形势，即其周围为"沙湖""陡湖"所环绕，在外侧则为"淮河"所环绕，由此显示出"祖陵"受到河水侵扰的困境；在"祖陵"南侧和东侧标

---

① 杨鸿勋：《公元前三世纪初的一幅建筑设计图——战国中山王陵"兆域图"》，《建筑学报》1979 年第 5 期，第 46 页。关于此图与中山王陵之间的关系，还可以参见杨鸿勋《战国中山王陵及兆域图研究》，《考古学报》1980 年第 1 期，第 119 页。

绘有"新筑石堤"，再东侧则是万家湖、洪泽湖等处的水利工程；泗州城和盱眙县则只是示意性地绘制在地图左下角，在泗州城外绘制了环绕城池的"石堤"。图中右下角有段图注，即"高堰之南有越城，周家桥一带地势稍亢，淮水大涨，从此溢入白马湖，水消，仍为陆地，盖藉此以杀淮涨，即黄河之减水坝也。若一概筑堤，非惟高堰难守，即凤泗不免加涨也"。"皇陵图说"的绘制风格与此类似，图中皇城和皇陵位于地图中部，只是勾勒了大致的轮廓，重点绘制了周围的河流、湖泊，临淮县和怀远县也只是简单地标绘在地图两侧，由此突出显示了黄河和淮河等河流与皇陵之间的关系。

明代除了祖陵和皇陵之外，其余的皇帝陵寝基本都集中在"十三陵"，目前尚未见到存世的明代的十三陵图，不过清代倒是绘制有一些十三陵图。如美国国会图书馆就藏有两幅"明十三陵图"，其中一幅绘制于清乾隆年间（1757—1795），绢本彩绘，图幅 67×131 厘米，"以鸟瞰式山水画法，展现昌平州北境天寿山以南，明十三陵区的山水景致，明代 13 座帝王陵墓及其附属建筑的分布。图左侧还描绘了自八达岭明长城上关经关沟、居庸关至南口一带的道路，沿长城边墙的地理景观，军队营汛处所、村庄、庙宇、名胜均详细绘入。图文注记描述明陵区内原由太监看守，至清朝乾隆二十二年（1757）裁汰，改换陵户种地以养；霍昌道助银捐修被水冲坏的石牌坊；昌平至长陵、南口、居庸关的里程。鉴于注记多次提到清乾隆年间事迹，地图色彩深暗，推断该图的绘制时代应在乾隆朝中后期"[1]。另外一幅"明十三陵图"绘制于清光绪年间（1875—1908），纸本彩绘，图幅 94×176 厘米，"以鸟瞰式山水画法，展现昌平县城北天寿山明十三陵区全景。明代 13 座帝王陵墓、后妃陵墓与陪葬明代太监陵墓，陵区围墙、石像生、神道、红门、石牌坊与附属建筑物，陵区内的村庄、庙宇，以及清朝王爷坟，均详细描绘上图。图内文字依次注明各座帝陵所葬皇帝的世系、庙号、母后姓氏、在位年数、年号、陵墓位置、寿命及陵墓名称。图面色彩鲜艳，推断为清代末期作品"[2]。

① 李孝聪：《美国国会图书馆藏中文古地图叙录》，文物出版社 1997 年版，第 122 页。
② 李孝聪：《美国国会图书馆藏中文古地图叙录》，文物出版社 1997 年版，第 123 页。

中国国家图书馆也藏有四幅清代绘制的"明十三陵图"。一幅为清代中期绘制的彩绘本《明十三陵图》，图幅 118.8×240 厘米，"图中文字注出各陵位置、所葬皇帝庙号及其在位年数"①。还有两幅绘制于清末期的彩绘本地图，一幅图名为《十三陵图》，图幅 82.6×67.8 厘米，"图中分别简要注出各陵名称、所在方位和所葬皇帝讳名、年号及其在位年数"②；一幅图名为《明十三陵图》，1 幅分切 4 张，图幅 190×364 厘米，"采用山水画法，绘出了明十三陵地区的全貌"③。还有一幅绘制于光绪末年，绘制者为马绥权，图名为《十三陵图》，彩绘本，图幅 68.3×133.5 厘米，"图中分别注出各陵名称、所在方位、所葬皇帝及其在位年数"④。

清朝皇帝的陵寝有三处，即关外的福陵、昭陵和永陵，位于今天河北省唐山市遵化县的东陵，以及位于今天河北省保定市易县的西陵。

中国国家图书馆藏有三幅抚顺境内的永陵图。其中一幅《黑图阿拉城陵图》，绘制于清初期，为彩绘本，2 幅，每幅 203.5×83.5 厘米。还有一幅《永陵图》绘制于清咸丰年间，彩绘本，2 幅，图廓不等，"图上贴签说明了苏子河等的源流及河工事项"⑤。另外一幅是清光绪末年的彩绘本，基于内容命名为"永陵附近图"，图幅 68×130 厘米，"本图详细绘出了山川、交通、村落及永陵一带名胜古迹等"⑥。

台北"故宫博物院"藏有一幅彩绘本《保护永陵驳岸工程图》，为盛京将军宝兴等奏折录副的附图，图幅 36×39 厘米，时间是在道光时期。底色为浅黄色，地图中部描绘了依山而建的陵墓的基本布局，用黑线加用

---

①　北京图书馆善本特藏部舆图组编：《舆图要录——北京图书馆藏 6827 种中外文古旧地图目录》，北京图书馆出版社 1997 年版，第 111 页。

②　北京图书馆善本特藏部舆图组编：《舆图要录——北京图书馆藏 6827 种中外文古旧地图目录》，北京图书馆出版社 1997 年版，第 111 页。

③　北京图书馆善本特藏部舆图组编：《舆图要录——北京图书馆藏 6827 种中外文古旧地图目录》，北京图书馆出版社 1997 年版，第 111 页。

④　北京图书馆善本特藏部舆图组编：《舆图要录——北京图书馆藏 6827 种中外文古旧地图目录》，北京图书馆出版社 1997 年版，第 111 页。

⑤　北京图书馆善本特藏部舆图组编：《舆图要录——北京图书馆藏 6827 种中外文古旧地图目录》，北京图书馆出版社 1997 年版，第 207 页。

⑥　北京图书馆善本特藏部舆图组编：《舆图要录——北京图书馆藏 6827 种中外文古旧地图目录》，北京图书馆出版社 1997 年版，第 207 页。

红色×符号表示的鹿角绘制了陵寝墙垣的走向，用红色虚线绘制了道路，聚落用多寡不等的房屋符号表示。图中河流用青绿色双曲线绘制，用粗细不同的线条表示干流和支流；用黑色实线外加棕红色表示土堤，在"苏子河"干支流上有着贴黄，注明了冲倒的堤坝以及淤塞河道的长度，如"此处冲出水沟一道，长一百八十丈""鹿角间断冲失共五百六十八架""原河身淤塞长八十丈"。结合中国国家图书馆藏咸丰年间的《永陵图》上同样标注了苏子河的水利工程来看，在道光咸丰时期，苏子河的淤塞、冲决曾影响了永陵的安全。

除了东北的陵寝之外，入关后的各帝的都分葬在位于遵化的东陵和易县的西陵，这种东西陵分葬的制度确立于乾隆时期。乾隆皇帝曾定下"昭穆次序，隔代埋葬"的原则，所谓"昭穆"，就是陵寝的左右位次，"昭"为左，"穆"为右，遵化的东陵为"昭"，易县的西陵为"穆"，由此也流传下来大量的东西陵图，而且从图中所绘清帝陵寝可以确定地图的表现时间以及大致的绘制年代。目前存世的大部分清代东西陵图基本都收藏在中国国家图书馆。

如清同治年间绘制的纸底彩绘《东陵图》，图幅135.7×97.5厘米，"全图上北下南，左西右东，采用山水画绘法，详细地画出了陵区山水、陵园道路及四周环境"，"图中以昌瑞山上绵亘的长城为界，将全图分为上下两部分，图上部即南起昌瑞山、北至雾灵山的风水禁区，被称为'后龙'，图下部即昌瑞山以南的陵寝区，称为'前圈'。整个后龙地带山峦起伏，长城沿山脊蜿蜒曲折，从古北口、黑峪关、镇罗关、将军关、黄崖关、鲇鱼关往东延伸，将后龙风水禁地屏护起来。东西两条大河环绕夹流"，"整个陵区用蓝色风水墙包围，北靠昌瑞山，东依马兰峪福君山，西傍黄花山，南有金星山。图中只是示意性地绘有几座陵寝、营房、神路和碑楼等建筑，其中帝陵3处：孝陵（清世祖顺治帝陵寝，坐落在昌瑞山主峰南侧）、景陵（清圣祖康熙帝陵寝，位于孝陵之东）、裕陵（清高宗乾隆帝陵寝，位于孝陵之西）；后陵1处：孝东陵（位于孝陵东侧，内葬清世祖顺治帝的孝惠章皇后以及28名妃子、格格、福晋）；妃园寝3处：景妃陵（位于景陵东侧。是清东陵营建的第一座妃园寝，内葬康熙帝的48位妃嫔和1位皇子）、太妃陵（位于景陵东侧，内葬康熙皇帝的悫惠、敦怡两位皇贵太妃)、裕妃陵(是乾隆帝后妃的陵寝,位于裕陵西侧)。在通达各帝陵的神路上,绘有碑楼和石牌坊,左营、右营为专门保卫东陵陵区安全的绿营兵营盘。大圈、小圈内驻扎的人员分别管理帝陵和后妃园寝","风水墙上建有大红门、东便门、西便门、红门里、新开口和吉祥口。风水墙外还有诸王爷、皇太子、公主的墓地。图中所有名称注记一律采用红框白底黑字表示。图中陵区除诸陵寝外,还标注有宝华峪和平安峪(图中加框处)"①。中国国家图书馆还藏有清同治年间的东陵图两幅,即彩绘本《东陵图》,图幅 106×61 厘米;以及刻印本的《东陵图》,图幅 99×186.8 厘米。

此外还有多幅清光绪年间的东陵图,如清光绪三十三年(1907)丰升阿绘制的彩绘本《东陵舆图》,图幅 133.5×72 厘米,"图上题跋详细记述了各陵墓相距里程、火道红白青桩数以及扩陵营汛地段等。山脉、长城等绘画形象精致,所有名称均贴签标注"②。彩绘本的《大清东陵形势全图》,该图用"计里画方"绘制,每方二里,图幅 189.5×102.5 厘米。

还有一些东陵的风水图,如彩绘本的《东陵风水龙山图》,图幅 70×94.4 厘米,"本图主要描绘了以雾灵山、昌瑞山为主的东陵地区山水形势"③;彩绘本《东陵风水全图》,图幅 133.8×69 厘米;以及清宣统年间的刻印本《东陵风水分图》,该图用"计里画方"绘制,每方半里,1幅分4册。

中国国家图书馆所藏西陵图的时间主要集中在清末以及光绪和宣统年间。如清末的绘本《西陵图》,图幅 89×175 厘米,"图左半幅中间有残。图中可见部分绘有清泰陵、泰东陵和昌陵等帝后陵寝,还画出了东起卢沟桥、西至西陵的帝后谒陵道路及沿途行宫"④。清光绪年间的彩绘本《西陵全图》,1幅分切4张,图幅 190×400.4 厘米,"本图较精细而形象地绘出

---

① 白鸿叶:《昌瑞山下无闲土——〈东陵图〉详解》,《地图》2016 年第 5 期,第 59 页。
② 北京图书馆善本特藏部舆图组编:《舆图要录——北京图书馆藏 6827 种中外文古旧地图目录》,北京图书馆出版社 1997 年版,第 158 页。
③ 北京图书馆善本特藏部舆图组编:《舆图要录——北京图书馆藏 6827 种中外文古旧地图目录》,北京图书馆出版社 1997 年版,第 158 页。
④ 北京图书馆善本特藏部舆图组编:《舆图要录——北京图书馆藏 6827 种中外文古旧地图目录》,北京图书馆出版社 1997 年版,第 151 页。

了清泰陵、昌陵、慕陵等帝陵及泰东陵、昌西陵、慕东陵等帝后陵的建筑。山脉采用传统山水画法表示"①。清光绪年间的彩绘本《西陵图》，图幅68.5×128.5厘米，"本图采用传统山水画法，细致地绘出了清西陵陵区景色即雍正、嘉庆、道光三帝和帝后陵寝，以及亲王、公主园寝等"②。清光绪年间彩绘本《西陵图》，图幅107.5×220.3厘米，"本图绘法和内容注记与馆藏清光绪年间彩绘同名图基本一致，但陵墓绘画更为细致，并画出了陵区外北部和西部营垒"③。还有清宣统年间的彩绘本《西陵图》，图幅64×102.5厘米，"本图内容注记较馆藏清光绪年间彩绘同名图略减，帝后陵墓等也仅画出大致轮廓，但较突出地标绘了崇陵（光绪帝陵）的位置。全图用黄绫绢裱背"④。需要注意的是北京大学图书馆藏有一幅清咸丰元年至光绪三十四年间（1851—1908）绘制的纸本设色卷轴装的《河北易县清西陵图》，图幅94.5×185.5厘米，该图用形象画法绘制了清西陵周围的地形地势并标注了各陵寝的位置。

此外，中国国家图书馆还藏有清同治十二年（1873）倭兴阿等绘制的彩绘本《东西陵图式》，用两幅地图分别绘制了东陵和西陵，图幅分别为59×165.2厘米。

四　其他

西湖位于杭州，这里不仅有秀丽的湖光山色，更有数不胜数的人文古迹，历来为文人墨客青睐，亦有众多诗、文、书、画作品流传。康乾盛世国运昌隆，康熙、乾隆都曾多次南巡，作为江南名胜的西湖自然屡次为帝王巡幸驻跸。康熙五次南巡，乾隆六次南巡，其间多次游览西湖。康熙南巡时在孤山建有行宫，雍正五年（1727）奏改为佛寺，名为圣因寺，这里

① 北京图书馆善本特藏部舆图组编：《舆图要录——北京图书馆藏6827种中外文古旧地图目录》，北京图书馆出版社1997年版，第151页。

② 北京图书馆善本特藏部舆图组编：《舆图要录——北京图书馆藏6827种中外文古旧地图目录》，北京图书馆出版社1997年版，第151页。

③ 北京图书馆善本特藏部舆图组编：《舆图要录——北京图书馆藏6827种中外文古旧地图目录》，北京图书馆出版社1997年版，第151页。

④ 北京图书馆善本特藏部舆图组编：《舆图要录——北京图书馆藏6827种中外文古旧地图目录》，北京图书馆出版社1997年版，第151页。

与灵隐、昭庆、净慈三寺并称"四大丛林"。乾隆年间就在圣因寺一带建造了西湖行宫，因此，此地又称为"圣因行宫"。西湖行宫依孤山而建，分为东、中、西三路，结构严谨，布局整饬，"规制淳朴，恍见尧阶舜陛，栋牖松云之象"。这是一处非常有代表性的清代行宫建筑群，它始建于乾隆十五年（1750），乾隆皇帝于次年第一次南巡到杭州时就驻跸于此，他非常喜爱行宫的建筑及周围景致，此后五次南巡到杭州时，也都曾在此居住。乾隆四十七年（1782）《四库全书》编撰完成后，乾隆皇帝还下旨在西湖行宫玉兰堂的基础上添建文澜阁，在此收藏了一套《四库全书》抄本，让江南士人也得窥国朝藏书之富，这也使得西湖行宫在皇家行宫的功能之外，兼有了更强的文化意义。

中国国家图书馆藏有一幅《西湖行宫图》，绘制于清乾隆时期，彩色，纸本卷轴，图幅 14×518 厘米，图上钤有"杜陵花草""海上耕烟旧庐""听雪楼"等印。该图并未对西湖景观以及行宫作全景式描绘，而是将西湖美景分绘为五个部分，每段画作后辅以文字说明，提示从西湖行宫到各处景致的距离及沿途情况，以图文并茂的方式对于西湖周边风物进行详尽介绍。例如"行宫四里五分至苏堤春晓，道右有宋朱子祠，有六一泉，道中过西泠桥，右有凤林寺，又有曲院风荷景亭，过跨虹桥、东浦桥、压隄桥，右有苏堤春晓景亭"。这幅地图虽然并未署名，但我们可以其他线索推知其作者，本图与浙江西湖博物馆所藏清代关槐所绘《清乾隆西湖行宫图》画面、文字内容都一致，《清乾隆西湖行宫图》为卷轴装，绢本彩绘，长 950 厘米，宽 34.5 厘米。而《西湖行宫图》长 518 厘米，宽 14 厘米，应该是这幅图的缩绘版。《清乾隆西湖行宫图》由内务府造办处舆图房负责绘制，关槐执笔，图上盖有乾隆御印。由此我们也可推想，清代宫廷已有专门的舆图绘制机构，而帝王出巡的舆图绘制，也形成了较为完善的流程。同一幅舆图可能有多种版本，较大的版本适于收藏和观赏，而较小的版本则利于携带，可用于随身导览。

除了《西湖行宫图》之外，国家图书馆还藏有多幅清代西湖舆图，例如钱维诚绘制于乾隆三十年（1765）的《西湖三十二景图》，此为四册彩绘本，图文并茂，细致地描绘了西湖的 32 处美景。再比如清中期彩绘本《西湖全景图》，全图绘制在羊皮上，以金粉打底，绘出色彩艳丽的山水美景，全图图幅巨大、熠熠生辉，是一幅罕见的清代羊皮地图。除此之外，还有《西湖全图》《西子湖图》《西湖胜景图》等等。①

由于"西湖"在中国传统文人心目中的地位，因此除了这些精美的绘本地图之外，在书籍中也存在一些"西湖图"。如南宋《咸淳临安志》中就有着一幅"西湖图"，该图着重表示西湖及其周围地域的风景名胜、山川、道路，且绘制的极为详细；不过图中还存在一些与军事有关的设施，如"教场""步军右军""殿司左军"等。明代《图书编》中收录有一幅"浙江西湖图"，绘制得较为简单，地图右侧为杭州城的城墙和城门，西湖中填以水波纹，周围的山丘用形象的山形符号绘制，对西湖周围的各种景致则用文字进行了标注。《三才图会》中也有一幅"西湖图"，从绘制方法来看，该图应当是基于一幅绘本地图摹绘的，视角是从杭州城的西城墙向东眺望西湖。

为了保持八旗军队的战斗力，清朝力图通过围猎的形式对军队的组织方式以及八旗的军队进行训练，为此康熙时期在今天的河北省承德市境内修建了木兰围场。从康熙到嘉庆时期，皇帝几乎每年都要在这里举行大规模的围猎活动，称为"木兰秋狝"。目前存留有少量描绘了木兰围场的地图，如中国国家图书馆藏清嘉庆年间庆兴绘制的彩绘本《木兰图式》，图幅 52.4×56.6 厘米，"《木兰图式》所绘内容包括山川、道路、行宫、庙宇、哨卡、八旗营房、居民点等，都用满文注记……图中方向以上为北，并只注记'北'，而未标注其他三向文字。图中八旗营房及卡伦主要设于交通要道，并用黄色圆点表示，但未注名称。交通要道用红点线表示，七十二处小围用黄色虚线大圆圈表示，各围名称用满文标注于圈内，整个围场的布局一目了然"②。中国国家图书馆现存最早的围场图是清康熙三十六年（1697）绘制的彩绘本无图名的"围场全图"，图幅 84×98.5 厘米，图中标注了 72 围的名称。该馆还藏有清嘉庆年间的彩绘本《东围图说》，图幅 72×48.5 厘米；以及清光绪年间罗宗达绘制的彩绘本《木兰指掌图说》，图幅 69×141 厘米。

---

① 以上三段文字改编自吴寒《〈西湖行宫图〉：乾隆的艺术实景地图》（《中国艺术报》2019年9月13日）一文。这一改编得到了原作者的同意。
② 陈红彦主编：《古旧舆图善本掌故》，上海远东出版社 2017 年版，第 235 页。

第二节 佛教四大名山图①

自佛教传入中国以来，教徒们在各大名山修筑寺院、建立道场，发展出丰富的佛教山岳文化，催生出一批名山舆图。此类图像目前可见较早的是敦煌石窟壁画所存五代时期的五台山图，而在明清时期达到兴盛。目前国家图书馆藏有一批清代及民国初期的佛教山岳舆图，囊括了"佛教四大名山"之五台山、普陀山、峨眉山、九华山，其中许多是珍贵的绘本、孤本。对于这批图像，目前学界只就少数几种进行过个案分析，尚未有全面揭示其文献价值和图绘特色的成果，地图史类论著也鲜有提及。

清代是我国古代宗教艺术兴盛、出版行业繁荣的时代，正是这样的时代氛围催生了大量佛教山岳舆图。中国国家图书馆藏佛教山岳舆图有着重要的研究价值。总的说来，尽管程度和表现方式有所不同，但这些舆图在传达地理信息的同时，都或多或少地呈现出宗教色彩，也往往融入各种宗教元素。与其他山岳舆图相比，它们有着独特的时空构建方式和审美旨趣，折射出丰富的信仰世界。与此同时，通过比较同一名山的诸种图像，我们能够从中探索图像传播与流变的轨迹，分析佛教名山舆图在社会各阶层中展现出的不同艺术形态，也可借此观照清代佛教的发展情况。

一 中国国家图书馆藏佛教名山舆图概述

清代的佛教山岳舆图发展非常兴盛，其中以五台山、普陀山、峨眉山、九华山等名山最为显著。

(一) 五台山

五台山位于山西省忻州市，为文殊菩萨道场，清代喇嘛教传入后，这里出现青黄二庙共处一山的独特景象。由于融汉传与藏传佛教于一山，五台山具备了较强的政治象征意义，兼之离京城较近，适宜巡幸，五台山备

---

① 本节的作者为吴寒，文学博士，国家图书馆古籍馆馆员。研究方向：中国古典文献、古代舆图研究。

受清代帝王尊崇，康、雍、乾几代君主在此修建了多处行宫。中国国家图书馆藏五台山图的数量也明显较其他名山为多。具体而言，有清格隆龙住制《五台山圣境全图》① 一幅，清道光二十六年（1846）刻本。图上有满藏汉三种文字注记，图下方有介绍文字一段。据田萌考证，五台山慈福寺原藏有一块道光二十六年四月十五日的《五台山圣境全图》雕版，这很可能就是中国国家图书馆所藏刻本的来源②。除此之外，中国国家图书馆还藏有清同治年间《五台山圣境全图》③ 刻本一幅，手工设红绿褐三色，从图上信息来看，应为格隆龙住版的摹刻本。题款"大清同治十三年六月初六日刊镌"，应为同治十三年（1874）刻版。中国国家图书馆还藏有清末期《敕建五台山文殊菩萨清凉胜景图》④ 一幅，图上有印章一枚，印文为"大五台山文殊师利法王宝印"，据此推测此图可能为五台山某寺庙印制，图中出现的禅堂院为菩萨顶大喇嘛佐巴隆柱于嘉庆十九年（1814）创建。道光二年（1822）至八年（1828）续建，道光十年（1830）由皇帝赐匾更名为慈福寺，而图中仍称其为禅堂院，这说明此图所表现的五台山情况应在 1814—1830 年之间。图中录入六首关于五台山的诗，出自宋张商英所述《续清凉传》。

　　除了这些宗教性较强的舆图之外，中国国家图书馆还藏有多种清代官绘五台山图。有袁瑛绘《五台山圣境图》⑤ 一册，此图册为彩色绘本，分页绘制了寿宁寺、罗睺寺等六处寺庙。有"臣袁瑛呈阅"题款，钤"乾隆御览之宝"印，袁瑛为乾隆年间内廷画家，此图应为官方绘制供呈御览。《五台山名胜图》⑥ 一幅，图上贴有黄签，也应为官方绘制。图中详细地表现了自河南高平县经沁州、太原、忻州、代州进入五台山的道路，并贴签注明了沿途的地名和景观，一路设置诸多行宫、大营，应是一幅帝王巡行

---

① 国家图书馆藏，文献编号 074. 2/214. 253/1846。

② 田萌：《美国国会图书馆藏〈五台山圣境全图〉略述》，《五台山研究》2008 年第 2 期，第 31—33 页。

③ 国家图书馆藏，文献编号 074. 2/214. 253/1874。

④ 国家图书馆藏，文献编号 074. 2/214. 253/1870。

⑤ 国家图书馆藏，文献编号 074. 2/214. 253/1785。

⑥ 国家图书馆藏，文献编号 074. 2/214. 253/1905。

的舆图。佚名彩绘《五台山圣境图》① 一幅，图中描绘了五台山的山体形貌和建筑情况，包括西天寺、吕祖寺、岩山寺、平掌寺、光明寺等，建筑规格整饬、还原度较高。此图颜色鲜艳，画面精美，图幅较大（纵 84 厘米，横 168 厘米），应出自官方画师之手。佚名绘《五台山行宫坐落全图》② 一册，图册采用山水画法，形象地绘出了"五台山全图"及罗睺寺、栖贤寺、涌泉寺等二十余种分景图。此种图册在清代流传较广，中国国家图书馆藏《五台山地图》《山西五台县古迹图》等都与其属于同一图系，只在具体细节上有所不同。据《晋政辑要》记载，这些行宫、坐落大多建于康、乾时期③。

（二）普陀山

普陀山位于浙江舟山群岛，为观音菩萨道场，中国国家图书馆藏普陀山图共有两幅，皆名为《敕建南海普陀山境全图》，二图图名相同，内容和画面安排也明显属于同一图系，皆以形象画法表现了普陀山上的地形和建筑情况。

其中一幅《敕建南海普陀山境全图》④ 并未设色，上有"玉印"一方，印文较模糊难以识别，孔夫子旧书网曾拍卖一幅同名作品，画面内容与此图相同，上有"龙印""玉印""金印"各一方，应为此图的另一版本⑤。图右下角有"癸卯荷月刻板永存圆通常住置"字样，清末期的癸卯年有 1863 和 1903 两个年份，据考证，图中法雨寺前出现了海会桥，此桥为光绪十八年（1892）法雨寺住持化闻募修，与其下的放生池同时修成。《普陀洛迦新志》记载："莲池，在法雨寺前。清光绪十八年，住持化闻浚。中界海会桥，桥东池周围四十三丈四尺，桥西池周围四十三丈六尺。"⑥ 那么此图应为光绪二十九年（1903）六月所制。

---

① 国家图书馆藏，文献编号 074.2/214.253/1908。
② 国家图书馆藏，文献编号 074.2/214.253/1900-2。
③ 郑源璹等纂辑：《晋政辑要》卷五，清乾隆五十四年（1789）刻本，第 79—91 页。
④ 国家图书馆藏，文献编号 074.3/223.321/1903。
⑤ 详见 http://m.kongfz.cn/32638592/pic/。
⑥ 王亨彦辑：《普陀洛迦新志》卷二，民国二十年（1931）弘化社铅印本，第 23 页。而在较早版本的《敕建南海普陀山境全图》中，此处桥名为智庆桥。

另一幅《敕建南海普陀山境全图》① 为单色刻本，绘制较为粗糙，手工设红绿二色，纵 89 厘米，横 51 厘米，由于落款处内容模糊，本图制作时间不详。此图与前图内容大体一致，应属于同一图系。根据图中地名情况我们可以大致推测其制作年代。《普陀洛迦新志》记载，三圣堂"咸丰初，显法居此，更名曰如意庵"②，而此图称其为如意庵，因此制图应在咸丰初年之后。又妙峰庵"清同治间，洪筏禅院僧润廉以原有茅篷改建，名仍旧贯，示不忘也"③，而图中仍将其称为"妙峰蓬"，说明制图在同治改名以前。综合来看，此图所表现的情况应在清咸丰、同治年间，也就是1831 到 1875 年之间。图上并无钤印，可能为民间印制。

（三）峨眉山

峨眉山位于四川省乐山市，为普贤菩萨道场。中国国家图书馆藏峨眉山图共有四种，《御题天下大峨眉山胜景图》④ 一幅，钤"敕赐正顶金殿普贤愿王之宝"朱印，此图为单色木刻版画。略去山体，主要表现峨眉山上的建筑和道路。《四川大峨眉山全图》两幅，一为清同治五年（1866）绘制⑤，题款为"时丙寅仲冬郫筒江清亭画"，钤"大峨眉山金殿普贤愿王宝印"印；二为清同治十年（1871）刻本⑥，落款为大坪净土堂。图上有宝印一方，印文为"普贤愿王法宝"，左下角有钤印一方，为"郫筒居士江清亭画"，郫筒为四川成都地名。两幅《四川大峨眉山全图》内容、大小一致，图中皆有满汉两种文字，应为同一块刻版。《峨山图说》⑦ 一册，为清谭钟岳绘，清光绪十七年（1891）刻本，此书原为光绪十一年（1885）峨眉山被列入祀典之后所制，全书共有图 64 幅，包括总图 1 幅，沿途分景图 53 幅，峨山十景图 10 幅，详细地绘制了峨眉山全貌和山上的道路、寺宇、景点情况。

---

① 国家图书馆藏，文献编号 074.3/223.321/1908。
② 王亨彦辑：《普陀洛迦新志》卷五，第 40 页。
③ 王亨彦辑：《普陀洛迦新志》卷五，第 26 页。
④ 国家图书馆藏，文献编号 074.3/227.554/1870。
⑤ 国家图书馆藏，文献编号 074.3/227.554/1866。
⑥ 国家图书馆藏，文献编号 074.3/227.554/1871。
⑦ 国家图书馆藏，文献编号 074.3/227.554/1891。

（四）九华山

九华山位于安徽省池州市，为地藏菩萨道场。中国国家图书馆藏九华山图有两种，其中《东南第一大九华山全图》① 为单幅木刻版画，图上钤扇形"法华禅寺"和方形朱印一枚，印文模糊难以识别，此图应与法华寺有关。据《九华山志》记载："法华寺，民国四年，心坚由东岩退居，特租赁阴骘堂公山，募化创建。"② 既然法华寺为1915年僧心坚募资修建，那么此图的制作应在此之后。又《九华山志》记载，民国十七年（1928），慧庆庵重修后更名为慧居寺，而图中并未出现慧居寺，在相应的山腰位置出现一处庙宇，名曰"惠庆"，经考察九华山上并无其他名叫惠庆的寺院，这应该就是慧庆庵之笔误，那么此图应绘制于1928年以前。除此之外，民国八年（1919）修建的小天台、民国十一年（1922）修建的华天寺在此图上都未有体现，那么此图所表现的年代也许可以进一步往前推到1915—1919年之间。

中国国家图书馆还藏有一幅《大九华天台胜境全图》③，单色木刻版画，图上方有扇形墨印，内容为"天台山正常住德云庵"，又钤朱印一方，较为模糊，难以辨认字迹。此图中出现的地名与《东南第一大九华山全图》基本一致，因此绘制时间应该差不多，只是绘画方式有所不同。全图隐去山体，主要表现了九华山上的佛教建筑和朝拜道路。

总的来看，中国国家图书馆所藏这批佛教山岳舆图内容丰富，版本较多。从内容上看，涵盖了四大佛教名山；从文本形态来看，包含了绘本和刻本；从作者身份上看，包括了官方绘制、佛寺制版、民间摹绘等；从图绘方式上，包括了分景图和全景图；就涉及的知识领域来说，包含了名山地理史料、颂赞文本、图绘艺术等多方面的历史信息，能够较为全面地反映清代佛教名山舆图的发展情况，有重要的史料价值。

二　从官府到民间：佛教山岳舆图的图绘类型

中国国家图书馆藏清代佛教山岳舆图从内容上可以大致分为两类，一

---

① 国家图书馆藏，文献编号074.3/222.634/1900。
② 释印光撰：《九华山志》卷三，民国二十七年（1938）排印本，第10页。
③ 国家图书馆藏，文献编号074.3/（222.634）/1908。

类偏世俗性；另一类偏宗教性。其中，世俗性图像以制作精美的官绘舆图为主，它们从绘制倾向看又可以分为两类：山水揽胜和指示道路。山水揽胜类舆图接近于传统实景山水画，虽是舆图，却在地理信息的传达之外兼具审美功能，以供愉情遣性之用，例如袁瑛所绘《五台山圣境图》图册，上有“乾隆御览之宝”印，图册采用山水画法，以分景图绘形式展现五台山上各行宫寺庙景象，图幅精美，设色考究，显然是供乾隆皇帝观赏之用。而指示道路型舆图则更接近实用性舆图，以传达地理信息，指示沿途地名为主，往往用于帝王巡幸驻跸之导览，例如《五台山名胜图》，此图采用俯瞰视角，以平面的线条、符号和立体的实景描绘相结合，重点展示巡幸的道路及沿途各处行宫、大营，显然是一幅以展示地理信息为主要功用的实用性舆图，图中贴黄签，也暗示其进呈御览之功用。而光绪年间谭钟岳所绘《峨山图说》，也是一幅全面介绍峨眉人文和自然风光的舆图，为进呈阅览所制，“丙戌夏，钟岳从公嘉州奉檄绘峨山全图，缘大府接奉朝命，特颁祀典，将以图进呈也”①。这些图绘既有地图的指示信息功能，标注了山上的各处道路、沿途庙宇、山峰名称等，绘制详尽细致，甚至标注了各景点之间的步数，同时也总结出“峨眉十景”，表现了山上的四时景象，可谓兼具了山水揽胜和指示道路的功能。

不管是山水揽胜类还是指示道路类舆图，都是中国传统名胜类舆图中较为常见的形式。而除了这些舆图之外，更值得注意的是另一类宗教性较强的佛教山岳舆图，此类图像往往以“圣境”“胜境”为名，在传达地理信息之外，对山上的佛教建筑予以较突出的展示，并加入祥云、佛光、颂赞、符号等宗教元素，以增加其神圣性，引起观者的宗教体验。这种独特的审美机制，使其成为一类独具特色的传统山岳舆图，我们也可从中一窥清代佛教兴盛的景况。

宗教性山岳图像很早就已经产生，敦煌莫高窟第 61 窟有一幅壁画《五台山图》，可谓是一幅巨大的佛教史迹地图，图中详细展示了五台山一带的山体环境和建筑情况，同时将佛教圣迹和各类掌故、朝拜人群融入其中，既营造出浓郁的宗教氛围，也展现了五台山一带的世俗社会，可谓兼

---

① 谭钟岳绘：《峨山图说》，清光绪十七年（1891）刻本，第 7 页。

具装饰性、宗教性与传统舆图的实用功能。目前所知最早描绘五台山圣境的"五台山图"应是唐龙朔年间会赜等人所绘。据《古清凉传》记载，会赜等人受命赴五台山检行圣迹，"赜等既承国命，目睹佳祥，具已奏闻，深称圣旨……会赜又以此山图为小帐，述略传一卷，广行三辅云"①。五台山图在唐五代时期曾流行一时，传播很广，《旧唐书》中就曾记载吐蕃"遣使求五台山图"②。《广清凉传》也记载宋太宗平定山西之后，一名僧人向皇帝进献《山门圣境图》和《五龙王图》，图展开之后有异象，皇帝表示"侯朕师旅还京之日，别陈供养"③。

中国国家图书馆所藏偏宗教性的佛教山岳舆图多与寺庙有关，图上往往盖有寺庙的钤印，如《东南第一大九华山全图》钤九华山法华禅寺印，《大九华天台胜境全图》钤九华山德云庵印，《御题天下大峨眉山胜景图》钤"敕赐正顶金殿普贤愿王之宝"印等。它们有可能是由寺庙刻版印制，提供给香客，也有可能是由书局、画店印制，信众买回之后上山请印。从《五台山圣境全图》由五台山僧人格隆龙住亲自刻版来看，前者的可能性应该更大一些。此外，就目前可见的方志、山志来看，并无证据能够表明这些舆图的绘制沿袭了以往世俗性图像中的图绘方式，例如清代诸种《四川通志》和《峨眉县志》中都出现了"峨眉山图"，但是它们和《四川大峨眉山全图》《御题天下大峨眉山胜景图》并不属于同一图系。这说明这些宗教性图像很可能并非已有图像的摹本，而是由寺庙独立完成绘图和制版的。

与大多藏之秘府的官绘舆图不同，这些宗教性山岳舆图成图之后，流传于社会各个阶层，甚至呈现出较强的民间文化色彩。这主要表现在三个方面：

首先，它们在成图之后，往往版本众多，流传甚广。从各大图书馆馆藏和近年的拍卖品情况来看，格隆龙住版《五台山圣境全图》在美国国会图书馆也有藏本，《敕建南海普陀山境全图》在大连图书馆亦有收藏，近

---

①　释慧祥：《古清凉传》卷下，《大正新修大藏经》第 51 册，大正新修大藏经刊行会 1973 年版，第 1098 页下栏。

②　刘昫：《旧唐书》卷十七上，中华书局 1975 年版，第 507 页。

③　释延一：《广清凉传》卷下，《大正新修大藏经》第 51 册，第 1123 页下栏。

年的拍卖中也出现了多种此图的摹本，而《御题天下大峨眉山胜景图》和《大九华天台胜境全图》也有同样的情况。这些摹本或为同一块刻版的翻印，或为在原图基础上略加改造后重新制版，成图大多有钤印。翻刻本、翻印本的广泛出现，暗示这些图像在当时一度流传甚广，说明其在当时有非常广泛的受众群体。

其次，从制作技艺和书法水平来看，这些舆图的整体制作水平远低于官绘舆图，其中甚至不乏一些制作粗糙的摹本。这些简单、粗糙的版本往往没有钤印，它们很可能流行于底层民众中。例如同治年间刻本《五台山圣境全图》，从构图、内容、地名等因素来看，明显摹绘自格隆龙住版《五台山圣境全图》，但是这幅图明显要比原作简单、粗糙得多，相比起原图采用的艺术技法，摹本不仅线条粗犷，而且省略了诸多细节。而中国国家图书馆藏两幅《敕建南海普陀山境全图》也明显为同一图系，其中一幅画工精细，结构疏朗，应出于较专业的刻版者之手；图上还有玉印一方，可能是由大型寺庙所刻印。而另一幅彩色普陀山图细节刻画要简单许多，文字书法也较为随意，从艺术水平上要低于另一版本，这很可能是民间流传的摹刻版本。

最后，有些宗教性山岳舆图色彩鲜艳、装饰性强，表现出一定的民间文化色彩，显得生动活泼。例如简本《五台山圣境全图》和简本《敕建南海普陀山境全图》都在刻本的基础上进行了人工设色，涂上了鲜艳的红、绿、褐色，这些涂色非常随意，仅仅是粗线条的信手涂抹。涂色后的作品有了更强的装饰效果，鲜明的色彩能增强感官体验，这比较接近民间艺术的创作倾向。再比如，传统舆图中的山一般采取笔架形状的象形符号标识。但是在《大九华天台胜境全图》中，作者却根据群山各自的名称和特征，采用了不同的抽象表现方式，例如，七贤峰和五老峰画成一群人的形象，加官峰绘制成一位官服加身的男子形象，烛峰绘制成蜡烛形象，香炉峰绘制成香炉形状，观音峰绘制成观音菩萨形象，鼓峰以一面鼓标识等等，不一而足。这种画法形象生动，与众不同，亦接近中国传统民间图绘的活泼意趣。

那么，为什么这些来自寺庙的山岳舆图会如此流行？产生众多摹本？对此，我们可以从格隆龙住《五台山圣境全图》的图说中窥见一斑："此五台一小山图，未能尽其详细，四方善士凡朝清凉圣境及见此山图，闻讲菩萨灵验妙法者，今生能消一切灾难疾病，享福享寿，福禄绵长，命终之后，生于有福之地，皆赖菩萨慈化而得也。古大窟围智宗丹巴佛之徒桑噶阿麻格，名格隆龙住，大发愿心，亲手刻造此板，以施四方善士。如有大发慈心，印此山图者，则功德无量矣。"① 从这段图说内容来看，这幅图的刻版制作行为本身就蕴含了非常强的宗教性质，在刻版者格隆龙住看来，由于这幅图表现的内容是五台山之圣境，因此图像也就具有了一定的神性，阅览者通过观看舆图，也能够消除灾厄，获得福禄。因此不管是刻印还是翻刻、摹绘这幅图的行为本身，都是功德无量的善行。

　　所以，我们也可以推想，这些舆图的一个重要功能，当然是为香客指引道路。《御题天下大峨眉山胜景图》中，就对从山下峨眉县到山顶上香的路程进行了文字标识，甚至对景点之间的步数也有注记。但是这些舆图的功能却不仅仅是实用的地图——由于山路遥远，信众难以一一亲至，因此从寺庙请回地图，在家中供养朝拜。一幅表现山上建筑和道路、又加盖了圣印的舆图，也就由此成为一种"神圣空间"的象征。随着舆图的翻印和摹绘，空间也被不断"复制"，图像具有了强大的精神力量，能够激发观者的宗教意识和宗教情感，成为人们想象、朝拜圣境的中介。朝拜舆图的行为也和亲身上山朝拜有了同样的动力机制。这批佛教山岳舆图，正是清代民间佛教信仰的生动展示。

三　多元的时空：宗教性山图的视觉表现特点

　　与世俗性图像不同，宗教性山岳舆图往往在传递建筑、景观、道路等地理信息的同时，展现出独特的审美旨趣和浓郁的宗教色彩，传达了充满趣味性的观念世界。那么这些图像是以怎样的方式，展现佛教山岳的"神圣空间"的呢？我们可以从三个方面加以解读。

（一）佛国与人世

　　佛教类山岳舆图的一个普遍特点，就是对山岳景象进行一定程度的神

---

① 国家图书馆藏，文献编号/074.2/214.253/1846。

圣化展现，在实景描绘之余，辅以云霞、佛光、菩萨法相、宗教符号等。甚至在图像上添加人物，进行情境化的描绘，将人间世界与佛国世界的多重空间融合在一起。以直观而生动的方式，唤起观看者的宗教体验。

以格隆龙住绘《五台山圣境全图》为例，此图将人间的帝王朝拜、山上的众多建筑、云彩中的菩萨法相融于一图。全图主体部分表现了康熙皇帝巡行五台山的壮观景象；还描绘了喇嘛跳布扎①的景象、香客上山朝拜、普通民众的日常生活等世俗景象。在实景之外，画面还重叠了虚幻的佛教空间，图中空白处散落着片片云彩，每片云彩中都有庄严的宗教人物居于其中，这正是《华严经》中"现有菩萨，名文殊师利，与其眷属，诸菩萨众，一万人俱，常在其中，而演说法"②的景象，如此，佛国的幻象和人世的实景便重叠在一起。与此同时，除了主画面上的康熙巡行五台山之外，画面右侧还有康熙皇帝射虎的描绘，画面左上和右上分别悬挂着月亮和太阳，它们的光线向外辐射，形成奇幻的时间维度。由此，空间场景、时间维度的交织和重叠，形成了一个琳琅满目的物象世界，带给观者强大的视觉冲击。

而《敕建五台山文殊菩萨清凉胜景图》则在全图正上方区域描绘了巨大的文殊菩萨像，文殊菩萨端坐于西台、中台和北台、东台之间，头顶有佛光，周围有云雾环绕。《古清凉传》记载唐会赜等人前往五台山，于中台瞻仰佛迹："共往中台之上，未至台百步，遥见佛像，宛若真容。挥动于足，循还顾眄。"③许栋据此猜测最早的五台山图就是"祥瑞图"④，而本图将文殊法相置于五台山景之上，有可能也是此类佛迹图的延续。这亦展现了佛国圣境和人世景象的空间重叠。

《御题天下大峨眉山胜景图》和《四川大峨眉山全图》则对于峨眉山的佛光进行了夸张的展现，在主峰的建筑物之外，二图左侧都绘有一轮佛光普照天柱峰、观音峰等山峰，"佛光"是峨眉胜景之一，据说人们在峨

---

① 跳布扎，藏传佛教的一种传统活动，僧人戴上面具跳敬神驱鬼的舞蹈。

② 实叉难陀译：《大方广佛华严经·诸菩萨住处品》，《大正新修大藏经》第10册，第241页中栏。《华严经》有多种译本，本文所引为八十华严。

③ 释慧祥：《古清凉传》卷下，《大正新修大藏经》第51册，第1098页中栏。

④ 许栋：《论早期五台山图的底本来源》，《社会科学战线》2013年第1期，第149页。

眉山金顶背阳站立，阳光从身后照射进云层，会出现人影置身佛光之中的奇景，又称为"峨眉宝光"。清代方志中的一些峨眉全景图中也出现了佛光，但这些佛光都很小，在画面中并不突出，但《御题天下大峨眉山胜景图》和《四川大峨眉山全图》中的佛光不仅较大，还以辐射性直线和装饰性波浪线环绕其外，展现出佛光普照诸峰的景象，成为全图视觉上的重点。线条的辐射也为画面营造出动态之美，增添了图像的宗教意味。

（二）山景与圣境

佛教类山岳舆图时空构建的另一特点，在于对山体和建筑之间比例关系的处理。一般而言，这些舆图会将山上的寺庙建筑放大，突出山上的宗教建筑和朝拜道路。在此基础上，有些舆图甚至会对重点建筑群予以进一步突出，使其成为全图的视觉焦点，例如《五台山圣境全图》夸张展现"罗睺寺—塔院寺"一带建筑群，《敕建南海普陀山境全图》对法雨禅寺、普济禅寺等建筑群作较突出的描绘等。

而更值得注意的是，有些舆图甚至略去山体的描绘，专门展示建筑和道路。例如《大九华天台胜境全图》和《御题天下大峨眉山胜景图》都隐去了对山体形态的描绘，主要表现各处禅院、殿宇之间的位置关系，以该区域空间信息的分布为主要表现内容。二图皆采用满铺画法，不设留白，作为全图基本轮廓的山体消失，而具体的山峰则在大大简化后加以标识，《大九华天台胜境全图》中的山峰以相应形象代替，例如香炉峰即画一香炉，而《御题天下大峨眉山胜景图》则仅以方框中的文字标识山峰。相较于其他山岳舆图往往以单虚线表示道路的方式，这两幅图都以较宽的平行横线表现登山的石阶，且对岔路、弯道都有忠实体现，在全图中显得格外明显和突出。

我们知道，中国传统的山岳舆图与山水画关系密切，山岳舆图往往采用山水画的技法和图绘模式。即使表示道路为主的山岳舆图，也往往将平面与立面相结合，山景始终是山岳舆图的重要表现对象。而在宗教类舆图中，绘图者却大胆地淡化或省略了山体，舍去各类细枝末节，以满铺画法对画面进行大胆地裁切和重构，简洁明快地表现区域内的建筑和建筑物之间的位置关系。此类画法在清代山岳舆图中广泛出现，是值得关注的文化现象。

（三）图像与文本

世俗性山岳舆图往往辅以图说，向读者说明制图原委，而宗教性山岳舆图则往往在空白处题上宗教颂赞文字或诗作。文字内容或追溯该山佛教文化的发展历程，或结合具体的景观与地名进行创作，书法与画面相得益彰，形成一种独特的文体形式。

这些颂赞有些采用较整饬的韵文形式，例如《东南第一大九华山全图》的颂赞内容为："地藏菩萨，十殿慈王。四生慈父，六道梯航。化身九华，普荫十方。创自唐虞，显于晋皇。缁素云集，人天敬仰。善信心虔，朝拜馨香。香烟缭绕，宫刹辉煌。皇图永固，圣火绵长。今来古往，只独无双"。① 《敕建南海普陀山境全图》颂赞文字为："山开梁代，佛显南天。著罗迦之胜迹，追慧锷之遗贤。晓夜潮音，六朝铁殿。晨昏钟鼓，二梵金仙。朱甍炫耀，玉宇澄鲜。颂慈悲于大士，沐感应于微缘。四海梯航，缁黄云集，九州瞻仰，善信心虔。辉煌宫刹，缭绕香烟。皇图永固，圣火绵延。今来古往，百千万年。"② 也有些采用诗词形式，《御题天下大峨眉山胜景图》右上题诗："昆仑发脉来，神矣更奇哉。天借星辰翰，七重洞洞开"。左上题诗："震旦国天莲，云开望普贤。画图睹不尽，且掬数峰烟。"③ 《四川大峨眉山全图》图幅左上角题词一首："青云缭绕七重天，顶上佛光圆。华灯相萃礼普贤，钟声响玉泉。垂宝盖，拥金莲，象岭月无边。银色界开蜀国前，龙虎濯疏烟。"④

颂赞文字在山岳舆图的出现，更显这些图像的宗教色彩，也为其附加了更多情感和人文气息。这些文字是制图者宗教情感的直接抒发，和图像结合在一起，构成了主观和客观的结合。它暗示我们，此类图像不仅仅是香客进山朝拜的导览图，更是供香客礼佛的用具。文字与画面互相补充，强化了作品的宗教意义。

---

① 国家图书馆藏，文献编号/074.3/222.634/1900。
② 国家图书馆藏，文献编号/074.3/223.321/1903。
③ 国家图书馆藏，文献编号/074.3/227.554/1870。
④ 国家图书馆藏，文献编号/074.3/227.554/1871。

四 结语

从国家图书馆的馆藏来看，佛教名山和五岳一样，是中国传统山岳舆图的重要表现对象，不管从数量、质量还是丰富程度，都远非其他山岳可比。这是因为它们不仅风光秀美，更被赋予了深厚的人文意蕴。中国国家图书馆所藏佛教名山舆图内容丰富，版本珍贵，展现了清代到民国佛教山岳舆图创作的高超水平，是探索传统山岳图像的资料宝库，亦是考察清代佛教发展情况的重要途径。

从这些图像来看，清代以来的佛教山岳舆图主要包括两类，一类为世俗性舆图，它们往往是绘制精美、画面整饬的官绘本，或描绘风景名胜，或指示道路情况，与其他山岳舆图在类型上并无明显差别；而另一类宗教性舆图则更能体现佛教名山的特色，这些图像在传递建筑、景观、道路等地理信息的同时，展现出独特的审美旨趣和浓郁的宗教色彩，传达了充满趣味性的观念世界。这是我国传统山岳舆图中独具特色的艺术形式。

我们知道，中国传统舆图被赋予了重要的政治象征意义和礼乐功能，因此古典舆图类文献往往由官方测绘，并藏之秘府，很少有流传民间的作品。而这批佛教山岳舆图则多出自名山寺庙，流传广泛，版本众多，甚至产生一些内容较为粗糙、体现出一定民间艺术色彩的简本。这说明这些图像曾在社会各个阶层广泛流行，这是非常值得注意的文化现象。

从精美复杂的寺庙刻本到简单粗糙的民间摹本，舆图文献经历了一个由雅而俗的流传过程，我们能够从中一窥中国传统民间文化的特性。对于这些佛教山岳舆图的制作者、复制者、传播者和使用者来说，图像都已经远远超越了实用的功能，而成为对想象中的宗教圣境的描摹与展现，真实存在的地理实景结合天马行空的宗教元素，使舆图在真实空间的基础上延伸出更加复杂广袤的时空维度，其中蕴含着强大的情感驱动力量，而具有艺术创作的特征。

更值得注意的是，相比于精美整饬的官绘本，民间艺术活动往往是在不自觉地情况下发生的，换句话说，艺术活动的主体往往并没有作为"艺术家"的身份自觉，更没有进行"艺术创作"的自觉，这一点在粗糙的摹绘本上表现得尤为明显。舆图的绘制和观看就是现实生活的一部分——既然名山辽远，难以亲至朝拜，那么就将想象中的佛国圣境描摹下来，借助审美活动，世俗生活中难以到达的境界也能够被把握，被感受。因此，在民间的摹绘舆图中，绘制者往往大刀阔斧地删减细节，粗枝大叶地描绘色彩，见缝插针地书写文字。因为对于这类创作来说，作品本身的精美性和完整性已经让位于创作过程本身，人们能够在审美活动中弥补现实生活的缺失和遗憾，拓展时间和空间的神圣体验，进入自由创造的精神层面。在这个过程中，艺术既是生活本身，更是人们对于日常生活的精神超越。

综上所述，中国国家图书馆藏佛教名山舆图有重要的文献价值和艺术价值，这些舆图作品不仅在中国传统舆图中有着不容忽视的意义和地位，更是传统宗教艺术中的独特门类，值得我们从各个角度去欣赏、去研究。

附：中国国家图书馆所藏这些佛教名山图，其中一些在其他藏图机构中也有收藏，如美国国会图书馆和瑞典斯德哥尔摩人类学博物馆就收藏有清道光二十六年（1846）格隆龙住的《五台山圣境全图》；此外该馆还收藏有该图的同治年间布基重印本，着手彩，四条幅印板，每条幅87×60厘米，拼合118×163厘米。而关于普陀山的地图，法国国家图书馆藏有"竞源记题普陀山图"，是清代重印明天启二年（1622）刻本，设色，图幅65×108厘米；该馆还藏有一幅《南海名山普陀胜景》，是清刻本，墨印，图幅87×46厘米，原图摹刻自浙江普陀山原石刻石。丹麦哥本哈根皇家图书馆藏有《东南第一大九华天台胜景全图》，清后期，刻本墨印，120×60厘米。而清同治五年（1866）的江清亭《四川大峨眉山全图》在英国皇家地理学会也有收藏。

第三节　五岳舆图[①]

东岳泰山、西岳华山、南岳衡山、北岳恒山、中岳嵩山并称五岳，被列入历代国家祀典。它们作为列镇华夏、定鼎中原的地理象征，在传统礼乐文明中扮演了重要角色，历朝历代都曾以舆图等形式描绘五岳和岳庙，

---

① 本节的作者为吴寒，文学博士，国家图书馆古籍馆馆员。研究方向：中国古典文献、古代舆图研究。

催生出一批五岳舆图。国家图书馆藏有多幅五岳相关舆图，以东岳泰山、西岳华山、南岳衡山为主。这些舆图多为图幅较大、制作精美的珍品，融艺术特性与文化意蕴于一身，体现了中国古代独特的山川测绘传统和人文地理精神，是探究我国古代五岳文化的重要文献。目前尚未有学者对其进行专门研究和讨论，因此，本文拟以国家图书馆藏五岳舆图为中心，结合方志等文献中的其他图绘，在文献考辨的基础上，探究其中蕴涵的人文意蕴。

一　国家图书馆藏五岳舆图概述

国家图书馆藏五岳舆图的时代集中于明清时期，主要涉及的山岳为东岳泰山、西岳华山、南岳衡山。

（一）泰山图

中国国家图书馆藏泰山图有清顺兴画店制作单色刻本《泰山图》一种，长 111 厘米，宽 63 厘米，略有断版。图右上角书写图名"泰山图"，左上角有说明文字："泰山为五岳之长，环山为辅，诸泉汇通，兴云致雨，功与天侔，封号天齐仁圣帝，主世界生死祸富贵贱穷隆，……为宇宙巨观"。这段文字简要介绍了泰山的情况，其中"生死祸富"之"富"应为"福"字之误。由此来看，这幅图的制作比较粗糙，应是流传于民间的作品。除此之外，此图左下方还有一段介绍文字："二（"二"字上有污损痕迹，因此此字也有可能是"三"）□（此处断版，根据上下文推测，应为"十"字）四年按《泰安县志》《道里记》《泰山小史》诸书新刊，泰安大关街路北顺兴画店。"考《泰安县志》有乾隆、道光等版本，难以判断此图所本为哪个版本。《泰山小史》一书为明末期萧协中所撰写，有清乾隆五十四年（1754）刻本。《道里记》应即《泰山道里记》，为清聂鈫所撰，作于乾隆乙酉（1765）至壬辰年（1772）[1]，有清乾隆三十八年（1773）和光绪四年（1878）刻本。总体来看，此图参考了《泰山道里记》一书，而此书成于乾隆三十七年（1772），因此图中的"二/三十四年"应是乾隆以后的年份，此图很可能作于清代后期。

---

① （清）聂鈫：《泰山道里记》，清乾隆三十八年（1773）刻本。

《泰山图》较详细地表现了泰山的整体建筑、景物、道路等情况，绘制了由泰山以南的泰安府出发，经岱宗坊、斗母宫、南天门、东岳庙，到达山上玉皇顶的道路，可作为泰山导览图使用。全图采取平立面结合的画法，泰山部分以立体山水画法绘制。整体观之，泰山重峦叠嶂，山势雄浑。而泰安府区域则主要以平面画法绘制，以房屋符号表现泰府署、二贤祠、观音庙、考院、关帝庙等建筑，而对于岱庙予以突出表现，在比例上明显大于其他建筑。

大连图书馆也收藏了一幅《泰山全图》，长 113 厘米，宽 62 厘米，为碑刻墨拓本。此图与中国国家图书馆藏《泰山图》从构图、绘制方式等方面都非常相似，许多细节也较为一致，应属同一图系。不过大连图书馆所藏版本中并无介绍文字，仅在左上角书写图名"泰山全图"。

（二）华山图

国家图书馆藏华山图有明《太华山全图》、清《太华全图》两种。

《太华山全图》，明万历四十三年（1615）陕西华阴县知县王九畴立石。国家图书馆藏拓本一幅，拓印时间不详。图幅纵 79 厘米，横 172 厘米。此图上并未出现图名，"太华山全图"一名为编目者所拟。[1]

此图采用山水画法，先绘出山体和山形，再在其上标识若干具体地名。图幅精美壮阔，画面疏朗有致。全图以华山之南、西、东峰为视觉中心，又将环绕三峰的群山予以展开，形成横向图卷。在绵延的山石之中，间有房屋、草木点缀，又有水流、小径穿插其间，显得主次分明、生动有趣。全图具有非常高的艺术价值。图中罗列了华山上的地名。这些名称中，既有山上的坪、洞、山峰等自然景观，亦包括五龙宫、西岳庙等重要建筑物，还标出杨伯侨活动处等文化名胜，标识全面、清晰、细致。读者览之即可对华山名胜有直观印象。

图上方空白处，镌刻了历代文人歌咏华山的诗篇 12 篇。作者上至前代

---

[1] 据网文《华阴市石刻文物》，文中提及《华山诗碑》一块，"华山诗碑。位于玉泉院前殿前东侧。碑高 0.74 米，宽 1.78 米。碑碣为长方形，上半部书王维、李白、杜甫、韩愈等 12 人之赋颂华山诗文，下半部为线雕华山风景图。王九畴书，崇祯癸未李□题。崇祯戊辰□文兴题。字迹模糊不清"。

文豪如王维、李白、杜甫，下至当时名彦李梦阳、李攀龙等。诗作之后有署名王九畴的碑记一则："域中岳有五，古今所并仰者。惟取华岳，盖三峰插汉，峭削天成，而万山环绕，宛然拱极之象，在岳中为独秀，诸咏述详哉！其言之矣，邑旧有图立刻，狭小不能尽罗列形胜，且摹之者众，岁久不无齿缺，兹重镌图。前代迄我朝诸硕彦文颂序记诗赋甚繁，具全集中，不能檃刻。间刻诗数首于图后，观者一披玩而胜概具在目中，庶快其仰止之思云。万历乙卯华阴县事南阳王九畴书。"从碑记来看，由于域中旧碑狭小不能穷尽华山的名胜，而且临摹者众多导致石碑残缺，因此重新刻石，又从历代歌咏华山的诗文中选取数首刻于图上。碑上空白处还镌刻了翁李楷、范文光、李宗仪碑记各一段，字迹均不相同，应为三人游览华山时分别题写，其中范文光、李宗仪碑记落款均为崇祯戊辰，即1628年，范文光碑记旁有印一枚，印文为"文光"。全碑左下方落款"戴凤"，旁有印一枚，印文为"代翔父"。碑文、诗作、印章与图幅相辅相成，使此图在舆图的实用功能之外，更兼具了文化意义和艺术价值。

此图内容全面详尽，艺术技法高超，对研究华山图绘和相关区域地理情况有较大的参考价值。

中国国家图书馆藏另一幅华山图为《太华全图》。清康熙三十九年（1700），三秦观察使贾铉赴太白山祈雨，路过太华山，祈雨结束之后绘图并立碑纪念。《太华全图》高130厘米，宽69厘米，方向为上南、下北、左东、右西。此碑目前存于西安碑林，国家图书馆藏有拓本。根据图右下题款，此图为楚黄李士龙、青门卜世合镌。从拓片形态来看，此碑已经从中间断开，有一道明显的裂痕。

《太华全图》全图右上方书写图名，左上方有贾铉题识："华于五岳为极峻，直上四十里，缘铁縆，跻奇险，载在志乘。余巡驿关中，于己卯三月二十日，母难之辰，亲登南峰，作诗纪事，明年庚辰五月，复以亢阳祷雨，二宿□庙之前，灌木蔽塞，不能肆眺，乃以文告神，伐去乱木，于是诸景毕露，洵为大观，山人小史王弘撰以□向喜善图，索余绘此刻石，与余《太白山图》并传焉，后览者度知山灵面目耳。是岁重九日三秦观察使河东贾铉□□（此二字模糊）并识"。其下有印两枚，印文分别为"可斋""贾铉印"，可斋为贾铉字。贾铉曾于康熙己卯年（1699）三月二十日生辰之时登上华山南峰，并作诗纪事，次年五月赴太白山祈雨又经过华山，因此绘制《太华全图》。此碑记中提及的《太白山图》原碑同样藏于西安碑林，国家图书馆存墨拓本，高130厘米，宽69厘米。图上亦有贾氏碑记一篇，根据其中内容"此余庚辰夏祷雨太白山，归而为是图也"可以判断，此碑同样绘制于康熙三十九年（1700）。

《太华全图》采用山水画法，以华山诸峰为主要表现对象，全图气势阔大，与以往的华山图一样，重点凸显南峰、西峰、东峰。自上而下观之，三峰并峙，其下有云气环绕，又有诸峰起伏，层峦拱卫，富有层次感。在以大笔触勾勒山体的同时，图中还细腻地描绘了山中的各类树木、石、瀑布、房屋等。全图生动壮阔，疏密有致，充分展示了华山山势陡峭、峭壁千仞的特点，令人望之则生敬畏之感。图中标识了山中的山峰、古迹、名胜、庙宇、行宫等约50余处，图中虽未明确记载景点之间的距离，但也以断续线条表现了山中道路情况。

贾鉁，字玉万，号可斋，山西临汾人，清冯金伯《国朝画识》记载其"精兰竹，风晴雨露无不各肖，兼擅荷花，名噪都下"[1]。清张庚《国朝画征录》载："贾鉁，字玉万，号可斋，临汾人，工竹石及折枝花，喜用瘦笔干墨，风味淡逸，若不火食者。出守黄州，尝画竹题识，命工人镌诸石，置赤壁人所游历必经之地，其汲汲于名如此。所画百石图，奇诡尽变，见称艺林。"[2] 根据这段评论，贾鉁"好名"，曾经绘制竹图，镌刻石上，置于赤壁供人观览，这与其制作《太白山图》和《太华全图》的行为有异曲同工之处。

（三）衡山图

中国国家图书馆藏南岳衡山图有《南岳全图》（卷轴装）、《南岳全图》（经折装）、《湘江图卷》（卷轴装）、《古南岳图》（卷轴装）等四种。

《南岳全图》（卷轴装）、《南岳全图》（经折装）、《（长沙至衡州）湘江图卷》（卷轴装）三种图皆为纸本彩绘，从表现内容、绘制方式上看均较为一致，属于同一图。其中《南岳全图》（经折装）封面题签书"南岳

---

[1] （清）冯金伯：《国朝画识》，清乾隆五十六年（1791）刻本。
[2] （清）张庚：《国朝画征录》，清光绪二十一年（1895）刻本。

全图"。另两种图上皆无图名，名称为编目者所拟。由于全图采用山水画法，沿湘江展开画面，描绘了湘江两岸的城镇和南岳群峰，因此其中一种被命名为"湘江图卷"。不过从图绘来看，此图主要表现的是南岳衡山，因此命名为"南岳全图"更接近图绘表现的内容。

《南岳全图》（卷轴装）纵 32 厘米，横 211 厘米。《南岳全图》（经折装）共分十二折页，尺寸不详。《（长沙至衡州）湘江图卷》（卷轴装）纵 33.4 厘米，横 339 厘米。图上均无作者落款信息。

《南岳全图》三种图绘内容基本一致。全图沿湘江从北到南展开画面，较全面地展示了从长沙省城到衡州府城的南岳诸峰情况。图幅从长沙省城开始，清晰地绘出了省城规制，省城以西一水之隔为岳麓峰，水中有水陆洲和牛头洲。接着画面过渡到湘江以东的湘潭县城，以及绵延的屏嶂峰、紫葛峰、白云峰等。随后延伸到衡山县城，有云隐峰、巾紫峰、紫巾台等环绕县城，县城周围还有清凉寺、状元坊等建筑。接下来是南岳的主体部分，图的这一部分没有出现湘江，而以南岳庙为全图的视觉中心，庙前有"天下南岳"四字牌匾。自庙宇往上是一条上山路径，顺着南天门，一直蜿蜒延伸到南岳最高峰"祝融峰"上的殿宇。此殿原名老圣帝殿，又称祝融殿，石墙铁瓦，屹立于峰顶。除此之外，其余诸峰也林立周围，颇有气势。画面的末端是衡州府城和回雁峰。

三种图绘中未标注作者和年代等信息。但据史书记载，清康熙三年（1664）将湖广行省划分为湖北和湖南，并将偏沅巡抚移驻长沙，雍正元年（1723）设湖南布政使司，雍正二年（1724）改偏沅巡抚为湖南巡抚。经过一系列建制变动，长沙城自此成为湖南省会。而图中将长沙称为省城，因此该系列舆图应绘制于清代中后期。这三种舆图绘制精美，内容详细，是研究清代中后期南岳情况的重要参考资料。

除国家图书馆所藏三版《南岳全图》之外，大连图书馆也藏有一幅《南岳群峰图》，又名《湖南六十八峰图》，一幅长卷分 12 折页，全图高 30 厘米，长 425 厘米，纸本彩绘。此图上并未出现图名，其名应为编目者根据图上内容所拟。图末端题识"衡山梁成魁写"，另有印章两方，模糊难以辨认。此外，美国国会图书馆也藏有一幅《南岳全图》，高 17 厘米，长 167 厘米，纸本彩绘，亦为一幅长卷分切 12 折页，图上并未出现图名，应为编目者所拟。从主要内容和整体图绘风格上，这些舆图和国家图书馆藏诸种《南岳全图》版本基本一致，只在具体的绘制方式和一些细节处有所不同。例如，中国国家图书馆藏经折装《南岳全图》中的山峰形状相对圆融，而中国国家图书馆藏卷轴装《南岳全图》的山峰形状较为陡峻，岩石层次较清晰。其他各版的山峰绘制方式也或平实或尖削，这应与绘图者的个人画风有关。再比如南岳庙的文字说明，中国国家图书馆藏三版《南岳全图》均在庙前牌匾上或周围空白处书写"天下南岳"四字，大连图书馆藏《南越群峰图》此处无文字，而美国国会图书馆藏《南岳全图》所书文字为"南岳大殿"。总的来看，这版《南岳全图》在清代流传较为广泛，摹绘本较多，不过诸种图绘在具体细节的处理上还是表现出了细微差异。

国家图书馆还藏有另一幅《古南岳图》，单色拓本，卷轴装。此图纵32厘米，横603厘米，详细描绘了南岳72峰及其周围的自然与人文景观，并就各处景点注有专门的史迹说明。

从拓本形态看，《古南岳图》原碑内容非常丰富。全图开篇大字书写图名"古南岳图"，其右上方有印"墨圃"，左侧有"姚弘谟题"四字，又有印二方，印文分别为"翰林学士""姚弘谟印"。图幅接下来为禹王碑释文及《南方七星玉衡图》。其后为南岳图部分，也是全碑的主体部分，占据了全碑逾一半篇幅。图后附《南岳真形图》与南岳介绍文字一段。图幅末端的两方印交代了《古南岳图》的制作者信息，印文分别为"天霖氏镌"和"越州素庵氏辑勒南岳图"。

《古南岳图》全图风格接近简笔漫画，线条相对朴拙，虽然笔触简单，却描绘到位，传达出生动意蕴。图幅结合阴刻与阳刻，水面往往为阴刻，而山体以阳刻为主，展现出青山绿水的独特美感。图幅细节丰富，水中有小舟点缀，道路上也有行人三三两两，姿态各异，历历可见。卷轴长达6米多，图幅内容也非常丰富，是一幅兼具艺术价值和史料价值的传统舆图作品。

二　单行本五岳舆图与方志插图的文献渊源关系

国家图书馆所藏五岳舆图以单幅为主，从文本形态上包括绘本、拓本、刻本，从涉及的山岳上包括东岳、南岳和西岳，从装帧形式上包括了经折装、卷轴装、单幅平铺等，比较集中地反映了中国传统五岳舆图的面貌。对一处名山进行详尽的测绘，非一时一日之功，尤其是大型石刻，更需大量人力物力才能完成，而且由于种种原因，中国古代大型、单幅舆图的保存比较困难，留存至今更是不易，因此，这些舆图对于我们了解传统山岳舆图的绘制有重要的参考价值。

五岳各据一方，是华夏大地上的重要地理坐标，亦是与中华文明密切相关的人文地理概念。因此在长期的发展中催生出大量以五岳为表现对象的舆图。除了单幅单行的舆图之外，还有许多作为插图，散见于各类方志、山志之中，古代方志中往往专列"山川"一节，对于本地名山大川予以专门介绍。由于五岳列镇一方的重要象征意义，相关方志也往往插入五岳图绘，以传扬本地名胜，彰显属地的文化底蕴。虽然限于篇幅，这些图像常常较为简略，但它们也保存了传统山岳图绘的重要资料。这些方志中的插图与单行本舆图表现出千丝万缕的关联，从中也可一窥中国古代山岳舆图的文献流传情况。

（一）泰山图

国家图书馆藏《泰山图》为顺兴画店所制，图上说明文字称"按《泰安县志》《道里记》《泰山小史》诸书新刊"，明确提到参考了《泰安县志》《泰山道里记》《泰山小史》等书籍，虽然难以考察图上所说的《泰安县志》到底是哪一种，但是考察目前国家图书馆藏乾隆四十七年（1782）黄钤修《泰安县志》和道光八年（1828）徐宗干修《泰安县志》，二书中均有《泰山图》，内容一致，应属前后承袭的同一图系之作。而这两种《泰安县志》中的《泰山图》不管是绘制内容和图绘方式，都与顺兴画店所制《泰山图》较为相似，二图中的山体描绘和文字注记也与单幅舆图有许多一致之处。图中从岱宗坊经一天门、万仙楼、斗母宫、朝阳洞、南天门等，最后到达山顶的东岳庙、无字碑、玉皇顶的路线标识和道路走向也非常相仿，不过细节上刻本插图要简略许多，刻本插图中一共出现了六十余处地名，而单幅《泰山图》中出现了二百余种。除此之外，光绪四年（1878年）刻本《泰山道里记》中亦有《泰岳》图一幅，图中标注了四十余处地名，整体图绘方式和单行本亦较为相似。《泰山小史》目前可

见的清乾隆五十四年（1789）刻本中并无插图。因此，顺兴画店所制作的
这幅《泰山图》，最主要的参考对象应该就是《泰安县志》和《泰山道里
记》中的图像。

整体来看，中国国家图书馆藏《泰山图》与《泰安县志》《泰山道里
记》中对泰山的描绘都表现出一种不求奇险而求方正，整体形态较为对称
的审美风格，其中涉及的地名有诸多重合，道路走向和景物安排也比较一
致，表现出一定的承袭关系。不过，单行本舆图和刻本插图也表现出较明
显的差异，首先，方志受到篇幅限制，相关插图都只占据了两个版面，因
此画面比较简略，文字注记也比较少。而单行本舆图作为一幅长 111 厘米，
宽 63 厘米的大型舆图，细节描绘要详尽得多。其次，方志中的泰山山体、
泰安城、岱庙一般是分开描绘的，而《泰山图》则将这三者融合在一起，
全图上面三分之二的内容为泰山山体，而下三分之一的内容则以平立面结
合的方式，表现了泰安城情况，其中的岱庙规制也非常详细。

（二）华山图

华山图中的《太华全图》为贾鉝所制，并未提到参考其他作品，有目
前的材料来看也难以考察其与方志刻本之间的文献渊源。而王九畴《太华
山全图》则可能与方志有一定关系。前文已经介绍，此图由华阴知县王九
畴立石，据王士俊等监修《河南通志》记载："王九畴，字叙吾，邓州人，
万历己酉举人，任华阴县，自潼关以西，植杨柳数万株，行人终日在柳阴
中，时比之江东，其惠政百姓犹歌之"。[1] 据这一记载，王九畴为力历三十
七年（1609）举人，曾任华阴知县。他在任期间编有《华阴县志》八卷，
此书有明万历四十二年（1614）刻本存世，而《太华山全图》刻石于万历
四十三年（1615）。《华阴县志》中亦有《华山图》一幅，此图与《太华
山全图》刻石中的华山三峰部分画法相似，同样以鼎立之势表现华山的
东、南、西三峰，将东峰上的手掌之形予以夸张，重点描绘了山间的
水瀑。

不过，《华阴县志》中的插图和《太华山全图》也有明显的区别，除

---

① （清）王士俊等监修：《河南通志》，清乾隆刻本。

了由于图幅限制造成的详略差异，最大的不同表现在《华阴县志》插图为仅仅占据一个版面的竖版图像，图中仅选取了华山最具代表性的三峰予以表现，对于其他山峰均简单带过，图上也没有出现文字信息。而《太华山全图》为横版图像，表现了整个华山山脉的绵延山势，三峰虽然是全图的视觉中心，但从画面比例上只占据了一小部分。

而考察明代以来的相关舆图，许多单行本舆图都没有延续《太华山全图》的横版画法，而采用了竖版图绘。例如例如大连图书馆藏《关中八景·华岳仙掌》和《华岳图》，贾鉝刻石的《太华全图》等，这三幅图都以竖版形式，将三峰的尖削之势予以夸张描绘，置于全图最上方，形成强大的视觉冲击力。而方志刻本的情况则有所不同，横版图像跨越两版，能够表现更详细的山体信息，而竖版图像能直观地传达华山的视觉特征，避免将三峰的对称之势分在两版，影响读者的阅读体验，因此两种构图方式均有方志选用。

（三）衡山图

国家图书馆所藏南岳图中，三版《南岳全图》虽然并无太多文字说明，但是考察相关方志插图，我们不难发现其与方志文献之间的关系。前文已经提到，从图中出现长沙为湖南省城来看，其制作年代应该在清中后期。

考察相关方志，由于衡山独特的绵延之势，方志插图难以在两个版面内予以囊括，因此，早期方志要么只选取少量重要山峰予以简略表现，如明嘉靖七年（1528）刻本彭簪《衡岳志》，其中只出现了八处地名。要么不考虑其实际方位，而将湘江水道在画面内弯折，形成曲折回环之势，以尽可能详细地展示衡山山脉情况。如明万历四十年（1612）刻本邓云霄等编《衡岳志》和清康熙年间刻本朱衮等纂《衡岳志》。不过，到清乾隆十八年（1753）刻本《南岳志》中，编者高自位打破了传统的两个版面的表现方式，将《南岳山图》分在四个版面，并在图前说明："揽胜名山，稽图最要，而旧志《衡岳总图》诸峰反未备载，今图较为明晰，七十二峰罗罗井井，岳之四至亦较若列眉。"① 这幅插图沿湘江水道展开，由长沙省城、湘潭县、岳麓书院延伸到衡山县、岳庙一带，最后延伸到衡州府一带，将这一段南起衡阳回雁峰，北至长沙岳麓山的群峰予以了较全面的图绘。

由于《南岳山图》占据四个版面，而《南岳全图》占据 12 折页，所以《南岳山图》没有《南岳全图》详细，但其绘制方式和《南岳全图》有明显的相似之处。仅从图中所列局部来看，《南岳山图》前面四分之一的部分为湘江水道，一侧为岳麓峰、湘潭县城和屏障峰，另一侧为长沙省城，水中有江神庙、水陆洲、牛头洲。而《南岳全图》则将这一部分铺展在了 4 个折页中，前两个折页，湘江一侧为长沙省城，另一侧为岳麓峰，水中有牛头洲、水陆洲，而湘潭县城在第三和第四折页之中。很明显，从城池、山峰的排布来看，《南岳山图》和《南岳全图》是有承袭关系的。

而民国十二年（1923）翻刻本《南岳志》之《岳山图》则更明显地参考了《南岳全图》，此版《南岳志》为李元度重修，根据书前郭嵩焘序言作于光绪九年（1883），而另一序言称"光绪五年，元度由平江谒岳□（此字脱），任修复之功，往返经营又三年，告成，乃历览其名胜古迹，研考方志与人文物产之丽于兹山者，重辑《南岳志》"②。李元度此书大致成书于光绪八年（1882）到九年（1883）。《岳山图》跨越十四个版面，图末端落款"衡山文兆兰绘"，细节处与《南岳全图》更为相似，显然是与《南岳全图》有承袭关系。

国家图书馆藏另一幅南岳舆图为《古南岳图》，图上有姚弘谟所书题名，这一题名为原石原拓，说明姚氏本人很可能与石碑的制作有关。姚弘谟（1531—1589），字继文，号禹门，浙江秀水县人，嘉靖癸丑年（1553）进士，选庶吉士，授翰林院编修，曾任湖广按察司督学副使，南京太常寺少卿等。《传是楼书目》载姚弘谟着《衡岳志》四本十三卷。根据《四库全书总目》卷七十六（史部三十二，地理类存目五）的说法，此版《衡岳志》为姚弘谟在嘉靖年间彭簪所撰八卷本的基础上重订而成，"《衡岳志》

---

① （清）高自位：《南岳志》，清乾隆十八年（1753）刻本。

② （清）李元度：《南岳志》，民国十二年（1923）刻本。

十三卷，浙江汪启淑家藏本。明彭簪撰，姚弘谟重订。考《明史·艺文志》载彭簪《衡岳志》八卷，此多五卷，当即弘谟所增。……簪自号石屋山人，安城人，官衡山县知县。其书成于嘉靖戊子。弘谟，秀水人，嘉靖癸丑进士，官至吏部左侍郎，其书成于隆庆辛未，时提督湖广学政，应知县章宣之请，续此编云。"① 据此，姚弘谟重编《衡岳志年》成书于隆庆五年（1571）。

《古南岳图》的制作可能与姚弘谟有关，姚弘谟本人重订《衡岳志》的行为也从侧面佐证了这一点。我们可以推测，姚氏为了重订《衡岳志》，四处搜集相关资料，在此基础上命人镌刻了这块石碑，并亲自书写题名。遗憾的是，姚氏重订本已经失传，难以考察其中插图的面貌。彭簪《衡岳志》中有《衡岳七十二峰图》一幅，但这幅图内容比较简略，仅占据了两个版面，所涉地名也只有岳麓书院、集贤书院、文定书院、南岳庙、祝融峰、南轩书院、石鼓书院、回雁峰等，从图中并不能看出其与《古南岳图》在图绘上的关联。不过，《古南岳图》中说明文字非常多，这些文字很多都与彭本《衡岳志》中的内容相似，此外，《古南岳图》在图前附《禹王碑》释文和《南方七星玉衡图》，图后附《南岳真形图》，从天文、历史、宗教等角度，全方位彰显衡山的独特文化地位，此类做法也与方志的图示体裁有类似之处。

总而言之，从国家图书馆藏五岳相关舆图来看，部分单行本舆图与方志刻本中的插图有一定文献渊源关系。有一些从图绘上就能明显看出承袭关系，如《南岳全图》和《泰山图》都和相关方志、山志中的插图有所关联，另一些从作者角度有一些联系，例如王九畴既是《太华山全图》的刻石者，也是万历刻本《华阴县志》的编撰者，《古南岳图》的题名书写者姚弘谟同时也是《衡岳志》的重订者。种种迹象都说明，传统山岳舆图的测绘有一定难度，因此完全原创比较困难，各类图绘之间存在因袭的情况，在互相因袭中也会逐渐形成对一座名山比较普遍的画法，以前述华山图、衡山图、泰山图来看，泰山雄浑壮丽，华山陡峭高峻，衡山绵延秀美，这些审美特点也都反映在了舆图之中。

---

① （清）纪昀总纂：《四库全书总目提要》，河北人民出版社 2000 年版，第 2003 页。

不过，方志刻本插图和单行本舆图也表现出明显的差异，这主要体现在三个方面：

第一，刻本版面的限制。由于刻本版面的限制，方志插图在横向上有比较大的拓展空间，而在垂直方向上空间非常有限。因此，泰山图和华山图一般局限于一到两个版面，在一个版面内则为竖版，在两个版面内则为横版。《泰安县志》和《泰山道里记》中的泰山图均为横版插图，仍然限于篇幅，对于由山脚到山顶垂直方向的景物大加删减，整体内容较为简略，文字注记也比较少。而方志中的华山图有些为了表现华山三峰部分的高峻特点而采取竖版图绘，这就造成省略更多信息，例如王九畴《华阴县志》中的华山图。对这种情况解决得比较好的是衡山图，由于衡山为沿水道绵延的群峰，因此横版插图更适宜表现衡山的情况，所以，高自位《南岳志》将衡山图拓展至 4 个版面，李元度《南岳志》拓展到 14 个版面，较好地展现了衡山的全貌。而单幅舆图则没有这方面的问题，采用横版或竖版图绘均可，在画面的安排上可以尽可能详尽，也不必拘泥于刻本的排版比例，有较大的发挥空间。而且由于空间较大，单行本舆图还可以在图绘之余，在画面上安排一些诗作、题记和较详细的文字说明，由此形成更加整体的艺术效果。

第二，装帧形式的制约。由于线装书籍的一般装帧形式，大部分方志中两版或以上的插图均跨越正反折页，这无疑会影响读者阅览舆图全貌。以华山图为例，一旦跨越正反折页，便会导致华山三峰的对称之势被分开，尤其是中峰被对半劈在两页，从而影响图绘的表现效果，因此，有些插图选择用一个版面表现华山，例如王九畴《华阴县志》之《华山图》，有些插图选择将华山图绘放在对开的两个版面以避免翻页，如清道光十一年（1831）刻本李榕《华岳志》之《华山阴图》和《华山阳图》；有些插图选择放弃完全对称的构图，把三峰整体放在一版，而在另一版表现其他的山峰，例如清康熙六年（1667）刻本贾汉复纂修《陕西通志》中《西岳太华山图》。而高自位《南岳志》中的《南岳山图》排版更为灵活，此图一共占据四个版面，作者将衡山主峰集中在对开的第二和第三版面，在第一和第四版安排的主要是长沙城、湘潭县、衡州府等城池建置，这样，读者翻开中间的一页便能较好地了解衡山全貌，前后两页的内容也可做为辅助。而相较而言，单行本舆图则不存在这方面的问题，不管是碑拓还是绘本、刻本，读者皆可一览无余，不需要跨页翻阅，经折装和卷轴装还可达到逐渐展开画面的艺术效果，因此作者在景物的排布上也可以较多地参考实际情况和审美需要。

第三，方志体裁的影响。方志在长期的发展中，形成了较为普遍的图示模式。表现在山岳上，则往往将山体、岳庙、其他重要景点分开描绘，由此对一些重要信息予以单独展示，充分彰显本地名山的人文意蕴。例如两版《泰安县志》中的插图皆包括《星野图》《东岳真形图》《疆域图》《城池图》《县署图》《文庙图》《岱庙图》《泰山图》《泉源图》《八景图》，其中，《疆域图》中出现了泰山，《岱庙图》详尽地展现了岱庙的建筑情况，《泰山图》描绘了泰山的山体全貌，而《八景图》中的《泰岳朝云》《秦松挺秀》等也与泰山景物有关，从各个角度展现了泰山的情况。高自位《南岳志》中有《南方七星玉衡图》《轸宿图》《南岳山图》《南岳庙图》《五岳真形图》，李元度《南岳志》中也分了《五岳真形图》《岳庙图》《岳山图》等。因此，虽然往往山体图受篇幅影响比较简略，但山志中的各类分景图也辅助性地介绍了山上的重要景物、建筑。而单幅舆图则往往集中地表现山体，将山上的景点、道路等尽可能详尽地展示出来，虽然有些图中的岳庙细节非常详细，显示出作者对于一些文化信息的突出描绘，如《泰山图》和《南岳全图》，但是整体而言仍然符合画面的正常比例。总之，方志插图中的山岳图重视全方位挖掘人文意蕴，体现出一定政治考量，而单行本舆图则更偏重尽可能详细地展示山体面貌，相对而言更具实用功能。

第四章　星图和历史地图（集）

第一节　星图

　　几乎所有文明自其原始阶段始就对天空中的星辰抱有好奇心，由此往往为星辰赋予了各种意义，或用来占卜吉凶祸福，或通过星辰来预测气候的变化，制定历法以指导农业生产、日常生活等。无论在各自文化中星辰的功用如何，大多数文明中都绘制有星图或者天文图，中国古代也是如此。[①]

　　一些研究者将现在发现的一些原始社会器物上绘制的图案、墓葬中用器物摆放的类似于星辰布局的图案认为是星图，如有学者认为有些早期文化上的陶器图案可以被认为是天文图[②]，也有学者认为濮阳西水坡 45 号墓出土的龙虎图案以及其北侧用贝壳和人腿骨合摆的图像就是一种天文图[③]。不过，这样的认知都存在争议，而且即使这些图案可以被认为"天文图"，那也是非常幼稚和处于雏形阶段的[④]。

[①]　关于中国古代的"天学"及其社会功能，可以参见江晓原《天学真原》，上海交通大学出版社 2018 年版。

[②]　康世杰：《最远古的天文图》，《社会科学》1988 年第 5 期，第 92 页。

[③]　冯时：《河南淮阳西水坡 45 号墓的天文学研究》，《文物》1990 年第 3 期，第 52 页；伊世同：《北斗祭—对濮阳西水坡 45 号墓贝塑天文图的再思考》，《中原文物》1996 年第 2 期，第 22 页。

[④]　对此也可以参见本书第一篇附录二中对中国地图起源的简要讨论。

目前，我国真正能识别的古代星图或天文图大致可以认为是湖北随县曾侯乙墓出土的绘制在一只漆箱盖上的二十八宿图，时间大致为公元前430年。此后中国古代的星图，按照功能来看，大致有两类：

一类是描绘二十八宿、日、月以及十二宫的，大都出土于墓葬，如河北张家口市宣化区下八里村的三座辽金墓葬。在这些墓葬的墓顶都绘制有彩绘天文图，在图中央的四周绘二十八宿及日、月图像，其中M1和M2墓葬还附有黄道十二宫，M2墓葬的墓顶还加绘有十二生肖像①。时代更早的就是在浙江省临安市锦城镇西11里的祥里村发现的五代时期吴越国王后马氏墓顶部阴刻的天文图，图案中"星点为大小不等的圆形，并由阴刻单线联接成组，星点与联线均用金箔贴成""该天文图刻有直径不等的3个同心圆，其内规（即恒显圈）直径46.25厘米，外规（即恒隐圈）直径190厘米，重规（外规之外起装饰作用的圆圈）直径200厘米""该天文图内规中绘有华盖7星及其附座杠9星、钩陈6星、北极5星、北斗7星及其附座辅1星，共有4个星座35颗星，它们与（步天歌）所载是相吻合的"②"在该天文图的内、外规之间，环列有28宿及其附座的图像""综而言之，该天文图总共刻有与（步天歌）相符的星官32座，计217颗星。该天文图上用宽4~4.5厘米的白色粉带画出银河，它应是中国古代现存最早的银河图像"③。此外，在之前发现的吴越时期的4座王室墓葬，即钱宽墓、水邱氏墓、钱元瓘墓和吴汉月墓的墓顶都发现有天文图，其中除钱宽墓没有绘制内规、外规和重规之外，其他各墓所绘天文图与马氏墓大致相同，只是在具体星座的绘制方式和星辰数量以及有无银河上存在差异④。

在早至西汉的一些墓葬中也发现了绘制在券顶上作为壁画的二十八宿图，如在西安交通大学附属小学院内发现的西汉晚期砖室墓，其壁画分为

---

① 参见伊世同《河北宣化辽金墓天文图简折——兼及邢台铁钟黄道十二宫图象》，《文物》1990年第10期，第20页

② 蓝春秀：《浙江临安五代吴越国马王后墓天文图及其他四幅天文图》，《中国科技史料》1999年第1期，第61页。

③ 蓝春秀：《浙江临安五代吴越国马王后墓天文图及其他四幅天文图》，《中国科技史料》1999年第1期，第62页。

④ 对这些墓葬中天文图的简要描述，可以参见蓝春秀《浙江临安五代吴越国马王后墓天文图及其他四幅天文图》，第63页。

上下两部分，下半部分代表人类生活的大地，而上半部分在墓室顶部绘制的就是天象图，"墓室正顶中线南侧画着一轮朱红色的太阳，太阳中间有一只飞翔的黑色金鸟；中线北侧画着一轮白色的月亮，月中有一只蟾蜍和一只奔跑的兔子。太阳和月亮四周绘满了彩色祥云，祥云中间还有几只振翅高飞的仙鹤。环亘墓室顶部有一条内径约 2.20 米—2.28 米、外径 2.68 米—2.70 米的环状圆带将太阳和月亮围在中间。壁画最重要的内容—二十八宿天文星图便画在这个环带当中"①。还有陕西靖边县杨桥畔镇渠树壕汉代砖石壁画墓，"在前后室的拱形券顶上绘制了一幅天文图，时代为东汉中晚期，详见本刊本期的发掘简报。这幅天文图以北斗为中心，以二十八宿为边界，描绘了二十八宿以内天区的主要星官，大多数星宿和星官保存有题名，并绘有相应的人物或动物图像"②。

　　总体来看，这类基本位于墓葬中的星图，有着强烈寓意性或者强烈的目的性，因此虽然这些星图有着一定的写实性，或者说符合天空中的星辰布局，但其本质目的并不是为了对天空和星辰进行完全如实的描绘，而只关注于符合绘制目的那些星座，因此似乎不能被认为是现代意义的天文图。而且以往关于这些地图的研究多关注于这些星图的准确性和科学性，似乎也偏离了这些星图绘制的最初目的；虽然有些研究提及了这些星图的绘制目的，但通常都是寥寥数语，但这方面显然应该是今后研究的重点。

　　中国古代的另一类星图，则是对天空中星辰尽量如实的描绘。对于这类星图的绘制，中国古代有着一些自己固有的传统，如关于所应绘制的星辰及其数量，甚至所使用的颜色，江晓原在《星图三家三色事》一文中对此有着简要的归纳，大致"古代中国的天文星占之学，曾分为不同门派，各有承传。据现今所见史料，有三大派：石氏，战国时魏国的石申（又作石申父）；甘氏，齐国的甘德，其人可能一直活动到秦汉之际；巫咸，其人在传说中的年代皆被远溯至殷商或更早，但从归于其名下的恒星数据推算，年代却又晚于石、甘二氏的数据数百年。三家所占的恒星各不相同，

① 雒启坤：《西安交通大学西汉墓葬壁画二十八宿星图考释》，《自然科学史研究》1991 年第 3 期，第 236 页。
② 段毅等：《靖边渠树壕东汉壁画墓天文图考释》，《考古与文化》2017 年第 1 期，第 78 页。

这些恒星的名称、位置坐标和对应的占辞，幸有唐代瞿昙悉达编撰的《开元占经》于卷六十五至七十中详加搜录，得以流传至今。计有石氏 632 星，甘氏 506 星，巫咸 144 星；再加上二十八宿环带中的 182 星，共 1464 颗恒星（另有一颗不属任何一家的孤星'神宫'未计入）。但是并未传下三家各自的原始星图"①。西晋时期的陈卓对三家所记的星辰进行了整理汇总，此后在星图上通常都用不同的颜色或者标志来对这三家所记星辰加以区分。这一传统可能一直延续到了南宋时期，在苏州石刻天文图上，就没有再对星辰的标识方式进行区分。

至于绘制星图的方式，大致有两种，一种就是以北极为中心，将全天的星辰投影到一个圆形平面上，且从北极引出 28 条辐射线，代表分隔 28 宿的经线，由此用这种绘制方式绘制的星图越往南，图面的扭曲越大，且还存在"恒隐圈"；为了解决这一问题，因此中国古代有时还绘制有以赤道为中线的"横图"，也即，将沿赤道的星按照十二次的顺序绘制，这也是中国古代星图的另外一种绘制形式。

这类星图中，现存最早的就是敦煌星图，有两种，分别为甲本和乙本。其中甲本保存在英国伦敦博物馆，大致绘制于唐代初年②，一般认为其是世界上现存星图中最古老、星数最多的。图中除有名无星者外，实有星数 1339 颗，用黑点表示甘德星，而橙黄色和圆圈等其余形式通用于石申和巫咸星。敦煌星图甲本分赤道和北极两部分，赤道部分将沿赤道的星辰按照十二次的顺序分段排列为 12 个月的星图，也即共 12 幅，且每幅图下有太阳位置及昏旦中星的说明。北极部分的紫微垣是以北极为中心绘制的。而敦煌星图乙本现藏甘肃省敦煌市博物馆，是一幅紫微垣及附近的星图，残破较严重，抄写年代当在晚唐到五代时期。

还有现存于江苏省苏州市碑刻博物馆的石刻《天文图》，约南宋绍熙元年（1190）由黄裳绘制，南宋淳祐七年（1247）王致远刻石，图石高181.3 厘米，宽 95.8 厘米。《天文图》图碑上部绘制有星图，下部为文字

---

① 江晓原：《星图三家三色事》，《中国典籍与文化》1995 年第 1 期，第 105 页。

② 参见让-马克·博奈-比多等：《敦煌中国星空：综合研究迄今发现最古老的星图（下）》，《敦煌研究》2010 年第 3 期，第 46 页。

解释。星图以北极为中心，绘制有分别代表北极常显圈、赤道和南极恒隐圈的三个同心圆。从北极引出的28条辐射线，表示28宿的距度。图上还绘制有与赤道斜交的黄道和横跨天空的银河，绘制了280个星座、1434颗星辰的位置。地图下部的文字解释，涉及天极、天体等大量内容，并对日月食的成因进行了解释。这些文字解释与宋代王应麟的《六经天文编》卷上的"玑衡"一文的后半部分完全相同。还有经过研究认为是仿照苏州石刻《天文图》绘制，于明代正德元年（1506）刻石的常熟石刻天文图，"此图是仿照苏州图刻制，但未考虑岁差；星官名称基本按照《宋史·天文志》，参考甘石巫氏星经，星官连线多数根据《新仪象法要》星图。值得注意的是，它订正了苏州图的很多缺乱和错误，虽然某些星官位置准确度低于苏州图，还可以认为是苏州图的改正和补充"①。

　　中国天文图绘制的转型，以及近代化或者西化，始于明末，要早于中国古代地图绘制的转型。这一转型的起因是由于对恒星的观测和绘图是制定历法的、预测天象的基础，而与这一时期传教士引入的西方的天文观测设备、方法相比，中国传统的方法精度较差，由此在明末的崇祯改历中，以徐光启为代表的一些中国士大夫与西方来华传教士一起，较为系统地引入了当时欧洲的天文学知识，完成了《崇祯历书》的编制，也导致了中国传统天文学向西方的转轨。在这一过程中绘制了一系列的星图，其中最具有影响力的就是《赤道南北两总星图》。李亮的《皇帝的星图——崇祯改历与〈赤道南北两总星图〉的绘制》一文对该图以及世界各地收藏的该图的不同版本进行了细致的研究②。这幅地图中最为著名的就是于崇祯七年（1634）进呈给崇祯帝的《赤道南北两总星图》屏风，"共分八个条幅，中间两个圆形的赤道南、北星图各占三个条幅，其余两个条幅分别为徐光启和汤若望的'赤道南北两总星图叙'和'赤道南北两总星图说'两篇短

　　① 中国科学院紫金山天文台故天文组、江苏省常熟县文物管理委员会：《常熟石刻天文图》，《文物》1978年第7期，第71页。
　　② 李亮：《皇帝的星图——崇祯改历与〈赤道南北两总星图〉的绘制》，《科学文化评论》2019年第1期，第44页。

文"①；这幅地图被多次刊印，以挂轴等形式流传，目前在梵蒂冈宗座图书馆、法国国家图书馆、中国第一历史档案馆、比利时皇家图书馆、意大利国家研究委员会、德国柏林国家图书馆以及日本东洋文库都有收藏②。这幅星图"继承了中国传统星图的内容和特点，又融合了近代欧洲天文知识和最新成果，在中国星图发展中起着承上启下的作用，占有重要地位。由于中西方在科学和文化上的差异，其绘制工作不再是简单的天文知识引进，加之崇祯皇帝对'务求画一'的要求，决定了这些新的知识需要与中国传统的天文学相互调适与会通。只有将翻译而来的文本知识与中国的实际相结合，并且尽可能的纳入中国传统天文学的规范，才能有效地化解两种体系之间的隔阂与矛盾"③。此后，中国天文历法中"西法"逐渐占据了"官方"地位，尤其是康熙时期的《历象考成》以及乾隆时期的《历象考成后编》，由此绘制的天文图也必然随之日益"西化"。

除了这些天文图和星图之外，由于彗星在中国文化中对于祸福的预示作用，因此还存在一些专门的彗星图，如"马王堆帛书中关于彗星的这份材料，是和云、气（包括蜃气、晕和虹）、月掩星、恒星等排在一起的，共约二百五十幅图，全长1.5米，从上到下分为六列，每列又从右而左分成若干行，每行上图下文，字数都不多。原件没有标题，现在根据内容定名为《天文气象杂占》"④ 等。

以上只是对中国古代的天文图（星图）进行了一个简要的勾勒，更为具体和系统的叙述可以参见已经出版的关于中国古代天文学史的著作以及对具体天文图的研究论著。

---

① 李亮：《皇帝的星图——崇祯改历与〈赤道南北两总星图〉的绘制》，《科学文化评论》2019 年第 1 期，第 45 页。

② 李亮：《皇帝的星图——崇祯改历与〈赤道南北两总星图〉的绘制》，《科学文化评论》2019 年第 1 期，第 46 页。

③ 李亮：《皇帝的星图——崇祯改历与〈赤道南北两总星图〉的绘制》，《科学文化评论》2019 年第 1 期，第 58 页。

④ 席泽宗：《马王堆汉墓帛书中的彗星图》，《文物》1978 年第 2 期，第 5 页。

第二节　专题性的历史地图（集）

中国古代绘制的历史地图（集）数量不多，其中关于全国总图和寰宇图的以及黄河河道迁徙的历史地图集已经在本书相应章节中进行过介绍①，此处对其他各类历史地图（集）进行一些简要的归纳，大致有以下几类：

第一类就是城市图，主要集中在隋唐长安以及北宋开封，数量极为有限，其中现存最早的就是宋吕大防等制的"长安城图"图碑。该图原为宋元丰三年（1080）知永兴军吕大防为校正长安故图，命刘景阳、吕大临、张佑对隋长安城址进行实测，并参照旧图和有关文献绘制，二寸折为一里。即赵彦为《云麓漫钞》中的记载"元丰三年正月五日，龙图阁待制知永兴军府事汲郡吕大防命户曹刘景阳按视，邠州观察推官吕大临检定。其法以隋都城、大明宫并以二寸折一里，城外取容，不用折法"。该图刻碑后，可能竖立在京兆府的衙署内，经过金元的兵乱，碑石毁损。到了清末民国时期，先后发现了长安城、兴庆宫和太极宫图的残石。

中国国家图书馆所藏的"长安城图"残石拓本的影印本，大致绘制的是长安城北的"西内苑"及其西侧的一些宫殿，以及"汉都城"；宫城和皇城，两者西侧的安定坊、修德坊、辅兴坊等坊，以及南侧和东侧的一些坊，包括兴庆宫；大明宫以及城北的山川；还有吕大防撰写的图题。通过残石来看，原图应该是上北下南。图中对皇城内的衙署布局进行了非常详细的描绘，对各宫内的殿宇也进行了较为细致的绘制；各坊内主要绘制了十字街或者横街，标注了一些寺院和王府、大臣的宅邸等等。虽然"长安城图"并不是隋唐长安城的如实写照，也是后人经过考察、研究绘制的，但是对于隋唐长安城的研究而言，也有着非常重要的价值。

明代刘允中注释、蔡元定发挥、房正等撰的《玉髓真经》中附有"唐虞冀都之图""周营洛邑之图""秦都咸阳之图"，这三幅地图并不是对三座都城内部结构的复原，而只是简单地描绘了三座都城所在的地理形势。

---

① 分别参见本书第二篇第六章以及第六篇第一章的附录。

明代顾起元《客座赘语》中收录有"都邑图"和"宫城图",其中"都邑图"描绘了明南京附近的地理形势以及历代都城和相关城址的位置;而"宫城图"则大致标注了六朝时期的宫殿、城门的名称和位置,在图面四周有着大量文字注记。

复旦大学图书馆藏洪亮吉《乾隆府厅州县图志》的清嘉庆八年(1803)刻本中,有着两幅手绘的都城图,即"唐洛阳城图"和"宋汴京图",这两幅地图只是简要地勾勒了唐洛阳城和北宋开封的大致轮廓,以及宫城、皇城和外郭城的基本布局,但手绘者为何人则有待考证。

徐松《唐两京城坊考》的天津图书馆藏清道光二十八年(1848)杨氏刻连筠簃丛书本中有四幅关于隋唐东都洛阳城的地图,即"东都外郭城图""东都苑图""东都宫城皇城图""东都上阳宫图"。其中"东都外郭城图"详细绘制了东都洛阳城的宫城、皇城以及外郭城内的坊市布局;"东都宫城皇城图"中则详细标注了宫城、皇城的城郭、城门、皇城内的衙署、宫城内的宫殿以及含嘉仓城、东城等的位置;"东都上阳宫图"只是简要地标注了上阳宫各城门、殿宇亭台的名称和位置;"东都苑图"则简单标注了苑墙、城门、宫殿的名称和位置,以及苑内外的河流和湖泊。

第二类就是关于"域外"的地图,这里的"域外"指的是王朝直接统治区域之外或者中原地区之外的区域,主要涉及"西域"以及中原以北地区。

这类地图中现存最早的当数宋代释志磐《佛祖统纪》中的"汉西域诸国图"。《佛祖统纪》为一部佛教典籍,详细记载了一些佛教史实和天台宗的传法世系,不过除记述佛教方面的内容外,还"记述有历代沿革、地形地貌、山川湖海,乃至西域和南亚地区一些国家的道路、方位、距离以及风土民俗等"[1]。"汉西域诸国"出自该书第32卷,绘制范围东起黄河上游兰州一带,西至安息(今伊朗),南抵石山,北到瀚海。图中绘出了天山、葱岭、北山、南山、石山和积石山;用双曲线简要绘出了黄河上游河道,

---

① 郑锡煌:《〈佛祖统纪〉中三幅地图初探》,《自然科学史研究》1985年第3期,第229页。

葱河置于图的正中，由西向东流入蒲昌海。图上还清晰地绘出中国通往西域的两条路线，它们始于甘肃的武威，经张掖、酒泉到敦煌，然后分南北两路沿蒲昌海南下：南路经鄯善（即楼兰）、小宛、焉耆（今焉耆回族自治县）、龟兹（今库车）、于阗（今和田）、莎车（今莎车县一带），沿葱岭南麓，经大月氏至安息（伊朗高原）；北路沿蒲昌海向北，经伊吾（今哈密）、交河、车师前王、狐胡、乌孙、疏勒（今新疆喀什市），越葱岭至大宛、康居、奄蔡（在咸海、里海以北）。该图虽绘画比较简略，却是目前所见到的绘制时间较早的一幅丝绸之路西域地区的交通图。① 书中还有一幅"西土五印之图"，地图右上角的图注为"唐正观三年，奘三藏上表游西竺，历百三十国，获贝叶七十五部。十九年回京师，诏居弘法院译经，又述《西域记》以记所历云"；左下角的图注为"此依《西域记》所录，诸国方向，最难排比，当观大略，莫疑失次"，图中罗列了大量唐玄奘所撰《大唐西域记》中的地名，因此该图大致可以被认为是对《大唐西域记》所记行程的图解。图中山脉用山形符号标识，河流用双曲线绘制，地名直接标注在地图上，而一些重要的寺院和城池则书写在椭圆形文字框中。

清代傅恒、刘统勋、于敏中等编纂的《钦定皇舆西域图志》中有着一系列关于西域的历史地图，时代从西汉直至明代，这里使用的是"西域"一词的狭义，即玉门关、阳关以西，葱岭以东。各图所用符号基本一致，即用山形符号标识山脉，用双曲线绘制河流；但各图所绘内容详略差异很大，如"前汉西域图""后汉西域图"绘制得就较为详细，而"明西域图"绘制的就极为简略，这应当与这些王朝对西域地区的经略以及相关资料的详略有关。

清末随着与域外交往的日益加深，以及了解世界各地历史、地理等知识的欲望的逐渐强烈和迫切，由此也出现了一些域外地区的历史地图（集），其中较早的应当是魏源《海国图志》，其中有"大西洋欧罗巴各国沿革图""汉西域沿革图""北魏书西域沿革图""唐西域沿革图""五印度国旧图""小西洋利未亚洲沿革图""元代西北疆域沿革图""东南洋各

① 孙果清：《东震旦地理图与汉西域诸国图》，《地图》2005年第6期，第80页。

国沿革图" "西南洋五印度沿革图" 等。

何秋涛《朔方备乘》中收录了一系列表现漠北以及西域地区历史沿革的 "北徼图" 以及一系列明清不同时期俄罗斯的历史地图，且附有图说，对图面中涉及的国家、部族以及相关历史地理等情况进行了简要介绍，各图皆以《皇舆全览图》为底图绘制。何秋涛在该书序言中对这些图的意义进行了说明，即 "首冠《皇舆全图》，以示会归有极之义；次列中国与俄国交界图，以著边塞之防；次地球图二，揽山海之全形也；次历代北徼图十有二，备古今之异势也；次俄罗斯初起图，次分十六道图，次异域录俄罗斯图，明彼国由微而渐巨，次康熙乾隆嘉庆道光以来各图，明边塞之事，不可执一，宜博以考之，详以辨之也。合计得二十五图"。这些地图也收录在了王先谦的《五洲地理志略》中。

第三类就是与《水经注》以及一些历史著作有关的地图，其中最为著名的当数杨守敬、熊会贞的《水经注图》，其以胡林翼《大清一统舆图》为底图绘制，成书于清光绪三十一年（1905），用 "计里画方" 绘制，每方五十里，朱墨套印，以朱墨两色分别表示古今地名；书后还附有历城、邺城、洛阳城、长安城、睢阳城、平城、蓟城、鲁城、临淄城、襄阳城、寿春城、成都桥、山阴城、禹贡山水泽所在等图。

当然，这并不是最早的关于《水经注》的历史地图集，辛德勇曾经对《水经注图》的编绘历史进行过简要介绍："根据有文献记载，最早致力于这项研究的，应属清代初年的江苏常熟学者黄仪（字子鸿）……乾隆年间研究《水经注》成就卓著的学者赵一清，曾描述此图状况说 '黄子鸿依郦《注》每水各写一图，两岸翼带诸小水，精细绝伦，参伍错综，各得其理' ……遗憾的是这部地图没有能够流传下来"；此后经过全祖望、赵一清、戴震等人的校勘整理，《水经注》大致恢复了原貌，在这一背景下董祐诚（字方立）在嘉庆二十年（1815）前后，编绘《水经注》的地图，但图稿部分一直未能刊行，以致失传，只有《水经注图说残稿》，即图说部分流传了下来。此后，汪士铎在大致道光年间编绘了《水经注图》，但毁于兵燹，此后他又补绘了《水经注图》，但该图集仅仅是为了疏释《汉书·地理志》而作，远不如旧图详备，该图刊印于咸丰十年（1860），在同治元年（1862）刻印出版了复校本①。其中汪士铎的《水经注图》，以清内府舆图为地图绘制而成，共 1 册，地图 42 幅。此外，阮元《揅经室集》中收录有三幅与《水经注》有关的地图，即"郦道元浙江榖水误注图""郦道元南江枝分谷水图""郦道元南江入具区图"。

除了关于《水经注》的历史地图集之外，还有着关于《汉书·地理志》中所记水道的历史地图集，如同治二年（1863）北京富文斋刻印的成书于道光二十八年（1848）陈澧的《汉书地理志水道图说》，该图以内府舆图为底图绘制，但未绘制经纬线和方格网，对于《汉水·地理志》中水道的考订绘图参考了之前的众多研究成果。书后附陈澧之子陈宗谊撰写的《考正德清胡氏禹贡图》1 卷，将胡渭《禹贡锥指》中的地图用李兆洛地图为底图进行了改绘，每方百里。②

雷学淇《竹书纪年》中附有几幅用以解释书中《竹书纪年》中所记与夏、商、周以及一些诸侯国有关内容的地图，如"夏都河南图""周元王后地形都邑图""周平王后地形都邑图"等等，这些地图皆用"计里画方"绘制，各图画方计里不等，山脉用山形符号标识，用黑实线绘制河流，地名直接书写于图面之上，且图面上有着一些简要的图说。

第四类是关于某些区域的历史地图集，但数量不多。如清代和珅、梁国治等编纂的《钦定热河志》中绘制有从周秦直至明代的热河地区的一系列历史地图。这一系列的历史地图绘制的较为简略，图中位于南侧的长城用上侧带有密集竖线的黑实线绘制，用黑实线勾勒了"热河"的范围以及历代各相关政区之间的边界，用文字记述了历代政区的沿革。大致而言，这些地图更类似于示意图。

还有清光绪十八年（1892）王轩等编绘的《山西疆域沿革图谱》，刻印本，二色，线装 4 册，收录地图 176 幅，用"计里画方"绘制，各图"计里画方"不等，这一图集实际上是光绪《山西通志》之疆域沿革图谱的单行本。

---

① 参见辛德勇《关于〈水经注图〉》，《书品》2009 年第 6 期，第 1 页。
② 以上参见北京图书馆善本特藏部舆图组编《舆图要录——北京图书馆藏 6827 种中外文古旧地图目录》，北京图书馆出版社 1997 年版，第 66 页。

附表七　其他类舆图

一　交通、邮政、电线等图

中国古代的很多地图，尤其是政区图都绘制有道里，甚至标有道路距离，这些地图已经收录在政区图中，因此本附录中只收录图名中明确提到道路、路程等相关内容的地图（集）。与水路交通有关的地图已经分别收录在相关附录中，此处主要收录与陆路交通有关的地图。此外，本附录中还收录了清末绘制的邮政和电线等通讯图。

绘制者、刊刻者或作者和著作名或图册名	图名	绘制年代或收录地图的古籍的版本以及相关信息	收藏机构或者收录地图的古籍（包括现代影印本）等
	乾隆南巡纪程图	清乾隆十六年，纸本彩绘，254扣，每扣 13×7 厘米	台北"故宫博物院"，平图 020803–020818；《河岳海疆》
张若澄	京城至山海关驿站细图	清乾隆时期，纸本彩绘，92扣，每扣 13.5×7.5 厘米	台北"故宫博物院"，平图 020823；《河岳海疆》
张若澄	山海关至夏原程站细图	清乾隆时期，纸本彩绘，132扣，每扣 13.5×7.5 厘米	台北"故宫博物院"，平图 020824；《河岳海疆》
	恰克图–库伦–乌里雅苏台通道图	清同治年间，纸本彩绘，1幅，64×112.5 厘米	台北"故宫博物院"，故机 105220；《河岳海疆》
	"科布多驿站卡伦图"	清乾隆二十六年至道光十九年，纸本彩绘，1幅，54.54×72 厘米	中国科学院图书馆，史 580162；《舆图指要》

续表

绘制者、刊刻者或作者和著作名或图册名	图名	绘制年代或收录地图的古籍的版本以及相关信息	收藏机构或者收录地图的古籍（包括现代影印本）等
	河南陕州属东至渑池西至潼关路图	清道光元年至咸丰六年，纸本设色，经折装，计里画方每方五里，21×150厘米	北京大学图书馆；《皇舆遐览》
	石门镇至杭州府仁塘栖和县镇大营道里图	清乾隆十六年至四十六年，绫本设色，经折装，14×81.5厘米	北京大学图书馆；《皇舆遐览》
	直隶通省路程舆图	清道光十二年至咸丰五年，纸本设色，折叶，29×51厘米	北京大学图书馆；《皇舆遐览》
	锦州城周边道路图	清乾隆五十九年，纸本设色，卷轴装，66.5×120厘米	北京大学图书馆；《皇舆遐览》
	西藏全图	清道光元年至宣统三年，绢本设色，卷轴装，54×254厘米	北京大学图书馆；《皇舆遐览》
伊靖阿等《浙江郡邑道里图》		乾隆二十年，刻印本，线装，1册	美国国会图书馆，G2308.Z5.Z7，2002626750；《美国国会图书馆藏中文古地图叙录》
宗源瀚等《浙江全省舆图并水陆道里记》		清光绪二十年，浙江官书局石印本，线装20册，计里画方，有经纬网	美国国会图书馆，G2308.Z5.Z58，2002626737；《美国国会图书馆藏中文古地图叙录》；《欧洲收藏部分中文古地图叙录》
	"陕境蜀道图"	清中叶，纸本彩绘，长卷，31×1672厘米，山水画式全景图	美国国会图书馆，G7823.S3P2.S4，gm71005016；《美国国会图书馆藏中文古地图叙录》
	安澜院至尖山起座道里图说	清乾隆年间，刻印本，长卷折叠封，15×112厘米；与G2309.H2.A5《安澜园至杭州府行宫道里图说》为同一套呈送折	美国国会图书馆，G7823.H23P2.A5，85693767；《美国国会图书馆藏中文古地图叙录》
	安澜园至杭州府行宫道里图说	清乾隆年间，刻印本，长卷折叠封，15×128厘米；与G7823.H23P2.A5《安澜院至尖山起座道里图说》为同一套呈送折	美国国会图书馆，G2309.H2.A5，2002626740；《美国国会图书馆藏中文古地图叙录》
	"自杭州行宫游西湖道里图说"	清乾隆年间，绢本色绘，5幅地图以及图说裱装成5折册	英国图书馆；《欧洲收藏部分中文古地图叙录》
	"崇家湾至天宁寺站图"	清乾隆年间，绢本色绘，裱装成14折页，12×84厘米	荷兰莱顿大学汉学院；《欧洲收藏部分中文古地图叙录》

续表

绘制者、刊刻者或作者和著作名或图册名	图名	绘制年代或收录地图的古籍的版本以及相关信息	收藏机构或者收录地图的古籍（包括现代影印本）等
	平桥至海棠庵站图折	清乾隆年间，绢本彩绘，裱装成 18 折页，12×108 厘米	荷兰莱顿大学汉学院；《欧洲收藏部分中文古地图叙录》
	江南行宫全图	清乾隆年间，纸本色绘，折叠分装成册，15×1988 厘米；包括名胜古迹图	法国国家图书馆；《欧洲收藏部分中文古地图叙录》
	程站图	清乾隆年间，纸本色绘，一图一说，折叠连装，15×760 厘米	法国国家图书馆；《欧洲收藏部分中文古地图叙录》
杨维藩	由打箭炉至西藏全图	清后期，纸本色绘，1 幅，70×139 厘米	英国皇家地理学会；《欧洲收藏部分中文古地图叙录》
"江西十三府道里图"		清前期，绢本彩绘，14 幅裱装成册，40×53 厘米	英国博物馆；《欧洲收藏部分中文古地图叙录》
"江西十三府道里图"		清前期，绢本彩绘，14 幅裱装成册，27×37 厘米；与另外一套图册相比，绘制时间稍晚	英国博物馆；《欧洲收藏部分中文古地图叙录》
	"湖广全省道里总图"	清中叶，纸本彩绘，172×177 厘米	法国国家图书馆；《欧洲收藏部分中文古地图叙录》
赵素	长江沿边十省计里图	清光绪二十七年，石印本，彩色，1 幅，75.5×116.4 厘米	中国国家图书馆，《舆图要录》0621
	内外蒙古台站图	清光绪年间，绢彩彩绘，1 幅，83.5×116.5 厘米	中国国家图书馆，《舆图要录》0786
	阿勒泰军台四十四站地图	清光绪年间，绘本，1 幅，20.2×422 厘米	中国国家图书馆，《舆图要录》0787
邮传部图书通译局	筹划中国铁路轨线全图	清光绪三十三年，彩色，上海商务印书馆，1 幅，83.2×100 厘米	中国国家图书馆，《舆图要录》0789
	各省勘设铁路轨道图	清光绪年间，石印本，画方不计里，1 幅，49.6×49.6 厘米	中国国家图书馆，《舆图要录》0790
陆军预备大学堂	中国铁路电线网图	清宣统三年，1 幅，1∶2950000，86.5×86.5 厘米	中国国家图书馆，《舆图要录》0791
《全国铁路计划图》		1908 年，北京北堂石印本，彩色，图廓不等，比例不等，21 幅	中国国家图书馆，《舆图要录》0805
	卢汉铁路全图	清光绪末年，蜡绢彩绘本，1 幅，48.5×1161 厘米	中国国家图书馆，《舆图要录》0809

续表

绘制者、刊刻者或作者和著作名或图册名	图名	绘制年代或收录地图的古籍的版本以及相关信息	收藏机构或者收录地图的古籍（包括现代影印本）等
	京汉铁路图	清光绪三十四年，上海商务印书馆，二色，1幅，88.4×47.5厘米	中国国家图书馆，《舆图要录》0811
邮传部	大清邮政公署备用舆图	清光绪二十九年，彩色，1幅，96.2×101厘米	中国国家图书馆，《舆图要录》0852
管理外国通商局总税务司《大清推广邮政舆图》		清光绪二十九年，绘本，二色，1册，31×19.6厘米	中国国家图书馆，《舆图要录》0853
通商海关造册处《大清邮政舆图》		清光绪三十三年，彩色，1册，比例不等	中国国家图书馆，《舆图要录》0854
	中国电线图	清光绪二十九年，彩绘本，1幅，180×134厘米	中国国家图书馆，《舆图要录》0865
上海海关总税务司税务处		1907年，彩色，有缩尺，1幅，56.4×42.4厘米	中国国家图书馆，《舆图要录》0866
	中国电报官线图	清光绪年间，彩绘本，1幅，有缩尺，34×50.4厘米	中国国家图书馆，《舆图要录》0867
	中国电报官局图	清光绪年间，彩绘本，1幅，有缩尺，33.2×52厘米	中国国家图书馆，《舆图要录》0868
	中国电线地图	清光绪年间，彩绘本，1幅，50.6×58.7厘米	中国国家图书馆，《舆图要录》0869
	中国电线图	清宣统元年，彩色，石印本，1幅，有缩尺，67×81厘米	中国国家图书馆，《舆图要录》0870
	中国电线全图	清宣统三年，彩色，石印本，1幅，有缩尺，64.2×79.8厘米	中国国家图书馆，《舆图要录》0871
	白涧至罗家桥图式	清咸丰十一年，彩绘本，1幅，31×71厘米	中国国家图书馆，《舆图要录》1104
	圣驾回銮经由东直安定二门道路村庄图说	清光绪年间，彩绘本，1幅，45.6×42.4厘米	中国国家图书馆，《舆图要录》1105
	"慈禧太后金棺出京路线图"	清宣统元年，绘本，1幅，1:5000，78×107.7厘米	中国国家图书馆，《舆图要录》1106

续表

绘制者、刊刻者或作者和著作名或图册名	图名	绘制年代或收录地图的古籍的版本以及相关信息	收藏机构或者收录地图的古籍（包括现代影印本）等
	"蔚秀园至王园寝道里图"	清光绪年间，彩绘本，1 幅，65.2×130 厘米	中国国家图书馆，《舆图要录》1140
	颐和园至西直门路线图	清光绪年间，彩绘本，1 幅，184×220 厘米	中国国家图书馆，《舆图要录》1141
	海淀至青龙桥附近图	清宣统年间，彩绘本，1 幅，1：5000，99.5×84.8 厘米	中国国家图书馆，《舆图要录》1147
	直隶全省道里总图	据藏于台北"中央图书馆"原内阁大库清康熙年间的绢底彩绘本复制，摄影本，1 幅分切 9 张，74×73.5 厘米	摄影本：中国国家图书馆，《舆图要录》1327 原图：台北"中央图书馆"，现应藏台北"故宫博物院"
胡燏棻	"京奉铁路图"	清光绪二十一年，刻印本，二色，有缩尺，26×84 厘米；附有奕劻修筑津卢铁路奏折	中国国家图书馆，《舆图要录》1500
《皇上展谒西陵礼成后巡行山西五台启銮回銮经由直隶程站图并说》		清嘉庆十六年，刻印本，2 册	中国国家图书馆，《舆图要录》1517
	恭送佳贵妃金棺芦殿路程图式	清咸丰年间，彩绘本，1 幅，33×64.5 厘米	中国国家图书馆，《舆图要录》1518
	"京城至东陵路程图"	清同治年间，彩绘本，1 幅，32×65.5 厘米	中国国家图书馆，《舆图要录》1519
	"法华村至大教场行宫程站图"	清同治年间，彩绘本，1 幅，21.5×40.6 厘米	中国国家图书馆，《舆图要录》1520
裕长《东道图说便览》		清光绪十六年，刻印本，1 册 34 幅	中国国家图书馆，《舆图要录》1521
	恭送庄静皇贵妃汶贵妃金棺芦殿道路图式	清光绪十九年，彩绘本，1 幅，32×75 厘米	中国国家图书馆，《舆图要录》1522
《芦殿路程图式》		清光绪年间，彩绘本，2 幅，图廓不等	中国国家图书馆，《舆图要录》1523
	西陵道路图式	清光绪年间，彩绘本，1 幅，28.3×62 厘米	中国国家图书馆，《舆图要录》1524

绘制者、刊刻者或作者和著作名或图册名	图名	绘制年代或收录地图的古籍的版本以及相关信息	收藏机构或者收录地图的古籍（包括现代影印本）等
	西陵路程图	清光绪年间，彩绘本，1幅，57×104厘米	中国国家图书馆，《舆图要录》1525
	西陵铁路图	清光绪末年，彩绘本，有缩尺，1幅，100×345厘米	中国国家图书馆，《舆图要录》1526
	"大沽至海州图"	清光绪年间，彩绘本，计里画方每方五十里，1幅，59.8×69厘米	中国国家图书馆，《舆图要录》1527
	"北京至天津河道陆路图"	清咸丰年间，绘本，1幅，58.2×43.2厘米	中国国家图书馆，《舆图要录》1532
《天津至京都水陆地里全图》		清咸丰年间，彩绘本，2幅，有缩尺，图廓不等	中国国家图书馆，《舆图要录》1533
	隆平县地舆道里全图	清光绪年间，彩绘本，1幅，55.5×53厘米	中国国家图书馆，《舆图要录》1659
	易州山川村堡距城里数图说	清光绪末年，彩绘本，1幅，40×75厘米	中国国家图书馆，《舆图要录》1725
《东陵图示》		清末期，彩绘本，2册，13×9.5厘米	中国国家图书馆，《舆图要录》1829
	"东陵路程图"	清光绪年间，彩绘本，1幅，32.6×42.8厘米	中国国家图书馆，《舆图要录》1830
	查勘太原至获鹿柳林铺铁路全图	清光绪年间，彩绘本，1幅，123×394厘米	中国国家图书馆，《舆图要录》1986
	估修韩侯岭道路图说	清光绪年间，彩绘本，1幅，23.6×189厘米	中国国家图书馆，《舆图要录》1990
	玛尼图布拉克口至多伦诺尔御道程站图说	清同治年间，彩绘本，1幅，39.5×41厘米	中国国家图书馆，《舆图要录》2236
	归化城至新疆外蒙古里程图	清光绪年间，彩绘本，1幅，63×310厘米	中国国家图书馆，《舆图要录》2238
	清水河厅镇川口道里图	清光绪年间，彩绘本，1幅，44×43厘米	中国国家图书馆，《舆图要录》2267
	帅节巡视吉江两省经过地方一览图	清光绪年间，彩绘本，1幅，48.5×48.7厘米	中国国家图书馆，《舆图要录》2316

续表

绘制者、刊刻者或作者和著作名或图册名	图名	绘制年代或收录地图的古籍的版本以及相关信息	收藏机构或者收录地图的古籍（包括现代影印本）等
陆徵祥等	东省铁路干线驿表	清光绪二十九年，1幅，91.5×56.5厘米	中国国家图书馆，《舆图要录》2380
胡惟德等	东三省铁路图	清光绪二十九年，彩色，1幅，1∶2400000，56×68.8厘米	中国国家图书馆，《舆图要录》2381
胡惟德	东三省铁路图	清光绪三十年，上海文明书局，彩色，1幅，1∶2400000，60×70厘米	中国国家图书馆，《舆图要录》2382
	东三省山川铁路形势简要图	清光绪三十一年，彩绘本，1幅，1∶3000000，67.3×3厘米	中国国家图书馆，《舆图要录》2283
东三省蒙务局	东三省铁路关系哲里木盟蒙疆大势图	清光绪末年，彩绘本，1∶3120000，1幅，55.8×54.5厘米	中国国家图书馆，《舆图要录》2284
东三省蒙务局测绘科	东三省铁路关系哲里木盟蒙疆大势图	清宣统元年晒印，1∶3456000，1幅，58×56.4厘米	中国国家图书馆，《舆图要录》2386
	"京师至吉林围场路线图"	清中期，彩绘本，1幅，57×85厘米	中国国家图书馆，《舆图要录》2393
	盛京全省山川道里四至总图	清同治年间，彩绘本，1幅，121.5×197厘米	中国国家图书馆，《舆图要录》2411
	拟造盛京至营口铁路图	清光绪末年，彩绘本，1幅，42.3×55.6厘米	中国国家图书馆，《舆图要录》2441
	北洋铁轨官路山海关至大凌河全图	清光绪年间，彩绘本，有缩尺，1幅，62×168.5厘米	中国国家图书馆，《舆图要录》2442
奉天文报总局	奉天全省文报路线图说	清宣统年间，二色，绘本，1幅，51×54.4厘米	中国国家图书馆，《舆图要录》2446
北洋陆军参谋处测绘股《吉林省延吉厅等处道路图》		清光绪三十二年，1∶25000，彩色，34幅，每幅42.4×62.2厘米	中国国家图书馆，《舆图要录》2597
东三省陆军参谋处《延吉以北道路图》		清光绪三十四年，石印本，50幅，每幅1∶25000，33×47.5厘米	中国国家图书馆，《舆图要录》2598
	珲春山河道路地势原图	清光绪末年，绘本，1幅，40×67.5厘米	中国国家图书馆，《舆图要录》2608

续表

绘制者、刊刻者或作者和著作名或图册名	图名	绘制年代或收录地图的古籍的版本以及相关信息	收藏机构或者收录地图的古籍（包括现代影印本）等
赵思	晋垣赴宁夏路程草图	清光绪年间，绘本，1幅，63.5×91厘米	中国国家图书馆，《舆图要录》2691
	山西宝鸡县至汉中府道里图	清光绪年间，彩绘，1幅，38.4×860.4厘米	中国国家图书馆，《舆图要录》2735
《河南陕州至山西永寿县路程图》		清宣统年间，彩绘本，计里画方一方十里，存15幅，图廓不等	中国国家图书馆，《舆图要录》2736
	陕西电杆路线图	清光绪年间，彩绘本，计里画方每方五里，1幅，31.5×272厘米	中国国家图书馆，《舆图要录》2742
	陇东道路图	清同治年间，彩绘本，1幅，62.2×126.5厘米	中国国家图书馆，《舆图要录》2830
	甘肃省城至永昌县图	清光绪年间，彩绘本，1幅，52.6×58.6厘米	中国国家图书馆，《舆图要录》2838
《清乾隆帝五次南巡经由江南迎銮御道图说》		据大连图书馆藏清乾隆四十五年刻本摄制，2幅，图廓不等	原图：大连市图书馆 摄影本：中国国家图书馆，《舆图要录》3002
《山东路程图》		清光绪年间，刻印本，存11幅	中国国家图书馆，《舆图要录》3297
	青州府博山县境内各社庄村暨铁路支路里数地舆全图	清光绪年间，彩绘本，画方不计里，1幅，50.9×80.3厘米	中国国家图书馆，《舆图要录》3368
	武定府利津县村庄距城里数四至八到河海地舆图	清光绪年间，彩绘本，1幅，61×62.5厘米	中国国家图书馆，《舆图要录》3399
	潍县境内城郭山川九隅五乡四至八到里数地舆图	清光绪年间，绘本，1幅，50×46.4厘米	中国国家图书馆，《舆图要录》3412
	福山县地舆里数全图	清光绪年间，彩绘本，画方不计里，1幅，54.8×51厘米	中国国家图书馆，《舆图要录》3426

绘制者、刊刻者或作者和著作名或图册名	图名	绘制年代或收录地图的古籍的版本以及相关信息	收藏机构或者收录地图的古籍（包括现代影印本）等
潘霨	福山烟台至蓬莱岳家圈新开车道全图	清同治七年，刻印本，1幅，26.4×851.2厘米	中国国家图书馆，《舆图要录》3427
	栖霞县城四至村庄里数图	清光绪年间，彩绘本，1幅，44×51厘米	中国国家图书馆，《舆图要录》3433
	高唐州驿路程站相距里数图说	清光绪年间，彩绘本，1幅，36.8×48厘米	中国国家图书馆，《舆图要录》3632
崔朝庆	通州水陆道里图	清光绪二十八年，石印本，计里画方一二里半方，1幅，123×220厘米	中国国家图书馆，《舆图要录》3974
鲍恩《通州水陆道里详图》		清宣统三年，1:50000，8幅，每幅46.2×61厘米	中国国家图书馆，《舆图要录》3975
	"汤家沟起程至无为州城止图"	清光绪年间，彩绘本，1幅，27.7×32.2厘米	中国国家图书馆，《舆图要录》4160
宗源瀚等《浙江全省舆图并水道里记》		清光绪二十年，浙江官书局，石印本，20册，计里画方不等	中国国家图书馆，《舆图要录》4189
伊靖阿《浙江郡邑道里图》		清乾隆二十年，刻印本，1册	中国国家图书馆，《舆图要录》4247
	永康县桂川庄交通道里图	清光绪年间，二色，绘本，1幅，63.2×112厘米	中国国家图书馆，《舆图要录》4373
《江西通省水路旱路全图》	"江西通省水路全图"	清末，刻印本，2幅，每幅38×32厘米	中国国家图书馆，《舆图要录》4458
	"江西通省旱路全图"		
	福建全省铁路由琯头至漳州沿海路线第一图	清光绪年间，彩绘本，1幅，46.8×104.7厘米	中国国家图书馆，《舆图要录》4589
	河南全省道里图	清光绪年间，彩绘本，1幅，79.8×119.8厘米	中国国家图书馆，《舆图要录》4944
	南县修理桥梁道路尖营全图	清光绪末年，彩绘本，画方不计里，1幅，22×79厘米	中国国家图书馆，《舆图要录》5026

续表

绘制者、刊刻者或作者和著作名或图册名	图名	绘制年代或收录地图的古籍的版本以及相关信息	收藏机构或者收录地图的古籍（包括现代影印本）等
	潼关至灵宝出入要隘道里山川路径村落汛卡图	清光绪年间，彩绘本，1幅，52×94厘米	中国国家图书馆，《舆图要录》5122
孙玉塘	鄂省各府州县分司关卡盐茶厘局驿站兵防水陆路程全图	清光绪十一年，刻印本，彩色，1幅，66.4×126.5厘米	中国国家图书馆，《舆图要录》5245
	鄂境川粤汉铁路路线全图	清光绪末年，彩绘本，1幅，1：460000，92×145厘米	中国国家图书馆，《舆图要录》5276
白礼嘉原编，朱椿修订《湖北郡邑道里图》		清乾隆三十年，刻印本，2册	中国国家图书馆，《舆图要录》5278
《巴东至竹溪里程图》		清中期，彩绘本，1册40幅，26.7×20厘米	中国国家图书馆，《舆图要录》5279
湖北官书局《鄂省州县驿传全图》		清末期，刻印本，画方不计里，2册69幅	中国国家图书馆，《舆图要录》5287
《鄂省州县驿传全图》		清末期，二色，绘本，画方不计里，2册；为湖北官书局刻印本的稿本	中国国家图书馆，《舆图要录》5288
施启华	大冶县运道全图	清光绪末年，彩绘本，1幅，53.5×60厘米	中国国家图书馆，《舆图要录》5345
	株洲至湘东铁路图	清光绪年间，蜡绢彩绘，1幅，95.6×304厘米	中国国家图书馆，《舆图要录》5444
	浦市上至沅州下至桃源水陆合图	清光绪年间，绘本，计里画方每方十里，1幅，44×32厘米	中国国家图书馆，《舆图要录》5517
	商办广东新宁铁路展筑至新会江门白石路线图	清宣统三年，广州岭南书局，计里画方每方十里，石印本，1幅，53.3×68厘米	中国国家图书馆，《舆图要录》5578
广东参谋处"广东高雷廉钦属军路略图"		清宣统二年，绘本，二色，1：100000，1册	中国国家图书馆，《舆图要录》5584

续表

绘制者、刊刻者或作者和著作名或图册名	图名	绘制年代或收录地图的古籍的版本以及相关信息	收藏机构或者收录地图的古籍（包括现代影印本）等
	广西全省道里图	清光绪年间，刻印本，计里画方每方二百里，1 幅，68×118 厘米	中国国家图书馆，《舆图要录》5757
	广西恭城县道里图	清光绪末年，二色，绘本，1 幅，56.5×59 厘米	中国国家图书馆，《舆图要录》5795
	广西贺县道里图	清光绪末年，彩绘本，1 幅，67.5×101.5 厘米	中国国家图书馆，《舆图要录》5800
金昭	四川卫藏沿边全图	清光绪十四年，彩绘本，1 幅，58×106.5 厘米	中国国家图书馆，《舆图要录》5837
容益光	四川全省府厅州县方域道里简明图	清光绪年间，四川官报书局，石印本，1 幅，57×84 厘米	中国国家图书馆，《舆图要录》5864
	打箭炉至西藏全图	清光绪年间，彩绘本，1 幅，68.3×136.2 厘米	中国国家图书馆，《舆图要录》5914
安成	自打箭炉至前后藏途程图	清光绪二十七年，绢本彩绘，1 幅，41.1×314 厘米	中国国家图书馆，《舆图要录》5913
	灌县至懋功舆图	清光绪年间，彩绘本，1 幅，60×106 厘米	中国国家图书馆，《舆图要录》5925
云南学务公所	滇越铁路总图	清宣统年间，石印本，1:50000，1 幅，58×38 厘米	中国国家图书馆，《舆图要录》6264
《由昆明至滇南胜境里程图》		清光绪年间，彩绘本，1 册	中国国家图书馆，《舆图要录》6268
	永昌府入缅京道里图	清光绪年间，绢底彩绘，1 幅，39×168.5 厘米	中国国家图书馆，《舆图要录》6269
	澂江府至老街道路图	清光绪年间，彩绘本，1 幅，1:60000，100.8×63.5 厘米	中国国家图书馆，《舆图要录》6270
	由明光至六库老窝漕涧图	清光绪年间，绘本，1 幅，61×51 厘米	中国国家图书馆，《舆图要录》6327
	菩格耳窦纳与曼宁三氏在孟加拉与西藏间路线图	清光绪年间，有缩尺，1 幅，99×33 厘米	中国国家图书馆，《舆图要录》6344
	"前后藏交通图"	清光绪年间，彩绘本，1 幅，194×48.2 厘米	中国国家图书馆，《舆图要录》6345

续表

绘制者、刊刻者或作者和著作名或图册名	图名	绘制年代或收录地图的古籍的版本以及相关信息	收藏机构或者收录地图的古籍（包括现代影印本）等
瞿继昌	西藏全境舆地图说	清光绪年间，绘本，计里画方不等，11 幅，图廓不等；除总图 1 幅之外，都是道里图	中国国家图书馆，《舆图要录》6346
	西藏帕克里附近道路图	清光绪年间，彩绘本，1 幅，56.3×60.5 厘米	中国国家图书馆，《舆图要录》6347
	"穆宗梓宫安奉陵寝路程图（自白涧至桃花寺）"	清光绪元年，纸本彩绘，1 幅，25.9×64.7 厘米	中国科学院图书馆，史580137；《舆图指要》
	柳江煤矿送煤轻便铁路实测图	清光绪末年，二色，绘本，1 幅，72×188 厘米	中国国家图书馆，《舆图要录》1863
	蒙古土谢图车臣汗两部卡伦图	清末期，二色，绘本，画方不计里，1 幅，64.5×113 厘米	中国国家图书馆，《舆图要录》0196
王凤生	江淮河及南北运道全图	清道光六年，刻印本，1 幅分切6 条，158.8×194.2 厘米	中国国家图书馆，《舆图要录》0682
	河南省至山东省黄河及山脉大道详图	清光绪年间，彩绘本，1 幅，24×288.4 厘米	中国国家图书馆，《舆图要录》4819
洪亮吉《乾隆府厅州县图志》	"郓城至谷城图"	清嘉庆八年刻本	《续修四库全书》复旦大学图书馆藏清嘉庆八年刻本
	"中卫至宝丰县地图"		
俞大猷《正气堂集》（《近稿》《余集》《续集》《镇闽议稿》）	交黎水陆道路图	清道光孙云鸿味古书屋刻本	《四库未收书辑刊》清道光孙云鸿味古书屋刻本
蒋骥《山带阁注楚辞》	抽思思美人路图	《文渊阁四库全书》本	《文渊阁四库全书》
	哀郢路图		
	渔又怀沙路图		
	涉江路图		

二 矿产、物产以及仓储等图

绘制者、刊刻者或作者和著作名或图册名	图名	绘制年代或收录地图的古籍的版本以及相关信息	收藏机构或者收录地图的古籍（包括现代影印本）等
《淮盐产销图》		清后期，纸本彩绘，函装，经折装图集，13 叶，每叶 31×34.6 厘米；地图 12 幅	中国科学院图书馆，史 7353040；《舆图指要》
	通属九场择要图	清中后期，纸本彩绘，1 幅	中国科学院图书馆，史 514139255139；《舆图指要》
	"两淮盐场及四省行盐图"	清乾隆初年，纸本彩绘，折叠装，1 幅，95×174 厘米	美国国会图书馆，G7821.Q3.S5，gm71005050；《美国国会图书馆藏中文古地图叙录》
惺园菩萨保	闽省盐场全图	清乾隆十一年，绢本彩绘，长卷装裱，1 幅，33×571 厘米	美国国会图书馆，G7823.F8H5.M4，gm71005065；《美国国会图书馆藏中文古地图叙录》
"广东盐场图册"	"电茂场十一厂全图"、11 幅电茂场属盐厂图、9 幅博茂场属盐厂图和"西场各漏晒盐一工式图"	清光绪二十三年，广东石经堂印，纸本色绘，22 幅叠装图册，每幅 41×45 厘米	美国国会图书馆，G2308.K8.C58，2002626797；《美国国会图书馆藏中文古地图叙录》
	"宁波府镇海县田地分布图"	清中叶，官绘本，纸本彩绘，1 幅，65×83 厘米	英国图书馆；《欧洲收藏部分中文古地图叙录》
方观承《直隶义仓图》（《畿辅义仓图》）		清乾隆十八年，刻印本，6 册 144 幅；计里画方每方五里	该图流传甚广；《欧洲收藏部分中文古地图叙录》；中国国家图书馆，《舆图要录》1491
"北京各仓库房全图"		清光绪年间，绘本，12 幅，图廓不等	中国国家图书馆，《舆图要录》1093
吉顺	密云县山场林地村落界址全图	清康熙六年，彩绘本，1 幅，99×87.6 厘米	中国国家图书馆，《舆图要录》1214
王恩俊	武邑东乡北运河迤东各乡苇渔课地舆图	清光绪年间，彩绘本，1∶25000，1 幅，67.2×101.5 厘米	中国国家图书馆，《舆图要录》1307

续表

绘制者、刊刻者或作者和著作名或图册名	图名	绘制年代或收录地图的古籍的版本以及相关信息	收藏机构或者收录地图的古籍（包括现代影印本）等
"阜平等县矿区分图"		清光绪年间，彩绘本，存6幅，图廓不等	中国国家图书馆，《舆图要录》1405
《永定河岸河滩地亩号图》		清光绪年间，绘本，12册	中国国家图书馆，《舆图要录》1495
	"永定河沿岸垦地图"	清光绪年间，绘本，1幅，58×44.5厘米	中国国家图书馆，《舆图要录》1496
	承德府属金银煤铁等矿全图	清光绪年间，彩绘本，1：350000，1幅，79×63.5厘米	中国国家图书馆，《舆图要录》1778
杨晓岩等《开采金砂矿矿区图》（迁安县）		清光绪年间晒印，晒印本，1：5000，10幅，每幅54×78.6厘米	中国国家图书馆，《舆图要录》1819
	武安县胡峪村丁顺坡煤矿图	清宣统年间，彩绘本，1幅，48.5×50厘米	中国国家图书馆，《舆图要录》1495
	河南行山西潞盐三十二厅州县图	清光绪年间，彩绘本，1幅，25.4×25.4厘米	中国国家图书馆，《舆图要录》1976
	河东潞盐行销山西陕西河南三省府厅州县全图	清光绪末年，彩绘本，1幅，161.3×95.5厘米	中国国家图书馆，《舆图要录》1977
赵完	山西铁货入豫山口行销各路运道图	清光绪年间，彩绘本，1幅，32×45.5厘米	中国国家图书馆，《舆图要录》1991
"山西部分地区矿山图"		清光绪三十三年，彩绘本，1：20000，6幅，图廓不等	中国国家图书馆，《舆图要录》2138
	山西河东盐池图	清道光年间，彩绘本，1幅，101×240厘米	中国国家图书馆，《舆图要录》2139
	巴林旗报勘荒地图	清光绪年间，彩绘本，计里画方每方十里，1幅，109×90厘米	中国国家图书馆，《舆图要录》2260
	左右翼牧场地图	清光绪末年，彩绘本，2幅，图廓不等	中国国家图书馆，《舆图要录》2281
谢尔恩	"松花江沿江地形森林图"	清光绪十六年，彩色，计里画方每方五里，1幅分切3张，56.8×170.8厘米	中国国家图书馆，《舆图要录》2372
奉天矿政调查局《奉天省矿区分图》		清光绪二十二年至二十三年，彩绘本，20幅，图廓不等，比例不等	中国国家图书馆，《舆图要录》2439

续表

绘制者、刊刻者或作者和著作名或图册名	图名	绘制年代或收录地图的古籍的版本以及相关信息	收藏机构或者收录地图的古籍（包括现代影印本）等
	锦县煤产图	清光绪年间，彩绘本，1幅，65×85.5厘米	中国国家图书馆，《舆图要录》2519
	热河朝阳县小塔子沟矿图	清光绪三十年，绘本，1幅，47×60厘米	中国国家图书馆，《舆图要录》2547
赵荣山	"查勘临长安抚等处森林远近里数简明草图"	清宣统年间，彩绘本，1幅，37.6×47厘米	中国国家图书馆，《舆图要录》2572
	吉林府产煤草图	清光绪末年，绘本，1幅，70×60厘米	中国国家图书馆，《舆图要录》2583
	"盛京大围山开垦图"	清光绪五年，彩绘本，1幅，68×69.7厘米	中国国家图书馆，《舆图要录》2588
	汪清边地垦荒图说	清光绪七年，彩绘本，1幅，45.6×49.2厘米	中国国家图书馆，《舆图要录》2604
	黑龙江东部屯垦图	清乾隆末年，彩绘本，1幅，56.5×79厘米	中国国家图书馆，《舆图要录》2654
	大青川荒地图	清光绪十年，绘本，1幅，47×43厘米	中国国家图书馆，《舆图要录》2658
	"渭河北部地亩图"	明末期，拓本，1幅，45×76厘米，有残	拓本：中国国家图书馆，《舆图要录》2750
吴通权	宁远县经收畜税安设局所图说	清宣统二年，彩绘本，1幅，32×36厘米	中国国家图书馆，《舆图要录》2854
纪玉兰	伏羌县各局卡坐落处所图说	清宣统二年，绘本，1幅，37.5×43.6厘米	中国国家图书馆，《舆图要录》2855
刘春棠	安定县经收畜税局卡坐落处所图	清宣统二年，绘本，1幅，35×50厘米	中国国家图书馆，《舆图要录》2861
傅景贤	西和县牲畜税局坐落图	清宣统二年，绘本，1幅，56×44.4厘米	中国国家图书馆，《舆图要录》2876
王福鸿	甘肃阶州直隶州辖境分卡坐落图	清宣统二年，绘本，1幅，42.3×39厘米	中国国家图书馆，《舆图要录》2878
《新疆实业邮政盐产电线道里图》		清光绪年间，石印本，1册21幅，比例不等	中国国家图书馆，《舆图要录》2931
	新疆莎车府蒲犁厅属南乡迭布得尔庄官荒地图	清光绪年间，彩色，1幅，27×25.6厘米	中国国家图书馆，《舆图要录》2959

续表

绘制者、刊刻者或作者和著作名或图册名	图名	绘制年代或收录地图的古籍的版本以及相关信息	收藏机构或者收录地图的古籍（包括现代影印本）等
	新疆莎车府蒲犁厅属北乡哈尔满庄官荒地图	清光绪年间，彩绘本，1幅，27×25.6厘米	中国国家图书馆，《舆图要录》2960
《淮南淮北盐场图》		清中期，彩绘本，1册4幅	中国国家图书馆，《舆图要录》3732
纂修两淮盐法志书总局"淮南盐场图"		清光绪年间，彩绘本，35幅，图廓不等	中国国家图书馆，《舆图要录》3733
毓昌《淮北三场池圩图》		清光绪末年，石印本，1册	中国国家图书馆，《舆图要录》3737
董醇	北湖图	清咸丰六年摹绘焦循《北湖志》附图，焦循称原图为欧阳锦所绘；1幅，42.5×55厘米	中国国家图书馆，《舆图要录》3788
马廷树	由外洋进口南从外铜沙北从佘山至海门通州江阴镇江金陵下关长江全图	清光绪年间，彩绘本，1:250000，1幅，58.4×143厘米	中国国家图书馆，《舆图要录》3837
	由外洋进口南从外铜沙北从佘山至通州全图	清光绪年间，蜡绢彩绘本，1:150000，1幅，88×98厘米	中国国家图书馆，《舆图要录》3838
	上元县属境内林山煤矿图	清光绪年间，绘本，1幅，29×37厘米	中国国家图书馆，《舆图要录》3914
	徐州利国铁山图说	清光绪年间，彩绘本，1幅，67×60.3厘米	中国国家图书馆，《舆图要录》3923
	中正场境盐池全图	清光绪年间，彩绘本，1幅，31.5×48厘米	中国国家图书馆，《舆图要录》3938
	中正疃原地图	清光绪年间，彩绘本，1幅，56.6×66.8厘米	中国国家图书馆，《舆图要录》3939
	苇荡左营三汛荡地界址情形图	清道光年间，彩绘本，1幅，62×75厘米	中国国家图书馆，《舆图要录》3945
	江北厘捐十一局各分卡总图	清光绪年间，彩绘本，1幅，60×81.2厘米	中国国家图书馆，《舆图要录》3946
张镇南	"清江九庄地势田亩图"	清光绪末年，彩绘本，1幅，63×108厘米	中国国家图书馆，3951；《舆图要录》
	句容县龙潭矿地图	清光绪年间，彩绘本，1幅，23.2×37.3厘米	中国国家图书馆，《舆图要录》3990

续表

绘制者、刊刻者或作者和著作名或图册名	图名	绘制年代或收录地图的古籍的版本以及相关信息	收藏机构或者收录地图的古籍（包括现代影印本）等
《安徽各属矿区图》		清光绪年间，彩绘本，50幅，图廓不等	中国国家图书馆，《舆图要录》4081
	颍上厘卡舆地图	清光绪末年，彩绘本，1幅，24.9×37厘米	中国国家图书馆，《舆图要录》4179
	江西省产矿地方全图	清光绪年间，绘本，1幅，50×51厘米	中国国家图书馆，《舆图要录》4447
	汲新辉三县煤窑图	清光绪年间，绘本，1幅，27×42厘米	中国国家图书馆，《舆图要录》4812
	自兰仪县至虞城县山东江南各交界旧河故道滩地图	清光绪年间，彩绘本，1幅，73.5×307厘米	中国国家图书馆，《舆图要录》4941
	大梁省城繁塔湖庄湖桑园图	清光绪年间，彩绘本，1幅，42.5×42.2厘米	中国国家图书馆，《舆图要录》4977
	祥邑东南乡各村庄湖桑总图	清光绪年间，彩绘本，1幅，42.6×42.2厘米	中国国家图书馆，《舆图要录》4999
	河南安阳县六河沟煤矿有限公司矿图	清光绪末年，彩绘本，计里画方每方一里，1幅，44.5×33厘米	中国国家图书馆，《舆图要录》5087
	林清两县人民争控山地图	清光绪年间，彩绘本，1幅，37.4×63.2厘米	中国国家图书馆，《舆图要录》5092
	绘勘汤阴县良玉村煤窑图	清光绪末年，绘本，1幅，23.5×32.4厘米	中国国家图书馆，《舆图要录》5095
	商水县境内各处盐店全图	清光绪年间，彩绘本，1幅，34×40厘米	中国国家图书馆，《舆图要录》5182
	西平县新捐筹备仓图	清宣统年间，彩绘本，1幅，24×26.6厘米	中国国家图书馆，《舆图要录》5188
	湖北麻城附近各州县盐卡图	清光绪末年，绘本，1幅，65×66.5厘米	中国国家图书馆，《舆图要录》5371
	湖南全省舆图：湖南省商税厘卡分布图	清光绪年间，刻印本，彩色，计里画方每方百里，1幅分切4张，197.8×202厘米	中国国家图书馆，《舆图要录》5413
	湖南全省厘金总分各局卡图	清光绪年间，石印本，1幅，彩色，63.5×64厘米	中国国家图书馆，《舆图要录》5457
	查勘过石门坑婆醫岭两处矿山图	清光绪末年，绘本，1幅，62×62厘米	中国国家图书馆，《舆图要录》5717

续表

绘制者、刊刻者或作者和著作名或图册名	图名	绘制年代或收录地图的古籍的版本以及相关信息	收藏机构或者收录地图的古籍（包括现代影印本）等
何航"广东儋州锡矿区图"		清光绪三十四年，华商垦荒探矿公司，彩绘本，有缩尺，2幅，图廓不等	中国国家图书馆，《舆图要录》5834
	自流井五垱全图	清光绪年间，彩绘本，1幅，76×149厘米	中国国家图书馆，《舆图要录》5997
	自流井五垱全图	清光绪年间，彩绘本，1幅，69.5×140厘米；与另一幅图相似，略显粗糙	中国国家图书馆，《舆图要录》5998
顾炎武《天下郡国利病书》	"解州盐池图"	稿本	《续修四库全书》四部丛刊影印稿本
杨时乔《两浙南关榷事书》	浙江省城抽分关厂总图	明隆庆元年自刻本	《续修四库全书》中国国家图书馆明隆庆元年自刻本
王圻、王思义《三才图会》	海市图	明万历三十五年刻本明万历三十七年刻本	《续修四库全书》万历三十五年刻本《四库存目丛书》北京大学图书馆藏明万历三十七年刻本
梁廷枬《粤海关志》	各口岸图约50余幅	清道光刻本	《续修四库全书》复旦大学图书馆藏清道光刻本
黄掌纶《长芦盐法志》	济民场图	清嘉庆十年刻本	《续修四库全书》天津图书馆藏清嘉庆十年刻本
	皇船坞图		
	兴国场图		
	芦台场图		
	丰财场图		
	富国场图		
	越支场图		
	十场总图		
	顺天直隶引地全图		
	石碑场图		
	通纲商人公所图		
	河南芦盐引地图		
	归化场图		

续表

绘制者、刊刻者或作者和著作名或图册名	图名	绘制年代或收录地图的古籍的版本以及相关信息	收藏机构或者收录地图的古籍（包括现代影印本）等
黄掌纶《长芦盐法志》	天津分司公署图	清嘉庆十年刻本	《续修四库全书》天津图书馆藏清嘉庆十年刻本
	沧州分司公署图		
	盐运使司公署图		
	天津浮桥总图		
	沧坨制盐厅图		
	津坨制盐厅图		
	海丰场图		
	护坨堤图		
	严镇场图		
	巡盐御史公署图		
苏昌臣《河东盐政汇纂》	河东解池渠堰图	清康熙刻本	《续修四库全书》复旦大学图书馆藏清康熙刻本
延丰《钦定重修两浙盐法志》	长林场图	清同治刻本	《续修四库全书》上海辞书出版社藏清同治刻本
	袁浦场图		
	青村场图		
	下砂头场图		
	下砂二三场图		
	崇明场图		
	钱清场图		
	三江场图		
	浦东场图		
	曹娥场图		
	西路场图		
	东江场图		
	横浦场图		
	芦沥场图		
	海沙场图		
	黄湾场图		
	许村场图		
	仁和场图		

续表

绘制者、刊刻者或作者和著作名或图册名	图名	绘制年代或收录地图的古籍的版本以及相关信息	收藏机构或者收录地图的古籍（包括现代影印本）等
延丰《钦定重修两浙盐法志》	行盐地方总图	清同治刻本	《续修四库全书》上海辞书出版社藏清同治刻本
	金山场图		
	大嵩场图		
	鲍郎场图		
	两浙盐院署图		
	崇文书院图		
	嘉松分司署图		
	龙头场图		
	运司署图		
	石堰场图		
	松江批验所图		
	绍兴批验所图		
	嘉兴批验所图		
	杭州批验所图		
	永嘉场图		
	穿长场图		
	鸣鹤场图		
	宁绍分司署图		
	双穗场图		
	清泉场图		
	玉泉场图		
	长亭场图		
	黄岩场图		
	杜渎场图		
丁宝桢《四川盐法志》	乐至图	清光绪刻本	《续修四库全书》清光绪刻本
	南充图		
	盐源图		
	开县图		
	云阳图		

续表

绘制者、刊刻者或作者和著作名或图册名	图名	绘制年代或收录地图的古籍的版本以及相关信息	收藏机构或者收录地图的古籍（包括现代影印本）等
丁宝桢《四川盐法志》	大宁图	清光绪刻本	《续修四库全书》清光绪刻本
	富顺图		
	大竹图		
	蓬州图		
	西充图		
	万县图		
	南部图		
	简中图		
	涪州图		
	铜梁图		
	合州图		
	大足图		
	荣昌图		
	行盐疆域图		
	乐山图		
	简州图		
	彭水图		
	犍为图		
	城口图		
	忠州图		
	绵州图		
	井研图		
	仁寿图		
	内江图		
	资阳图		
	资州图		
	江安图		
	荣县图		
	安岳图		

续表

绘制者、刊刻者或作者和著作名或图册名	图名	绘制年代或收录地图的古籍的版本以及相关信息	收藏机构或者收录地图的古籍（包括现代影印本）等
丁宝桢《四川盐法志》	蓬溪图	清光绪刻本	《续修四库全书》清光绪刻本
	遂宁图		
	中江图		
	盐亭图		
	射洪图		
	三台图		
	威远图		
	乐至图		
王定安等《重修两淮盐法志》	桐城分销口岸图	清光绪二十一年刻本	《续修四库全书》中国科学院图书馆藏清光绪二十一年刻本
	吴城分销局图		
	抚州分栈图		
	饶州分栈图		
	和州分销口岸图		
	全椒分销口岸图		
	南昌督销总局图		
	吉安分销局图		
	三河分销口岸图		
	滁州来案分销口岸图		
	瑞昌分栈图		
	宣城分销口岸图		
	合肥分销口岸图		
	运漕分销口岸图		
	芜湖分销口岸图		
	荷叶洲总销口岸图		
	徐属四岸图		
	下蔡分卡图		
	石港场署图		
	掘港场图		
	临兴场署图		

续表

绘制者、刊刻者或作者和著作名或图册名	图名	绘制年代或收录地图的古籍的版本以及相关信息	收藏机构或者收录地图的古籍（包括现代影印本）等
王定安等《重修两淮盐法志》	吕四场署图	清光绪三十一年刻本	《续修四库全书》中国科学院图书馆藏清光绪三十一年刻本
	草堰场署图		
	刘庄场署图		
	丁溪场署图		
	新兴场署图		
	海分司署图		
	富安场署图		
	中正场署图		
	庙湾场署图		
	泰坝过制图		
	板浦场署图		
	角斜场署图		
	总督兼盐政署图		
	两淮盐运使署图		
	通分司署图		
	金沙场署图		
	余西场署图		
	余东场署图		
	梁垛场署图		
	掘港场署图		
	石港场图		
	栟茶场署图		
	泰分司署图		
	东台场署图		
	何垛场署图		
	伍祐场署图		
	安丰场署图		
	丰利场署图		
	旧县分卡图		
	新兴场图		

续表

绘制者、刊刻者或作者和著作名或图册名	图名	绘制年代或收录地图的古籍的版本以及相关信息	收藏机构或者收录地图的古籍（包括现代影印本）等
王定安等《重修两淮盐法志》	海属三场总图	清光绪三十一年刻本	《续修四库全书》中国科学院图书馆藏清光绪三十一年刻本
	板浦场图		
	中正场图		
	临兴场图		
	淮北西坝总栈图		
	六闸盐河图		
	五河厘卡图		
	草堰场图		
	王摆渡分卡图		
	正阳总局图		
	正阳北卡图		
	正阳南卡图		
	怀远分卡图		
	颍河口分卡图		
	淮北引地全图		
	东台场图		
	寿州分卡图		
	金沙场图		
	吕四场图		
	余西场图		
	丰利场图		
	角斜场图		
	丁溪场图		
	泰属十一场总图		
	刘庄场图		
	何垛场图		
	伍祐场图		
	安丰场图		
	庙湾场图		

续表

绘制者、刊刻者或作者和著作名或图册名	图名	绘制年代或收录地图的古籍的版本以及相关信息	收藏机构或者收录地图的古籍（包括现代影印本）等
王定安等《重修两淮盐法志》	富安场图	清光绪三十一年刻本	《续修四库全书》中国科学院图书馆藏清光绪三十一年刻本
	梁垛场图		
	通属九场总图		
	栟茶场图		
	湖南旧岸图		
	沙洋分局图		
	湘乡分销口岸图		
	益阳分销口岸图		
	渌口分销口岸图		
	醴陵分销口岸图		
	宁乡分销口岸图		
	新市分销口岸图		
	岳州分销兼转运口岸图		
	靖江分销口岸图		
	枣阳子店图		
	宜城子店图		
	老河口分销子店图		
	双沟子店图		
	樊城分销局图		
	朱家河分销局图		
	湘阴分销口岸图		
	大陂市邻税口岸图		
	十二圩总图		
	西岸淮盐引地总图		
	洪江分销口岸图		
	辰州分销口岸图		
	津市子店分销口岸图		
	沅江分销口岸图		

续表

绘制者、刊刻者或作者和著作名或图册名	图名	绘制年代或收录地图的古籍的版本以及相关信息	收藏机构或者收录地图的古籍（包括现代影印本）等
王定安等《重修两淮盐法志》	龙阳分销口岸图	清光绪三十一年刻本	《续修四库全书》中国科学院图书馆藏清光绪三十一年刻本
	溆水分销口岸图		
	常德分销口岸图		
	长沙督销总局图		
	东洲邻税口岸图		
	花院冈邻税口岸图		
	平江分销口岸图		
	临湘分销口岸图		
	西港缉私口岸图		
	桃源分销口岸图		
	湘潭分销口岸图		
	万户沱分卡图		
	平善坝分卡图		
	宜昌加厘局图		
	江甘等县食岸图		
	江宁府属食岸图		
	湖北武穴制验局图		
	江西湖口制验局图		
	湖北淮盐旧岸图		
	江宁下关制验局图		
	淮南盐制同知署图		
	淮南引地全图		
	开江图		
	栈浦合图		
	仪河图		
	盐浦图		
	淮盐总栈图		
	余东场图		
	沙市分局图		
	河口分销子店图		

续表

绘制者、刊刻者或作者和著作名或图册名	图名	绘制年代或收录地图的古籍的版本以及相关信息	收藏机构或者收录地图的古籍（包括现代影印本）等
王定安等《重修两淮盐法志》	淮南批验大使署图说	清光绪三十一年刻本	《续修四库全书》中国科学院图书馆藏清光绪三十一年刻本
	汉口督销总局图		
	崇通商办子店图		
	汉川垌塚分销子店图		
	小河溪分销子店图		
	川界图		
	黄安分销子店图		
	麻城分销子店图		
	新堤分销局图		
	淮界图		
	应山广水驿子店图		
	武穴督销分局图		
	罗田分销子店图		
	德安府分销局图		
	长江埠分销局图		
	浙河分销局图		
魏允恭等《江南制造局记》	高昌庙总局图	光绪三十年九月编印本	《续修四库全书》清光绪三十年九月编印本
	龙华镇分局图		
吴其濬撰，徐金生绘《滇南矿厂工器图略》	"矿厂图"	清刻本	《续修四库全书》中国科学院图书馆藏清刻本
蓝浦、郑廷桂撰《景德镇陶录》	御窑厂图	清嘉庆刻同治补修本	《续修四库全书》复旦大学图书馆藏清嘉庆刻同治补修本
	景德镇图		
马麟修，杜琳等重修《续纂淮关统志》	宿关图	清乾隆刻嘉庆光绪间递修本	《四库存目丛书》上海图书馆藏清乾隆刻嘉庆光绪间递修本
	公署图		
	淮关图		
	海关图		
	淮宿海三关总图		

续表

绘制者、刊刻者或作者和著作名或图册名	图名	绘制年代或收录地图的古籍的版本以及相关信息	收藏机构或者收录地图的古籍（包括现代影印本）等
史起蛰，张榘《两淮盐法志》	梁垜场图	明嘉靖三十年刻本	《四库存目丛书》北京图书馆藏明嘉靖三十年刻本
	安丰场图		
	富安场图		
	泰州分司总图		
	两淮盐场总图		
	淮安分司公署图		
	通州分司公署图		
	运司公署图		
	行盐地方图		
	察院图		
	东台场图		
	按属地方图		
	□□分司公署图		
	金沙场图		
	何垛场图		
	余西场图		
	□亭场图		
	石港场图		
	□沸场图		
	马塘场图		
	丰利场图		
	拼茶场图		
	□□场图		
	丁溪场图		
	小海场图		
	草堰场图		
	通州分司总图		
	两淮巡司总图		
	临洪场图		

续表

绘制者、刊刻者或作者和著作名或图册名	图名	绘制年代或收录地图的古籍的版本以及相关信息	收藏机构或者收录地图的古籍（包括现代影印本）等
史起蛰，张榘《两淮盐法志》	淮安分司总图	明嘉靖三十年刻本	《四库存目丛书》北京图书馆藏明嘉靖三十年刻本
	吕四场图		
	余东场图		
	余中场图		
	白驹场图		
	庙湾场图		
	□□场图		
	板浦场图		
	兴庄场图		
	徐渎浦场图		
	仪真批验所图		
	淮安批验所图		
	安东场巡检司图		
	伍祐场图		
	大儒祠图		
	大忠祠图		
	新兴场图		
	白塔河巡检司图		
	刘庄场图		
查志隆撰，徐琳续补《山东盐法志》	巡司图	明万历刻本	《四库存目丛书》北京图书馆藏明万历刻本
	盐法察院		
	□台所图		
	洛口所图		
	十九场总图		
	盐河图		
	省城图		
蒋兆奎《河东盐法备览》	河东盐池全图	清乾隆五十五年刻本	《四库未收书辑刊》清乾隆五十五年刻本

续表

绘制者、刊刻者或作者和著作名或图册名	图名	绘制年代或收录地图的古籍的版本以及相关信息	收藏机构或者收录地图的古籍（包括现代影印本）等
莽鹄立《山东盐法志》	王家冈场图	清雍正刻本	《四库未收书辑刊》清雍正刻本
	信阳场图		
	滨乐分司衙门图		
	盐法道衙门图		
	巡盐察院衙门图		
	省城全图		
	行盐地方河图		
	潍县场图		
	寿光场图		
	海浴场图		
	石河场图		
	登宁场图		
	海沧场图		
	永阜场图		
	富国场图		
	永利场图		
	蒲台所图		
	泺口盐园图		
	西由场图		
不著撰者《两淮鹾务考略》	江西全省七省交界专图	清钞本	《四库未收书辑刊》清钞本
	淮北产盐行盐疆界分图		
	粤湖交界私盐浸灌之图		
	襄豫交界私盐浸灌之图		
	淮南产盐行盐疆界分图		
	川湖交界私盐浸灌之图		

续表

绘制者、刊刻者或作者和著作名或图册名	图名	绘制年代或收录地图的古籍的版本以及相关信息	收藏机构或者收录地图的古籍（包括现代影印本）等
不著撰者《两淮鹾务考略》	河南全省芦潞浸淮之图	清钞本	《四库未收书辑刊》清钞本
	两淮产盐行盐各省交界图		
童濂，魏源《淮北票盐志略》	淮北产盐行盐疆界分图	清道光刻本	《四库未收书辑刊》清道光刻本
	板浦场图		
	中正场图		
	（潀）水扫盐图		
	票盐过坝渡黄图		
	淮北走私道路图		
	新建三场税库图		
	重建盐义仓图		
	临兴场图		
《河东盐池之图》		明万历二十五年，石碑，103×170 厘米	石碑现藏于运城县博物馆

三　山川园林图

绘制者、刊刻者或作者和著作名或图册名	图名	绘制年代或收录地图的古籍的版本以及相关信息	收藏机构或者收录地图的古籍（包括现代影印本）等
	北京宫殿图	明嘉靖四十一年至明末，纸本彩绘，1 幅，169×156 厘米	台北"故宫博物院"，平图021470；《笔画千里》
	皇城宫殿衙署图	清康熙年间，纸本彩绘，238×179 厘米 摄影本，1 幅，27×21 厘米	原图：台北"故宫博物院"，平图021601；《笔画千里》 摄影本：中国国家图书馆，《舆图要录》0997
	玉河图	清光绪年间，纸本设色，卷轴装，1 幅，74×145 厘米	北京大学图书馆；《皇舆遐览》
	京西名园图	清光绪宣统年间，纸本设色，卷轴装，1 幅，58×127 厘米	北京大学图书馆；《皇舆遐览》

续表

绘制者、刊刻者或作者和著作名或图册名	图名	绘制年代或收录地图的古籍的版本以及相关信息	收藏机构或者收录地图的古籍（包括现代影印本）等
	盘山图	清乾隆年间，纸本设色，卷轴装，1幅，94.5×185.5厘米	北京大学图书馆；《皇舆遐览》
	河北易县清西陵图	清咸丰元年至光绪三十四年，纸本设色，卷轴装，1幅，94.5×185.5厘米	北京大学图书馆；《皇舆遐览》
	行宫名胜园亭总图	清乾隆四十四年或四十八年，官绘本，绢底彩绘，1幅，50.2×91.8厘米	中国科学院图书馆，263079；《舆图指要》
	汤山图	清康熙以后绘制，纸本彩绘，1幅，30.2×65.9厘米	中国科学院图书馆，史580133；《舆图指要》
格隆龙住	五台山圣境全图	清道光二十六年，刻印本，布基墨印，二印板拼合，120×82厘米。该图与另一同名藏本gm71005136为同一刻版	美国国会图书馆，G7822.W8A3.W81，gm71005058；《美国国会图书馆藏中文古地图叙录》
格隆龙住	五台山圣境全图	清道光二十六年四月十五日初刻，同治年间布基重印本；着手彩，四条幅印板，每条幅87×60厘米，拼合118×163厘米	美国国会图书馆，G7822.W8A3.W8，gm71005136；《美国国会图书馆藏中文古地图叙录》
	"热河行宫全图"	清乾隆年间，纸本彩绘，裱装长卷，1幅，119×226厘米	美国国会图书馆，G7824.C517A3.J4，gm71005031；《美国国会图书馆藏中文古地图叙录》
管念慈	"热河行宫全图"	清光绪年间，纸本彩绘，裱装长卷，1幅，119×246厘米	美国国会图书馆，G7824.C517A3.K8，gm71005055；《美国国会图书馆藏中文古地图叙录》
	"颐和园全图"	清朝中叶，彩绘画卷，1幅，92×177厘米	美国国会图书馆，G7824.B4：2Y4A35.I2，gm71002480；《美国国会图书馆藏中文古地图叙录》
	"明十三陵图"	清乾隆年间，绢本彩绘，1幅，67×131厘米	美国国会图书馆，G7822.M5A3.M4，gm71005138；《美国国会图书馆藏中文古地图叙录》

续表

绘制者、刊刻者或作者和著作名或图册名	图名	绘制年代或收录地图的古籍的版本以及相关信息	收藏机构或者收录地图的古籍（包括现代影印本）等
	"明十三陵图"	清光绪年间，纸本彩绘，1幅，94×176厘米	美国国会图书馆，G7822. M5A35.M4，gm71005061；《美国国会图书馆藏中文古地图叙录》
	"南岳全图"	清后期，纸本彩绘，长卷分切12页折叠装，1幅，27×167厘米	美国国会图书馆，G7824.X53A35.X5，gm71005105；《美国国会图书馆藏中文古地图叙录》
	"竟源记题普陀山图"	清代重印明天启二年刻本，设色，65×108厘米	法国国家图书馆；《欧洲收藏部分中文古地图叙录》
	南海名山普陀胜景	清刻本，墨印，87×46厘米；原图摹刻自浙江普陀山原石刻石	拓本：法国国家图书馆；《欧洲收藏部分中文古地图叙录》 原图：浙江普陀山
	"武夷山图"	清中叶，纸本彩绘，18帧山水画，裱成长卷，23×504厘米	英国博物馆；《欧洲收藏部分中文古地图叙录》
	"武夷山九曲溪全图"	清代，绢本彩绘，长卷裱轴，43×174厘米	英国图书馆；《欧洲收藏部分中文古地图叙录》
	"四明山图"	清中叶，绢本彩绘，1幅，121×101厘米	英国图书馆；《欧洲收藏部分中文古地图叙录》
	五台山圣境全图	清道光二十六年，刻本，墨印，1幅，122×170厘米	瑞典斯德哥尔摩人类学博物馆；《欧洲收藏部分中文古地图叙录》
	东南第一大九华天台胜景全图	清后期，刻本墨印，120×60厘米	丹麦哥本哈根皇家图书馆；《欧洲收藏部分中文古地图叙录》
	东南第一大九华天台山全图	清光绪年间，刻印本，1幅，94×53厘米	中国国家图书馆，《舆图要录》4172
江清亭	四川大峨眉山全图	清同治五年，纸本，墨绘，1幅，42×46厘米 另有一光绪七年本	英国皇家地理学会；《欧洲收藏部分中文古地图叙录》
江清亭	四川大峨眉山全图	清同治五年，刻印本，1幅，48×42.5厘米	中国国家图书馆，《舆图要录》6145

续表

绘制者、刊刻者或作者和著作名或图册名	图名	绘制年代或收录地图的古籍的版本以及相关信息	收藏机构或者收录地图的古籍（包括现代影印本）等
江清亭	四川大峨眉山全图	清同治十年，大坪净土堂，刻印本，1幅，36×48厘米；风格和内容与同治五年刻印本完全相同	中国国家图书馆，《舆图要录》6146
	御题天下大峨眉山胜景图	清同治年间，刻印本，1幅，100×48厘米	中国国家图书馆，《舆图要录》6147
谭忠岳等《峨山图说》		清光绪十七年，刻印本，2册54幅	中国国家图书馆，《舆图要录》6148
钱惟城"乾隆南巡驻跸地景致图"		清乾隆年间，绢本色绘，23帧装裱成册各具图题，每帧26×33厘米	英国博物馆；《欧洲收藏部分中文古地图叙录》
"江南行宫全图"		清乾隆年间，纸本色绘，22幅折叠分装成册各具图题，每页15×7厘米，总15×1988厘米；最后三折为苏州府、上元县和江宁府的名胜古迹	法国国家图书馆；《欧洲收藏部分中文古地图叙录》
"广州至澳门水图即景"		清道光八年，51帧纸本色绘，每帧36×47厘米	英国博物馆；《欧洲收藏部分中文古地图叙录》
	杭州西湖江干湖墅图	清后期，纸本彩绘，裱装，1幅，67×126厘米	英国博物馆；《欧洲收藏部分中文古地图叙录》
	"广州城珠江滩景图"	清中叶，绢本色绘，裱装长卷，1幅，75×800厘米	英国图书馆；《欧洲收藏部分中文古地图叙录》
赵□清等	苍洱图	清光绪二十一年，墨绘，1幅，62×102厘米	英国皇家地理学会；《欧洲收藏部分中文古地图叙录》
	北京城宫殿之图	1981年据日本宫城县东北大学藏本复制，原图99.5×49.5厘米，绘制于大致明嘉靖十年至四十年之间；静电复印本，1幅，100×50厘米	原图：日本宫城县东北大学静电复印本；中国国家图书馆，《舆图要录》0995
	紫禁全图	清光绪末年，绘本，1幅，54×37.6厘米	中国国家图书馆，《舆图要录》1014
	北京皇城全图	清光绪末年，彩绘本，1幅，118×102.5厘米	中国国家图书馆，《舆图要录》1017
	中南海集灵囿平面图	清末期，彩绘本，2幅，图廓不等	中国国家图书馆，《舆图要录》1120

续表

绘制者、刊刻者或作者和著作名或图册名	图名	绘制年代或收录地图的古籍的版本以及相关信息	收藏机构或者收录地图的古籍（包括现代影印本）等
	清宫殿平面图	清道光年间，彩绘本，1幅，100×175厘米	中国国家图书馆，《舆图要录》1129
	"北京皇城内东南角建筑图"	清光绪年间，彩绘本，1幅，134.2×67.6厘米	中国国家图书馆，《舆图要录》1130
《坛庙图》		清光绪年间，彩绘本，12幅，49.4×32.4厘米	中国国家图书馆，《舆图要录》1133
禁卫军印刷所	万寿山	清宣统三年，石印本，1:25000，1幅，38×49.5厘米	中国国家图书馆，《舆图要录》1139
常卯	五园三山及外三营地图	清光绪二十三年，彩绘本，1幅，95.8×170.5厘米	中国国家图书馆，《舆图要录》1142
	五园三山及外三营地图	清光绪三十年，彩绘本，1幅，93×168厘米；与常卯绘本基本相同，仅注记略有增改	中国国家图书馆，《舆图要录》1143
马绶权	五园三山及外三营图	清光绪末年，彩绘本，1幅，87×170厘米；与常卯绘本有所差异	中国国家图书馆，《舆图要录》1144
	圆明园泉水并河道全图	清同治年间，彩绘本，1幅，75×110厘米	中国国家图书馆，《舆图要录》1150
	圆明园河道图	清同治年间，彩绘本，1幅，78×108厘米	中国国家图书馆，《舆图要录》1151
	圆明园全图	清同治年间，彩绘本，1幅，141.5×244厘米	中国国家图书馆，《舆图要录》1152
	圆明园全图	清同治年间，彩绘本，1幅，130×175厘米	中国国家图书馆，《舆图要录》1153
	安澜园图	清咸丰年间，彩绘本，1幅，43.5×55.5厘米	中国国家图书馆，《舆图要录》1159
	圆明园北路课农轩殿地盘画样	清同治年间，彩绘本，1幅，69×135.5厘米	中国国家图书馆，《舆图要录》1160
"圆明园廓然大公及文渊阁等图样"		清同治年间，彩绘本，4幅，图廓不等	中国国家图书馆，《舆图要录》1161
	静明园全图	清光绪末年，彩绘本，1幅，182.4×95厘米	中国国家图书馆，《舆图要录》1168

续表

绘制者、刊刻者或作者和著作名或图册名	图名	绘制年代或收录地图的古籍的版本以及相关信息	收藏机构或者收录地图的古籍（包括现代影印本）等
马缓权	碧云寺图	清光绪末年，彩绘本，1幅，65.6×132厘米	中国国家图书馆，《舆图要录》1170
	南苑全图	清末期，绢底彩绘，1幅，162.2×264厘米	中国国家图书馆，《舆图要录》1174
	南苑全图	清末期，彩绘本，1幅，133.5×190厘米	中国国家图书馆，《舆图要录》1176
	南苑全图	清光绪年间，彩绘本，1幅，69×137厘米	中国国家图书馆，《舆图要录》1177
	南苑图式	清光绪年间，彩绘本，1幅，51.5×53厘米	中国国家图书馆，《舆图要录》1178
	团河宫图	清末期，彩绘本，1幅，129×136.6厘米	中国国家图书馆，《舆图要录》1180
	海会寺图绘	清末期，彩绘本，1幅，70×62厘米	中国国家图书馆，《舆图要录》1181
马缓权	岫云寺图	清光绪末年，彩绘本，1幅，65×129.3厘米	中国国家图书馆，《舆图要录》1192
	汤山地舆图	清末期，彩绘本，计里画方每方五里，1幅，45.5×99厘米	中国国家图书馆，《舆图要录》1199
	明十三陵图	清中期，彩绘本，1幅，118.8×240厘米	中国国家图书馆，《舆图要录》1201
	十三陵图	清末期，彩绘本，1幅，83.6×67.8厘米	中国国家图书馆，《舆图要录》1202
	明十三陵图	清末期，彩绘本，1幅分切4张，190×364厘米	中国国家图书馆，《舆图要录》1203
马缓权	十三陵图	清光绪末年，彩绘本，1幅，68.3×133.5厘米	中国国家图书馆，《舆图要录》1204
	"则灵潭图"	清光绪年间，彩绘本，1幅，69592厘米	中国国家图书馆，《舆图要录》1220
	丫髻山娘娘顶地盘图样	清光绪年间，彩绘本，1幅，59×85.5厘米	中国国家图书馆，《舆图要录》1223
	盘山名胜图	清光绪年间，彩绘本，1幅，96.6×180厘米	中国国家图书馆，《舆图要录》1326
	"古莲花池图"	清光绪年间，绢底彩绘，1幅，103.5×234.5厘米	中国国家图书馆，《舆图要录》1684

续表

绘制者、刊刻者或作者和著作名或图册名	图名	绘制年代或收录地图的古籍的版本以及相关信息	收藏机构或者收录地图的古籍（包括现代影印本）等
	西陵图	清末期，绘本，1幅，89×175厘米，有残	中国国家图书馆，《舆图要录》1732
	西陵全图	清光绪年间，彩绘本，1幅分切4张，190×400.4厘米	中国国家图书馆，《舆图要录》1733
	清西陵梁各庄全图	清光绪末年，彩绘本，1幅，198.2×83.5厘米	中国国家图书馆，《舆图要录》1730
	"西陵梁各庄附近图"	清光绪末年，彩绘本，1幅，73×187厘米	中国国家图书馆，《舆图要录》1731
	西陵图	清光绪年间，彩绘本，1幅，68.5×128.5厘米	中国国家图书馆，《舆图要录》1734
	西陵图	清光绪年间，彩绘本，1幅，107.5×220.3厘米	中国国家图书馆，《舆图要录》1735
	"西陵图"	清宣统年间，彩绘本，1幅，69×99.5厘米	中国国家图书馆，《舆图要录》1736
	西陵图	清宣统年间，彩绘本，1幅，64×102.5厘米	中国国家图书馆，《舆图要录》1737
《清崇陵选穴图样》		清光绪末年，彩绘本，2幅图廓不等	中国国家图书馆，《舆图要录》1738
	金龙沟地势图	清光绪末年，彩绘本，1幅，134×69厘米	中国国家图书馆，《舆图要录》1739
《崇妃陵地盘图样》		清宣统年间，彩绘本，3幅，图廓不等	中国国家图书馆，《舆图要录》1741
	"避暑山庄鸟瞰图"	据清初刻本摄制，1幅，11.2×19.5厘米	摄影本：中国国家图书馆，《舆图要录》1780
钱维城	"避暑山庄全图"	清乾隆年间，彩绘本，1幅，141.5×224厘米	中国国家图书馆，《舆图要录》1781
	热河百景合幅图	清光绪年间，彩绘本，1幅分切2张，101.8×202.9厘米	中国国家图书馆，《舆图要录》1782
	热河行宫	清光绪年间，彩绘本，1幅，200×360厘米	中国国家图书馆，《舆图要录》1783
	避暑山庄全图	清光绪年间，彩绘本，1幅，211×383厘米	中国国家图书馆，《舆图要录》1784
马绶权	避暑山庄图	清宣统年间，彩绘本，1幅，122×243厘米	中国国家图书馆，《舆图要录》1785

续表

绘制者、刊刻者或作者和著作名或图册名	图名	绘制年代或收录地图的古籍的版本以及相关信息	收藏机构或者收录地图的古籍（包括现代影印本）等
	"围场全图"	清康熙三十六年，彩绘本，1幅，84×98.5厘米	中国国家图书馆，《舆图要录》1793
	东围图说	清嘉庆年间，彩绘本，1幅，72×48.5厘米	中国国家图书馆，《舆图要录》1794
庆兴	木兰图式	清嘉庆年间，彩绘本，1幅，52.4×56.6厘米	中国国家图书馆，《舆图要录》1795
罗宗达	木兰指掌图说	清光绪年间，彩绘本，1幅，69×141厘米	中国国家图书馆，《舆图要录》1796
	东陵图	清同治初年，彩绘本，1幅，133×97.5厘米	中国国家图书馆，《舆图要录》1831
倭兴阿等《东西陵图式》		清同治十二年，彩绘本，2幅，59×165.2厘米	中国国家图书馆，《舆图要录》1832
	东陵图	清同治年间，彩绘本，1幅，106×61厘米	中国国家图书馆，《舆图要录》1833
	东陵图	清同治年间，彩色，刻印本，1幅，99×186.8厘米	中国国家图书馆，《舆图要录》1834
丰升阿	东陵舆图	清光绪三十三年，彩绘本，1幅，133.5×72厘米	中国国家图书馆，《舆图要录》1835
	大清东陵形势全图	清光绪年间，彩绘本，计里画方每方二里，1幅，189.5×102.5厘米	中国国家图书馆，《舆图要录》1837
	东陵风水全图	清光绪年间，彩绘本，1幅，133.8×69厘米	中国国家图书馆，《舆图要录》1840
	东陵风水龙山图	清光绪年间，彩绘本，1幅，70×94.4厘米	中国国家图书馆，《舆图要录》1841
	东陵风水砖石围墙涵洞各座口门全图	清光绪年间，彩绘本，1幅，80.1×65.2厘米	中国国家图书馆，《舆图要录》1842
	东陵风水分图	清宣统年间，刻印本，计里画方每方半里，1幅分4册	中国国家图书馆，《舆图要录》1843
	西双山峪规制图	清同治初年，彩绘本，1幅，91.5×51厘米	中国国家图书馆，《舆图要录》1845
"普陀峪陵寝工程图样"		清同治年间，彩绘本，10幅，图廓不等	中国国家图书馆，《舆图要录》1846

续表

绘制者、刊刻者或作者和著作名或图册名	图名	绘制年代或收录地图的古籍的版本以及相关信息	收藏机构或者收录地图的古籍（包括现代影印本）等
	汤泉全图	明万历五年立石，1987 年拓印，1 幅，135×108 厘米	拓本：中国国家图书馆，《舆图要录》1847
格隆龙住	五台山圣境全图	清道光二十六年，刻印本，1幅，114×163 厘米	中国国家图书馆，《舆图要录》2086
	五台山圣境全图	清同治十三年，刻印本，彩色，1 幅，113×184 厘米	中国国家图书馆，《舆图要录》2087
	敕建五台山文殊菩萨清凉胜景图	清末期，刻印本，1 幅，90×95 厘米；山水画形式	中国国家图书馆，《舆图要录》2088
"五台山景点图"		清光绪年间，刻印本，1 册	中国国家图书馆，《舆图要录》2089
《五台山行宫坐落图》		清光绪年间，刻印本，1 册，29.4×38 厘米	中国国家图书馆，《舆图要录》2090
	五台山名胜图	清光绪年间，绢底彩绘，1幅，189×89 厘米	中国国家图书馆，《舆图要录》2091
	五台山圣境图	清光绪年间，彩绘本，1 幅，84.2×168.2 厘米	中国国家图书馆，《舆图要录》2092
	"永陵附近图"	清光绪末年，彩绘本，1 幅，68×130 厘米	中国国家图书馆，《舆图要录》2504
《黑图阿拉城陵图》		清初期，彩绘本，2 幅，每幅203.5×83.5 厘米	中国国家图书馆，《舆图要录》2505
《永陵图》		清咸丰年间，彩绘本，2 幅，图廓不等	中国国家图书馆，《舆图要录》2506
彭明海	闾山观音阁图绘	清光绪二年，彩绘本，1 幅，122×251 厘米	中国国家图书馆，《舆图要录》2524
	闾山观音阁图绘	清光绪年间，彩绘本，1 幅，125×349.5 厘米	中国国家图书馆，《舆图要录》2525
	盛京围场全图	清光绪年间，彩绘本，1 幅，117×122 厘米	中国国家图书馆，《舆图要录》2587
贾铉	太白全图	清康熙三十九年，刻石拓本，1 幅，73.5×188.8 厘米	石碑：西安碑林博物馆 拓本：中国国家图书馆，《舆图要录》2761
赵乙美	太白全图	清雍正十三年刻石拓本，1 幅，57.5×122.3 厘米	石碑：西安碑林博物馆 拓本：中国国家图书馆，《舆图要录》2762

续表

绘制者、刊刻者或作者和著作名或图册名	图名	绘制年代或收录地图的古籍的版本以及相关信息	收藏机构或者收录地图的古籍（包括现代影印本）等
戴凤	太华山全图	明万历四十三年刻石 拓本，1幅，79×172厘米	拓本：中国国家图书馆，《舆图要录》2799
贾铉	太华全图	清康熙三十九年刻石 拓本，1幅，68.6×130厘米	石碑：西安碑林博物馆 拓本：中国国家图书馆，《舆图要录》2800
吴献猷《申江胜景图》		清光绪十年，上海点石斋，石印本，2册	中国国家图书馆，《舆图要录》3059
李桂芬	贡院全图（济南）	清光绪年间，彩绘本，1幅，99.5×57厘米	中国国家图书馆，《舆图要录》3320
	泰山全图	大连图书馆藏光绪年间木刻本的静电复印本，1幅，113×61.5厘米	原图：大连图书馆 静电复印本：中国国家图书馆，《舆图要录》3480
	金陵省城古迹全图	清光绪末年，刻印本，1幅，107×94厘米	中国国家图书馆，《舆图要录》3910
	文靖先生书院全图	清光绪年间，绘本，1幅，46.6×60.5厘米	中国国家图书馆，《舆图要录》4367
	永康县八保山地图	清光绪年间，绘本，1幅，54.5×48.2厘米	中国国家图书馆，《舆图要录》4371
圆通	敕建南海普陀山境全图	清光绪二十九年，刻印本，1幅，102.6×55.5厘米	中国国家图书馆，《舆图要录》4386
	敕建南海普陀山境全图	清光绪年间，刻印本，彩色，1幅，88.6×50.8厘米	中国国家图书馆，《舆图要录》4387
齐召南"天台山十景图"		清乾隆年间，刻印本，1册；为齐召南《天台山方外志》附图	中国国家图书馆，《舆图要录》4395
徐国柱等	宁绍两府大岚山简明图	清光绪年间，彩绘本，1幅，100×174.3厘米	中国国家图书馆，《舆图要录》4405
	武夷山图	清光绪年间，绢底彩绘，1幅，41.3×299厘米	中国国家图书馆，《舆图要录》4689
	大金承安重修中岳庙图	金承安三年立石 拓本，1幅，117×65厘米	拓本：中国国家图书馆，《舆图要录》4967
	卧龙岗全图	清光绪年间刻石 拓本，1幅，63×119厘米	拓本：中国国家图书馆，《舆图要录》5208
	"均州附近名胜图"	清中期，绢底彩绘，1幅，35.8×632.5厘米	中国国家图书馆，《舆图要录》5396

续表

绘制者、刊刻者或作者和著作名或图册名	图名	绘制年代或收录地图的古籍的版本以及相关信息	收藏机构或者收录地图的古籍（包括现代影印本）等
李颖名	团山寺图	清光绪年间，彩绘本，1 幅，28×30.6 厘米	中国国家图书馆，《舆图要录》5399
	南岳全图	清末期，彩绘本，1 幅，32×211 厘米	中国国家图书馆，《舆图要录》5485
李彦奎《桂林十二景模本》		清光绪十七年上石光绪末年拓本，1 册 12 幅	拓本：中国国家图书馆，《舆图要录》5782
	丹山胜景之图	清末期，刻印本，1 幅，114.4×52 厘米	中国国家图书馆，《舆图要录》5952
	五岳真形之图	明万历二年刻石1983 年拓印本，2 幅，107×68 厘米	石碑：河南登封中岳庙拓本：中国国家图书馆，《舆图要录》0974
	五岳真形之图	明万历年间刻石1983 年拓本，1 幅，246×118 厘米，与万历二年本基本相同	石碑：河南登封中岳庙拓本：中国国家图书馆，《舆图要录》0975
	五岳真形图	清康熙二十一年刻石清拓本，1 幅，126.5×62.5 厘米，与万历二年本基本相同	拓本：中国国家图书馆，《舆图要录》0976
冯世基	"长江名胜图"	清同治六年，彩绘本，1 幅，25.2×1119 厘米	中国国家图书馆，《舆图要录》0977
"南巡临幸胜迹图"（江南名胜图）		清乾隆年间，刻印本，彩色，5 册	中国国家图书馆，《舆图要录》3856
	金陵省城古迹全图	请光绪末年，刻印本，1 幅，107×94 厘米	中国国家图书馆，《舆图要录》3910
	西湖全图	清嘉庆四年，彩绘本，1 幅，100.5×165 厘米	中国国家图书馆，《舆图要录》4281
	西湖风景图	清嘉庆年间，彩绘本，1 幅，265.8×131.8 厘米	中国国家图书馆，《舆图要录》4282
	"西湖全图"	明末或清人摹绘，墨绘本，1 幅，34×212 厘米	法国国家图书馆；《欧洲收藏部分中文古地图叙录》
翁静涵	西子湖图	清同治十二年，石印本，1 幅，60×115 厘米	中国国家图书馆，《舆图要录》4283
陈允叔	西子湖图	清光绪二年，石印本，1 幅，60×115 厘米	中国国家图书馆，《舆图要录》4284

续表

绘制者、刊刻者或作者和著作名或图册名	图名	绘制年代或收录地图的古籍的版本以及相关信息	收藏机构或者收录地图的古籍（包括现代影印本）等
王地学馆主人绘制	西湖图	清光绪六年，照相石印本，着彩，49×72 厘米（据同治十二年顾若波测绘图摹绘）；每方一里	英国图书馆；《欧洲收藏部分中文古地图叙录》
	西子湖图	清光绪年间，1 幅分切 4 张，彩绘本，190×173 厘米	中国国家图书馆，《舆图要录》4285
谢赓云	洞庭全图	清末期，彩绘本，计里画方一方十里，1 幅，146×69.5 厘米	中国国家图书馆，《舆图要录》5440
傅泽洪《行水金鉴》	"洞庭湖图"	《文渊阁四库全书》本	《文渊阁四库全书》
	"鄱阳湖图"		
	"太湖图"		
《长江大观全图》	"洞庭潇湘八景图"	清末，彩绘本，1 册，23×13.5 厘米	中国国家图书馆，《舆图要录》0690
"东西汉水图及江水全图"	"洞庭湖图"	摹绘本，1 册，18×11.5 厘米	中国国家图书馆，《舆图要录》0695
	"鄱阳湖图"		
朱载堉《律吕正论》	羊头山图	明万历刻本	《续修四库全书》音乐研究所和《四库存目丛书》北京师范大学图书馆藏明万历刻本
	金门山图		
王士性《王太初先生五岳游草》	三峡图	清康熙三十年冯甦刻本	《续修四库全书》中国科学院图书馆和《四库存目丛书》上海图书馆藏清康熙三十年冯甦刻本
	桂林图		
茅元仪《武备志》	太湖全图	明天启刻本	《续修四库全书》和《四库禁毁书丛刊》北京大学图书馆藏明天启刻本
王圻、王思义《三才图会》	西湖图	明万历三十七年刻本	《续修四库全书》上海图书馆和《四库存目丛书》北京大学图书馆藏明万历三十七年刻本
	阙里形胜总图		
黄掌纶《长芦盐法志》	柳野行宫图	清嘉庆十年刻本	《续修四库全书》天津图书馆藏清嘉庆十年刻本
	海河楼图		
	三取书院图		
	问津书院图		
	沧州天门书院图		

续表

绘制者、刊刻者或作者和著作名或图册名	图名	绘制年代或收录地图的古籍的版本以及相关信息	收藏机构或者收录地图的古籍（包括现代影印本）等
延丰《钦定重修两浙盐法志》	紫阳书院图	清同治刻本	《续修四库全书》上海辞书出版社藏清同治刻本
王定安等《重修两淮盐法志》	扬州盐宗庙图	清光绪三十一年刻本	《续修四库全书》中国科学院图书馆藏清光绪三十一年刻本
	泰州盐宗庙图		
	安定书院图		
	梅花书院图		
	乐仪书院图		
潘季驯《河防一览》	陵图说	《文渊阁四库全书》	《文渊阁四库全书》本
陈镐《阙里志》	圣庙图	明崇祯刻清雍正增修本	《四库存目丛书》北京师范大学图书馆藏明崇祯刻清雍正增修本
	"阙里图"		
张批《夷齐录》	清节新庙图	明嘉靖刻蓝印本	《四库存目丛书》上海博物馆藏明嘉靖刻蓝印本
蔡复赏《孔圣全书》	孔林图	明万历十二年金陵书坊叶贵刻本	《四库存目丛书》山东省图书馆藏明万历十二年金陵书坊叶贵刻本
	鲁城图		
	国朝阙里庙制		
张云汉《闵子世谱》	里居图	清顺治十四年任柔节刻本	《四库存目丛书》复旦大学图书馆藏清顺治十四年任柔节刻本
白瑜《夷齐志》	遗塚之图	明万历二十八年刻本	《四库存目丛书》故宫博物馆图书馆藏明万历二十八年刻本
	城庙址书院图		
	孤竹清节庙图		
	庙田之图		
吕元善《三迁志》	孟庙图	明天启七年刻本	《四库存目丛书》南京图书馆藏明天启七年刻本
	孟子故宅图		
	邹县山川图		
杨方晃《至圣先师孔子年谱》	圣林图	清乾隆二年存存斋刻本	《四库存目丛书》辽宁省图书馆藏清乾隆二年存存斋刻本
	圣庙图		
李桢《濂溪志》	"故里图"	明万历刻本	《四库存目丛书》福建省图书馆藏明万历刻本

续表

绘制者、刊刻者或作者和著作名或图册名	图名	绘制年代或收录地图的古籍的版本以及相关信息	收藏机构或者收录地图的古籍（包括现代影印本）等
赵渟《程朱阙里志》	阙里祠庙图	清雍正三年紫阳书院刻本	《四库存目丛书》复旦大学图书馆藏清雍正三年紫阳书院刻本
	湖中山图		
	篁域图		
	新安山水总图		
吴存礼《梅里志》	泰伯庙图	清雍正二年蔡名炟刻本	《四库存目丛书》北京图书馆分馆藏清雍正二年蔡名炟刻本
	梅里图		
	泰伯墓图		
杨庆《大成通志》	曲阜庙制图	清康熙理斋刻本	《四库存目丛书》福建师范大学图书馆藏清康熙理斋刻本
	今制国学文庙图		
	今制国学图		
	今制府州县文庙图		
	今制府州县学图		
	曲阜诸古迹地舆图		
衷仲孺《武夷山志》	"武夷山图"	明崇祯十六年刻本	《四库存目丛书》江西省图书馆藏明崇祯十六年刻本
徐表然《武夷山志略》	七曲诸胜图	明万历四十七年孙世昌刻本	《四库存目丛书》中国科学院图书馆藏明万历四十七年孙世昌刻本
	九曲诸胜图		
	八曲诸胜图		
	五曲诸胜图		
	四曲诸胜图		
	六曲诸胜图		
	一曲诸胜图		
	万年宫左诸胜图		
	三曲诸胜图		
	武夷山图		
	二曲诸胜图		
张安茂《泮宫礼乐全书》	今制府州县学图	清顺治十三年刻本	《四库存目丛书》中国科学院图书馆藏清顺治十三年刻本
	今制国学图		

续表

绘制者、刊刻者或作者和著作名或图册名	图名	绘制年代或收录地图的古籍的版本以及相关信息	收藏机构或者收录地图的古籍（包括现代影印本）等
蔡有鹍辑，蔡重增辑《蔡氏九儒书》	蔡西山墓图	清雍正十一年蔡重刻本	《四库存目丛书》辽宁省图书馆藏清雍正十一年蔡重刻本
	蔡复斋墓图		
	九峰先生墓图		
李成谋、丁义方《石钟山志》	石钟山图	清光绪九年听涛眺雨轩刻本	《四库未收书辑刊》清光绪九年听涛眺雨轩刻本
	昭忠祠图		
	北面图		
	南面图		
	东面图		
	双钟形胜全图		
	西面图		
	上石钟山堤图		
汪孟□《龙井见闻录》	龙井图	清乾隆刻本	《四库未收书辑刊》清乾隆刻本
俞大猷《正气堂集》《近稿》《余集》《续集》《镇闽议稿》	琼岛名山大川之图	清道光孙云鸿昧古书屋刻本	《四库未收书辑刊》清道光孙云鸿昧古书屋刻本
金桂馨、漆逢源《逍遥山万寿宫志》	西山南岭四周形胜	清光绪四年江右铁柱宫刻本	《四库未收书辑刊》清光绪四年江右铁柱宫刻本
	逍遥山形胜图		
	江城名迹		
	四周形胜		
叶封，施奕簪《少林寺志》	少林总图	清乾隆十三年张学林刻本	《四库未收书辑刊》清乾隆十三年张学林刻本
查志隆《岱史》	泰山新图	明万历刻本	《四库禁毁书丛刊》首都图书馆藏明万历刻本
	泰山旧图		
陈世英，释古如《丹霞山志》	丹霞山图	清雍正十一年丹霞别传寺刻本	《四库禁毁书丛刊》上海图书馆藏清雍正十一年丹霞别传寺刻本
汪璂《黄山导》	黄山前海图	清乾隆二十六年刻本	《四库禁毁书丛刊》吉林大学图书馆藏清乾隆二十六年刻本
	御额黄岳全图		
	三峡长江图		
	黄山后海图		

绘制者、刊刻者或作者和著作名或图册名	图名	绘制年代或收录地图的古籍的版本以及相关信息	收藏机构或者收录地图的古籍（包括现代影印本）等
章潢《图书编》	国朝阙里庙制	《文渊阁四库全书》本	《文渊阁四库全书》
	陕西各郡诸名山总图		
	太室山分图		
	嵩山图		
	河南各郡诸名山总图		
	吴山形胜之图		
	五岳真形图		
	北直隶各郡诸名山总图		
	燕山图		
	南直隶各郡诸名山总图		
	四明洞天		
	三山图		
	重华图		
	齐云山图		
	九华山总图		
	山东各郡诸名山总图		
	泰山之图		
	湖广各郡诸名山总图		
	太岳太和山宫观总图		
	甘露景		
	南岳衡山七十二峰之图		
	鲁国图		
	雁门山图		
	浑源州北岳恒山图		

续表

绘制者、刊刻者或作者和著作名或图册名	图名	绘制年代或收录地图的古籍的版本以及相关信息	收藏机构或者收录地图的古籍（包括现代影印本）等
章潢《图书编》	山西各郡诸名山总图	《文渊阁四库全书》本	《文渊阁四库全书》
	历山图		
	四川各郡诸名山总图		
	太羹山图		
	剑山图		
	福建诸名山图		
	武夷山九曲图		
	广东诸名山图		
	罗浮山图		
	广西诸名山图		
	云南各郡诸名山总图		
	太华山昆明池		
	"鸡足山图"		
	贵州诸名山图		
	庐山白鹿洞形胜图		
	黄山三十六峰总图		
	太华山盖山境迹图		
	濂溪图		
	两浙各郡诸名山总图		
	浙江西湖图		
	嶅山图		
	少室山分图		
	客星岩图		
	石荡山图		
	雁荡山图		
	江西各郡诸名山总图		
	庐山图		

续表

绘制者、刊刻者或作者和著作名或图册名	图名	绘制年代或收录地图的古籍的版本以及相关信息	收藏机构或者收录地图的古籍（包括现代影印本）等
章潢《图书编》	石钟山图	《文渊阁四库全书》本	《文渊阁四库全书》
	九疑图		
	武功山总图		
毕沅《关中胜迹图志》	华岳图	《文渊阁四库全书》本	《文渊阁四库全书》
	唐南内图		
	龙洞渠图		
	华清宫图		
	唐东内图		
	唐西内图		
	汉未央长乐宫殿图		
	中南山图		
	龙首永济二渠图		
	汉江图		
	渭水图		
	黄河图		
	西镇吴山图		
	太白山图		
	汉建章宫图		

四　天文图

绘制者、刊刻者或作者和著作名或图册名	图名	绘制年代或收录地图的古籍的版本以及相关信息	收藏机构或者收录地图的古籍（包括现代影印本）等
吕安世辑《三才一贯图》	"南北两极星图"	清康熙六十一年，刻本，墨印套红，竖条幅，145×89厘米；源自耶稣会士编制的天文星图	美国国会图书馆，G7820.L8, 98691027；《美国国会图书馆藏中文古地图叙录》；英国国家图书馆，荷兰莱顿汉学院；《欧洲收藏部分中文古地图叙录》

续表

绘制者、刊刻者或作者和著作名或图册名	图名	绘制年代或收录地图的古籍的版本以及相关信息	收藏机构或者收录地图的古籍（包括现代影印本）等
《大清一统天地全图》	"天文星像图"附图说	清光绪年间，墨绘，扇面图	美国国会图书馆，G7820. C4，gm71005014；《美国国会图书馆藏中文古地图叙录》
"敦煌云气、星象、电经图"		唐代写本，38幅，朱墨两色，裱成长卷，24×310厘米	英国图书馆；《欧洲收藏部分中文古地图叙录》
	"星图"	清刻本，1幅，版框45×49厘米	英国博物馆；《欧洲收藏部分中文古地图叙录》
	浑天黄道北图	清刻本，上色，1幅，版框98×44厘米	剑桥大学图书馆；《欧洲收藏部分中文古地图叙录》
徐朝俊	黄道中西合图	清嘉定十二年镌版，道光十四年重刻本，1幅，版框103×64厘米；为徐朝俊《高厚蒙求》附	牛津大学图书馆；剑桥大学图书馆；《欧洲收藏部分中文古地图叙录》
叶棠	恒星赤道全图	清道光二十七年，刻本，1幅，版框71×35厘米	剑桥大学图书馆；《欧洲收藏部分中文古地图叙录》
六严	恒星赤道经纬度图	清咸丰二年，木刻，朱墨两色套印，8条幅裱装，每幅156×27厘米，拼合156×216厘米	意大利地理协会，剑桥大学图书馆；《欧洲收藏部分中文古地图叙录》；中国国家图书馆，《舆图要录》0113
	天文图	南宋淳祐七年，刻石拓本，1幅，186×103厘米	图石：苏州市博物馆 拓本：中国国家图书馆，《舆图要录》0109
陈杰	恒星图	清道光十四年，二色，绘本，1幅，40×438厘米	中国国家图书馆，《舆图要录》0111
	"恒星赤道内外总图"	清道光年间，二色，绘本，1幅，93.9×164厘米	中国国家图书馆，《舆图要录》0112
冯桂芬《赤道恒星图》		清同治七年，重刻本，二色，1册29幅	中国国家图书馆，《舆图要录》0114
	天文图	清末期，绘本，1幅，39×90厘米	中国国家图书馆，《舆图要录》0115
"赤道恒星总图"		清光绪年间，彩色石印本，2幅，80.7×80厘米	中国国家图书馆，《舆图要录》0117
"日食坤舆总图"		清光绪末年，彩绘本，4幅，46.5×70.4厘米	中国国家图书馆，《舆图要录》0118

续表

绘制者、刊刻者或作者和著作名或图册名	图名	绘制年代或收录地图的古籍的版本以及相关信息	收藏机构或者收录地图的古籍（包括现代影印本）等
	天地全图	清光绪年间，绘本，1幅，154×65.5厘米	中国国家图书馆，《舆图要录》0123
安泰	日食图	清康熙二十四年，北京钦天监，1幅，24.5×270厘米	中国国家图书馆，《舆图要录》0630
《月食图》		据清"雍正十三年三月十五日乙酉望月食图"绘本摄制，10幅，16.7×18.5厘米	摄影本：中国国家图书馆，《舆图要录》0631
袁启《天文图说》	天地仪	明末绘木	《续修四库全书》北京大学图书馆藏明末绘本

五　历史地图（集）

中国古代绘制的历史地图（集）数量不多，其中关于全国总图和寰宇图的以及黄河河道迁徙的历史地图（集）已经收录在相应部分。

绘制者、刊刻者或作者和著作名或图册名	图名	绘制年代或收录地图的古籍的版本以及相关信息	收藏机构或者收录地图的古籍（包括现代影印本）等
王轩等《山西疆域沿革图谱》		清光绪十三年，刻印本，线装五册，地图176幅，29×18厘米；光绪《山西通志》之疆域沿革图谱的单行本；计里画方不等	美国国会图书馆，G2308.S43.P4, 2002626736；《美国国会图书馆藏中文古地图叙录》
王轩等《山西疆域沿革图谱》		清光绪十八年，刻印本，二色，线装4册，176幅地图，18.5×14厘米；光绪《山西通志》之疆域沿革图谱的单行本；计里画方不等	中国国家图书馆，《舆图要录》1954
上海徐家汇天主堂	春秋地理考实图	清光绪十七年，土山湾五彩公司石印套彩，1幅，80×96厘米。经纬线，晕渲法，朱墨古今对照	《欧洲收藏部分中文古地图叙录》
汪士铎《水经注图及附录》		清咸丰十一年，刻印本，1册42幅；以内府舆图为底图	中国国家图书馆，《舆图要录》0678；《四库未收书辑刊》清咸丰十一年刻本

续表

绘制者、刊刻者或作者和著作名或图册名	图名	绘制年代或收录地图的古籍的版本以及相关信息	收藏机构或者收录地图的古籍（包括现代影印本）等
汪士铎《水经注图及附录》		清同治元年，刻印本，1册	中国国家图书馆，《舆图要录》0679
杨守敬、熊会贞《水经注图》		清光绪三十一年，刻印本，计里画方每方五十里，1册；以胡林翼《大清一统舆图》为底图	中国国家图书馆，《舆图要录》0680
陈澧《汉书地理志水道图说》		清同治二年，京师富文斋，刻印本，2册；以乾隆内府舆图为底图，但没有画方和经纬线	中国国家图书馆，《舆图要录》0681
李光廷撰，潘平章等绘《汉西域图考》		清同治九年，广州富文斋刻印本，4册	中国国家图书馆，《舆图要录》0957
何秋涛等《朔方备乘图说》		清光绪三年，畿辅通志局，刻印本，1册35幅	中国国家图书馆，《舆图要录》0960
阿桂等《盛京吉林黑龙江等处标注战迹舆图》		系1935年满洲文化协会据大连满铁图书馆藏清乾隆年间印本摹印，原图绘制于清乾隆四十一年，在"皇舆全图"上标绘而成。摹印本，25幅，每幅55.5×70厘米	原图可能现藏在大连市图书馆摹印本：中国国家图书馆，《舆图要录》2400
吕大防	"长安城图"	宋代图碑残碑的拓本，1936年陕西考古学会拓本的影印本，1幅，红色，121×123厘米	拓本：中国国家图书馆，《舆图要录》2743
刘允中注释，蔡元定发挥，房正等撰《玉髓真经》	唐虞冀都之图	明嘉靖三十九年福州府刻本	《续修四库全书》天一阁藏明嘉靖三十九年福州府刻本
	周营洛邑之图		
	秦都咸阳之图		
释志磐《佛祖统纪》	汉西域诸国图	宋咸淳元年至六年胡庆宗等摹刻本明刻本	《四库存目丛书》北京图书馆藏宋咸淳元年至六年胡庆宗等摹刻本《续修四库全书》北京大学图书馆明刻本

续表

绘制者、刊刻者或作者和著作名或图册名	图名	绘制年代或收录地图的古籍的版本以及相关信息	收藏机构或者收录地图的古籍（包括现代影印本）等
洪亮吉《乾隆府厅州县图志》	"唐洛阳城图"	清嘉庆八年刻本	《续修四库全书》复旦大学图书馆藏清嘉庆八年刻本
	"宋汴京图"		
徐松《唐两京城坊考》	东都外郭城图	清道光二十八年杨氏刻连筠簃丛书本	《续修四库全书》天津图书馆藏清道光二十八年杨氏刻连筠簃丛书本
	东都苑图		
	东都宫城皇城图		
	东都上阳宫图		
叶圭绶《续山东考古录》	水经注今山东境内水道图	清咸丰元年刻本	《续修四库全书》浙江图书馆藏清咸丰元年刻本
何秋涛撰，黄宗汉等辑补《朔方备乘》	俄罗斯初起时地图	清光绪七年刻本	《续修四库全书》湖北省图书馆清光绪七年刻本
	明北徼地图		
	元北徼地图		
	道光末年俄罗斯图		
	嘉庆年间俄罗斯图		
	乾隆初年俄罗斯图		
	辽北徼地图		
	五代北徼图		
	道光初年俄罗斯图		
	乾隆末年俄罗斯图		
	康熙年间俄罗斯图		
	异域录俄罗斯图		
	明俄罗斯分十六道图		
	金北徼地图		
	唐北徼地图		
	元魏北徼图		
何秋涛撰，黄宗汉等辑补《朔方备乘》	晋北徼地图	清光绪七年刻本	《续修四库全书》湖北省图书馆清光绪七年刻本
	三国北徼图		
	后汉北徼图		
	前汉北徼图		
	隋北徼地图		

绘制者、刊刻者或作者和著作名或图册名	图名	绘制年代或收录地图的古籍的版本以及相关信息	收藏机构或者收录地图的古籍（包括现代影印本）等
魏源《海国图志》	大西洋欧罗巴各国沿革图	清道光二年平庆泾固道署重刊本	《续修四库全书》清道光二年平庆泾固道署重刊本
	汉西域沿革图		
	北魏书西域沿革图		
	唐西域沿革图		
	五印度国旧图		
	小西洋利未亚洲沿革图		
	元代西北疆域沿革图		
	东南洋各国沿革图		
	西南洋五印度沿革图		
和珅、梁国治等《钦定热河志》	建置沿革图一周秦	《文渊阁四库全书》本	《文渊阁四库全书》
	建置沿革图二汉		
	建置沿革图三后汉魏		
	建置沿革图四晋		
	建置沿革图五北魏		
	建置沿革图六北齐周		
	建置沿革图七隋		
	建置沿革图八唐		
	建置沿革图九辽		
	建置沿革图十金		
	建置沿革图十一元		
	建置沿革图十二明		
傅恒、刘统勋、于敏中《钦定皇舆西域图志》	隋西域图	《文渊阁四库全书》本 清乾隆四十七年，官修，抄摹本叠装成册地图12幅	《文渊阁四库全书》 抄摹本：英国博物馆；《欧洲收藏部分中文古地图叙录》
	明西域图		
	元西域图		

续表

绘制者、刊刻者或作者和著作名或图册名	图名	绘制年代或收录地图的古籍的版本以及相关信息	收藏机构或者收录地图的古籍（包括现代影印本）等
傅恒、刘统勋、于敏中《钦定皇舆西域图志》	宋西域图	《文渊阁四库全书》本清乾隆四十七年，官修，抄摹本叠装成册地图12幅	《文渊阁四库全书》抄摹本：英国博物馆；《欧洲收藏部分中文古地图叙录》
	唐西域图		
	周西域图		
	北魏西域图		
	三国西域图		
	后汉西域图		
	前汉西域图		
	五代西域图		
	晋西域图		
阮元《揅经室集》	禹贡三江总图	清道光阮氏文选楼本	《续修四库全书》上海图书馆藏清道光阮氏文选楼本
	郦道元浙江穀水误注图		
	班氏武林水穀水渐水图		
	郦道元南江枝分谷水图		
	郦道元南江入具区图		
沈尧《落帆楼文集》	河西节度使图	民国十年嘉业堂刻吴兴丛书本	《续修四库全书》上海辞书出版社图书馆藏民国十年嘉业堂刻吴兴丛书本
	北庭节度使图		
张批《夷齐录》	孤竹故疆图	明嘉靖刻蓝印本	《四库存目丛书》上海博物馆藏明嘉靖刻蓝印本
吕兆祥《宗圣志》	邑里□图	明崇祯刻清康熙增修本	《四库存目丛书》山西省祁县图书馆藏明崇祯刻清康熙增修本
	武城遗址		
	崇圣新庙图		
	崇圣旧庙图		
顾起元《客座赘语》	都邑图	明万历四十六年自刻本	《四库存目丛书》清华大学图书馆藏明万历四十六年自刻本
	宫城图		

续表

绘制者、刊刻者或作者和著作名或图册名	图名	绘制年代或收录地图的古籍的版本以及相关信息	收藏机构或者收录地图的古籍（包括现代影印本）等
雷学淇《竹书纪年》	魏梁地形都邑全图	清亦器器斋刻本	《四库未收书辑刊》清亦器器斋刻本
	晋国地形都邑图		
	三代亳地图		
	夏都河南图		
	周元王后地形都邑图		
	周平王后地形都邑图		
	西周地形都邑图		
	纪年殷商地邑图		
	纪年五帝夏后地邑图		
王先谦《五洲地理志略》	唐北徼地图	清宣统二年湖南学务公所刻本	《四库未收书辑刊》清宣统二年湖南学务公所刻本
	前汉北徼图		
	后汉北徼图		
	三国北徼图		
	晋北徼地图		
	元魏北徼图		
	隋北徼地图		
	乾隆初年俄罗斯图		
	康熙年间俄罗斯图		
	五代北徼图		
	道光末年俄罗斯图		
	道光初年俄罗斯图		
	乾隆末年俄罗斯图		
	明俄罗斯分十六道图		
	俄罗斯初起时地图		
	明北徼地图		
	元北徼地图		
	金北徼地图		
	辽北徼地图		
	嘉庆年间俄罗斯图		

续表

绘制者、刊刻者或作者和著作名或图册名	图名	绘制年代或收录地图的古籍的版本以及相关信息	收藏机构或者收录地图的古籍（包括现代影印本）等
魏校《庄渠遗书》	唐城形势图	《文渊阁四库全书》本	《文渊阁四库全书》
蒋骥《山带阁注楚辞》	楚辞地理总图	《文渊阁四库全书》本	《文渊阁四库全书》
章潢《图书编》	唐虞冀都之图	《文渊阁四库全书》本	《文渊阁四库全书》
	周营洛邑之图		
	秦都咸阳之图		
	冀都规模大势		
	春秋列国图		

六　岛屿图

　　此处收录的岛屿图，指的是单独一座岛屿的地图；或者图中除了岛屿之外，还包括附近一些陆地，但以岛屿为主要的表现对象。在航海图和海防图中都描绘有大量的岛屿，这些地图已经收录在本书相应的部分。

绘制者、刊刻者或作者和著作名或图册名	图名	绘制年代或收录地图的古籍的版本以及相关信息	收藏机构或者收录地图的古籍（包括现代影印本）等
	山东福山县海岛图	清道光元年至宣统二年，纸本设色，折叶，1幅，25×23.5厘米	北京大学图书馆；《皇舆遐览》
	台湾图附澎湖群岛图	清雍正年间，纸本彩绘，1幅，62.5×663.5厘米	台北"故宫博物院"，平图020794；《笔画千里》
	"台湾舆图"	清康熙年间，绢本彩绘，裱装长卷，109×280厘米	美国国会图书馆，G7911.A3.T3，gm71005037；《美国国会图书馆藏中文古地图叙录》
李联琨	"台湾前后山全图"	清光绪年间，彩绘本，1幅，63×108厘米	美国国会图书馆，G7910.L5，gm71005066；《美国国会图书馆藏中文古地图叙录》

续表

绘制者、刊刻者或作者和著作名或图册名	图名	绘制年代或收录地图的古籍的版本以及相关信息	收藏机构或者收录地图的古籍（包括现代影印本）等
余宠	全台前后山舆图	清光绪四年，刻印本，1幅，76×108厘米。以北京为零度中线的经纬网与方格网相结合，折合每方十里；该图作者为光绪时代的"绘图委员"，负责查绘监刻此图；委托广东省城（广州）西湖街富文斋承接摹刻	美国国会图书馆，G7910.Y8，gm71005160；《美国国会图书馆藏中文古地图叙录》；中国国家图书馆，《舆图要录》4713
	"琼郡地舆全图"	清后期，彩绘本，长卷挂轴，1幅，184×93厘米	美国国会图书馆，G7822.H3E62.H3，gm71002478；《美国国会图书馆藏中文古地图叙录》
	"厦门舆图"	清后期，纸本彩绘，1幅，58×100厘米	英国国家博物馆，皇家地理学会；《欧洲收藏部分中文古地图叙录》
	厦门海岛图	清后期，纸本彩绘，1幅，57×95厘米	英国皇家地理学会，英国国家图书馆；《欧洲收藏部分中文古地图叙录》
	澎湖澳屿图	清后期，纸本彩绘，1幅，65×54厘米	英国皇家地理学会；《欧洲收藏部分中文古地图叙录》
	"台湾前山图"	清前期，纸本彩绘，色绫裱装成长卷，37×438厘米	英国博物馆；《欧洲收藏部分中文古地图叙录》
	"台湾前山图"	清中叶，纸本彩绘，色绫裱装成长卷，45×490厘米	英国博物馆；《欧洲收藏部分中文古地图叙录》
	"台湾图"	清中叶，纸本彩绘，叠装成册，40×245厘米	英国博物馆；《欧洲收藏部分中文古地图叙录》
	台湾山海全图	清中叶，纸地色绘，1幅，38×102厘米	法国国家图书馆；《欧洲收藏部分中文古地图叙录》
夏献纶《全台舆图并说》		清光绪五年，福建台湾道库刊刻本，2册。经纬度和计里画方并存	英国图书馆；《欧洲收藏部分中文古地图叙录》；中国国家图书馆，《舆图要录》4714
	台湾地理全图（"福建台湾地理全图"）	清乾隆年间，彩绘本，1幅，39.5×726厘米	中国国家图书馆，《舆图要录》4710

绘制者、刊刻者或作者和著作名或图册名	图名	绘制年代或收录地图的古籍的版本以及相关信息	收藏机构或者收录地图的古籍（包括现代影印本）等
	台湾地图	据台北"国立中央"图书馆 1982 年出版的地图复制，1 幅，彩色，46×667 厘米；原图绘制于清乾隆年间，与《台湾地理全图》在内容和绘法上基本相同	中国国家图书馆，《舆图要录》4711；原图：台北"国立中央"图书馆（现应藏于台北"故宫博物院"）
	台湾地图	清乾隆年间，彩绘本，1 幅，42×438 厘米	中国国家图书馆，《舆图要录》4712
李延祐	台湾全图	清光绪七年，彩绘本，1 幅，116×62 厘米	中国国家图书馆，《舆图要录》4715
	"台湾图"	清光绪十年至十三年，彩绘本，1 幅，47.7×147.3 厘米	中国国家图书馆，《舆图要录》4718
《台湾地图》		清光绪年间，彩绘本，16 幅，计里画方不等，34×52.6 厘米	中国国家图书馆，《舆图要录》4719
	台湾内山番社地舆全图	清光绪年间，石印本，1 幅，96.8×221.5 厘米	中国国家图书馆，《舆图要录》4720
康长庆	全台地图	清光绪四年，绘本，画方不计里，1 幅，65×113.5 厘米	中国国家图书馆，《舆图要录》4736
宋德功	琼郡地舆全图	据大连市图书馆藏清光绪二十六年彩绘本静电复印，计里画方每方十里，1 幅，69×60 厘米	原图：大连市图书馆静电复印本：中国国家图书馆，《舆图要录》5824
王之春《国朝柔远记》	台湾图	清光绪十七年广雅书局刻本	《四库未收书辑刊》清光绪十七年广雅书局刻本
	琼州图		
	澎湖图		
	台湾山后图		
陈伦炯《海国闻见录》	台湾图	《文渊阁四库全书》本	《文渊阁四库全书》
	澎湖图		
	琼州图		
	台湾后山图		

七 禹贡类

绘制者、刊刻者或作者和著作名或图册名	图名	绘制年代或收录地图的古籍的版本以及相关信息	收藏机构或者收录地图的古籍（包括现代影印本）等
程大昌《禹贡论》后论、山川地理图	汉以后九河旧图	《文渊阁四库全书》本	《文渊阁四库全书》
	宋武关汳入渭取长安图		
	历代大河误证图		
	新定九河逆河碣石图		
	水经济汴互源图		
	今定沇荥济图		
	寻阳旧九江图		
	郑元小九江图		
	今定九江图		
	孔安国三江图		
	班固三江图		
	韦昭三江图		
	今定三江图		
	三条荆山图		
	古漾汉图		
	樊绰黑水图		
	汴济分合图下		
	冀州夹碣石图		
	兖青徐扬四州贡道相因图		
	今定黑水图		
	汴济分合图上		
	水经叶榆入南海图		
	汉志劳水会叶榆入南海图		
	郦道元张掖黑水图		

续表

绘制者、刊刻者或作者和著作名或图册名	图名	绘制年代或收录地图的古籍的版本以及相关信息	收藏机构或者收录地图的古籍（包括现代影印本）等
程大昌《禹贡论》后论、山川地理图	今定弱水图	《文渊阁四库全书》本	《文渊阁四库全书》
	唐史西南夷弱水图		
	甘肃二州弱水图		
	雍梁荆三州贡道相因图		
胡渭《禹贡锥指》	九州贡道图	《文渊阁四库全书》本	《文渊阁四库全书》
	邺东故人河图		
	西域河源图		
	龙门吕梁图		
	导河图		
	梁州黑水图		
	导黑水图		
	导弱水图		
	导山图		
	九河逆河碣石图		
	雍州图		
	梁州图		
	豫州图		
	荆州图		
	扬州图		
	徐州图		
	兖州图		
	职方九州图		
	九州分域图		
	吐蕃河源图		
	青州图		
	尔雅九州图		
	导渭图		
	荥阳引河图		

续表

绘制者、刊刻者或作者和著作名或图册名	图名	绘制年代或收录地图的古籍的版本以及相关信息	收藏机构或者收录地图的古籍（包括现代影印本）等
胡渭《禹贡锥指》	冀州图	《文渊阁四库全书》本	《文渊阁四库全书》
	涧瀍该流图		
	导洛图		
	关中诸渠图		
	四海图		
	沟通江淮图		
	导淮图		
	大小清河图		
	出河之清图		
	导沇图		
	唐大河图		
	禹河初徙图		
	三江异派图		
	汉屯氏诸决河图		
	禹河再徙图		
	宋大河图		
	金大河图		
	元明大河图		
	导漾图		
	东西二源图		
	导江图		
朱鹤龄《禹贡长笺》	豫州贡道	《文渊阁四库全书》本	《文渊阁四库全书》
	冀州疆界		
	扬州贡道		
	扬州疆界		
	荆州贡道		
	徐州贡道		
	豫州疆界		
	青州贡道		

绘制者、刊刻者或作者和著作名或图册名	图名	绘制年代或收录地图的古籍的版本以及相关信息	收藏机构或者收录地图的古籍（包括现代影印本）等
朱鹤龄《禹贡长笺》	青州疆界	《文渊阁四库全书》本	《文渊阁四库全书》
	兖州贡道		
	考定禹贡九州全图		
	冀州贡道		
	郑端简公禹贡原图		
	梁州疆界		
	荆州疆界		
	兖州疆界		
	导河图		
	九河图		
	导洛图		
	导渭图		
	梁州贡道		
	徐州疆界		
	导江汉图		
	导淮图		
	导黑水图		
	导弱水图		
	导南条江汉南境之山图		
	导山图		
	雍州贡道		
	雍州疆界		
	导济图		
徐文靖《禹贡会笺》	梁州图	《文渊阁四库全书》本	《文渊阁四库全书》
	徐州图		
	荆州图		
	兖州图		
	雍州图		

续表

绘制者、刊刻者或作者和著作名或图册名	图名	绘制年代或收录地图的古籍的版本以及相关信息	收藏机构或者收录地图的古籍（包括现代影印本）等
徐文靖《禹贡会笺》	豫州图	《文渊阁四库全书》本	《文渊阁四库全书》
	冀州图		
	青州图		
	导水图		
	导水先后图		
	三江图		
	九江图		
	九州总图		
	导山图		
	扬州图		
郑晓《禹贡图说》	冀州疆界	明刻项皋谟校本	《续修四库全书》上海图书馆藏明刻项皋谟校本
	冀州北方贡赋之道		
	雍州疆界		
	雍州贡赋之道		
	梁州疆界		
	梁州贡赋之道		
	豫州疆界		
	豫州贡赋之道		
	荆州疆界		
	荆州贡赋之道		
	扬州疆界		
	扬州贡赋之道		
	徐州疆界		
	徐州贡赋之道		
	青州疆界		
	青州贡赋之道		
	兖州疆界		
	兖州贡赋之道		
	禹贡总图		
	"禹贡所载各河道图" 14 幅		

绘制者、刊刻者或作者和著作名或图册名	图名	绘制年代或收录地图的古籍的版本以及相关信息	收藏机构或者收录地图的古籍（包括现代影印本）等
茅瑞征《禹贡汇疏》	导淮水图	明崇祯刻本	《续修四库全书》和《四库存目丛书》北京大学图书馆藏明崇祯刻本
	导济水图		
	导江汉图		
	导河图二		
	导河图一		
	导黑水图		
	导南条江汉南境之山图		
	九州分星图		
	导弱水图		
	导洛水图		
	导渭水图		
	考定漆沮全图		
	帝京图		
	唐虞冀都图		
	洛邑图一		
	洛邑图二		
	秦都咸阳图		
	荆州疆界		
	导南条江汉北境之山图		
	冀州疆界		
	冀州贡道		
	兖州疆界		
	兖州贡道		
	青州疆界		
	青州贡道		
	徐州疆界		
	徐州贡道		

续表

绘制者、刊刻者或作者和著作名或图册名	图名	绘制年代或收录地图的古籍的版本以及相关信息	收藏机构或者收录地图的古籍（包括现代影印本）等
茅瑞征《禹贡汇疏》	豫州疆界	明崇祯刻本	《续修四库全书》和《四库存目丛书》北京大学图书馆藏明崇祯刻本
	扬州疆界		
	扬州贡道		
	荆州贡道		
	星野总图		
	豫州贡道		
	梁州疆界		
	梁州贡道		
	雍州疆界		
	雍州贡道		
	导北条大河北境之山图		
	导北条大河南境之山图		
	漕河图一至八		
	唐一行山河两戒图		
	禹贡总图		
	禹周秦汉五沮漆图		
	河套图一		
	河套图二		
	唐十道图		
	河源图二		
	河源图一		
	汉郡国图		
	镇戎总图		
	舆地总图		
	宋九域图		

绘制者、刊刻者或作者和著作名或图册名	图名	绘制年代或收录地图的古籍的版本以及相关信息	收藏机构或者收录地图的古籍（包括现代影印本）等
夏允彝《禹贡古今合注》	导淮水图	明刻本	《续修四库全书》中国国家图书馆藏和《四库存目丛书》清华大学图书馆藏明刻本
	九州分野		
	禹贡全图		
	导弱水图		
	导黑水图		
	导河图一、二		
	导济水图		
	豫州疆界		
	导渭水图		
	导洛水图		
	帝京图		
	唐虞冀都图		
	洛邑图一、二		
	秦都咸阳图		
	导江汉图		
	徐州疆界		
	梁州疆界		
	梁州贡道		
	雍州疆界		
	雍州贡道		
	扬州贡道		
	九州分星图		
	荆州贡道		
	徐州贡道		
	青州贡道		
	青州疆界		
	兖州贡道		
	兖州疆界		
	冀州贡道		
	冀州疆界		

续表

绘制者、刊刻者或作者和著作名或图册名	图名	绘制年代或收录地图的古籍的版本以及相关信息	收藏机构或者收录地图的古籍（包括现代影印本）等
夏允彝《禹贡古今合注》	荆州疆界	明刻本	《续修四库全书》中国国家图书馆藏和《四库存目丛书》清华大学图书馆藏明刻本
	豫州贡道		
	扬州疆界		
	漕河图一至八		
	河套图一、二		
	唐十道图		
	河源图一、二		
	镇戎总图		
	宋九域图		
	汉郡国图		
	唐一行山河两戒图		
	禹周秦汉五沮漆图		
	禹贡九州与今省直离合图		
	导南条江汉南境之山图		
	导南条江汉北境之山图		
	导北条大河北境之山图		
	导北条大河南境之山图		
程瑶田《禹贡三江考》	汇泽会汇彭蠡豬三江入之图	清嘉庆通艺录刻本	《续修四库全书》上海师范大学图书馆清嘉庆通艺录刻本
廖平《春秋图表》	禹贡五服五千内九州外十二州图	清光绪二十七年成都尊经书局刻本	《续修四库全书》中国国家图书馆分馆藏清光绪二十七年成都尊经书局刻本
艾南英《禹贡图注》	导江图	清道光十一年六安晁氏活字学海类编本	《四库存目丛书》北京图书馆藏清道光十一年六安晁氏活字学海类编本
	雍州图		
	导山图		

续表

绘制者、刊刻者或作者和著作名或图册名	图名	绘制年代或收录地图的古籍的版本以及相关信息	收藏机构或者收录地图的古籍（包括现代影印本）等
艾南英《禹贡图注》	导河图	清道光十一年六安晁氏活字学海类编本	《四库存目丛书》北京图书馆藏清道光十一年六安晁氏活字学海类编本
	梁州图		
	元明大河图		
	兖州图		
	禹河初徙图		
	豫州图		
	荆州图		
	扬州图		
	青州图		
	冀州图		
	九州贡道图		
	九州分域图		
	徐州图		
许胥臣《夏书禹贡广览》	碣石入河图	明崇祯刻本	《四库存目丛书》北京大学图书馆藏明崇祯刻本
	三面距河图		
	青徐界图		
	徐州海岱淮图		
	扬州彭蠡震泽图		
	荆州水道分界图		
	梁州江汉界图		
	雍州黑水西河界图		
	北条大河北境山图		
	北条大河南境山图		
	江汉合流南北山图		
	沇水三见三伏图		
	九州总图		
	河洛分界图		

续表

绘制者、刊刻者或作者和著作名或图册名	图名	绘制年代或收录地图的古籍的版本以及相关信息	收藏机构或者收录地图的古籍（包括现代影印本）等
王澍《禹贡谱》	荆州疆界	清康熙四十六年积书岩刻本	《四库存目丛书》据湖北省图书馆藏清康熙四十六年积书岩刻本
	扬州贡道		
	扬州疆界		
	徐州东南贡道		
	徐州疆界		
	青州贡道		
	兖州贡道		
	冀州北方贡道		
	豫州疆界		
	青州疆界		
	兖州疆界		
	荆州贡道		
	冀州疆界		
	九州山川		
	豫州西南贡道		
	梁州疆界		
	梁州西北贡道		
	雍州疆界		
	雍州贡道		
	导山		
	导水		
江为龙《朱子六经图》	禹贡外国地名图	清康熙刻本	《四库存目丛书》南京大学图书馆藏清康熙刻本
	夏商九州图		
	周营洛邑图		
吴继仕《七经图》	商五迁都图	上海图书馆藏明万历刻本	《四库存目丛书》东北师范大学图书馆上海图书馆藏明万历刻本
	周营洛邑图		
	召诰土中图		

续表

绘制者、刊刻者或作者和著作名或图册名	图名	绘制年代或收录地图的古籍的版本以及相关信息	收藏机构或者收录地图的古籍（包括现代影印本）等
王皜《六经图》	雍州图	清乾隆五年刻本	《四库存目丛书》北京图书馆藏清乾隆五年刻本
	梁州图		
	周营洛邑图		
	豫州图		
	荆州图		
	扬州图		
	徐州图		
	青州图		
	兖州图		
	冀州图		
杨魁植《九经图》	周营洛邑图	清乾隆三十七年信芳书房刻本	《四库存目丛书》南京图书馆藏清乾隆三十七年信芳书房刻本
萧正发《翼艺典略》	导水入海图	清刻本	《四库存目丛书》辽宁省图书馆藏清刻本
	九河图		
马俊良《禹贡注节读》之《禹贡图说》	导渭图	清乾隆端溪书院刻本	《四库未收书辑刊》清乾隆端溪书院刻本
	沟通江淮图		
	关中诸渠图		
	涧澶改流图		
	四海图		
	导洛图		
	九州分域图		
	导河图		
	梁州图		
	雍州图		
	九州贡道图		
	导山图		
	导弱水图		
	梁州黑水图		
	豫州图		

续表

绘制者、刊刻者或作者和著作名或图册名	图名	绘制年代或收录地图的古籍的版本以及相关信息	收藏机构或者收录地图的古籍（包括现代影印本）等
马俊良《禹贡注节读》之《禹贡图说》	导黑水图	清乾隆端溪书院刻本	《四库未收书辑刊》清乾隆端溪书院刻本
	荆州图		
	扬州图		
	徐州图		
	青州图		
	兖州图		
	冀州图		
	龙门吕梁图		
	尔雅九州图		
	吐蕃河源图		
	职方九州图		
	东西二源图		
	大小清河图		
	出河之济图		
	导沇图		
	九河逆河碣石图		
	导江图		
	邺东故大河图		
	元明大河图		
	金大河图		
	导淮图		
	唐大河图		
	禹河再徙图		
	汉屯氏诸决河图		
	禹河初徙图		
	荥阳引河图		
	三江异派图		
	西域河源图		
	宋大河图		

续表

绘制者、刊刻者或作者和著作名或图册名	图名	绘制年代或收录地图的古籍的版本以及相关信息	收藏机构或者收录地图的古籍（包括现代影印本）等
章潢《图书编》	豫州疆界	《文渊阁四库全书》本	《文渊阁四库全书》本
	梁州疆界		
	雍州疆界		
	周职方春秋列国图		
	荆州疆界		
	禹贡九州及今郡县山水之图		
	扬州疆界		
	徐州疆界		
	青州疆界		
	兖州疆界		
	冀州疆界		

第九篇 中国地图绘制的转型

如果将"地图"定义为"有意识地或者无意识地受到某些观念思想的影响,为达成某些目的,从而制作的表达地表的自然、社会经济现象的分布和相互关系的图像"的话,那么对近代时期中国地图绘制的转型的研究,必然要远远超出以往研究单纯强调的技术转型。基于此,本篇的目的在于讨论以往中国地图绘制转型研究中所忽视的与地图有关的社会、思想观念以及地图功能和绘制目的的转型。由于这一问题不仅涉及面非常广泛,而且还与众多思想观念等问题有关,因此受制于笔者的能力,本篇只能是对相关问题进行一些初步的分析。

本篇的第一章概要性地讨论了近代社会变迁与地图绘制转型之间的关系,且对以往的相关研究进行了简要的归纳和总结。第二章至第四章,则分别从三个视角对中国近代地图转型的问题进行了讨论。第二章以"科学主义"为切入点,以中国古代的城池图向近现代的城市图转型为例,提出近代地图绘制技术的转型在一定程度上是在"科学主义"的时代观念下,盲目的甚至是无意识的"被科学化"的过程。第三章则以"空间秩序"入手,讨论了近代时期中国传统的用"四至八到"定义地点位置的方式向用经纬度数据定义地点位置的方式的转型,对人们看待世界的方式所造成的根本性的影响,以及在地图绘制方面的反映。第四章则讨论了中国传统知识体系转型为现代学科体系,由此造成的"地理(学)"的功能和内容的变革,及其对地图绘制的影响。

　　大致而言可以认为，近代知识体系和思想观念发生了翻天覆地的变化，由此中国古人看到的世界（其中不仅包括空间还包括时间），与我们现代人看到的世界，存在着根本性的差异，可以说是两个完全不同的世界；由此古人心目中的"地图"，与我们今人心目中的"地图"也是完全不同的两种事物。

　　本篇这几章的讨论都比较肤浅，甚至可以说非常粗糙，不过希望抛砖引玉，引起学者对这一问题的关注。

第一章　社会变迁视野下的中国近代地图绘制转型研究

第一节　问题的提出

中国地图绘制在近代的转型并不是一个新的研究主题，关于中国地图学史的大部分通论性著作通常对此都会有所提及。早在民国时期，中国地图学史的历史书写①诞生之初就已经涉及这一问题，如陶懋立的《中国地图学发明之原始及改良进步之次序》②将中国的地图学史分为三期，在"第三期，从明末至现世为欧洲地理学传人之时代"中，作者重点介绍了明万历之后传教士所绘以及基于传教士传人的技术绘制的地图，主要强调的是这些传人的地图和技术引起的中国地图测绘的转型。中国地图学史研究的奠基者王庸先生在《中国地图史纲》第十一章"近代中国地图的测绘"中对近代时期进行的各种测绘活动以及绘制的地图进行了简要叙述，其中主要强调的也是测绘技术的转型③。此后，中国地图学史的研究基本遵从这样的论述方式，只是在细节上更为丰富。总体而言，在中国地图学

---

① 关于近代以来中国地图学史的历史书写的产生及其演变，参见成一农《近70年来中国古地图与地图学史研究的主要进展》，《中国历史地理论丛》2019年第3辑，第28页；以及本书第一篇第一章。

② 陶懋立：《中国地图学发明之原始及改良进步之次序》，《地学杂志》1911年第2卷第11号和第12号。

③ 王庸：《中国地图史纲》，生活·读书·新知三联书店1958年版。

史的论述中，对于近代中国地图绘制的转型重点强调的是测绘技术的转型。

不过，对于近代时期中国地图绘制技术的转型一直少有专题性的研究，只是 2010 年之后才出现了少量讨论，其中研究最为深入的就是张佳静的博士学位论文《西方近代地图绘制法在中国——以地貌表示法和地图投影法为例》。该文基于对中国近代地图的详细梳理，从地貌表示法和地图投影法的角度详细论述了中国地图的近代化，提出"近代是中国地图学'范式'转换的关键时刻，对其研究可以厘清中国现代地图学的来源和脉络，但是目前对其研究不足。以地图学中的地貌表示法和地图投影法为例，中国传统地图中的山水写意画法、象形画法逐渐被西方的晕滃法、晕渲法和等高线法所替代，西方的地图投影法也被大众接受和理解，出现在大多数地图中。本文主要以地貌表示法和地图投影法为主要研究对象，来探讨西方地图学知识在中国的传播与应用，得出以下结论：在整个的西方地图学传入过程中，方法是主要的内容。近代地图学'范式'的转变，主要是方法的转变"①。从这段论述以及该文的正文来看，其显然认为地图学"范式"在近代的转型主要是绘图技术的转型。此外如王慧《从画到图：方志地图的近代化》②、姚永超《近代海关与英式海图的东渐与转译研究》③，以及刘增强《近代化过程中云南地理志舆图演变》④ 等也基本是从这一角度进行的论述，但都非常简单。

其他值得注意的研究就是小岛泰雄的《成都地图近代化的展开》⑤ 一文，"本文以四川省中心城市成都为研究对象，通过对 19 世纪后半叶到 20 世纪前半叶间当地城市地图的编年整理与历史地图学分析，从近代测绘与印刷、制图意识变化及民众普及等角度观察其发展历程，进而揭示其近代

---

① 张佳静：《西方近代地图绘制法在中国——以地貌表示法和地图投影法为例》"摘要"，中国科学院大学科学技术史专业博士学位论文，2013 年，第 1 页。

② 王慧：《从画到图：方志地图的近代化》，《上海地方志》2019 年第 1 期，第 4 页。

③ 姚永超：《近代海关与英式海图的东渐与转译研究》，《国家航海》第 23 辑，第 118 页。

④ 刘增强：《近代化过程中云南地理志舆图演变》，《咸阳师范学院学报》2017 年第 2 期，第 7 页。

⑤ 小岛泰雄：《成都地图近代化的展开》，钟翀译，《都市文化研究》第 12 辑，上海三联书店 2015 年版，第 150 页。

化发展的特征，探究在中国城市地图近代化过程中，外部世界对它的深刻影响"①，并在结论中提出"通过以上成都地图绘制史的检讨，我们可以多角度地体会城市地图踏入近代这一时刻所发生的种种变化。比如，从木刻向石印的转变，反映了近代印刷技术的进步，使得地图的详细表现成为可能；又如，对测量与制图准确性的意识与重视；还有，地图贩卖与使用的普及与大众化"②，因此该文标题中的"近代化"主要强调的是地图绘制、出版技术以及地图普及方面的转型。虽然该文对于地图出版技术和普及讨论的较为简单，但在以近代地图绘制转型为主题的论文中是较为少见的。类似的还有李鹏对晚清民国时期川江航道图的一系列研究③，其提出"从近代川江航道图编绘的历史轨迹看，不仅清晰可见中西方对川江航道讯息处理的空间差异，同时也反映两种不同社会文化理念的碰撞、交互与融合的过程。从某种程度上讲，近代川江航道图编绘的现代性就是西方科学制图与现代测绘技术的展开、发展与确立的过程"④；但同时认为，这种地图绘制技术的近代化或者西化并不像以往认为的那样是一种线性的、单向的，并"认为近代中国本土精英在对西方'科学'地图知识的'现代性体验'中，往往不自觉地利用中国传统地图知识进行重新塑造，即通过'传统知识资源的再利用'，进而沟通与融合中西两种不同的地图绘制传统。是故，近代国人所绘的川江航道图志，在编绘方式上往往新旧杂陈，明显带有'旧瓶装新酒'的内容特征。在清末以来知识与制度转型的大背景下，近代国人特别是地方知识精英对西方现代测绘技术与制图体系的认同与接受，并非简单地是一个'他者'的渗入与移植过程，而是一场由西方

---

① 小岛泰雄：《成都地图近代化的展开》，钟翀译，《都市文化研究》第 12 辑，上海三联书店 2015 年版，第 150 页。

② 小岛泰雄：《成都地图近代化的展开》，钟翀译，《都市文化研究》第 12 辑，上海三联书店 2015 年版，第 158 页。

③ 李鹏：《晚清民国川江航海图编绘的历史考察》，《学术研究》2015 年第 2 期，第 96 页；李鹏：《现代性的回响：近代川江航道图志本土谱系的建构》，《上海地方志》2017 年第 1 期，第 25 页；李鹏：《清末民国川江航道图编绘的现代性》，《西南大学学报（社会科学版）》2017 年第 5 期，第 183 页。

④ 李鹏：《晚清民国川江航海图编绘的历史考察》，《学术研究》2015 年第 2 期，第 96 页。

文化传播者与本土地图绘制者共同参与的复杂的'在地化'知识生产。"①此外，李鹏还曾以商务印书馆为例，从个案的角度对近代以来地图出版方面的转型进行过简要讨论。②

　　基于以往的这些研究，本章想提出的问题就是，近代时期中国地图绘制的转型仅仅是绘制技术的转型吗？甚至仅仅是地图绘制技术、地图印刷技术和出版方式以及由此带来的地图普及的转型吗？以及这些转型的发生仅仅是因为西方近现代的相关技术的传入吗？

　　要理解这一问题，首先需要考虑地图的定义。现代的地图定义往往极为看重地图的绘制技术，尤其是基于数学法则的技术，如"由数学所确定的经过概括并用形象符号表示的地球表面在平面上的图形，用其表示各种自然现象和社会现象的分布、状况和联系，根据每种地图的具体用途对所表示现象进行选择和概括，结果得到的图形叫做地图"③；"按照一定的制图法则，概括表达地表的自然、社会经济现象的分布和相互关系的平面图"④；"按照一定数学法则，运用符号系统和综合方法、以图形或数字的形式表示具有空间分布特性的自然与社会现象的载体"⑤。但在地图漫长的发展历史中，符合上述定义的地图实际上出现得非常晚，无论是中国古代地图，还是欧洲文艺复兴中期之前的绝大部分地图都不会去遵守所谓的"数学法则"，它们只是基于绘制者的某种目的，受到当时思想、文化和观念的影响，对"地表的自然、社会经济现象的分布和相互关系"进行的图像呈现，简言之，地图是人们在认知空间之后对这些认知的图像表达，也即本篇开始部分提出的地图的定义："有意识地或者无意识地受到某些观

　　① 李鹏：《现代性的回响：近代川江航道图志本土谱系的建构》，《上海地方志》2017 年第 1 期，第 25 页。

　　② 李鹏：《民国〈申报地图〉的编制出版与文化政治》，《形象史学》第 13 辑，社会科学文献出版社 2019 年版，第 158 页；李鹏：《清末民国商务印书馆地图出版述论》，《苏州大学学报（哲学社会科学版）》2019 年第 6 期，第 178 页。

　　③ （苏）K. A. 萨里谢夫：《地图制图学概论》，李道义、王兆彬译，廖科校，测绘出版社 1982 年版，第 4 页。

　　④ 全国科学技术名词审定委员会事务中心"术语在线""图书馆·情报与文献学"对地图的定义。http：//www. termonline. cn/list. htm？ k = % E5 % 9C % B0 % E5 % 9B % BE。

　　⑤ 全国科学技术名词审定委员会事务中心"术语在线""测绘学"对地图的定义。http：//www. termonline. cn/list. htm？ k = % E5 % 9C % B0 % E5 % 9B % BE。

念思想的影响，为达成某些目的，从而制作的表达地表的自然、社会经济现象的分布和相互关系的图像"。

如始于欧洲古典时代晚期的 T-O 地图（更正式的名称实际上是 *Mappaemundi*）。在这类地图中，地图的圆形空间通常被由主要河流和海洋组成的 T 型十字架分成三个部分，图面上通常描绘有欧亚非三大洲以及城市、王国、山脉、河流、海洋、历史寓言、伊甸园中的亚当和夏娃等等。而且，在欧洲中世纪时期，T-O 地图通常与基督教世界观相结合，此时欧亚非三块大陆被解读为诺亚的三个儿子——雅弗（欧洲）、闪（亚洲）、含（非洲），而"T"也与耶稣受难的十字架产生了符号象征意义上的关联。[①] 而且通常在这类地图上，耶稣凌驾于整幅地图之外且俯瞰着地球。这种画面结构在中世纪晚期非常流行，其中包含着这样一种认识：对短暂易朽的地上之城与永恒的上帝之城之间的区分。除此以外，这类地图在中世纪的一个很重要的用途是作为视觉解经的方式，向不识字的人普及宗教历史与教义，由此在地图上通常有着不属于同一时间的大量与圣经有关的故事或者寓意故事。因此，在绘制 T-O 地图时，绘制者首先受到当时宗教观念的影响，且绘制这类地图大多是有着宣扬宗教教义或者讲述宗教故事的目的，而"概括表达地表的自然、社会经济现象的分布和相互关系"是服务于目的的，同时"数字法则"是可有可无的，只是在 T-O 地图的末期，才出现了一些带有测量意味的地图。

类似的还有文艺复兴时期在意大利绘制的通常位于某一建筑空间中的成套地图，"这些对世界的准确呈现，整体上贡献于统治者的政治视觉肖像，贡献于市政当局的宣传信息，以及教皇和红衣主教的宗教热情。它们隐喻含义是通过绘画地图与历史、神话、动物、植物和宗教图像的交互作用而被创造的，并且只能通过对容纳它们的房间的亲身体验而得以领会。只是从地图学的角度考虑成套的绘画地图，或者将它们简单的作为一种艺术类型，都错失了它们丰富的内涵：尽管它们的地图学内容是过时的，它

---

① Evelyn Edson, *Mapping Time and Space: How Medieval Mapmakers Viewed their World*, London, 1997; David Woodward, "Medieval Mappaemundi", in J. B. Harley and David Woodward (eds.), *The History of Cartography*, vol. 1: *Cartography in Prehistoric, Ancient, and Medieval Europe and the Mediterranean*, Chicago, 1987.

们对于现代发现和航海的影响可以忽略不计，但它们高度概括了文艺复兴时期地图绘制的象征意义，以及文艺复兴时期文化中地图绘制的深刻意义。"① 因此，虽然从绘制技术而言，这些地图中一些，其绘制是"准确的"，也可能有着"数字法则"，但绘制的目的并不在于基于"数字法则"来展现"地表的自然、社会经济现象的分布和相互关系"，这些只是它们服务于其宗教、宣传以及政治目的的手段。

由约翰·布莱恩·哈利（John Brian Harley，1932—1991）和戴维·伍德沃德（David Woodward，1942—2004）主编的世界地图学史领域的巅峰之作《地图学史》（The History of Cartography）丛书②的第一卷《史前、古代与中世纪欧洲与地中海地区地图学》（Cartography in Prehistoric，Ancient，and Medieval Europe and the Mediterranean），在两位主编所撰写的序言中，也对地图做出了一个不同于以往的定义，即："地图是便于人们对人类世界中的事物、概念、环境、过程或事件进行空间认知的图形呈现。"③ 在这一定义中显而易见的就是，地图的绘制必然受到时代思想、文化和观念等众多因素的影响和塑造，由此时代的变迁也必然影响到地图的绘制，而这些远远超出了地图绘制技术以及印刷和出版技术等方面。

因此，可以认为现代对地图的定义，实际上局限于地图的技术和基本功能，且由此伤害了地图功能和目的多元性，也忽视了地图绘制时受到的社会思想观念的影响。如果明确了这一点，那么显然，研究中国近代地图绘制转型，仅仅关注地图绘制技术的转型是远远不够的，而且就像后文所谈到的，地图绘制技术的转型本身，也受到社会众多方面的变迁的影响，忽略了这些，那么就无法真正理解地图绘制技术的转型。因此，只有将地图绘制的转型放置在时代变迁的背景下进行考虑，我们才有可能真正触及

① Francesca Fiorani， "Cycles of Painted Maps in the Renaissance"，in J. B. Harley and David Woodward（eds.），The History of Cartography，vol. 3：Cartography in the European Renaissance，Chicago and London：The University of Chicago Press，2007，p. 824.

② 对于该书的评价，参见成一农：《简评芝加哥大学出版社〈地图学史〉》，《自然科学史研究》2019 年第 3 期，第 370 页；以及本书第一篇的附录一。

③ J·B·Harley and David Woodward，"Preface"，The History of Cartography，Vol. 1，Cartography in Prehistoric，Ancient，and Medieval Europe and the Mediterranean，Chicago University Press，1987，p. xvi.

这一问题的本质。为了能对这一问题有着更为深入的了解，本章试图从不同的侧面对近代地图绘制转型以及对这种转型造成影响的社会变迁进行分析；与此同时，本文必然不可能对中国近代地图绘制转型的所有方面都进行揭示，甚至说，本文所谈到的依然只是相关方面的冰山一角。

第二节　社会变迁视野下的近代地图绘制的转型

正如以往研究所揭示的，大致可以说，自鸦片战争之后，中国传统的没有比例尺和投影，以及不追求地理要素绝对位置准确性的地图，逐步让位给了基于实地测量、采用投影技术、按照比例尺绘制，以及将地理要素的位置准确性作为评判一幅地图好坏的必要标准之一的现代地图。对这一过程以及各种相关技术的传入、应用、扩展、更替等的讨论是以往研究的重点，如前文提及的张佳静的博士学位论文，但这些研究忽视的一个问题就是，类似于此的技术，至少在明代后期以及清代前中期的康雍乾时期就曾经由传教士传入中国，但在那两个时期为什么这些技术没有被中国地图采纳且进而取代原有的地图绘制技术？这并不是一个简单的问题，如果不断挖掘的话，我们可以看到这一问题涉及地图测绘技术之外的众多因素。

首先，现代的基于实地测量，使用经纬度数据采用投影的地图绘制技术，其背后涉及地图绘制之外的众多知识。其中最为显而易见的就是，要采用经纬度数据，那么就必然需要有着对大地球体形状的明确认知。虽然有证据证明中国古代的一些士人实际上知道大地是一个球体，尤其体现在天文历法中，但对这种认知的应用似乎也只是局限于天文历法中①。同时，虽然唐代的僧一行和元代的郭守敬对大地的测量是众所周知的，但一方面他们的目的仅仅是为了天文历法；另一方面他们的测量只是局限于纬度，而没有涉及经度。且中国古人也没有像西方人那样为绘制地图获得更为准

---

① 参见杨帆《明末清初经纬度测量在天文历法中的应用》，中国科学院大学人文学院博士学位论文，2018 年。

确的经纬度数值，而不断提出新的测量方法。① 因此，明显的结论是，近代社会要接受现代的地图绘制技术的一个前提就是，必须广泛接受大地是一个球体的概念，且还需要进一步接受由此引申出的近现代的关于宇宙结构的认知，这意味着在相关知识中发生的一系列转型以及普及。这一系列的转型和普及显然没有发生在明代晚期和清朝的康雍乾时期，而是发生在近代，这也就构成了接受现代地图绘制技术的知识基础。

不仅如此，除了经纬度的测量之外，近现代地图绘制所使用的投影，需要到将球面投射到平面之上，这涉及几何学甚至球面几何学的知识，以及其他数学领域的知识。虽然中国古代存在发达的数学，但上述这些知识依然超出了中国传统数学的范畴，这一点也体现在了近代地图绘制技术传入的过程中。如在中国地图绘制开始转向追求"准确"的同治时期，一些省份颁布了绘图章程，其中主要讲授的是绘图的具体方法，如中国国家图书馆藏同治四年（1865）的《苏省舆图测法条议图解》和同治年间颁行的《广东全省绘舆图局饬发绘图章程》，两者所介绍的绘图方法基本相同。王一帆曾对后者进行过介绍②，大致如下就是：绘图时，首先确定分率，统一绘制在发放的画有 10×10 方格的标准绘图纸上，每格 1 寸 8 分，代表 10 里，另有每长刻度代表 1 里、短刻度代表 1/5 里的比例尺；然后按照方向，将步测距离按照比例转换后分别绘制在图纸上；远离道路的地理要素，则通过在测量路线中的不同点上测量的其所在方向的延伸线的交点来确定其位置。从理论上而言，这一方法有着一定的准确性，但这种测绘方法忽略了道路的高低起伏，且方向只有二十四向，因此显然绘制出的地图并不准确。不过，采用这种方式也是不得已为之，因为当时各地缺乏掌握相关几何和数学知识的人，所以为了让参加测绘的人能够尽量和尽快掌握，从而不得不将绘图和测量技术尽量进行了简化，如《苏省舆图测法条议图解》中就明确提到"本局覆查原议，包举大纲，词旨简约，犹恐其中勾股算术

---

① 正如杨帆的博士论文《明末清初经纬度测量在天文历法中的应用》（中国科学院大学人文学院科学技术史博士学位论文，2018 年）所述，甚至明末清初在天文历法中应用的经纬度的测量技术以及获得的数据也都没有被地图的绘制所采用。

② 王一帆：《中国传统地图绘制中的"道里法"——以〈广东全省绘舆图局饬发绘图章程〉为中心的分析》，未刊稿。

等项，各该县承办绅董一时未易周知，当再禀明……更加参酌，逐条分列细目，注释详明，并改算为量，增订图解，冀可妥速遵办"。从这段文字来看，当时能掌握中国古代数学中早已提出的"勾股定理"的人并不多，更不用说掌握更为深奥的球面几何学的知识了。此后，甚至晚至绘制《光绪会典图》时，各省依然遇到缺乏相关算学人才的问题①。显然，如果中国传统的数学没有转型或者发展为现代几何学和数学，以及在教育中这些知识的逐渐普及，那么地图绘制技术的转型也是不可能的事情。

　　事情到了这里还没有结束，如果只是认为地图绘制背后的观念和相关知识转型之后就能带来地图绘制技术的转型的话，那么就忽略了更为宏大的社会变迁。在现代之前，中西方地图的功能都是多样的，如很多地图都具有较高的艺术性，甚至出自名画师之笔，且在传统时期，这些功能的实现并不一定要与测量、投影和准确联系起来；但现代科学、准确的地图已经基本丧失了这些功能，或者这些功能被隐藏了起来。可能正是由此，近代中国地图的转型实际上并不像之前研究的那样是那么线性以及一帆风顺的，也即西方的绘图技术一传入就迅速取代了传统的绘制方式，前文提及的李鹏对近代川江航道图就展示了这一点。再如城池图，在清末光绪时期，我们依然能看到大量用传统绘图方法绘制的城池图，甚至是在官方绘制的地图中也是如此，如美国国会图书馆所藏光绪中后期绘制的《天津城厢保甲全图》和《莱州府昌邑县城垣图》；同时，在政区图中，西方测绘技术的广泛使用则要晚至光绪末年和宣统年间。② 不过，最终近代以来，为了所谓的准确，现代地图放弃了其众多的传统功能。但问题就是，现代

　　① 对此参见中国第一历史档案馆《光绪朝各省绘呈〈会典·舆图〉史料》，《历史档案》2003 年第 2 期，第 37 页。其中如光绪十六年十二月《盛京将军裕禄等为请奉天测绘舆图展限事片》中记"而开方计里，尤须算学深通，奉省官绅中素日究心地理、精于测绘者实难其选"；光绪十七年二月二十三日《广西巡抚马丕瑶为请广西测绘舆图展限事片》："无如边省地方究心地理兼精测绘者实不易得，即访有一二稍通测绘之人，又因沿边竖界紧要，派往绘画势难兼顾"；光绪十七年八月二十六日《江西巡抚德馨为请江西测绘舆图展限事片》："且有就志书旧图照样绘画，不知计里开方者沿讹袭谬，舛错殊多。推原其故，盖因舆地乃专门之学，又须兼通算法，一时遴访难得其人"；光绪十七年十二月二十六日《湖广总督张之洞等为请湖北测绘舆图展限事奏折》："惟州县谙悉舆地之学者甚少，又无测绘仪器，以故茫然无从下手"；光绪十九年八月二十日《安徽巡抚沈秉成为请测绘安徽舆图展限事片》："安徽本省亦少熟谙地理兼工测算之人堪以胜任其事"。

　　② 参见本书第三篇第二章。

地图为什么会为了准确而放弃众多传统的功能？这一问题的答案，同样在于社会的变迁。

"科学"是塑造世界近现代历史的重要因素之一，在文艺复兴以来人类社会的历次重大飞跃中都起到了至关重要的作用，由此也形成了深入人心的"科学主义"。对于中国而言，鸦片战争的失败，使中国士大夫从"泱泱大国""天朝上国"的梦境中清醒过来，意图进行变革，而在关于要在哪些方面进行变革的历次争论中，对西方科学技术的应用基本是毫无疑义的，如"师夷长技以制夷""中学为体、西学为用"，最终五四运动时期对于"科学"的宣扬更是进一步奠定了其在中国近现代思想中至关重要的地位，由此在中国也就形成了影响至今的"科学主义"，科学也就成为不言自明而正确的事物，由此在价值观中高高在上。在这种社会价值观中，通过"准确"从而体现了"科学"的现代地图，也就显然比那些类似于绘画的中国传统地图要好得多，即正如图尔明所说"对于托勒密提出的作为一种地图绘制控制点的经线与纬线交叉的使用，与一名研究者搜集关于世界的观察资料然后将它们与自然法则的框架进行比较的过程没有什么不同。毫不奇怪的是，地图被用作现代科学的一种象征"①。这种价值取向，也展现在了近代以来中国地图学史的历史书写中②。由此，原本只是作为地图表达方式之一的"准确"，由于体现了科学，所以成为地图最为重要的功能；与此同时，那些用"不科学"的绘制方法所展现的地图的功能，由于表达方式的"不科学"，由此显然也就不再那么重要，在这一层意义上，地图绘制技术的近代化有着浓厚的"被科学化"的意味。③

除了社会价值观的转型之外，在地图绘制技术的转型中，我们还能看到"人性"或者社会心理的展现。近代在西方地图绘制技术的冲击下，中国的一些人士往往强调中国古代的绘图技术并不落后于西方，如宣统元年（1909）《贵州全省舆地图说》中的《贵州通省总图经纬附说》：

---

① Stephen Edelston Toulmin. *Knowing and Acting: An Invitation to Philosophy*. New York: Macmillan, 1976, p. 17.

② 参见本书第一篇第二章。

③ 参见本篇第二章的简要讨论。

经纬，天地之道，自古有之。考《大传礼》，东西为纬，南北为经，故古历皆以黄赤道之度为纬度，二道二极相距之度为经度。纬度之宗，赤道是也，经度之宗，玉衡中维是也（今名二极二至交圈）。至欧逻巴反用之，谓过极经圈为经度，距等圈为纬度，实则以南北线分经度之界，东西线分纬度之界也。而后之考测天地者，遂相安于东西为经，南北为纬，而不易矣。《尧典》分命羲和、寅宾、寅饯测经度也，日短、日永测纬度也，鸟、火、虚、昴历验中星，璇玑玉衡，在齐七政，是明明谓列宿为经，日月五星为纬。俾人以北极测纬度，以交食测经度，以昼夜之永短定南北，以诸曜之出纳定东西也。故凡日月交食百日之前，太史绘图呈览，下令侯国弓矢奏鼓，临时救护，而又严申政典，以为先时者，杀无赦，不及时者，杀无赦。夫所谓时者，即初亏、食甚、生光、复圆之时也，先与不及均失之矣。其以为天变而使之救者，民可使由之义也。其得夫亏复生光之真时而藉以测地者，不可使知之义也，不然日月交食各有定期，古圣人岂不之知而顾惴惴焉？以为天变而畏之乎？徒以周迁秦火，畴人散佚，尚西学者辄至数典忘祖，遂谓测地绘图之法中国无传，岂知畎浍沟渎，尺寸不紊，井田之设，仍自节节，履勘步量而来也。读《管子》，周人以鸟飞准绳言南北，《淮南子》禹使大章步自东极至于西极，又使竖亥步自北极至于南极，可恍然矣。迨晋裴秀以二寸为千里，唐贾耽以寸为百里，元朱思本成《舆地图》，皆用计里开方之法，是则大章步经、竖亥步纬以来，其测望推步之学，固必代有传人也……①

这段文字除追溯了中国古代传说中的大地测量以及"天人感应"之外，在古代地图绘制方面提及的绘制者不外是裴秀、贾耽、朱思本、罗洪先、胡渭等，且强调他们的绘图方法一脉相承，有着对于准确性的追求，由此希望表达中国古代的地图绘制技术并不弱于西方。这样的表达，一方面实际上已经承认了在评判绘图水平高低时，西方绘图技术的主导权和优势地位，并以此为标准，来用中国古代的地图和绘图技术进行附会；另一

---

① （宣统）《贵州全省舆地图说》卷上《贵州通省总图经纬附说》，中国国家图书馆藏本。

方面，其间蕴含着浓浓的过往的强者对于当前弱势地位的不甘！这显然是那个时代的一种典型的社会心理的展现。这样的社会心理，通过文字的形式出现在了这一时期的一些地图的序言或者图注上。

顺带提及的是，这样的社会心理以改头换面的形式延续至今，典型者就是李兆良对利玛窦绘制的《坤舆万国全图》的重新解读，其认为该图是利玛窦利用当时中国人的资料绘制的，而这些资料来源于郑和的环球航行，由此证明了当时中国在地图绘制和地理认识方面远远领先于西方。这样的论述，同样是将中国地图绘制的发展，放置在西方地图绘制文化和技术的语境中来解读，实际上已经不自觉地承认了西方文化的"优越性"，且将自己放置在了不甘的弱者的位置上。[①] 那么，在中国再次崛起的今天，我们是否需要对这样的"心理"进行反思呢？

综上而言，仅仅是从以往研究较多的地图绘制技术转型的角度，我们实际上已经看到了近代社会中发生的众多变迁，而这些是以往研究所忽略的。当然上面的分析，在我看来依然只是绘制技术转型背后的社会变迁的凤毛麟角。

如果脱离开近代时期中国地图绘制技术的转型，将视野拓展到地图的更多方面，我们就能够看到这一时期发生在地图绘制中的极为丰富的转型，由此也就可以触摸到近代时期中国发生的更为广泛和深刻的社会变迁。对此，下面仅试举几例：

如中国传统的知识分类，经部中收录地图的古籍以及其中收录的地图，虽然数量不算太多，但这些地图大部分集中在与《禹贡》有关的著作中，除了各种意图描绘《禹贡》中所载九州及其地理要素的禹贡总图之外，还有大量呈现"导山""导水""贡道"内容的专题图，甚至众多表现《禹贡》中所载某条河流的河道及其周边地理要素的地图。此外，与《春秋》有关的著作中也存在一些地图，如《历代地理指掌图》中的"春秋列国之图"就经常被经部著作引用；与《诗经》有关的著作中经常出现

---

　　① 对于李兆良及其论著的批评，参见龚缨晏《〈坤舆万国全图〉与"郑和发现美洲"——驳李兆良的相关观点兼论历史研究的科学性》，《历史研究》2019 年第 5 期，第 146 页；成一农：《几幅古地图的辨析——兼谈文化自信的重点在于重视当下》，《思想战线》2018 年第 4 期，第 50 页；林晓雁：《欧洲人是从中国学的经度知识吗？》，《中华读书报》，2019 年 4 月 17 日第 5 版。

"十五国风地理图"以体现"十五国风"的地理分布。经部中一些地图最早出现于宋代，然后通过直接的摹绘或者改绘流传到清代中期，如"十五国风地理图"。不过，有趣的是，这些地图到了清末以及民国时期就基本消失了，只是主题为"春秋诸国"的地图以历史地图的形式留存在一些历史地图集中。

　　这些地图消失的原因，实际上也比较容易理解。在中国的知识体系中经部具有极高的地位，这点毋庸多言。古代士大夫为了全面、正确地理解儒家经典，往往需要绘制地图来对经典中记载的地理要素的位置和分布进行呈现和研究，因此中国古代实际上有着"左图右经"的传统。但到了近代，随着科举考试的废除，以及更为重要的是传统经史子集的知识体系逐渐让位于西方现代的学科体系，经部的地位不断下降，并逐渐消解到现代的各种学科之中。而且由于这些知识属于中国传统的知识，在近代时期，其显然无法与传入的在当时看来更有价值的现代西方知识相比，由此即使是在现代的各类学科中，这些著作和知识的地位也并不高。如《禹贡》，在现代西方的知识和学科体系中被作为史料，但研究者已经不再相信其是对大禹活动的记载，甚至对其真实性也表示怀疑，由此详细标绘《禹贡》所载各类地理要素的地图也不再有其原来的意义，甚至从《历代地理指掌图》开始就作为历史地图集必不可少的图幅之一的"禹迹图"，也不再出现在近代以来的历史地图集中。显然，近代以来中国知识体系的重构对地图绘制产生了重要的影响。

　　再如，在古地图的研究中我们注意到，除了方志中的地图之外，中国古代单幅的"城池图"数量极少，但到了清代后期，大量城市图突然涌现，甚至可以说，留存于世的中国古代城池图，绝大多数都是清代后期的，这一点翻阅一下近年来出版的一些城市古旧地图集，如《重庆古旧地图集》①、《上海城市地图集成》② 和《南京古旧地图集》③ 等等也是可以明了的。

---

①　蓝勇：《重庆古旧地图集》，西南师范大学出版社 2013 年版。
②　孙逊、钟翀：《上海城市地图集成》，上海书画出版社 2017 年版。
③　胡阿祥等：《南京古旧地图集》，凤凰出版社 2017 年版。

　　这一现象仅从地图以及地图绘制的角度颇为难以解释，但如果放到社会变迁的背景中就可以明白其中的缘由。就笔者的研究，中国古代没有现代意义的"城市"的概念，只有具有地理空间意味的"城池"的概念，且与今人心目中城市和乡村之间的强烈反差相比，在中国古人心目中，绝大部分"城池"与"乡村"之间并没有那么明显的反差。因此，中国古代缺乏绘制单幅"城池图"的动力，对于城池的呈现主要集中于政区图中，且与大量乡村聚落放置在一起。即使是方志中的"城池图"，其表现的也是整个政区的组成部分之一，在明清时期的很多方志之中，除了"城池图"之外，还有着大量表示乡村的疆里图，因此这种"城池图"表现的实际上是一种地理单位，重点并不在于强调城的特殊性。中国"城市"概念产生于近代，或者说在清代晚期，随着"城池"的发展，人们日益意识到"城池"在各方面与乡村存在差异，且这种差异似乎越来越大。由此，光绪三十四年（1908），清政府颁布了《城镇乡地方自治章程》，还在颁布的《府厅州县地方自治章程》中规定府州厅治城为"城"，也就是今天意义上的"市"，由此第一次明确了城市作为一种政治单位，也才明确了"城市"的概念。① 随着城市的发展，在 20 世纪二三十年代曾出现了市政改革运动，一些学者对于"市政"发表了大量论述著作，如董修甲先后出版了《市政学纲要》② 和《市政问题讨论大纲》③，此外还有张锐编著、梁启超校阅的《市制新论》④ 等。由此，也就很容易理解为什么清代晚期之后才开始大量出现城市图了，即随着作为一种与乡村迥然不同的城市概念的产生以及城市自身的发展、社会的不断"城市化"，城市在国家、社会、民众心目中的重要性越来也高，由此绘制城市图的动力也就越来越强烈。⑤

　　与此类似的就是，受到"天下观"和"华夷观"的影响，中国古代没有现代的"国家"和"疆域"的概念，表现在地图绘制上，或者强调"华"的地理空间，也即"九州"，如在从《历代地理指掌图》开始直至

---

① 王萍：《广东省的地方自治—民国二十年代》，《近代史研究所集刊》第 7 期，485 页。

② 董修甲：《市政学纲要》，商务印书馆 1927 年版。

③ 董修甲：《市政问题讨论大纲》，上海青年学会书报部 1929 年版。

④ 张锐编著、梁启超校阅：《市制新论》，商务印书馆 1926 年版。

⑤ 上述论述具体可以参见本书第四篇。

清代晚期的杨守敬的《历代舆地沿革图》的众多历史地图集中，除汪绂的《戊笈谈兵》之外，绘制的空间范围基本相同，大致东至海、南至海南岛、西至河西走廊、北至长城稍北，基本相当于"九州"；或者强调王朝的"天下"，如著名的《大明混一图》以及《大清万年一统地理全图》系列，以及明代后期在民间广泛流传的不太著名的《古今形胜之图》系列，它们总体特点非常明确，即将正统王朝所在的"华"地放置在地图的中心，且不成比例地占据了图面的绝大部分空间，绘制得非常详细，是全图绘制的重点，同时将"夷"地放置在地图的角落中，绘制的非常粗糙、简略，且在两者之间并没有标绘界线。因此严格以上，中国古代没有现代意义上的"全国总图"和"世界地图"。到了近代，随着西方现代"国家"和"万国平等"观念的传入以及现代国家"疆域"观念的产生，传统的"天下观"和"华夷观"瓦解，由此一方面是上述这些传统地图的逐渐消失；另一方面是现代的绘制有明确国界，以表现国家疆域为主要目的的地图的产生。①

此外，还有"分野"的思想。"分野"，即中国古人通过将天上的星宿与地上的行政区划或者传说中上古时期的"九州"等区域对应起来，由此希望可以运用天象来预测对应区域的吉凶祸福。这一思想在中国古代是被广泛接受的一种主流知识，几乎每部地理总志、地方志中都会有着相关的内容，由此中国古代也存在数量不少的"分野图"，而且在不以表现"分野"为主题的地图上有时也会展现"分野"的内容。② 然而，近代随着科学思想的引入，"分野"被日益归入"封建迷信"之中，由此也就从主流知识中消失，与此对应的地图也就逐渐不再被绘制。

再如，如果关注到地图图面绘制内容的变化的话，我们还可以捕捉到随着社会变迁所产生的对于地图绘制的新的社会需求。虽然我们不能说中国古代地图的绘制主要是一种官方行为，但我们不得不承认的就是现存的绝大多数中国古代地图都是基于官方的需要绘制的，因此图面上主要展现

---

① 关于中国古代的"天下观""华夷观"及其在地图绘制上的表达，参见本书第十篇第五章。

② 对于这类地图，可以参见本书第二篇第九章。

的是这些需要所关注的地理要素。如中国古代方志中的城池图，由于其绘制主要是为各级官吏治理地方服务，因此选择绘制的内容基本上都是与地方治理有关的内容；而存世数量不多的单幅的城池图，其中绝大部分，从绘制内容上来看基本上与方志图类似，其绘制目的同样应与地方治理有关。但正如上文所述，到了近代，随着城市的发展，"城市化"的不断提高，城市在国家、社会、民众心目和生活中变得越来越重要，普通民众也有着对城市图的需求，由此也出现了一些服务于民众需求的城市图，而这些城市图的图面上也开始出现民众所关注的内容。如宣统元年（1909）的《详细帝京舆图》在地图两侧列有"各省会馆基址"，记录了北京城近四百个会馆的具体地址，其目的显然是为前往北京的各省人士服务的。类似的还有，建设图书馆编绘的《最新北平全市详图》，该图附"北平官署学校、街巷更名、游览处所、公寓旅馆名称地址、会馆以及电车站等一览表"[1]；邵越崇编的《袖珍北京市分区详图》，该册"以北平工务局实测图为蓝本增修编绘……反映了当时各大机关、团体、银行、邮局、医院、庙宇、教堂、旅馆、饭店、商店的分布情况。末附内外城街巷索引、旅游指南"[2]，与传统城池图相比，这些地图的绘制内容不仅有所扩大，而且还有着各种便于民众使用的附表和指南。

第三节　结论

上文对近代时期中国地图绘制的转型及其背后的社会变迁进行了简要分析，从中可以看到，地图绘制技术的转型只是中国地图绘制转型的一个方面，且这种转型并不仅仅只是技术转型那么简单，还涉及知识体系以及观念的转型等方面。由此我们可以看到，近代中国地图绘制的转型是一个极为复杂的问题，它是近代中国社会变迁的一扇窗户，由此，一方面透过

---

[1]　北京图书馆善本特藏部舆图组编：《舆图要录——北京图书馆藏 6827 种中外文古旧地图目录》，北京图书馆出版社 1997 年版，第 100 页。

[2]　北京图书馆善本特藏部舆图组编：《舆图要录——北京图书馆藏 6827 种中外文古旧地图目录》，北京图书馆出版社 1997 年版，第 102 页。

这扇窗户，我们看到了窗外不断变化的景色，即整个社会正在发生的众多变迁；另一方面，只有理解了窗外的景色，我们才能更为透彻地理解映射在窗户上的各种光影的变化，即地图绘制的转型。

作为结论，到了这里，还可以引申出与中国地图绘制转型有关的一个更为有趣的问题，即：经过了那么多的变化，我们不禁要问，那么转型之前的地图与转型之后的地图，虽然都是"地图"，但它们还是一类东西吗？

按照前文提到的现代地图学的定义，这两者显然不是一类东西。不过这里笔者不再想谈这几年已经有着众多研究的问题，即用现代地图的定义来看待、分析和研究古代地图，实际上是对古代地图的扭曲和曲解；[1] 而是想顺着本章的思路得出这样的结论，即这种对于"地图"定义的古今不同，恰好反映了古今看待地图方式的转型，而其背后也有着中国近代以来社会变迁的影子。

最后想说的就是，在经历了这种转型，且对地图的现代观念已经极为深入人心的时代，当我们意识到现代地图定义的局限，并进而试图采用一个可以将古今地图合二为一的定义，即"地图是人们在认知空间之后对这些认知进行的图像表达"之后，是否在未来会促使我们重新审视地图及其功能，重新审视传统地图中所蕴含的艺术、人文精神以及传统文化及其对今天的意义，由此改变今日的地图？甚至，是否我们可以在"科学技术"确实极大了改变了我们的社会和生活的今天，开始认真反思"科学主义"，且重新思考和珍视"人文主义"的价值？[2]

---

[1]　对此参见成一农《"非科学"的中国传统舆图——中国传统舆图绘制研究》，中国社会科学出版社 2016 年版；成一农《"科学"还是"非科学"——被误读的中国传统舆图》，《厦门大学学报（哲学社会科学版）》2014 年第 2 期，第 20 页。

[2]　参见成一农《抛弃人性的历史学没有存在价值——"大数据""数字人文"以及历史地理信息系统在历史研究中的价值》，《清华大学学报（哲学社会科学版）》2021 年第 1 期，第 181 页。

第二章 "科学主义"背景下的"被科学化"

——以近代中国城池图绘制的转型为例

第一节 问题的提出

"科学"是塑造了世界近现代史的重要因素之一，在文艺复兴以来的人类社会的历次重大飞跃中都起到了至关重要的作用，由此也形成了深入人心的"科学主义"。对于中国而言，鸦片战争的失败，使中国士大夫从"泱泱大国""天朝上国"的梦境中清醒过来，意图进行变革，而在关于要在哪些方面进行变革的历次争论中，对于西方科学技术的应用基本是毫无疑义的，如"师夷长技以制夷""中学为体、西学为用"，最终五四运动时期对于"科学"的宣扬更是进一步奠定了其在中国近现代思想中至关重要的地位，由此在中国也形成了影响至今的"科学主义"。

在这种时代背景下，近代以来，无论是西方还是中国的各个学术领域，都自觉和不自觉地以强调和发展本领域的"科学性"为主线，地图绘制也是如此。按照以往通常的认识，欧洲自大航海时代以来，由于海上航行需要准确的航海图、民族国家的形成需要准确的确定国家疆界、经济发展需要准确的了解领土内部的经济资源等因素，促进了准确、翔实的现代科学地图的形成和发展，最终原本在中世纪占据主流的以宣传宗教教义、圣经内容和猎奇为主导的，现在看来"不科学"的地图逐渐弱化，甚至消失。中国的地图在鸦片战争之后也发生了类似的转型,原本表达方式多样,但缺乏准确性和科学性的地图,日益让位给源于西方绘图技术绘制的地图,由此通过"科学化",中国地图的绘制也汇入世界地图的发展脉络之中。

但如果仔细思考这一脉络,就会产生了一系列的问题,最为直接的问题就是"科学主义"或者"科学"是否就是好的?这一点在西方已经引起了反思,目前至少"科学至上"这一传统信念已经受到了挑战①,随之而来的问题就是,是否用"非科学"方法绘制的地图就是不好的?这个问题显然不像表面来看那么简单,余定国和笔者已经对这一问题进行了讨论②。如果"科学"不是至上的,"科学"的地图也并不是唯一好的地图形式,那么近代以来,中国乃至世界的地图绘制的"科学化"是否是完全正确的?或者,在"科学主义"影响下,自觉或不自觉地抛弃或弱化了被认为不科学的地图的绘制、表达方式,这一转型在今天看起来是否完全正确?近代以来地图的"科学化"在某种意义上是否是一种"被科学化"的过程?本章即试图从中国城池地图绘制方法在近代的转型入手,对这些问题进行简要分析。

第二节 中国古代城池图的绘制方法和功能

首先需要说明的是,由于中国古代并不存在现代意义上的"城市"的概念,而只有作为行政治所所在地以及军事防御设施的"城池"的概念③,因此以往研究中认为的中国古代的"城市图"实际上应当更准确地表达为"城池图"。由于没有将"城池"作为一个与周边乡村存在迥然差异的一级行政管理单位,因此在中国古代除了都城图和方志中的地图之外,与其他

---

① 参见江晓原等《温柔地清算科学主义:南腔北调2》,北京大学出版社2010年版;郭颖颐:《中国现代思想中的唯科学主义(1900—1950)》,凤凰出版传媒集团2010年版等。

② 参见余定国著《中国地图学史》,姜道章译,北京大学出版社2006年版;成一农:《"非科学"的中国传统舆图——中国传统舆图绘制研究》,中国社会科学出版社2016年版。

③ 关于这一方面的论述,可以参见成一农《中国古代城池基础资料汇编》"前言",中国社会科学出版社2016年版;以及本书第四篇。

专题图（如河工图、园林图、寰宇图等）相比，专门以"城"为绘制对象的舆图较为少见。

本书第四篇中对中国古代城池图的发展脉络进行了梳理，大致而言，就功能而言，鸦片战争之前，中国古代所绘制的城池图主要是为官府治理服务的，当然也存在一些以其他目的为主或者兼有多重使用目的的城池图：如用于城池内部河道治理的，典型的有绘制于清代后期的《浙江省垣水利全图》；如用于展示城池修筑工程的，这类城池图现存最早的为约绘制于南宋咸淳八年（1272）的《静江府城图》；还有有着教化功能的城池图，如绘制于北宋政和四年（1114）之前，南宋绍兴二十四年（1154）刻石的《鲁国之图》等。

不仅如此，中国古代的一些城池图绘制的非常精美，因此除了实用功能之外，还具有装饰功能，如美国国会图书馆所藏绘制于清代中期的《宁郡地舆图》，该图为纸本彩绘，"以上为北方，用很艺术性的平面与立面相结合的鸟瞰式形象画法，描绘浙江省宁波府城的街道建筑布局。城内的大街小巷、河渠、湖塘、桥梁、官署、仓储、书院、寺庙、宗祠、牌楼、寺塔等建筑均详细上图。城墙与城门用立体形象表现，建筑物以立体形象化符号表示，用不同颜色区别功能种类。图的右侧描绘甬江码头、浮桥和江岸与城墙间的建筑物，以及大小形式各异的船只。大船为海船，小船为内河渔舟"①。此外，虽然某些城池图绘制的并不算精美，但通过其绘制内容，可以推测这些城池图在古代也是悬挂出来的，从而有着一定的装饰效果，如明嘉靖十年至四十一年（1531—1562）绘制、万历年间（1573—1619）刻印的《北京城宫殿之图》，该图纸本木刻墨印，纵99.5厘米，横49.5厘米。地图上端刻有图名，中间有文字30行，以歌谣形式扼要描述了明朝自洪武至万历各代皇帝的年号和在位时间；下端为北京城宫殿图，图中用形象画法绘制了宫殿、衙署、坛庙、城垣、桥梁、城门等建筑和大市街、正义街、宣武街等主要街道，宫殿绘制的较为夸张，在奉天殿及午门之前绘制有类似戏剧人物的人物画像，此外图中一些建筑上附有文字注记，其中一些描述了明朝的一些宫廷"故事"，如在南正宫注有"正统王

---

① 李孝聪：《美国国会图书馆藏中文古地图叙录》，第110页。

位□梁居此",南城殿注有"景太(泰)在此养病"。根据研究,这幅地图有可能是民间依据官绘本地图改绘的。这一地图虽然绘制的并不精美,但从纵长的形式,再结合图中的文字和人物画像,这幅地图应当是民间悬挂在屋中用于装饰并提供谈资的。

就绘制技术而言,中国古代城池图主要使用的是平立面画法,所谓平立面画法,就是用平面表示地理要素的空间布局,也可以简单地理解为可以将地图所绘区域内的地面景物沿垂直方向投影到平面上;而立面就是用立体形象对地图中全部或者重要的地理要素进行表达。需要强调的是,就目前掌握中国古代的城池图而言,虽然某些地图的绘制可能基于一定的实地测量的数据,但是其中绝大部分都不是按照现代意义的"科学"方法绘制的①,既不讲求比例尺,也不讲求地理要素绝对位置,甚至地理要素之间相对位置关系的准确。

第三节 近代中国城市图绘制方法的转型

欧洲古代的城市图数量较少,文艺复兴时期之后才开始迅速增加②,同时有学者提出中世纪对于城市的呈现是理想化的和传统的,文艺复兴时期的城市图则满足了当时对于地形信息,也就是准确性的需求,换言之开始了向科学地图的转型③。在与中国的早期接触中,欧洲人也使用这种"科学"绘图方法绘制了他们所接触到的少量中国城市的地图,如1765年

① 少有的例外就是《乾隆京城全图》和《北京皇城宫殿衙署图》。
② 据 Hilary Ballon and David Friedman, "Portraying the City in Early Modern Europe: Measurement, Representation, and Planning", in J. B. Harley and David Woodward, *The History of Cartography*, vol. 3, *Cartography in the European Renaissance*, The University of Chicago Press, 2007, p. 680, 在1490年之前绘制有地图的城市大约只有30座,但在此后一百年中这一数字则扩大到无人可以进行准确统计的程度。
③ 按照 Hilary Ballon and David Friedman, "Portraying the City in Early Modern Europe: Measurement, Representation, and Planning"的分析,欧洲城市图大量涌现的原因是当时城市不仅成为欧洲政治、文化和经济活动的中心,而且还是军事防御的核心。而文艺复兴时期艺术的发展,使测量空间的视觉记录,也就是线性透视的方法成了可能。同时几何测量,主要是三角测量方法的成熟及其广泛流传,使地图制作者可以在没有进行直接测量的情况下修正建筑物的位置,由此绘制准确、科学的城市图才成了可能。

法国人绘制的《北京内城地图》等，但这些地图并没有对中国本土城市地图的绘制产生了太大的影响。

中国城市地图绘制方法的演变主要发生在鸦片战争之后，也就是近代。对于这一时期中国城市图绘制技术的转型，在以往不多的研究中，钟翀《中国近代城市地图的新旧交替与进化系谱》① 对此进行了详尽的分析，其认为中国城市图绘制技术和内容的转型发生在"同光"时期，"这一时期各地的地图创作情况较为复杂，但若以近代实测技术运用与否这一标准来衡量的话，大致应可区分为'早期实测型城市地图'与'近代改良型城市地图'两大类，前者是指受近代制图技术和近代印刷术的强烈影响，由国人直接采用近代实测技术而绘制的一类近代城市地图……而'近代改良型城市地图'则是指渊源于本地的城市绘图（多为明清时期的方志类绘图），但因受近代实测图的影响或竞争，对地图的内容和形式进行较大的改良，使得图上表现更为丰富、更具实用性的一类近代城市绘图"②，他还提出光绪《会典舆图》的绘制对各地城市图的近代化起到了推动作用，而庚子辛丑前后军方为主导的城市实测更是直接推动了城市地图测绘的近代化。

不过，需要注意的就是，在这一时期城市图近代化的过程中，用传统方法绘制的城市图依然存在，而且很多还是官方绘制的，最为典型的就是清光绪二十五年（1899）冯启鹓绘彩绘的《天津城厢保甲全图》，此图为鸟瞰画的形式，不注比例，方位也不准确，基本上以上方为北。该图描绘天津旧城内外及海河、南北大运河沿岸的街巷、建筑，突出表现了官司机构、寺庙、工厂、租界、洋房、店铺、河道桥梁等建筑物，津卢、津榆铁路也绘制得很形象。此外，还有美国国会图书馆所藏光绪年间绘制的《莱州府昌邑县城垣图》，该图背面用黄纸封裱，贴红签图题："署莱州府昌邑县城垣图"，图的方位以上方为北，用简单扼要的形象画法，表现昌邑县

---

① 钟翀：《中国近代城市地图的新旧交替与进化系谱》，《人文杂志》2013 年第 5 期，第 90 页。

② 钟翀：《中国近代城市地图的新旧交替与进化系谱》，《人文杂志》2013 年第 5 期，第 94 页。

城的建筑布局①。该图的绘制方法与明代和清代前中期的方志地图以及单幅的城市地图非常类似。因此,中国城市图绘制方法转型彻底完成的时间可能要更晚一些,对此可以参见本书第四篇的讨论。对于本章的讨论而言,在转型过程中,传统绘图方法的长期存在是一个值得思考的问题。

第四节 近代中国城市图绘制转型的原因及反思

以往对于中国近代城市图绘制技术转型原因的研究,基本都认为主要是受到西方测绘技术的影响②,如钟翀提出"就其中较具代表性的 1903 年德制北京地图与 1900 年英制天津地图等图的表现而言,由于运用了西方近代测绘技术,因此绘制规范、标注谨严,突出显示了西洋制图法对地物形状、面积等的准确把握,对比当时大多数本邦所制城市地图实为一大飞跃,由此在上海、天津等许多城市,此类早期西洋实测图间接影响、甚至直接触发了当地城市地图的变革"③,这点当然是毫无疑义的,也是显而易见的,因为这一时期不仅是城市图,而且包括几乎所有种类的地图,都开始抛弃原有中国地图的绘制方法,开始向西方,也就是近代地图绘制方法转型。

但地图绘制方法的转型除了技术本身的发展之外,更应当是为了满足需要,那么由此而来的问题就是,与中国传统主要用"平立面"方式绘制的城市图的"写意"相比,西方现代城市地图的绘制更侧重于"准确",而在中国的近代,这种"准确"所具有的优势到底是什么,或者满足了当时的哪些具有紧迫性的需求?对于以往中国舆图的研究来说,这似乎是一个不言自明的问题,因此以往的学者没有给以足够的重视,大都只是给予一个笼统的回答,如钟翀提到"19 世纪中叶以来,全球范围的产业革命与海域流通的扩张,为我国传统都市带来了前所未有的巨大变化,新兴区域

---

① 对于这幅地图绘制时间的考订,参见本书第四篇附录二。
② 夏小琳等:《中国近代城市地图发展历程的分析与思考》,《地球信息科学》2016 年第 1 期,第 77 页;钟翀:《中国近代城市地图的新旧交替与进化系谱》,《人文杂志》2013 年第 5 期,第 90 页。
③ 钟翀:《中国近代城市地图的新旧交替与进化系谱》,第 93 页。

中心城市与开埠港市的发达、近代产业与市民阶层的兴起，都给城市地图的绘制提出了迫切的革新需求，而以西洋实测平面图为基础的近代测绘，恰好为这一革新提供了必要的技术手段，我国的近代城市地图正是在此种内外环境之下应运而生的"①；又如席会东提出"清朝晚期西方列强在中国开埠城市设立租界，将西方城市的规划理念和管理模式传入中国城市，改变了开埠城市的外部形态和功能结构，也对城市图提出了新的要求。近代城市形态和功能的日趋复杂、西方近代测绘方法的传入和清朝'洋务运动'的开展，推动了城市地图不断走向多样化、专门化和近代化"②。上述对于问题的解答并不能让人满意，对此需要从两个方面入手进行讨论：

第一，近代中国城市功能发生了极大的改变和扩展，这点是没有问题的，但其中到底是哪些功能促成了城市地图绘制技术的改变，也就是席会东所说的"对城市图提出了新的要求"的"要求"到底是什么？与古代城池相比，这些"要求"为什么以及如何促成了城市地图绘制技术的改变。之所以强调这一点是因为很多所谓的近代城市的"要求"，实际上在古代也是存在的。近代城市中出现了大量市政工程，不过中国古代的城池中也有着基础设施的建造和维护的问题，如城池中水道的疏浚和维护，而为了解决这样的问题也绘制有地图，如明崇祯年间刊刻的《吴中水利全书》中的《苏州城内水道总图》，该图详细绘制了苏州城内的水道82公里、桥梁340座。这些河道的疏浚和治理必然产生了一定的可以用来绘制准确地图的测量数据，但中国古代的这类地图依然是示意的。

还有产权的问题，中国古代土地的产权虽然与西方相比可能存在一些差异，但同样强调对于地产范围的明确记载，只不过中国古代对此主要以文字记载为主，虽然绘制有地图，但基本只是示意图，最为典型的就是明代的鱼鳞册。虽然目前这方面存世的材料不多，但中国古代对于城池中的地产的所有权和范围也有着明确的记载，如西安碑林藏金代的《京兆府提学所帖》碑，是当时京兆府路管理提学所发给京兆府学的一份赠学房舍地

① 钟翀：《中国近代城市地图的新旧交替与进化系谱》，第104页。
② 席会东：《中国古代地图文化史》，中国地图出版社2013年版，第129页。

土清册，其中详细记载了府学所属房产、地产的范围和四至，如"东柴市，冯元仲于开士通处兑到马千元佃本街东壁地基，东西长壹伯陆拾肆尺，南北阔贰丈伍尺，南寺墙，西宫街，南钟府……"①，而这些也是可以通过地图来表达的，但目前并没有发现具有这样功能的中国古代的城池图。虽然《乾隆京城全图》详细绘制了北京城中的每座建筑，显然是测绘的结果，但其并没有用于对城内房产或者其他事物的管理，因此该图并不是为了解决实际问题而绘制的。

当然，这并不是说在具体需求方面，中国古代与近现代没有本质的区别，而是希望强调以往研究对于这一问题并没有提出足够深入的分析，即需求的增加、变化与地图绘制技术的变化之间是否存在必然的和线性的联系，以及前者是如何推动后者的变化的，这些都依然是需要讨论的问题。

第二，以往对于中国近现代城市图转型的研究，基本都强调西方或者近现代城市图在测绘技术上，或者说就是绘制准确方面的优势，但问题在于，是否所有的需求只能通过准确、科学的地图来满足？

就近现代城市而言，确实其中有些需求最好使用准确和科学的地图来满足，但问题在于，是否真的这些需求和功能在任何情况下只能通过准确和科学的方法绘制的地图来满足？这并不是一个可以明确得出肯定答案的问题。如上文提到的中国古代城池内部基础设施的建造以及地产的管理，完全可以基于文字描述并配以示意性的地图来表示，而这也是中国古代大量工程图的表达方式。这种现象也存在于欧洲，如在英格兰，尽管土地测量紧随着16世纪上半叶开始的宗教改革之后大量地产的转移而得迅猛发展，但地图绘制一直落后，而这一现象延续到了16世纪末②。根据这一现象，可以得出的合理的推论就是，即使那些今天看起来必须用准确、科学的地图来满足的需求，基于不同的实用层次、目的，对于地图准确性的要求也是不同的。

而且历史上，无论中国还是西方的地图，除了基于准确性的各种功能

---

① 国家图书馆善本金石组：《辽金元石刻文献全编》，国家图书馆出版社2003年版，第55页。

② David Woodward，"Cartography and the Renaissance：Continuity and Change"，J. B. Harley and David Woodward，*The History of Cartography*，vol. 3，*Cartography in the European Renaissance*，p. 9.

之外，还存在大量其他可以不依赖于准确性的功能。如西方地图，中世纪时期存在大量以宣传基督教教义功能为主的地图，典型的就是 T - O 地图。而且甚至到了文艺复兴时期，很多地图也具有装饰功能，如按照劳埃德·阿诺德·布朗（Lloyd A. Brown）的研究，由于文艺复兴初期的商业航海图的制作者和出版者缺乏可以用于绘制地图的信息，因此他们绘制的地图充斥着错误的谣言或者不正确的数据，但是"为了补偿信息的缺乏，并维持生意，他们只能利用雕版者和着色者的才能。由此出版的航海图毫无疑问是精美的，有着良好的雕版以及有着最好的传统装饰。船只和海中怪兽的形象、棕榈树和纹章被推测会吸引顾客的注意力并且使其高兴去购买"①，由此可以认为这些购买者之所以会购买地图很大程度上是因为它们的精美，而不是准确。又如据推测著名的绘图者布劳可能制作了两种类型的地图和航海图，其中一种是为上流社会绘制的，有着靓丽的颜色和金叶装饰的美丽事物，用以取悦眼睛和装饰家庭，但这样地图通常被锁在绅士的图书馆中②。对于这些功能而言，准确性和科学性是次要的。如前文所述，中国古代除了主要用于行政事务管理的城池图之外，还存在着宣教功能和展示功能的城池图，以及用于装饰和展示的城池图，而这些对于准确性并没有太高的要求。

　　基于对上述两个问题的阐释，我们就有理由对清末用传统方式绘制的城市图的长期存在进行一些解释。钟翀曾对清末基于传统绘图基础改良后的地图的长期流行的原因进行了推测，提出"那么，此类未经西法实测、地物表现出现较多变形的城市绘图，何以能在晚清许多城市的地图市场盛行一时呢? 仔细分析同光年间的改良型城市地图可以看到，虽然西洋实测城市平面图具有距离、方位精确度上的优势，但出自本地人士之手的此类地图，大多渊源于当地历史悠久的传统景观图式形象绘法，对尚未习得西洋实测技术的绘图者以及尚未习惯阅读近代实测地图的普通受众而言，显然传统的城市绘图更符合绘制习惯与直观的空间感觉，加之此类绘图在相

---

① Lloyd A. Brown, "Charts and the Haven-Finding Art", *The story of the maps*, Dover Publications, 1980, p. 149.

② Lloyd A. Brown, "The Map and Chart Trade", *The story of the maps*, p. 171.

对位置关系的准确性和街巷等交通要素标注的详细程度这两方面下了很多功夫，较之此前图幅狭小、标注稀疏的方志类插页绘图来说，其实用性也大大增强了，因此能够在西风东渐的晚清某一特殊时期上取得立足之地，甚至在某些内地城市还能占据地图市场长达半个世纪之久。"① 这一分析，依然还是强调地图的"经世致用"的功能，但如果不拘泥于地图的绘制必须建立在准确性和科学性的基础上，且从地图更为广泛的功能进行考虑的话，那么这一时期传统城市图的广泛存在也就是完全可以理解的事情的了。

最后，如果将中西方城市图绘制技术的近代化放在整个地图绘制史的背景下进行观察，就会看到这一时期也是地图绘制技术发生重大变革的时期，简言之就是以经纬度坐标为基础，从垂直的、一个人类绝不可能的空中的视角来绘制地图的方法，被接受作为绘制地图的一种方法，而且日益成为唯一一种被接受的地图绘制方法，这一过程本身就带有一定程度的"被科学化"的意味，正如图尔明所说"对于托勒密提出的作为一种地图绘制控制点的经线与纬线交叉的使用，与一名研究者搜集关于世界的观察资料然后将它们与自然法则的框架进行比较的过程没有什么不同。毫不奇怪的是，地图被用作现代科学的一种象征"②。

通过上述分析可以认为包括城市地图在内的很多类型的地图所蕴含的某些功能不需要建立在准确性和科学性基础之上，而在近代地图"科学化"的过程中，用于表达这些功能的绘图方法由于不符合"科学"的要求，因此被逐渐抛弃，而建立在这些方法之上的功能也就逐渐消失或弱化。因此，包括城市图在内的地图的"近代化"和"科学化"，实际上是在追求科学性和准确性的同时，对地图功能的"窄化"，由此形成的影响至今的包括城市图在内的地图可以被看成某种程度的"被科学化"的结果，即虽然科学和准确的地图可能满足了近现代城市发展的某些需求，但

① 钟翀：《中国近代城市地图的新旧交替与进化系谱》，第100页。
② Stephen Edelston Toulmin, *Knowing and Acting*: *An Invitation to Philosophy* (New York: Macmillan, 1976), and David Turnbull, *Maps Are Territories*, *Science Is an Atlas*: *A Portfolio of Exhibits* (Geelong, Australia: Deakin University Press, 1989)，引自 David Woodward, "Cartography and the Renaissance: Continuity and Change", p. 17。

这种"科学化"在某些方面或某种程度上是盲目的，是以不自觉地抛弃某些功能为代价的。当然，这种转型也是受到那个时代"科学主义"这一时代思想和观念的影响。

第三章　中国古代地图所展现的
空间观念及其转型

第一节　中国古代地图所展现的空间观念

一　中国古代记录地点的方式

作为对比，今天记录一个地点位置的标准方法就是这一地点的经纬度，而中国古代记录和记忆空间的方法则与此不同，占据主流的甚至是唯一的方式就是在地理总志和地方志中广泛存在的"四至八到"。

虽然现存最早的较为完整记载了治所之间距离的地理志书，是杜佑的《通典·州郡典》，但现存最早的官方对"四至八到"的定义始于元代，《秘书监志》中载：

> 大德五年八月，四至八到坊郭体式
> 　某路某县州同
> 　　里至
> 　　　某方至上都几里
> 　　　某方至大都
> 　　　某方至本路
> 　　　某方至本州（并依上开里数，如隶本路者去此一行）
> 　　　东至某处几里（至是至各处界）

西至

南至

北至

东到（到是到各处城）

西到

南到

北到

东南到

西南到

东北到

西北到（并依上开里数）①

也就是"四至"是四个正方向及到政区边界的道路距离，"八到"包括四正、四隅八个方向及到临近治所所在城池的道路距离，此外还将至上级治所以及至大都、上都，也就是都城的道路距离纳入了"四至八到"的范畴。这一"四至八到"的定义基本也被此后的地理总志和地方志所遵从。

还需要说明的是，在此之前，从唐代杜佑的《通典·州郡典》开始，各类志书中对于"四至八到"的记载与此并没有本质区别，只是没有那么规范而已。② 而《通典·州郡典》之前，虽然已经有着类似的记载，只是并不常见，如目前可以查到的记载了全国各政区治所位置的类似于"四至八到"的数据，最早可能出现在《后汉书·郡国志》中，如"颍川郡，秦置，洛阳东南五百里"；《宋书·州郡志》也基本如此，如"南豫州，京都水一百六十"。到了唐初编纂的《括地志》中，这类数据开始丰富起来，但由于该书留存至今的只是残卷，因此只能简单举一两例，如在咸阳县下，记载有一些古城和古迹，其中记录有位置的有"咸阳故城亦名渭城，在雍州北五里，今咸阳县东十五里，京城北四十五里""安陵故城在雍州

---

① （元）王士点、商企翁编次：《秘书监志》卷四，浙江古籍出版社 1992 年版，第 84 页。

② 参见成一农《现存全国总志和地方志中所记"四至八到"考》，《中国社会科学院历史研究所学刊》第 9 集，商务印书馆 2015 年版，第 509 页。

咸阳县东二十一里""兰池陂即秦至兰池也，在雍州咸阳县界""棘门在渭
北十里""渭桥本名横桥，架渭水上，在雍州咸阳县东南二十二里""细柳
仓在雍州咸阳县西南二十里也""秦惠文王陵在雍州咸阳县西北一十四
里"[1]；"秦悼武王陵在雍州咸阳县西北十五里""长陵在雍州咸阳县东三十
里""阳陵，汉景帝陵，在雍州咸阳县东四十五里""渭阳五陵在雍州咸阳县
东三十里""渭阳五庙在渭城""周公墓在雍州咸阳北十三里毕原上""萧何
墓在雍州咸阳县东北三十七里"[2]。几乎所有地点都是以咸阳县为参照点或
中心点记录的，而咸阳故城更是使用了雍州、咸阳县和京城三个参照点。

中国古代，对于空间的描述就是基于"四至八到"展开的。流传下来
的历代正史地理志以及地理总志和地方志中几乎对于所有地点位置的记载
使用的都是"四至八到"，由此阅读者在浏览这些志书的时候，基于这些
描绘，也就形成了对大到"天下"、小至"乡村"的空间认知。

基于目前的认知可以认为用"四至八到"来记录和记忆地点的位置应
当有着久远的历史，而且除此之外，中国古代似乎并没有其他记录地点位
置的方法。"四至八到"数据的特点就是，对于地点位置的记录依赖于众
多其他的地点，尤其是在行政层级上更高的那些地点，由此也就构建了一
种从都城到府城、州城、县城，甚至到乡村以及山川等地理要素的空间位
置的等级结构。在这一结构中，唯一独立存在的就是都城，其也是记忆和
记录其他地理要素的出发点。这种记录和记忆地点的方式有意和无意之
间，赋予了地点以等级秩序，由此在中国古人的观念中，地点"与生俱
来"的特点就是有着等级差异和等级结构。

不仅如此，在"四至八到"这种记录地点位置的方式之下，"一切的
地理景观只存在相对性的意义，相对于官署，相对于儒学——无论其位
置、距离、方位、价值皆然，而其背后潜藏的是观看者的视角，一种从政
治文化中心向外观览的视角"[3]，由此在中国传统文化中，"相对性"也是
地点的一种内在属性，因此地点从来不是客观、独立存在的，总是位于各

① （唐）李泰筑，贺次君辑校：《括地志辑校》，中华书局1980年版，第18页。
② （唐）李泰筑，贺次君辑校：《括地志辑校》，中华书局1980年版，第19页。
③ 刘龙心：《从历史出走——清末民初地理教科书与近代历史知识的转型》，发表于2015年
4月18日至19日的近代以降的历史教育与历史教科书问题学术研讨会，第10页。

种政治、文化、经济、价值等的结构中，且在这些结构中，地点的位置都是相对的，总是处于各种秩序之中，而这些秩序一旦被空间化，或者被放置于空间之中，那么也就形成了存在等级差异的空间秩序；与此同时，也使这些由此形成的空间认知也是具有等级结构的。

可能也正是由于上述这些原因，在中国古人看来，空间中的等级差异和等级秩序是一种"理所当然"的事情。

二　中国古代地图上的空间等级观念

"中国古代是一种等级社会"，这是中国史学界中长期流传的论点。不过，绝对平等社会是不存在的，所有社会都是一种等级社会，因此"中国古代是一种等级社会"这样的说法并无意义，当然，这不是此处讨论的主要问题。

按照笔者①和汪前进②的研究，中国古代绘制一些地图时使用的就是"四至八到"数据，且汪前进将这一绘图方法称之为"极坐标投影法"，大致而言，就是在绘图时，先绘制都城，然后以都城为中心基于"四至八到"数据绘制省会，再以省会为中心基于"四至八到"数据绘制各府（直隶州）；等等。由此，中国古代地图本身就表达着基于等级秩序构建的空间结构，且地图上绘制的众多地点"天生"就是不平等。

不仅如此，可能正是由于中国古代认为地点有着"天生"的等级，因此这种"等级观念"也渗透到了中国古代地图中，以至于地图的绘制者往往会通过"歪曲事实"来呈现和强化这种地点等级结构，由此也就描绘了具有等级差异的空间结构。

如在现代人看来，"政区图"是政府处理日常事务的重要参考资料之一，因此虽然中国古代地图的绘制不讲求准确性，但按照现代人的理解，其图面内容应当是"写实"的，即要对所描绘的地理要素的形态、数量等进行如实的表达。不过实际上并非如此。中国古代众多的政区图中对于行

---

① 成一农：《"非科学"的中国传统舆图——中国传统舆图绘制研究》，中国社会科学出版社 2016 年版。

② 汪前进：《现存最完整的一份唐代地理全图数据集》，《自然科学史研究》1998 年第 3 期，第 273 页。

政治所的城垣进行了详细的描绘，甚至逼真地勾勒出了砖垣缝隙，详细绘制了垛口、城楼，由此留给观看者一种"逼真""如实"的印象。但通过与文本文献的记载的对照，可以发现很多政区图中城垣的大小、城门的数量、城楼的层数，甚至城垣的有无，并不是真实的，而是基于这些地点在行政结构中的"相对"等级而绘制的；甚至在同一政区图集的不同地图中，由于图面的行政结构层级的差异，地点的"相对"等级也存在变化，由此不同地图中对于同一城垣的大小、城门的数量、城楼的层数等描绘也存在差异。如中国国家图书馆藏明万历时期的《江西全省图说》[1]，在总图即"江西布政使司图"中，省会城池南昌府的城门上绘制了双层城楼，各个府城绘制了单层城楼，县城则不绘城楼；在各府的分图中，府城的城楼则被绘制为双层，县城为单层城楼；而在县图中，县城的城门上基本绘制的都是双层城楼。[2] 由此，这非常鲜明地反映了中国古人心目中的空间的"等级秩序"，并将这种"等级秩序"看成空间的一种天然属性，是一种"客观"的存在，且这种"客观"存在甚至超越于我们今人更为看重的"实际情况"之上。[3]

而且，对于这种存在等级差异的空间结构，即空间秩序的表达，还渗透到了地图所使用的符号中。清末之前，中国古代明确注明图面所使用符号的地图数量不多，也基本没有地图对其所使用符号的含义和原因进行介绍，但比较特殊的就是《杨子器跋舆地图》，其对图中使用的符号的含义进行了如下叙述：

> 一京师八其角，以控八方也。
> 一蕃司为圆，府差小焉，治统诸小，非一方拘也。
> 一州为方，县则差小，大小各一方也。
> 一附都司、卫所，加城形者，示有捍御，不附书，总具图空，不得已也。

---

① 曹婉如等主编：《中国古代地图集（明代）》，文物出版社 1995 年版，第 62、63 页。

② 对于中国古代政区图中反映的等级差异，参见成一农《理想与现实的差异——明清时期政区舆图所描绘的城池》，《世界历史评论》第 6 辑，上海人民出版社 2016 年版，第 26 页。

③ 对此更为详细的介绍，参见本书第三篇第三章第一节。

一守御所特设者，斜其方，以武非治世之正御，与都司以次而
大，因其势也。

一夷邦三其角，偏方也，不多及者，纪其所可知者耳。

一宣慰司以下无别者，王化所略也。

一山川、陵庙各随形以书其名，非特纪名胜，正以定疆域也。

从上述叙述来看，从京师的"以控八方"，藩司和府的"治统诸小"，
到州县的"各一方"，有着明确的等级差异；且省会和府之间，州和县之
间，虽然使用的符号相同，但用大小来表达了等级差异。同时无论是守御
所的"斜其方，以武非治世之正御"，还是夷邦的"偏方也不多及者，纪
其所可知者耳"，都显示出"文"与"武"，"华"与"夷"之间的等级差
异；而"宣慰司以下无别者，王化所略也"更是直白地表达了"华"
"夷"之间的等级差异。而这种等级差异，反映在地图上，则是制造了一
种空间秩序。

三 中国古代地图上的世界秩序

除了记录位置地点的方式自身带来的空间的等级秩序之外，地图中所
反映的空间等级秩序还受到其他因素的影响，如上面描述的地图中城池的
等级秩序，很可能也受到这些治所城池自身等级的影响。此外，还有中国
古代地图上展现的"世界秩序"，简言之就是所谓的"华夷观"。对于中国
古代的"华夷观"，以往学界研究的较多，但对其思想来源、后续影响以
及地理空间进行了相对深入分析的当数唐晓峰的《从混沌到秩序：中国上
古地理思想史述论》①。

大致而言，在"华夷观"下，世界是由"华夷"两部分构成的，即：
"在周朝分封地域范围的四周，全面逼近所谓的'夷狄'之人。于是，在
中国历史上第一次出现了华夏世界作为一个整体（王国维称其为'道德之
团体'）直接面对夷狄世界的局面。居于中央的华夏与居于四周的夷狄的

---

① 唐晓峰：《从混沌到秩序：中国上古地理思想史述论》，中华书局 2010 年版。

关系遂成为'天下'两分的基本人文地理格局"①。而两者之间则存在绝对的优劣之分，即"对夷狄是绝对的漠视，反之，对华夏中国是绝对的崇尚。华夏居中而土乐，夷狄远处而服荒，这种地域与文化的关系被推广到整个寰宇之内，唯有中国是圣王世界，其余不外是荒夷或岛夷，越远越不足论。如此全世界二分并以华夏独尊的地理观念在随后的千年岁月中一直统治着中国人的头脑"②，也即在中国古代的"世界秩序"中，世界是由"华"和"夷"两部分构成的，其中无论在文化、经济还是在政治上，"华"都占有绝对主导地位，这个世界是围绕"华"展开的。

这种对于"世界秩序"的认知，也反映在了中国古代绘制的寰宇图（大致相当于今天的"世界地图"）中。以往对此也有着一些研究，如管彦波的《明代的舆图世界"天下体系"与"华夷秩序"的承转渐变》③，以及葛兆光《宅兹中国》一书第三章《作为思想史的古舆图》"从天下到万国：古代中国华夷、舆地、禹迹图中的观念世界"。不过，这些研究分析的重点并不是地图本身，而是分析这些地图中蕴含的"世界秩序"的转型，如葛兆光就以一些地图为例，谈论了古代的"观念世界"，并在结尾谈及利玛窦地图的传入"给中国思想世界带来了一个隐性的、巨大的危机。因为它如果彻底被接受，那么，传统中华帝国作为天下中心，中国优于四夷，这些文化上的'预设'或者'基础'，就将'天崩地裂'"④。而管彦波《明代的舆图世界"天下体系"与"华夷秩序"的承转渐变》的结论就是"然而，入明以后，承继蒙元帝国东西扩张的世界经验，有了郑和下西洋和西方传教士所带来的新鲜域外地理知识的持续发酵，以'中国'为中心天下观念也在被消解、重构的过程中有了太多的变化，许多睁眼看世界的开明士大夫，他们在重新寻找解释天下体系的合理依据的同时，也有了明显的'世界性意识'，在一定程度上承认中国只是天下万国中的一个国家。正是在这种天下观向世界观逐渐转变的过程中，传统的

① 唐晓峰：《从混沌到秩序：中国上古地理思想史述论》，中华书局2010年版，第209页。
② 唐晓峰：《从混沌到秩序：中国上古地理思想史述论》，中华书局2010年版，第211页。
③ 管彦波：《明代的舆图世界"天下体系"与"华夷秩序"的承转渐变》，《民族研究》2014年第6期，第101页。
④ 葛兆光：《宅兹中国》，中华书局2011年版，第111页。

'天朝上国'的帝国观念，实际上已悄然在发生变化"①。上述这些研究主要的问题在于，他们所利用的地图数量过少，而没有注意分析明末和清代绘制的寰宇图，因此他们的这些观点基本是错误的②，且他们对于这些地图绘制方式本身也缺乏关注。

中国现存最早的寰宇图应当就是石刻《华夷图》，其于刘豫阜昌七年（1136），即南宋绍兴六年刻石；绘制时间当在政和七年至宣和七年（1117—1125）之间，绘制者不详。图中上部正中写有"华夷图"三字，该图绘制范围：东抵朝鲜，西至葱岭，北达长城以北，南到南海和印度洋。从《华夷图》这一图名以及图中所绘来看，该图呈现的应当就是绘制者认为的由"华夷"两部分构成的世界，但图中主要绘制的是"华"的范围，对于"华"之外的朝鲜半岛、中南半岛以及西域绘制的极为简单，甚至只是在图的四周用文字注记说明四方番夷的历史沿革，由此该图展现出在绘制者心目中"华"和"夷"存在着明确差异，由此也就构成了一种存在等级差异的空间秩序，其中"华"占据了绝对主导的地位。在南宋末年成书的《事林广记》元禄本中也有一幅寰宇图，即"华夷一统图"③，就图名而言其同样应当是对"华夷"构成的世界的描绘，但该图的绘制范围东至山东半岛，南至海南岛，西南至交趾，西至"吐藩界"，西北包括了西夏，北至长城以北的"契丹界"，东北至"会宁路"，因此该图同样集中描绘的是"华"，而对"夷"显然缺乏兴趣。《大明混一图》，明洪武二十二年（1389）绘制，绢底彩绘，作者不详；该图图幅巨大，即 347×453 厘米，方位上北下南；描绘范围东起日本，西达欧洲，南至爪哇，北抵蒙古，因此从绘制范围来看，该图应当是一幅名副其实的"世界地图"。但在图中，明朝所控制的区域不仅占据了图面的中央，而且还占据了图幅绝大多数面积，而"夷"则只是被填塞在地图的角落之中，因此，该图着重表现的同样是"华"。

---

① 管彦波：《明代的舆图世界"天下体系"与"华夷秩序"的承转渐变》，《民族研究》2014 年第 6 期，第 110 页。

② 对此参见本书第十篇第五章。

③ 关于这幅地图的研究，参见成一农《宋元日用类书〈事林广记〉〈翰墨全书〉中所收全国总图研究》，《中国史研究》2018 年第 2 期，第 175 页；以及本书第二篇第七章。

　　还有属于《古今形胜之图》系列地图①的《乾坤万国全图古今人物事迹》，明万历二十一年（1593）刊印，纸本木刻墨印，图幅 172.5 × 132.5 厘米。该图同样是一幅以明朝为主的寰宇图，图中绘制范围除了明代的两京十三省之外，还标注了世界各国的国名。虽然图中上部的注记提到"故合众图而考其成，统中外而归于一。内而中华山河之盛，古今人物之美，或政事之有益于生民，或节义之有裨于风化，或理学之有补于六经者，则注于某州某县之侧；外而穷荒绝域，北至北极，南越海表，东至汪洋，西极流沙，而荒外山川风土异产，则注于某国某岛之傍"，但从图中所绘来看，其同样是将明朝置于中央，同时将远离明朝的国家和地区，不论大小，都画成小岛状散绘在中国周围的海洋之中，而不考虑其所标位置、大小是否恰当。

　　属于这一系列地图的《天下九边分野 人迹路程全图》，明崇祯十七年（1644），金陵曹君义刊行，图幅 125 × 123.5 厘米。该图以明朝为主要表现的对象，占据了图幅中的巨大部分面积，但受到西方传教士所的地图的影响，绘出了亚洲、欧洲、非洲、北美洲和南美洲以及南极，且标绘有经纬网，绘制范围比《乾坤万国全图 古今人物事迹》更为广大。不过将这幅地图与当时传教士绘制的世界地图进行对比就会发现，虽然在《天下九边分野 人迹路程全图》上，南、北美洲和南极上的很多地名保留了下来，但它们的形状被大幅度地剪裁、缩小、扭转甚至变形。如在《坤舆万国全图》上，虽然绘制的不太准确，但基本将北美洲的轮廓、墨西哥湾、加利福尼亚半岛，甚至古巴等岛屿清晰地表现出来，现代人一眼就能识别出这是"北美洲"；而《天下九边分野 人迹路程全图》中的北美洲则"蜷缩"在地图的右上角，古巴用山形符号标绘在远离海岸的位置，如果不是"加拿太国"这一名称的话，估计现代人很难认为这是"北美洲"。同时"南美洲"被放置在地图右下角，与"北美洲"远远地隔绝开来。因此这幅地图只是在明朝地图之外，套叠了来自传教士地图的明朝之外地域的一些缩

---

　　① 对于这一系列地图的研究，参见成一农《〈古今形胜之图〉系列地图研究——从知识史角度的解读》，《形象史学》第 15 辑，社会科学文献出版社 2020 年版，第 254 页；以及本书第二篇第八章和第十篇第三章。

小变形的图像，且进行了大幅度的精简。

除了上述这些地图之外，明朝还有以一些"华夷"命名的地图，如成书于万历年间的何镗《修攘通考》中"四夷方位之图"，图中用线条明确勾勒出位于中心的"华"的范围，即包括辽东、宣府、大同、宁夏、甘肃、西宁、云南、广西、广东、福建以及东侧的大海；而四夷则围绕在"华"的周围。与这幅地图几乎完全相同的还有施永图撰《武备地利》中的"华夷总图"和《图书编》中的"四夷总图"。

还有清代的《大清万年一统地理全图》系列地图。这一系列地图的祖本应当是黄宗羲的《大清全图》。黄宗羲于康熙十二年（1673）刊刻的《大清全图》基本上接受了《广舆图》的风格，地图所反映的地理范围与《广舆图》的"舆地总图"基本一致。继黄宗羲的地图以后最早出现的属于同一类型的地图就是康熙五十三年（1714）制作的《大清万年一统天下全图》，此图基本轮廓与黄宗羲图差不多，但图中在东北和今内蒙古地区描绘了大量蒙古部族，且还将朝鲜半岛绘制出来。该图的影响实际上比黄宗羲的原图更为深远，以后出现的黄宗羲系统地图也主要受到了此图的影响，如黄宗羲的孙子黄千人绘制的《大清万年一统天下全图》，不过该图还受到传教士地图的影响，在图中标注了欧洲国家的国名。嘉庆年间，以乾隆三十二年（1693）黄千人的《大清万年一统天下全图》为底本摹刻的，名称、内容、形式和图文相似的印本甚多，如美国国会图书馆藏有一幅嘉庆十六年（1811）刻本《大清万年一统天下全图》，该图墨印着手彩，分切八条幅挂轴，拼合后整幅为 134×235 厘米。全图覆盖范围东起日本，西抵温都斯坦（印度），北自俄罗斯界，南至文莱国，欧洲诸国均以小岛屿形式列于图左。在这些印本地图中，清朝所控制的区域同样占据了图面的中央以及图幅的绝大部分面积，而"夷"依然被变形且不讲求相对准确地被放置在地图的角落中。

比较特殊的就是康雍乾时期的测绘地图，大致而言康熙《皇舆全览图》，以通过北京的子午线为本初子午线，绘制范围东自黑龙江口，西迄哈密，南起海南岛，北至贝加尔湖；雍正《十排皇舆全图》，清雍正三年（1725）根据康熙《皇舆全览图》编绘成，所绘地域要比《皇舆全览图》辽阔，北起北冰洋，南至海南岛，东北濒海，东南至台湾，西抵里海；乾隆《十三排图》，又称乾隆《内府舆图》，以康熙《皇舆全览图》为基础增绘而成，绘制范围，东北至萨哈林岛（库页岛），北至俄罗斯北海，南至琼岛（海南岛），西至波罗的海、地中海及红海，绘制范围约是康熙《皇舆全览图》的一倍。虽然这一系列地图不是现代意义上的"世界地图"，但其涵盖范围超出了清朝当时所能实际控制的区域，而图名中"皇舆"一词表达的就是王朝所统辖的空间范围，当然这种统辖并非指的是今天的实际控制，甚至"领土"这样的概念，而是传统意义上"普天之下，莫非王土"这样的认知，因此这些地图也可以看成一种清人心目中的"世界地图"。与之前所有中国古代绘制的寰宇图不同，由于该图是基于经纬度数据，用西方的投影方法绘制的，因此图面上虽然"大清"依然占据着中央，但周围各国、部族等并没有被挤压得变形，而是进行了等比例的呈现。不过有意思的是，这一系列的地图在绘制后，在当时并没有广泛流传，当时广泛流传的主要是以《今古舆地图》系列地图和《大清万年一统地理全图》系列地图为代表中国传统的寰宇图。康雍乾测绘地图没有广泛流传，除了其所使用的绘图技术以及技术背后涉及的对大地的认知未能被广泛接受之外，其所展现的"世界秩序"也超出了中国传统文化范畴，这应当也是不可忽视的原因。

总体而言，中国古代的寰宇图通过将王朝所直接控制的区域，尤其是"九州"绘制在地图中间，且不成比例地放大，同时将"夷"不成比例地缩小，放置在地图图幅四周，从而凸显了中国古代的"华夷观"，也即中国古代文化构建的"世界秩序"，由此对于地图的观看者而言，这个世界是围绕"华"展开的，且"华"占据着统治和支配地图，而居于从属地位的"夷"是不重要的。

不过，由于这种"华夷观"和"世界秩序"属于中国传统文化根深蒂固的传统，因此这些地图的绘制者在绘制这些地图时，可能并未有意识地去呈现这样的"华夷观"和"世界秩序"。与此同时，我们还需要意识到，正是由于这种"华夷观"和"世界秩序"的根深蒂固，在中国古代被认定为是确凿无疑的事实，也即这样的"世界秩序"是必然的、客观的以及理当如此的，由此在绘制地图时就非此不可，不用这种方式绘制的地图反而是不可想象的，也必然是错误的、难以理喻的，因此虽然绘制者是无意识的，但这些地图毫无疑问通过图像呈现，进一步强化了中国古代的"华夷观"和"世界秩序"，也即突出了"华"在世界秩序中的中心地位。

需要强调的是，在绘制寰宇图的时候，中国古人是知道这些域外地区与中国的距离，甚至大小的，因为无论是在历代的地理总志，还是在其他一些文本文献中都或多或少对这些区域进行了描述，甚至地图上也都对这些地区用文字进行了描述，如《古今形胜之图》上记载"撒马尔罕""其国□至肃州九千里，其地东西相距贰千余里，田土膏腴诸胡，胜景□□类中原"；"朝鲜""箕子所封之国。汉初燕人卫□据其地。汉武帝定朝鲜，分四郡。唐征高丽，置安东护府。五代时，王建辟土，□□、新罗、百济为一，其地□八道，分统府州县。地广东西二千里，南北四千里。□女直，俗柔谨，喜读书"；"真腊""地方七千余里，所领聚落六十余，地界与占城相枕"等。而在清人撰写《明史·地理志》中对明代疆域大小的描述为"计明初封略东起朝鲜，西据吐蕃，南包安南，北距大碛，东西一万一千七百五十里，南北一万零九百四里"，虽然明朝的疆域要大于上述这些区域，但并不像图中那样差异如此巨大，以至于非常失衡。因此，与前文叙述的政区图类似，在中国古人看来，距离、面积等测量数据，其"真实"程度可能不如地点、区域的等级差异，或者说虽然两者都是"真实"的，但其重要程度，不如地点、区域的等级差异。

第二节　近代地图上空间观念的转型

一　近代地图上世界秩序的转型

关于现代"国家"概念的产生，以及由此而来的从"王朝"到"国家"，以及从"华夷秩序"到"万国平等"等观念的转型，以往学界多有研究，在本书第十篇第五章中对此进行过一些粗略的梳理。大致而言，中国现代意义的"国家"观念的产生应当晚至清朝末年。以鸦片战争为开端的中国与欧洲列强的冲突，可以看成两种"天下观"和"世界秩序"的冲突。而在这场冲突中，处于上升期的欧洲列强，战胜了已经过了王朝强盛期、制度日趋僵化、日益缺乏开放性和进取心的清朝，由此在对撞中，"中国"传统的"天下观"也就是"华夷秩序"的崩溃也是必然。但由于这种"华夷秩序"深入"中国"文化的骨髓，且在这种"天下观"中"中国"长期居于统治地位，因此在受到如此冲击之下，依然花费了近百年的时间，到民国时期才将这种"天下观"抛弃，并由此也就真正理解了现代意义的"国家"的概念。

这种"世界秩序"的转型也必然反映在寰宇图，也即"世界地图"的绘制上。首先，原来的反映"华夷秩序"且突出中国主导地位的传统寰宇图的绘制方式，显然就不再适用了。与此同时，对于地图绘制准确度和科学性的追求，使用经纬度绘制的地图日渐增加，这种绘图方式，对世界各国的位置和大小的"如实"描绘，显然符合这一时期的这种思想观念。

需要注意的是，与"华夷秩序"的放弃相似，中国"寰宇图"绘制的转型也经历了漫长的过程，具体可以参见本书第二篇第二章的介绍；此外，根据本书第三篇的介绍，咸丰及其之前，中国古代的政区图基本是用传统方式绘制的，用"计里画方"方式绘制的地图数量也极为有限；与此同时，这些地图多是绘制的，刻印本的数量有限。同治时期，政区图的绘制发生了极大的转变，使用"计里画方"方法绘制的地图数量迅速增加，甚至占据了主导，与此同时政区图也主要以刻本的形式印制；这一时期虽然出现了图面上标注比例尺的地图，但数量极少。到了光宣时期，"计里画方"方式绘制的地图，依然占据主导，但使用经纬网数据的地图的数量也急剧增加；在印制技术上，除了刻印之外，近现代的石印和铜版印刷技术也开始使用；与此同时，图面上直接标出比例尺的地图数量急剧增加。政区图绘制技术的这一转型过程，也大致适用于寰宇图。

张佳静的博士学位论文《西方近代地图绘制法在中国——以地貌表示法和地图投影法为例》对于地貌表示法和地图投影法的研究也有着相似的结论，即"从时间上来看，晕滃法在中国出现较早，在晚清和民国初年开始广泛使用；进入民国中期，使用开始减少，在民国末期已经很少见到；晕渲法最开始使用主要是在清末和民国初年，但在整个近代都使用较少；

等高线法和晕瀹法同时传入中国，但是最开始其应用的广泛程度不及晕瀹法，进入民国时期，这两种方法随着大比例尺地形图的测量而开始被广泛使用，而此时晕瀹法逐渐退出了历史舞台。在民国中后期，人们将分层设色法和等高线法结合起来，这更加推动了等高线法的发展"①；"相对地貌表示法，地图投影知识的传入更早。但是地图投影概念要在地圆思想的基础上才能被人们所接受和理解。然而，由于当时大部分中国人坚持传统的'天圆地方'思想，所以地图投影概念从明末传入中国后一直没有被广泛接受"；"鸦片战争以后，地圆思想在中国逐渐普及，地图投影思想也在此时开始为国人所理解。但是，对地图投影知识的完全理解还需具备相关的数学知识，因此晚清时期中国能绘制地图投影的地图学家比较少，大部分人只是临摹西方的投影地图。民国以来，随着现代数学理论知识在中国的普及，中国的地图学家在学习西方投影知识的同时，也开始研究投影的种类，并选取适合中国的投影类型。在民国中后期，随着方俊的《地图投影》的出版，地图投影理论在中国逐渐确立"；"晚清以前，由于受到思想观念的束缚，地图投影法在中国的传播和接受非常缓慢，到了晚清民国时期，随着思想观念的解放，地图投影法很快地被全面接受"②。需要注意的是，张佳静的这些结论中，也涉及了思想观念的影响，不过笔者不同意其所使用的"束缚"这样的贬义词。

需要强调的是，仅仅是对于地图绘制准确度和科学性的追求并不一定会促成寰宇图绘制方式的转型。可以设想，如果传统的"华夷秩序"依然占据主导的话，那么即使是采用经纬度数据绘制地图，按照传统的绘图方式，很可能会按照如下几种方式进行处理：一是清朝或者"中国"被用经纬度数据绘制，且位于图幅的中心，占据了绝大多数的图幅，而对于"华"来说不那么重要的"夷"很可能依然是点缀在地图边缘，在方位上可能相对准确，但也可以较为随意，且可能不会用经纬度数据绘制。二是清朝或者"中国"被用经纬度数据绘制，且位于图幅的中心，占据了绝大

---

① 张佳静：《西方近代地图绘制法在中国——以地貌表示法和地图投影法为例》"摘要"，中国科学院大学科学技术史专业博士学位论文2013年版，第201页。

② 张佳静：《西方近代地图绘制法在中国——以地貌表示法和地图投影法为例》"摘要"，中国科学院大学科学技术史专业博士学位论文2013年版，第202页。

多数的图幅，而"夷"地虽然也是用经纬度数据绘制的，但其所用比例尺要小很多，由此突出了"华"的主导地位。三是可能会发明一种投影方法，这种投影方法以清朝或者"中国"为中心，同时越往地图边缘变形就越大，其有些类似于今天地图中所使用的极地方位投影。这三种绘图方式都使用了经纬度数据，但除了第三种绘图方式之外，其他地图，就现代人来看都是不准确的。这种情况，也曾经出现在中国古代，如前文提及的《天下九边分野 人迹路程全图》。

还需要提及的是，正是由于现代意义的"国家"观念的产生，以及"天下"观念的消除，由此也产生了真正意义上的中国地图（即"全国总图"）与世界地图。"全国总图"是一个现代概念，中国古代对此并无明确的界定；而且中国古代并无现代"国家"的概念①，而只有"天下"，因此中国古人绘制的某些在今人看来类似于"全国总图"的地图，虽然以某一王朝的疆域为核心，但通常也包括了大量当时不属于这一王朝的国家和地区；同时所谓的"天下图""寰宇图"（"世界地图"）也基本以"中国"为主要表现对象，占据了图面的大部分内容。因此，两者在本质上是近似的，存在差异仅仅在于图面上"夷"地的多寡。

总体而言，在近代"世界地图"绘制转型的过程中，观念的转型是主导的，而技术的转型则是次要的。且这种观念的演变，也对历史地图集的绘制产生了根本性的影响，对此参见本书第十篇第四章的论述。

最后，需要强调的是，在新的"世界秩序"和"国家"概念的指引下，用经纬度数据绘制的世界地图，与传统的寰宇图相比，对于观看者而言，现代的世界地图展现了一种"表面上"看起来非常平等的空间秩序②，由此也就展现了一种与以往存在本质差异的"世界"。

随着对于地图绘制准确度和科学性的追求以及世界秩序的转型，经纬度数据开始逐渐取代"四至八到"，用以记录地点的位置，由此不仅对中国人认知空间的方式，而且也对地图上的空间秩序造成了根本性的冲击。

---

① 对此参见本书第十篇第五章的讨论。
② 之所以说是一种"表面上"看起来非常平等的空间秩序，参见下节的简要讨论。

二 "经纬度"数据与中国地图上空间秩序的转型

在理论上，用经纬度确定一个地点的位置，只需要知道其距离赤道和中央经线的距离，然后将距离转换为经纬度数值就可以了。在这一过程中，不需要借助其他位置，由此经纬度数据之间缺乏相互依赖关系，因此，仅就经纬度数据本身而言，各个数据是平等的，也就代表各个地点至少在表面上是平等的。

不过，在这一体系中，也存在两条比较特殊的线条，就是作为计算经纬度数值起点的赤道和中央经线。两者中，赤道是绝对的，也没有争议，可能正是由此，因此在历史上其本身并没有被赋予太多的意义①。但中央经线则是主观的，在历史上，最初众多国家都使用通过本国首都的子午线作为中央经线，以此强调本国的"中心"地位，直至1884年在华盛顿召开的国际经度会议才决定以经过格林尼治的经线为本初子午线，这一决定显然与当时英国的国际地位密不可分。需要提及的是在中国康雍乾测绘地图上，以通过京师北京的子午线作为中央经线，这一习惯一直延续到了清末。这显然也是一种空间秩序的展现。当然，由于英国影响力的大幅度衰退，再加上以经过格林尼治的经线为本初子午线已经长期成为标准，以至于让人们已经逐渐忘记了最初赋予的这一经线的意义，因此这种空间秩序的效果已经不太明显。总体而言，经纬度数据本身是一种赋予了空间和地点以平等的记录地点位置的方式。

这种记录位置的方式在清末取代了传统的记录位置的"四至八到"，其原因正如前文所述，应当与地图绘制追求准确性和科学性以及"世界秩序"的转型有关。显而易见的就是，这种记录地理位置的方式，由于赋予了空间以平等，由此为消除了空间的等级差异提供了基础，前文分析的世

---

① 在历史上，与赤道有关的区域差异，可能就是在欧洲古典时期提出的，地球上各区域的可居住性与距离赤道的距离有关的观念。即如果地球是圆的，同时太阳围绕它运行，地球上那些太阳几乎直射的地区肯定比那些距离太阳较远的地区热；因此古希腊人认为在距离赤道更近的地区，那里温度将会更高，因此在赤道，肯定不会有任何生命；而那些远离赤道的地区，也就是寒带，由于长年冰冻因此也不适合居住；只有这两个地带中间的温带，才是地球上适合居住的地区。同时还假定存在一个南温带，因为要穿越炎热的热带，所以这一地区从希腊是难以到达的；同时古代的很多学者对那一地区是否能居住表示怀疑，因为在地球那一侧人是倒着的。

界秩序的转型即是一例。不仅如此，使用这一数据绘制地图，使地图绘制者再也无法通过扭曲图形，来表达地理空间的等级差异。因此，大致而言，现代地图上，已经缺乏对空间等级的直接表达。不过，即使是现代地图中，依然存在空间的等级差异，只是没有那么明显。如作为将球形地球投影到平面上的地图，其绘制时，在图幅上总是要确定哪些地理要素绘制于地图的中心，哪些位于边缘，这显然没有一定的标准，因此在各国的世界地图中，通常都将本国绘制于地图的中心，或者接近于中心的位置。不仅如此，现代地图基本都是彩色的，众多周知的就是，人眼对不同颜色的敏感度是不同的，因此在各国绘制的世界地图中，通常会将本国涂以鲜艳醒目的颜色。这两点，翻阅一下我国出版的世界地图即可明白。由此绘制的世界地图将给观看者留下这样的印象，即本国位于世界的中心，且占有突出的位置，这同样是一种绘制者构建的空间秩序，且有着明确的目的性。

还要提及的就是，刘龙心从另外的角度对这种空间秩序的转型进行了研究，她在《从历史出走——清末民初地理教科书与近代历史知识的转型》[1] 一文中，首先从清末编纂的乡土志入手，讨论了中国传统的用以定义一个地方的方式，即"从表面上看来，乡土志分别从时间（历史）和空间（地理）两方面来定义地方，为的是适应分科教育里历史与地理殊途的现象，然而如果细细分辨这种表述时间和空间的方式，不难发现历史、地理即使已然分科，但其表述方式仍然还活脱脱是中国传统地理志或方志的翻版，换句话说，以'时间'定义'地方'，从历朝历代地理行政区划的演变来定义一个地方，即所谓的沿革地理，也就是记州郡之名，考一地之所从来，长久以来沿革地理是为传统地理的重要表现形式；此外，从今时今日的角度去介绍某一地方相对于省垣（行政中心）的位置、方向，和它与周边邻近地区的相对关系等等，也是传统地理志和方志标准的写作手法。在我看来，这种脱胎于传统地理的书写模式，带有强烈的'相对性空

---

[1]　刘龙心：《从历史出走——清末民初地理教科书与近代历史知识的转型》，发表于 2015 年 4 月 18 日至 19 日的 "近代以降的历史教育与历史教科书问题学术研讨会"。

间'概念，它与后来的地理表述方式有着相当大的反差"①，其中从空间来
定义地点的方式，即是前文提到的中国古代"四至八到"的记述地点位置
的方法。然后，刘龙心对《义州乡土志》中的几幅地图进行了分析，"从
今人的眼光来看，这些抽绎了境内其他相关位置和地点，又没有任何坐
标、比例尺的地图毫无实用价值，但有意思的是，这六幅图中的每一幅专
图，不论它的主题是山，是水，是学堂，是巡警局，还是沿路的村落，极
其一致地都会标注州邑之所在，仿佛州邑是这所有地理景观唯一的坐标，
一切相对位置皆因州邑所在而行显矗。事实上，只要配合《义州乡土志》
里的文字描述就会发现确是如此，义州境内数百个大大小小的村落、祠
庙、学堂之下唯一的记注只有'距城多少里'，由此可见图文视角是相当
的，乡土志延续了传统方志的观看视角，一如张哲嘉在《明代方志的地
图》一文里提及的'中国方志地图的视界较像是一个官僚坐在边陲远眺、
四望无际的感觉；而绘者的视觉感，仿佛是从官署面朝向外，拿起特别的
照相机，要把全境拍摄入镜。'清末乡土志里的图文同样显示了这样的视
域，一切的地理景观只存在相对性的意义，相对于官署，相对于儒学——
无论其位置、距离、方位、价值皆然，而其背后潜藏的是观看者的视角，
一种从政治文化中心向外观览的视角"②。而到了清末和民国初年，在各种
志书和教科书中，记录地点位置的方法转变为了经纬度，由此"而且这种
对应关系并非以人的主体经验为凭，人是抽离于地景之外的。某种程度来
说，这样的观看方式反映了研究者以一种绝对、客观且抽象的视角看待他
的研究对象，研究主体和客体因此产生了断裂，地理知识就此而被对象化
或客体化了"③。

　　刘龙心所描述的"一切的地理景观只存在相对性的意义，相对于官
署，相对于儒学——无论其位置、距离、方位、价值皆然，而其背后潜藏
的是观看者的视角，一种从政治文化中心向外观览的视角"，实际上是对
前文论述的中国古代空间秩序的另外一种表达，强调了中国传统文化中，

---

① 刘龙心：《从历史出走——清末民初地理教科书与近代历史知识的转型》，第5页。
② 刘龙心：《从历史出走——清末民初地理教科书与近代历史知识的转型》，第10页。
③ 刘龙心：《从历史出走——清末民初地理教科书与近代历史知识的转型》，第24页。

地点的"相对性"，也即地点总是位于各种空间秩序中，如政治的、文化的、经济的等等，尤其是政治的。而转型后的使用经纬度数据绘制的地图，则通过将地理知识"对象化或客体化"，从而消除了这种空间等级秩序。

　　总体而言，无论如何，近代以来空间观念的转型，在"科学主义"以及"平等"的观念和口号之下，力图尽可能消弭各种"非客观"的空间秩序，如"华夷秩序"等，而这也反映在地图绘制上，由此现代地图的图面在表面上只保留有那些可度量的"客观"的，如行政治所的行政等级，面积、宽度和长度等差异所带来的空间等级秩序。不过，显然，由于人不可能是客观和没有情感的，因此各种"非客观"的空间秩序必然是存在的，且也被反映在了地图图面上，只是被通过各种手段隐藏了起来。

第四章 现代学科体系对地图绘制的影响

第一节 "史部·地理类"与中国古代的地图

如上一章所述，刘龙心在《从历史出走——清末民初地理教科书与近代历史知识的转型》①的一文中，考虑了中国传统知识体系中，确定一个地点的方式，即"从表面上看来，乡土志分别从时间（历史）和空间（地理）两方面来定义地方，为的是适应分科教育里历史与地理殊途的现象，然而如果细细分辨这种表述时间和空间的方式，不难发现历史、地理即便已然分科，但其表述方式仍然还活脱脱是中国传统地理志或方志的翻版，换句话说，以'时间'定义'地方'，从历朝历代地理行政区划的演变来定义一个地方，即所谓的沿革地理，也就是记州郡之名，考一地之所从来，长久以来沿革地理是为传统地理的重要表现形式"②。刘龙心的结论，即在中国古代，定义一个地点除了用地点的"位置"之外，还包括用与地点有关的"时间"，也就是历史，这点确实非常有道理，且只要翻看一下自《元和郡县图志》以来的历史地理志书中对于地点的描述即可明白这一点。

如《元和郡县图志》中对"华州"的记载就是：

---

① 刘龙心：《从历史出走——清末民初地理教科书与近代历史知识的转型》，发表于 2015 年 4 月 18 日至 19 日的"近代以降的历史教育与历史教科书问题学术研讨会"。

② 刘龙心：《从历史出走——清末民初地理教科书与近代历史知识的转型》，第 5 页。

华州，华阴，四辅。开元户三万七百八十七，乡七十。元和户一千四百三十七，乡二十二。

《禹贡》雍州之域，周为畿内之国，郑桓公始封之邑。其地一名咸林，春秋时为秦、晋界邑。长城在州东七十二里。或说秦、晋分境祠华岳，故筑此城。战国时属秦、魏。《地理志》云自高陵已东，皆魏分也。按《史记》"魏筑长城，自郑滨洛"，今州东南三里魏长城是也。秦并天下，为内史之地。二汉及晋，为京兆之地。后魏置东雍州，废帝改为华州。隋大业二年省华州，义宁元年置华山郡。武德元年复为华州。垂拱元年改为太州，避武太后祖讳也。神龙元年复旧。

州境，东西一百六十四里。南北一百四十里。

八到，西至上都一百八十里。东至东都六百八十里。东至潼关一百二十里。东至虢州二百二十里。东北至同州八十里。南至商州山路二百七十里。

贡、赋：开元贡：茯神，茯苓，细辛。赋：縠，绢（布）。

管县三：郑，华阴，下邽。①

而《大明一统志》中对于"地点"记载，同样首先介绍的是这一地点的"四至八到"（即位置）和历史沿革（即时间），如：

保定府，东至河间府静海县界三百里，西至山西大同府广昌县界二百里，南至真定府安平县界一百二十里，北至顺天府涿州界一百里。自府治至京师三百五十里，至南京三千一百里。粮一万千石零。

建置沿革，《禹贡》冀州之域，天文尾箕兼昴毕分野。战国时属赵。秦为上谷、巨鹿二郡地。汉为涿郡及信都、中山国地。晋属范阳、高阳、中山、安平、河间国。后魏为乐浪、北平、上谷郡地。隋属上谷、博陵、河间三郡，始于此置清苑县。唐时其地属莫、定、满、瀛等州。五代，晋割属契丹，于此置泰州，后移州治满城，而旧州仍为清苑县。宋即县置保塞军；太平兴国中，升为保州；政和初，号清苑郡保塞军节度。金天会中，改顺天军，初属河间路，后改属中

---

① 李吉甫：《元和郡县图志》，中华书局 1983 年版，第 33 页。

都路。元初为保州，寻改为顺天路；至元中，又改保定路。本朝洪武元年，改为保定府，初属北平布政司，今直隶京师。领州三县十七。[1]

这一特点也存在于《大清一统志》中，只不过增加了"分野"。"分野"即中国古人通过将天上的星宿与地上的行政区划或者传说中上古时期的九州等区域对应起来，由此希望可以运用天象来预测对应区域的吉凶祸福，因此"分野"不仅是定位一个区域的一种方式，而且也与"人事"有关。如关于"顺天府"的记载如下：

顺天府，东西距四百七十里，南北距四百八十八里。东至遵化州界二百四十里，西至宣化府保安州界二百三十里，南至天津府青县界三百一十三里，北至边墙一百七十五里，东南至天津府天津县界二百里，西南至保定府新城县界一百七十里，东北至喜峰口边界四百二十里，西北至宣化府延庆州界一百三十里。

分野，天文尾箕析木之次。春秋元命苞尾箕散为幽州，分为燕国。《晋书·天文志》，班固言自尾十度至南斗十一度为析木，于辰在寅，燕之分野，属幽州。费直周易分野，析木起尾九度。蔡邕月令章句，析木起尾四度。魏太史令陈卓云，上谷入尾一度，渔阳入尾三度，涿郡入尾十六度，广阳入箕九度。

建置沿革，《禹贡》冀州之域。周为幽州之域。春秋战国时为燕国。秦为上谷郡地。汉初复为燕国，元凤元年改为广阳郡，本始元年又改广阳国，属幽州。后汉建武十三年，省入上谷郡，永元八年复置广阳郡，为幽州刺史治。三国魏太和六年，复为燕国。晋初因之；建兴后，没于石勒。永和六年，前燕慕容儁尝都此，其后前秦符坚、后燕慕容垂相继有其地。后魏为幽州燕郡。北齐置东北道行台。后周建德六年，置幽州总管府。隋开皇三年郡废；大业初，府废；三年，改幽州为涿郡。唐武德三年，复曰幽州，置总管府；六年，改大总管府；七年，改大都督府；贞观初，属河北道；开元二年，置幽州节度使；天宝元年，改幽州为范阳郡，幽州节度使为范阳节度使；乾元元

① （明）李贤：《大明一统志》卷二，三秦出版社 1990 年版，第 26 页。

年，复改郡曰幽州；宝应元年，改范阳节度使为幽州节度使，后又兼卢龙节度使。五代后唐，仍置幽州及卢龙节度。晋天福初，割入辽。辽会同元年，改南京幽都府，置南京道；开泰元年，改燕京析津府；保大二年入金。金天辅七年，入宋。宋宣和五年，改燕山府广阳郡，置永清军节度；七年入金。天会三年，仍为燕京析津府；七年，为河北东路；贞元元年，改燕京为中都府，曰大兴，自会宁迁都于此。元太祖十年，置燕京路总管大兴府；至元元年，置大中都；四年，徙都之；九年，改曰大都；二十一年，置大都路总管府，为中书省治。明洪武元年，改曰北平府，隶山东行中书省；二年，置北平行中书省；九年，为北平承宣布政使司治；永乐九年，建为北京，改北平府为顺天府；十九年，始称京师。本朝因之。领州五县十九，统于顺天府尹，亦属直隶总督。①

不仅如此，刘龙心还认为"中国传统地理知识强调以人为本，带有强烈的儒家道德伦理色彩和维持王朝统治秩序的思维，传统部类将地理一类放在史部之下，即说明了地理不是一种自外于人的客观知识，某种程度上，它所反映的是一套中国知识（统治）阶层理解和看待世界的方式"②。辛德勇实际上也持有类似的观点，即"现代学者往往简单地把四部分类的史部与现代学科意义上的历史学直接等同起来，因此对于把地理类书籍划归在史部不仅没有积极的评价，反而普遍认为这是地理学科附庸于历史学的标志，对此持轻视的态度。其实传统目录学的史部，并不完全等同于现代意义上的历史学。它区别于其他部类的本质特征，是其内容的社会属性，即侧重反映人与人之间的社会性活动和行为，而不是其时间属性；而子部则可以说是以技术和非主流的思想学术等'法'、'术'为本质特征。唐代以前的四部分类把地理书籍归在子部，显然是把地理学视同为一种法术性的知识。形成这种认知，在客观上是与汉魏六朝地志偏重志异志怪的内容密切相关。如前所述，唐代以后，地志的内容已改为以人文社会性内

---

① 《大清一统志》，四库全书本。
② 刘龙心：《从历史出走——清末民初地理教科书与近代历史知识的转型》，第24页。

容为主，人们对于地理学科的认知，也就随之发生了相应的变化"①。正是基于这种知识分类，一个地点被赋予了各种与"儒家道德伦理色彩和维持王朝统治秩序"等与人有关的各类知识，因此一个地点不仅涉及时间和空间，而且还涉及在其上发生的各类事件和产生的事物，其自身就是各种知识的汇集，或者说各种与人有关的知识以"地点"为核心凝聚在了一起。这一点同样在历代编纂的地理志中有所体现。如上文引用的《元和郡县图志》中对于"华州"的记载，除了沿革（时间）和四至八到（相对应空间）之外，还有户口、州境（疆域）和贡赋，这三者显然都是王朝所关注的知识。

因此，在中国古代的知识体系中，地点本身就是一系列与人有关知识的汇集。而且，通过《元和郡县图志》《大明一统志》《大清一统志》的序来看，古人对于"地理"关注，并不像今人那样只是注重于现代意义的地理，而强调的是地点上发生的"古今之迹"，以及这些"古今之迹"对于统驭国家、治理万民的重要性。如《元和郡县图志》中李吉甫的"原序"中有着如下内容：

> 臣闻王者建州域，物土疆，观次于星躔，察法于地理。考中国山河之象，求二仪险阻之情，天汉萌而两界分，南宫正而五均叙。自黄帝之方制万国，夏禹之分别九州，辨方经野，因人纬俗，其揆一矣。及秦皇并六国，则罢侯而置守。汉武讨百蛮，则穷兵而黩武。虽裂为郡县者远过于殷、周，而教令之所行，威怀之所服，亦不越于三代。失天地作限之意，非皇王尚德之仁，夸志役心，久而后悔。由此观之，则圣人疆理之制，固不在荒远矣。吾国家肇自贞观，至于开元，兼夏、商之职贡，掩秦、汉之文轨，梯航累乎九译，廪置通乎万里，然后分疆以辨之，置吏以康之，任所有而差贡赋，因所宜而制名物，守其要害，险其走集，经理之道，冠乎百王，巍巍乎，无得而称矣！《易》曰天险不可升，地险山川丘陵。王公设险以守其国，险之时用

---

① 辛德勇：《历史的空间与空间的历史——中国历史地理与地理学史研究》，北京师范大学出版社 2005 年版，第 294 页。

大矣哉。然则圣人虽设险，而未尝恃险。施于有备之内，措于立德之中，其用常存，其机不显，弛张开阖，因变制权，所以财成二仪，统理万物。故汉祖入关，诸将争走金帛之府，惟萧何收秦图书，高祖所以知山川阨塞，户口虚实。厥后受命汜水，定都洛阳，留侯演委辂之谋，田肯贺入关之策，事关兴替，理切安危，举斯而言，断可识矣！伏惟睿圣文武皇帝陛下，握枢秉圣，承桃立极，祖尧、舜之道，宪文、武之程，皇王之遐踪行之必至，祖宗之耿光寝而复耀。天宝之季，王途暂艰，由是坠纲解而不纽，强侯傲而未肃。逮至兴运，尽为驱除，故蜀有阻隘之夫，吴有凭江之卒，虽完保聚，缮甲兵，莫不手足裂而异处，封疆一乎四海，故鄘、卫风偃，朔塞砥平，东西南北，无思不服。臣吉甫当元圣抚运之初，从内庭视草之列，寻备衮职，久尘台阶，每自循省，赧然收汗。谟明弼谐，诚浅智之不及，簿书期会，亦散材之不工，久而伏思，方得所効，以为成当今之务，树将来之势，则莫若版图地理之为切也。所以前上《元和国计簿》，审户口之丰耗；续撰《元和郡县图志》，辨州域之疆理。时获省阅，或裨聪明，岂欲希酇侯之规模，庶乎尽朱赣之条奏。况古今言地理者凡数十家，尚古远者或搜古而略今，采谣俗者多传疑而失实，饰州邦而叙人物，因邱墓而征鬼神，流于异端，莫切根要。至于丘壤山川，攻守利害，本于地理者，皆略而不书，将何以佐明王扼天下之吭，制群生之命，收地保势胜之利，示形束壤制之端，此微臣之所以精研，圣后之所宜周览也。谨上《元和郡县图志》，起京兆府，尽陇右道，凡四十七镇，成四十卷。每镇皆图在篇首，冠于叙事之前，并目录两卷，总四十二卷。臣学非博闻，识愧经远，驰骛虽久，漏略犹多，轻渎宸严，退增战越。谨上。①

李吉甫在这段序言中，对于"地理"的重要性交代得非常清楚，即其目的不在于记录地形、地貌、气候、灾害等现代地理学所关注的自然地理方面，也不在于现代地理学所关注的所谓"人地关系"，而在于"邱壤山

---

① 李吉甫：《元和郡县图志》，中华书局 1983 年版，第 2 页。

川，攻守利害"。大致而言，在中国古代"经史子集"的知识分类中，"经部"可以被视为总纲，或者一些理论和道理方面的论述，而史部则为这些总纲或者理论提供"史实"依据；同时在"史部"中，地理类之外的大多数类目，基本可以看成主要是以"时间"为轴线，来为"儒家道德伦理色彩和维持王朝统治秩序"提供史实依据，或者佐证；而地理，则可以被看成以"空间"为主要轴线，来为"儒家道德伦理色彩和维持王朝统治秩序"提供史实依据。因此总体而言，中国古代史部的"地理类"，其核心不在于"地理"本身，而是在于各类"史实"，由此也就可以理解为什么"地理"会被归入"史部"。当然，在"子部"中也有"地理"，主要关注的是风水、术数等，且这些内容依然是以"地"为中心来解释"人事"的。

《元和郡县图志》中对于"地理"的这种认知，还可以在此后的地理总志中见到，如《大明一统志》的"御制明一统志序"：

> 朕惟我太祖高皇帝受天明命，混一天下，薄海内外，悉入版图。盖自唐虞三代下，及汉唐以来一统之盛，蔑以加矣！顾惟覆载之内，古今已然之迹，精粗巨细皆所当知。虽历代地志具存可考，然其间简或脱略，详或冗复，甚至得此失彼，舛讹殽杂，往往不能无遗憾也。肆我太宗文皇帝慨然有志于是，遂遣使编采天下郡邑图籍，特命儒臣大加修纂，必欲成书，贻谋子孙，以嘉惠天下后世。惜乎！书未就绪，而龙驭上宾。朕念祖宗之志，有未成者谨当继述，乃命文学之臣，重加编辑。俾繁简适宜，去取惟当，务臻精要，用底全书，庶可继成文祖之志，用昭我朝一统之盛！而泛求约取，参极群书，三阅寒暑，乃克成编，名曰《天下一统志》，著其实也。朕于万几之暇，试览阅之，则海宇之广，古今之迹，了然尽在胸中矣！既藏之秘府，复命工锓梓以传。呜呼！是书之传也，不独使我子孙世世相承者，知祖宗开创之功，广大如是，思所以保守之惟谨。而凡天下之士，亦因得以考求古今故实，增其闻见，广其知识，有所感发兴起，出为世用，以辅成雍熙泰和之治，相与维持我国家一统之盛于无穷，虽与天地同

其久长，可也！于是乎序！天顺五年五月十六日。①

其中"而凡天下之士，亦因得以考求古今故实，增其闻见，广其知识，有所感发，兴起出为世用，以辅成雍熙泰和之治，相与维持"，不仅将该书的编纂目的表达得淋漓尽致，而且显然其所重点强调的并不是现代意义上的"地理"，而是"史实"。

可能正是因为这一原因，作为对"地理"的呈现的地图，在绘制时，同样可以将"地"作为线索，重点记录与各个地点有关的历史沿革、物产、风俗、发生过的历史事件等内容。而这些内容通常无法用地图图像来表达，而只能以文字注记的形式来体现，这大概就是在现存的大部分中国古代地图上，或多或少都有着文字的原因。

由此，中国古代地图上不仅存在大量现代人看来与"地"本身无关的文字注记，而且由于记述的这些内容的时间是不一致的，因此地图上往往也就存在不同时间的地理要素。而且可能同样正是因为如此，中国古代地图可以被认为是以知识的主题为导向的，也即地图的绘制在于汇集与绘制者所要表达的主题有关的内容，因此也就不太在意地图上地理要素时间的一致性。

典型者如本书第二篇第八章介绍的"古今形胜之图"系列地图。这一系列地图，图面上充斥着大量的文字，而且主要是根据《大明一统志》编辑的，且这些文字涉及的时间、主题都不太一致，因此实际上这系列的地图可以看成将图面上的"地点"作为索引，罗列了编纂者所关注的"史实"，也即是图像形式的"史实"列表；由此图面上绘制的要素也就成为组织相关知识的一个框架，其"地理"属性虽然也是重要的，但并不像现代地图那样是居于第一位的。表 9－1 罗列了《古今形胜之图》上的文字注记，可以看到，其所关注的主要是"外夷"的历史，尤其是他们与历代王朝的关系；还有"华地"曾发生的重要历史事件。

---

① （明）李贤：《大明一统志》，三秦出版社 1990 年版，第 1 页。

表 9 – 1　　　　　　　　　　　《古今形胜之图》上的文字注记

地点	《古今形胜之图》中对应的文字注记
哈密	古伊吾庐地，为西北诸胡要路。汉明帝□镇之，本朝设卫奉贡
"亦力把力"	□沙漠间，其地东西三千余里，南北二千余里，元设元帅府以领屯田，曰葱岭□□□此奉贡。后置元帅府以领屯田
撒马尔罕	其国□至肃州九千里，其地东西相距贰千余里，田土膏腴诸胡，胜景□□类中原。元以附马主其国。今奉贡。铁门关隶此
哈烈	志云，东至肃州万余里，元附马之子主其国。礼仪简畧，国有学舍
铁门关	其□□□高数十仞，崎岖□三里，西北过此，未详其地
北胡	北胡种落不一，夏曰獯鬻，殷曰鬼方，周曰猃狁，秦汉曰匈奴，唐曰突厥，宋曰契丹。自汉以来，匈奴颇盛，后稍弱而乌桓又兴。至汉末，鲜卑盛，灭乌桓，尽有其地。后魏时，蠕蠕独强，与魏为敌。蠕蠕灭，而突厥起，尽有西北之地。唐初，李靖灭之。至五代及宋，契丹复盛，别部□□曰蒙古、曰泰赤乌、曰塔塔儿、曰克列，各据□地。既而蒙古兴，兼并有之，遂入中国，代宋称号曰元。后天命归于我朝，元遂灭矣，此说注史不载志
鞑靼	□匈奴□国有金微山，去塞外千里，汉耿□北伐至此
朝鲜	箕子所封之国。汉初燕人卫□据其地。汉武帝定朝鲜，分四郡。唐征高丽，置安东护府。五代时，王建辟土，□□、新罗、百济为一，其地□八道，分统府州县。地广东西二千里，南北四千里。□女直，俗柔谨，喜读书
日本	其国东西南北各数千里，国因近日而名，俗重儒书。古倭奴国，其地有五畿七道，以州统郡，附庸国凡百余，小者百里，大不过五百里。汉武帝定朝鲜，使驿通于汉者三十许。三国、元征之不克。朝贡由宁波来
西宁	古湟中地，后陷于吐蕃，宋改置鄯州
"淮东" 下方的文字	古今漕运之地。本朝平江伯重开清江浦
辽东	古有郡县，唐太宗征辽。自五代梁初历宋四百余年，皆没于辽金元。天命归我朝，罢郡县立卫二十五处，设州二。古曰辽阳，辽金起都，东西千余里，南北一千六百里。本本朝雄镇加设都台，隶山东
女真	□慎地，□□曰黑水靺鞨，唐初乃臣服，置燕州黑水府。金太祖起此，灭辽，设都于渤海。元□万户府，分领混同江南北水达达。追入本朝，悉境归附，立都司卫所二百余，所治地方止于东北，地与契丹相抗，以时朝贡
河源	□河源在，□仑山之□，其□万七八□□水从地涌出，百余□□从东北□若星列，番名火墩。中国□东北□□陕西兰县始入□□□□□流经沙漠折而南流□□□□过河南，经山东入海

续表

地点	《古今形胜之图》中对应的文字注记
琉球	□□在泉州东海岛中，朝贡由福建来。自汉魏以来，不通中华。元使招谕，不从。国初其地分为三，今并为一。国无□□，不知□朔，视月盈亏以知时，视草荣枯以计岁
宁夏镇	晋末赫连夏都。宋赵保吉寇此，曰夏。唐肃宗避禄即位此，曰宁武。隶陕西
甘肃	古匈奴月氏地，汉武帝始通，断匈奴右臂，置酒泉、武威、张掖。前凉、西凉、炖煌等处西方三千余里。我朝立卫十二，加都台镇之，隶陕西
玉门关	班超愿生入玉门关此
长白山	其山横亘千里，上有潭，周八十里，南流为鸭绿江，北流为混同
左下角海中文字	其海内有百花、彭亨、多国，皆朝贡，难于尽列。惟榜葛剌，其国最大，西天有五印度国，此东印度也。民以耕殖，国铸银钱。天方国，四时皆春，有回回历，与中国历前后差三日。默德那国，即回回祖国也，其书体有篆草楷三法，今西洋诸国皆用之。有城池宫室，与江淮风土不异
真腊	地方七千余里，所领聚落六十余，地界与占城相枕
满剌	近海数国，奉贡由广东来
三佛齐	其地有十五州
爪哇	其国民不为盗，官吏出入乘象，今奉贡
暹罗	其国乃汉赤□□种
占城	秦汉皆为郡县。晋唐元，俱遣将到彼，终无顺志。半月到广东
安南国	古有其地，属象郡。汉武帝平。历晋隋唐，皆中国治。宋元乍隆乍变，我太宗平之，立交趾布政司。洪熙时，黎利作□。宣德时，率兵到彼，力屈奉贡。今有府州县三百余
西番	即□蕃也，唐太宗尽有其地。宋止贡。元□分职。本朝立都□□□□万户府宣慰□□□。以时朝贡
赤力把力	□沙漠间，其地东西三千余里，南北二千余里，元设元帅府以领屯田，曰葱岭□□□此奉贡。后置元帅府以领屯田
火州	本汉时车师王地。汉明帝置戊巳校尉。□□□太宗，改分五县。东南来肃州一月程。风俗类同华□□曰□□□
于阗	其国东来肃州六千余里，其貌颇类中华
赤斤蒙古	古为西戎月氏居，属匈奴。汉晋隋唐皆中国治。至宋为西夏所据，今奉贡
契丹	契丹世雄朔漠，号东胡，其国有鲜卑山松城地。唐太宗分其地为十州，以其部长为都督。后附于突厥，或言国有八部，□有可汗之号。辽祖起此

续表

地点	《古今形胜之图》中对应的文字注记
四川成都府	汉昭烈帝都，曰益州
四川行都司	古越嶲，孔明出师表，五月渡泸
贵州	太宗始立布政司，领制土官
归州	三国汉于此连营七百里，拒吴
襄阳	三国魏有，宋末失于金。古今用武之地，元兵围五年不克
河南府	五代唐都。晋都，至怀愍，刘渊执去。隋炀帝徙都
怀庆	太行山起此至北，山势绵亘数千里
北京	我太宗徙都此，国初曰北平布政使。范阳幽都，燕山析津，辽金元都，形胜甲于天下
兖州	孔颜曾孟世居，周公封鲁
通州	三国先魏后吴，宋末失于金
浙江	宋高宗避金，都此，曰临安

还有明代万历时期潘季驯编纂的具有很强影响力的《河防一览》中的"全河图"①，图中在各个地点旁边存在大量文字注记，记述了相关河流的源流、水利工程的修筑历史和当前的情况、与河防有关的职官及其管辖范围等等，因此该图实际上可以看成为是以地点为索引，汇集了与河防有关的知识。

第二节　现代地理学与地图

正如前文所述，进入近现代之后，人们心目中定义一个地点的主要方式是经纬度数据，虽然对地点的历史也是看重的，如现代编纂的《中国行政区划沿革手册》中就有地点的经纬度和沿革两项内容，但对于大多数人而言，这已经是一个次要的方式。此外，从学科的角度来说，现代意义的地理学，与从传统史学演变而来且受到现代西方影响的历史学完全分离开来，两者学科的目的也随之发生了变化。关于地理学，名词术语委员会术

---

① 关于这幅地图的介绍，参见本书第六篇第一章。

语在线上的定义是"研究地球表层自然要素与人文要素相互作用及其形成演化的特征、结构、格局、过程、地域分异与人地关系等。是一门复杂学科体系的总称",其强调是地球表层的自然要素与人文要素,由此"地"成为这门学科的核心问题,而传统"地理"所关注的各种"史实"则充其量成为其研究的资料,且其目的也演变为对"地"和"人地关系"的研究,传统的"凡天下之士,亦因得以考求古今故实,增其闻见,广其知识,有所感发,兴起出为世用,以辅成雍熙泰和之治,相与维持"则被放弃。

与此同时,传统的"地理"中的汇集的各类"史实"也被分散到众多主题或学科之下,也即刘龙心所说的"因此,20世纪初西方学科和近代知识分科系统进到中国以后,这些原本在传统中国知识架构下以人为本,以实践普遍王权思想为目的地理知识,就纷纷被肢解并塞进了乡土志、乡土教科书和地理教科书当中(当然也包括了民国以后的新修方志)——特别是那些被认为是探究与人类生产、经济活动有关的人文地理。于是一时之间,人文地理的内容和类别暴增,任何可能受到地理环境影响或是描写人群聚合、文化表现、政府组织、经济产业的项目,都被一股脑地放进人文地理中,而且更多时候那些原本因着王朝统治和儒学教化而产生的官署、城池、津梁、祀典、仓廪、田赋、榷税、兵制、船政、学校、书院、坛庙等项目,在'改名换姓'之后,都被重新整编到一个只具有抽象意义的国家、国民的概念框架下,以政府组织、产业机构、军事要塞、交通施设之名而存活下来"①。到了现代这些内容实际上更多地被汇总于历史学科的各个子学科中,且研究者似乎不太会考虑这些研究对象中"地"的因素,如那些研究祀典、仓廪、田赋、兵制的论著中极少绘制有地图,也极少去分析这些要素的空间分布,以及与空间分布或者位置有关的问题。

在现代地理学以"地"为核心之后,地图也就成了"地图",是对"地球表层自然要素与人文要素相互作用及其形成演化的特征、结构、格局、过程、地域分异与人地关系"的图像表达,同时也不再是图像形式的"史实"或"知识"列表,其图面上绘制的地理要素也不再是组织相关知

———————————

① 刘龙心:《从历史出走——清末民初地理教科书与近代历史知识的转型》,第24页。

识的框架。正是因为如此，地图上的文字注记也逐渐消失，图与文也就脱离了。

与此同时，在经历了近代的知识体系和学科转型之后，地点是通过经纬度来绝对定义的，时间也有着绝对的量度，两者交织在一起，构成了一套有着绝对量度的坐标体系，所有历史事件（包括人物）都被放置于这一坐标体系中，而这一坐标体系也成为现代人认识世界及其历史的标准方式。① 由此，在这一坐标体系中，一个时间对应一个空间，而这成为现代科学所肯定的一种认知方式。这点在侯仁之先生关于历史地理研究的"横剖面法"中表达的最为明确，即"达比强调的是'重建过去时代的地理'，从而提供一个地区在发展过程中前后相继的地理剖面"②；"关于这一方面，侯仁之先生也在 50 年代初就曾经有所论述。他指出从事历史城市地理研究同历史地理学其他问题的研究一样，都要从地理学的角度去分析历史资料。这种历史分析方法，首先主要是指'复原'各个不同历史时期的地理面貌，'使进入的地理情况还它原来的面目'"③。因此，这也要求地图表达某一时间的"地"。

总体而言，现代科学体系的形成，使"地理"脱离了"历史"，且"历史"也不是原来的"历史"，由此这也使现代地图不再是一种以"地"为索引记录和汇集与某一主题有关的知识的工具，"地图"也就不再是原来的"地图"。

---

① 相对于此，中国古人认知世界的方式更多的是时间维度的，也即更多地关注于在时间坐标中定位事件。虽然也有着地理志书这样以空间坐标进行记述的著作，但缺乏主题性。不过，有趣的是，中国古人一直没有提出一种具有明确起点的记年方式，无论是帝王年号还是六十甲子都缺乏简便的记述长时段时间的能力。关于中国古人的时空观念确实是一项值得研究的课题，需要注意的是，这种研究所针对的并不是记年、计时、记录地点的具体方式。

② 侯仁之：《历史地理学四论》，中国科学技术出版社 1994 年版，第 30 页。

③ 辛德勇：《中国历史城市地理的理论肇建与研究实践》，《历史的空间与空间的历史——中国历史地理与地理学史研究》，北京师范大学出版社 2005 年版，第 393 页。

第十篇 地图的史料价值

　　"地图的史料价值"是一个中国地图学史研究长期以来"老生常谈"的问题，作为本书的结尾部分，本篇试图对这一问题进行一些新的研究尝试。其中第一章是关于方法的探讨，提出要挖掘地图的史料价值，一定要走到地图图面的"背后"，且更为重要的一点就是，要提出"正确"的问题。此后几章则分别以地图为史料，对知识史、"中国古代的疆域"、疆域沿革史的历史书写以及文化自信等问题进行了一些尝试性的分析。受到笔者学术领域的局限，各篇水平也参差不齐，敬请见谅。

第一章 "史料不是救世主"

——对"地图入史"的一些认识

近年来，随着中国史学的发展，越来越多的以往被忽视的史料被纳入史学研究的视野中，如民间文书、简帛等等，其中当然也包括图像史料，但与其他新史料相比，虽然图像史料同样得到了研究者的推崇，但这一领域一直没有取得太多引人注目的研究成果，更未能产生一些具有影响力的或者颠覆性的成果。上述现象，也引起了一些学者对"图像入史"的焦虑。

长期以来，中国的古代地图基本被从"科学"的视角进行研究，由此"地图"被看成一种科学和客观的材料，但这一视角近十多年越来越受到学术界的质疑①，随之，地图日益被看成一种主观性的材料，其也就成了一种"图像"。本章即以地图为例，对"图像入史"的问题进行一些初步讨论。

第一节 "地图入史"的瓶颈

将地图作为史料进行史学问题研究，早已得到中国古地图以及地图学史研究者的认同，也确实存在很多以地图为史料进行的史学研究。如华林

---

① 参见［美］余定国《中国地图学史》，姜道章译，北京大学出版社2006年版；成一农：《"非科学"的中国传统舆图——中国传统舆图绘制研究》，中国社会科学出版社2016年版；以及本书的第一篇。

甫的《英藏清军镇压早期太平天国地图考释》①，利用英国国家档案馆所藏
5 幅清军围攻永安州的军事地图和 1 幅长沙攻守形势地图为材料，结合文
献记载，分析了 1851 年永安北路清军驻兵总数、"古束"地名写法、长沙
兵勇壕坑的实际走向等问题；他的《德国柏林庋藏晚清华北舆图的价值》②
一文，以德国柏林所藏晚清地图为史料讨论了义和团起源的地点，华北地
区地理环境的变化，以及这批地图对于复原晚清县界的史料价值。

　　从研究方法的角度来看，上述研究基本局限于"看图说话"，即试图
从地图的图面内容中发掘出以往史学研究所忽视的内容，从而力图对以往
的历史认知进行修订、增补，甚至重写。但问题在于，留存至今的古地图
基本是宋代之后的，尤其集中在明代晚期和清代，而这一时期也是文本文
献极为丰富的时期。与此同时，虽然明代晚期，尤其是清代留存下来大量
与水利工程、军事行动、海防、边防以及皇帝出行等所谓"重要事件"存
在直接联系的地图，但这些"重要事件"并不缺乏文本文献的记载。因
此，中国古代文献和地图的留存情况，决定了仅仅从地图的图面内容来挖
掘史料价值的话，那么注定不可能对已经通过文本文献获得的历史认知进
行重写，甚至重大的修订，而只能在细节上进行补充，由此也就注定这样
的"地图入史"必然不会得到学术界的太多重视。此外，根据研究，中国
古代的很多地图是根据文本文献绘制的，或者在绘制时就存在与之配套的
说明文字，只是后来因为各种原因两者分离开来，由此在对文本材料已经
进行了广泛发掘的今天，中国古代地图与文本之间这样的关系进一步弱化
了地图图面内容的史料价值。

　　为了弥补这一缺陷，一些研究者意识到，与文本文献相比，作为图像
的地图的史料优势在于其对地理要素及其空间分布描述的直观性，因此将
同一时代的多幅地图并置在一起，可以发现某一时代某些地理要素的空间
分布情况；或者可以将不同时代的一系列地图并置在一起，可以发现某一
地理要素随着时代的演变而发生的变化。这方面也确实取得了一些研究成

----

　　① 华林甫：《英藏清军镇压早期太平天国地图考释》，《历史研究》2003 年第 2 期，第
66 页。
　　② 华林甫：《德国柏林庋藏晚清华北舆图的价值》，《历史地理》第 32 辑，上海人民出版社
2015 年版，第 301 页。

果。如徐苹芳在《马王堆三号汉墓出土的帛画"城邑图"及其有关问题》① 一文中，在对七幅汉代城市图进行分析之后，提出"汉代地方城市中的官吏府舍为城市的最重要部分，外围多用垣墙包绕，形成了城内的另一个小城，即所谓'子城'"，由此提出了对中国古代城市中"子城"起源的一种新认知。如笔者在《中国古代城市舆图研究》② 一文中通过分析宋元明时期的城市图，提出自宋至明，地方城市中衙署的分布有着从集中到分散布局的趋势。虽然这两篇论文都提出了一些新的历史认知，但并没有引起学界的太多关注，究其原因，应当在于这两者提出的和解决的问题都不是学界主流所关注的。

当然，也有学者利用古地图作为史料，对学界主流所关注的问题进行了讨论，如葛兆光在《宅兹中国》一书中阐述了中国古代地图中对于异域的想象、对于世界秩序的想象，认为"在古代中国人心目中的天地格局，大体上就是，第一，自己所在的地方是世界的中心，也是文明的中心；第二，大地仿佛一个棋盘一样，或者像一个回字形，四边由中心向外不断延伸，第一圈是王所在的京城，第二圈是华夏或者诸夏，第三圈是夷狄；第三，地理空间越靠外缘，就越荒芜，住在那里的民族也就越野蛮，文明的等级也越低"③。又如管彦波的《中国古代舆图上的"天下观"与"华夷秩序"——以传世宋代舆图为考察重点》，提出"古之舆图……是时人表述其所认知的政治空间、地理空间和文化空间的一种最直接的方法"，由此挖掘出了中国古人在地图中所表达了天下秩序和天下观，也即"华"与"夷"。不过问题在于，葛兆光和管彦波的研究虽然利用古地图研究了史学主流所关注的"重要"问题，但他们所解决的问题在以往已经通过对传世的文本文献的分析得出了相似的结论④，因此他们利用古地图进行的研究只是既有研究结论的佐证和细化。

---

① 徐苹芳：《马王堆三号汉墓出土的帛画"城邑图"及其有关问题》，《简帛研究》第1辑，法律出版社1993年版，第108页。
② 成一农：《中国古代城市舆图研究》，《中国社会科学院历史研究所学刊》第6集，商务印书馆2010年版，第605页。
③ 葛兆光：《宅兹中国：重建有关"中国"的历史论述》，中华书局2011年版，第107页。
④ 唐晓峰：《从混沌到秩序：中国上古地理思想史述论》，中华书局2010年版。

　　总体而言，以往"地图入史"的研究，从方法而言多集中在"看图说话"，从研究的问题而言，集中于以往通过文本文献已经得出了结论的问题，或学界主流不太关注的问题。因此要真正使"地图入史"，那么必须要解决上述这两个问题。

第二节　走到地图的"背后"

　　始于 1977 年的《地图学史》丛书项目的主编戴维·伍德沃德（David Woodward，1942—2004）和哈利约翰·布莱恩·哈利（John Brian Harley，1932—1991）主张将地图放置在其绘制的背景和文化中去看待，由此希望能将古地图和地图学史的研究与历史学、文学、社会学、思想史、宗教等领域的研究结合起来①。这一主张得到了国际地图学史界的广泛认同，由此也造就了《地图学史》丛书的巨大影响力。当然，从目前已经出版的几卷来看，这套丛书的撰写者对地图史料的挖掘主要还是集中在地图的图面内容，只是将地图图面内容的形成、演变与历史进程以及宗教、文化和社会的变化联系起来进行分析，但即使如此，也已经引起了国际学术界对古旧地图以及地图学史研究的重视。

　　笔者认为伍德沃德和哈利的主张是完全正确的，但所谓的"将地图放置在其绘制的背景和文化中去看待"并不是局限于对图面内容的发掘，而是不仅要挖掘图面内容形成的社会、文化背景，而且还要将地图本身作为一种物质文化和知识的载体，并将其放置在其形成的各种背景中去看待和分析，由此才有可能挖掘地图独有的史料价值。下面以明代后期直至清代，相互之间有着渊源关系的一系列地图为例进行分析。

　　这一系列地图，目前可以见到最早的就是明嘉靖三十四年（1555）福建龙溪金沙书院重刻本的甘宫的《古今形胜之图》，因此可以将这一系列地图命名为"古今形胜之图"系列地图。通过传统的史料学的分析方法，

---

　　① 关于这一项目以及项目的意图，参见 https：//geography. wisc. edu/histcart/。对这一项目和丛书的简要介绍和评价，参见成一农《简评芝加哥大学出版社〈地图学史〉》，《自然科学史研究》2019 年第 3 期，第 370 页，以及本书第一篇的附录一。

可以追溯这一系列地图的资料来源。大致而言，就地图本身而言，其基本以桂萼《广舆图叙》"大明一统图"谱系的"舆地总图"子类中的地图为底图①，但这一系列地图的第二、第三子类还参考了明代后期来华传教士所绘世界地图，由此将地图所呈现的地理范围扩展到了整个欧亚大陆，甚至扩展到了当时所了解的"全球"（即包括了南北美洲以及南极）。就文本而言，地图图面上的文本可以追溯至《大明一统志》，而地图周边的文字大致可以追溯至桂萼的《广舆图叙》、罗洪先的《广舆图》以及民间日用类书等其他在明代中后期非常流行的文献。具体可以参见表10-1。

表10-1 　　"古今形胜之图"系列地图的子类以及资料来源

分类	子类之间的主要差异	资料来源	图名
第一子类		地图是对《广舆图叙》"大明一统图"谱系"舆地总图"子类的改绘；图面上的文字来源于《大明一统志》	明喻时《古今形胜之图》（嘉靖三十四年【1555】重刻本）
			明章潢《图书编》"古今天下形胜之图"（文渊阁四库全书本）
			明陈组绶《皇明职方地图》"皇明大一统地图"（明末刻本）
			明朱绍本、吴学俨等《地图综要》"华夷古今形胜图"（明末朗润堂刻本）
			日本京都大学藏未有图题的地图（绘制时间人致在清代末期）
第二子类	与第一个子类相比，较大的差异在于：1.增加了地图下方的文字；2.绘制的地理范围有所扩展，包括欧洲和非洲；3.地图图面上的文字注记也存在显著差异	地图除了是对《广舆图叙》"大明一统图"谱系"舆地总图"子类的改绘之外，还受到了传教士地图的影响；图面上的文字来源于《大明一统志》；地图下方的文字可以追溯至桂萼的《广舆图叙》	《乾坤万国全图 古今人物事迹》（明万历二十一年【1593】南京吏部四司正己堂刻本）
			《（天下）分（野）舆图（古今）人（物）迹》（康熙己未【1679】）
			《历代分野之界 古今人物事迹》（1750年日本刻本）

① 参见成一农《中国古代舆地图研究》，中国社会科学出版社2018年版，第365页。

续表

分类	子类之间的主要差异	资料来源	图名
第三子类	与第二个子类相比，这一子类增加了地图左右两侧的文本以及地图下方第二行的文字；地图所涵盖的地理范围更为广大，涵盖了南北美洲和南极；且重写了图面上的文字注记	地图除了是对《广舆图叙》"大明一统图"谱系"舆地总图"子类的改绘之外，还受到了传教士地图的影响；地图下方第一行的文字可以追溯至桂尊的《广舆图叙》；第二行的文字和地图两侧的文字可能来源于当时流传的一些类书	《天下九边分野 人迹路程全图》（明崇祯十七年【1644】金陵曹君义刊行）
			《大明九边万国 人迹路程全图》（原图为王君甫于康熙二年刊行，日人"帝畿书坊梅村弥白重梓"，但"重梓"时间不详）
			《天下九边分野 人迹路程全图》

　　如果按照传统的"地图入史"的研究方法，那么这一系列地图的图面内容没有太多新奇之处，因为无论是地图还是文本，基本都来源于常见的资料，所以除了可以谈谈传教士地图的影响、当时的中西文化交流以及"华夷观"这样"老生常谈"的问题之外，似乎没有太多可以分析的内容。但如果离开图面内容，"走向图面背后"的话，那么可谈的内容就会立刻变得丰富起来。

　　第一，地图绘制文化的视角。明代利玛窦等传教士绘制的地图，其绘制使用的数据是经纬度数据，并运用了将地球的球体投影到平面上的几何换算，且有着相对准确的比例尺；而中国古代地图根本没有比例尺，更谈不上经纬度和投影了，由此一来，从现代人的视角来看，传教士绘制的地图与中国古代地图在技术上似乎是无法融合的。

　　这一系列地图中的《大明九边万国 人迹路程全图》展现了解决这一现代人看来似乎无解的问题的方式。在这幅地图上，传教士地图上的经纬线全都被删除了；虽然南、北美洲和南极上的很多地名保留了下来，但它们的形状被大幅度的剪裁、缩小、扭转甚至变形。这种处理方式在认为地图应当是注重客观、准确的现代人看来是完全"不合法"的，但请记住进行这些处理的是中国古人，而在中国古人的脑海中地图是为了达成某种目的而主观构建的，同时"准确"并不是绘制地图的目的，因此这种处理方式完全符合中国古代的地图绘制文化。经过这番处理之后，这些图形就与以"中国"为主要表现对象的涵盖了欧亚非的中国传统地图完美地结合起来。而且，这种中西地理知识的融合，在图面上看不出有任何突兀之处。

如果进一步引申的话，我们可以得出这样的具有意义的结论：现代的、客观的、准确的地图虽然有其优势，但有时我们基于某些目的，希望在地图上突出某些信息，而淡化某些信息，以及将各种不同种类的信息混合在一起，这些功能对于现代地图而言实现起来较为困难，但对于中国古代地图而言则是轻而易举的事情。这种地图图像的包容性是中国古代地图所具有的特色之一，而这种包容性是现代地图所缺乏的，这也造成了现代地图的功能越来越单一。基于此，我们似乎应当反思，绘制地图的目的到底是什么？如果只是为了准确的话，那么显然将技术手段当成了目的！本末倒置了。

第二，文化史的视角。虽然中国古代地图学史的研究者都承认地图是为了使用的，但对"使用"的认知基本停留在通过地图获取地理信息上，这实际上窄化了中国文化对于地图功能的理解。就《古今形胜之图》系列地图而言，以往的研究者基本都认为这一系列地图属于"历史地图"或者"读史地图"①，但这显然局限于地图的用途在于获取信息这一狭隘的认知上。

通过对这一系列地图内容分析，我们可以发现：首先，这类地图上记载的历史事件过于简单，基本都是属于常识的"著名事件"，如《古今形胜之图》中北京旁边注记为"我太宗徙都此，国初曰北平布政司"，南京旁边的汪记为"我太祖定鼎应天"，用于读史显得过于简单了。其次，在这一系列地图的第二、第三子类的地图中充斥着文字错误，以《天下九边分野 人迹路程全图》为例，在地图下方对北直隶的描述中"大宁都司"被误写为"大宁郊司"；对云南的政区记述中文字错误极多，如"秦之分野"被写为"奉之分野"，"芒市"被误写为"芸布"，"干崖"被误写为"子崖"；等等。最后，"古今形胜之图"系列地图上的很多知识是过时的，如地图下方文字记载的人口、税收数据可以追溯至成书于嘉靖初年的桂萼

---

① 如《中华舆图志》将《古今形胜之图》分类为"历史地图"，参见《中华舆图志编制及数字展示》项目组《中华舆图志》，中国地图出版社 2011 年版。笔者也曾认为这一系列地图属于"读史地图"，参见成一农《从古地图看中国古代的"西域"与"西域观"》，《首都师范大学学报（社会科学版）》2018 年第 2 期，第 25 页。

的《广舆图叙》，也即这套数据对应的时间最晚就是嘉靖初年，但这套数据在直至清朝康熙年间的地图上依然被抄录。如果说上述这些数据由于没有太多的时间标记，所以无法被直观地看出"过时"的话，那么其对于政区的呈现则明显是"过时"的。如前文所述，这一系列的地图的底图使用的是可以追溯至桂萼《广舆图叙》的地图，因此主要表现的是明代嘉靖时期的政区。进入清代，政区变化非常剧烈，与明代存在本质上的区别，虽然这一系列地图的清代刊本确实进行了一些调整，如将南直隶改为江南，但无法进行全局性的改变，由此当时已经裁撤的各个都司在地图上依然被保留下来，要解决这一问题除了改换底图之外，似乎别无他法，但这种情况并未发生。因此，上述证据说明，这一系列地图的受众很可能是基层大众，甚至可能是不太识字的人。

到了这一步，可能很多研究者会想到这些地图是否可以代表明末清初民间流行的地理知识。如果从这一角度进行分析，那么显然又回到了地图的用途在于获取地理信息这一狭隘的认知上。结合地图上如此多的错误和过时的信息，再加上其所针对的对象是基层民众，那么我们是否可以认为这些地图的主要功能实际上不在于获取地理知识，而是为了满足这些民众炫耀的心理？毕竟在绝大多数时代，对于高层次的知识分子都是尊敬的，因此试想一位只有基本识字能力，甚至不识字的普通民众，如果在家中张挂一幅内容涉及古今、似乎是为高级知识分子准备的地图的时候，其自尊心和虚荣心将会得到多大的满足。由此我们可以进一步推测，在基层人士以及粗通文字的普通民众中，这些地图的功能除了获得一些最为基本的历史、地理方面的知识之外，更主要的是被用来张挂，以凸显其所有者的"渊博学识"。如同我们今日某些人家中摆放的从未真正阅读过的二十五史、四大名著，以及在20世纪90年代之前很多人家中张挂的世界地图和中国地图，其功能不仅是被作为阅读材料，而重要的还在于"炫耀"和"彰显"。这一系列地图中在图面上记载了大量对于普通人而言基本无用的域外的历史和地理，似乎也从另一层面证明了这一点，毕竟由此可以使其所有者看起来不仅"贯通古今"，而且还"通晓中外"。

不仅如此，地图的这种功能在西方也是存在的，如欧洲在文艺复兴时期某些权贵的图书馆中收藏的大开本的、有着豪华装饰的航海图集，这些地图集显然不会被用于航海，而主要作为权贵们知识渊博的标志以及他们崇高地位的象征。

进一步引申的话，书籍和地图首先是一件物品或者商品，因此对于制作者、使用者、购买者、观看者而言，出于不同的目的，其功能是多样的，可以用于出售、展示、猎奇、炫耀、投资、学习，而传递知识只是功能之一，或者承载知识只是达成其某些目的和功能的手段。基于此，我们通过地图揭示了一种以往被忽略的但又重要的文化现象。

第三，知识史的视角。以往知识史的研究一般都将书籍中蕴含的知识，认为就是书籍针对的对象所掌握的知识，这一点在民间类书的研究中尤其普遍。① 但从上文文化史视角的分析来看，这一认知显然是存在问题的。作为知识载体的书籍、地图以及其他各类图像，传递知识只是它们的功能之一，或者只是服务于其中某些目的的功能之一，因此在研究中，我们不能假定知识载体的制作者、使用者、购买者、观看者都能以及希望理解或掌握这些知识，也不能假定知识载体的制作者、使用者、购买者、观看者都在意其上所承载的知识。民间类书中蕴含的知识可能更应当首先被看成民间以及最初编纂者认为有价值的知识，当然这里的"价值"并不只是"学习价值"。因此，以往基于民间类书对于古代民间知识的研究其出发点就是完全错误的。

此外，从内容上来看，"古今形胜之图"系列地图所使用的数据基本上都来源于上层士大夫的已经系统化的知识，基于这些资料在当时的流行程度，因此在某种程度上也可以被称为"经典化"的知识内容。这种用"经典化"的知识构建民间地图的活动，展现了一种从上至下的知识流动，代表了知识的普及。而这一系列地图流传的时间，与明代后期日用类书的大量出现是同步的。虽然普通民众可能并不理解这套知识的内容，但通过这些地图和书籍的出版，他们确实有了解、掌握这套知识的内容的机遇和可能。这一趋势从印刷术开始流行的宋代就已经开始，日用类书，

---

① 吴慧芳：《万宝全书：明清时期的民间生活实录》，花木兰文化出版社 2005 年版；王尔敏：《明清时代庶民文化生活》，岳麓书社 2002 年版；方波：《民间书法知识的建构与传播——以晚明日用类书所载书法资料为中心》，《文艺研究》2012 年第 3 期等。

印刷使知识流传的成本降低，流传范围拓展，人们接触知识的可能性增加①。

　　上述结论也是以往从知识史的角度进行的日用类书研究的结论之一，但这样的分析忽略的一个更深层次的问题就是，既然这幅地图的知识的内容，主要来源于上层士大夫的已经系统化的知识，也即在知识内容上，其与上层士大夫中流行的知识是相似，甚至相同的，但为什么这一系列地图，尤其是第二、三子类针对的受众就是普通民众，或者为什么它们只流行于普通民众之中（当然这里所说的流行的知识不等于是被掌握的知识）。②

　　这一问题的答案显然是在知识的内容之外。在分析之前首先要明确一个问题，"知识"的内容并不是凭空存在的，其需要通过文字、图像等要素以及各要素之间的空间、逻辑等关系表达出来，这些可以被归结为知识的表达形式；而且知识的"内容"以及表达形式又被放置在龟甲、青铜、竹简、丝帛、石头以及纸张等载体之上，而这可以被归结为知识的承载形式。因此，知识的内容、表达形式和承载形式三者结合起来，才构成了"知识"。

　　与本处所讨论的问题存在密切联系的可能就是知识的表达形式，大致而言，知识的表达方式至少包括如下方面：表达内容时所用的语言，如汉语、法语等等；语言的组织方式，如白话文、文言文；措辞，如是否典雅，是否掺杂大量俗语；刊刻或者手写的水平高低，如是否存在大量的错字，书法是否精美；各要素在载体上的布局是否美观，是否符合阅读习惯等。如前文所述，《古今形胜之图》系列地图，无论是地图还是文本，其内容都源自上层士大夫的已经系统化的知识，但三个子类地图所针对的对象则存在明显差异。第一类，即《古今形胜之图》，刊刻较为精良，且其中存在的文字错误极少，因此就目前所见在当时的一些所谓高级知识分子的著作中曾经作为插图存在。第二、三子类的某些地图虽然刊刻也较为精良，但大部分刊刻的较为粗糙，且存在大量显而易见的文字错误，这些错

---

① 参见本篇第二章。
② 至少就目前掌握的资料来看，我们无法证明第二、三类图在高级士大夫中流传。

误应当不是最初的撰写者造成的，而是刊刻者造成的，同时这些地图的购买者只是粗通文理，甚至不识字的普通民众，而且如前文所述，随着时间的流逝，两类地图在内容上也是过时的，甚至错误的。当然，需要说明的是，这里并不是说，知识的表达形式造就了地图针对的对象的差异，因为很可能是因为销售对象，使书商自觉或者不自觉地选择了水平不高的刻工以及沿用了在内容上过时的知识。不过，需要强调的是，虽然地图设定的对象是只是粗通文理，甚至不识字的普通民众，但不代表只有这些对象可以购买这类地图，但如前文所述，这一系列地图的第二、三子类并没有在国内的高层知识分子中流传，由此也似乎说明知识的表达形式影响了知识传播的对象。当然，这并不是否定"知识"内容对其流行对象的影响，毕竟这一知识体系的内容"贯通古今中外"，由此满足了只粗通文理，甚至不识字的普通民众的心理需求。而且，我们也不能否定知识的承载形式对知识流行对象的影响，但在本章分析的对象中，这一影响并不清晰。

我们可以进一步得出如下结论：在知识缺乏分类、创新性不大以及知识总量有限的古代，在各个阶层之间流通的知识，在内容上确实会存在差异，但也有很大部分是重合的，尤其是那些儒家、佛教和道教的基本知识，尤其是在印刷术普遍运用的时代更是如此。不过这些知识在各阶层中流行时，其内容的表达形式和载体应当是存在差异的。由此，最终的结论就是，决定了某种知识的流行群体的不仅是其内容，还有其表达形式，甚至载体等各种因素。由此，我们通过古地图的分析揭示了以往知识史研究中存在的一个重要错误认知，且对知识史研究中一个重要的问题进行了初步探讨。①

第三节 提出"正确"的问题

除了我们看待"地图"的视角需要改变之外，我们还应提出"正确"的问题，但所谓"正确"的问题，不是指问题本身是"正确"的，而是指

_____

① 对此更为详细的分析，参见本书第二篇第八章以及本篇第三章。

提出的问题应当涉及历史学界关注的热点、前沿，或者是对学科具有颠覆性的问题，简言之，即属于"重要的问题"。在此，以前文提到的葛兆光和管彦波的研究为例进行分析。

葛兆光和管彦波的研究，基于某些全国总图和寰宇图图面内容，分析了中国古代的"天下观"和"华夷观"，即中国古人认为天下是由"华""夷"两部分构成的，其中"华"在政治、经济和文化上居于主导地位，而"夷"则处于从属地位。当然，这样结论在之前的研究中早就存在，因此他们的研究并没有使得古地图的史料价值凸显出来。

"中国历史上的疆域"，长期以来是史学以及相关领域研究的重点。由于"中国"古代关于"国家""疆域"等术语的概念，与今天对这些术语的认知，分别建基于两套完全不同的话语体系以及对世界秩序的认知之上，因此存在根本性的差异，而以往的研究或者使用这些术语偏向现代的含义来认知古代，或者没有意识到这些术语古今概念的变化，因此，实际上目前急需从"中国"古代对世界秩序的角度来分析古代的"疆域观"。由于"疆域观"和"世界秩序"属于地理认知的范畴，而如果通过文本来叙述和复原地理认知是相当困难的，在这方面，地图就有着天然的优势，下面对此进行简要论述。

除了几幅出土于墓葬的地图之外，中国古代保存下来的地图最早是宋代的，历史地图集也是如此。目前已知在清末之前大致绘制有7套历史地图集。在古代"天下观"和"疆域观"的研究中，以往都忽略了历代绘制的历史地图集，但历史地图集在这一研究中的重要性在于，其除了要表达现实政区之外，更为重要的是，要追溯以往，因此绘制历史地图集时，最基本的工作就是要选定一个用来在其上绘制之前历史时期地理事物的空间范围，而这一被选定的空间范围在很大程度上代表了绘制者心目中认定的正统王朝所应"有效"直接管辖的地理范围。

我国现存最早的历史地图集是成书于北宋时期的《历代地理指掌图》，共有地图47幅，除了几幅天象图和"古今华夷区域总要图"之外，所有地图绘制的地理空间范围基本一致，大致以"太宗皇帝统一之图"为标准，东至海，南至海南岛，西南包括南诏，西至廓州，西北至沙州，北至长城，东北至辽水。而"古今华夷区域总要图"，与《太宗皇帝统一之图》

相比，在所表现的空间范围上，增加了辽东和西域部分，而且在整部《历代地理指掌图》中只有"古今华夷区域总要图"绘制有这两个地区，从图名中的"华夷"来看，这显然是绘制者所关注的"天下"，但这并不代表宋人只知道这些"夷"，也即并不是宋人的"天下"只有那么小。对此可以引唐晓峰的解释，即"他们知道，在天的下面，除了中国王朝，还有不知边际的蛮夷世界。只是对于这个蛮夷世界，中国士大夫不屑于理睬"①。此后直至清代后期的历史地理图集，甚至杨守敬的《历代舆地沿革险要图》绘制的范围大致都是如此。而这一地域范围，与"九州"范围非常近似。同时，一个显而易见的问题就是，在今人看来汉、唐、元极为广大的疆域，在中国古代的历史地图集中并没有得以明显的呈现。对此似乎只能解释为绘制者只关注于"九州"所对应的"华"地的历史变迁，由此可以认为中国古人实际上并不在意王朝对"夷"地的控制，在他们眼中正统王朝的应"有效"直接管辖的以及应当在意的土地只是"华"，也即"九州"和"中国"，而对历代王朝是否控制"夷"地则并不在意，毕竟在中国古代的"天下观"中，只要"四夷来朝"就可以了。

除了历史地图集之外，中国古代还存在大量的"总图"和"寰宇图"，对此笔者在《"实际"与"概念"——从古地图看"中国"陆疆疆域认同的演变》一文中已经进行过分析②，该文虽然分析的是"疆域认同"，但实际上分析的是"疆域观"，即历史上正统王朝所应领有的土地，结论为："通过对宋代以来'全国总图'的分析可以认为，从宋代至清代前期，虽然各王朝统治下的疆域范围存在极大的差异，但各王朝士大夫疆域认同的范围则几乎一致，基本局限在明朝两京十三省范围，只是在明代开始将台湾囊括在内。清代康雍乾时期，虽然先后在内外蒙古、台湾、新疆和西藏确立了统治，但疆域认同上的变化只是将清朝的发源地东北囊括在内，并且最终将台湾囊括在内，内外蒙古、新疆和西藏只是出现在以体现王朝实际控制范围为主要内容的官绘本地图中，较少出现在私人绘制的地图中，

---

① 唐晓峰：《从混沌到秩序：中国上古地理思想史述论》，中华书局 2010 年版，第 295 页。

② 成一农：《"实际"与"概念"——从古地图看"中国"陆疆疆域认同的演变》，《新史学》第 19 辑，大象出版社 2017 年版，第 254 页。

因此可以认为这些地区依然未被主流的疆域认同所囊括。疆域认同的转型开始于 19 世纪 20、30 年代，这一时期绘制的'全国总图'越来越多地将内外蒙古、新疆和西藏囊括在内，不过与此同时，'府州厅县全图'或以'直省'为主题的地图，依然将这些区域以及东北排除在外，由此显示在当时士人的疆域认同中，这些区域与内地省份依然存在细微差异。光绪中后期，新疆、台湾、东北地区先后建省，此后绘制的'全国总图'基本都将这些区域以及西藏、内外蒙古囊括进来，由此形成的疆域认同一直影响到了今天"①。

除了"全国总图"之外，中国古代还存在一些"天下图"，如著名的《大明混一图》和《大清万年一统地理全图》系列，以及明代后期在民间广泛流传的不太著名的《古今形胜之图》系列以及上文提及的《历代地理指掌图》中的"古今华夷区域总要图"。它们总体特点非常明确，即将正统王朝所在的"华"地放置在地图的中心，且按照今天科学地图的角度来看，其不成比例地占据了图面的绝大部分空间，绘制得非常详细，是全图绘制的重点；同时将"夷"地放置在地图的角落中，绘制的非常粗糙、简略，同时，在两者之间并没有标绘界线。囊括了欧亚非的地图居然命名为"大明混一图"，在今天看来是无法理解的，因为这远远超出了"大明"实际控制的地理空间范围，但放置在中国古代"华夷观"之下就完全是合理的，因为"大明混一图"体现了古人的"天下观"，即由"华"居于主导地位之下的"华夷秩序"以及"普天之下，莫非王土"。

综上而言，可以认为在中国"华夷"构成的"天下观"以及"普天之下，莫非王土"的观念下，古人的"疆域观"实际上有三个层次，第一个层次就是囊括"华夷"的"普天之下"，这是正统王朝必然在名义上具有的地理空间范围；第三个层次则就是"九州""中国"，"九州""中国"是正统王朝所应当直接领有的。此外，在两者之间还存在一个实际的第二层次，即王朝实际控制的地理空间，大致而言，在这一层次中，王朝应当（必须）占有"华"地，然后通常还占有一些"夷"地，或者与周边某些"夷"地存在明确的藩属关系。

---

① 与其他论文相近，该文依然混淆了"疆域"一词在古今概念上的差异。

由此，在中国古代的"天下观"下，"天下"只有一个正统王朝，即使是分裂时期，也必然只有一个"正统王朝"，因此根本不可能存在现代国家秩序下有着平等关系的主权国家的概念，也就根本不可能存在现代意义上的"疆域"的概念，而只有多个层次的"疆域观"。但要强调的是，这里的"疆域"是不具有主权概念的。以往关于中国古代疆域的研究实际上从出发点上就是存在问题的，即因为中国古代没有现代"疆域"的概念，那么也就不存在"中国历史上的疆域"这样的问题，所以论述近代之前"中国历史上的疆域"本身就是错误的。①

中国古代的疆域长期以来是学界关注的问题，更是近年来的研究热点，上述对中国古代"疆域观"的分析虽然依据是地图的图面内容，但对于这一重要问题得出了完全不同于以往的认知②。

第四节　总结

总之，"图像入史"的关键不在于图像，而在于作为研究主体的我们。史料不会自己说话，图像史料也是如此，我们看待它们的视角越多，它们能告诉我们的也越多。反言之，如果我们看待它们的视角是传统的、单一的、固化的话，那么它们告诉我们的大概也只是那些我们已经知道的东西。当然，我们也要学会提出"正确"的问题，是"问题"决定了需要运用的"史料"以及对"史料"的运用方式，而不是相反。提不出"正确"的问题，再多的史料也是无用！上述认知，实际上不仅适用于图像史料，也适用于文本史料。历史研究的进步，史料的挖掘和累积永远只是基础，

---

① 需要说明的是，目前"天下观"和"疆域观"研究中的很多术语都是外来的，如"国家""疆域""国界"等等。虽然这些词汇"中国"古已有之，但需记住的是，正是在近代，在接触到西方的近现代形成的"主权国家"、主权国家意义下的"疆域"等概念时，试图用"中国"古已有之的，在概念上接近的词汇来翻译和表达这些术语，简言之，是用"中国"古代的词汇来表达着西方现代的概念。这样的翻译，虽然表面上看起来没有问题，但运用到研究中则带来的混乱，即在研究"中国"古代的问题时使用这些术语，会让研究者和读者有意无意地误认为这些词汇表达的现代含义在古代也是存在的，这显然是有问题的，而且这也是目前几乎所有关于"中国古代疆域"研究存在的根本性问题的最终根源。

② 更为详细的论证，参见本篇第五章。

史料不可能引导史学的发展和革命，引导史学发展以及革命的只有我们自己，我们的思想和认知能力。

"史料不是救世主"！

第二章　印刷术与宋代之后知识
发展方式的转型

——以中国古代全国总图为例

第一节　问题的提出

　　虽然目前对于中国古代雕版印刷术发明的时间存在争议①，但对雕版印刷术在宋代的普及则基本没有太多的疑义，而且自古以来对于雕版印刷术的优点就有着明确的认识，如明代的胡应麟就认为："至唐末宋初，钞录一变而为印摹，卷轴一变而为书册。易成、难毁、节费、便藏，四善具焉"②。而对于雕版印刷术产生的影响，尤其是对中国古代文化的影响，至少自近代以来就有学者加以论述，典型的如内藤湖南所说："印刷技术的发展对弘扬文化是个巨大推动，随之出现了学问的民众化倾向"③；又如钱存训在李约瑟主编的《中国科学技术史》第五卷第一分册"纸和印刷"中同样强调了印刷术扩大了文化传播的范围，拓展了能接触"知识"的群体，并将其与科举考试等领域的变革联系起来④。这些观点也基本为后来的学

---

① 参见辛德勇《中国印刷史研究》（三联书店 2016 年版）中对各种相关观点的介绍和评述。

② 胡应麟：《少室山房笔丛》卷四"经籍会通四"，广雅书局光绪二十二年（1896 年）版。

③ ［日］内藤湖南：《中国史通论——内藤湖南博士中国史学著作选译》，夏应元等译，社会科学文献出版社 2004 年版，第 389 页。

④ 李约瑟《中国科学技术史》第 5 卷第 1 分册"纸和印刷"，科学出版社、上海古籍出版社 1990 年版，第 337 页。

者所接受，从强调的重点来看，这一观点论述的主要是印刷术的发明使得信息、知识的大规模复制成为可能，由此扩大了文化传播的范围。以内藤湖南为代表的学者进而将这种知识流传范围的扩展，尤其是在普通民众中的流传作为引发"唐宋变革"的原因之一。这种论述大都基于统计资料，也有着史实的基础，基本是成立的。

　　基于上述认识，一些研究者将印刷术造成的文化传播范围扩展所产生的影响回归"知识"本身，认为流传范围的扩展造成了知识本身的演变，如苏勇强认为书籍刊刻的发达推动了古文运动的形成①；以及张高评、张锦辉等关于雕版印刷对宋代诗歌流派形成的影响以及对"诗分唐宋"的论述②等等。这类观点，总体而言应当是正确的，不仅如此，中外学界关于印刷术与欧洲文艺复兴运动之间的联系存在着一定的共识，且对某些专门门类的知识与印刷术的关系也进行过较为深入的讨论，如印刷术与欧洲文艺复兴时期地图发展之间的关系③。可能正是基于这种"常识性"的认识，目前学界对宋代印刷术与具体某类知识的发展之间关系的研究，主要的论证方式就是：印刷术造成了著作（知识）传播范围的扩展，由此造成了知识的发展或者变革。这种论证方式在逻辑上显然是存在缺陷的，即著作传播范围的扩展与知识的发展或者变革之间并不存在必然的线性的联系：第一，在印刷术发明之前，也存在知识的扩展，那么印刷术发明之后，这种知识的扩展与之前相比存在哪些质的差异？以往这方面的研究多注重对印刷术发明后知识扩展的展现，缺乏与之前的对比。第二，知识传播范围的扩展如何造成了知识的发展和变革，这种影响是如何具体展现出来的？以往这方面的研究缺乏在具体事例、具体知识层面上的论证，似乎是基于先

---

　　① 苏勇强：《北宋书籍刊刻与古文运动》，浙江大学出版社 2010 年版。

　　② 张高评：《宋代印刷传媒与诗分唐宋》，《江西师范大学学报（哲学社会科学版）》2011 年第 1 期，第 39 页。张锦辉：《宋代雕版印刷传播对宋代诗歌的影响》，《云南社会科学》2013 年第 2 期，第 183 页。

　　③ David Woodward, "Cartography and the Renaissance: Continuity and Change", in J. B. Harley and David Woodward, *The History of Cartography*, vol. 3, *Cartography in the European Renaissance*, p. 20.

入为主的认识而将两者联系在一起，因此结论缺乏说服力①。

此外，以往研究所强调的印刷术扩大了知识传播范围，只是看到了问题的一个方面，并不全面。众所周知，一代人积累的知识是无法直接、完整地传递给下一代的，从古至今，世代之间传递知识的唯一手段就是下一代人的重新学习，由此下一代人获取知识的范围就成为知识传承的关键，而知识传承又影响知识的累积，知识的累积进而又在很大程度上决定了新知识的产生速度。在抄本和绘本时代，复制知识的低效决定了知识流传范围的有限，以及很容易受到彻底的破坏，因此某类知识的长期传承是比较困难的，由此也使知识的积累也是缓慢和脆弱的，进而使建立在知识积累基础上的新知识的产生也极为缓慢。印刷术的产生扩大了知识的传播范围并且增大了知识保存下来的可能性，由此彻底改变了这一状况。但在以往印刷术对知识的影响的研究中，主要强调的是印刷术扩大了知识传播的范围，而对于增大了知识的保存和积累的可能性基本没有提及，如钱存训在李约瑟主编的《中国科学技术史》中提到"到了宋代，印刷的大规模生产、发行和使得文字永存的力量引起了经学的复兴，也改变了治学和写作的方式"②，但仅仅是一笔带过，没有对这方面的重要性进行具体分析。知识的保存和积累对于新知识的产生，也就是知识创新的影响对于人类知识的演进是更为重要的，因为即使知识流传范围扩展，但如果无法传递到下一代，那么也就难以产生新知识，同时即使产生了新知识，如果这种新知识保存不下来，那么这样的新知识对于人类知识的演进也是无用的。

总体而言，以往的研究虽然认识到了印刷术对于宋代"知识"发展和变革方面产生的影响，但在研究中似乎只是基于这一认识建立了知识的"传播"与知识的"发展和变革"的事实之间的联系，缺乏对这种联系的

————————————

① 如张锦辉《宋代雕版印刷传播对宋代诗歌的影响》"宋代雕版印刷不仅保存了大量的宋人诗歌集，而且也促使其传播途径多样化，呈现出官方传播、商业传播、民间传播并举的局面。传播途径的多样化，既对文人文学创作和一生产生了深远影响，同时也对诗歌流派的形成、维系具有重要影响"，就是这方面的典型，作者在文中并没有具体阐述所谓"深远影响"的具体表现，也没有对"传播途径的多样化"与"对诗歌流派的形成、维系具有重要影响"从具体例证入手进行分析。

② 李约瑟主编：《中国科学技术史》第5卷第1分册"纸和印刷"，科学出版社、上海古籍出版社1990年版，第338页。

深入和具体例证层面的分析。本章希望从例证方面入手，从知识积累、传播的角度对印刷术对于宋代及之后"知识"发展和变革方面产生的影响进行具体的分析。现存的中国古代的"全国总图"都是宋代之后的，且笔者已经对其进行过大致全面的搜集，并对其发展脉络进行了细致的梳理，本章即以"全国总图"为例对这一问题进行阐释。

第二节 印刷术对宋代及之后"全国总图"发展的影响

作为对比，在对这一问题进行分析之前，首先要考虑唐代及之前，也就是印刷术普遍使用之前"全国总图"的流传情况。虽然我们知道在唐代及之前出现过一些著名的"全国总图"，如裴秀的《禹贡地域图》、贾耽的《海内华夷图》，但这些地图都没有流传下来，而且在文献中也缺乏对它们流传情况的记载，因而对唐代之前"全国总图"的流传情况进行直接分析是不太可能的，同时基于零散的资料得出的结论也缺乏说服力。对此，本章从宋代及之后的地图入手，基于中国古代地图绘制的特点来对这一问题进行分析。

中国古代地图的绘制中存在晚出的地图改绘早期地图的传统和习惯，不过这种改绘通常并不彻底，大都只是修改地图改绘者感兴趣或者主要关注的内容，基本不会将早期地图上的所有地理要素，尤其行政区划的名称全部改为改绘者所在时期的，由此在改绘后的地图上往往留下一些早期的地名，如从宋代流传至清代的以"十五国风"为主题的地图。①

在现存的绝大部分全国总图中，能追溯到的最早的行政区划名就是宋代的，少有的例外就是《禹迹图》，"图中京西南路和北路，京东东路和西路，河北东路和西路，河东路，永兴军路，秦凤路，淮南东路和西路，两浙路，江南东路和西路，成都府路，利州路，福建路等所标注的均为宋代的府、州，即图幅上额附注的'今州郡名'。而荆湖南路和北路，梓州路，夔州路，广南东路和西路等，唐、宋地名混合使用，域外地区几乎全部使

---

① 参见本书第二篇第三章。

用唐代州郡和山水地名"①，自清人毕沅以来很多学者认为该图是基于唐代贾耽的《海内华夷图》②，辛德勇《说阜昌石刻〈禹迹图〉与〈华夷图〉》批驳了这一观点，认为《禹迹图》应当是当时出于经学教学目的而镌刻的图碑③。不过辛德勇同时认为《华夷图》是基于唐代贾耽的《海内华夷图》绘制的，其依据主要是文献中唐代后期至宋代文献中多次提到"华夷图"；这一观点实际上也为之前的曹婉如等学者所持有④，只是曹婉如等学者主要依据的是该图图记注中提到"其四方蕃夷之地，唐贾魏公图所载凡数百余国，今取（列）其着闻者"以及图中黄河下游河道的走势为宋代仁宗庆历八年（1048）之前的状况，即该图绘制时间之前的状况。但上述认识存在如下问题：《华夷图》中的图记只是陈述在绘制周边"四方蕃夷之地"时参考了贾耽的地图。而且即使曹婉如的推断是正确的，但是从图中内容来看，四周的文字注记大部分应当是宋人所写的⑤，图中的行政建置都是宋代的建置，此外对某些河道表述的也是宋代的情况，最为典型的就是东京（开封）附近和河道，其向东南的两支在唐代是没有的，应该是宋代开凿的惠民河和金水河。因此，即使《华夷图》是以贾耽的《海内华夷图》为底图绘制的，那么其采用也只有地图轮廓和部分河道的走势。此外，就绘制内容而言，《华夷图》很可能是改绘自《历代地理指掌图》某一版本的"古今华夷区域总要图"⑥，而根据分析《古今华夷区域总要图》可能是以《历代地理指掌图》中"太宗一统之图"，即一幅北宋时期的地

---

① 何德宪：《齐刻〈禹迹图〉论略》，《辽海文物学刊》1997 年第 1 期，第 81 页。

② 参见辛德勇《说阜昌石刻〈禹迹图〉与〈华夷图〉》（《燕京学报》新 28 期，北京大学出版社 2010 年版）中的概述。

③ 辛德勇：《说阜昌石刻〈禹迹图〉与〈华夷图〉》，《燕京学报》新 28 期，北京大学出版社 2010 年版。

④ 曹婉如：《华夷图和禹迹图的几个问题》，《科学史集刊》第 6 期，科学出版社 1963 年版，第 36 页。

⑤ 如"夏国自唐末拓跋思恭赐姓李氏，宋端拱初赐以国姓，至宝元六年元昊始僭号"；"甘凉五州即汉武时取浑邪、休屠王地置河西四郡，南隔诸羌、据二关断匈奴右臂以通西域。宋初以来朝贡不绝"等。

⑥ 成一农：《浅析〈华夷图〉与〈历代地理指掌图〉中〈古今华夷区域总要图〉之间的关系》，《文津学志》第 6 辑，国家图书馆出版社 2013 年版，第 164 页。

图为底图绘制的①。因此，《华夷图》很可能与贾耽的《海内华夷图》之间没有直接的关系，即使存在联系，其关系也并不密切。

此外，在宋代之后的古籍中长期留存、具有较大影响力的"全国总图"，很多都能追溯到宋代，而这些地图要不就是图面上找不到宋代之前的地理要素的信息，如上面提到的"十五国风"系列的地图；要不就是明确可以确定是宋代绘制的，如著名的《历代地理指掌图》，因此在现存的所有地图中基本看不到唐代地图的任何蛛丝马迹。

从上述分析来看，即使存在《华夷图》这样的例外，但可以明确地认为，宋代及其之后的全国总图几乎没有受到唐代地图的影响，甚至可以进一步推论，到了宋代基本已经难以看到唐代的全国总图。当然这里论述的是唐代地图的留存情况，虽然留存与传播两者之间存在差异，但是如果我们承认在抄本和绘本时代，地图的流传范围与地图的留存的几率存在较大的相关性的话，那么由此也就说明唐代的地图实际上流传范围也应当是非常有限的。而且，这一推论也可以适用于唐代之前，即在唐代及其之前绘制的"全国总图"的流传范围应当很小，留存到后世的几率也不大，因此虽然可能也存在某些"全国总图"的传承，但应当是极其有限的，并且难以长期延续。

宋代及之后，这种情况发生了根本性的变化。以往对于宋代"全国总图"的研究，大都集中于石刻地图以及历史地图集《历代地图指掌图》，但实际上在保存至今的宋代古籍中还存在大量的"全国总图"，如在现存的五部宋代著作，即《十七史详节》《陆状元增节音注精议资治通鉴》《音注全文春秋括例始末左传句读直解》《永嘉朱先生三国六朝五代纪年总辨》《笺注唐贤绝句三体诗法》中存在一系列轮廓和绘制方法非常近似的历史地图，这些历史地图所表现的时间上至五帝下至五代，可能出自同一套原本已经散佚的历史地图集，并且这些地图中一些还被后世的文献所引用。② 这种情况与没有任何地图保存至今的唐代形成了鲜明的

① 成一农：《浅析〈华夷图〉与〈历代地理指掌图〉中〈古今华夷区域总要图〉之间的关系》，《文津学志》第 6 辑，国家图书馆出版社 2013 年版，第 164 页。

② 参见本书第二篇第六章。

对比。

不仅如此，这些保存下来的"全国总图"中的很大一部分，在后世的书籍中被广泛引用。以《历代地理指掌图》为例，其中的地图，除了被《三才图会》为代表的类书收录之外，其中一些与《禹贡》和《春秋》有关的地图，被很多经部的著作引用，如关于《禹迹图》就出现在了《六经图》《七经图》中，《春秋列国之图》出现在《春秋四家五传平文》《春秋大全》《春秋左传评苑》等著作中。具体参见表10-2。

表10-2　　　　《历代地理指掌图》中的地图的流传情况

《历代地理指掌图》图名	以此为底图抄录或者改绘的地图
古今华夷区域总要图	《华夷图》
	《修攘通考》古今华夷区域总要图
历代华夷山水名图	《修攘通考》历代华夷山水名图
帝喾九州之图	《修攘通考》帝喾九州之图
	《三才图会》帝喾九州之图
虞舜十有二州图	《修攘通考》虞舜十有二州图
	《三才图会》虞舜十有二州图
	《帝王经世图谱》舜肇十有二州之图
禹迹图	《三才图会》禹迹图
	《修攘通考》禹迹图
	《新编纂图增类群书类要事林广记》历代舆图
	《纂图增新群书类要事林广记》历代舆地之图
	《六经图》禹贡九州疆界之图
	《六经图碑》禹贡九州疆界图
	《七经图》禹贡九州疆界之图
	《八编类纂》禹贡九州疆界之图
	《帝王经世图谱》禹迹九州之图
商九有图	《修攘通考》商九有图
	《三才图会》商九有图

续表

《历代地理指掌图》图名	以此为底图抄录或者改绘的地图
周职方图	《修攘通考》周职方图
	《三才图会》周职方图
	《帝王经世图谱》周保章九州分星之谱
	《帝王经世图谱》周职方辨九州之图
春秋列国之图	《修攘通考》春秋列国之图
	《八编类纂》春秋诸国地理图
	《六经图》春秋诸国地理图
	《七经图》春秋诸国地理图
	《春秋四家五传平文》东坡指掌春秋图
	《春秋四家五传平文》西周以上地图
	《八编类纂》春秋列国图
	《左氏兵法测要》春秋列国图
	《图书编》春秋列国图
	《武备地利》春秋列国图
	《三才图会》春秋列国之图
	《广舆考》东坡指掌春秋列国图
	《春秋大全》春秋大全列国图
	《春秋左传评苑》东坡指掌春秋列国图
七国壤地图	《修攘通考》七国壤地图
	《三才图会》七国壤地图
	《春秋四家五传平文》列国地图
秦郡县天下图	《修攘通考》秦郡县天下图
	《三才图会》秦郡县天下图
刘项中分图	《修攘通考》刘项中分图
	《三才图会》刘项中分图
	《春秋四家五传平文》楚汉之际方隅割据图

续表

《历代地理指掌图》图名	以此为底图抄录或者改绘的地图
西汉郡国图	《修攘通考》西汉郡国图
	《禹贡古今合注》汉郡国图
	《三才图会》西汉郡国图
	《禹贡汇疏》汉郡国图
	《春秋四家五传平文》西汉末方隅割据图
异姓八王图	《修攘通考》汉异姓八王图
	《三才图会》汉异姓八王图
汉吴楚七国图	《修攘通考》汉吴楚七国图
	《三才图会》汉吴楚七国图
东汉郡国之图	《修攘通考》东汉郡国之图
	《三才图会》东汉郡国之图
	《春秋四家五传平文》秦汉地图
	《春秋四家五传平文》东汉地图
	《春秋四家五传平文》东汉末方隅割据之图
三国鼎峙图	《修攘通考》三国鼎峙图
	《三才图会》三国鼎峙图
	《春秋四家五传平文》□汉地图
西晋郡国图	《修攘通考》西晋郡国图
	《三才图会》西晋郡国图
	《春秋四家五传平文》两晋地图
东晋中兴江左图	《修攘通考》东晋中兴江左图
	《三才图会》东晋中兴江左图
刘宋南国图	《修攘通考》刘宋南国图
	《三才图会》刘宋南国图
萧齐南国之图	《修攘通考》萧齐南国之图
	《三才图会》萧齐南国之图
萧梁南国之图	《修攘通考》萧梁南国之图
	《三才图会》萧梁南国之图

续表

《历代地理指掌图》图名	以此为底图抄录或者改绘的地图
南陈南国图	《修攘通考》南陈南国图
	《三才图会》南陈南国之图
元魏北国图	《修攘通考》元魏北国图
	《三才图会》元魏北国之图
高齐北国图	《修攘通考》高齐北国图
	《三才图会》高齐北国图
后周北国图	《修攘通考》后周北国图
	《三才图会》后周北国图
隋氏有国图	《修攘通考》隋氏有国图
	《三才图会》隋氏有国图
	《春秋四家五传平文》南北朝隋地图
	《春秋四家五传平文》隋末方隅割据之图
唐十道图	《修攘通考》唐十道图
	《禹贡古今合注》唐十道图
	《三才图会》唐十道图
	《禹贡汇疏》唐十道图
	《春秋四家五传平文》唐舆地图
唐郡名图	《修攘通考》唐郡名图
	《三才图会》唐郡名图
唐十五采访使图	《修攘通考》唐十五采访使图
	《三才图会》唐十五采访使图
李唐藩镇疆界图	《修攘通考》李唐藩镇疆界图
	《三才图会》李唐藩镇疆界图
	《春秋四家五传平文》唐末藩镇建置之图
朱梁及十国图	《修攘通考》朱梁及十国图
	《三才图会》朱梁及十国图

续表

《历代地理指掌图》图名	以此为底图抄录或者改绘的地图
后唐及五国图	《修攘通考》后唐及五国图
	《三才图会》后唐及五国图
石晋及七国图	《修攘通考》石晋及七国图
	《三才图会》石晋及七国图
刘汉及六国图	《修攘通考》刘汉及六国图
	《三才图会》刘汉及六国图
郭周及七国图	《修攘通考》郭周及七国图
	《三才图会》郭周及七国图
	《春秋四家五传平文》唐末五代方隅割据之图
天象分野图	《修攘通考》天象分野图
	《三才图会》天象分野图
唐一行山河两戒图	《修攘通考》唐一行山河两戒图
	《禹贡古今合注》唐一行山河两戒图
	《三才图会》唐一行山河两戒图
	《禹贡汇疏》唐一行山河两戒图
	《六经图碑》禹贡导山川之图
历代杂标地名图	《修攘通考》历代杂标地名图
太祖皇帝肇造之图	《修攘通考》宋祖肇造之图
	《三才图会》宋祖肇造之图
太宗皇帝统一之图	《修攘通考》宋朝太宗统一之图
	《三才图会》宋朝太宗统一之图
圣朝元丰九域图	《修攘通考》宋朝元丰九域图
	《禹贡古今合注》宋九域图
	《三才图会》宋朝元丰九域图
	《禹贡汇疏》宋九域图
	《春秋四家五传平文》五代北宋地图
	《春秋四家五传平文》南宋元地图
	《佛祖统纪》东震旦地理图

续表

《历代地理指掌图》图名	以此为底图抄录或者改绘的地图
本朝化外州郡图	《修攘通考》宋朝化外州郡图
	《三才图会》宋朝化外州郡图
圣朝升改废置州郡图	《修攘通考》宋朝升改废置郡图

此外，"十五国风地理图"成于宋，此后在与《诗经》有关的著作中长期延续至清代。①

上述只是宋代的例子，明代的三幅"全国总图"，即《广舆图》"舆地总图"、《广舆图叙》"大明一统图"和《大明一统志》"大明一统之图"出现之后，被大量书籍引用、改绘，其中《广舆图》"舆地总图"以各种形式出现于明末的至少 20 部著作中；桂萼《广舆图叙》中的"大明一统图"以各种形式出现在明代至少 16 部著作（地图）中；《大明一统志》的"大明一统之图"也出现在了明代 6 部著作中。此外，《广舆图》中的"九边总图"也以各种形式出现于至少 26 部著作中。

上述情况只是表现了宋代之后印刷古籍中全国总图的广泛传播和长期留存，但正如前文所述，对于知识的演进而言，更为重要的是在知识长期留存基础上带来的新知识的创造。下面以《广舆图》为例进行说明：

如上文所述《广舆图》"舆地总图"被后世大量书籍抄录，但除了简单的抄录之外，也存在以其为基础，基于抄录者自己的认识对图面内容进行删减、增补，从而形成新地图的现象。根据改绘方式，大致可以分为两类：

1. 对地图的正方向逆时针转动了 90°，以东为上，这类地图有三幅，即《筹海图编》"舆地全图"、《海防纂要》"舆地全图"和《武备志》"舆地总图"。除了正方向的改动之外，地图中还增加了日本、琉球、小琉球、暹罗和占城等内容。从成书时间来看，《筹海图编》应当是这一系列地图的鼻祖。

2. 在对原图简化的基础上增加了新的内容。如《一统路程图记》中的三幅地图"北京至十三省各边路图""南京至十三省各边路图""舆地总

---

① 参见本书第二篇第三章。

图"，对《广舆图》"舆地总图"进行了大量简化，基本只保留了海岸线的轮廓以及长江和黄河，并以此为基础增加了《一统路程图记》的作者所关注的与道路有关的内容。《夏书禹贡广览》"禹贡广舆总图"，同样只保留了"舆地总图"的海岸线轮廓以及重要的河流，并以此为基础标注了符合"禹贡广舆总图"主题的"九州"。《地理大全》"中国三大干山水总图"，在保留海岸线轮廓以及重要河流的基础上，在海中增加了日本等内容，在地图西侧增加了一些山脉的图形以及"黑水"，并标注了中国的"三大干龙"。《戎事类占》"州国分野图"在保留海岸线轮廓以及重要的河流的基础上添加了与"州国分野图"主题有关的分野的内容。《图书编》"历代国都图"保留了《广舆图》"舆地总图"中标志性的贯穿地图北侧的沙漠，沙漠以北的两个圆形湖泊虽然没有使用圆形表示，不过湖泊的名称保留了下来，但去除了除黄河之外的所有河流，黄河河源绘制得比较夸张，地名也大为简化，突出绘制了符合"历代国都图"主题的一些古代都城。《禹贡古今合注》"禹贡九州与今省直离合图""九州分野"，虽然精简了《广舆图》"舆地总图"中的河流和山脉，但增加了"九州"的内容，并且粗略绘制出了大部分府级政区之间的界线。

如果以上这些地图只是以《广舆图》"舆地总图"为基础的少量修订、增补的话，那么明末清初以《广舆图》"舆地总图"为底图绘制的三套历史地图集，则是在《广舆图》"舆地总图"基础上更具有创新性的"新知识"的创造：明崇祯十六年（1643）沈定之、吴国辅编绘的《今古舆地图》，该图集包括58幅舆图，采用"今墨古朱"的表示方法。这一图集虽然是参照《历代地理指掌图》的体例编绘的，有些图说也抄自《历代地理指掌图》，一些图名也直接沿用了《历代地理指掌图》的图名，但所有地图都是以《广舆图》"舆地总图"为基础绘制的。更为重要的是，作为历史地图集，其所绘的历史内容并不是抄录自《历代地理指掌图》，而是源于作者自己的认识和创造。此外，虽然图集中的所有地图中都绘制有长城，但与万历本《广舆图》的"舆地总图"所绘长城并不一致，长城向西延伸到了肃州，因此有可能是《今古舆地图》的作者自行添加的。总体而言，虽然在某些方面这套历史地图集可能参考了《历代地理指掌图》以及其他著作，但可以认为整套图集应当是作者基于自己的认知，以《广舆图》"舆地总图"为底图所创造的"新知识"。

　　类似的还有明末王光鲁《阅史约书》，书中有《地图》1 卷，35 幅，这套地图集同样也是以《广舆图》"舆地总图"为底图绘制的。成书于明末清初的朱约淳的《阅史津逮》，其中附有大量地图，其中属于历史地图的有 21 幅，从图中黄河的形状以及长城的形状和东至鸭绿江来看，底图使用的应当是万历版《广舆图》的"舆地总图"。

　　不仅如此，就整部著作而言，由于以印刷的形式传播，因此《广舆图》在流传中被一些学者获得，并进行修订、增补形成了不同的版本，而且其中一些版本并不是在初刻本基础上形成的，而是在《广舆图》某一后续刻印本基础上形成的，这充分说明了印刷术对于知识的保存、流传和新知识形成所发挥的作用。《广舆图》现存七种版本在知识上的增补、版本之间的传承关系见本书第一篇第三章。

　　明代后期出现了很多以《广舆图》为基础，通过增补大量相关知识以及作者自己的认识而形成的著作，其中最明显的莫过于明万历年间（1573—1619 年）汪作舟的《广舆考》。《广舆考》全书编次和舆图的形式与《广舆图》基本一致，但在考述部分增加了大量文字。类似的还有明末吴学俨、朱绍本、朱国达、朱国干等人编制的《地图综要》、明崇祯年间（1628—1644 年）陈组绶的《皇明职方地图》以及潘光祖的《汇辑舆图备考全书》等。

　　不仅如此，《广舆图》的流传还带给了西方人关于亚洲东部沿海的新认识。在《广舆图》流传到欧洲之前，西方人印制的世界地图或东亚地图对中国沿海的描绘既粗略又失实，通常把中国的海岸线绘制成近乎南北的直线，中国内陆所有的河流皆相互连通，与现实相差甚远。直到利玛窦（Matteo Ricci）、罗明坚（Michele Ruggieri）、卫匡国（Martino Martini）等人仿照《广舆图》摹绘的西文中国地图相继在欧洲印制出版以后，西方人对亚洲东部沿海和中国内地的地貌才有了准确的认识，西方人绘制的东亚或中国地图也才逐渐与地理真实相符。①

----

① 具体可以参见吴莉苇《17 世纪的耶稣会士与欧洲人中国地理形象的确立》，李孝聪主编《中国古代舆图调查与研究》，中国水利水电出版社 2019 年版，第 546 页。

综上而言，可以看出，《广舆图》初刻本印行之后，就广为流传，再加上优秀的内容，因此很快就被翻刻、增补，甚至被再次增补、翻刻，而这些翻刻、增补也大都采用的是刻本的形式。因此，可以认为正是印刷术造就了《广舆图》的留存、传播以及在知识上的积累和创新。而且，虽然《广舆图》中的大部分知识是之前或者同时代存在和流传的，但都是单独的，而《广舆图》将它们编绘在一起之后，形成了一套明代中后期知识分子所关注的重要知识的汇编，形成了一种新的知识体系。不仅如此，后来的学者又以《广舆图》的知识体系为基础，通过增加其他已有的知识或者自己认识，对这一知识体系进行了丰富和创新。虽然，由于时局的演变，其在清代初年之后影响力逐渐减弱，但正是由于印刷术，不仅使其本身没有散佚，而且使其形成的这套知识体系也都基本完整地保存下来。

第三节　结论

如果将地图看成一种与文本类似的知识载体的话，那么由于唐代之前绘制的地图无论在当时还是在后世都没有广泛的流传，且基本没有长时间的留存，也没有对宋代及其之后的地图造成太大影响，因此可以认为地图所承载的知识没有形成一种清晰的具有系统性的体系。而宋代之后通过印刷传播的地图则在之后的古籍中被大量引用，由此这些地图承载的知识长期流传且有着长时间的影响力。不仅如此，以《广舆图》为代表的某些地图集，其自身就是在综合当时流传的各种地图所承载的知识以及其他类型知识的基础上构成的新的知识体系，而且这种新的知识体系通过印刷而广泛流传，且在流传的过程中，通过不断加入新的内容而进一步形成了知识的创新，而这些创新同样通过印刷得以长期流传。因此，与唐代及之前相比，可以说宋代印刷术的普及不仅使得地图所承载的知识广泛流传、延续，而且基于这种流传、延续激发了知识的不断发展和创新，形成了一些具有长期留存和广泛影响力的知识体系。

我们还可以将这一结论从地图所承载的知识拓展到其他类型知识，即与后世相比，唐代之前，知识的流传、保存、创新是非常有限的，目前除了少量出土于墓葬、敦煌石窟的文献之外，唐代之前的文本（即知识）留存于世的数量极少。唐代之后随着印刷术的发展，大量知识以文本形式留存下来，形成了丰富的脉络、谱系，且以这些保存下来的知识为基础通过不断的加工、补充，从而形成新的知识。印刷术的普遍运用可以说从根本上改变了中国古代知识的积累、形成的节奏，由此也极大地加快了中国古代知识的发展，在这层意义上可以说唐宋之际是中国古代知识的变革期。

最后，众所周知，印刷术在欧洲的普遍使用是促成文艺复兴发生的因素之一，但是在中国虽然有着知识的爆发性增长，但是并没有促成与欧洲类似的"文艺复兴"。究其原因，除了社会文化等复杂的背景方面的差异之外，还有一点就是欧洲同时期发生的地理大发现等对于欧洲传统的知识体系造成了根本性的冲击，即知识的爆发性增长是在原有知识体系外发生的，因此由"量变"达成了"质变"；而中国宋代的知识的爆发性增长则是局限于原有的知识体系之内，无法对原有的知识体系形成突破，因此无法形成知识的"质变"。当然这是一个非常复杂的问题，已经远远超出本章论述的范畴，在这里只是一些初步的构想，今后当另撰文叙述。

第三章 基于"古今形胜之图"系列地图对一些知识史命题的初步讨论

第一节 问题的提出

我们生活在客观世界中，但我们对客观世界了解是基于之前留存下来的以及我们自身积累的对于客观世界的各种认知，而正是基于这些认知我们也对客观世界做出了各种反应，这些认知可以被认为是各种各样的"知识"，由此我们与客观世界之间存在着一层"知识"的帐幕，意识到存在这层帐幕，并进而认知我们了解客观世界的方式及其演变过程，这大概就是知识史研究的价值之所在。

随着中国史学研究的多元化，知识史的研究在中国方兴未艾。潘晟在《知识史：一个简短的回顾与展望》中将以往中国知识史的研究归纳为如下四个方面："一，将知识史作为思想史的资源，关注的重点是某个时代或地区有什么知识；二，将知识作为与信仰、政治相互阐发的手段，其基础也仍然是某个时代或地区有什么知识；三，关注中西知识的交流、传播、接受；四，关注专题知识的累积、演变、选择与被选择的历史过程，注重知识的历史性复原研究。"①

上述四个方面中，第一和第二个方面是将"知识"作为解释工具来对

---

① 潘晟：《知识史：一个简短的回顾与展望》，《史志杂志》2015 年第 2 期，第 100～103 页。

以往的传统命题进行讨论；第三个方面可以被看作以往中西文化交流研究中的一个侧面，只是关注的重点从物品、物化的文化的交流，转移到了知识的交流；而只有第四个方面的重心在于"知识"本身。"专题知识的累积、演变、选择与被选择的历史过程，注重知识的历史性复原研究"是知识史的基本研究内容，也是目前国内知识史研究所关注的重点，不过总体上以往这方面的研究只是关注于知识的形成过程，对于知识流行的原因则缺乏深入的讨论，即使有所分析，也基本只是从"知识"的内容入手，而忽略了承载和表达"知识"的形式，但正如本章所揭示的，影响知识流行的原因是多元的；更为重要的是，以往知识史的研究中基本默认各类文献、图像承载的"知识"的内容，就等于这些文献、图像所针对的对象所掌握的知识，这显然忽略了承载这些知识的内容的各类文献、图像自身的功能和对象，因此各类文献、图像承载的知识的内容不一定就等于其所针对的对象所掌握的知识，这也是本章所论述的要点之一。

以往国内知识史的研究，虽然对于民间知识的形成、演变、选择和被选择的历史过程较为重视，发表了一些论著①，但整体上相关研究并不是很多，大致可以分为三类：

第一，关注以日用类书为代表的民间知识及其体系的形成和演变过程，这方面的研究最典型的就是台湾学者吴慧芳的《万宝全书：明清时期的民间生活实录》②。该书在梳理明清民间日用类书的渊源和演变的基础上，分析了民用日用类书的版本情况和类目的变化过程，重点在于对日用类书中记载的知识进行分类归纳，并基于此，认为这些知识也代表了明清时期民间所掌握的知识，但如同前文所述，其忽略了知识载体的功能和目的，而且作者基本没有对这些知识的源流、传播、选择和被选择的原因和过程进行分析，也即缺乏知识史意味上的分析。而且，这类研究实际上类似于对民间文化生活的研究，也即类似于王尔敏的《明清时代庶民文化生活》③，即用各类书籍中记载的知识来复原民间文化生活。

① 对相关研究的介绍性综述，可以参见沈根花《明清民间知识读物研究——以日用杂书为中心》，苏州大学文学院硕士学位论文，2017 年，第 8 页。

② 吴慧芳：《万宝全书：明清时期的民间生活实录》，花木兰文化出版社 2005 版。

③ 王尔敏：《明清时代庶民文化生活》，岳麓书社 2002 版。

　　第二，关注日用类书、民间戏曲、杂字书等民间文书中某类知识的来源以及形成和演变过程。如方波以晚明口用类书为主要材料，认为日用类书中的民间书法知识并不直接来源于"专业"的书学文献，而是"经过了改动、拼凑或另有在民间流传的原本"；然后提出日用类书中所记载的书法知识的选择和编排主要针对的是民间的需要；还提出了朝廷风尚、实用需求对民间书法知识形成的影响，以及民间书法知识的"去文人化倾向"；最为重要的是，作者少有地对书法知识在民间流行的原因进行了分析，认为在日用类书中使用图像和通俗易懂的歌诀作为媒介使书法知识更容易被民众所接受①。民间历史知识方面的研究则有纪德君《明代通俗小说对民间知识体系的建构及影响》②，该文的标题虽然是"民间知识体系"，但主要涉及的是民间的历史知识；关于民间法律知识的研究则有尤陈俊的《明清日常生活中的讼学传播——以讼师秘本与日用类书为中心的考察》③、《明清日用类书中的律学知识及其变迁》④ 以及他的专著《法律知识的文字传播——明清日用类书与社会日常生活》⑤ 等；关于民间丧礼知识的研究则有龙晓添的《日用类书丧礼知识书写的特点与变迁》⑥；关于公共知识（即历史、伦理、性别、地理、医药、官场规制和经济等知识）的研究有黄小荣《明清民间公共知识体系、传播方式与自身建构——以明清曲本为材料》⑦；关于民间书画知识的研究，则有王正华的《生活、知识与文化商

　　① 方波：《民间书法知识的建构与传播——以晚明日用类书所载书法资料为中心》，《文艺研究》2012 年第 3 期，第 118 页。

　　② 纪德君：《明代通俗小说对民间知识体系的建构及影响》，《南京大学学报（哲学人文科学社会科学版）》2017 年第 3 期，119 页。

　　③ 尤陈俊：《明清日常生活中的讼学传播——以讼师秘本与日用类书为中心的考察》，《法学》2007 年第 3 期，第 71 页。

　　④ 尤陈俊：《明清日用类书中的律学知识及其变迁》，《法律文化研究》第 3 辑，中国人民大学出版社 2007 版，第 242 页。

　　⑤ 尤陈俊：《法律知识的文字传播——明清日用类书与社会日常生活》，上海人民出版社 2013 年版。

　　⑥ 龙晓添：《日用类书丧礼知识书写的特点与变迁》，《四川民族学院学报》2015 年第 4 期，第 69 页。

　　⑦ 黄小荣：《明清民间公共知识体系、传播方式与自身建构——以明清曲本为材料》，《中国史研究》2007 年第 3 期，第 111 页。

品：晚明福建版"日用类书"与其书画门》① 等。这些研究在研究路径上与方波一文大同小异，只是在资料的翔实程度、论述的逻辑上存在优劣差异，不过基本上都没有分析影响知识流传的因素。

第三，在讨论某类具体民间知识的形成及其演变过程的基础上，对民间知识史研究的某些更深层次的问题进行探讨，这方面的研究数量极少，具有代表性的是黄小荣的《明清民间公共知识体系、传播方式与自身建构——以明清曲本为材料》，该文除了从曲本入手讨论民间公共知识体系之外，还对国家、主流权力与民间知识的构建之间的关系进行了分析，并提出"对于这类民间知识，我们当然可以用福柯的'知识—权力'的向度进行考察，但是，这种阐释仍有未尽之意，原因就是，权力究竟在多大程度上影响、左右民间知识，宜作深入探讨，因为，有些知识是民间原生态的。其次，权力与知识只是一种阐释的维度，一种知识呈现这种而不是那种形貌还有更为多元的影响因子。根据我们的研究，知识本身的形态，以及传播形态，也是影响民间知识的重要因素。我们之所以偏重后者，不仅仅是试图逸出通行的分析框架，而是讨论对象本身自然生长出来的问题逻辑"②，这是非常有见地的认知，此后作者提出"首先，民间知识与传播形式被有机地融为一体，这种知识形态在某种意义上也规定着知识内容的范围"③；"其次，民间知识在通过某种形式进行传播时，传播的方式也同时建构了这种知识自身"④。而对于民间知识与经典之间的关系，作者提出"当人们根据某一作品所引述的内容，论证出作者受到的经典文化之类宏大叙事的影响，并由此得出某一时代经典文化的覆盖范围，但这种方法可能潜藏着陷阱：尽管其作品的内容确实与经典有关，但其实这种所谓经典是从非经典的戏曲、说书、酒令、俗曲中来的，也即遭受'翻译'乃至创造的经典"⑤，上述这些认知与文本的部分研究是相通的，不过她这些结论

---

① 王正华：《生活、知识与文化商品：晚明福建版"日用类书"与其书画门》，王正华《艺术、权力与消费：中国艺术史研究的一个面向》，中国美术学院出版社 2011 版，第 322 页。
② 黄小荣：《明清民间公共知识体系、传播方式与自身建构——以明清曲本为材料》，第 123 页。
③ 黄小荣：《明清民间公共知识体系、传播方式与自身建构——以明清曲本为材料》，第 123 页。
④ 黄小荣：《明清民间公共知识体系、传播方式与自身建构——以明清曲本为材料》，第 124 页。
⑤ 黄小荣：《明清民间公共知识体系、传播方式与自身建构——以明清曲本为材料》，第 125 页。

的分析虽然以明清曲本为材料，但上述这些理论性的分析多停留于逻辑推理，缺乏基于具体史实和材料的系统性叙述和分析，而这是本章试图弥补的。

总体来看，以往中国古代民间知识史的研究大部分还停留在对知识来源、演变以及复原的分析上，所使用的材料基本以文本文献为主，图像材料使用的较少或者只是作为辅助材料，且绝大部分论文缺乏对研究方法的思考，而如果缺乏这方面的思考，那么知识史的研究很容易出现内在的逻辑问题。本章即希望将以往所忽略的古地图作为材料，对一些知识史的问题进行初步讨论。本章所史料的材料，即"古今形胜之图"系列地图的谱系及其资料来源已经在本书第二篇第八章中进行了分析和讨论，大致而言，就"古今形胜之图"系列地图所容纳的知识来看，这一系列地图可以被称为"日用历史和地理知识地图"，其功能除了介绍一些基本的历史和地理知识之外，还被用于满足其受众炫耀其"渊博知识"的心理需求；而其受众则主要是那些受过有限教育甚至没有受过教育的普通民众。除此之外，基于这一系列地图，我们还可以讨论其他一些关于知识史的问题。

第二节　决定某种"知识"的流行群体的因素

从本书第二篇第八章的分析可以清晰地看到，"古今形胜之图"系列地图是一套逐渐拼凑而成的知识体系，底图来源于最早可以追溯到桂萼《广舆图叙》"大明一统图"谱系的"舆地总图"子类，此后融合了流行一时但大部分人无法真正理解，从而只是作为"珍奇之物"的传教士绘制的地图①。

地图图面上的文字各子类之间虽然存在差异，但都可以追溯至官方修订的《明一统志》，当然各子类也都或多或少吸纳了其他一些材料。在第二子类地图中增加的，地图下方的文字则大部分可以追溯至一套广泛存在于明代晚期的文献和日用类书中的数据。出现于第三子类地图中的左右两

---

① 关于明末清初，知识分子对传教士地图的态度，参见黄时鉴、龚缨晏《利玛窦世界地图研究》。

侧的以及地图下方第二行的直接数据其来源并不清楚，尤其是距离数据和星野，但可以肯定的就是这种类型的数据在当时应当并不缺乏。当时流行的道路距离数据，基本基于驿站之间的里程，这似乎有着明显的官方背景；关于星野的记载，在中国古代有着悠久的历史，但从目前掌握的资料来看，这类知识也应当来源于士大夫。

总体来看，从内容上来看，"古今形胜之图"系列地图所使用的数据基本上都来源于上层士大夫的已经系统化的知识，基于这些资料在当时的流行程度，因此在某种程度上也可以被称为"经典化"的知识内容。

这种用"经典化"的知识内容构建民间地图的活动，展现了一种从上至下的知识流动，代表了知识内容的普及。而这一系列地图流传的时间，与明代后期日用类书的大量出现是同步的。虽然普通民众可能并不理解这套知识的内容，但通过这些地图和书籍的出版，他们确实有了解、掌握这套知识的内容的机遇和可能。这一趋势从印刷术开始流行的宋代就已经开始，通过印刷出版的日用类书，使知识流传的成本降低，流传范围拓展，人们接触知识的可能性增加。①

上述结论也是以往日用类书研究的结论之一，但以往研究忽略的一个随之而来的问题就是，既然这幅地图的知识的内容，主要来源于上层士大夫的已经系统化的知识，也即在知识内容上，其与上层士大夫中流行的知识是相似，甚至相同的，但为什么这一系列地图，尤其是第二、三子类针对的受众就是普通民众，或者为什么它们只流行于普通民众之中②。

这一问题的答案显然是在知识的内容之外。在分析之前首先要明确一个问题，"知识"的内容并不是凭空存在的，其需要通过文字、图像等要素以及各要素之间的空间、逻辑等关系表达出来，这些可以被归结为知识的表达形式；而且知识的"内容"以及表达形式又被放置在龟甲、青铜、竹简、丝帛、石头以及纸张等载体之上，而这可以被归结为知识的承载形式。因此，知识的内容、表达形式和承载形式三者结合起来，才构成了"知识"。

---

① 参见本篇第二章。
② 至少就目前掌握的资料来看，我们无法证明第二、三类图在高级士大夫中流传。

而与本处所讨论的问题存在密切联系的可能就是知识的表达形式，大致而言知识的表达方式至少包括如下方面：表达内容时所用的语言，如汉语、法语等等；语言的组织方式，如白话文、文言文；措辞，如是否典雅，是否掺杂大量俗语；刊刻或者手写的水平高低，如是否存在大量的错字，书法是否精美；各要素在载体上的布局是否美观，是否符合阅读习惯等。如前文所述，《古今形胜之图》系列地图，无论是地图还是文本，其内容都源自上层士大夫的已经系统化的知识，但三个子类地图所针对的对象则存在明显差异。第一类，即《古今形胜之图》，刊刻较为精良，且其中存在的文字错误极少，因此就目前所见在当时的一些所谓高级知识分子的著作中曾经作为插图存在。第二、三子类的某些地图虽然刊刻也较为精良，但大部分刊刻的较为粗糙，且存在大量显而易见的文字错误，这些错误应当不是最初的撰写者造成的，而是刊刻者造成的，同时这些地图的购买者只是粗通文理，甚至不识字的普通民众，而且如前文所述，随着时间的流逝，两类地图在内容上也是过时的，甚至错误的。当然，需要说明的是，这里并不是说，知识的表达形式造就了地图针对的对象的差异，很可能是因为销售对象，使书商自觉或者不自觉地选择了水平不高的刻工以及沿用了在内容上过时的知识，由此也就造就了针对其销售对象的知识的表达形式。不过，需要强调的是，虽然地图设定的对象是只粗通文理，甚至不识字的普通民众，但不代表只有这些对象可以购买这类地图，但如前文所述，这一系列地图的第二、三子类并没有在国内的高层知识分子中流传，由此也似乎说明知识的表达形式影响了知识传播的对象。当然，这并不是否定"知识"内容对其流行对象的影响，毕竟这一知识体系的内容"贯通古今中外"，由此满足了只是粗通文理，甚至不识字的普通民众的心理需求。而且，我们也不能否定知识的承载形式对知识流行对象的影响，但在此处分析的对象中，这一影响并不清晰。

由此，我们可以进一步得出如下结论：在知识缺乏分类、创新性不大以及知识总量有限的古代，在各个阶层之间流通的知识，在内容上确实会存在差异，但也有很大部分是重合的，尤其是那些儒家、佛教和道教的基本知识，尤其是在印刷术普遍运用的时代更是如此。不过这些知识在各阶层中流行时，其内容的表达形式和载体应当是存在差异的。由此，最终的结论就是，决定了某种知识的流行群体的不仅是其内容，还有其表达形式，甚至载体等各种因素。

设想，如果第二、三类地图上没有那么多错误的话，那么其是否可能流行于上层士大夫中？

第三节　某一"知识"长期流行的原因

下面要考虑的一个问题就是，显然不是所有知识都会流行，但到底是哪些要素决定了知识是否流行？就文章的研究而言，对于这一问题的答案显然不完全是知识的内容。如前文所述，"古今形胜之图"系列地图汇集了当时一些流行于世的地图和文本材料，其中一些可能在当时也是"新奇"和"热门"的知识，如传教士绘制的地图，因此，这一系列地图的流行有着内容方面的基础，但这套地图所承载的知识，就内容而言大部分已经过时了，尤其是到了清代，但似乎这并没有影响到其的流行程度。而且，这种通过地图包括古今中外的形式，在中国历史上也是少有的，具有"创新性"。同时，其受众的知识水准应当是非常低的，由此他们不一定在意、了解以及能真正理解知识的内容，这一系列地图中包含的众多错误就证明了这一点。由此，也就证明了，对于"知识"的流行而言，"内容"的优劣并不是绝对重要的，还应当包括其他因素，比如这一系列地图涉及的知识的"新奇""包罗万象"，以及由此对"炫耀"心理的满足。

因此，可以推测，"古今形胜之图"系列地图之所以流行，其原因并不完全在于其所承载的"知识"内容的优劣，而在于其满足了其所针对的对象的心理需求，由此也就呼应了之前的结论，即这一系列地图的首要目的并不一定是承载和传递知识，它们的功能是多元的，也是变化的。就像今天的某些国产大片，情节拙劣、低俗，演员也基本无演技可言，但所谓明星的脸蛋、绚烂的特效以及低俗的情节，就已经满足了一些受众的需求。

而且，如果再深入一点的话，那么可以考虑到的就是，"满足了其所针对的对象的心理需求"同样是多元的，其中实际上也包含了"知识"的内容满足了那些看重"知识"优劣的群体的心理需求，即这些群体在心理上不接受"劣质"的知识。当然，判断"知识""优劣"的标准同样也是多元的，这与此处的讨论关系不大，不再展开。

总体而言，决定"知识"是否流行的因素是多元的，虽然"知识"的内容依然是其中一个重要因素，但在其间发挥作用的并不一定是知识内容的优秀与否，还取决于知识的各个组成要素，即内容、表达形式和承载形式是否能迎合受众的需求。古代如此，今天也是如此。

对一种曾经流行的知识消散原因的分析，也是以往国内知识史研究所忽略的。对于本章的研究对象而言，除了日本在19世纪80年代之前依然在翻刻之外，这一系列地图目前见到的最晚的中国人自己的刻印本大致是在康熙时期。对于这一系列地图，以及"知识"消失的原因，没有明确的直接文献资料，不过需要注意的是，以在康熙初年黄宗羲绘制的《舆地全图》为基础，在康熙中晚期形成了《大清万年一统地理全图》系列，且在乾隆、嘉庆时期广为流传。[①] 这套地图虽然以《广舆图》的"舆地总图"为基础，但就底图而言，与"古今形胜之图"系列地图相比，"清化"的更为彻底，几乎看不到明代政区的痕迹；在图面内容上，回归到了"古今形胜之图"系列地图第一子类的形式，地图周围没有文字，图面上的文字主要集中在西部和域外的部分。因此，可以推测"古今形胜之图"系列地图可能被更为"清化"的《大清万年一统地理全图》系列地图所取代。

需要提及的是，《大清万年一统地理全图》系列地图，目前所见到的版本众多，有些刻印精美、绝少错误，但有些则刻印的比较粗糙，且目前在包括国家图书馆、台北"故宫博物院"和第一历史档案馆在内的国内外各藏图机构都有收藏，因此其所针对的对象比"古今形胜之图"系列地图应当更为广泛。还要提及的是，如钟翀教授所言，"古今形胜之图"系列地图在日本一直流传，甚至延续到了19世纪后期，而这时正是关于中国的新知识大量传入的时间，因此这一系列地图也就被新的知识所替代了。

---

① 关于《大清万年一统地理全图》的研究数量较少，大都分散在一些中国古代地图的图录中，可以参见《中华舆图志》，第60页；以及鲍国强《清乾隆〈大清万年一统天下全图〉版本辨析》，《文津学志》第2辑，国家图书馆出版社2007年版，第44页。

第四节 "有意识"的知识与"无意识"的知识

本章所分析的"古今形胜之图"系列地图图面所直接表达的内容都是制作者有目的地加工而成的,因此可以被称为"有意识"的知识。但是,除了这些知识之外,这一系列地图上还存在着其他知识,如目前经常被用于解释中国古人天下观的"华夷"秩序,即图中将明朝放置在地图的中心,且占据了绝大部分图幅,而周边以及世界其他国家和地区被"贬低"到角落中。按照本书第二篇第八章的分析,这一系列地图,尤其是第二、三子类地图的绘制者,在制作地图时,只是采用了当时流行的一幅地图作为底图,且他们的目的和知识水准可能也都决定了他们对于放置在地图上的这一知识是"无意识"的,也即没有意识到他们放置在地图上的这一知识,因此这类知识可以被称为"无意识"的知识。

大致而言,"无意识"的知识是受到时代影响而被放置在知识的载体上的,而"有意识"的知识则是制作者有意制造的。在研究中我们有时需要区别这两类知识,比如对于"古今形胜之图"系列地图上以及大量古代的天下图所表达的"华夷"秩序,我们不能说它们是国家或者主流意识用以塑造"华夷"秩序的工具①,而只能说它们展现了当时对"华夷"秩序的理解。

而从地图的观看者和使用者的角度而言,这种"无意识"的知识有可能会被识别出来,也有可能不会被识别出来,如就本章研究的对象,尤其是第二、三子类意图针对的受众而言,他们较低的知识水准,很可能意识不到这些地图中蕴含的"华夷"秩序,当然,这并不代表其他观看者意识不到,比如更高层次的知识分子以及我们今天的阅读者。由此带来的问题就是,虽然这种"无意识"的知识可以潜移默化地强化了某种思想或者知识,但对于毫无意识的受众而言,这种潜移默化的程度有多少呢?且任何

---

① 对于中国古代将地图作为构建、宣传或者巩固某种观点的工具的一个简要分析,参见成一农《与包弼德教授〈探寻地图中的主张:以 1136 年的〈禹迹图〉为例〉一文商榷——兼谈历史学中的解释》,《清华大学学报》2019 年第 3 期,第 99 页。

知识，或多或少都会受到其所形成时期的主流思想的影响，这种"潜移默化"是必然存在的，那么由此仅仅是简单地提及"强化了某种思想或者知识"似乎没有太多的学术价值。

如黄小荣《明清民间公共知识体系、传播方式与自身建构——以明清曲本为材料》提出"但反过来，民间知识同样参与了国家意识的建构。在上述的民间地理知识、官场知识、历史知识，我们可以看到这些知识是怎样帮助百姓建构起'国家'观念的。正如民间地理知识时时提示着每一个人，自己是'国家'地域之中的'人'；官场知识中的'户部管理粮田池，又管灶户人口军丁，礼部管下僧民道'也不断提醒人们，自己是'国家'编户齐民之人；而作为民间的'古今人物'则和大传统一道构建起整个民族国家的共同记忆"①。这种解释方式属于目前学界一种流行的解释范式，但也是本章所反对的。没有脱离时代的"知识"，因此放在社会大背景下来看待的话，所有"知识"都会被现代学者识别出其"时代"特色以及相关痕迹；也正是如此，任何时代中的任何知识都可以被认为"潜移默化"地建构了某种意识、思想等，但这种意识和思想的受众对此很可能是无意识的，古代如此，今天也是如此。就黄小荣研究的"国家"观念而言，虽然无法否定"民间知识同样参与了国家意识的建构"，但对于这些民间知识的绝大多数观看者而言，由于这种作为国家编户齐民的身份是绝对正确、理所当然的知识，因此很有可能被他们自动过滤掉，那么黄小荣所认为的"时时提示""不断提醒"这样的修饰词真的是正确的吗？

上述，只是从"古今形胜之图"系列地图入手对知识史的一些议题进行了讨论，可以看到除了以往那种套路式的书写方式之外，这一领域还存在广泛的研究空间，研究应当"标新立异"，而不是"随波逐流"。

---

① 黄小荣：《明清民间公共知识体系、传播方式与自身建构——以明清曲本为材料》，《中国史研究》2007年第3期，第123页。

第四章 浅析"中国疆域沿革史"历史书写的发展脉络

第一节 问题的提出

"中国疆域沿革史"长期以来都是我国史学领域的研究热点之一,相关论著可谓汗牛充栋,其中有影响力的如顾颉刚和史念海的《中国疆域沿革史》[①]、葛剑雄的《中国历代疆域的变迁》[②] 以及李大龙的《从"天下"到"中国":多民族国家疆域理论解构》[③] 等,但本章的目的并不是对这些研究进行评析,而是希望讨论一个长期以来被忽视的问题。

本章所要讨论的问题是:众所周知,中国现代的很多学科都是近代以来随着中国社会的近代化和现代化而逐渐形成的,与此同时也形成了对某些研究对象历史变化过程的众多"历史书写",那么"中国疆域沿革史"是否如此?如果也是如此的话,那么今天在学界占据主流的"中国疆域沿革史"的"历史书写"是什么时候形成的,以及在形成过程中是否存在过观点上的重要变化?这些观点上的重要变化的背景是什么?对于这些问题的思考和探索,会促使我们在当前中国经济、文化、社会以及国际政治地

---

① 顾颉刚、史念海:《中国疆域沿革史》,商务印书馆 1938 年版。现代重印本:顾颉刚、史念海《中国疆域沿革史》,商务印书馆 1999 年版。

② 葛剑雄:《中国历代疆域的变迁》,商务印书馆 2012 年版。

③ 李大龙:《从"天下"到"中国":多民族国家疆域理论解构》,人民出版社 2015 年版。

位正在发生深刻变化的新时代重新考虑"中国疆域沿革史"的"历史书写"。之前虽然也有一些"中国疆域沿革史"的研究综述,如刘清涛《60年来中国历史疆域问题研究》①和晏昌贵等《近70年来中国历史时期疆域与政区变迁研究的主要进展》②等,但基本都是对各种观点的综述,没有考虑这些观点与时代之间的关系,且这些综述中涉及的研究论著基本都是在1949年之后撰写的,因而上述这些涉及"中国疆域沿革史"学科根本的问题,在以往的研究中基本被忽视。

需要说明的是,本章所讨论的"中国疆域沿革史"的"历史书写"的分析对象,除了文本之外,还包括历史地图集,因为历史地图集可以被看成一种用图像形式进行的"中国疆域沿革史"的"历史书写"。

第二节 中国古代的"疆域沿革史"的历史书写

在顾颉刚和史念海于1938年出版的《中国疆域沿革史》第二章"中国疆域沿革史已有之成绩"中,对以往的"研究成果"进行了回顾。按照今人的理解,在这一部分,作者应当介绍以往的研究成果,但令人惊讶的是,顾颉刚和史念海在此处只是介绍了中国古代绘制的地图(包括少量历史地图)、编纂的地理总志和正史地理志,而且更为重要的是,文中对这些地图和志书中记述的"疆域范围"没有作太多的介绍。众多周知,中国古代的地理总志和正史地理志的重点在于政区沿革,其间当然涉及之前朝代的情况,如"《括地志》《元和郡县图志》则皆言今而兼述古"③,不过虽然某一王朝政区的总和确实可以反映该王朝的疆域,但政区沿革并不能直接反映疆域的沿革变化,因为毕竟这些志书中所叙述的政区都是基于王朝某一时期的地方行政建置,因此虽然其中确实表达了动态的政区沿革,但无法表达疆域的沿革变化,至少是无法直接地表达疆域的沿革变化;且

---

① 刘清涛:《60年来中国历史疆域问题研究》,《中国边疆史地研究》2009年第3期,第64页。

② 晏昌贵等:《近70年来中国历史时期疆域与政区变迁研究的主要进展》,《中国历史地理论丛》2019年第4辑,第17页。

③ 顾颉刚、史念海:《中国疆域沿革史》,商务印书馆1938年版,第10页。

这些志书中也极少直接提及本朝和之前王朝的疆域沿革。顾颉刚和史念海还提到了清代"朴学"中与历代地理有关的研究，其中一些著作的名称中使用了"疆域"一词，如刘文淇的《楚汉诸侯疆域志》和谢钟英的《三国疆域表》等，但这些所谓"疆域表""疆域志"的叙述重点实际上也是政区沿革，而不是王朝疆域，如谢钟英的《三国疆域表》，主要记录的是魏蜀吴三国的政区沿革，以及这些政区对应于清朝的地理位置；虽然在叙述魏蜀吴的政区沿革之前，作者也对魏蜀吴的疆域进行了介绍，如"蜀疆域，先主取巴蜀，定汉中，后主得阴平、武都，其时巴分为四，犍为、广汉分为二，南中分置云南、兴古，有州一、郡二十、属国一、县一百四十有六"①，但这种叙述方式，只是通过政区的数量来概述疆域的大小，而没有具体介绍蜀国的疆域范围。"中国疆域沿革史已有之成绩"中提到的唯一具有"疆域沿革"意味的就是中国古代绘制的"历史地图集"，但只是简单地提到了清末绘制的历史地图集，且没有对这些地图集所描绘的"疆域"范围进行介绍。综合来看，通过顾颉刚和史念海的介绍，似乎中国古代没有今天意义的"中国疆域沿革史"的历史书写。最后，还需要提及的是，通过他们对材料的选择，也可以看出在顾颉刚和史念海的观念中，政区沿革与疆域沿革密不可分，这确实也是近代以来很长一段时期内，"中国疆域沿革史"的书写方式，具体参见本章第三节的分析。

就今人的理解而言，"疆域沿革史"这样的叙述很有可能出现于中国古代的地理总志以及正史地理志中。但通过分析可以发现，中国古代的地理总志和正史地理志，或缺乏对疆域的描述，如《续汉书·郡国志》《新五代史·职方考》《元和郡县图志》《太平寰宇记》《元丰九域志》《大明一统志》《嘉庆重修大清一统志》；或只是记述了其所论及的王朝的疆域，如《隋书·地理志》《宋史·地理志》《辽史·地理志》《金史·地理志》《元史·地理志》《明史·地理志》《清史稿·地理志》；或只是记载了其所论及的王朝以及少量之前王朝的疆域，如《旧唐书·地理志》在介绍历代政区沿革和政区数量的过程中描述了秦朝、隋朝和唐朝的疆域，类似的

---

① 谢钟英：《三国疆域表》下，《二十五史补编》第3册，中华书局1956年版，第2985页。

还有《汉书·地理志》《晋书·地理志》《新唐书·地理志》。另外，在《四库全书》电子版中以"疆域沿革"为关键词检索，只检索到 2 条，且都出自《朝鲜志》的《四库全书总目提要》中，而以"地理沿革"为关键词检索，也只检索到 15 条。

总体来看，在中国古代的文本文献中，虽然存在少量对王朝疆域的表述，有时偶尔也有对之前王朝疆域的描述，但都不系统且缺乏连贯性，难以构成"疆域沿革史"。可能这也解释了顾颉刚和史念海《中国疆域沿革史》一书为什么只是介绍了这些志书，而没有对其中涉及的"疆域"沿革进行概述了。

除了文本之外，中国古代还绘制有一些历史地图集，按照今人的理解，这些历史地图集对历朝的政区和疆域进行了描绘，似乎也就构成了一种"疆域沿革史"图像版的历史书写，下面逐一进行分析。①

我国现存最早的历史地图集就是《历代地理指掌图》②，其中收录地图47 幅。按照"历代地理指掌图序"，其功能是作为"书"的辅助工具，即"图也者，所辅书之成也"；且有助于士大夫谈论天下大势和了解政区的沿革，即"夫不考方域、审形势而欲精穷载籍、高谈时务，顾不鄙哉？又况区域之建肇，自古初以迄于今，上下数千百载间，离合分并增省废置，不胜挈烦……载籍所传不可不辨，蒙尝历考分志，参验古昔，始自帝喾迄于圣朝，代别为图，著其因革，刊其同异，凡四十有四"；并介绍了选择绘制 44 幅历史地图的原因，但没有谈及疆域。全书各图都附有图说，但仅仅在"古今华夷区域总要图"所附大量图说之一的"古今地理广狭"中谈到了历朝的地域范围，内容基本引自正史地理志；在各图的图说中记录的基本是相应王朝的政区沿革。就绘制范围而言，除了几幅天象图和"古今华夷区域总要图"之外，所有地图基本一致：东至海，南至海南岛，西南至南诏，西至廓州，西北至沙州，北至长城，东北至辽水。在现代人来看，这一范围显然不可能涵盖历朝的疆域。

---

① 关于中国古代绘制的历史地图集更为详细的介绍，参见本书第二篇第六章。

② 本文使用的《历代地理指掌图》的版本为上海古籍出版社 1989 年在《宋本历代地理指掌图》中影印出版的日本东洋文库所藏南宋初年刻本，这也是该图集目前存世最早的版本。

除了《历代地理指掌图》之外，宋代很可能还存在另外一套在以往研究中被完全忽视的历史地图集。这套历史地图集的原书已经散佚，作者也不清楚，不过在现存的五部宋代著作，即《十七史详节》《陆状元增节音注精议资治通鉴》《音注全文春秋括例始末左传句读直解》《永嘉朱先生三国六朝五代纪年总辨》《笺注唐贤绝句三体诗法》中存在一系列轮廓、内容和绘制方法非常近似的地图。它们的特点就是：皆在宋金政区的基础上，以极为简要的方式勾勒出历代高层政区的轮廓，且不讲求准确性，只是示意；图中除了历代都城等少数内容外，基本没有其他行政治所的信息；没有太多域外的信息，只是在少量地图上标注了"西域""大宛"等；除了黄河、长江之外，基本没有其他自然地理信息；各图绘制范围基本一致，大致东至海，南至海南岛，西至四川，西和西北至永兴路，北至燕山路，东北至河北东西路。总体而言，与《历代地理指掌图》相比，这套历史地图集对于地理信息的描绘是非常概要、抽象的。关于这套历史地图集的绘制目的，由于原图集已经散佚，所以并不清楚，但从收录这些历史地图的书籍的性质来看，这套历史地图集似乎同样是用来作为阅读历史著作、了解天下形势的辅助工具的，且其绘制的范围同样在今人看来无法涵盖历朝的疆域，因此"疆域"似乎同样并不是它们关注的重点。

明代晚期之前，在各类著作中出现的依然是源自上述两套历史地图集中的地图，直至明末崇祯年间才出现新的历史地图集，即《今古舆地图》和《阅史约书》。

《今古舆地图》①，明崇祯十六年（1643）沈定之、吴国辅编绘，1 册，纸本，朱、墨双色套印，纵 20 厘米，横 28 厘米。该图集分上、中、下 3卷，共包括 58 幅舆图，采用"今墨古朱"的表示方法，各图中均附有图说。该图集是参照《历代地理指掌图》的体例编绘的，有些图说也抄自《历代地理指掌图》，且一些图名也直接沿用了《历代地理指掌图》的图名，但所有地图都是以《广舆图》"舆地总图"为底图绘制的，只是去掉了方格网。关于《今古舆地图》的绘制目的，在陈子龙"今古舆地图序"中有明确的记述，基本类似于《历代地理指掌图》。

---

① 本章所用《今古舆地图》的版本为日本东方文化学院京都研究收藏的崇祯刻本。

《阅史约书》①，王光鲁撰，5卷，该书专为读史者考订之用，其中《地图》1卷，收图35幅，用朱色表示今地名，用黑色表示古地名。从底图来看，《阅史约书》使用的应当也是《广舆图》"舆地总图"。由于《今古舆地图》和《阅史约书》使用了相同的底图，因此绘制范围大致近似，即：北至大漠；西北至大漠以北的哈密和吐鲁番；西至河源；西南包括了今天的云南；南至海南岛；西南海域中未标绘台湾；东北地区则一直描绘到"五国城"。

清代前中期的几部历史著作中包括了表现不同时期王朝政区的一些历史地图，这些历史地图可以被看成构成了历史地图集。这些著作主要有以下几种：

朱约淳《阅史津逮》②，不分卷，成书于明末清初，朱约淳认为阅读史书必须要熟悉地理状况，因此该书附有大量地图，其中属于历史地图的有21幅。《阅史津逮》所使用的地图应与万历版《广舆图》"舆地总图"有关，但或经过改绘，或采用的是某幅以万历版《广舆图》"舆地总图"为底图改绘的地图。

马骕的《绎史》③，成书于康熙时期，160卷，是一部广采各家著作而成的纪事本末体史书，其中收录有从上古直至秦代的历史地图8幅。李锴的《尚史》④，107卷，是根据马骕的《绎史》改编而成的纪传体史书，收录有从上古直至战国时期的历史地图7幅。这两套历史地图集所使用的底图应当与《广舆图叙》"大明一统图"谱系中以《分野舆图》"全国总图"为代表的子类近似。

上述这三套历史地图集的绘制范围基本近似，即：北至河套，东北至渤海湾北侧，东南和南至海，西北至"三危"，西至河源、江源，西南至交趾（但不包括交趾）。由于它们都出现在历史著作中，因此功能都是作为读史的辅助工具。

---

① 本章所用《阅史约书》的版本为《四库存目丛书》所收复旦大学图书馆藏明崇祯刻本。

② 本文所用《阅史津逮》的版本为《四库存目丛书》所收中国科学院图书馆藏清初彩绘抄本。

③ 本文所用《绎史》的版本为《文渊阁四库全书》本。

④ 本文所用《尚史》的版本为《文渊阁四库全书》本。

汪绂的《戊笈谈兵》①，10 卷，成书于清代中期，是对兵书图籍的汇辑和评论，书中有历史地图 10 幅。该图所用底图涵盖地理范围是目前所见中国古代历史地图集中最为广大的，北至和宁，南至暹罗，西至撒马尔罕，东至日本。根据图中西北地区沙漠的形状以及黄河在渤海入海等来看，其与明崇祯八年（1635）陈组绶编绘的《皇明职方地图》"皇明大一统地图"近似。

清代后期出现的历史地图集主要有以下几种：厉云官编的《历代沿革图》，现存有清同治三年（1864）、同治九年（1870）的版本，共有地图 20 幅，上起"禹贡九州图"，下至"明地理志图"，图幅 19.8×20 厘米。六严（应为六承如）绘，马徵麟订正的《历代沿革图》，现存同治十一年（1872）和光绪十八年（1892）的版本，图集上起"禹贡九州图"，下至"明地理志图"，图幅 20×16 厘米②。上述两者有着明确的承袭关系，且其底图应当是李兆洛编绘的《皇朝一统舆地全图》。

属于这一系列的地图集还有中国国家图书馆藏《新校刊李氏历代舆地沿革图》，现存有光绪十四年（1888）版。该图集以李兆洛基于《皇舆全览图》和《内府舆图》所绘的《皇朝一统舆地全图》为底图绘制，上至禹贡，下至明代，共有地图 16 种，每图又分为 5 幅（其中隋图分为 3 幅），图幅 30.8×14 厘米。③

此外，国家图书馆还藏有傅崇矩所绘《中国历史地图》，存地图 14 幅；万卓志所绘《鉴史辑要图说》，收录地图 14 图。④ 在科学院图书馆还藏有一套"中国历代沿革图"，共 40 幅，纸本彩绘，原图集无图题，根据孙靖国的分析，该图集绘制于道光元年（1821）之后⑤；从底图来看，该

---

① 本文所用《戊笈谈兵》的版本为《四库未收书辑刊》所收清光绪二十年刻本。
② 上述两套历史地图集的介绍和版本情况，参见北京图书馆善本特藏部舆图组编《舆图要录——北京图书馆藏 6827 种中外文古旧地图目录》，北京图书馆出版社 1997 年版，第 87 页。
③ 上述两套历史地图集的介绍和版本情况，参见北京图书馆善本特藏部舆图组编《舆图要录——北京图书馆藏 6827 种中外文古旧地图目录》，北京图书馆出版社 1997 年版，第 87 页。
④ 参见北京图书馆善本特藏部舆图组编《舆图要录——北京图书馆藏 6827 种中外文古旧地图目录》，北京图书馆出版社 1997 年版，第 89 页。
⑤ 孙靖国：《舆图指要：中国科学院图书馆藏中国古地图叙录》，中国地图出版社 2012 年版，第 32 页。

图与马骕《绎史》存在一定的相似性，但所绘内容差异颇大，其底图很可能也是基于明代的地图，可能与《广舆图叙》"大明一统图"谱系中的地图有关。

在清代后期众多的历史地图集中，最为著名的就是杨守敬以刊行于同治二年（1863）的《大清一统舆图》为底图编纂的《历代舆地沿革险要图》。这套图集从清光绪三十二年至宣统三年（1906—1911）陆续刊行，共44个图组，分订成34册，纸本朱墨双色套印。杨守敬的《历代舆地沿革险要图》在成书之前曾经编纂过一个光绪五年的版本，这套地图集的绘制参考了六严绘制的《历代沿革图》。此外，还存在光绪二十四年（1898）王尚德基于光绪五年版重绘的《历代舆地沿革险要图说》。

大致而言，清代晚期的这些历史地图集大部分都有着传承关系，绘制的地域范围也是近似的，也即"杨图各时代都只画中原王朝的直辖版图，除前汉一册附有一幅西域图外，其余各册连王朝的羁縻地区都不画，更不要说与中原王朝同时并立的各边区民族政权的疆域了。所以杨守敬所谓《历代舆地图》，起春秋讫明代，基本上都只画清代所谓内地18省范围以内的建置，不包括新疆、青、藏、吉、黑、内蒙古等边区"[1]。

总体而言，从绘制范围来看，自宋代《历代地理指掌图》开始，直至清末，除了汪绂《戊笈谈兵》之外，所有历史地图集绘制的空间范围基本是相同，大致：东至海、南至海南岛、西至河西走廊、北至长城或稍北，基本与《禹贡》中所载"九州"的范围相当。[2] 而且需要强调的是，这些历史地图集的绘制目前主要在于展现政区沿革、作为读史和谈论天下大势的辅助工具，且展现了地理险要之地、古今军事上的得失等，而"疆域沿革"并不是它们所关注的重点。更为重要的是，由于这些历史地图集的绘制范围都是一致的，而不太考虑王朝实际的控制范围，因此实际上也无法展现王朝的"疆域沿革史"。

通过上文对中国古代相关文本和地图集的分析，可以认为，中国古人

---

① 谭其骧：《历史上的中国和中国历代疆域》，《中国边疆史地研究》1991年第1期，第34页。

② 更为详细的论述可以参见成一农《"实际"与"概念"——从古地图看"中国"陆疆疆域认同的演变》，《新史学》第19辑，大象出版社2017年版，第254页。

确实没有太明确的"疆域沿革史"的概念，少有的对历代疆域的记述也附属于政区沿革，也即中国古人重视的是政区沿革，而不是疆域沿革，且关注的空间主要集中在"九州"范围内。①

第三节 民国时期的"疆域沿革史"的历史书写

民国时期，才出现了真正意义的以"中国疆域沿革史"为标题和对象的论著，除了具有影响力的前文提及的顾颉刚和史念海合撰的《中国疆域沿革史》② 之外，一些著名的历史学家和地理学家也都撰写过这方面的论著，如童书业于 1946 年出版的《中国疆域沿革略》③ 以及张其昀于 1936 年发表的《中国历代疆域的变迁》④。而且一些今天看来不太著名的学者也撰写过这方面的内容，如丁绍桓的《我国历代疆域和政治区划的变迁》⑤ 等。

大致而言，这些对于"中国疆域沿革史"的历史书写在细节上虽然存在些许差异⑥，但在历史书写的方式上基本是一致的，即在统一王朝时期，挑选这些王朝疆域扩张的历史事件进行叙述，并且通常也对这些王朝疆域最为广大时期的疆域范围进行描述；而对于分裂时期，则叙述当时并存的各王朝的疆域；且在叙述中往往与王朝行政区划的演变，也即政区沿革放置在一起。

如关于汉代的疆域。顾颉刚和史念海的《中国疆域沿革史》，在这一部分的第一节中介绍了汉初的封建制度，第二节则是"西汉之郡国区划及其制度"，第三节的标题是"西汉地方行政制度"，这三节实际上介绍的是西汉的地方行政区划制度的演变，与疆域并无直接的关系；第四节的标题

---

① 对于这一原因参见本篇第五章的讨论。

② 顾颉刚、史念海：《中国疆域沿革史》，商务印书馆 1938 年版。

③ 童书业：《中国疆域沿革略》，开明书店 1946 年版。

④ 张其昀：《中国历代疆域的变迁》，《地理教育》第 1 卷第 8 期（1936），第 3 页；张其昀：《中国历代疆域的变迁（续）》，《地理教育》第 1 卷第 9 期（1936），第 4 页。

⑤ 丁绍桓：《我国历代疆域和政治区划的变迁》，《地学季刊》第二卷第一期（1935），第 55 页；丁绍桓：《我国历代疆域和政治区划的变迁（续）》，《地学季刊》第二卷第二期（1935），第 58 页。

⑥ 这些细节上的差异并不是本文所关注的重点。

为"西汉对外疆土至扩张",介绍了收复河南地、置河西四郡、张骞通西域以及对西域的经略、设真番等四郡、对南越的征服,以及对西南夷的征服,正如其标题所述,介绍的都是西汉对外疆土的扩张,而没有介绍西汉后期疆土的丧失。

首先需要说明的是,童书业的《中国疆域沿革略》只是在该书的第一篇"历代疆域范围"中涉及疆域,其第二篇为"历代地方行政区划",第三篇为"四裔民族",由此该书同样包括了行政区划的内容。书中涉及汉代疆域的为第一篇第七章"秦汉之疆域范围",介绍的是收复河南地、设河西四郡、张骞通西域以及对西域的经略、置真番等四郡、对南越以及对西南夷的征服,并将西汉的疆域描述为"于是汉地东有朝鲜(今朝鲜南部)东,并东海;南至南海,兼交阯(今安南东北部);西达玉门关,傍今中国本部边界而统属西域;北扩秦疆,扼沙漠……盖中国本部全疆,汉几全有之,而朝鲜、安南之地,更超出今之中国疆域焉"①。其与顾颉刚和史念海著作的相同之处在于强调的都是王朝疆域最大的范围;不同之处在于,童书业在当时持有"中国本部"的概念,这也是其在书中将"四裔"与"历代疆域范围"分开的原因。

张其昀的《中国历代疆域的变迁》主要是两篇论文,所以内容比较简单,汉朝部分首先叙述了两汉的政区,然后介绍了秦汉时期修筑的长城,最后极为粗略地介绍了汉朝在朝鲜、西南夷、河西和西域的拓展,显然强调的是汉朝最为强盛时期的疆域。

再如关于唐代的疆域。顾颉刚和史念海《中国疆域沿革史》这一部分的第一节"唐代疆域之区划及其制度"、第二节"府制之确立及其种类"、第三节"节度使区域之建置"和第四节"唐代地方行政制度",属于行政区划制度,只是在第一节介绍了唐代开元时期的道府州县之后,对唐代的疆域范围进行了概述,即"论唐代疆域者,每称开元之时为极盛,《旧唐书·地理志》所言'东至安东府,西至安西府,南至日南郡,北至单于府'"②。在第五节"唐代疆域之扩张及羁縻州县之建置"中,首先介绍了

---

① 童书业:《中国疆域沿革略》,第30页。
② 顾颉刚、史念海:《中国疆域沿革史》,第185页。

唐朝设立的安西都护府及其地域范围，以及对漠北和辽东地区的军事征服；然后介绍了对"自波斯以至东海"各异族的统治方式，也即"羁縻州"；最后简单介绍了天宝之后疆土的丧失。因此，也基本以唐朝疆域的盛期为介绍的重点。

童书业的《中国疆域沿革略》，则首先介绍了太宗、高宗时期对薛延陀、吐谷浑、高昌、西域、高句丽、百济的征服，"于是国境所及：东至海，西逾葱岭，南尽林州（即林邑），北被大漠"，"而声威所被，则北服漠北，西府波斯，东臣新罗、日本，南震南洋、印度"①，然后简单介绍了唐代中后期疆土的丧失。最后部分，不仅将唐代的疆域与中国本部十八省进行了比较，而且再次介绍了唐代疆域最广时的范围。需要提到的是，书中其论述到"唐破其军，然仍嫁以宗女，吐蕃恭顺于唐。唐之声威西南始达西藏一带，且征服印度之乌苌国"②，此处似乎认为"吐蕃恭顺于唐"相当于西藏属于唐朝疆域的一部分。

张其昀则称"唐之帝国开中国历史上未有之盛况"，并简单介绍了唐代设立的安东都护府、安南都护府、安北都护府、安西都护府、单于都护府和北庭都护府的治所和控制范围，也即唐朝极盛时期的疆域，随后又介绍了唐朝的地方行政区划。

关于宋辽金时期。顾颉刚和史念海《中国疆域沿革史》中分为"宋""辽国""金源"三部分进行的介绍。"宋"的第一节是"北宋之疆域区划及其制度"，基本只是介绍了北宋的地方行政区划，23 路的路名和所属府州军监，而没有对北宋疆域进行明确的描述；第二节"宋室南渡后之疆域"也基本只是介绍了南宋的行政区划、16 路的路名和所属府州军监；第三节"宋代地方行政制度"则简要介绍了宋代地方机构的设官分职以及府州县的等级。"辽国"的部分，则介绍了辽国的五京、道名及其所属州军城、南北官制以及州军城的等级，且还依据《辽史·地理志》描述了辽国的疆域范围。"金源"部分，则介绍了金朝的五京，19 路的路名及其所属府州，以及一些地方官制，且对金朝的疆域范围进行了简要描述。童书业

① 童书业：《中国疆域沿革略》，第 38 页。
② 童书业：《中国疆域沿革略》，第 39 页。

的《中国疆域沿革略》则分别介绍了北宋、南宋、辽国、西夏、金国的疆域范围，且都与十八省的范围进行了对照描述。张其昀虽提及了辽、西夏、南诏和金，但只是对辽和金的疆域范围进行了介绍，而对于西夏和南诏，则只是提到他们对宋朝疆域的侵占。这三部论著，实际上都没有对当时并存的各政权的疆域进行全面的描述。

这些"中国疆域沿革史"的历史书写大致有两个本章所关注的特点：第一，在统一王朝时期，基本上关注的是这些王朝疆域最为广大的时期；第二，几乎没有涉及当时中华民国境内的不属于王朝直接管辖的国家、政权和民族的控制范围，如唐代，几乎没有涉及吐蕃和渤海国；而宋辽金时期，也很少关注南诏、西域、青藏高原，和西夏。①

关于撰写"疆域沿革史"的目的。顾颉刚和史念海《中国疆域沿革史》一书的"绪论"，在关于疆域的部分论及"在昔皇古之时，汉族群居中原，异类环伺，先民洒尽心血，耗竭精力，辛勤经营，始得今日之情况。夏、商以前，古史渺茫，难知究竟；即以三代而论，先民活动之区域，犹仅限于黄河下游诸地；观夫春秋初年，楚处南乡，秦居西陲，而中原大国即以戎狄视之，摈不与之会盟，他可知矣。春秋战国之际，边地诸国皆尝出其余力，向外开扩，故汉族之足迹，所至渐广。汉族强盛之时，固可远却所谓夷狄之人于域外；然当其衰弱之日，异族又渐复内侵；故有秦皇、汉武之开边扩土，即有西晋末年之五胡乱华；其间国力之强弱，疆域之盈亏，先民成功与失败之痕迹，正吾人所应追慕与策励者也"②；"吾人处于今世，深感外侮之凌逼，国力之衰弱，不惟汉、唐盛业难期再现，即先民遗土亦岌岌莫保，衷心忡忡，无任忧惧！窃不自量，思欲检讨历代疆域之盈亏，使知先民扩土之不易，虽一寸山河，亦不当轻轻付诸敌人，爰有是书之作"③，由此来看，该书一方面主要关注王朝（主要是汉族）所控制的疆域范围；另一方面其目的在于激发爱国热情、救亡图存。

童书业的《中国疆域沿革略》没有明确交代其撰写目的，但在第一篇

---

① 比较特殊的是童书业的《中国疆域沿革略》，参见下文叙述。
② 顾颉刚、史念海：《中国疆域沿革史》，第1页。
③ 顾颉刚、史念海：《中国疆域沿革史》，第3页。

"历代疆域范围"末尾对其描述的空间进行概述，即"总观中国历代之疆域范围：战国以前，可见中国疆域之如何形成：由夏至商，商至周，以至春秋、战国；汉族卒有今中国本部之大部。战国以后，可见历代疆域之消长；其大小之次序大略如下……。元、清以新民族之势，利用中国天然富源，故能保持极盛大之疆域；次则汉、唐，秉本族极盛之势，外征四夷，疆域亦广；而以分裂时代之五代疆域为最小。此实可证一国之宜统一而不宜分裂也。至汉族本疆，秦、汉以后所以不能有大扩张者，乃因农业经济之限制及国人狃于《禹贡》之观念所致"①。大致而言，其所关注的依然是王朝所控制的地域范围，且同样以汉族为中心，认识到了《禹贡》的影响力，但强调的是国家统一的重要性。不过需要注意的是，童书业的《中国疆域史略》，在第三篇"四裔民族"中对云贵高原、海藏高原、蒙新高原和东北地带一些民族的历史和风俗进行了介绍，有时也介绍了这些地区收入"中国版图"的时间，如"清康熙间，西藏合准噶尔抗清，清派大军入藏平之，自此，西藏乃收入中国版图"②。当然，由于童书业将这一篇独立于"历代疆域范围"之外，且其没有对该书这一篇章结构的设计目的加以说明，因此可以认为其对历史上中国疆域范围的认知似乎处于一种过渡阶段。

与此同时，中国古代绘制历史地图集的传统也延续了下来：

如上海中外舆图局于 1915 年出版的童世亨的《历代疆域形势一览图（附说）》③，图集的开始部分为《禹迹图》和《华夷图》的拓片，然后是从"禹贡"时代至清代的 18 幅地图，最后附有"历代州域形势通论"10篇。"历代州域形势通论"基本是对历朝行政区划演变和政区数量的介绍，与疆域没有直接的关系，其间虽然偶有对王朝疆域范围的描述，但非常简单，如汉代疆域描述为"东海、右渠搜、前番禺、后陶涂，东西九千三百二里，南北万三千三百六十八里"④，基本抄自古代文献，且没有介绍民国疆域范围内的王朝周边政权和部族的疆域或活动范围。各幅历史地图虽然绘制在一幅"现代"地图上，但并没有展现太多中华民国的政区，只有大

① 童书业：《中国疆域沿革略》，第 48 页。
② 童书业：《中国疆域沿革略》，第 108 页。
③ 童世亨：《历代疆域形势一览图（附说）》，中外舆图局 1915 年版。
④ 童世亨：《历代疆域形势一览图（附说）》，中外舆图局 1915 年版，第 10 页。

致的河流、地形。就地图上呈现的空间范围而言，在包含了王朝某一时期所控制的范围之外，还包含了一些周边民族的空间范围，因此地图往往以"某某朝及四裔图"命名。但需要注意的是，所谓"四裔"并非指的是在中华民国疆域范围内的王朝周边的"四裔"，而是文献里记载的与王朝存在密切联系或者对王朝的历史产生过重要影响的"四裔"，因此其绘制的是往往是远至中亚、西亚的"四裔"。如《前汉疆域及四裔图》，除绘制西至今天新疆的汉朝的疆域外，还绘制了中亚的乌孙、大宛、大月氏和安息，而对匈奴、东北和西藏各族则没有太多的表示。《唐代疆域及四裔图》也是如此，绘制了包括西藏、东北、西域在内的唐朝极盛时期的疆域，但还绘制了天竺、大食。"宋金分疆图"中，除绘制了宋辽西夏之外，还绘制了西域的回鹘、位于今天越南的大越，但对漠北、西藏则没有表示。按照该图集的前言，其所用资料采用的是顾祖禹的《历代州域形势论》，因此也就必然以王朝所辖地域空间为核心，只是除此之外还关注"塞外民族之盛衰，江淮河济之变迁，长城运道之兴废，亦并见诸图，冀为读史者参考之"，也即作为读史之参考。

又如武昌亚新地学社 1930 年出版的欧阳缨编《中国历代疆域战争合图》[①]，这套地图集包含了从五帝时代直至民国时期的 46 幅地图。这些地图虽然绘制在一幅民国时期的底图上，但主要表现的是某一王朝的疆域或者分裂时期并立王朝的疆域范围，因此在地理空间上各图之间并无一致性，如"前汉图"只是表现了西汉各诸侯国以及各州的范围，而没有表示匈奴、西域、西藏各地的情况；"唐代图"则表现了唐王朝极盛时期控制的疆域，但对漠北、西藏以及东北则缺乏表达。

再如中国文化馆 1935 年出版的魏建新著、李大超校的《中国历代疆域形势史图》[②]，该图册上起"夏代疆域形势图"，下至"第一次世界大战与第三次瓜分中国图"，共地图 22 幅。图集绘制得极为简单，基本就是在一幅呈现了中华民国疆域轮廓的底图上添加了历朝的疆域范围以及少量其他地理要素。如"两汉疆域形势图"，呈现了两汉疆域极盛时期的范围，

---

① 欧阳缨编，邹兴巨校：《中国历代疆域战争合图》，亚新地学社 1930 年版。
② 魏建新著，李大超校：《中国历代疆域形势史图》，中国文化馆 1935 年版。

以及长安和各州的治所，并用线条将这些各州治所与长安连接起来，但没有表达周边部族和政权。而"唐代疆域形势图"呈现了西藏的吐蕃、东北的室韦以及北方的回纥、延陀，且将这些政权和部族都纳入唐朝疆域中。"宋辽分疆形势图"中则只是呈现了辽、西夏和北宋的疆域，而没有呈现南诏，更没有呈现漠北和青藏高原的情况。

总体而言，民国时期"疆域沿革史"的历史书写是基于"政区沿革"发展而来的，且认为"中国疆域沿革史"的书写对象应当是历史时期各王朝的疆域，也即没有统一的绘制范围，这显然受到中国传统史学强调王朝史的影响。但在民国后期，也出现了一些变化，即开始关注中华民国疆域内历史上各王朝疆域之外各民族的历史，但这样的著作数量极少。

第四节　中华人民共和国成立以来
"疆域沿革史"的历史书写

中华人民共和国成立后，除了不断再版的顾颉刚和史念海《中国疆域沿革史》之外，也出现了"中国疆域沿革史"的新的文本论述，其中现在常用的以及影响力最大的当数邹逸麟编著的《中国历史地理概述》中篇"历代疆域和政区的变迁"的第五章"历代疆域变迁"①，这一部分也被收入《中国历史人文地理》②一书中；具有影响力的还有葛剑雄的《中国历代疆域的变迁》③等。

与民国时期的历史书写相比，这两部"中国疆域沿革史"最大的变化在于：除强调王朝的控制范围之外，通常还花费大量笔墨对当时不属于王朝直接管辖的周边国家、政权和部族的疆域和活动范围进行了介绍。如《中国历史地理概述》中关于汉时期的疆域，首先简单介绍了汉初的疆域，即"不仅小于秦始皇时代，亦小于战国末年"④；然后花费大量笔墨介绍了

①　邹逸麟：《中国历史地理概述》（初版），福建人民出版社1993年版。该书在1999年出版了第二版；2005年由上海教育出版社出版了第三版，此后不断重印至今。

②　邹逸麟主编：《中国历史人文地理》，科学出版社2001年版。

③　葛剑雄：《中国历代疆域的变迁》，商务印书馆2012年版。

④　邹逸麟：《中国历史地理概述》（初版），第89页。

汉武帝时期对"北方的开拓""断匈奴右臂,置河西四郡""南方的扩展""西南七郡的设置""东北乐浪四郡的设置""西域都护府的设置",结论就是"可见汉武帝时汉朝疆域空前辽阔:东抵日本海、黄海、东海暨朝鲜半岛中北部,北逾阴山,西至中亚,西南至高黎贡山、哀牢山,南至越南中部和南海"[①];接着又介绍了汉武帝之后随着国力的衰弱,汉朝疆域的逐渐缩小;最后,花费大量篇幅介绍了匈奴、乌桓、鲜卑、夫余、高句丽、沃沮、羌族以及"西南夷"的兴衰和活动范围。而对于唐代,则重点介绍了唐朝在太宗、高宗时期的疆域扩展,即"北方疆域的开拓""西北疆域的扩展""东北疆域的变迁""西部和西南部疆域",其中在介绍"东北疆域的变迁"时还简单介绍了渤海国的兴衰和控制范围,以及契丹、奚族和靺鞨的活动范围;在介绍唐后期和五代时期疆域的变化过程时,简要介绍了吐蕃、南诏的兴衰以及控制的地域范围。不过在介绍明代疆域时,没有介绍西域的情况。

总体而言,与民国时期的"中国疆域沿革史"的历史书写基本只关注于王朝疆域不同,该书虽然以王朝疆域为重点,但同时尽可能的涉及当时周边各政权、部族和民族的兴衰和活动的地域范围。虽然在细节上存在差异,但葛剑雄的《中国历代疆域的变迁》也基本遵照这样的书写方式,甚至在叙述了正统王朝的疆域变迁后,明确列有"边疆政权"的部分,对"边疆政权"的兴衰和控制范围进行了介绍。这种描述的空间范围的变化,与在历史地图集绘制中,以1840年之前的清朝疆域作为绘制范围成为标准存在密切联系。

现代时期绘制的历史地图集数量较少,主要有以下几种:

顾颉刚和章巽主编的《中国历史地图集(古代史部分)》[②],共绘制有地图31幅,附图16幅,时间上自原始社会,下至鸦片战争,图册后有说明性的"附注"以及"地名索引"。"东汉帝国和四邻图"中用黄色标绘了汉帝国的控制范围,用黄白相间的颜色标绘了西域地区;用其他颜色标绘了匈奴、鲜卑、乌孙、大月氏等,但没有在今天西藏地区标绘除了山川

① 邹逸麟:《中国历史地理概述》(初版),第93页。
② 顾颉刚和章巽主编:《中国历史地图集(古代史部分)》,地图出版社1995年版。

之外的其他内容。"唐帝国和四邻图"用深黄色标绘了唐朝十道的范围；而图中浅黄色部分所代表的范围，在图例中有所说明，即"公元751年以前唐帝国势力曾到达的区域"，注意其使用的是"势力"一词；并用其他颜色标绘了"天竺""大食""日本"等周边国家。"宋金对立图"中用不同颜色标绘了"高丽""金""南宋""西夏""大越""西辽""天竺""呼罗珊"等，但"吐蕃""大理""缅甸"没有用任何颜色标识。显然该图集依然以历代王朝疆域为绘制的核心内容，没有将王朝疆域与中华人民共和国的疆域或者某一时期的疆域联系起来。

影响力最大则当属的谭其骧主编的8卷本《中国历史地图集》，这套历史地图集的各册和各图的绘制有着统一的地理范围，即1840年之前清朝的疆域，由此各图除表现各王朝的疆域范围之外，还对1840年之前清朝疆域范围内的地图所表现时期王朝周边的各族、政权的疆域或活动范围进行了描绘。

郭沫若主编的《中国史稿地图集》①，按照其前言所述，这套历史地图集的编纂目的主要是用于在阅读《中国史稿》时作为参考，参与其绘制的一些工作人员也参与了谭其骧主编的8卷本《中国历史地图集》的编绘，且谭其骧对该图册的编绘也曾经加以指导。而且谭其骧主编的8卷本《中国历史地图集》所确立的以1840年之前的清朝疆域作为历史地图集应当呈现的地域范围，当时已经成为一种主导意见，因此该图集也采用了这一原则。

由谭其骧主编的《简明中国历史地图集》② 基本是对8卷本《中国历史地图集》的缩编，"删去了原来主体部分分幅图，专收历代的全体，使读者手此一册，就能窥见中国几千年中历代疆域政区变化的概貌"③，并且在各图之前或之后附有图说，所介绍的内容以政区沿革和统属为主，偶有对疆域的描述，但基本以王朝疆域的拓展为主；且在王朝政区的介绍之后，还有对1840年之前清朝疆域内各族的介绍，如西汉的图说中就介绍了

① 郭沫若主编：《中国史稿地图集》（上册），中国地图出版社1980年版。郭沫若主编：《中国史稿地图集》（下册），中国地图出版社1980年版。
② 谭其骧主编：《简明中国历史地图集》，中国地图出版社1991年版。
③ 谭其骧主编：《简明中国历史地图集》，中国地图出版社1991年版"前言"。

东蒙古高原、东北地区、"漠南北"、青藏高原、云南、海南岛的各民族。

需要说明的是，除了谭其骧的观点之外，对于"中国疆域沿革史"应当涉及的范围，一直存在不同认知，如孙祚民①、周伟洲②等认为应当以各王朝的疆域为准；而白寿彝③、何兹全④则认为应当以中华人民共和国的领土范围为准，但这些认知都不具有主导地位，尤其是在8卷本《中国历史地图集》出版之后。

总体而言，中华人民共和国成立以来，"中国疆域沿革史"的历史书写发生了根本性的变化，即将1840年之前的清朝疆域作为"中国疆域沿革史"历史书写所要涉及的空间范围。在谭其骧主编的8卷本《中国历史地图集》出版后，这一标准在中国大陆几乎成了定论，且影响到了"中国疆域沿革史"历史书写的文本。还需要注意的是，这一时期文本的"中国疆域沿革史"的历史书写摆脱了与政区沿革之间长期以来的密切关系，单独成篇或者成书。

第五节 结论

大致而言，虽然中国古代有着对"疆域"的描述，但不存在真正意义的"疆域沿革史"；虽然在现代人看来历史地图集可以被看成一种"疆域沿革史"的图像表达，但在当时表达"疆域沿革史"并不是历史地理集的绘制目的，且其所涉及的空间大致局限于"九州"也使其无法成为一种"疆域沿革史"。真正意义上的"中国疆域沿革史"的历史书写形成了民国时期，脱胎于中国传统的"政区沿革"，其目的最初在于唤起民族自豪感以及救亡图存。而以1840年之前的清朝疆域作为"中国疆域沿革史"所应涉及的空间范围则是在中华人民共和国成立后晚至20世纪80年代才确立的标准。

---

① 孙祚民：《中国古代史中有关祖国疆域和少数民族的问题》，《文汇报》1961年11月4日。
② 周伟洲：《历史上的中国及其疆域、民族问题》，《云南社会科学》1989年第2期。
③ 白寿彝：《论历史上祖国国土问题的处理》，《光明日报》1951年5月5日。后来其所主编的《中国通史》也采取的是这一原则。
④ 何兹全：《中国古代史教学中存在的一个问题》，《光明日报》1959年7月5日。

就所描述的空间范围而言，"中国疆域沿革史"的历史书写有大致四种形式，按照出现的时间排列如下：

第一种，以杨守敬的《历代舆地沿革险要图》为代表的中国古代的历史地图集，绘制范围基本相当于"九州"。

第二种，虽然绘制了绘图时代的山川形势，但在政区和疆域方面并不一定进行古今对比，而只是呈现了统一王朝和分裂时期并立王朝的疆域，民国时期的大部分历史地图集以及文本都是如此。

第三种，以中华民国或者中华人民共和国的领土作为绘制范围，前者以魏建新著、李大超校的中国文化馆1935年出版的《中国历代疆域形势史图》为代表，后者以白寿彝和何兹全为代表。

第四种，以清朝1840年之前的疆域作为范围，代表性的就是谭其骧主编的8卷本《中国历史地图集》。

上述这四种绘制范围，其核心差异实际上在于对"中国"的不同认知。

中国古代，也就是王朝时期，对于"天下秩序"的认知受到传统"华夷观"的影响。关于中国古代的"华夷观"，唐晓峰的《从混沌到秩序：中国上古地理思想史述论》[①] 中有着精辟的叙述。首先，"华夷"两分的"天下观"："在周朝分封地域范围的四周，全面逼近所谓的'夷狄'之人。于是，在中国历史上第一次出现了华夏世界作为一个整体（王国维称其为'道德之团体'）直接面对夷狄世界的局面。居于中央的华夏与居于四周的夷狄的关系遂成为'天下'两分的基本人文地理格局"[②]；"对夷狄是绝对的漠视，反之，对华夏中国是绝对的崇尚。华夏居中而土乐，夷狄远处而服荒，这种地域与文化的关系被推广到整个寰宇之内，唯有中国是圣王世界，其余不外是荒夷或岛夷，越远越不足论。如此全世界二分并以华夏独尊的地理观念在随后的千年岁月中一直统治着中国人的头脑"[③]。

然后，关于"华""华夏"的空间范围："不知最早从什么时候开始，

---

① 唐晓峰：《从混沌到秩序：中国上古地理思想史述论》，中华书局2010年版。
② 唐晓峰：《从混沌到秩序：中国上古地理思想史述论》，中华书局2010年版，第209页。
③ 唐晓峰：《从混沌到秩序：中国上古地理思想史述论》，中华书局2010年版，第211页。

'禹迹'成为华夏地域的表述名称"①;"禹之迹,就是大禹平奠治理过的地方。经过大禹治理的地方就是文明之区,有别于蛮夷之地。在人们用大禹的名义说明自己的地方时,已经包含了华夷两分的意义,夷狄均在禹迹之外,而宣称居于'禹迹'之内,则成为华夏人地理认同的重要方式"②;"《左传》(襄公四年)引用了《虞人之箴》中的一句话'茫茫禹迹,画为九州'……它道出了华夏空间世界的进一步发展,将'禹迹'与'九州'相联系"③。

在这种"天下观"之下,王朝的领土必然要尽可能全面地包含"华"所在的"中国"和"九州",而这也是王朝正统性的来源之一,也是王朝控制"天下"的"法理"基础④。受到这些思想的影响,王朝时期基本只关注"华"和"九州",对于"夷"地则显然是漠视的,因此中国古代的历史地图集只关注"九州"也就是顺理成章的了。

进入近代,逐渐形成了现代国家以及现代的疆域意识,只关注于"九州"显然无法用以证明中华民国疆域形成的历史脉络以及用于激发人民的爱国主义和救亡图存,且在新的"万国平等"的国际秩序下,旧有的"华夷观"已经过时,因此这一时期"中国疆域沿革史"的历史书写在地域上摆脱了"华夷观"和"九州"的局限。当然,这一时期,以正统王朝作为叙述中国历史发展脉络的主线的思想依然具有影响力,且在当时的中国通史的撰写中,依然以王朝的沿革为线索的,如出版于1923年吕思勉的《白话本国史》、出版于1939年的周谷城的《中国通史》、1940年出版的钱穆的《国史大纲》和1941年出版的范文澜的《中国通史简编》等等,且这样的中国通史的撰写直至今日依然具有影响力,因此这一时期的"中

---

① 唐晓峰:《从混沌到秩序:中国上古地理思想史述论》,中华书局2010年版,第214页。
② 唐晓峰:《从混沌到秩序:中国上古地理思想史述论》,中华书局2010年版,第214页。
③ 唐晓峰:《从混沌到秩序:中国上古地理思想史述论》,中华书局2010年版,第216页。
④ 即李大龙在《有关中国疆域理论研究的几个问题》所说的"'中国'代表王权所在地的这一含义最终促成了:'中国'是'天下'的中心,占有'中国'即可以成为号令四夷的'正统王朝'的观念"(《西北民族论丛》第8辑,中国社会科学出版社2012年版,第7页)。具体的实例还可以参见黄纯艳对南宋政权在失去"中国"之后,对其统治合法性的解释,参见黄纯艳《绝对理念与弹性标准——宋朝政治场域对"华夏""中国"观念的运用》,《南国学术》2019年第2期。

国疆域沿革史"的历史书写也是以历代王朝所控制的疆域为核心。但在民国时期，随着"中华民族"① 的概念以及"统一的多民族国家"的思想的逐渐兴起，只关注王朝的历史书写显然难以满足现实的需要，且在吕思勉的《白话本国史》第一篇"上古史"的第七章"汉族以外的诸族"中就已经提出"中国人决不是单纯的民族。以前所讲的，都是汉族的历史，这是因为叙述上的方便，不能把各族的历史，都搅在一起，以致麻烦……"②，在这一部分其也对獯粥、东胡、貉、氐羌、粤和濮的历史进行了介绍。因此当时也出现了将中华民国疆域作为历史书写的空间范围的情况，但数量很少，且也不成熟。

1949 年中华人民共和国成立之后，学界对于"历史上中国疆域的范围"进行过长期的讨论，大致有三种观点，一种就是认为应当以各王朝的疆域为准，如孙祚民、周伟洲；一种认为应当以中华人民共和国的领土范围为准，如白寿彝、何兹全；一种认为应当以 1840 年前的清朝疆域作为标准，代表者为谭其骧③、陈连开④、葛剑雄等。这一问题的讨论，更多的信息可以参见刘清涛的《60 年来中国历史疆域问题研究》⑤。大致而言，第一种观点的支持者越来越少，至今几乎已不可见；第二种观点虽然也存在，但缺乏影响力；而第三种观点目前可以说成为学界和官方主流的观点，占据绝对主导性。

以谭其骧为代表的观点之所以占据主流，我们可以回顾一下谭其骧在《历史上的中国和中国历代疆域》一文中的观点："我们是如何处理历史上的中国这个问题呢？我们是拿清朝完成统一以后，帝国主义侵入中国以前的清朝版本，具体说，就是从 18 世纪 50 年代到 19 世纪 40 年代鸦片战争以前这个时期的中国版图作为我们历史时期的中国的范围。所谓历史时期的中国，就以此为范围。不管是几百年也好，几千年也好，在这个范围之内活动的民族，我们都认为是中国史上的民族；在这个范围之内所建立的

① 这一概念目前大致可以认为是梁启超在 1902 年的《论中国学术思想之变迁之大势》中提出的。当然这一概念具体提出的时间与本文无关，因此不再赘述。
② 吕思勉：《白话本国史》，商务印书馆 1923 年版，第 86 页。
③ 谭其骧：《历史上的中国和中国历代疆域》，《中国边疆史地研究》1991 年第 1 期，第 34 页。
④ 陈连开：《论中国历史上的疆域和民族》，《中央民族大学学报》1984 年第 4 期。
⑤ 刘清涛：《60 年来中国历史疆域问题研究》，《中国边疆史地研究综述》，黑龙江教育出版社 2014 年版，第 110 页。

政权,我们都认为是中国史上的政权。"① 采用这种标准的理由一是因为
"'中国'这两个字的含义,本来不是固定不变的",由于"我们是现代
人,不能以古人的'中国'为中国"②;二是因为"我们认为18世纪中叶
以后,1840年以前的中国范围是我们几千年来历史发展所自然形成的中
国,这就是我们历史上的中国。至于现在的中国疆域,已经不是历史上自
然形成的那个范围了,而是这一百多年来资本主义列强、帝国主义侵略宰
割了我们的部分领土的结果,所以不能代表我们历史上的中国的疆域
了"③。在文章的结尾,谭其骧实际上点明了确定这一标准的原因"所以历
史发展到今天,我们全国各个民族是在一个大家庭里,我们应该团结起来,
共同抗击外来的侵略,共同建设社会主义祖国,为了社会主义祖国的四个现
代化而奋斗。今天我们写中国史,当然应该把各族人民的历史都当成中国历
史的一部分,因为这个中国史我们各族人民共同缔造的。是五十六个民族共
同的,而不是汉族一家的中国。我们今天的命运是相同的,兴旺就是大家的
兴旺,衰落就是大家的衰落,我们应该团结起来共同斗争"④。

回顾谭其骧主编8卷本《中国历史地图集》的时候,我国国力并不强
大,在之前的百年中丧失了大片的领土,且当时中印、中苏以及中越边境
矛盾持续存在。在这种环境下,当时需要通过这样的叙述,即通过学术论
证,确立当前中国领土的历史合法性以及境内各民族长期以来的密切关
系,由此对内强化民族团结、激发爱国主义精神,对外抵制各种对我国领
土的无理要求。因此这种"中国疆域沿革史"的历史书写成为主流是当时
国内和国际环境的需要。

总体而言,中国古代缺乏"中国疆域沿革史"的历史书写,且历史地
图集只关注于"九州",是中国古代"天下观"和"疆域观"的反映。近
代以及现代时期"中国疆域沿革史"历史书写的产生,以及后来的变化,
都是对时代以及时代思想的反映,同时也是时代的需要。

---

① 谭其骧:《历史上的中国和中国历代疆域》,第34页。
② 谭其骧:《历史上的中国和中国历代疆域》,第35页。
③ 谭其骧:《历史上的中国和中国历代疆域》,第35页。
④ 谭其骧:《历史上的中国和中国历代疆域》,第42页。

第五章　中国古代的"天下观"和
"疆域观"及其转型

　　"中国历史上的疆域"长期以来是史学以及相关领域研究的重点。不过在以往各种对我国古代"疆域"发展历程的解释中，总是会出现一些难以自圆其说的矛盾①。由于"中国"古代关于"国家""疆域"等术语的概念，与今天对这些术语的认知，分别建基于两套完全不同的话语体系以及对世界秩序的认知之上，因此存在根本性的差异，而以往的研究或者使用这些术语偏向现代的含义来认知古代，或者没有意识到这些术语古今概念的变化，这是导致难以自圆其说的根源。

　　为了论述这一问题，首先我们需要从影响我国古代"疆域"认知的"天下观"入手进行分析。需要强调的是，本章的主旨在于指出以往研究中存在的问题，并力图明确今后的研究方向，因此在后文的叙述中，会对以往的相关研究成果进行梳理，但只要不影响本章观点的，不会对各类观点中的细微差异进行分析，同时也不会纠缠于对细节的讨论，比如《禹贡》经典地位确定的过程以及"九州"的范围及其变化等，一方面是因为这些问题极为复杂，对它们一一讨论至少需要一本书的篇幅；另一方面这些细节虽然可能会影响本章中的一些具体认知，但不会影响本章的整体结论。

　　在几乎所有关于"中国历史上的疆域"的研究中，研究者基本上都没有对"疆域"这一术语加以界定。不过从绝大多数研究来看，由于研究者大都旨在通过各种角度来论述"中国"古代的"疆域"对今日中国领土的

---

① 对此参见本章第三节和附论的讨论。

影响,因此这些研究所用的"疆域"一词的含义与"领土"一词的含义是相近的。而且,在今天通常的认知中,就概念而言,"疆域"一词也基本等同于"领土"。"领土"一词被用于描述某个国家所拥有的、主权管辖的全部的陆地、河流、湖泊、内海、领海以及它们的底床、底土和上空(领空),其中的前置概念就是现代意义的"国家"和"主权"。

目前所见,在"中国历史上的疆域"的研究中对"疆域"概念进行了较为深入讨论的是葛剑雄的《中国历代疆域的变迁》一书。在书中,葛剑雄指出"本书所说的疆域,基本上就等于现代的领土,但由于历史条件不同,具体的含义也不完全相同。所谓疆域,就是一个国家或政权实体的境界所达到的范围,而领土则是指在一国主权之下的区域,包括一国的陆地、河流、湖泊、内海、领海以及它们的底床、底土和上空(领空)。两者的主要差别在于:领土是以明确的主权为根据的,但疆域所指的境界就不一定有非常完全的主权归属"[1]。显然,葛剑雄已经意识到中国古代语境下的"疆域"一词,与今日"领土"一词,在概念上存在着差异,因此试图在传统的研究框架下,通过对概念的重新界定,来解决古今概念差异的问题。不过,葛剑雄虽然指出"疆域""不一定有非常完全的主权归属",也认为疆域不完全等同于领土,而仅仅"是一个国家或政权实体的境界所达到的范围",但这种界定方式本身已经暗示着作者有意无意地认为中国古代存在现代意义的"国家"和"主权"的概念,其背后的思维方式仍然是现代主权国家的思维方式。正因为此,他对"中国疆域"变迁的叙述仍然主要是传统的框架,并没有充分考虑到古今"疆域"一词概念上的差异以及这一概念在近代的转变,说明他虽然认识到"疆域"与"领土"概念上的差异,但并未更进一步意识到"疆域"一词概念上的古今差异。

第一节 "中国"古代的"天下观"和"疆域观"

在进行讨论之前,首先需要对"天下观"和"疆域观"进行界定。

---

[1] 葛剑雄:《中国历代疆域的变迁》,商务印书馆 1997 年版,第 6 页。

"天下观"指的是某一文化或者某一人群对于世界构成的认知，这种对于世界构成的认知并不纯粹是地理的，而是在相应的文化、政治和经济等基础上，构建的对于世界政治、文化以及经济秩序的地理认知。"疆域观"，指的是某一文化或者某一人群对其所应占有的空间范围的认知，因此本章所用的"疆域观"与现代的"国家"和"主权"等概念没有关系。"天下观"和"疆域观"这两个概念虽然存在差异，但有着内在的联系，尤其是在"中国"古代。

关于"中国"古代的"天下观"，前人研究成果众多，但对其思想来源、后续影响以及地理空间进行相对深入分析的当数唐晓峰的《从混沌到秩序：中国上古地理思想史述论》[1]，现引用其中一些与本章有关的结论。

首先，"华夷"两分的"天下观"："在周朝分封地域范围的四周，全面逼近所谓的'夷狄'之人。于是，在中国历史上第一次出现了华夏世界作为一个整体（王国维称其为'道德之团体'）直接面对夷狄世界的局面。居于中央的华夏与居于四周的夷狄的关系遂成为'天下'两分的基本人文地理格局"[2]；"对夷狄是绝对的漠视，反之，对华夏中国是绝对的崇尚。华夏居中而土乐，夷狄远处而服荒，这种地域与文化的关系被推广到整个寰宇之内，唯有中国是圣王世界，其余不外是荒夷或岛夷，越远越不足论。如此全世界二分并以华夏独尊的地理观念在随后的千年岁月中一直统治着中国人的头脑"[3]；"需要注意到的是，华夷之限不是政治界限，更不是国界，也不是种族界限，而只是文化界限……反而希望'四海会同''夷狄远服，声教益广'，也就是要与夷狄共天下，当然，前提是'夷狄各以其贿来贡'"[4]；"在周代形成的'华夷之限'的思想一直统治着中原士大夫的头脑，华、夷对照是理解世界的基本思想方式"[5]。

---

[1]　唐晓峰：《从混沌到秩序：中国上古地理思想史述论》，中华书局 2010 年版。

[2]　唐晓峰：《从混沌到秩序：中国上古地理思想史述论》，中华书局 2010 年版，第 209 页。

[3]　唐晓峰：《从混沌到秩序：中国上古地理思想史述论》，中华书局 2010 年版，第 211 页。

[4]　唐晓峰：《从混沌到秩序：中国上古地理思想史述论》，中华书局 2010 年版，第 212 页。由此，如后文所述，某些研究者所强调的个别帝王提倡的"华夷一家"等概念，实际上是这种"天下观"的必然结果，并没有什么特殊性。一方面即使"华夷一家"，但这并不能抹杀"华夷"界限；另一方面，如果"华夷两家"，那么这种"天下观"也就崩溃了。

[5]　唐晓峰：《从混沌到秩序：中国上古地理思想史述论》，中华书局 2010 年版，第 296 页。

　　然后，关于"华""华夏"的空间范围："不知最早从什么时候开始，'禹迹'成为华夏地域的表述名称"①；"禹之迹，就是大禹平奠治理过的地方。经过大禹治理的地方就是文明之区，有别于蛮夷之地。在人们用大禹的名义说明自己的地方时，已经包含了华夷两分的意义，夷狄均在禹迹之外，而宣称居于'禹迹'之内，则成为华夏人地理认同的重要方式"②；"《左传》（襄公四年）引用了《虞人之箴》中的一句话'茫茫禹迹，画为九州'……它道出了华夏空间世界的进一步发展，将'禹迹'与'九州'相联系"③；"《毛诗正义》：'中国之文，与四方相对，故知中国谓京师，四方谓诸夏。若以中国对四夷，则诸夏亦为中国'"④。

　　简言之，即大致是在周之后⑤，近代之前，在"中国"古代的"天下观"中，世界（天下）是由"华"和"夷"两部分构成的，其中"华"无论在文化、经济，还是在政治上都占有绝对主导地位，是"天下主"，这个世界是围绕"华"展开的。对应于地理空间，"华"即是《禹贡》中记载的"九州"，且由于这里是"诸夏"所在，因此可以称为"中国"，当然需要强调的是这里的"中国"，不是现代意义上的"国"的概念⑥，大概对应于一些研究中宣称的"地理中国"和"文化中国"。

　　"九州"的地理空间，在《禹贡》中有着记载，但由于构成其边界的

---

　　① 唐晓峰：《从混沌到秩序：中国上古地理思想史述论》，中华书局2010年版，第214页。
　　② 唐晓峰：《从混沌到秩序：中国上古地理思想史述论》，中华书局2010年版，第214页。
　　③ 唐晓峰：《从混沌到秩序：中国上古地理思想史述论》，中华书局2010年版，第216页。
　　④ 唐晓峰：《从混沌到秩序：中国上古地理思想史述论》，中华书局2010年版，第220页。
　　⑤ 这一受到《禹贡》影响的"天下观"确立的准确时间，有待进一步研究。这里提出的"周之后"，只是一个笼统的时间点。
　　⑥ 虽然在某些文献中，有时提到的"中国"，如果用现代人的眼光看来，可以理解为"国家"，如"奠安华夏，复我中国之旧疆"（《明太祖高皇帝实录》卷67，洪武四年秋七月癸卯，上海书店1982年版，第1266页）。但如果将这句话放置下"中国"传统的"天下观"和"华夷"的角度来看，句子中的"中国"显然不可能是与周边藩属国以及更遥远的"国"并列的主权国家，而指的是占据了"华"地的王朝，具体参见后文分析。而且，在这一语境下，明承元，虽然明太祖承认元的正统性，但依然强调其是"胡人"政权，因此这里的"复我中国之旧疆"也可以从汉人的角度理解为，恢复了"汉人"对于"中国"（"九州"）这一地域的控制。从上下文"朕为淮右布衣，起义救民，荷天之灵，授以文武之臣。东渡江左，练兵养民十有四年。西平汉主陈友谅，东缚吴王张士诚，南平闽越，戡定巴蜀，北靖幽燕，奠安华夏，复我中国之旧疆。朕为臣民推戴，即皇帝位，定有天下之号曰大明，建元洪武，于今四年矣。凡四夷诸国，皆遣告谕，惟尔佛菻，隔越西夷，未及报知。今遣尔国之民捏古伦齎诏往谕，朕虽未及古先哲王之德，使四夷怀之，然不可不使天下咸知朕平定四海之意，故兹诏示"来看，这样的解释应该更为合理。

一些地理要素，如"黑水"等的具体地理位置长期以来都存在争议，因此实际上也就无法确定"九州"明确的空间范围，因此"九州"本身就是一个有着大致范围，但又相对模糊的地域空间。现存宋代之后大量《禹贡》图对其地理范围有着描绘①，且所有这些地图大都没有绘制明确的界线，因此这大概也说明古人对于"九州"的准确范围没有明确的认知。

如果上述认知正确的话，那么"中国"古代的"疆域观"也就呼之而出了。在"华夷"两分的"天下观"下，虽然"华"占据了主导，但两者结合才构成了"天下"，也即唐晓峰所说的"反而希望'四海会同''夷狄远服，声教益广'，也就是要与夷狄共天下"，由此显而易见得出的结论就是另外一句在谈及"中国"古代"疆域"时经常被提到的名句"普天之下，莫非王土"。不过，由于对"夷"的轻视，因此"华"才是作为"天下主"的王朝的天子或者皇帝所应直接领有的，而"华"在地理空间上对应的就是"九州"，也即唐晓峰所述"在传统中国人的世界观中，王朝并非占据整个'天下'，说皇帝坐'天下'，这个'天下'只是形容他天下独尊的地位，并不是严格的地理语言。他们知道，在天的下面，除了中国王朝，还有不知边际的蛮夷世界。只是对于这个蛮夷世界，中国士大夫不屑于理睬"②。

当然，"蛮夷"世界也是存在层次的，其中一些是与"华"在地理空间或者文化、经济上有着直接接触或者往来的③，而另外一些则是几乎毫无往来，对于"华"来说只是道听途说，甚至一无所知。由此形成的"天下"，也就有了包含有甚至是想象中的全部"世界"的"大天下"，以及只是包括了有着直接往来或者有所了解的"蛮夷"的"小天下"，从现存

---

① 参见成一农《中国古代舆地图研究》，中国社会科学出版社 2018 年版；成一农：《"实际"与"概念"——从古地图看"中国"陆疆疆域认同的演变》，《新史学》第 19 辑，大象出版社 2017 年版，第 254 页。

② 唐晓峰：《从混沌到秩序：中国上古地理思想史述论》，中华书局 2010 年版，第 295 页。

③ 其中包括一些论文中提及的"藩属"国。关于中国古代，尤其是明清时期的"藩属"国，前人研究众多。这些研究或者从国际关系的角度入手，或者认为这两者属于当时王朝的疆域，但这两者的认知都是从今天主权国家、国际关系或者现代"疆域"的概念入手的，因此从根本上就是错误的，即在当时的"天下观"中根本没有现代意义的主权国家、国际关系，更没有现代意义的"疆域"，只有"华夷"，所谓藩属只是对应于与"中国"存在密切往来的"夷"而已。

的资料来看，后者是中国古代士大夫更为关注的，这点从前文所引唐晓峰的论述来说，是必然的结果。

在这种"天下观"之下，王朝的领土必然要尽可能全面地包含"华"所在的"中国"和"九州"，而这也是王朝正统性的来源之一，也是王朝统治"天下"的"法理"基础之一。① 当然，这并不是说王朝控制的土地也以此为限，毕竟在这种"天下观"下，"普天之下，莫非王土"，王朝也可以通过各种方式对周围的"夷"地加以直接或间接的管理，但这些并不是必需的。

如果说以上只是偏重于"理论"推导的话，那么我们还可以从实证的角度来加以论证。需要说明的是，以往的一些研究中也都对此进行过实证论证，但以往的实证论证大部分局限于使用某些局部或者"重要人物"尤其是帝王的言论，这样的实证研究多受制于其使用的材料所针对的局部问题或者实际问题，且有时可以从多种角度加以解释（其中还包括误解，具体参见后文对论述中涉及的一些例证的评析），缺乏全局性的说明力。为了避免这一问题，本章试图从官修的，也即代表了正统观点的历代正史地理志和官修地理志，以及目前存世的"总图"和"天下图"入手来加以论证，这样至少代表了在中国古代占据主导的"正统观点"，具有更强的说服力。②

首先，就是历代撰写的正史地理志以及官修地理，虽然正史地理志都是后代对前代的追溯，但这些正史都撰写于中国一脉传承的正统王朝的脉络下，因此可以被看为是对正统"天下观"的展示。

在二十五史中，有12部地理志的内容较为系统，记载的基本是王朝某一时期管理的地理空间的范围，其中主要以"华"为主体，也包括"夷"。

---

① 即李大龙在《有关中国疆域理论研究的几个问题》所说的"'中国'代表王权所在地的这一含义最终促成了：'中国'是'天下'的中心，占有'中国'即可以成为号令四夷的'正统王朝'的观念"，《西北民族论丛》第8辑，2012年，第7页。具体的实例还可以参见黄纯艳对南宋政权在失去"中国"之后，对其统治合法性的解释，参见黄纯艳《绝对理念与弹性标准——宋朝政治场域对"华夏""中国"观念的运用》，《南国学术》2019年第2期，第306页。

② 当然，不可否认的是，在漫长的两千多年的历史中，必然会存在多种多样的"个案"，且也无法否定存在多种可能的解读的个案的存在，但必须要牢记在心的就是，正如后文所述，对于这些个案的解读一定要放置在"中国"古代的背景和语境下。

而在绝大部分正史的列传部分则包括了不受其直接和间接控制，甚至只是有着或者曾经有着朝贡往来的"夷"。由此可以认为，正史地理志是"写实"的，即如实地表达了修史者认为的前一王朝某一时期所直接管理的地域范围①，而整部史书则在整体上描述了前朝的"天下"，地理范围当然要远远大于地理志所描述的范围。这点实际上是对中国古代"疆域观"的展现，即王朝是"天下"的所有者，因此在王朝的正史中必然要对其所统治的"天下"进行描述，这点是无法用今天的"疆域"概念来解释；而正史中包括地理志在内的各类"志"基本只是关注于主要集中于"华"的王朝自身，因此地理志必然描述的是王朝直接管理以"中国"为核心的空间范围。

官修地理志则又是另外一个面貌。从描述的空间范围而言，《元和郡县图志》是写实的，即其是根据"贞观十三年大簿规划的十道为纲领，配合当时的四十七镇"②来编写的，可以将其看为类似于正史地理志；类似的还有《元丰九域志》③，记载了北宋的二十三路、省废州军、化外州和羁縻州，其中全书前九卷为二十三路，第十卷记载省废州军、化外州和羁縻州，因此虽然"化外州"等被分属于各路，但全书的核心依然是二十三路所大致对应的"九州"，由此也符合了该书的书名"九域"。总体而言，这两部著作并不能完全展现当时的"天下观"。

在其他地理总志中，除了被认为属于王朝管辖的土地之外，或多或少都包含了有着朝贡关系或者仅仅是有所往来的"夷"。《太平寰宇记》："自是五帝之封区，三皇之文轨，重归正朔"，其描述的范围包括宋初的十三道和"四夷"④；《大明一统志》"太祖高皇帝受天明命，混一天下，薄海内外，悉入版图，盖唐虞三代下及汉唐以来，一统之盛蔑以加矣"⑤，其描述的空间范围为明朝的两京十三省以及"外夷"；《嘉庆重修一统志》对

---

① 这里的"直接管理"不是今天意义上的必须要通过设官分职来进行控制，而表达的是被认为是归王朝"直接控制"的土地，其中包括"羁縻"，是一种主观认知。其实在"普天之下莫非王土"的概念下，哪些土地属于王朝的"直接控制"确实可以被理解为一种主观认知。
② 李吉甫：《元和郡县图志》"前言"，中华书局1982年版，第1页。
③ 《元丰九域志》，中华书局1985年版。
④ 乐史：《太平寰宇记》"太平寰宇记序"，中华书局2007年版，第1页。
⑤ 《大明一统志》"御制大明一统志序"，三秦出版社1990年版，第1页。

其叙述顺序做了如下描述："首京师、次直隶、次盛京，次江苏、安徽、山西、山东、河南、陕西、甘肃、浙江、江西、湖北、湖南、四川、福建、广东、广西、云南、贵州，次新疆、次蒙古各藩部，次朝贡各国"①。其中两部一统志的描述顺序就是首都（京）、省和周边"夷"地（当然对"夷"也划分了层次），由此也就展现了两部书名中"一统"所涵盖的"天下"。在这里需要强调的是，由于这两部一统志实际上记载了明清两朝并没有直接管辖的区域，由此也说明古人理解的"一统"并不需要对所有区域建立直接统治。《大明一统志》中所载"太祖高皇帝受天明命，混一天下，薄海内外，悉入版图，盖唐虞三代下及汉唐以来，一统之盛蔑以加矣"，更是明证。就现代人认为的明朝疆域而言，"混一天下，薄海内外，悉入版图"纯属夸张，但在当时"天下观"的角度而言，据有"华"地，就获得了号令"天下"的正统性，对于"夷"地是不需要去直接管理的，因此这句话是完全合理的。以往的一些研究对于古代的"一统"存在误解，具体参见后文分析。

无论是历代的正史还是除《元和郡县图志》《元丰九域志》之外的其他地理总志，其所描述的地理空间范围都超出了各王朝管辖的土地，但从上文介绍的"中国"古代的"天下观"来看，这种叙述方式是合理的，因为这些"四夷"在名义上也应属于这些王朝，因此这些"四夷"的历史也是这些王朝历史的一部分，虽然从王朝的视野来看，他们并不值得重视。

不仅如此，这些正史地理志和地理总志中的一些记述颇值得玩味。《旧唐书·地理志》载："今举天宝十一载地理，唐土东至安东府，西至安西府，南至日南郡，北至单于府。南北如前汉之盛，东则不及，西则过之（汉地东至乐浪、玄菟，今高丽、渤海是也。今在辽东，非唐土也。汉境西至炖煌郡，今沙州，是唐土。又龟兹，是西过汉之盛也）"②，从这段描述来看，五代时期的修撰者显然认为汉朝所辖土地向西只是到了"敦煌"，而没有包括"西域"，同时唐朝所辖土地则向西到了龟兹；但汉在朝鲜半

---

① 《嘉庆重修一统志》"凡例"，中华书局 1986 年版，第 9 页。
② 《旧唐书》卷三十八《地理志》，中华书局 1975 年版，第 1393 页。

岛建立的"乐浪、玄菟",则被认为是汉土。《新唐书·地理志》的认知与此近似。《宋史·地理志》的记载"至是,天下既一,疆理几复汉、唐之旧,其未入职方氏者,唯燕、云十六州而已",①在修撰《宋史》的元人看来,宋初所辖土地,"疆理几复汉、唐之旧",那么由此可以推测在修撰者心目中"汉唐"所控制的土地实际上就是宋初所控制的土地加上燕云十六州。明代修撰的《元史·地理志》则载"自封建变为郡县,有天下者,汉、隋、唐、宋为盛,然幅员之广,咸不逮元"②,在今天人看来,汉唐所辖土地远远大于隋和宋,尤其是宋,其所辖土地远远无法与汉唐相比,但在明人笔下却同样被表述为"盛"。而明中期修撰的《大明一统志》则载"盖唐虞三代下及汉唐以来,一统之盛蔑以加矣",似乎"明土"是汉唐以来最为广大的,而在今人看来,"明土"显然要远远小于前朝的"元土"。对于上述这些记载应当如何解读?显而易见的结论就是,在中国古人的心目中王朝所应领有的土地就是传统的"华"地,即"九州""中国",而"夷"地则可有可无,没有太大的意义,甚至可以不被认为是王朝所控制的土地。这也就再次印证了上文对"中国"古代"天下观"的解读。

　　而这一点,在宋代以来修撰的历史地图集中表达的更为明确。除了几幅出土于墓葬的地图之外,中国古代保存下来的地图最早就是宋代的,历史地图集也是如此。目前已知在清末之前大致绘制有 7 套历史地图集。在古代"天下观"和"疆域观"的研究中,以往都忽略了历代绘制的历史地图集,但历史地图集在这一研究中的重要性在于,其除了要表达现实政区之外,更为重要的是,要追溯以往,因此绘制历史地图集时,最基本的工作就是要选定一个用来在其上绘制之前历史时期地理事物的空间范围,而这一被选定的空间范围在很大程度上代表了绘制者心目中认定的正统王朝所应"有效"管辖的地理范围,实际上也就代表了绘制者的"疆域观"。

　　我国现存最早的历史地图集就是成书于北宋时期的《历代地理指掌图》,共有地图 47 幅,除了几幅天象图和"古今华夷区域总要图"之外,所有地图绘制的地理空间范围基本一致,大致以"太宗皇帝统一之图"为

---

① 《宋史》卷八十五《地理志》,中华书局 1985 年版,第 2094 页。
② 《元史》卷五十八《地理志》,中华书局 1976 年版,第 1345 页。

标准，东至海，南至海南岛，西南包括南诏，西至廓州，西北至沙州，北至长城，东北至辽水。而"古今华夷区域总要图"，与"太宗皇帝统一之图"相比，在所表现的空间范围上，增加了辽东和西域部分，而且在整部《历代地理指掌图》中只有"古今华夷区域总要图"绘制有这两个地区，从图名中的"华夷"来看，这显然是绘制者所关注的"天下"的范围。但这并不代表宋人只知道这些"夷"，也即并不是宋人的"天下"只有那么小，对此可以参见前文所引唐晓峰的解释，即"他们知道，在天的下面，除了中国王朝，还有不知边际的蛮夷世界。只是对于这个蛮夷世界，中国士大夫不屑于理睬"。

　　除了这套地图集之外，在陆唐老撰《陆状元增节音注精议资治通鉴》、成书于南宋的《永嘉朱先生三国六朝五代纪年总辨》、周弼和释圆至撰《笺注唐贤绝句三体诗法》、林尧叟撰《音注全文春秋括例始末左传句读直解》以及吕祖谦所辑《十七史详节》中存在一套上至五帝，下至五代的历史地图，这一系列历史地图的轮廓和绘制方法非常近似，因此很可能都来源于同一套历史地图集。这一套历史地图集的绘制范围大致如下：东至海，南至海南岛，西至四川，西和西北至永兴路，北至燕山路，东北至河北东西路。① 此后直至清代后期的地理图集，甚至杨守敬的《历代舆地沿革险要图》绘制的范围大致都是如此。而这一地域范围，与"九州"范围非常近似。同时，一个显而易见的问题就是，在今人看来汉、唐、元极为广大的疆域，在中国古代的历史地图集中并没有得以表现。对此似乎只能解释为绘制者只关注于"华"地，也即"九州"的历史变迁，由此与上文对历代正史地理志和官修地理志的分析结合起来，可以认为中国古人实际上并不在意王朝对"夷"地的控制，在他们眼中正统王朝应"有效"管辖的以及应当在意的土地只是"华"，也即"九州"和"中国"，而对历代王朝是否控制"夷"地则并不在意，毕竟在中国古代的"天下观"中，只要"四夷来朝"就可以了。

　　除了历史地图集之外，中国古代还存在大量的"总图"和"天下图"，

———————————

① 这套地图集的扫描件，参见成一农《中国古代舆地图研究》，中国社会科学出版社2018年版。

对此笔者在《"实际"与"概念"——从古地图看"中国"陆疆疆域认同的演变》一文中已经进行过分析①，该文虽然分析的是"疆域认同"，但实际上分析的是"疆域观"，即历史上正统王朝所应领有的土地，结论为："通过对宋代以来'全国总图'的分析可以认为，从宋代至清代前期，虽然各王朝统治下的疆域范围存在极大的差异，但各王朝士大夫疆域认同的范围则几乎一致，基本局限在明朝两京十三省范围，只是在明代开始将台湾囊括在内。清代康雍乾时期，虽然先后在内外蒙古、台湾、新疆和西藏确立了统治，但疆域认同上的变化只是将清朝的发源地东北囊括在内，并且最终将台湾囊括在内，内外蒙古、新疆和西藏只是出现在以体现王朝实际控制范围为主要内容的官绘本地图中，较少出现在私人绘制的地图中，因此可以认为这些地区依然未被主流的疆域认同所囊括。疆域认同的转型开始于19世纪20、30年代，这一时期绘制的'全国总图'越来越多的将内外蒙古、新疆和西藏囊括在内，不过与此同时，'府州厅县全图'或以'直省'为主题的地图，依然将这些区域以及东北排除在外，由此显示在当时士人的疆域认同中，这些区域与内地省份依然存在细微差异。光绪中后期，新疆、台湾、东北地区先后建省，此后绘制的'全国总图'基本都将这些区域以及西藏、内外蒙古囊括进来，由此形成的疆域认同一直影响到了今天"②。

除了"全国总图"之外，中国古代还存在一些"天下图"，如著名的《大明混一图》《皇舆全览图》《大清万年一统地理全图》系列，以及明代后期在民间广泛流传的不太著名的《古今形胜之图》系列③，除了《皇舆全览图》之外，它们总体特点非常明确，即将正统王朝所在的"华"地放置在地图的中心，且按照今天科学地图的角度来看，其不成比例地占据了图面的绝大部分空间，绘制得非常详细，是全图绘制的重点；同时将"夷"地放置在地图的角落中，绘制的非常粗糙、简略，同时，在两者之间并没有标绘界线。在这些地图上，上文所论述的"中国"古代的"天下

① 成一农：《"实际"与"概念"——从古地图看"中国"陆疆疆域认同的演变》，《新史学》第19辑，大象出版社2017年版，第254页。
② 与其他论文相近，该文依然混淆了"疆域"一词在古今概念上的差异。
③ 对此参见本书第二篇第八章。

观"呼之欲出了。

　　还有各类"分野图","分野"是古人用十二星次或二十八宿划分地面上州、国、郡、县等位置的方式,那么被纳入"分野"范畴的地域空间实际上就代表了绘制者所认为值得关注的地理空间。目前可以见到的最早"分野图"就是宋末成书的《六经奥论》中的"分野图",该图的绘制范围:东至海,东北至河北路,北至河北河东路,西北至永兴军路,西至河源、江源,西南至四川,南和东南至海。明代属于分野图的地图大致有:以《广舆图叙》之"大明一统图"为底图绘制的万历二十七年(1599)刊行的王鸣鹤撰《登坛必究》中的"二十八宿分野之图"、成书于天启年间(1621年至1627年)陈仁锡撰《八编类纂》中的"二十八宿分应各省地理总图"、万历四十一年(1613)由章潢的门人万尚烈付梓成书的章潢所辑《图书编》中的"二十八宿分应各省地理总图"以及成书于崇祯五年(1632)的茅瑞征撰的《禹贡汇疏》中的"星野总图"。这四幅地图图面内容基本一致,所表现的地理范围:东北、北和西北以长城为界,西至黄河,西南包括云南,南至海南岛,东和东南至海,海中标绘"琉球"。以《大明一统志》"大明一统之图"为底图绘制的分野图则有明万历年间李克家撰的《戎事类占》中的"州国分野图",其绘制范围与《大明一统志》"大明一统之图"相近。还有明吴惟顺、吴鸣球编撰的《兵镜》中的"二十八宿分野图",其绘制范围:北至大同、宣府,西北至陕西,不包括甘肃,西至河源,西南包括云南,南至广东广西,包括海南岛,东和东南至海,未绘制台湾,东北至山东半岛。①

　　对于从古地图角度对中国古代"天下观"的研究,还可以参见黄时鉴的《地图上的"天下观"》②,以及管彦波《中国古代舆图上的"天下观"与"华夷秩序"——以传世宋代舆图为考察重点》③,不过两者使用的地图数量较少或者局限于某一朝代,且没有与中国古代的"疆域"问题联系

---

　　① 上述这些地图可以参见成一农《中国古代舆地图研究》,中国社会科学出版社 2018 年版。具体分析可以参见本书第二篇第九章。

　　② 黄时鉴:《地图上的"天下观"》,《中国测绘》2008 年第 6 期,第 68 页。

　　③ 管彦波:《中国古代舆图上的"天下观"与"华夷秩序"——以传世宋代舆图为考察重点》,《青海民族研究》2017 年第 1 期,第 100 页。

起来。

综上而言，可以认为在中国"华夷"构成的"天下观"以及"普天之下，莫非王土"的观念下，古人的"疆域观"实际上有三个层次，第一个层次就是囊括"华夷"的"普天之下"，第三个层次则是"九州""中国"，"九州""中国"是"中国主"也即正统王朝所应当直接领有的。此外，在两者之间还存在一个实际的第二层次，即王朝实际控制的地理空间。王朝应当（必须）占有"华"地，然后通常还占有一些"夷"地，或者与周边某些"夷"地存在明确的藩属关系，基于此，由于在某些情境下，王朝也将自己称为"中国"，因此这些语境下的"中国"实际上是第三个层次中对应于"华"的"中国"的扩展，地理范围上要大于"九州"，代表着占据着"中国"或者名义上应当占据着"中国"的王朝所实际控制的地理范围。需要强调的是，王朝所实际控制的地理空间通常不经由类似于近代国家通过条约、谈判划分来明确界定的，而是其实力所能达到的地方。在很长的时间内，"中国"和"非中国"、"华"与"夷"彼此之间，通常没有相互共认的边界。

再次强调的是，在这一"天下观"下，"天下"只有一个王朝，即使是分裂时期，也必然只有一个"正统王朝"，因此根本不可能存在现代国家秩序下有着平等关系的主权国家的概念，由此也根本没有可能产生现代意义上的"疆域"的概念。

第二节 中国古代"天下观"和"疆域观"的转型

以往关注的另外一个问题就是中国古代上述这种"天下观"和"疆域观"的转型，即它们如何以及何时转型为以主权国家、各国平等为核心的近现代国际关系以及基于此的现代的疆域认知。

就以往的研究而言，较有影响力的大致有两种观点：

1. 认为转型发生在宋代，如葛兆光认为，"具有边界即有着明确领土、具有他者即构成了国际关系的民族国家，在中国自从宋代以后……已经渐渐形成"①；"在宋元易代之际，知识分子中'遗民'群体的出现和'道统'意识的形成，在某种意义上说反映了'民族国家'的认同意识"②。

对此，黄纯艳在《绝对理念与弹性标准：宋朝政治场域中对华夷和"中国"观念的运用》中对此进行了反驳，提出：

> 宋朝建立后，一方面以继承汉唐德运的中华正统自居，华夷秩序和"中国"地位是其中华正统得以确立的合法性依据；另一方面，又面临着华夷和"中国"的巨大困境——既有百年不衰之"夷狄"辽朝和金朝与之对等，甚至君临其上，又有被视为"汉唐旧疆"的交趾、西夏自行皇帝制度。由于宋朝武力不振，因此在对外交往中，根据不同情况采取了弹性做法，以维持现实的政治关系。与辽交往时，实行对等礼仪；对金则一度称臣纳贡；对交趾、西夏则要求其与宋交往时遵守朝贡礼仪，而放任其在国内行皇帝制度。在国内政治场域中，宋朝则坚持绝对的华夷观念，通过德运、年号、祭祀等标示正统的制度设计，辽金以外诸政权羁縻各族的朝贡活动，以及有关华夷的各种政治话语这三个层面，构建和演绎华夷秩序，将华夷观念营造为绝对的说法。宋朝宣称自己是绝对和唯一的文化"中国"，这在北宋时期基本得到周边诸族的认可；但到了南宋，金朝从文化、地理上都否认宋朝的"中国"地位。由于宋朝并未占有汉唐的全部疆土，特别是南宋偏安一隅，其地理"中国"名不副实，所以，宋朝采取的应对之策是设置"旧疆"，申明"恢复"，为其权利和地位进行解说。北宋所定"旧疆"虽以"汉唐旧疆"为名，实则仅包括西夏、交趾、河湟、燕云，而非指全部汉唐版图，南宋的"旧疆"则只是指陷落于金朝的北宋直辖郡县，即"祖宗之旧疆"。"恢复"在多数情况下主要是也作为解说"中国"困境的话语，而非现实目标。宋朝所面临的华夷观念和"中国"的困境是中国古代王朝的普遍问题。号称统一的汉唐王朝如此，分裂对峙时期的东晋南朝也是如此，只是不同时期华夷和"中

① 葛兆光：《宅兹中国：重建有关"中国"的历史论述》，中华书局2011年版，第25页。
② 葛兆光：《宅兹中国：重建有关"中国"的历史论述》，中华书局2011年版，第62页。

国"困境的表现形式有所不同，应对的办法也各有差异。宋朝的华夷和"中国"困境不同于往朝，其解决办法也有时代的特点。终其灭亡，宋朝始终在华夷和"中国"的框架中寻找解决困境的应对之策，其思想来源和具体做法都与民族主义或民族国家意识无涉。①

宋辽、宋金、宋元之间划界的举动，可以看成两者对"中国"或者"天下"控制权的争夺达成均势或者妥协之后，对双方实际控制土地的具体划分，这点应当是非常好理解的。无论"勘界"的形式多么接近现代主权国家"勘界"的形式，但在逻辑上，形式并不能代表内涵，因此"勘界"以及两"国"界线的存在，并不能用以证明产生了"构成了国际关系的民族国家"。此外，不可否认的是这种"勘界""划界"的行为至少在春秋战国时期就已经存在，只是相关文献缺乏详细记载。

而且，宋代及之后，中国的"天下观"和"疆域观"并没有变化，否则就无法解释上文提到的宋代及其之后各种展现了"天下观"和"疆域观"的文献和地图了。

2. 认为《尼布楚条约》中使用的"中国"一词已经具有了一个近现代主权国家的含义②。其主要依据在于，在条约的文本中，"清朝"与"中国"一词互换使用；签订的条约的内容以及签订条约的方式，从后世的角度来看，这可以被解释为是两个主权国家之间签订的条约；以及清朝和俄罗斯划界的方式与今天主权国家之间划界的方式极为相似。

对于这样的认知，已经有学者提出了批评，如易锐在《清前期边界观念与〈尼布楚条约〉再探》中提出"相比之下，17 世纪后半期，西方近代国界观念的产生，得益于欧洲多元平等的国际秩序的孕育与主权国家思想的激发。故就根本而言，清朝前期边界观念与西方近代国界观念的差异，不在于'界'的意识，而在于'国'的理念"③；"晚清以降，随着疆

① 黄纯艳：《绝对理念与弹性标准——宋朝政治场域对"华夏""中国"观念的运用》，《南国学术》2019 年第 2 期，第 306 页。

② 李大龙：《有关中国疆域理论研究的几个问题》，《西北民族论丛》第 8 辑，中国社会科学出版社 2012 年版，第 17 页。

③ 易锐：《清前期边界观念与〈尼布楚条约〉再探》，《四川师范大学学报（社会科学版）》2019 年第 2 期，第 32 页。

土频遭割让、藩属接踵丧失，天下主义也日益动摇，中国适应近代国界理念的漫长而痛苦的脱胎换骨之路方真正开启。"① 虽然，易锐的分析触及了要害，但批评的不够彻底，本章对此从如下几个方面进行讨论。

首先，在《尼布楚条约》之前和之后很长时间内，"中国"都没有被清朝作为国号，因此这里的"中国"似乎并不能只被解读为是"清朝"的国号或者作为一个现代意义的"国家"的称号。而且，如果其含义是传统意义上控制"华"地的"中国"的话，那么显然其中蕴含的依然是传统的"天下"观，即作为控制了"华"地以及部分"夷"地的"中国主"的清朝与作为"夷"的俄罗斯之间的条约。同时，虽然条约的内容，从现代看来似乎是"平等的"，但一方面这是我们今天的认知；另一方面内容的平等并不等于态度的平等，因为不能否定的是，这一条约也可以被看成"华"对"夷"的恩赐，也存在这方面的证据，如《尼布楚条约》订立之初，议政王大臣等奏称："鄂罗斯国人，始感戴覆载洪恩，倾心归化，悉遵往议大臣指示，定其边界。此皆我皇上睿虑周详，德威遐播之所致也"②。而且需要强调的是，虽然其划定了"界"，但在传统"天下观"下，这只不过是"中国主"与"夷"之间的界线（当然不是"华"与"夷"之间的界线），不能简单地理解为现代主权国家"疆域"的界线。而且，从目前的资料来看，无法否定上述这样的认识。由此，条约中使用的"中国"可以有着多种解释，且划界本身也说明不了什么问题，这两者结合起来，可以认为以往的观点，在论证方面远远不够充分。

其次，从此后清朝绘制的大量地图，尤其是"天下图"来看，在清代晚期之前，这些地图基本没有绘制清朝控制的土地的界线，如前文提及的《大清万年一统天下全图》。最为典型的当数乾隆时期的《内府舆图》（又名《清代一统图》《皇舆斜格图》），其绘制的范围，东北至萨哈林岛（库页岛），北至北冰洋，南至印度洋，西至波罗的海、地中海和红海，东至东海，后者显然超出了当时清朝实际控制的范围，且如同之前的地图那

① 易锐：《清前期边界观念与〈尼布楚条约〉再探》，《四川师范大学学报（社会科学版）》2019年第2期，第33页。

② 《清实录》第5册，中华书局1985年版，第578页。

样，图中也没有标绘清朝直接控制的土地的边界，因此这些地图表达的依然是"普天之下，莫非王土"的"天下观"。

最后，最为重要的就是，按照下文的叙述，直至晚清，绝大部分"中国人"都不知道现代意义的"国家"是什么。

结论就是，仅从字面而言，条约中的"中国"可以按照之前学者所认为的指称的是一个国家的国号，但也依然可以指的是控制了"华"地的"中国主"，如果是后者的话，那么这一条约，在清朝人眼中显然不是一个"平等"的条约。且从之后清朝的文献和地图以及晚至清末绝大部分"中国人"都不知道现代意义的"国家"来看，显然条约中的"中国"指的是以"华"为核心的"中国主"的可能性是非常大的。因此，虽然清朝在《尼布楚条约》中使用了"中国"一词并且根据条约与俄罗斯进行了划界，但我们并不能由此得出开始产生了现代主权国家的意识这样的结论。

那么中国古代"天下观"和"疆域观"的转型是在何时开始的？应当是在清朝后期，可能要晚至 19 世纪最后 20 年，且这一转型持续了很长时间才完成，其完成时间可能要晚至 20 世纪初。

关于这点，近代史研究者有着深入的研究，如罗志田的《把"天下"带回历史叙述：换个视角看五四》[1]，其提出："五四运动发生时，身在中国的现场观察人杜威看到'国家'的诞生，而当事人傅斯年则看见'社会'的出现。这样不同的即时认知既充分表现出五四蕴涵的丰富，也告诉我们'国家'与'社会'这两大外来名相尚在形成中。这些五四重要人物自己都不甚清楚的概念，又成为观察、认识、理解和诠释五四的概念工具，表现出'早熟'的意味，因而其诠释力也有限。实则国家与社会大体因'天下'的崩散转化而出，五四前后也曾出现一些非国家和超国家的思路。如果把天下带回历史叙述，从新的视角观察，或可增进我们对五四运动及其所在时代的理解和认识"[2]。虽然其论述的重点不在于当时中国"天下（观）"的崩坏和现代"国家"概念的诞生，但文中所据的案例，如

---

[1] 罗志田：《把"天下"带回历史叙述：换个视角看五四》，《社会科学研究》2019 年第 2 期，第 1 页。

[2] 罗志田：《把"天下"带回历史叙述：换个视角看五四》，《社会科学研究》2019 年第 2 期，第 1 页。

"陈独秀就曾说，八国联军进来时他已二十多岁，'才知道有个国家，才知道国家乃是全国人的大家'，以前就不知道'国家'是什么。而陈独秀大概还是敏于新事物的少数，别人到那时也未必有和他一样的认知。庚子后不久，我们就看到梁启超指责中国人'知有天下而不知有国家'。从这些先知先觉者的特别强调反观，那时很多国人确实没有国家观念或国家思想"①来看，在晚清之前，中国人根本就没有现代国家的概念。

大致而言，"国家""疆域""主权"这些词汇的现代概念的产生应当是清朝在与世界诸国的接触、交往中逐渐被了解和掌握的，当然对于这一过程至今尚缺乏深入的讨论。

光绪中后期随着新疆、台湾以及东北的建省，清朝控制的某些"夷"地与"华"地在行政建置上趋同，逐渐形成主权国家和现代疆域的意识，标志着原有"天下""华夷"以及用九州代表"华"地的传统思想的逐渐消失。不过这种转型并不是立刻完成的，最为典型的就是，美国国会图书馆藏1896年的《皇朝直省舆地全图》，其没有绘制东北、内外蒙、新疆、青海和西藏；还有杨守敬的《历代舆地沿革图》，这一图集以刊行于1863年的胡林翼《大清一统舆图》为底图，将春秋战国至明代凡见于《左传》《战国策》等先秦典籍及正史地理志的可考地名基本纳入图中，这一图集初刊于1879年。1906年，杨守敬与熊会贞重新校订图集，最终于1911年出版完毕。这一图集虽以胡林翼《大清一统舆图》为底图，但并未包括东北、内外蒙古、新疆和西藏。对于这一转型的最终完成，难以确定一个明确的节点，但可以说是经历了一段非常长的时间。这与清末地图"疆域"绘制的转型，在时间上基本是一致的。②

实际上清代后期，中国与欧洲列强的冲突，可以看成两种"天下观"和"疆域观"的冲突。而在这场冲突中，处于上升期的欧洲列强，战胜了已经过了王朝强盛期、制度日趋僵化、日益缺乏开放性和进取心的清朝，由此在对撞中，"中国"传统的"天下观"的崩溃也是必然。但由于这种

---

① 罗志田：《把"天下"带回历史叙述：换个视角看五四》，《社会科学研究》2019年第2期，第3页。

② 关于中国古代地图关于"疆域"绘制的转型，参见成一农《"实际"与"概念"——从古地图看"中国"陆疆疆域认同的演变》，《新史学》第19辑，大象出版社2017年版，第254页。

"天下观"深入"中国"文化的骨髓，且在这种"天下观"中"中国"长期居于统治地位，因此在受到如此冲击之下，依然花费了近百年的时间才将这种"天下观"抛弃，传统的"疆域观"也随之消逝。相反，如果传统的"天下观"在面对外来冲击时，被迅速放弃反而是无法理解的。而且，从这点来看，那么之前提到认为转型发生在宋代、康熙时期的观点，必然是无法成立的，因为前者虽然有"外来"冲击，但"外来者"并没有带来新的天下观，反而成为传统"天下观"的积极构建者；而后者，并未有外来危机的冲击，那么清朝有什么理由会放弃延续了近两千年且其在其中居于高高在上的地位的"天下观"呢？

在观念转型之后，清朝（或者中华民国）实际控制的土地也就成为主权国家的疆域和领土，因此从这一层意义上来看，中国的疆域是这一时期才形成的，之前并不存在所谓的"中国的疆域"。

第三节　结论：跳出现代语意陷阱，在研究中回归"中国"话语

需要说明的是，目前"天下观"和"疆域观"研究中的很多术语都是外来的，如"国家""疆域""国界"等等。虽然这些词汇"中国"古已有之，但需要记住的是，正是在近代，在接触西方的近现代形成的"主权国家"、主权国家意义下的"疆域"等概念时，试图用"中国"古已有之的、在概念上接近的词汇来翻译和表达这些术语，简言之，是用"中国"古代的词汇来表达着西方现代的概念。这样的翻译，虽然表面上看起来没有问题，但运用到研究中则带来混乱，即在研究"中国"古代的问题时使用这些术语，会让研究者和读者有意无意地误认为这些词汇表达的现代含义在古代也是存在的，这显然是有问题的，而且这也是目前几乎所有关于"中国古代疆域"研究存在的根本性问题的最终根源。

由于涉及的问题较为复杂，而对这些词汇的语意及其转变的分析也不是文本的主旨，因此下文以指出某些词汇的含义确实存在古今差异为主。

对于其中一些术语，已经有学者进行过分析，如"国""国家"。现代

意义的"国""国家"的概念传入中国的时间，可以参见马戎的《鸦片战争后新观念的进入与中国话语体系的转型》①、罗尧的《从传统天下观到现代国土观念的转型——以民国时期边疆地理著述为中心的考察》②，还有上文提及的罗志田的《把"天下"带回历史叙述：换个视角看五四》。这些研究虽然在具体论述上存在差异，且某些论证似乎也存在一些问题，但结论基本是一致的，即在近代之前我们没有现代"国家"的意识，因此正如马戎所说"我们把西方概念和话语引入中国历史研究时，必须特别小心"③。确实，从传世文献来看，在我国古代，在文献中极少将某一统一王朝称为"国"，少量的提及，或者是在分裂时期，如宋金、宋辽之间；或者清朝与"夷"的交往中，自称为"大清国"。在这两种场景下的"国"，并不是现代意义上的主权国家，前文对此已经进行了分析。

与此类似的还有"疆域"等表示王朝控制的地理范围的词汇，如本章开始部分所言，现代的这类词汇有着主权的含义，且其前置概念是"主权国家"，这两者显然都不存在于中国古代。还有"国界""边界"等表示两个"政权"所控制的土地的界线的词汇，其现代意义的前置概念为"疆域"或"领土"，当然这些在"中国"古代也是不存在的。

还有"帝国"，在很多研究中，将"中国"古代或者某一王朝称为"帝国"，如常用的词汇"中华帝国"。这一词汇似乎避开了上述这些概念的语意陷阱，但依然存在问题，即无论如何对"帝国"进行定义，在西方的历史中，多个"帝国"是可以并存的，而且这些"帝国"之间很多时候也并不认为这种并立是"非常态"，这显然与"中国"古代"天无二日"的王朝是完全不同的。"中国"古代，虽然有时存在多个"王朝"的对立，如宋金、宋辽以及魏晋南北朝，但这些王朝对这种并立状态是不认可的，都努力争取确立自己为"正统王朝"，并将其他"王朝"消灭，如果不能

---

① 马戎：《鸦片战争后新观念的进入与中国话语体系的转型》，《社会科学战线》2019 年第 3 期，第 209 页。该文也对葛兆光提出的中国在宋代逐渐形成了"民族国家"提出的质疑。

② 罗尧：《从传统天下观到现代国土观念的转型——以民国时期边疆地理著述为中心的考察》，《中国国家博物馆馆刊》2015 年第 4 期，第 109 页。

③ 马戎：《鸦片战争后新观念的进入与中国话语体系的转型》，《社会科学战线》2019 年第 3 期，第 209 页。

武力消灭，那么也要在自我的语境下将其"消灭"。对此，具体可以参见之前提及的黄纯艳的研究。因此用"帝国"指代"中国"古代或者某一王朝显然是存在问题的，并为以此为基础的讨论埋下了陷阱。①

类似的还有"王朝国家"，经过上文的分析可以明显地看出这是一个古今混杂的术语，"王朝"是"中国"古代的概念，而"国家"则是现代概念，两者根本无法混用，而且两者结合起来，由于有了现代意义的"国家"，因此也就有了现代意义的"疆域"，由此以此为基础的研究也就必然存在问题。

总体而言，正如本章一再强调的，在传统"天下观"之下，这类术语绝不会有现代主权国家意义上领土、疆域的概念。对于这些术语的深入剖析并不是本章的重点，但这确实是今后可以从语意入手，结合中国古代历史实际进行深入分析的研究方向。

因此结论就是，在清末之前的"中国"，并不存在现代意义的疆域，今后对于古代"中国"的研究，为了避免这类语意上的陷阱，就应当回归"中国"传统的话语，即应当使用"天下""华夷""九州""中国"等词汇，并且强调这些词汇的历史语境。且由此，要讨论"中国历史上的疆域（这里的'疆域'近似于现代'领土'的概念）"，只能从近代开始，在此之前这样的问题本身就不成立。

还有，近代以来，在现代国家构建的过程中，中国的学者甚至民众都自觉不自觉地用欧洲现代民族国家的一些概念以及叙事方式来重新构建作为民族国家的"中国"的历史。由于上文提及的翻译的缘故，用来构建作为民族国家的"中国"历史的词汇使用的是"中国"的传统词汇，虽然在概念上存在明显的差异，但这种词汇上的一致性，将这种重新构建的历史与原有的历史叙事的差异性掩盖了起来。当然，这种构建也就带来了本章所说的问题，而且归根结底，这样构建的历史实际上构建的是欧洲现代历史学叙事下的"中国"历史，其不仅抹杀了中国原有的历史叙事方式，而且那些无法被纳入这一叙事方式中的"历史"或者被抹杀或者被曲解。

最后，如何解释在国际上存在争议的谭其骧的《中国历史地图集》所

---

① 对此参见本篇第七章的讨论。

绘制的地理范围呢？其实在摆脱了"疆域"的局限之后，对此非常容易进行解释，即：历史地图集的绘制需要有着统一的绘制范围，那么要描绘历史时期各王朝所控制的土地及其变迁，最为可行的方法就是采用直接管辖地域最为广大的某一王朝所控制的地理范围作为基础，而清朝鼎盛期是一个比较好的选择。不仅如此，本章也没有否定以往大量研究所强调的历史时期现代中国这片土地上各族之间日益密切的交往对中国疆域形成的影响，因为正是这种日益密切的交往才使在近代中国现代"疆域"概念产生后逐渐奠定了今日中国的疆域，且极为稳固，当然这不是本章的重点，在此不再赘述。

第四节　附论

本章上述的一些认知其实在以往很多研究中也都有所涉及，上文也引用了一些这类观点，但以往的很多研究往往意图使用"疆域"一词的现代概念来解读或者理解这种"天下观"下各王朝"疆域"的形成过程。由此这些研究也就产生了内在的矛盾，即在这一"天下观"下，不仅不可能存在现代意义的主权国家观念，更没有可能产生现代意义上的"疆域"的概念，那么从现代意义的"疆域"去解读和理解这种"天下观"下各王朝"疆域"的形成，显然在逻辑上存在问题。此外，在以往几乎所有研究中，其所用的"疆域"的概念实际上都将"疆域"古代的概念与今天的概念相混淆。如此一来，一方面带来了上述这样的内在矛盾，但另一方面由于研究中在针对"中国"古代和现代时，都使用的是"国""疆域""界"等词汇，因此这种词汇的一致性，又将这种内在矛盾很好地掩盖了起来。① 对此，下面举出一些例证进行讨论。

李元晖等的《"大一统"思想的形成与实践——多民族国家中国疆域

---

① 如关于葛兆光在《何为中国：疆域民族文化与历史》第三章"民族：纳'四夷'入'中华'"（牛津大学出版社2014年版，第75页）中提出的"纳四夷入中华"的观点，刘龙心就认为"作者并未察觉1920—1930年代历史学、考古学界'纳四夷入中华'的相关论述本身就是一种叙事构建"（刘龙心：《知识生产与传播——近代中国史学的转型》，三民书局2019年版，第76页），而且葛兆光的叙事依然是以"疆域"的现代概念为基础的。

的形成和发展》①，该文虽然以"大一统"为主题并由此讨论疆域的形成，但全文并未对"大一统"应当包括的地理空间进行界定，只是从行文"明清时期是多民族国家疆域最终形成的时期，但从'大一统'思想及其实践看，明王朝并非是一个优秀的实践者……但是，不论是从统治范围、统治方式，还是统治理念上看，因为缺失了对北部辽阔草原地区和西域的有效管辖，明王朝是难以以'大一统'王朝视之的，所谓'呜呼盛矣'名不副实。"② 作者的这一论述，从我们后人的角度来看，似乎是有道理的，毕竟从现代的角度来看，明朝所能控制的地理空间与前代和后代相比，都要小了很多。但作者在文中对"大一统"的概念似乎存在误解，如上文所述，古代的"大一统"指的是在对"华"地进行了有效控制之后，"四夷宾服"，对于"夷地"并不需要进行直接控制，就此而言，确实明朝已经实现了"大一统"，且周边的一些"夷"，如朝鲜、安南等也表示了臣服，且我们也看不到明人对于未完成"大一统"有着遗憾，同时《明史·地理志》中的"呜呼盛矣"是清人的评价，这更是强调了上述认识的正确性。作者的这段论述，显然是将以今天中国疆域为标准确定的"大一统"，强加给了古人，是不符合历史逻辑的。③

再如，虽然以往从"华夷"的角度来进行分析的文章众多，如李大龙

---

① 李元晖、李大龙：《"大一统"思想的形成与实践——多民族国家中国疆域的形成和发展》，《西北民族大学报》2016 年第 1 期，第 42 页。

② 李元晖、李大龙：《"大一统"思想的形成与实践——多民族国家中国疆域的形成和发展》，《西北民族大学报》2016 年第 1 期，第 48 页。

③ 近年来对"大一统"思想的主要解释者是李大龙，但他的认识中存在以下几点问题：首先，他对"大一统"思想的理解是错误的，正如本文正文所述"大一统"并不一定要对"天下"所有土地进行直接控制，否则世界那么大，"大一统"是没有尽头的，且他也没有解释为什么控制了西域和蒙古草原之后就可以被认为是"大一统"。在秦汉文献中提到"大一统"，主要是强调的是帝王对天下的统治，即《汉书·王吉传》："春秋所以大一统者，六合同风，九州共贯也"。其次，作者没有区分汉武帝出兵地区是在"九州"内和"九州"外，如"南越"和"匈奴"的差异。最后，他这一认知没有任何文献的直接支持，也即基本没有文献能证明汉武帝对朝鲜、匈奴的讨伐是出于"大一统"的思想，作者在论证时，只是提出这些行动受到"大一统"思想的指导，从论证方式看，属于循环论证，即出兵朝鲜、匈奴是受到"大一统"思想的指导，由此"大一统"是出兵朝鲜、匈奴的依据。具体见李大龙：《汉武帝"大一统"思想的形成及实践》，《北方民族大学学报（哲学社会科学版）》2013 年第 1 期，第 38 页。

《国家建构视野下游牧与农耕族群互动的分期与特点》①，但其绝大部分的论述都是在现代国家的概念之下进行的，即用"华夷"的角度来分析现代国家疆域的形成过程，但显然这两套术语在中国古代是"不兼容的"，即"华夷"之下，绝不存在现代国家，标题中"国家建构视野"本身就是错误的。

还有大量研究强调某些君主，尤其是清朝君主在各种场合谈及的"华夷一家"，并基于此提出，原有"华夷"秩序的逐渐消融，族群分界的消失。如李大龙在《转型与"臣民"（国民）塑造：清朝多民族国家建构的努力》中，就对雍正的一些提法作为证据，如"其四，华夷之别的说法适用于分裂时期，'大一统'时期应该强调'华夷一家'：'盖从来华夷之说，乃在晋宋六朝偏安之时，彼此地丑德齐，莫能相尚。是以北人诋南为岛夷，南人指北为索虏。在当日之人，不务修德行仁，而徒事口舌相讥，已为至卑至陋之见。今逆贼等，于天下一统、华夷一家之时，而妄判中外，谬生忿戾，岂非逆天悖理，无父无君，蜂蚁不若之异类乎？'""其五，'华夷'、'中外'的区分是历代疆域不能广大的原因：'自古中国一统之世，幅员不能广远，其中有不向化者，则斥之为夷狄。如三代以上之有苗、荆楚、玁狁，即今湖南、湖北、山西之地也。在今日而目为夷狄可乎？至于汉、唐、宋全盛之时，北狄、西戎，世为边患，从未能臣服而有其地，是以有此疆彼界之分。自我朝入主中土，君临天下，并蒙古，极边诸部落俱归版图。是中国之疆土，开拓广远，乃中国臣民之大幸，何得尚有华夷中外之分论哉！'② 这些论述看似有道理，但首先雍正在这里偷换了各种概念，如"一统"，按照上文的分析，中国古代"一统"并不需要对"夷"土的直接管辖，而雍正则将其扩大为需要对"夷"土进行控制；其次，雍正在论述时也扭曲了一些事实，即一方面强调自己"一统"时"疆土"的广大，但又否认汉唐"一统"时"疆域"曾经的广大，但我们今人明确知道的是，清与汉唐盛世的"疆土"相差并不大。最后，对于"华

---

① 李大龙：《国家建构视野下游牧与农耕族群互动的分期与特点》，《思想战线》2018 年第 1 期，第 100 页。

② 李大龙：《转型与"臣民"（国民）塑造：清朝多民族国家建构的努力》，《学习与探索》2014 年第 9 期，第 167 页。

夷"的关系，雍正将中国古代"天下观"中的"华夷"绝对对立起来，但如前文以及唐晓峰的研究，中国古代"天下观"中"华夷"不是绝对对立的，两者除了"对立"，还是"共存"的。而李大龙的分析，显然被雍正的话语所误导，且没有理解中国古代天下观中"华夷"的关系以及"一统"的概念。更为重要的是，在传统"天下观"下，天下本就是由"华夷"构成的，如果"华夷""不一家"而"两家"的话，那么"华夷"构成的天下秩序岂不就崩溃了？因此，雍正在这里实际上说的是一句非常正确的"废话"。

当然，考虑到当时的语境，以雍正为代表的清朝统治者实际上是想通过泯灭"华夷"之别来达到确立其统治合法性的目的，并由此消除汉人士大夫心目中长期以来的"天下"应由"华"地的住居者，即汉人来统治的传统理念。当然，在其他历史时期，某些帝王在某些语境下，也提出过类似的口号。但难以想象清朝君主能发自内心地希望"华夷"平等，因为这一观点推而广之所带来的结果就是，一旦泯灭"华夷"，那么谁皆可为"天下主"，由此也就为周边各族入主中原提供了依据，这显然是危险的，这一层，清朝统治者应当是可以想到的，因此其必然不会发自内心地真正想消除"华夷中外之分"。因此，实际上清朝统治者只是想要确立满人统治的合法性，同时还依然需要维系传统的"天下观"，只是在这一前提下，对传统的"华夷"进行微调而已。从后来的各种实践来看，清朝统治者确实以"天下主"自居，且"华夷之分"依然存在，前文提及的清代绘制的各种地图展现的依然是传统的"华夷"的"天下观"也证明了这一点。在处理一些"夷"务的过程中，我们也能看到这种"天下观"，如马亚辉的《从"安南勘界案"看雍正皇帝与边吏的"疆域观"》①一文中所展现的雍正对待安南的态度。在这里仅仅引用雍正帝一段话来作为证明，其曾经答复高其倬曰："治天下之道，以分疆与柔远较，则柔远为尤重，而柔远之道，以畏威与怀德较，则怀德为尤重。据奏都竜、南丹等处，在明季已为安南国所有，非伊敢侵占于我朝时也。安南国，我朝累世恭顺，深为可

---

① 马亚辉：《从"安南勘界案"看雍正皇帝与边吏的"疆域观"》，《中国边疆史地研究》2018 年第 2 期，第 114 页。

嘉，方当奖励，何必与明季久失之区区弹丸之地乎？且其地如果有利，则天朝岂与小邦争利；如无利，则何必争矣？朕居心惟以至公至正，视中外皆赤子，况两地接壤，最宜善处以安静怀集之，非徒安彼民，亦所以安吾民也。即以小溪为界，其何伤乎？贪利倖功之举，皆不可。"① 完全是一幅高高在上的"天下主"的态度，尤其是"视中外皆赤子"一句，展现了在雍正心目中天下之人都是他的臣民。

此外，这也只是清朝统治者希望达到的目的，但汉人心目中流传两千年的"华夷观"不会那么快就消除，否则就无法解释孙中山提出的"驱除鞑虏，恢复中华"了。

而且这种说法并不是清朝的首创，也未改变传统的"华夷"关系，更不像某些学者②谈及的强化了周边地区与中原的联系，对此前文也进行过分析。而且，传统的"华夷"的空间关系并没有什么变化，作为"华"地的"中国"和"九州"的地理范围在秦汉之上也基本没有本质上的变化。我们在历史中看到的是一旦王朝衰落和崩溃，这些王朝曾经控制的"夷"地中的一部分甚至全部迅速脱离出去，且并未有回归的意识，而且后世统治"华"地的王朝也没有收复这些地区的意愿。最为典型的就是分别继承于唐、元的宋、明，宋朝持之以恒想收复的是属于"华"的燕云十六州，但对东北、蒙古草原和西域似乎毫无想法；明朝东北地区的奴儿干都司存在的时间很短，同时明朝很快就放弃了西域，此后也没有收复这些地区的意愿。当然我们并不是否认辽金元清这样入主"中国"的王朝的正统性，但强调的是，这种"夷"的入主"中国"，并未改变"华夷"观，以及扩展"华"的空间范围，对此上文已经通过正史、官修地理志和地图进行了论述；这些"夷"通常会利用入主"中国"来确立他们统治的合法性，甚至希望将自己变为"华"③。最为重要的是，以往从这一角度入手探讨中国

---

① 张书才主编：《雍正朝汉文朱批奏折汇编》第4册"云贵总督臣高其倬谨奏：为奏闻交趾旧界详细情节事"（雍正三年正月二十六日），江苏古籍出版社1989年版，第370页。
② 李大龙：《"中国"与"天下"的重合：中国古代疆域形成的历史轨迹——古代中国疆域形成理论研究之六》，《中国边疆史地研究》2007年第3期，第1页。
③ 如金朝，参见黄纯艳《绝对理念与弹性标准——宋朝政治场域对"华夏""中国"观念的运用》，《南国学术》2019年第2期，第305页。

古代疆域形成过程的研究，虽然强调了"华夷"观对"中国疆域"形成的影响，但实际上还是从现代"疆域"概念入手进行的分析。① 在"华夷"的"天下观"下，"普天之下，莫非王土"，哪里有什么疆域可言！

如果理解了上述认识，那么目前在国内学界和社会上极为反感的某些提法，如"长城以北非中国""中国是汉族国家"，并由此否认中国现代疆域的合法性，实际上根本不值一驳，因为这些问题本身就是错误的。因为，正如前文一再强调的，在中国传统的"天下观"之下，"中国"古代根本就没有主权国家的概念，也没有"中国"这样一个现代意义的"国家"，更根本没有现代意义上的"疆域"这样的认识，因此，"长城以北非中国"的"中国"只有理解为作为地理空间范畴和文化范畴的"华""九州"，而不是现代意义的国家，才是正确的，但这样一来，其与现代中国的领土、疆域也就根本毫无关系了。"中国是汉族国家"，则是一个完全错误的问题，因为古代并无"中国"这样的现代意义的主权国家，因此这一提法中的"中国"一词也就无法与后半句"汉族国家"中的"国家"联系起来；而如果将"中国"理解为作为地理空间范畴和文化范畴的"华""九州"，那么显然与"汉族国家"是两个完全不同的概念范畴，根本无法对应起来，由此这一命题本身就是不成立的。

当然，有学者可能会提出，我们可以将现代概念来套用到古代，由此来研究古代问题。这貌似有道理，但这样的研究的前提是，我们可以用现代概念来完全的界定古代的对象，如虽然"中国"古代不存在现代意义的"城市"的概念，但在某种现代"城市"概念之下，确实可以在中国古代找到完全或者基本对应的研究对象。② 但以往所有关于"中国古代疆域"的相关研究中，似乎都没有对这一问题进行严肃的讨论，也未能对概念进行严肃的界定。

而且，即使勉强可以将现代意义上的主权国家的概念套用到古代，那么必须强调的是，这也是我们今人的认识，而不是古人的认识，因此不能

---

① 李大龙：《传统夷夏观与中国疆域的形成——中国疆域形成理论探讨之一》，《中国边疆史地研究》2004 年第 1 期，第 1 页。

② 参见成一农《西方城市史与城市理论对中国城市研究的影响》，陈恒等：《西方城市史学》，商务印书馆 2017 年版，第 459 页。

由此将我们今人基于这样的认识得出的结论，强加给古人。即，将研究得出的结论，"中国是汉族国家"（当然如前文所述，这样的命题本身就是错误的），强加给古人，并由此与今天的概念对接起来，提出由于"中国是汉族国家"，所以目前中国的疆域应当只包括某些区域。一些西方学者以及某些政治家提出的这种认知，即是在这样的逻辑下形成的，而这实际上完全都是我们今人的看法，是一种非常荒谬的，缺乏基本历史逻辑的结论。

如果这样的逻辑成立的话，那么现实世界将变得毫无秩序可言。举一个简单的例子，在欧洲殖民者入侵北美洲之前，那里存在大量的印第安部落，他们虽然没有自我认定为"国家"，但现代人完全可以用现代国家的概念套用到这些部落，由此这些部落至少属于某种原始形态的国家。那么按照上述逻辑，显而易见的结论就是，现在美国的领土或者部分领土应当数于这些印第安国家，现存的印第安部落应当是这些领土的所有者，他们在这些领土上建立自己的"国家"完全是合理的诉求。按照这一逻辑，我们甚至可以用中国古代的天下观来看待古代世界，提出"英法乃蛮夷之国""日本乃中国的属国"（从"中国"古代的角度而言，这是事实），并进而提出这些国家都应当臣服于占据了"华"的中华人民共和国（即将这样的认知与现实对接），显然这也是荒谬之极。

还需要提到的就是，以往对这些谬误的反驳缺乏一锤定音的问题同样在了，这些反驳自觉或者不自觉地使用了基于现代主权国家的各种概念。前文对于这种错误已经进行了分析，在此仅举一例，如从现代中国（或者清朝鼎盛时期的）疆域反推历史上"中国疆域"的形成过程，并在过程中或强调"中国疆域"和"中华民族"的形成，或强调周边民族自然而然地融入"中国"的进程，但这样的分析实际上掉入西方现代各种概念的语意陷阱中，违背了中国历史上的"天下观"和"疆域观"。由于中国古代的这些概念与现代的概念是不相容的，因此这样解释总是会存在漏洞。如冯建勇的《中国历史疆域的形态与知识话语》中提出"历数前近代中国的中央王朝国家，从来没有一个统治者将自己的国家直接命名为'中国'"，"如果说三代以前'中国'一词尚存在多种解释，那么自秦汉以降，它的内涵则大致固定了下来，经历了一个从地域、方位概念到国家政权涵义的演变，即从'居中之国'到'中华帝国'的进程"①，作者虽然否定了民族国家的概念，但不经意间还是使用了"国家""国家政权""中华帝国""王朝国家"这样现代的概念，由此作者既然承认中国古代存在"国家""帝国"，而中国又曾经作为"国家政权"，那么就必然存在现代意义上的疆域，由此显然就为别有用心者带来了可乘之机，比如他们就可以就此讨论历史上"新疆"和"西藏"是否属于中国的"疆域"等问题。

　　总体而言，中国古代有国，但没有现代意义上的国家，中国古代有疆域，但没有现代意义的疆域，只有在抛弃这些概念的情况下，基于"天下""华夷""九州""中国"这样的概念才能理解古人的"天下观"和"疆域观"，而这种"天下观"和"疆域观"在近代与西方建立的国际关系碰撞之后，才逐渐瓦解，由此也在形成了现代意义上的"中国"以及"中国的疆域"，也即在清末民初之后，才有"中国的疆域"，也才可以谈论"中国的疆域"。相应的，在清末之前的历史叙述中，应当跳出现代语意的陷阱，回归"中国"话语，即在近代之前，在对历朝地理空间结构的叙事只应当使用"天下""华夷"这些术语，以及"中国""疆域"等术语的中国古代的含义。当然，在笔者来看，"中国历史上的疆域"本身这个问题就不成立。

　　当然本章也有其自身的悖论，即全文引号之外使用的"中国"，实际上依然带有现代主权国家的意义，即从今日中国向前追溯，原因也很简单，因为除此之外别无其他的可以指代之前所有王朝的名词，但从行文来看，这样的使用应当不会引起歧义。而"疆域观"中的"疆域"，使用的实际上是我国古代的含义，即作为"中国主"的王朝应当直接管理的土地，而不是现代的带有主权的概念。再次强调，本章并不是说在研究中不可以使用"疆域""国家"这样的术语，而是希望今后的研究中在运用这些术语时，要厘清和注明这些术语不同语境和时代的含义，即中国古代也是有"疆域"和"国家"这样的词汇和概念的，只是这些词汇和概念含义与今天存在本质的区别。

---

① 冯建勇：《中国历史疆域的形态与知识话语》，《学术月刊》2017 年第 2 期，第 10 页。

第六章　从古地图看中国古代的
"西域"与"西域观"

第一节　问题的提出

　　"西域"至少从清代中后期就成为史学研究所关注的重要内容，近代以来这一领域的研究持续兴盛，不过焦点主要集中在"西域"地区曾经发生的交通道路的演变、河道变迁以及民族兴衰等具体问题上，而针对古代关于"西域"的总体认识或者观念的研究只是在近年来才逐渐兴起①，基本观点也大致一致，其中比较有代表性的就是贾建飞的《清代中原士人西域观探微》，该文认为清代之前传统的"西域观"将西域想象为"异域"荒蛮之地，随着清代中后期对新疆的经略，这一传统的"西域观"逐渐受到挑战，被对西域现实情况的认识以及将其与"内地"等同看待的新的"西域观"所取代，而这一观念的转变也对近代中国疆域的形成产生了重要的影响。② 对于这一观点笔者基本赞同，也撰写过角度不同但结论相近

---

　　① 参见宋培军《从"边陲"到"边疆"：乾隆君臣经略西北之观念变迁》，《西部蒙古论坛》2015 年第 3 期；僧海霞：《从"关限"至"废垒"：明至民国嘉峪关的意象变迁》，《中国边疆史地研究》2014 年第 1 期。
　　② 贾建飞：《清代中原士人西域观探微》，《清华大学学报（哲学社会科学版）》2010 年第 3 期，第 106 页。

的论文①。

　　但以往的研究在两个方面还存在值得继续探讨之处：一是，以往研究的时段主要集中在清代，而对之前中国古人对"西域"的总体认识通常一笔带过。二是，诚如一些研究者所述，在古代的各种文集、笔记中对于西域的记述除了一些写实的描述之外，还存在大量的想象，不过除了这些文字材料之外，中国古代自宋代之后还留存下来大量古地图，与文字一样，这些地图并不是对地理情况的如实反应，被绘制在地图上的实际上是绘制者认为应当在地图上进行表达的内容，那么在这些古地图上，古人是如何对"西域"进行描绘的？古人认为地图上在"西域"地区应当表达的内容是否随着时间的流逝而变化？② 本章即从现存的古地图入手，对宋代之后地图上所反映的古人对"西域"的总体认识进行分析。需要说明的是，中国古代描绘了"西域"地区的地图主要为全国总图和专门表现"西域"的区域图，下文的分析也主要依据这两类地图。

第二节　中国古代地图中的"西域"

　　包括历史地图在内，宋代保存下来的"全国总图"至少应当有一百幅，但其中对西域地区进行了描绘的大致只有《华夷图》和《历代地理指掌图》"古今华夷区域总要图"③，两者在"西域"主要描绘的是汉唐时期的地理状况，并用文字记录了汉唐对西域的开拓和设置的行政建制。

　　现存最早的历史地图集《历代地理指掌图》中的绝大部分地图没有描绘"西域"地区，只是"唐十道图"中在"西域"简要标注了唐代设置

---

　　① 成一农：《"实际"与"概念"——从古地图看"中国"陆疆疆域认同的演变》，《新史学》第 19 辑，大象出版社 2017 年版，第 254 页。

　　② 关于这一问题席会东在《清代地图中的西域观——基于清准俄欧地图交流的考察》（《新疆师范大学学报（哲学社会科学版）》2014 年第 6 期，第 13 页）中进行过讨论，不过其基本只是聚焦于清代，而且所选择的地图数量过少，且过于强调地图的写实性，因此未能对当时地图所放映的"西域观"进行总体性的叙述。

　　③ 两者有着明确的渊源关系，参见成一农《浅析〈华夷图〉与〈历代地理指掌图〉中〈古今华夷区域总要图〉之间的关系》，《文津学志》第 6 辑，国家图书馆出版社 2013 年版，第164 页。

的少量地方行政机构。《帝王经世图谱》中的"周保章九州分星之谱"
"唐一行山河分野图""周职方辨九州之图"等图中只是在西北地区简单
地标注"西伊庭"三个唐代设置的政区的合称。

　　绘制于南宋后期的《新编群书类要事林广记》"华夷一统图",在
"西域"地区简单地标注有"龟兹"以及"西至汃国万余里,此国为西
极"。"汃国"出自《说文·水部》"汃"下引《尔雅》:"西至汃国"。同
样是南宋末年绘制的《新编事文类聚翰墨全书》"混一诸道之图"中在西
域地区也只是简单的标注"龟兹"。"龟兹"这一地名虽然至少在北宋时期
依然存在,但从其在地图上与"汃国"并置来看,这里表现的应当是宋人
看来的历史上的"龟兹"。

　　宋代保存下来的专门描绘"西域"地区的专题地图有两幅,即南宋僧
人志磐所编、咸淳六年(1270)刻版的《佛祖统纪》中的"汉西域诸国
图"和"西土五印之图"。就绘制内容而言,前者主要描绘的是汉朝西域
地区存在的主要国家,并且用文字注记简明扼要地记载了汉朝对西域地区
的经略;后者根据研究主要是依据《大唐西域记》绘制的,表现的基本是
《大唐西域记》所记载的地理状况。①

　　总体来看,宋代绘制有"西域"地区的地图数量极少,而这些数量有
限的地图在"西域"地区主要描绘的是宋代之前尤其是汉唐时期的历史,
而不是当时的地理情况。

　　元代留存下来的地图数量很少,其中不少又是对宋代地图的抄录,如
《新编群书类要事林广记》和《新编事文类聚翰墨全书》中的地图。在目
前大致可以认定是元代绘制的全国总图中对"西域"进行了描绘的有《尚
书通考》"禹贡九州水土之图",其在西域地区标有"蒲昌""伊吾""高
昌""葱岭""于阗"。明代叶盛《水东日记》中收录有一幅元人清濬绘制
的"广轮疆里图",但这一地图西北只绘制至河西走廊。保存下来的两幅
元代地图的序跋在某种程度上也展现了当时士大夫对于"西域"的认识,
朱思本《舆地图自序》"……博采群言,随地为图,乃合而为一。自至大

---

① 郑锡煌:《关于〈佛祖统纪〉中三幅地图刍议》,《中国古代地理图集(战国—元)》,文
物出版社 1999 年版,第 84 页。

辛亥迄延祐庚申，而功始成。其间河山绣错，城连径属，旁通正出，布置曲折，靡不精到。至若涨海之东南、沙漠之西北，诸蕃异域，虽朝贡时至，而辽绝罕稽，言之者既不能详，详者又未必可信，故于斯类，姑用阙如"①；乌斯道《刻舆地图序》"本朝李汝霖《声教被化图》最晚出，自谓'考订诸家，惟《广论图》近理。惜乎山不指处，水不究源，玉门、阳关之西，婆娑、鸭绿之东，传记之古迹，道途之险隘，漫不之载'"②。从这两段文字体来看，这两位序文的作者都认为"西域"属于"诸蕃异域"，对于当时的地理情况则是"言之者既不能详，详者又未必可信"，而所了解的只有"传记之古迹"，这可能也是清濬的"广轮疆里图"不绘制"西域"的原因。

元代留存下来一幅专门描绘西域地区的地图，即"元经世大典图"，根据研究，该图绘制于天历二年至至顺二年间（1329—1331），绘制者不详，初载于元代《经世大典》中，又被收录于《永乐大典》中，后随书散佚，只是在魏源的《海国图志》中保留了一个副本。该图表现范围包括中亚、西亚、小亚细亚，还涉及北非与东欧。就绘制方法来看，该图图面上绘制有密集的方格网，在地图的四角标注有方位，即右下角为北、左上角为南、左下角为东、右上角为西，由于这种绘制方法与目前传世的其他所有中国古代地图都不相同，因此有学者认为这幅地图并不是中国人绘制的。③

总体来看，现存对"西域"进行了描绘的元代全国总图的数量极少，而且仅有的少量绘制有西域地区的地图也只是绘制了历史上的内容，而且从两幅保存下来的地图的序文来看，当时一些士大夫似乎并不掌握太多的关于"西域"的资料，而且对"西域"的关注也有限。

---

① 引自杨晓春《〈混一疆理历代国都之图〉相关诸图间的关系——以文字资料为中心的初步研究》，刘迎胜主编《〈大明混一图〉与〈混一疆理图〉研究——中古时代后期东亚的寰宇图与世界地理知识》，凤凰出版社 2010 年版，第 77 页。作者对这一自序的不同版本进行了校勘。

② 引自杨晓春《〈混一疆理历代国都之图〉相关诸图间的关系——以文字资料为中心的初步研究》，刘迎胜主编《〈大明混一图〉与〈混一疆理图〉研究——中古时代后期东亚的寰宇图与世界地理知识》，凤凰出版社 2010 年版，第 79 页。

③ 这方面的研究可以参见林梅村《元经世大典图考》（北京大学考古文博学院编《考古学研究》（六），科学出版社 2006 年版，第 552 页）的综述和分析。

明代留存下来的全国总图数量众多，但大致可以分为以下四个主要的谱系，下面对这些地图谱系中描绘"西域"的情况进行介绍：

《大明混一图》，明洪武二十二年（1389）绘制，绘制者不详。绢本彩绘，图幅纵386厘米，横456厘米。该图所绘制的"西域"范围非常广泛，远至欧洲和非洲地区，且描绘得很详细。不过很多学者认为该图包括"西域"在内的域外部分很可能是参考阿拉伯地图绘制的[1]。在该谱系后续的《杨子器跋舆地图》中，西北方向则只绘制到了河西走廊；同样属于这一谱系的王泮题识《舆地图》，在"阳关"以西只标注了极少量的地名，其中大部分地名如"姑墨""玉门关""交河"等属于历史地名。

《广舆图叙》"大明一统图"谱系中的大部分地图都没有绘制"西域"，只是《存古类函》"舆地总图"、《地图综要》"京省合宿分界图"在"西域"标绘有"哈密""吐鲁番"；《遐览指掌》"明舆地总图"、《分野舆图》"全国总图"等绘制有"哈密"。

《广舆图》"舆地总图"谱系中的大部分地图在西域部分绘制有"哈密""吐鲁番""火州"，如《重镌罗经顶门针简易图解》"补三干所节各省郡州及附近四夷图"、《广舆记》"广舆总图"、《地图综要》"天下舆地分里总图"等。基于《广舆图》"舆地总图"的历史地图《今古舆地图》也是如此，而另外一套基于《广舆图》"舆地总图"的历史地图《阅史约书》则没有绘制"西域"。

《大明一统志》"大明一统之图"谱系中的地图通常在西域地区标有"哈密"和"西域"。

上述后三套谱系地图中的"哈密""火州"都是存在于明代中期之前的地名，对于地图绘制的时期而言可以被称为历史地名。除了上述四个谱系之外，明代描绘"西域"的全国总图还有以下几种：

《古今形胜之图》，原图为甘宫绘制，已佚，现存明嘉靖三十四年（1555）福建龙溪金沙书院重刻本。纸本木刻墨印着色，图幅纵115厘米，

---

① 李孝聪：《传世15—17世纪绘制的中文世界图之蠡测》，刘迎胜主编《〈大明混一图〉与〈混一疆理图〉研究——中古时代后期东亚的寰宇图与世界地理知识》，凤凰出版社2010年版，第174页等。

横100厘米，图幅四边的中间部分标明东、西、南、北。《古今形胜之图》依《明一统志》而作，图中除政区之外，还用大段文字说明了各地历史上所发生的重要事件，因此带有历史地图或者读史地图的性质。与内地相比，其西域部分绘制的非常简略，标注了当时的一些地名，如"撒马尔罕"，但在这些地名附近用大段文字描述了相关的历史事件或其管辖范围，此外还有"大宛""乌孙"等历史地名以及对其相关历史的介绍。类似的还有《地图综要》"华夷古今形胜图"、《图书编》"古今天下形胜之图"，另外《皇明舆地之图》与《古今形胜之图》西域部分所绘地理要素基本相同，只是缺少了大段的文字。

《乾坤万国全图古今人物事迹》，该图主要参照了《古今形胜之图》，又参考了西方传教士地图，将这些地图中涉及的地名，按照中国传统观念标注在地图上，并用文字叙述了其历史、管辖范围等，对"西域"地区的描绘也是如此。类似的还有《天下九边分野 人迹路程全图》《备志皇明一统形势 分野人物出处全览》。

明代专门描绘"西域"的区域地图主要有以下几类：

罗洪先《广舆图》"西域图"，描绘范围东起河州，西至"大食界"，南至南印度，北至大漠，但所绘内容大都是汉唐时期的历史地名，只是在少数地点标注有当时的地名，如"撒马尔罕"。直接抄录或者改绘于这一地图的还有《八编类纂》《武备志》《地图综要》《三才图会》《图书编》《修攘通考》中的"西域图"。

此外，《禹贡注节读》之《禹贡图说》"西域河源图"和《禹贡锥指》"西域河源图"绘制的主要内容是"河源"，理应以绘制当前的地理状况为主，但实际上该图上的地名主要是历史时期的。

明代最为详细的描绘"西域"的地图是嘉靖年间成图的《西域土地人物图》及其图说《西域土地人物略》，该图绘制范围从嘉峪关至鲁迷（今土耳其伊斯坦布尔），是当前存世的清代之前绘制的最为详细的西域地图。根据研究该图籍至少有两个抄绘本传世，一是原藏于日本藤井友邻馆，近年购回中国的"蒙古山水地图"，二是台北故宫藏彩绘本《甘肃镇战守图略》所附的"西域土地人物图"；另有两个明代刻本传世，一是明嘉靖二十一年（1542）马理主编的《陕西通志》中的"西域土地人物图"，二是明万历四十四年（1616）成书的《陕西四镇图说》中的"西域图略"。虽然该图对西域地区进行了详细的描绘且绘图技法可以确定为受到明代中期吴门画派的影响①，但目前有研究者认为该图的作者不是中原人士，如李之勤认为作者是非汉人或者穆斯林②，还有学者认为其资料并不来源于当时中原士大夫所掌握的材料，如赵永复认为该图是当时官员综合了各地中外使者、商人记述而成③等。

总体来看，明代全国总图中对"西域"进行描绘的并不多，且描绘的大都非常简单，在内容上基本集中于历史时期；在为数不多的"西域"的区域图中，虽然绘制的内容较全国总图丰富了很多，但描绘的重点依然在于"历史"。

清朝康雍乾时期，经过一系列战争，收复了台湾，确立了对内外蒙古、西藏和"西域"（新疆）的统治，其中在"西域"设立了伊犁将军。但这一时期官方绘制的全国总图中有一些依然没有包括"西域"，如雍正时期成书的《古今图书集成·方舆汇编·职方典》中的"职方总部图"，除内地各省外，没有包括西域地区；鄂尔泰、张廷玉等奉敕撰、董诰等奉敕补的官修本《钦定授时通考》中的"舆地总图"与《古今图书集成》中"职方总部图"所绘几乎完全相同。但与明代不同的是，这一时期一些官绘本全国总图详细绘制了西域地区，如傅恒、刘统勋、于敏中等奉敕撰，成书于乾隆四十七年（1782）《钦定皇舆西域图志》中的"皇舆全图"，除内地各省之外，还详细地绘制了西域地区的山川地貌。乾隆二十九年（1764）允裪等奉敕撰的《钦定大清会典》中的"大清皇舆全图"也是如此。此外还有《皇舆全览图》系列，康熙《皇舆全览图》向西只绘制至哈密；《雍正十排皇舆全图》向西则绘制至黑海与地中海一带；而《乾隆内府舆图》在康熙《皇舆全览图》基础上，增补了新疆，西至波罗

---

① 林梅村：《明代中叶〈蒙古山水地图〉初探》，《北京论坛（2004）文明的和谐与共同繁荣："东亚古代文化的交流"考古分论坛论文或摘要集》，2004年，第135页。

② 李之勤：《〈西域土地人物略〉的最早、最好的版本》，《中国边疆史地研究》2004年第1期，第125页。

③ 赵永复：《明代〈西域土地人物略〉部分中亚、西亚地名考释》，《历史地理》第21辑，上海人民出版社2006年版，第355页。

的海、地中海和红海。不过上述几幅地图中，除了新疆地区是在传教士的指导下实地测绘的之外，往西的部分应当来源于西方绘制的地图。上述是比较典型的官绘本全国总图，从这些地图来看，虽然清廷这一时期已经在"西域"（新疆）建立了较为稳固的统治，但是在官绘本全国总图中依然没有普遍囊括对"西域"地区现实地理情况的描绘。

这一时期私人绘制的全国总图对于"西域"的描绘与明代差异不大。如刘斯枢辑的《程赋统会》"大清天下全图"，与明代地图相似，西北地区大致绘制到肃州。这一时期还有很多直接继承于明代的地图，如于光华《心简斋集录》"广舆总图"、赵振芳《易原》中的"山河两戒图"。顾祖禹《读史方舆纪要》中的"舆地总图"以《广舆图》"舆地总图"为基础，但去掉了朝鲜、河源，只表示明朝的两京十三省。这类地图中最为典型的当数受到《广舆图》影响的黄宗羲《大清全图》系列。黄宗羲绘制于康熙十二年（1673）的《大清全图》基本上接受了《广舆图》的风格，地图所反映的地理范围与《广舆图》"舆地总图"基本一致。继黄宗羲《大清全图》之后最早出现的同一类型的地图是康熙五十三年（1714）阎詠、杨禹江编制的《大清一统天下全图》。该图绘制范围与黄宗羲《大清全图》相差无几。此后，这一地图广泛传播，如黄证孙在《大清一统天下全图》基础上增补而成的《大清万年一统天下全图》。这一系统的地图直至嘉庆时期依然能见到不同的摹本，如美国国会图书馆藏嘉庆十六年（1811）的《大清万年一统地理全图》，该图西北方向虽然绘制到了伊犁，甚至远至荷兰，但只是在乌鲁木齐以东、以南地区才绘制得详细，而且所绘内容基本局限于历史时期。

这一时期的历史地图也是如此。如李锴《尚史》中以"上古地图"为代表的历史地图所表现的疆域，西北至"三危"，西至河源、江源。马骕的《绎史》、朱约淳《阅史津逮》中的历史地图都是如此。

这一时期"西域"的区域地图的绘制发生了较大的变化，除了少量的依然表现历史内容的地图之外，还出现了大量专门描绘西域地区现实地理情况的区域地图，如乾隆《钦定大清会典》"西域全图"中详细绘制了当时西至"萨马尔罕"的自然地理以及政区设置、城市等人文地理要素。类似的还有《钦定大清一统志》"西域新疆全图"。这一时期最为著名的就是

《钦定皇舆西域图志》中收录的大量与"西域"有关的地图，其中的地图大致可以分为三类，一是表现当时清廷在新疆设立的行政区划和各部族分布的地图；二是西域地区的历史地图；三是表现西域地区的山脉、河流的专题图。不过，需要注意的是，就绘制者而言，这些地图大都是官方绘制的，当然这一时期也有私人绘制的西域地图，如清乾隆年间明福所绘《西域图册》，其中共有地图 11 幅，第一幅是西域总图，后面为分图，主要描绘了西域各地如乌鲁木齐、吐鲁番等地的山川形势。①

　　自 19 世纪二三十年代之后官方绘制的全国总图大都囊括了对西域地区的描绘，如《嘉庆重修一统志》的"皇舆全图"对西域地区进行了与内地等同的详细描绘。私人绘制的全国总图也发生了相似的转变，如李兆洛（1832 年首次刊行）《皇朝一统舆地全图》"皇朝舆地总图"，其绘制范围包括了新疆。杜堮撰《石画龛论述》"东半球图"中绘制了"大清国"的边界，虽然较为粗糙，但图中绘制的"大清国"的领土，西至噶木儿，西北越过了大漠包括了今天新疆地区。李兆洛《历代地理志韵编今释》中的"地球上面图"中绘制了各国的疆界，其中中国部分包括了新疆。

　　随着时间的流逝，越来越多的地图，尤其是世界地图，清朝（有时标为"中国"）的疆域被绘制为包括新疆。如何秋涛撰，黄宗汉等辑补的，最初成书于咸丰年间的《朔方备乘》"地球东半图"中标识了各国的疆界和中国境内各省的界线，中国除包括内地各省外，还包括黑龙江、外蒙古、回部、后藏、前藏、青海以及台湾，书中作为中国全图的"皇舆全图"所绘范围也是如此，只是对国界线的标绘更为详细。成书于光绪年间的王之春《国朝柔远记》"东半球图"、初刊于 1843 年魏源《海国图志》中的"地球正背面全图"和"亚细亚洲全图"、成书于 1849 年的徐继畲《瀛寰志略》"皇清一统舆地全图""亚细亚图"和"地球图"、19 世纪中期成书的姚莹《康輶纪行》"今订中外四海总图"、19 世纪中期成书的张汝璧《天官图》"全球图"（东）"大清全图"和"皇清一统全图"也都是如此。

　　总体来看，虽然这一时期的全国总图基本将"西域"（新疆）地区作

---

① 曹婉如主编：《中国古代地图集（清代）》"图版说明"，文物出版社 1997 年版，第 8 页。

为了清朝疆域的一部分，在大部分地图中将西域地区与内地进行了相同详细程度的描绘，且绘制的内容是属于"现实"的，但《大清万年一统地理全图》这样的将现实的内地与历史的西域结合表现的地图依然存在，虽然数量日渐减少。而且还需要强调的是，同一时期的"府州厅县全图"或"直省图"中依然没有纳入"西域"，如光绪十五年（1889）《皇朝直省府厅州县全图》中不包括新疆。可见，在当时人心目中，"西域"与内地各省还存在某些差异。光绪中后期随着新疆、台湾以及东北的建省，这些边地与内地各省在行政管理上有了平等的地位，由此也就抹除了地图绘制上的最后一点障碍，不过这一过程较为漫长，如美国国会图书馆藏1896 年的《皇朝直省舆地全图》中依然没有绘制新疆。这种转变一直持续到清朝末年甚至民国初年才最终完成，如宣统元年（1909）的《大清帝国全图》。

还存在特殊情况，即历史地图，最具代表性的就是杨守敬《历代舆地图》，这一图集以刊行于 1863 年的胡林翼《大清一统舆图》为底图，将春秋战国至明代凡见于《左传》《战国策》等先秦典籍及正史地理志的可考地名基本纳入图中，这一图集初刊于 1879 年。1906 年，杨守敬与熊会贞重新校订图集，最终于 1911 年出版完毕。这一图集虽以胡林翼《大清一统舆图》为底图，但并未包括新疆。这实际上也说明了"西域观"转变的缓慢。

这一时期由于对中亚、西亚和欧洲各国有了充分的了解，因此专门的"西域"图日渐减少，只是按照大的地理单元、国别绘制有相应的区域图，少量的"西域"图基本是历史地图，代表性的有《海国图志》中收录的地图。

第三节 近代时期"西域观"转变的原因

根据上述对宋代以来地图的分析可以看出，自宋代至清代中期，"西域"并不是中国古代全国总图必然绘制的区域。而在绘制了西域的全国总图以及以"西域"为主要描绘对象的区域图中，大部分重点绘制的是"历史"方面的内容。

但是这种不绘制西域地区或者重点绘制历史内容，并不能用绘制者缺乏关于当时西域地区的地理状况的资料来解释，因为不仅宋元明时期中原与西方的交往并没有断绝，往来的使者、传教士都带来了关于西域的资料，而且当时也流传有关于西域当时情况的地图，最为典型的就是《西域土地人物图》，其在明代中后期有着多种版本流传，所以士大夫或多或少应当掌握有当时西域地区的地理状况，如果想绘制西域的现实地理状况的话，是完全有资料可依的，或者至少可以找到相应的材料。那么这种在地图中不重视对西域地区的描绘可以从中国古代"重华轻夷"的天下观来解释。中国古代不乏著名的旅行家，如我们耳熟能详的明代的徐霞客、王士性，但是他们的旅行范围只是局限在内地，在他们的著作中根本看不到对西域等边缘地区的兴趣。当然在中国古代也存在一些对西域地区的探险，但这些探险绝大多数不是基于地理目的，如汉代开通西域的张骞，以及后来的不断派往西域的使团，他们的政治目的远远大于地理兴趣，一旦政治目的消失了，这些"夷"地就很少有人涉足；唐代前往印度的玄奘，其目的为求法，而不在于地理探险；明初的郑和，七次下西洋的政治目的，也远远高于地理探察。而且虽然这些活动很多都带回了大量地理知识，甚至有著作存世，但是这些著作并没有引起中国古代知识分子的太多兴趣。试想《水经注》、历代正史中《地理志》，为其注释者前后不绝，但是中国古代对《大唐西域记》这些有关西域的著作进行的研究有哪些呢？[①] 由此，在清代中期之前的地图中缺乏对西域的描绘也就在情理之中了。基于上述认识，那么也证实了之前一些学者提出的当时西域在中原士大夫眼中是"异域"荒蛮之地的观点。将这一点进一步引申，那么可以认为虽然汉唐时期在"西域"建立了长期的稳固统治，但是这一地区并没有被中原士大夫接纳为"华"的部分，前文提及的宋明清时期绘制的历史地图在选择底图时基本将西域排除在外，在绘制汉唐疆域时也基本没有绘制西域更是强

---

① 对此可以参见成一农《"天下图"所反映的明代的"天下观"—兼谈〈天下全舆总图〉的真伪》，《中国社会科学院历史研究所学刊》第7集，商务印书馆2011年版，第395页。

化了这一点。① 在少量的描绘了"西域"的地图中，主要强调历史内容，可以认为是读史或者增长见闻的需要。

中国古代地图对西域地区描绘的转变始于清代中期，也就是在清王朝经略西域的过程中，需要了解西域地区当时的河流山川、部族分布，因此这一时期详细绘制西域现实地理大都是官绘本地图。清代晚期，这一趋势也由官绘本地图延伸到了私人绘制的地图中，由此中国地图对西域的绘制，也由"历史"彻底转为了"现实"。这种观念上的转变，以往的学者大都归结于清王朝对西域的经略，这一点虽然正确，但似乎并未触及问题的本质。因为早在汉代，中原王朝就开始了对西域的经略，其中汉唐等王朝还在西域建立了长期稳固的统治，但这并没有对中国古代地图的绘制产生太大的影响，也未能让中原士大夫将"西域"纳入"华"的范围。因此，清代中后期的地图中对于"西域"地区描绘内容的转变并不能完全用王朝对这一地区的经略来解释。这种转变应当与清代后期在面对外来侵略时，在行政区划上将新疆与内地等同对待，以及与此时逐渐形成的近现代的国家和疆域的观念有关，由此在民众观念中新疆与内地的差异日益缩小，且在观念中也逐渐认为新疆是国家领土不可分割的一部分，而这种转变的过程和原因对于今天维护我国领土的完整和统一依然有一定的借鉴意义。

---

① 成一农：《"实际"与"概念"——从古地图看"中国"陆疆疆域认同的演变》，第254页；以及本篇第四和第五章。

第七章　王朝是"帝国"吗？

——以寰宇图和职贡图为中心

第一节　问题的提出

在清代晚期之前的中文文献中，几乎从未将历代王朝以及本朝称为"帝国"；检索《四库全书》电子版，也基本没有"帝国"一词①；西方人将历代王朝称为"帝国"，至少可以追溯到明代早期，即"大量欧洲古文献证明……早在明朝时期，欧洲通过耶稣会士等媒介，将中国称之为'中华帝国'的说法已然确立并初步流行开来"②。这种认知在清代晚期也逐渐影响了清人对清朝的认知，再加上鸦片战争之后，传统"天下秩序"的转型，因此清人开始将清朝称为"大清帝国"。同时，从清末开始，中国学者也开始用"帝国"一词应用于之前的历代王朝，且逐渐接受了"中华帝国"这一提法。

时至今日，在很多研究中，尤其是西方学者的研究中，通常将历代王朝称为"中华帝国"，如著名的施坚雅主编的《中华帝国晚期的城市》③

---

① 虽然以"帝国"作为关键词进行检索，能检索到318条记录，但其中绝大部分结果实际上都不是"帝国"一词，而是由于古汉语缺乏标点形成的类似于"皇帝国号"这样的检索结果。

② 曹新宇等：《欧洲称中国为"帝国"的早期历史考察》，《史学月刊》2015年第5期，第52页。

③ ［美］施坚雅主编，叶光庭等译：《中华帝国晚期的城市》，中华书局2000年版。

以及笔者翻译的林达·约翰逊主编《帝国晚期的江南城市》① 等；在一些清史研究中将清朝称为"清帝国""大清帝国"②；且这样的提法也开始被中国学者接受，如以"中华帝国""清帝国"为关键词在期刊网上就能查到众多的论文，而这种用法也逐渐渗透到了民间，如国内的一些电视剧以及众多通俗读物中逐渐开始将清朝称为"清帝国"。此外，还有"秦帝国""汉帝国""唐帝国""明帝国"等众多提法。

总体而言，将清朝以及历代王朝称之为"帝国"，在历史研究中似乎成为一种"共识"，甚至成为一种"常识"，以至于极少有学者去考虑这样的提法是否合适，或者这样的提法是否在所有研究中都适用。

近几十年以来，随着"新清史"的兴起，少量中西方学者开始反思将"清朝"视之为"清帝国"是否合适③，但反思的出发点是将"帝国"定义为"西方学者一般将帝国理解为介于民族国家和国家联盟之间的半国家形态"，也即一种近现代意义上的"帝国"的定义是否适用于"清朝"。④对此，以汪荣祖为代表的一些中国学者认为，"换言之，帝国有许多不同类型，不能一概而论；近代的'大英帝国（the British Empire）'与古代帝国就极不相同"，因此"习用'帝国'描述传统中国并无不妥"⑤。"帝国"一词的含义确实在历史上存在变化而且是多元的，这点已经有学者指出，如曹新宇就认为16、17世纪，"当时欧洲使用的'帝国'概念比较宽泛，只要是由拥有至高无上权力的专制皇帝所统治的幅员辽阔、人口众多，并且治理着多民族臣民的大国，或拥有臣服之国（如'藩属'）的大国，都可泛称为'帝国'"⑥。就这一定义而言，今人确实可以将历代王朝称之为

---

① ［美］林达·约翰逊编：《帝国晚期的江南城市》，成一农译，上海人民出版社2005年版。

② ［美］柯娇燕：《孤军：满人一家三代与清帝国的终结》，陈兆肆译，人民出版社2016年版。

③ 参见李爱勇《新清史与"中华帝国"问题——又一次冲击与反应?》，《史学月刊》2012年第4期，第113页。

④ 参见李爱勇《新清史与"中华帝国"问题——又一次冲击与反应?》，《史学月刊》2012年第4期，第113页。

⑤ 汪荣祖：《"中国"概念何以成为问题——就"新清史"及相关问题与欧立德教授商榷》，《探索与争鸣》2018年第6期，第61页。

⑥ 曹新宇等：《欧洲称中国为"帝国"的早期历史考察》，《史学月刊》2015年第5期，第62页。

"帝国"。不过,需要强调的是,这只是我们今人的视角和定义,由此需要注意的问题就是,这种定义,即"专制皇帝所统治的幅员辽阔、人口众多,并且治理着多民族臣民的大国"只是一种对现象的描述,而没有涉及古人对历代王朝结构和本质的认知。如果"帝国"的定义不符合古人对于王朝结构和本质的认知的话,那么在研究中,我们就需要考虑用"帝国"一词指称历代王朝的适用性了。本章即从图像史料入手,结合以往的研究,对这一问题进行讨论。

第二节 王朝时期的"天下"与"天下秩序"

以往从古代地图,主要是从寰宇图和职贡图入手研究古人对历代王朝的空间结构和政治结构,即"天下秩序"的认知的文章众多,代表者就是葛兆光,如《想象天下帝国——以(传)李公麟〈万方职贡图〉为中心》①;还有管彦波的《明代的舆图世界"天下体系"与"华夷秩序"的承转渐变》和《中国古代舆图上的"天下观"与"华夷秩序"——以传世宋代舆图为考察重点》②。这些研究或者只是简单叙述了"华夷秩序",或者在将历代王朝理解为一个"国家"或者"帝国"的背景下,对"华夷"构成的"天下秩序"进行了论述,如葛兆光的《想象天下帝国——以(传)李公麟〈万方职贡图〉为中心》,"本章以(传)宋代李公麟创作《万方职贡图》的宋神宗熙宁、元丰年间为例,考证当时北宋王朝与周边诸国的朝贡往来实况,并与《万方职贡图》中的朝贡十国进行比较,试图说明如果《万方职贡图》真是李公麟所绘,那它的叙述虽然有符合实际之处,但也有不少只是来自历史记忆和帝国想象。这说明宋代中国在当时国际环境中,尽管已经不复汉唐时代的盛况,但仍然在做俯瞰四夷的天下帝国之梦。特别要指出的是,这种'职贡图'的艺术传统还一直延续到清

---

① 葛兆光:《想象天下帝国——以(传)李公麟〈万方职贡图〉为中心》,《复旦学报(社会科学版)》2018年第3期,第36页。

② 管彦波:《中国古代舆图上的"天下观"与"华夷秩序"——以传世宋代舆图为考察重点》,《青海民族研究》2017年第1期,第100页。

代，而类似'职贡图'想象天下的帝国意识，也同样延续到清代"①。此外，葛兆光在《宅兹中国》一书的第三章《作为思想史的古舆图》的"从天下到万国：古代中国华夷、舆地、禹迹图中的观念世界"中以一些地图为例，谈论了古代的"观念世界"，结尾谈及利玛窦地图的传入"给中国思想世界带来了一个隐性的、巨大的危机。因为它如果彻底被接受，那么，传统中华帝国作为天下中心，中国优于四夷，这些文化上的'预设'或者'基础'，就将'天崩地裂'"②。管彦波《明代的舆图世界"天下体系"与"华夷秩序"的承转渐变》的结论就是"然而，入明以后，承继蒙元帝国东西扩张的世界经验，有了郑和下西洋和西方传教士所带来的新鲜域外地理知识的持续发酵，以'中国'为中心天下观念也在被消解、重构的过程中有了太多的变化，许多睁眼看世界的开明士大夫，他们在重新寻找解释天下体系的合理依据的同时，也有了明显的'世界性意识'，在一定程度上承认中国只是天下万国中的一个国家。正是在这种天下观向世界观逐渐转变的过程中，传统的'天朝上国'的帝国观念，实际上已悄然在发生变化"③。且不论上述这些结论是否成立，仅仅是"帝国想象""帝国意识""中华帝国"是否真的存在于历代王朝的皇帝以及士大夫的脑海中就是值得讨论的。

此处，我们还是以地图和职贡图为材料，但与以往研究不同的就是，这里只是用现代人的话语来阐释这些图像中所反映的历代王朝对于王朝空间结构和组织结构的认知。

以往研究者经常关注所谓"世界地图"基本集中于《华夷图》和《禹迹图》等能反映"华夷"观的地图，虽然有时也提及了《大明混一图》《天下九边分野 人迹路程全图》《大明九边万国人迹路程全图》《大清万年一统地理全图》《皇舆全览图》，但大都是对其中蕴含的"地理知识"的分析，而没有意识到些地图实际上反映了历代王朝对于王朝空间结构和组织结构的认知，而这也是本章不同于以往研究之处。

---

① 葛兆光：《想象天下帝国——以（传）李公麟〈万方职贡图〉为中心》，第36页。
② 葛兆光：《宅兹中国》，中华书局2011年版，第111页。
③ 管彦波：《明代的舆图世界"天下体系"与"华夷秩序"的承转渐变》，《民族研究》2014年第6期，第110页。

《大明混一图》，明洪武二十二年（1389）绘制，绢底彩绘，作者不详；清朝初年，将全部汉义注记用满文标签覆盖；地图长 347 厘米，宽 453 厘米，方位上北下南。地图描绘范围东起日本，西达欧洲，南至爪哇，北抵蒙古。需要注意的是，这幅地图的绘制范围涵盖了亚非欧，远远超出了明初所能直接控制以及有着朝贡、藩属关系的地区，且图中并没有明显的"疆域"界线，仅以地名方框的不同颜色加以区别，该图为何以"大明混一图"为名是非常值得玩味的。

《天下九边分野 人迹路程全图》，明崇祯十七年（1644）金陵曹君义刊行，此图除了大量说明文字和表格外，中间地图部分为纵 92 厘米，横 116 厘米的椭圆形全球图。该图虽然以明朝为主要表现的对象，且占据了图幅中的巨大部分面积，但受到西方传教士所绘地图的影响，图中绘出了亚洲、欧洲、非洲、北美洲和南美洲以及南极，且标绘有经纬网。《大明九边万国 人迹路程全图》，绘制者不详，原图为王君甫于康熙二年（1663）刊印发行，由日人"帝畿书坊梅村弥白重梓"，但"重梓"时间不详。在内容上该图与曹君义的《天下九边分野 人迹路程全图》几乎完全一样，图面上的显著差异就是删除了经线和纬度，此外由于经由清人翻刻，因此在行政区划上进行了一些修改，如"应天府"被改为"江宁府"，"南京"改为"南省"。不过还有几处改动很可能是日本人"重梓"时造成的，如：虽然并未从日本人的角度对图中关于"日本"的描述重新改写，但补有"今换大清国未"；在"琉球"的文字说明后补有"清朝未到"，通常而言，清朝人绘制的地图通常不会称呼清朝为"清朝"或者"大清国"，而应称为"大清""清"或"本朝"。与《大明混一图》类似，从绘制范围来看，该图实际上是一幅"天下图"，或者现代意义上的"世界地图"，而不是一幅表现今人所理解的明朝"疆域范围"的地图。那么如何解释《大明九边万国 人迹路程全图》这一图名呢？

还有清代的《大清万年一统地理全图》系列地图。这一系列地图的祖本应当是黄宗羲的《大清全图》。黄宗羲于康熙十二年（1673）刊刻的《大清全图》基本上接受了《广舆图》的风格。地图所反映的地理范围与《广舆图》的"舆地总图"一样，该图使用了方格，但是只绘制了陆地。继黄宗羲的地图以后最早出现的属于同一类型的地图就是康熙五十三年

（1714）制作的《大清万年一统天下全图》，此图作者未详，基本轮廓与黄宗羲图差不多，文字注记比黄图多一些，在朝鲜半岛、中国西南部分、图的右下角都有图文。此图与黄图表现上差别最大的部分在于东北，图中在东北和今内蒙古地区画了一线分别记载了蒙古部族；此外，该图把朝鲜半岛绘制出来。该图的这些特点，影响了以后的同类地图。它的影响实际上比黄宗羲的原图更为深远，以后出现的黄宗羲系统地图也主要受到了此图的影响。黄宗羲的孙子黄千人绘制的《大清万年一统天下全图》，从地图的外貌上来看，该图应该近似于康熙五十三年（1714）《大清万年一统天下全图》，且该图受到传教士地图的影响，标注了欧洲国家的国名。嘉庆年间，以乾隆三十二年（1767）黄千人的《大清万年一统天下全图》为底本摹刻的，名称、内容、形式和图文相似的印本甚多。如美国国会图书馆藏有一幅嘉庆十六年（1811）刻本的《大清万年一统天下全图》，墨印着手彩，未注比例；分切八条幅挂轴，每条幅：148×31 厘米，全图拼合整幅为：134×235 厘米。全图覆盖范围东起日本，西抵温都斯坦（印度），北自俄罗斯界，南至文莱国，欧洲诸国均以小岛屿形式列于图左。黄河源画了三个相连的湖泊：星宿海、鄂灵湖、查灵湖；山脉为立面形象饰蓝色，海水以蓝色波纹，沙漠为红色点纹，省界用各种颜色相区别。[①] 总体而言，《大清万年一统天下全图》同样是一幅"天下图"和"世界地图"，但以"大清"为名似乎同样超出了今人对世界构成的理解。

康熙《皇舆全览图》，前人研究成果众多，这里无意进行太多细节上的描述。大致而言，该图以通过北京的子午线为本初子午线，东自黑龙江口，西迄哈密，南起海南岛，北至贝加尔湖。哈密以西因准噶尔部之乱未能实测，西藏仅派喇嘛测量了旅程距离；湖南、贵州苗疆因未能进入，尚属空白；朝鲜半岛的绘制取自朝鲜王宫内的旧图，只是在两国边境上由传教士进行了校正。《雍正十排皇舆全图》，清雍正三年（1725）根据康熙《皇舆全览图》编绘成，该图所绘地域要比《皇舆全览图》辽阔，北起北冰洋，南至海南岛，东北濒海，东南至台湾，西抵里海。《乾隆十三排图》，又称《乾隆内府舆图》，以康熙《皇舆全览图》为基础增绘而成，

---

① 李孝聪：《美国国会图书馆藏中文古地图叙录》，文物出版社 1997 年版，第 18 页。

该图的绘制范围,东北至萨哈林岛(库页岛),北至俄罗斯北海,南至琼岛(海南岛),西至波罗的海、地中海及红海,绘制范围约是康熙《皇舆全览图》的一倍。虽然这一系列地图不是"世界地图",但其涵盖范围同样超出了清朝当时所能实际控制的区域,由此"皇舆"一词对于今人而言就显得颇为"突兀"。

总体而言,这些"天下图""寰宇图"虽然大都以某某朝作为图名,但其所描述的地域都远远超出了这些王朝所直接控制,都包括了存在藩属、朝贡关系的国家、政权和部族,显然其对王朝"疆域"的认知是完全不同于今人的。在继续进行分析之前,我们还需要分析一下《职贡图》。

以历代的《职贡图》入手讨论"华夷秩序"和"天下秩序"的研究数量同样众多,除了上文提及的葛兆光的研究之外,还如苍铭等的《〈皇清职贡图〉的"大一统"与"中外一家"思想》[1]、杨德忠《元代的职贡图与帝国威望之认证》[2] 以及赖毓芝的《图像帝国:乾隆朝〈职贡图〉的制作与帝都呈现》[3] 等,但这些研究同样大多是基于将王朝作为"国家"和"帝国"的视角下进行的讨论;而且,这些研究基本都忽略了对"职贡"含义的分析。

古代"职贡"的含义大致指的是各地按等级、地区向王朝中央交纳贡纳的制度,也即"纳职贡"是臣属于王朝的各个地区的职责和义务,也是其臣属于王朝的标志。以往将王朝作为一个"国家"或者"帝国"的视角下进行的研究,虽然认识到了"王朝"与朝贡的国家、部族、政权存在不平等的关系,但没有意识到"纳职贡"意味着"臣属"。这里需要说明的是,这种"臣属"是王朝视角的,即王朝认为"纳职贡"意味着"来纳职贡"的地区和国家承认了王朝的统治权,但"来纳职贡"的地区和国家是否意识到了这点或者是否认可这点则是另外一回事。

以乾隆时期绘制的《皇清职贡图》为例。这一图册的绘制始于乾隆十

---

① 苍铭等:《〈皇清职贡图〉的"大一统"与"中外一家"思想》,《云南师范大学学报(哲学社会科学版)》2019年第3期,第59页。

② 杨德忠:《元代的职贡图与帝国威望之认证》,《美术学报》2018年第2期,第21页。

③ 赖毓芝:《图像帝国:乾隆朝〈职贡图〉的制作与帝都呈现》,《"中央研究院"近代史研究所集刊》第75期(2012年),第1页。

六年（1751），至乾隆二十二年（1757）为止基本绘制完成，此后经过多次补绘，直至乾隆五十八年（1793）才最终绘制完成。此后，嘉庆时期又进行了补绘。①《皇清职贡图》第一卷包括朝鲜国、琉球国、安南国、遏罗国、苏禄国、南掌国、缅甸国、大西洋国、小西洋国、英吉利国、法兰西国、瑞国、日本国、文郎马神国、文莱国、柔佛国、荷兰国、鄂罗斯国、宋腒勝国、柬埔寨国、吕宋国、咖喇吧国、亚利晚国等国的外国官民，及达赖喇嘛地方政权所属藏民，伊犁等处厄鲁特蒙古，哈萨克头人，布鲁特头人，乌什、拔达克山、安集延等地回目，哈密及肃州等地回民，土尔扈特蒙古台吉等。第二卷为东北边界地带的鄂伦春、赫哲等 7 族，福建省所属古田县畲民等 2 族，台湾所属诸罗县诸罗等 13 族，湖南省所属永绥乾州红苗等 6 族，广东省所属新宁县傜人等 10 族，广西省所属永宁州梳傜人等 23 族。第三卷为甘肃省与青海边界地带土司所属撒拉等 34 族，四川省与青海及达赖喇嘛地方政权交界地带土司所属威茂协大金川族等 58 族。第四卷为云南省所属景东等府白人等 36 族，贵州省所属铜仁府红苗等 42 族。

　　齐光在《解析〈皇清职贡图〉绘卷及其满汉文图说》中提出"《皇清职贡图》绘卷中的满文图说在涉及各种'国家'、'民族'等'人的集团'时，显示出其特有的功能和统治理念。首先，是表示'国家'的'gurun'，及相应的'国之官员 gurun i hafan'、'国人 gurun i niyalma'。其次，是表示内陆亚洲政治集团的'部 aiman'，及相应的'头目 aiman i data'、'部人 aiman i niyalma'。再是，表示人的地缘结合的'土司 aiman i ahūcilaha hafan'，及其'土民 aiman i niyalma'，以及'土千户 aiman i mingganda、土指挥 aiman i jorisi、土百户 aiman i tanggūda'。另外，由来于自汉语的'番子 fandz'、'番民 fandz irgen'，及表示血缘结合的'社 falga'等等。以上这些都不是随意的称呼，都反映了清朝对该人群的认识和理解，以及基于这种理解去实行的统治政策"②，但基于此，齐光依然将清朝称作"国家"和"帝国"，即"清朝是一个以不同的统治形式，基于不

---

① 参见祁庆富《〈皇清职贡图〉的编绘与刊刻》，《民族研究》2003 年第 5 期，第 69 页。
② 齐光：《解析〈皇清职贡图〉绘卷及其满汉文图说》，《清史研究》2014 年第 4 期，第 37 页。

同的支配理念，统合众多持有不同生产方式及社会秩序'民族'的，各地之间存在较大差异的，清朝皇帝权力或清朝'国家'权力渗透当地'民族'社会的程度又有所不同的，一个多样性的、多层次的、多种政治制度并存的东方大帝国"①。

基于"职贡"的含义，《皇清职贡图》实际上反映了清朝自认为其是所有"纳职贡"的诸国、部族、政权的统领者，而《皇清职贡图》中记录的"纳职贡"的诸国、部族、政权包含了欧亚非，显然远远超出了清朝当时直接控制的区域。更为重要的是，在这一结构中，王朝是超越于"国家""部族"之上的一种存在。在古代的话语体系中，虽然偶尔也将王朝称为"国"，也存在以"国"命名的王朝机构，如"国子监""国史馆"等，但在大多数语境下，王朝的名称之后通常是不加通名"国"的，如明朝，通常就被称为"明""大明"。在《明史》中，没有将明朝称为"明国"，而称为"大明"的则多达100余次；《宋史》中也极少将宋朝称为"宋国"，而称之为"宋朝""大宋"的则数量众多。大致而言，在古代的话语体系中，王朝是高于"国"的存在②。

通过上述对古代"寰宇图"和"职贡图"的简要分析，可以看出，王朝认为其所领有的空间实际上远远超出了今人所认识到的王朝"疆域"，几乎可以涵盖"世界"，或者时人所认识到的"世界"；且在这一空间中，王朝是超越于"国家""部族"之上的一种存在。同时，需要注意的是，在这一空间中，王朝直接控制的区域在地位上要高于周边，这点在"寰宇图"和"职贡图"中都有着明确的表达。如在几乎所有清末之前绘制的"寰宇图"中，《禹贡》所描绘的"九州"的区域或者王朝直接控制的区域都被放置在了地图的中央，且不成比例地放大，而其他"国家""部族"几乎只是装饰性地被点缀在周围③；而在《皇清职贡图》中，没有绘制是

---

① 齐光：《解析〈皇清职贡图〉绘卷及其满汉文图说》，《清史研究》2014年第4期，第38页。

② 关于这点，今后当另撰文叙述。

③ 参见成一农《中国古代舆地图研究》，中国社会科学出版社2018年版。

汉人、满人以及一些蒙古部族，这反映了清朝政权的构成①，但反映到空间上，对应于"九州"、东北以及蒙古东部，总体而言，在王朝的空间中，存在着一种等级差异，且其中《禹贡》所描绘的"九州"固定作为这一等级系统的中心。

实际上，王朝的这种空间结构和政治结构，是先秦以来构建的"天下秩序"的反映。唐晓峰在《从混沌到秩序：中国上古地理思想史述论》②中对上古"天下秩序"的构建及其对后来影响进行了分析，这对于我们理解"寰宇图"和"职贡图"所展现的王朝的空间结构和政治结构有着极大的帮助，现对其重要的观点摘录如下：

"在周朝分封地域范围的四周，全面逼近所谓的'夷狄'之人。于是，在中国历史上第一次出现了华夏世界作为一个整体（王国维称其为'道德之团体'）直接面对夷狄世界的局面。居于中央的华夏与居于四周的夷狄的关系遂成为'天下'两分的基本人文地理格局"③；"对夷狄是绝对的漠视，反之，对华夏中国是绝对的崇尚。华夏居中而土乐，夷狄远处而服荒，这种地域与文化的关系被推广到整个寰宇之内，唯有中国是圣王世界，其余不外是荒夷或岛夷，越远越不足论。如此全世界二分并以华夏独尊的地理观念在随后的千年岁月中一直统治着中国人的头脑"④；"需要注意到的是，华夷之限不是政治界限，更不是国界，也不是种族界限，而只是文化界限……反而希望'四海会同''夷狄远服，声教益广'，也就是要与夷狄共天下，当然，前提是'夷狄各以其贿来贡'"⑤。

大致而言，王朝的空间结构和政治结构就是：首先，"普天之下，莫非王土"，也即"天下"或者"全世界"都是王朝的土地；其次，"天下"是由"华夷"两部分构成的，其中"华"所在的"九州"居于首要地位，同时是王朝所应当直接占有的；再次，"蛮夷之地"虽然不一定要去直接

① 齐光：《解析〈皇清职贡图〉绘卷及其满汉文图说》，《清史研究》2014年第4期，第30页。
② 唐晓峰：《从混沌到秩序：中国上古地理思想史述论》，中华书局2010年版。
③ 唐晓峰：《从混沌到秩序：中国上古地理思想史述论》，中华书局2010年版，第209页。
④ 唐晓峰：《从混沌到秩序：中国上古地理思想史述论》，中华书局2010年版，第211页。
⑤ 唐晓峰：《从混沌到秩序：中国上古地理思想史述论》，中华书局2010年版，第212页。

加以控制,但王朝应当要做到"四夷宾服",或者应当追求"四海会同""夷狄远服,声教益广"。理解了这些理念,也就理解了为什么明清时期绘制的一些地图其范围要远远超出其直接控制的范围,也就理解了"好大喜功"的乾隆为什么要绘制涵盖了如此广大地域的国家和部族的《皇清职贡图》了,这些反映了王朝对其所认为合理的空间结构和政治结构的认知,由此不仅宣扬了王朝的合法性,而且通过描绘范围广泛的"蛮夷"以宣扬王朝的"盛"。

第三节 结论

我们必须要承认的是,在所有的历史研究中,我们都是"他者",都是"外者",真正的"我者"是不存在的;因此我们对于历史的理解,都必然是建立在我们自己的认知基础上的,而不可能真正地进入所研究的历史语境和场景中,这应当是历史研究者的无奈。但史学研究者在进行研究时,或者应当尽量排除现代的认知,或者至少要意识到研究者所持的今天的视角,而不能用今天的视角来解释古代,同时认为这是古人的认知,且由此"议古论今"。对于中国历史研究而言,当前的研究者同样都是"他者"。当前一些中国学者认为与外国学者相比,自己是"我者",但对这种差异的强调,大概是"五十步笑百步",所有研究者实际上都是"他者",且很可能正是这种自我认知与现实上差异,导致了中国学者忽视了一些我们习以为常但存在问题的认知,本章所涉及的"帝国"就是一例。

虽然,"帝国"一词并没有非常精准的定义,但通常"帝国"指的是领土非常辽阔,统治或支配民族众多,拥有极大的影响力的强大国家。

即使基于这种内涵极为广泛的定义,"帝国"与上述图像所阐述的"王朝",也存在两个根本性的差异:

第一,"帝国"无论地域多么辽阔,但都有着一定的范围;而"王朝"的地域则涵盖了整个"天下"。需要强调的是,这种"涵盖",并不是要去直接占有,而是名义上的"占有",即"普天之下,莫非王土",只是除了"华"和"九州"之外,其他的"蛮夷"之地,并不值得去关注。

第二，虽然"帝国"之间必然存在争斗，但大部分"帝国"在名义上是可以并存的，或者并存是帝国的一种可以接受的状态。但对于"王朝"而言，同一时期，在名义上，"王朝"只有一个。虽然很多时候，存在多个"王朝"并存的局面，且这些"王朝"由于无力消灭其他"王朝"，因此对于这种"并存"在表面上也达成了一些"默契"，但在内部话语上，则都一再否认其他"王朝"存在的合理性①，且都力求最终要消灭其他"王朝"。

总体而言，就空间结构和政治结构方面的"疆域"②和"天下秩序"而言，"帝国"与"王朝"是根本不同的。基于此，在研究与"疆域""国家结构"等有关的问题时，将王朝称为"帝国"是错误的，因为这样会将一些对"帝国"的认知潜移默化的带入"王朝"的研究中。

如"新清史"的代表人物欧立德，虽然他认识且理解了延续至清朝的"华夷观"，但在其研究中依然将清朝称之为"帝国"，如"到了乾隆生活的时代，情况已大不一样。此时的世界，边疆已然封闭，疆界已然划定……因此，乾隆的普世天下观只适用于大帝国中的那些小的领地，这些领地中的统治者通过书信、朝贡以及册封等形式，承认清帝的之上君权，但是这种承认有时仅具有象征意义"③。就这段话整体而言，属于现代人的认知，因为对于当时的乾隆以及大多数士大夫而言，依然相信"普天之下，莫非王土"以及"华夷"两分的天下，否则就无法解释《皇清职贡图》以及《内府舆图》这样的作品了。欧立德的这本书总体上是希望通过站在乾隆的角度来对一些问题加以解释，如在上面所引这段话之前，他还提到"乾隆也知道在清朝之外还存在其他国家，如荷兰、印度或者俄罗斯，而且也很清楚他对于这些国家根本没有丝毫的控制力可言"，"乾隆承认其他国家的独立存在"，但他似乎没有意识到他的这些视角实际上还是现代的，而不是乾隆的，因为在乾隆眼中的"独立"并不是今天意义上的"独立"，

---

① 参见黄纯艳《绝对理念与弹性标准：宋朝政治场域对"华夷""中国"观念的运用》，《南国学术》2019年第2期，第305页。

② "疆域"一词之所以加上引号，是因为王朝时期并没有今天这样的具有领土色彩的疆域意识。

③ ［美］欧立德：《乾隆帝》，青石译，社会科学文献出版社2014年版，第182页。

而在"华夷"体系下，不是所有"蛮夷"对于王朝都是有意义且需要控制的，它们通常只需要"朝贡"表示"顺服"即可，因此欧立德并没有真正理解古代的"天下秩序"，而根源则在于其没有真正试图站在清朝统治者的角度来对王朝的空间结构和政治结构加以理解。实际上，"新清史"最大的症结就在于他们自认为从清朝统治者的角度来认知清朝，但实际上在出发点上，他们的这种"认知"就是"现代"的，从其所用的词汇"帝国""中国""国家"等就可以看出这点，且他们还试图以这样的结论来理解和解释今天的中国；当然大多数"新清史"的批评者也是如此。如果从现代认知古代的话，那么必然会存在多种可以并存的视角，因而这也是参与"新清史"辩论的都认为自身是基于清朝的视角但实际上骨子里是现代视角的各方，难以真正说服对方的根源。此外，新清史认为"清帝国"与"中国"并非同义词，而是一个超越了"中国"的帝国，且不论其中的"帝国"一词本身就不恰当，且按照上文的分析，实际上自秦汉以来的王朝都是超越于"中国"的，历史上从未存在过一个仅有"中国"的王朝，这再次表明"新清史"实际上未能真正理解王朝的政治和空间结构。当然，这是一个宏大的问题，且不仅涉及"新清史"，同时涉及目前古代史研究的诸多领域，如"中国疆域沿革史"等，具体可以参见本篇第四和第五章的讨论。

最后，在一些研究中"中华帝国""帝国""清帝国"实际上只是一种时间和空间的界定（即清朝存在的时间和清朝直接控制的空间），因此对研究本身不会产生太大的影响，如"中华帝国晚期的城市"等。不过这些研究中，完全可以用"王朝时期""清朝""清晚期"等词汇，因此建议今后在所有"王朝"时期的研究中都应当避免使用"帝国"一词。

第八章　从几幅古地图谈文化自信的
重点在于重视当下

改革开放以来，随着社会、经济的迅速发展，中国在文化领域日益取得突出的成就，以此基础，2016 年，习近平总书记在庆祝中国共产党成立 95 周年大会上明确提出：中国共产党人"坚持不忘初心、继续前进"，就要坚持"四个自信"即"中国特色社会主义道路自信、理论自信、制度自信、文化自信"，并强调"文化自信，是更基础、更广泛、更深厚的自信"。

在这一大背景下，为了弘扬和突出中国传统文化，加强民族自信心和自豪感，很多学者和民众努力从中国悠久的历史文化中挖掘可以弘扬的元素。与其他文化成就相比，科技成就是可以在世界范围内进行横向比较的，因此挖掘中国古代的科技成就，从中提炼中华民族在历史上曾取得的领先于世界的技术成果，也就成为这股热潮中的重点。地图，一方面涉及大量重要技术，是大地测量技术、天文学、航海技术以及绘图技术的综合反映；另一方面，地图所呈现知识，又体现了古人在历史、地理等领域取得的成就以及通过探险等手段所曾到达的地理范围，因此中国古代地图自然而然地成为中国古代科技史研究中的热点。由此，近年来出现了三幅引起广泛关注的地图：第一幅就是 2006 年前后由刘钢披露的《天下全舆总图》，刘钢认为这幅地图证明了，早在明初，郑和船队就已经进行了环球航行，这一成就远远领先于世界①；第二幅就是广为人知的传教士利玛窦

---

① 刘钢：《古地图密码》，广西师范大学出版社 2009 年版。

绘制的《坤舆万国全图》，但是李兆良对这幅地图的绘制过程重新进行了梳理，认为其是利玛窦利用当时中国人的资料绘制的，而这些资料来源于郑和的环球航行，由此同样证明当时中国在地图绘制技术和地理认识方面远远领先于西方①；第三幅地图则是在 2018 年春节晚会上对公众公开并改名为"丝路山水地图"的"蒙古山水地图"②，林梅村是这幅地图当时主要的研究者，他认为这幅地图绘制于明代中晚期，且为宫廷用途，由此显示出，早在明代中国对于丝绸之路沿线的地理情况已有清晰的认识③，因此当时中国在地理认知方法并不落后于西方。

对于上述三幅地图本身以及相关研究中存在的问题，一些学者，包括笔者已经提出了反驳意见④。不过以往的反驳主要是从具体史料和史实出发的，但由于对史料的解读存在多种可能，因此从这一角度进行反驳往往并不能切中要害，本章则是试图更为宏观的历史背景、论证逻辑等层面，来指出这些地图本身以及相关研究中存在的问题。不过上述三幅地图的研究中存在的问题并不相同，具体而言，前两幅地图及相关研究中存在的问题就是知识和技术不能"前无古人后无来者"，而后一幅地图研究中存在的问题就是忽略了地图绘制时间的多种可能性，由此对他们结论造成的影响也不尽相同，下面分别进行分析。

---

① 李兆良：《明代中国与世界——坤舆万国全图解密》，上海交通大学出版社 2017 年版。

② 虽然正如后文所述"蒙古山水地图"并不是这幅地图最初的名称，但一方面目前学界对于该图最初的图名尚未达成一致意见；另一方面"蒙古山水地图"已经成为学界对该图的习惯称呼，因此后文也将其称为"蒙古山水地图"。

③ 林梅村：《蒙古山水地图》，文物出版社 2011 年版。

④ 如对于《天下全舆总图》很多学者对其真伪提出了质疑，如浙江大学研究利玛窦地图的专家龚缨晏在《试论〈天下全舆总图〉与郑和船队》一文中（http：//huangzhangjin. bokee. com/4203713. html）中认为：《天下全舆总图》仿制的是 17 世纪起欧洲绘制的世界地图。注释中提到的"上帝"和"景教"两个词汇都不可能出现在明永乐十六年（1418）《天下诸番识贡图》绘制的时期。《天下全舆总图》是不是明朝旧画的仿制存在着疑问，《天下诸番识贡图》是否存在也是有疑问的。葡萄牙里斯本葡中关系研究中心研究员金国平在《九问〈天下全舆总图〉》（http：//huangzhangjin. blogchina. com/4299588. html）以及《一份破绽百出的地图摹本》（http：//macaulogia. blogspot. com/）等文中更以犀利的言语表达了他对这幅地图真伪的怀疑。复旦大学的周振鹤教授在《历史研究无关个人情感——评英国〈经济学家〉发表的伪地图》（《新京报》2006 年 1 月 22日）一文中则明确指出《天下全舆总图》是赝品。还有笔者的《"天下图"所反映的明代的"天下观"——兼谈〈天下全舆总图〉的真伪》（《中国社会科学院历史研究所学刊》第 7 集，商务印书馆 2011 年版，第 395 页）等。

第一节　知识和技术不可能 "前无古人后无来者"

虽然在文明的发展历程中，会出现知识和技术的爆发性增长，但这种爆发性增长不会突然出现，一般都有脉络可循，即有着可以梳理的积累、演进的过程，如欧洲地图绘制所依赖的经纬度测量技术，至少从古希腊开始就有着可以较为明确追溯的演进过程，同时欧洲对于地球的地理认知从欧亚非扩展到全球的过程同样也是可以清晰追溯的。不仅如此，由于重要的知识和技术，尤其是那些投入了大量人力和物力而获得的知识和技术，虽然在历史的长河中有可能会消逝，但这种消逝同样是渐近的，极少是突然的。在唐代之前，由于文献资料的大量佚失，因此这种技术和知识上的爆发性增长以及突然消失存在一定的可能，不过需要强调的是，这种现象并不是历史事实，而是因为相关文献的佚失，且这种可能性也只能存在于那些局部的、细节的技术和知识上，而不会发生于那些需要长期积累而获得的技术和知识上，尤其是那些涉及大量学科的综合性的知识和技术。在唐代之后，随着印刷术的普及，文献散佚的程度大为减少，且距离今日时间较近，因此这种现象是不可能出现的。归根结底就是：知识和技术不可能 "前无古人后无来者"。凡是违背这一规则的现象的都要考虑是否是相关文献存在问题，或者是我们的认知发生了错误。① 但是，刘钢关于《天下全舆总图》和李兆良关于《坤舆万国全图》的研究都违背了这一原则。

虽然《天下全舆总图》没有标记经纬度，但从其呈现方式来看，其使用的是基于经纬度数据的投影技术。虽然中国古代掌握了测量纬度的技术，但只是用于制定历书，且使用范围极其有限；更为重要的是，在清代的《皇舆全览图》之前，中国古代从未用经纬度数据绘制地图，且在《皇舆全览图》之后，直至19世纪中期之前，使用经纬度数据绘制的地图依

---

① 例如张衡的 "地动仪" 就属于这种 "前无古人后无来者" 的技术和知识，且至今依然如此，即在对于力学、地震、地球物理等领域的了解远远超越于古人的今人依然无法对其进行复制，因此文献中关于张衡 "地动仪" 的记载很可能是有问题的。

然不占主流。而且，同样是在《皇舆全览图》之前，中国古代地图的绘制从未使用过投影技术。

不仅如此，《天下全舆总图》所表现的知识远远超出了当时及其之后其他文献所能展现的中国人所掌握的关于世界地理的知识，即《天下全舆总图》与其他文献在关于当时中国人所掌握的地理知识范围方面是矛盾的。为了弥补这一明显的缺陷，刘钢在他的著作中通过曲解某些与目前已经佚失的地图有关的文献记载来展现中国人在当时确实掌握了相关的地图测绘技术以及全球范围的地理知识①。如罗洪先在《广舆图》的序言中对目前已经佚失的朱思本《舆地图》进行了描述，其中有如下一段话："其图有计里画方之法，而形实自是可据，从而分合，东西相侔，不至背舛"，而刘钢将这句话断句为"其图有计里画方之法，而形实自，是可据从而分，合东西相侔，不至背舛"，并解释为："《舆地图》采用了计里画方之法，以圆球形状，在正中之处，依南北方向，将圆球分为东西相互对等、和谐的两个圆形，从而避免圆球正反两面相互交错造成的谬误，非常明显，朱思本《舆地图》是一幅东、西半球世界地图"②，从古汉语的角度来看，这样断句显然是荒谬的，而且他在将这段话翻译为现代汉语时又增加了大量的想象。更为重要的是，用于佐证他观点的都是目前已经佚失的地图，而现存的大量古地图都无法直接佐证他的观点，这似乎也说明了他论证的致命缺陷。需要强调的是，同样的论证方式还出现于某些论证中国古代在某项科学技术上领先于世界的研究中，包括下文提到的李兆良。且如上文所述，难以想象郑和船队仅仅通过七次航行就完成了全球探险和测量，而他们历经千辛万苦获得的知识之后居然又全部消失。③

除了提出正面证据，刘钢中还通过分析认为《天下全舆总图》或者《天下诸番识贡图》所表现的地理知识并不为当时的欧洲人所掌握，由此

---

① 参见刘钢《古地图密码》第六章、第七章，第129页。
② 参见刘钢《古地图密码》，第159页。
③ 此外，刘钢虽然在书中探讨了中国古代的航行技术，指出中国人存在跨洋航行的技术，但一方面对此他没有任何直接证据；另一方面他指出的中国人跨洋航行使用的星象导航，但他却不了解仅仅依赖星象导航在大洋中航行是极为危险的，西方人在跨洋航行之初曾为此付出了极大代价，而正是这一点促使欧洲人不断改良航海技术，并在航海中广泛使用经纬度数据，而中国古代一直未曾发生这样的变革。此外，跨洋航行还需要多年的对于季风和洋流知识的积累。

认定这幅地图必然是中国人依据自己所掌握的知识绘制的。不过这只是一种简单的排除法，但如上文所述由于刘钢并没有中国人掌握了相关知识的直接的和强有力的依据，因此这种论证方式并不成立。且实际上还存在第三种可能，即这幅地图是既掌握了当时中国人的地理知识，又掌握了当时欧洲人的地理知识的现代人绘制的，而确实现在学术界基本认定这幅地图是现代伪造的[1]。

李兆良在《明代中国与世界——坤舆万国全图解密》中主要认为目前中西方学界对于《坤舆万国全图》认识是完全错误，这幅地图实际上不是利玛窦利用欧洲所掌握的知识和技术绘制的，而是利玛窦依据中国人的技术和知识绘制的。但李兆良同样面临着刘钢所面对的问题，即这些地理知识不见于之前和之后的中国文献，且这幅地图所明确使用的经纬度数据和投影技术，也都不见于之前和之后的中国文献和地图的直接记载，即"前无古人后无来者"。对于这一问题，李兆良提出了如下解释："宣德以后，朝廷里反对滥用公帑出海探索的声音高涨。朝臣为了制止浪费徒劳的贡赐贸易，上报郑和的航海资料已经销毁，实际上可能是藏匿起来或者找不到。既然报了销毁，就不可能再出现。所以没有朝臣敢承认郑和地图的存在……利玛窦的来华，解决了问题，他当然乐意承担作者的荣光……"[2]，这同样是一种毫无说服力的解释，毕竟这样一幅地图的绘制涉及对于地球球体的认识、经纬度的测量技术、投影技术及其背后的几何学以及庞大的知识量[3]，且需要记住的是，按照李兆良的说法，这些知识在知识分子中

---

① 还需要指出的是，已经被认定为伪作的《天下全舆总图》，其图名本身也存在问题，"天下"和"全舆"是同意重复，而"总图"中的"总"又是再次重复，因此其图名不仅不符合中国传统地图的命名习惯，而且也不符合古汉语的基本习惯。另外，明清时期，全国总图和寰宇图（世界地图）通常的命名方式为，"大明"或"大清"+"混一图"或"一统图"或"全图"，基本不会使用"天下"和"全舆"以及"总图"这样的词汇。《天下全舆总图》中还提到了《天下诸番识贡图》，但中国古代只有"职贡图"，而无"识贡图"。即使将"识贡图"解释为笔误的话，那么这幅"职贡图"也不符合中国传统"职贡图"的体例。中国传统的"诸番图"或者"职贡图"，是外国及中国境内少数民族向中国皇帝进贡的纪实图画。其体例主要不是地图，而是绘制有各地风土人情的图画。"职贡图"以往历朝历代也有绘制，到清代可称为鼎盛时期，尤以乾隆、嘉庆两朝绘制最多，收录在《四库全书》中的《皇清职贡图》就是典型的代表。

② 李兆良：《明代中国与世界——坤舆万国全图解密》，第66页。

③ 虽然李兆良在书中认为中国古代早就掌握有相关技术，但是他的论证与刘钢类似，即缺乏直接证据。

是秘密流传的，很难想象在从明初至明代后期如此漫长的时间中，这些知识分子居然能通过口耳相传，让如此庞大的知识体系几乎完整的保存下来，且没有丝毫泄露。而更为难以想象的是，这些知识和技术在没有太多积累的基础上，在明初迅速出现，在二三十年中达成了欧洲人花费了一千多年时间才完成的成就，而这一知识体系又在明末清初突然完全消失，以至于《皇舆全览图》的绘制需要依靠西方传教士。①

由于刘钢关于《天下全舆总图》和李兆良关于《坤舆万国全图》的研究在总体上都违反了这一原则，因此或者地图本身存在真伪问题，即《天下全舆总图》；或者研究者对它们的认知存在问题，结论无法成立，即李兆良关于《坤舆万国全图》的研究。

需要提及的是，林梅村对于"蒙古山水地图"的论述，即该图反映早在明代中晚期，中国对于丝绸之路沿线的地理情况已有清晰的认识，也违反了这一原则。目前有学者认为其资料并不来源于当时中原士大夫所掌握的材料，如赵永复认为该图是当时官员综合了各地中外使者、商人记述而成等②。当然，这些认知只是一家之言，且同样缺乏直接证据，不过从现存地图来看，从宋代到清代中期，中国极少绘制西域地区的地图，在少量绘制有西域地区的地图上主要表现也是西域地区汉唐时期的历史内容，而不是当时的地理情况，且从目前存世的文献来看，至少当时主流知识分子是不关注西域地区的③，几乎找不到清代中期之前的关于西域的专门著作，

---

① 李兆良在论述中也存在极大的问题，如谈到郑和在海上对经纬度的测量时，李兆良的结论是"如果不用星辰去测量，在摇晃的海船上测量，必须有多只船从远处以通讯方法来计算距离刻度。我们无法知道当年郑和用什么方法，但是可以肯定，他们的船队那么大，能在海上多点观察是不成问题的，他们没有电报，但是有很多船和人力。通讯方法是白天用旗号，晚上用灯号，雾中用金鼓。陆地上的经度更不在话下"（李兆良：《明代中国与世界——坤舆万国全图解密》，第93页）。仅凭大量的"船和人力"显然是不能解决测量经纬度的技术问题的，且"白天用旗号，晚上用灯号，雾中用金鼓"与经纬度测量存在什么关系？正是由于缺乏郑和船队掌握了经纬度测量技术的直接证据，由此李兆良对郑和测绘经纬度和郑和绘制地图的论证陷入一个因果的循环论证：因为郑和船队测绘了经纬度，所以他们绘制了给《坤舆万国全图》提供重要参考资料的地图；因为郑和或者与其相关的船队人员绘制了给《坤舆万国全图》提供重要参考资料的地图，所以他们必然曾经做过详细的经纬度测量。

② 赵永复：《明代〈西域土地人物略〉部分中亚、西亚地名考释》，《历史地理》第21辑，上海人民出版社2006年版，第355页。

③ 参见成一农《从古地图看中国古代的"西域"与"西域观"》，《首都师范大学学报》2018年第2期，第25页；以及本篇第六章。

且正如李之勤所述，与"蒙古山水地图"存在渊源关系的《西域土地人物图》和《西域土地人物略》所记地名数量远远超出当时其他文献记载的数量①。因此，可以说虽然这幅地图是明朝时绘制的，但其所依据的知识很有可能并不源于当时主流知识分子所掌握的材料，因此无法代表当时中国对于西域地区的总体认识水平。不过这一认知只是林梅村对于该图研究的观点之一，且不是主要观点。

第二节　要注意地图绘制年代的多种可能性

中国古地图通常都缺乏直接的文献材料，而且在图面上一般不也记载绘制的时间，甚至有时图面上注记的绘制时间也不一定可靠，因此对于古地图的绘制年代有时难以得出确定的结论。"蒙古山水地图"正是如此。在林梅村的《蒙古山水地图》和 2018 年春节晚会上，都将这幅地图认定为是明代中晚期绘制的（嘉靖），主要的依据就是地图的图面内容以及其绘制风格与吴门画派的仇英近似，但这两点都不是绝对的证据。② 首先，地图图面内容所展现的时间不等于地图的绘制年代，毕竟存在后世按照早期资料绘制的可能，而且更存在后世按照前代地图摹绘的可能。其次，风格近似，同样存在后世摹绘的可能；而且风格相近，与风格一致完全是两个概念，且风格上的相似与否也是仁者见仁智者见智。由于与这幅地图有关的资料非常缺乏，因此实际上这幅地图的绘制年代存在多种可能。

已经有学者指出在清代乾隆时期的《萝图荟萃》中记载有"嘉峪关至回部拨达山城天方西海戎地面等处图一张，绢本，纵一尺九寸，横九丈五尺"③。由此来看，《萝图荟萃》记载的这幅地图与"蒙古山水地图"绘制的地理范围近似，且图幅尺寸也极为近似，因此两者之间很可能存在某种

---

① 李之勤：《〈西域土地人物略〉的最早、最好的版本》，《中国边疆史地研究》，2004 年第 1 期，第 118 页。
② 如早在明代就存在对仇英绘制的绘画的大规模造伪，参见倪进《中国书画作伪史考》，《艺术百家》2017 年第 4 期，第 82 页。
③ 《国朝宫史续编》卷一百"书籍二十六·图绘二"，北京古籍出版社 1994 年版，第 1014 页。

联系。不仅如此，《萝图荟萃》记载的是当时内务府造办处舆图房所藏地图，而民国二十五年（1936）国立北平故宫博物院文献馆编纂的《清内务府造办处舆图房图目初编》中并没有记载这幅地图，因此似乎证实"蒙古山水地图"是从内务府流散出来的。但仅仅通过上述证据并无法直接认定"蒙古山水地图"就是《萝图荟萃》中记载的这幅地图，从而认为该图至少绘制于《萝图荟萃》成书的乾隆中期之前。因为"蒙古山水地图"是20世纪30年代购买于琉璃厂，因此还存在当时琉璃厂的画师根据宫廷中流散出来的地图摹绘的可能；而且至少在清末民国时期就已经存在为了牟利，尤其是为了向外国人出售而摹绘古代地图的情况①，且这一现象延续至今②。需要提及的是，在清代中后期和民国时期琉璃厂就是当时摹绘和造伪绘画的著名地点之一③。

考虑到《萝图荟萃》所记载的地图与"蒙古山水地图"两者尺幅和内容相近，因此《萝图荟萃》所记载的地图可能是一幅已经缺失了标题的残图，因此不太可能是宫廷画师为皇帝绘制的，而可能是某一时期从宫外传入的，因此即使其确实绘制于乾隆中期之前的话，其来源以及绘制的具体年代也是无法确定的，即应当是在明代中晚期至清代中期之间。

还需要强调的是，正如林梅村的研究，除了"蒙古山水地图"之外，这一系列的地图还有另外一个绘本，即台北"故宫博物院"藏彩绘本《甘肃镇战守图略》所附的"西域土地人物图"；另有两个明代刻本传世，一是明嘉靖二十一年（1542）马理主编的《陕西通志》中的"西域土地人物图"，二是明万历四十四年（1616）成书的《陕西四镇图说》中的"西域图略"④。此外，业师李孝聪教授提及在意大利地理学会还藏有一个绘本，即《甘肃全镇图册》中的《西域诸国图》。

由此，"蒙古山水地图"的绘制时间存在以下可能：第一，绘制于明代中晚期，其既可能是与其有关的其他地图的祖本，也有可能其是基于这

① 参见成一农《浅谈中国传统舆图绘制年代的判定以及伪本的鉴别》，《文津学志》第5辑，国家图书馆出版社2012年版，第105页；以及本书第一篇第五章。
② 参见杨浪《终于见到赝品老图了》，《地图》2011年第1期，第138页。
③ 参见倪进《中国书画作伪史考》，《艺术百家》2007年第4期，第82页。
④ 参见林梅村《蒙古山水地图》，第50页。

一系列中的其他地图或者相关资料绘制的；第二，绘制于清代前期，很可能是基于其他地图绘制的；第三，绘制于民国时期，同样可能是基于其他地图绘制的。

　　总体而言，"蒙古山水地图"的绘制年代存在多种可能，因此在对另外两种可能没有加以辩驳的情况下，林梅村就只强调其中一种可能，其结论显然值得商榷。不过由于"蒙古山水地图"的祖本或者其绘制的资料是来自明代中晚期的，因此本章并不认为其是某些学者所认为的"赝品"或者"假货"，因为该图自20世纪30年代之后的传承是清晰的，且至少是根据之前的地图摹绘的，并不是《天下全舆总图》那样的现代人的造伪之作，因此至多是"伪本"。

　　与地图绘制年代相关的另外一个问题就是地图的名称，目前学界用于称呼这幅地图的名称共有三种，即："蒙古山水地图""丝路山水地图""嘉峪关至回部巴达山城天方西海戎地面等处图"。基于"蒙古山水地图"的祖本或者其绘制的资料，这三种命名都存在问题。众多周知"丝绸之路"一词始于19世纪德国学者李希霍芬的《中国》一书，而学术界在命名那些其名称已经无法得知的地图时，通常尽量遵循传统地图的命名习惯，因此"丝路山水地图"显然违背了这一学术准则。而"蒙古山水地图"，同样有学者指出，以明朝人的惯例，对于该图所绘区域应以"西域"命名，且很少用"蒙古"称呼当时众多的蒙古部族。① 考虑到这幅地图是20世纪30年代日本藤井有邻馆购买于琉璃厂著名书店"尚友堂"的，因此"蒙古山水地图"这一图名可能是"尚友堂"所起。而"嘉峪关至回部巴达山城天方西海戎地面等处图"中的"回部"是清代才使用的名称，因此即使"蒙古山水地图"与《萝图荟萃》中所记地图之间存在某种关系，那么"嘉峪关至回部拔达山城天方西海戎地面等处图"也应当不是该图最初的名称。且如上文所述，《萝图荟萃》所记载的地图可能是一幅缺失了标题的残图，而在这种情况下，用地图绘制内容来对其命名也是传统地图的一种命名方式，那么可以认为《萝图荟萃》中的图名应当是清代内务府造办处舆图房在收录这幅地图时所起的。基于"蒙古山水地图"所表

---

① 参见侯杨方微博，https：//weibo.com/ttarticle/p/show? id =2309404208067368615603#_0。

现的区域，在清代中晚期之前，通常被称为"西域"，且与"蒙古山水地图"存在关联的地图的图名中都有"西域"二字，因此这幅地图原有的图名应当为"西域……图"；而"蒙古山水地图""丝路山水地图""嘉峪关至回部巴达山城天方西海戎地面等处图"都是不同时期的收藏者或摹绘者根据自己的理解对于地图的命名，虽然并不能说是完全错误的，但并不恰当。

第三节　总结——文化自信的基础应该是当下的文化建设

从上文的分析来看，刘钢和李兆良对《天下全舆总图》和《坤舆万国全图》的认知，使这两幅地图所展现的技术水平和知识，属于"前无古人后无来者"，他们的认知或者地图本身就存在问题，因而这两幅地图都无法用来证明在地图绘制的年代，中国人所掌握的科学技术水平、知识水平领先于世界。在缺乏证据的情况下，"蒙古山水地图"的绘制时间存在多种可能，林梅村所强调的明代中后期只是可能性之一，且其忽略了这幅地图绘制时的资料来源，因此这幅地图无法代表明代中晚期当时中国人对于丝绸之路沿线地理状况的认识。

刘钢、李兆良和林梅村对于上述三幅地图的研究，以及目前很多媒体对于他们研究的推崇，其目的是宣扬中国优秀的文化传统，且曾取得了领先于世界的辉煌成就，确实在社会上也引起了广泛的反响。不过由于这些研究和宣传并不符合史实，存在极为明显的漏洞，虽然在普通大众中形成了影响力，但在学术研究中并没有得到认同，且迟早会被"揭穿"，因此长此以往，这样的宣传反而会成为"笑柄"，有损中国的形象，甚至会让其他国家的学者和民众感觉中国人是否存在"民族主义"的倾向①，并且会对当前中国的学术和文化水准表示质疑。

---

① 李兆良在《明代中国与世界——坤舆万国全图解密》在前言（第1页）的开篇中即强调他的研究是"科学的"，与"狭隘民族主义"无关，但其曾担任香港生物科技研究院副院长，长期从事生物、化学等领域的研究，而书中存在大量的逻辑错误，因此很难想象这是一位长期从事理工科研究且成果颇丰的研究者所能犯的错误，由此不禁让人疑惑他的动机。

　　笔者认为这种通过歪曲史实来树立文化自信的方式，在出发点上就是错误的。因为虽然中国古代有着优秀的传统文化，但这并不足以让世界其他国家和民族对当前的中国表示尊敬，从而成为我们自信的来源。更为重要的是，在人类历史上也没有任何国家和民族，只是通过挖掘传统文化而获得了自信。欧洲的文艺复兴，虽然最初是对希腊罗马文化的复兴，但实际上是在挖掘希腊罗马文化精髓的基础上进行的全面创新，而且在文艺复兴时期，在汲取精华的同时，随着创新和地理大发现，抛弃了很多希腊罗马文化中过时的内容，而正是这种创新造就了当时欧洲人的自信，如泰奥·帕尔米耶里（Matteo Palmieri）（1406—1475）就曾自豪地说过，"如此充满了希望和前途的一个新时代，这一时代产生的高贵而有天赋的灵魂的数量超过了在之前 1000 年的世界中所看到的，这真是让人感到欣喜"①。让他感到欣喜的是他所在时代的"高贵而有天赋的灵魂"，而不是希腊罗马时代"高贵而有天赋的灵魂"。因此文化自信的来源，是建立在挖掘传统文化中有益于当下的精华的基础上，进行创新和发展，对世界文化做出贡献，得到世界其他国家的认同和尊敬。改革开放以来，中国在经济、文化、社会等领域都取得了令世人瞩目的成就，这才是我们文化自信的根源，同时加强当下的文化建设则是进一步强化这种自信的基础。因此，文化自信要建立在汲取传统文化精华的基础上的创新，其重点在于当下而不是过往。

---

　　① 马泰奥·帕尔米耶里的原文出现自 *Libro della vita civile*（Florence：Heirs of Filippo Giunta, 1529）。

参考文献

一 图录和图目

北京图书馆善本特藏部舆图组：《舆图要录——北京图书馆藏6827种中外文古旧地图目录》，北京图书馆出版社1997年版。

北京大学图书馆：《皇舆遐览——北京大学图书馆藏清代彩绘地图》，中国人民大学出版社2008年版。

曹婉如：《中国古代地图集（战国—元）》，文物出版社1990年版。

曹婉如：《中国古代地图集（明代）》，文物出版社1994年版。

曹婉如：《中国古代地图集（清代）》，文物出版社1997年版。

冯明珠、林天人：《笔画千里——院藏古舆图特展》，台北"故宫博物院"2010年版。

顾颉刚、章巽：《中国历史地图集（古代史部分）》，地图出版社1995年版。

郭沫若：《中国史稿地图集》（上册），中国地图出版社1980年版。

郭沫若：《中国史稿地图集》（下册），中国地图出版社1980年版。

国立北平故宫博物院文献馆：《清内务府造办处舆图房图目初编》，国立北平故宫博物院文献馆1936年版。

胡阿祥等：《南京古旧地图集》，凤凰出版社2017年版。

华林甫：《英国国家档案馆庋藏近代中文舆图》，上海社会科学院出版社2009年版。

华林甫：《德国普鲁士文化遗产图书馆藏晚清直隶山东县级舆图整理

与研究》，山东齐鲁书社出版有限公司 2015 年版。

金田章裕：《京都大学所藏古地图目录》，京都大学大学院文学研究科 2001 年版。

蓝勇：《重庆古旧地图集》，西南师范大学出版社 2013 年版。

李孝聪：《欧洲收藏部分中文古地图叙录》，国际文化出版公司 1996 年版。

李孝聪《美国国会图书馆藏中文古地图叙录》，文物出版社 2004 年版。

李孝聪：《中国长城志·图志》，江苏凤凰科学技术出版社 2016 年版。

李孝聪：《中国运河志·图志·古地图卷》，江苏凤凰科学技术出版社 2019 年版。

李孝聪：《中国古代舆图调查与研究》，中国水利水电出版社 2019 年版。

李天鸣、林天人：《失落的疆域——清季西北边界变迁条约舆图特展》，台北"故宫博物院"2010 年版。

林天人：《河岳海疆——院藏古舆图特展》，台北"故宫博物院"2012 年版。

林天人：《皇舆搜览：美国国会图书馆所藏明清舆图》，"中研院"数位文化中心 2013 年版。

林天人：《方舆搜览—大英图书馆所藏中文历史地图》，"中研院"台湾史研究所 2015 年版。

刘铎：《外交部地图目录续编》，外交部外政司 1912 年版。

刘季辰：《地图目录甲编》，地质调查所图书馆 1928 年版。

刘镇伟：《中国古地图精选》，中国世界语出版社 1995 年版。

欧阳缨编，邹兴巨校：《中国历代疆域战争合图》，亚新地学社 1930 年版。

盛博：《宋元古地图集成》，星球地图出版社 2008 年版。

宋兆霖：《水到渠成——院藏清代河工档案舆图特展》，台北"故宫博物院"2012 年版。

宋兆霖：《翠绿边地——清季西南边界条约舆图》，台北"故宫博物院"2016 年版。

《宋本历代地理指掌图》，上海古籍出版社 1989 年版。

孙逊、钟翀：《上海城市地图集成》，上海书画出版社 2017 年版。

孙靖国：《舆图指要：中国科学院图书馆藏中国古地图叙录》，中国地图出版社 2012 年版。

谭其骧：《简明中国历史地图集》，中国地图出版社 1991 年版。

天津图书馆：《水道寻往——天津图书馆藏清代舆图选》，中国人民大学出版社 2007 年版。

童世亨：《历代疆域形势一览图（附说)》，中外舆图局 1915 年版。

王以中：《明代海防图籍录》，汪前进编选《中国地图学史研究文献集成（民国时期)》第三册，西安地图出版社 2007 年版。

王庸、茅乃文：《国立北平图书馆中文舆图目录》，国立北平图书馆 1933 年版。

王庸：《国立北平图书馆特藏清内阁大库舆图目录》，北平图书馆 1934 年版。

王庸、茅乃文：《国立北平图书馆中文舆图目录续编》，国立北平图书馆 1937 年版。

王庸：《中国地理图籍丛考》，商务印书馆 1947 年版。

汪前进、刘若芳：《清廷三大实测全图集》，外文出版社 2007 年版。

魏建新著，李大超校：《中国历代疆域形势史图》，中国文化馆 1935 年版。

向达：《郑和航海图》，中华书局 1961 年版。

谢国兴、陈宗仁：《地舆纵览：法国国家图书馆所藏中文古地图》，"中研院"台湾史研究所 2018 年版。

阎平、孙果清等：《中华古地图集珍》，西安地图出版社 1995 年版。

喻沧：《中国古地图珍品选集》，哈尔滨地图出版社 1998 年版。

郑锡煌：《中国古代城市地图集》，西安地图出版社 2005 年版。

朱鉴秋：《古今对照郑和航海图》，中国人民解放军海军海洋测绘研究所 1985 年版。

朱鉴秋：《新编郑和航海图集》，人民交通出版社 1988 年版。

二　著作

白鸿叶、李孝聪：《康熙朝〈皇舆全览图〉》，国家图书馆出版社 2014 年版。

白鸿叶、成二丽：《〈福建舆图〉史话》，国家图书馆出版社 2017 年版。

岑仲勉：《黄河变迁史》，人民出版社 1957 年版。

陈正祥：《中国地图学史》，香港商务印书馆 1979 年版。

陈红彦：《古旧舆图善本掌故》，上海远东出版社 2007 年版。

成一农：《古代城市形态研究方法新探》，社会科学文献出版社 2009 年版。

成一农：《"非科学"的中国传统舆图——中国传统舆图绘制研究》，中国社会科学出版社 2016 年版。

成一农：《〈广舆图〉史话》，国家图书馆出版社 2017 年版。

成一农：《中国古代舆地图研究》，中国社会科学出版社 2018 年版。

丁文江：《徐霞客先生宏祖年谱》，台湾商务印书馆 1978 年版。

董鉴泓：《中国城市建设史》，中国建筑工业出版社 1989 年版。

葛剑雄：《中国古代的地图测绘》，商务印书馆 1998 年版。

葛剑雄：《中国历代疆域的变迁》，商务印书馆 2012 年版。

葛兆光：《宅兹中国—重建有关"中国"的历史论述》，中华书局 2011 年版。

顾颉刚、史念海：《中国疆域沿革史》，商务印书馆 1938 年版。

顾朝林：《中国城市地理》，商务印书馆 2002 年版。

和卫国：《治水政治：清代国家与钱塘江海塘工程研究》，中国社会科学出版社 2015 年版。

韩光辉：《宋辽金元建制城市研究》，北京大学出版社 2011 年版。

黄时鉴、龚缨晏：《利玛窦世界地图研究》，上海古籍出版社 2004 年版。

侯仁之：《中国古代地理学简史》，科学出版社 1962 年版。

侯仁之：《历史地理学四论》，中国科学技术出版社 1994 年版。

江晓原：《天学真原》，上海交通大学出版社 2018 年版。

李约瑟：《中国科学技术史》第 5 卷"地学"第 1 分册，科学出版社 1976 年版。

李大龙：《从"天下"到"中国"：多民族国家疆域理论解构》，人民出版社 2015 年版。

林梅村：《蒙古山水地图》，文物出版社 2011 年版。

刘迎胜主编：《〈大明混一图〉与〈混一疆理图〉研究——中古时代后期东亚的寰宇图与世界地理知识》，凤凰出版社 2010 年版。

刘景纯：《清代黄土高原地区城镇地理研究》，中华书局 2005 年版。

卢良志：《中国地图学史》，测绘出版社 1984 年版。

马世之：《中国史前古城》，湖北教育出版社 2003 年版。

马正林：《中国城市历史地理》，山东教育出版社 1998 年版。

潘晟：《地图的作者及其阅读：以宋明为核心的知识史考察》，江苏人民出版社 2013 年版。

宋鸿德等：《中国古代测绘史话》，测绘出版社 1993 年版。

苏勇强：《北宋书籍刊刻与古文运动》，浙江大学出版社 2010 年版。

孙喆：《康雍乾时期舆图绘制与疆域形成研究》，中国人民大学出版社 2003 年版。

孙靖国：《明清沿海地图研究》结项报告，未刊稿。

唐晓峰：《从混沌到秩序：中国上古地理思想史述论》，中华书局 2010 年版。

童书业：《中国疆域沿革略》，开明书店 1946 年版。

王庸：《中国地图史纲》，三联书店 1958 年版。

王耀：《水道画卷：清代京杭大运河舆图研究》，中国社会科学出版社 2016 年版。

王正华：《艺术、权力与消费：中国艺术史研究的一个面向》，中国美术学院出版社 2011 年版。

吴慧芳：《万宝全书——明清时期的民间生活实录》，花木兰出版社 2005 年版。

雍际春：《天水放马滩木板地图研究》，甘肃人民出版社 2002 年版。

席会东：《中国古代地图文化史》，中国地图出版社 2013 年版。

辛德勇：《历史的空间与空间的历史——中国历史地理与地理学史研究》，北京师范大学出版社 2005 年版。

辛德勇：《中国印刷史研究》，三联书店 2016 年版。

许宏：《先秦城市考古学研究》，北京燕山出版社 2000 年版。

严佐之：《古籍版本学概论》，华东师范大学出版社 1989 年版，第 148 页。

姚伯岳：《版本学》，北京大学出版社 1993 年版。

喻沧、廖克：《中国地图学史》，测绘出版社 2010 年版。

余定国：《中国地图学史》，姜道章译，北京大学出版社 2006 年版。

张修桂：《中国历史地貌与古地图研究》，社会科学文献出版社 2006 年版。

《中国测绘史》编委会：《中国测绘史》（第 1－2 卷），中国地图出版社 2002 年版。

《中华舆图志编制及数字展示》项目组：《中华舆图志》，中国地图出版社 2011 年版。

朱竞梅：《北京城图史探》，社会科学文献出版社 2008 年版。

邹逸麟等：《中国历史自然地理》，科学出版社 2013 年版。

邹逸麟：《中国历史地理概述》（初版），福建人民出版社 1993 年版。

邹逸麟：《中国历史人文地理》，科学出版社 2001 年版。

John Brian Harley and David Woodward, *Cartography in Prehistoric, Ancient, and Medieval Europe and the Mediterranean*, Chicago and London: The University of Chicago Press, 1987.

John Brian Harley and David Woodward, *Cartography in the Traditional Islamic and South Asian Societies*, Chicago and London: The University of Chicago Press, 1992.

John Brian Harley and David Woodward, *Cartography in the Traditional East and Southeast Asian Societies*, Chicago and London: The University of Chicago Press, 1994.

David Woodward and G. Malcolm Lewis, *Cartography in the Traditional Af-*

rican, *American*, *Arctic*, *Australian*, *and Pacific Societies*, Chicago and London: The University of Chicago Press, 1998.

David Woodward, *Cartography in the European Renaissance*, Chicago and London: The University of Chicago Press, 2007.

三 论文

白鸿叶:《国家图书馆藏清末广西舆图概述》,《文津学志》第 4 辑,国家图书馆出版社 2011 年版。

白鸿叶:《昌瑞山下无闲土——〈东陵图〉详解》,《地图》2016 年第 5 期。

鲍国强:《清乾隆〈大清万年一统天下全图〉辨析》,《文津学志》第 2 辑,北京图书馆出版社 2007 年版。

毕琼、李孝聪:《〈陕境蜀道图〉研究》,《地图》2004 年第 4 期。

曹婉如:《〈华夷图〉和〈禹迹图〉的几个问题》,《科学史集刊》1963 年第 6 期。

曹婉如等:《中国现存利玛窦世界地图的研究》,《文物》1983 年第 12 期。

曹婉如:《有关天水放马滩秦墓出土地图的几个问题》,《文物》1989 年第 12 期。

曹婉如:《现存最早的一部尚有地图的图经——〈严州图经〉》,《自然科学史研究》1994 年第 4 期。

曹新宇等:《欧洲称中国为"帝国"的早期历史考察》,《史学月刊》2015 年第 5 期。

柴继光:《明代〈河东盐池之图〉析》,《盐业史研究》1990 年第 4 期。

陈可畏:《论黄河的名称、河源与变迁》1982 年第 10 期。

成大林:《大清王朝与边墙》,《万里长城》2012 年第 1 期。

成一农:《"中世纪城市革命"的再思考》,《清华大学学报(哲学社会科学版)》2007 年第 2 期。

成一农:《清代的城市规模与行政等级》,《扬州大学学报》2007 年第

3 期。

成一农:《中国古代城市舆图研究》,《中国社会科学院历史研究所学刊》第 6 集,商务印书馆 2010 年版。

成一农:《"天下图"所反映的明代的"天下观"—兼谈〈天下全舆总图〉的真伪》,《中国社会科学院历史研究所学刊》第 7 集,商务印书馆 2011 年版。

成一农:《浅谈中国传统舆图绘制年代的判定以及伪本的鉴别》,《文津学志》第 5 辑,国家图书馆出版社 2012 年版。

成一农:《〈广舆图〉绘制方法及数据来源研究(一)》,《明史研究论丛》第 10 辑,故宫出版社 2012 年版。

成一农:《〈广舆图〉绘制方法及数据来源研究(二)》,《明史研究论丛》第 11 辑,故宫出版社 2013 年版。

成一农:《浅析〈华夷图〉与〈历代地理指掌图〉中〈古今华夷区域总要图〉之间的关系》,《文津学志》第 6 辑,国家图书馆出版社 2013 年版。

成一农:《"科学"还是"非科学"——被误读的中国传统舆图》,《厦门大学学报(哲学社会科学版)》2014 年第 2 期。

成一农:《对"计里画方"在中国地图绘制史中地位的重新评价》,《明史研究论丛》第 12 辑,故宫出版社 2014 年版。

成一农:《对"制图六体"影响力的重新评价——兼论错误构建的中国地图学史》,《炎黄文化研究》第 17 辑,大象出版社 2015 年版。

成一农:《现存全国总志和地方志中所记"四至八到"考》,《中国社会科学院历史研究所学刊》第 9 集,商务印书馆 2015 年版。

成一农:《理想与现实的差异——明清时期政区舆图所描绘的城池》,《世界历史评论》第 6 辑,上海人民出版社 2016 年版。

成一农:《"实际"与"概念"——从古地图看"中国"陆疆疆域认同的演变》《新史学》第 19 辑,大象出版社 2017 年版。

成一农:《美国国会图书馆藏〈清军围攻金陵城图〉研究》,《南京古旧地图集·文论》,凤凰出版社 2017 年版。

成一农:《"十五国风"系列地图研究》,《安徽史学》2017 年第 5 期。

成一农：《宋元日用类书〈事林广记〉〈翰墨全书〉中所收全国总图研究》，《中国史研究》2018 年第 2 期。

成一农：《几幅古地图的辨析——兼谈文化自信的重点在于重视当下》，《思想战线》2018 年第 4 期。

成一农：《近 70 年来中国古地图与地图学史研究的主要进展》，《中国历史地理论丛》2019 年第 3 期。

成一农：《与包弼德教授〈探寻地图中的主张：以 1136 年的《禹迹图》为例〉一文商榷——兼谈历史学中的解释》，《清华大学学报（哲学社会科学版)》2019 年第 3 期。

成一农：《简评芝加哥大学出版社〈地图学史〉》，《自然科学史研究》2019 年第 3 期。

成一农：《图像如何入史——以中国古地图为例》，《安徽史学》2020 年第 1 期。

成一农：《抛弃人性的历史学没有存在价值——"大数据""数字人文"以及历史地理信息系统在历史研究中的价值》，《清华大学学报（哲学社会科学版)》2021 年第 1 期。

程学军：《〈治河通考〉考》，《农业考古》2014 年第 6 期。

褚绍唐：《中国地图史考》，《地学季刊》第 1 卷第 4 期，上海大东书局 1934 年版。

丁绍桓：《我国历代疆域和政治区划的变迁》，《地学季刊》第 2 卷第 1 期（1935 年）。

丁绍桓：《我国历代疆域和政治区划的变迁（续)》，《地学季刊》第 2 卷第 2 期（1935 年）。

丁超：《唐代贾耽的地理（地图）著述及其地图学成绩再评价》，《中国历史地理论丛》2012 年第 3 辑。

丁雁南：《地图学史视角下的古地图错讹问题》，《安徽史学》2018 年第 3 期。

冯宝林：《记几种不同版本的雍正"皇舆十排全图"》，《故宫博物院刊》1986 年第 4 期。

冯令晏：《元前文献图籍所载黄河河源》，《云南大学学报（社会科学版）》2020 年第 2 期。

冯岁平：《美国国会图书馆藏〈陕境蜀道图〉再探》，《文献》2010 年第 2 期。

葛兆光：《想象天下帝国——以（传）李公麟〈万方职贡图〉为中心》，《复旦学报（社会科学版）》2018 年第 3 期。

仝建平：《〈翰墨全书〉编纂及其版本考略》，《图书情报工作》2010 年 21 期。

龚缨晏：《国外新近发现的一幅明代航海图》，《历史研究》2012 年第 3 期。

龚缨晏：《〈坤舆万国全图〉与"郑和发现美洲"——驳李兆良的相关观点兼论历史研究的科学性》，《历史研究》2019 年第 5 期。

郭声波：《〈历代地理指掌图〉作者之争及我见》，《四川大学学报（哲学社会科学版）》2001 年第 3 期。

郭声波：《沈括〈守令图〉与荣县〈守令图〉关系探原》，《四川大学学报（哲学社会科学版）》2002 年第 3 期。

郭声波《〈大元混一方舆胜览〉作者及版本考》，《暨南史学》第 2 辑，暨南大学出版社 2003 年版。

郭育生等：《〈东西洋航海图〉成图时间初探》，《海交史研究》2011 年第 2 期。

管彦波：《中国古代舆图上的"天下观"与"华夷秩序"——以传世宋代舆图为考察重点》，《青海民族研究》2017 年第 1 期。

韩昭庆：《制图六体新释、传承及与西法的关系》，《清华大学学报（哲学社会科学版）》2009 年第 6 期。

韩昭庆：《中国近代军事地图的若干特点——兼评〈英国国家档案馆庋藏近代中文舆图〉》，《历史地理》第 26 辑，上海人民出版社 2012 年版。

韩昭庆：《从甲午战争前欧洲人所绘中国地图看钓鱼岛列岛的历史》，《复旦学报（社会科学版）》2013 年第 1 期。

韩昭庆：《康熙〈皇舆全览图〉空间范围考》，《历史地理》第 32 辑，上海人民出版社 2015 年版。

韩昭庆：《康熙〈皇舆全览图〉与西方对中国历史疆域认知的成见》，

《清华大学学报（哲学社会科学版）》2015 年第 6 期。

韩昭庆：《康熙〈皇舆全览图〉的数字化及意义》，《清史研究》2016 年第 4 期。

韩光辉：《元代中国的建制城市》，《地理学报》1995 年第 4 期。

韩光辉、林玉军、王长松：《宋辽金元建制城市的出现与城市体系的形成》，《历史研究》2007 年第 4 期。

韩光辉、刘旭、刘业成：《中国元代不同等级规模的建制城市研究》，《地理学报》2010 年第 12 期。

韩行方：《明朝末期登莱饷辽海运述略》，《辽宁师范大学学报（社会科学版）》1992 年第 4 期。

何双全：《天水放马滩秦墓出土地图初探》，《文物》1989 年第 2 期。

何德宪：《齐刻〈禹迹图〉论略》，《辽海文物学刊》1997 年第 1 期。

胡邦波：《我国古代地图学传统的制图方法——计里画方》，《地图》1999 年第 1 期。

华林甫：《英藏清军镇压早期太平天国地图考释》，《历史研究》2003 年第 2 期。

华林甫：《德国柏林庋藏晚清华北舆图的价值》，《历史地理》第 32 辑，上海人民出版社 2015 年版。

黄纯艳：《绝对理念与弹性标准——宋朝政治场域对"华夏""中国"观念的运用》，《南国学术》2019 年第 2 期。

黄小荣：《明清民间公共知识体系、传播方式与自身建构——以明清曲本为材料》，《中国史研究》2007 年第 3 期。

黄时鉴：《地图上的"天下观"》，《中国测绘》2008 年第 6 期。

黄时鉴：《从地图看历史上中韩日世界观念的差异——以朝鲜的天下图和日本的南瞻部洲图为主》，《复旦学报（社会科学版）》2008 年第 3 期。

黄盛璋、汪前进：《最早一幅西夏地图——〈西夏地形图〉新探》，《自然科学史研究》1992 年第 2 期。

侯仁之：《记英国国家图书馆所藏〈清雍正北京城图〉》，《历史地理》第 9 辑，上海人民出版社 1990 年版。

侯杨方：《20世纪上半期中国的城市人口：定义及估计》，《上海师范大学学报（哲学社会科学版》2010年第1期。

洪煨莲：《考利玛窦的世界地图》，《禹贡》第5卷3、4期合刊，1936年。

姜道章：《二十世纪欧美学者对中国地图学史研究的回顾》，《汉学研究通讯》总第66期（17：2），1998年。

姜勇、孙靖国：《〈福建海防图〉初探》，《故宫博物院院刊》2011年第1期。

江晓原：《星图三家三色事》，《中国典籍与文化》1995年第1期。

金国平：《关于〈古今形胜之图〉作者的新认识》，《澳门学：探赜与汇知（macaulogia misterios desconhecidose desvendados)》，广东人民出版社2018年版。

孔庆贤：《明清时期"云南全省舆图"绘制研究》，未刊稿。

孔庆贤、成一农：《古籍中所见"黄河全图"的谱系整理研究》，《形象史学》第13辑，社会科学文献出版社2019年版。

蓝勇：《近代三峡航道图编纂始末》，《近代史研究》1994年第5期。

蓝勇：《三峡最早的河道图〈峡江图考〉的编纂及其价值》，《文献》1995年第1期。

蓝勇等：《清乾隆〈金沙江全图〉考》，《历史研究》2010年第5期。

蓝春秀：《浙江临安五代吴越国马王后墓天文图及其他四幅天文图》，《中国科技史料》1999年第1期。

李孝聪：《古代中国地图的启示》，《读书》1997年第7期。

李孝聪：《解读古地图上的长城》，《中国国家地理》2003年第8期。

李孝聪：《〈全川营汛增兵图〉的价值》，《地图》2004年第5期。

李孝聪：《黄淮运的河工舆图及其科学价值》，《水利学报》2008年第8期。

李孝聪：《中国传统河工水利舆图初探》，《邓广铭教授百年诞辰纪念论文集》，中华书局2008年版。

李孝聪：《从古地图看黄岩岛的归属——对菲律宾2014年地图展的反驳》，《南京大学学报（哲学．人文科学．社会科学)》2015年第4期。

李孝聪：《中外古地图与海上丝绸之路》，《思想战线》2019 年第 3 期。

李之勤：《〈西域土地人物略〉的最早、最好的版本》，《中国边疆史地研究》2004 年第 1 期。

李泰翰：《兵临城下——评介〈平定粤匪图〉中的〈金陵各营屡捷解围图〉》，（台北）《故宫文物月刊》2005 年第 3 期。

李弘祺：《美国耶鲁大学图书馆珍藏的古中国航海图》，《中国史研究动态》1997 年第 8 期。

林岗：《从古地图看中国的疆域及其观念》，《北京大学学报（哲学社会科学版)》2010 年第 3 期。

李新贵：《〈巩昌分属图说〉初探》，《故宫博物院院刊》2008 年第 2 期。

李新贵：《黄河河源绘制体系的初步研究》，《文津学志》第 5 辑，国家图书馆出版社 2012 年版。

李新贵：《明万里海防图初刻系研究》，《社会科学战线》2017 年第 1 期。

李新贵：《明万里海防图之全海系探研》，《史学史研究》2018 年第 1 期。

李新贵：《明万里海防图之章潢系探研》，《史学史研究》2019 年第 1 期。

李新贵、白鸿叶：《明万里海防图筹海系研究》，《文献》2019 年第 1 期。

李鹏：《近现代川江航道图编绘补录》，《长江文明》第 18 辑，重庆大学出版社 2014 年版。

李鹏等：《晚清川江内河航运变迁与航图制作——以〈峡江图考〉为中心》，《长江文明》第 20 辑，重庆大学出版社 2015 年版。

李鹏：《晚清民国川江航道图编绘的历史考察》，《学术研究》2015 年第 2 期。

李鹏：《乾隆年间的三幅〈金沙江图〉长卷》，《地图》2017 年第 6 期。

李鹏：《乾隆朝金沙江工程与〈金沙江图〉的绘制》，《历史地理》第

35 辑，复旦大学出版社 2017 年版。

李鹏：《清末民国川江航道图编绘的现代性》，《西南大学学报（社会科学版）》2017 年第 5 期。

李鹏：《现代性的回响：近代川江航道图志本土谱系的建构》，《上海地方志》2017 年第 1 期。

李鹏：《民国〈申报地图〉的编制出版与文化政治》，《形象史学》第 13 辑，社会科学文献出版社 2019 年版。

李鹏：《清末民国商务印书馆地图出版述论》，《苏州大学学报（哲学社会科学版）》2019 年第 6 期。

李大龙：《有关中国疆域理论研究的几个问题》，《西北民族论丛》第 8 辑，2012 年。

李大龙：《汉武帝"大一统"思想的形成及实践》，《北方民族大学学报（哲学社会科学版）》2013 年第 1 期。

李大龙：《转型与"臣民"（国民）塑造：清朝多民族国家建构的努力》，《学习与探索》2014 年第 9 期。

李大龙：《国家建构视野下游牧与农耕族群互动的分期与特点》，《思想战线》2018 年第 1 期。

李合群等：《北宋东京皇宫布局复原研究——兼对元代〈事林广记〉中的〈北宋东京宫城图〉予以勘误》，《中原文物》2012 年第 6 期。

李亮：《皇帝的星图——崇祯改历与〈赤道南北两总星图〉的绘制》，《科学文化评论》2019 年第 1 期。

李元晖、李大龙：《"大一统"思想的形成与实践——多民族国家中国疆域的形成和发展》，《西北民族大学报》2016 年第 1 期。

林梅村：《〈郑芝龙航海图〉考——牛津大学博德利图书馆藏〈雪尔登中国地图〉名实辨》，《文物》2013 年第 9 期。

林晓雁：《欧洲人是从中国学的经度知识吗?》，《中华读书报》2019 年 4 月 17 日第 5 版。

凌申：《历史时期江苏古海塘的修筑及演变》，《中国历史地理论丛》2002 年第 4 辑。

刘若芳、汪前进：《〈大明混一图〉绘制时间再探讨》，《明史研究》

第 10 辑，黄山书社 2007 年版。

刘增强：《近代化进程中云南地理志舆图演变》，《咸阳师范学院学报》2017 年第 2 期。

刘义杰：《〈更路簿〉研究综述》，《南海学刊》2017 年第 1 期。

刘家信：《〈兴庆宫图〉考》，《地图》1989 年第 2 期。

刘家信：《黄河之水天上来——黄河河源及其古图》，《中国测绘》2016 年第 6 期。

刘家信：《〈黄河图说〉：中国最杰出的黄河治理图》，《资源导刊》2018 年第 18 期。

刘龙心：《从历史出走——清末民初地理教科书与近代历史知识的转型》，发表于 2015 年 4 月 18 日至 19 日近代以降的历史教育与历史教科书问题学术研讨会。

刘惠：《乾隆朝重构黄河河源的实践与国家认同》，《清华大学学报（哲学社会科学版）》2018 年第 2 期。

刘惠：《1782 年阿弥达奉命勘察黄河河源史实考》，《中国历史地理论丛》2019 年第 1 期。

卢雪燕：《彩绘本〈行都司所属五路总图〉成图年代及价值考述》，《故宫博物院院刊》2009 年第 5 期。

罗志田：《把"天下"带回历史叙述：换个视角看五四》，《社会科学研究》2019 年第 2 期。

马王堆汉墓帛书整理小组：《长沙马王堆三号汉墓出土地图的整理》，《文物》1975 年第 2 期。

马王堆汉墓帛书整理小组：《长沙马王堆三号汉墓出土地图整理情况》，《测绘通报》1975 年第 2 期。

马王堆汉墓帛书整理小组：《马王堆三号汉墓出土驻军图整理简报》，《文物》1976 年第 1 期。

马戎：《鸦片战争后新观念的进入与中国话语体系的转型》，《社会科学战线》2019 年第 3 期。

马亚辉：《从"安南勘界案"看雍正皇帝与边吏的"疆域观"》，《中国边疆史地研究》2018 年第 2 期。

倪进：《中国书画作伪史考》，《艺术百家》2007 年第 4 期。

钮仲勋：《黄河河源考察和认识的历史研究》，《中国历史地理论丛》1988 年第 4 期。

潘晟：《明代方志地图编绘意向的初步考察》，《中国历史地理论丛》2005 年第 4 期。

潘晟：《知识史：一个简短的回顾与展望》，《史志杂志》2015 年第 2 期。

齐光：《解析〈皇清职贡图〉绘卷及其满汉文图说》，《清史研究》2014 年第 4 期。

钱江：《一幅新近发现的明朝中叶彩绘航海图》，《海交史研究》2011 年第 1 期。

秦明智、林健：《甘肃省博物馆藏清顺治〈长江江防图〉》，《文物》1996 年第 5 期。

覃影、白鸿叶：《〈云南全省舆图〉稿本及其奏报问题考辨》，《文津学志》第 4 辑，国家图书馆出版社 2011 年版。

覃影：《美国国会图书馆藏〈全川营汛增兵图〉考释》，《故宫博物院院刊》2011 年第 1 期，第 56 页。

覃影、白鸿叶：《〈云南全省舆图〉稿本的数据流向研究》《文津学志》第 6 辑，国家图书馆出版社 2013 年版。

邱新立：《民国以前方志地图的发展阶段及成就概说》，《中国地方志》2002 年第 4 期。

阙维民：《中国古代志书地图绘制准则初探》，《自然科学史研究》1996 年 4 期。

让 – 马克·博奈 – 比多等：《敦煌中国星空：综合研究迄今发现最古老的星图（下）》，《敦煌研究》2010 年第 3 期。

任乃强：《西康地图谱》，《康导月刊》第 5 卷第 9 期。

任金城：《西班牙藏明刻〈古今形胜之图〉》，《文献》1983 年第 3 期。

任金城：《明刻〈北京城宫殿之图〉——介绍日本珍藏的一幅北京古地图》，《北京史苑》第 3 辑，北京出版社 1985 年版。

任金城：《〈广舆图〉的学术价值及其不同的版本》，《文献》1991 年第 1 期。

　　萨出日拉图:《美国国会图书馆庋藏康熙年间的一幅内蒙古舆图研究》,《中国历史地理论丛》2019 年第 2 辑。

　　尚珩:《美国哈佛大学汉和图书馆藏〈边城御虏图说〉研究》,《北方民族考古》第 7 辑,科学出版社 2019 年版。

　　石冰洁:《从现存宋至清"总图"图名看古人"由虚到实"的疆域地理认知》,《历史地理》第 33 辑,上海人民出版社 2016 年版。

　　苏锰:《明清江浙地区"海塘——墩堡"海岸防御体系时空分布与体系研究》,《中国文化遗产》2019 年第 2 期。

　　孙果清:《杨守敬〈历代舆地沿革险要图〉版本述略》,《文献》1992 年第 4 期。

　　孙果清:《东震旦地理图与汉西域诸国图》,《地图》2005 年第 6 期。

　　孙果清:《元代〈黄河源图〉》,《地图》2006 年第 1 期。

　　孙果清:《石刻〈黄河图说〉》,《地图》2006 年第 5 期。

　　孙果清:《古今形胜之图》,《地图》2006 年第 12 期。

　　孙果清:《明朝北方边疆形势一览——〈九边图〉》,《地图》2007 年第 4 期。

　　孙果清:《现存最早的一幅绢地彩绘〈北京内外城全图〉》,www. nlc. gov. cn/service/wjls/pdf/09/09_07_a4b13c3. pdf。

　　孙果清:《鼎盛时期的中国古代传统形象画法地图之三:绢底彩绘〈黄河图〉长卷》,《地图》2009 年第 4 期。

　　孙喆:《浅析影响康熙〈皇舆全览图〉绘制的几个因素》,《历史档案》2012 年第 1 期。

　　孙靖国:《光绪七年十一月分浙江省海塘沙水情形图》,《地图》2015 年第 6 期。

　　孙靖国:《〈新平堡图〉及相关历史地理问题》,《文津学志》第 8 辑,国家图书馆出版社 2015 年版。

　　孙靖国:《黄叔璥〈海洋图〉与清代大兴黄氏家族婚宦研究》,《安徽史学》2018 年第 3 期。

　　孙靖国:《20 世纪以来的中国地图史研究进展和几点思考》,《中国史研究动态》2018 年第 4 期。

孙靖国：《〈江防海防图〉再释——兼论中国传统舆图所承载地理信息的复杂性》，《首都师范大学学报（社会科学版）》2020 年第 6 期。

孙仲明：《我国对长江江源认知的历史过程》，《扬州师院自然科学学报》1984 年第 1 期。

田中和子、木津祐子：《"国立"故宫博物院所藏〈山西边垣图〉、〈山西三关边垣图〉与京都大学所藏〈山西镇边布阵图〉的比较研究》，《清华中文学报》2011 年第 6 期。

田萌：《美国国会图书馆藏〈五台山圣境全图〉略述》，《五台山研究》2008 年第 2 期。

陶懋立：《中国地图学发明之原始及改良进步之次序》，《地学杂志》1911 年第 2 卷第 11 号和第 12 号。

谭其骧：《二千二百多年前的一幅地图》，《文物》1975 年第 2 期。

谭其骧：《马王堆汉墓出土地图所说明的几个历史地理问题》，《文物》1975 年第 6 期。

谭其骧：《论丁文江所谓徐霞客地理上之重要发现》，《长水集》（上），人民出版社 1987 年版。

谭其骧：《历史上的中国和中国历代疆域》，《中国边疆史地研究》1991 年第 1 期。

唐晓峰：《梵蒂冈所藏中国清代长城图》，《文物》1996 年第 12 期。

唐晓峰：《山河两戎：唐代天文学家的地理观念》，《环球人文地理·评论版》2015 年第 1 期。

田尚：《黄河河源探讨》，《地理学报》1981 年第 3 期。

王庸：《桂萼的舆地指掌图与李默的天下舆地图》，《禹贡》半月刊第 1 卷第 11 期，1934 年。

王庸：《国立北平图书馆特藏新购地图目录》，《国立北平图书馆馆刊》第 6 卷第 5 号，1932 年 7 月、8 月。

王珂：《〈事林广记〉源流考》，《古典文献研究》第 15 辑，凤凰出版社 2012 年版。

王一帆：《中国传统地图绘制中的"道里法"——以〈广东全省绘舆

图局饬发绘图章程〉为中心的分析》，未刊稿。

王大学：《美国国会图书馆藏〈松江府海塘图〉的年代判定及其价值》，《中国历史地理论丛》2007 年第 4 辑。

汪前进：《〈平江图〉的地图学研究》，《自然科学史研究》1989 年第 4 期。

汪前进：《现存最完整的一份唐代地理全图数据集》，《自然科学史研究》1998 年第 3 期。

汪前进：《康熙铜版〈皇舆全览图〉投影种类新探》，《自然科学史研究》1991 年第 2 期。

汪前进：《罗明坚编绘〈中国地图集〉所依据中文原始资料新探》，《北京行政学院学报》2013 年第 3 期。

汪前进：《〈混一疆理历代国都之图〉的绘制与李朝太宗登基和迁都事件》，刘迎胜主编《元史及民族与边疆研究集刊》第 35 辑，上海古籍出版社 2018 年版。

王绵厚：《明彩绘本〈九边图〉研究》，《北方文物》1986 年第 1 期。

王勇：《论明代日用类书中的指南性交通史料》，《宜宾学院学报》2018 年第 8 期。

王妙发、郁越祖：《关于"都市（城市）"概念的地理学定义考察》，《历史地理》第 10 辑，上海人民出版社 1992 年版。

王卫平、董强：《江南城市史研究的回顾与思考（1979—2009）》，《苏州大学学报（哲学社会科学版）》2010 年第 4 期。

王崇敏等：《〈更路簿〉发现和研究 40 年》，《中国史研究动态》2018 年第 6 期。

王耀：《美国藏〈山东运河全图〉与光绪朝山东运河状况》，《贵州师范学院学报》2016 年第 1 期。

王耀：《清代漕运图的绘制内容与图幅特征》，《昆明学院学报》2016 年第 2 期。

王耀：《古地图所见乾隆朝清口地区河渠治理》，《中国典籍与文化》2016 年第 3 期。

王耀：《明代京杭大运河地图探微》，《中华文史论丛》2016 年第

4 期。

王耀：《清代〈海国闻见录〉海图图系初探》，《社会科学战线》2017年第 4 期。

王耀：《〈江海全图〉与道光朝海运航路研究》，《故宫博物院院刊》2018 年第 5 期。

韦胤宗：《加拿大英属哥伦比亚大学亚洲图书馆藏〈九州分野舆图 古今人物事迹〉》，《明代研究》第 27 期 2016 年版。

温小平：《更路簿研究的历史、现状及未来展望》，《南海学刊》2019年第 2 期。

翁文灏的《清初测绘地图考》，《地学杂志》第 18 卷第 3 期，1930年版。

吴雪娟：《论满文〈黑龙江流域图〉的命名》，《满语研究》2019 年第 1 期。

吴寒：《〈西湖行宫图〉：乾隆的艺术实景地图》，《中国艺术报》2019年 9 月 13 日。

席会东：《清康熙绘本〈黄河图〉及相关史实考述》，《故宫博物院院刊》2009 年第 5 期。

席会东：《〈王石谷全黄图〉研究》，《故宫博物院院刊》2010 年第 1 期。

席会东：《欧洲所藏清代〈南河图〉研究》，《中国国家博物馆馆刊》2011 年第 7 期。

席会东：《高斌〈南河图说〉与乾隆首次南巡研究》，《中国历史地理论丛》2012 年第 2 辑。

席会东：《海外藏康熙〈黄运两河全图〉研究》，《中国国家博物馆馆刊》2013 年第 10 期。

席会东：《河图、河患与河臣——台北故宫藏于成龙〈江南黄河图〉与康熙中期河政》，《中国历史地理论丛》2013 年第 4 辑。

席会东：《晚清黄河改道与河政变革——以"黄河改道图"的绘制运用为中心》，《中国历史地理论丛》2013 年第 3 辑。

席会东：《河防职掌图所见晚清黄河河政变革》，《黄河文明与可持续发展》第 10 辑，河南大学出版社 2014 年版。

席会东：《海峡两岸分藏康熙绘本"京杭运河图"研究》，《文献》2015 年第 3 期。

辛德勇：《准望释义—兼谈裴秀制图诸体之间的关系以及所谓沈括制图六体问题》，《九州》第 4 辑，商务印书馆 2007 年版。

辛德勇：《19 世纪后半期以来清朝学者编绘历史地图的主要成就》，《社会科学战线》2008 年第 9 期。

辛德勇：《关于〈水经注图〉》，《书品》2009 年第 6 期。

辛德勇：《说阜昌石刻〈禹迹图〉与〈华夷图〉》，《燕京学报》第 28 期，北京大学出版社 2010 年版。

小岛泰雄文，钟翀译：《成都地图近代化的展开》，《都市文化研究》第 12 辑，上海三联书店 2015 年版。

邢义田：《论马王堆汉墓"驻军图"应正名为"箭道封域图"》，《湖南大学学报（社会科学版）》2007 年第 5 期。

熊梅：《南宋利州路分合初考》，《陕西理工学院学报（社会科学版）》2006 年第 1 期。

熊月之、张生再：《中国城市史研究综述（1986 - 2006）》，《史林》2008 年第 1 期。

徐苹芳：《马王堆三号汉墓出土的帛画"城邑图"及其有关问题》，《简帛研究》第 1 辑，法律出版社 1993 年版。

徐晓望：《林希元、喻时及金沙书院〈古今形胜之图〉的刊刻》，《福建论坛（人文社会科学版）》2014 年第 3 期。

严敦杰：《释〈郑和航海图〉引言》，《自然科学史研究》1986 年第 1 期。

杨乃济：《〈乾隆京城全图〉考略》，《故宫博物院院刊》1984 年第 3 期。

杨文和：《明长城蓟镇图考略》，《中国历史博物馆馆刊》第 10 期，1987 年。

杨文和：《长城蓟镇图续》，《中国历史博物馆馆刊》第 11 期，1989 年。

杨鸿勋：《公元前三世纪初的一幅建筑设计图——战国中山王陵"兆域图"》，《建筑学报》1979 年第 5 期。

杨鸿勋：《战国中山王陵及兆域图研究》，《考古学报》1980 年第 1 期。

易锐：《清前期边界观念与〈尼布楚条约〉再探》，《四川师范大学学报（社会科学版）》2019 年第 2 期。

尹学梅：《天津博物馆藏〈清代乾隆漕运图〉》，《历史档案》2015 年第 2 期。

於福顺：《清雍正十排"皇舆图"的初步研究》，《文物》1983 年第 12 期。

张其昀：《中国历代疆域的变迁》，《地理教育》第 1 卷第 8 期（1936 年）。

张其昀：《中国历代疆域的变迁（续）》，《地理教育》第 1 卷第 9 期（1936 年）。

张益桂：《南宋〈静江府城池图〉简述》，《广西地方志》2001 年第 1 期。

张荣：《版本学视野下的〈更路簿〉研究》，《南海学刊》2017 年第 2 期。

张箭：《〈郑和航海图〉的复原》，《四川文物》2005 年第 2 期。

张小锐：《康熙年间黄河探源与河源地图》，《中国档案》2014 年第 2 期。

张高评：《宋代印刷传媒与诗分唐宋》，《江西师范大学学报（哲学社会科学版）》2011 年第 1 期。

张锦辉：《宋代雕版印刷传播对宋代诗歌的影响》，《云南社会科学》2013 年第 2 期。

章巽：《论河水重源说的产生》，《学术月刊》1961 年第 10 期，第 38 页。

赵现海：《"九边"说法源流考》，《雁北师范学院学报》2007 年第 1 期。

赵现海：《第一幅长城地图〈九边图说〉残卷——兼论〈九边图论〉

的图版改绘与版本源流》,《史学史研究》2010 年第 3 期。

赵现海:《明代嘉隆年间长城图籍撰绘考》,《内蒙古师范大学学报
(哲学社会科学版)》2010 年第 4 期。

赵现海:《首都图书馆藏明末长城地图〈九边图〉考述》,《古代文
明》2012 年第 2 期。

赵现海:《明代长城地图绘制与〈延绥东路地里图本〉考》,《史学史
研究》2017 年第 2 期。

赵世瑜:《康熙〈滇南盐法图〉与山水地图的意义》,《舆地、考古与
史学新说:李孝聪教授荣休纪念论文集》,中华书局 2012 年版。

赵永复:《明代〈西域土地人物略〉部分中亚、西亚地名考释》,《历
史地理》第 21 辑,上海人民出版社 2006 年版。

郑锡煌:《北宋石刻"九域守令图"》,《自然科学史研究》1982 年
第 2 期。

郑锡煌:《〈佛祖统纪〉中三幅地图初探》,《自然科学史研究》1985
年第 3 期

郑吉:《弥足珍贵的〈大清邮政舆图〉》,《档案工作》1990 年第 4 期。

钟翀:《〈天津城厢形势全图〉与近代早期的天津地图》,《历史地理》
第 27 辑,上海人民出版社 2013 年版。

钟翀:《近代上海早期城市地图谱系研究》,《史林》2013 年第 1 期。

钟翀:《中国近代城市地图的新旧交替与进化系谱》,《人文杂志》
2013 年第 5 期。

钟翀:《江南子城的形态变迁及其筑城史研究》,《史林》2014 年第
4 期。

钟翀:《近代以来日本所绘上海城市地图通考》,《历史地理》第 32
辑,上海人民出版社 2015 年版。

钟翀等:《〈浙江省垣城厢图〉考》,《中国历史地理论丛》2015 年
第 4 期。

钟翀:《温州城的早期筑城史及其原初形态初探》,《都市文化研究》
第 12 辑,上海三联书店 2015 年版。

钟翀:《宋代以来常州城中的"厢"——城市厢坊制的平面格局及演

变研究之一叶》,《杭州师范大学学报（社会科学版）》2016 年第 1 期。

钟翀:《日本所绘近代中国城市地图研究序论》,《都市文化研究》第 14 辑,上海三联书店 2016 年版。

钟翀:《近代以来日本所绘南京城市地图通考》,《都市文化研究》第 15 辑,上海三联书店 2016 年版。

钟翀:《近代日本测绘中国城市地图之再考》,《都市文化研究》第 17 辑,上海三联书店 2017 年版。

钟翀:《日本所绘近代中国城市地图刍议》,《陕西师范大学学报（哲学社会科学版）》2017 年第 3 期。

钟翀:《宋元版刻城市地图考录》,《社会科学战线》2020 年第 2 期。

中国科学院紫金山天文台故天文组、江苏省常熟县文物管理委员会:《常熟石刻天文图》,《文物》1978 年第 7 期。

中国第一历史档案馆:《光绪朝各省绘呈〈会典·舆图〉史料》,《历史档案》2003 年第 2 期

周运中:《论〈武备志〉和〈南枢志〉中的〈郑和航海图〉》,《中国历史地理论丛》2007 年第 2 辑。

周运中:《〈海道经〉源流考》,《海交史研究》2007 年第 1 期。

周运中:《〈郑和航海图〉三题》,《郑和研究》2008 年第 1 期。

周铮:《潘季驯〈河防一览图〉考》,《中国国家博物馆馆刊》第 17 辑,1992 年。

周伟州:《明〈黄河图说〉碑试解》,《文物》1975 年第 3 期。

朱竞梅:《清代北京城市地图的绘制与演进》,《侯仁之师九十寿辰纪念文集》,学苑出版社 2003 年版。

朱琼臻:《乾隆四十七年绘制的〈黄河源图〉》,《历史档案》2019 年第 3 期。

邹振环:《蒋友仁的〈坤舆全图〉与〈地球图说〉》,《北京行政学院学报》2017 年第 1 期。

朱桂昌:《关于帛书〈驻军图〉的几个问题》,《考古》1976 年第 6 期。

四 学位论文

石冰洁：《清代私绘"大清一统"系全图研究》，复旦大学历史地理研究所历史地理专业硕士学位论文，2017 年。

王珂：《宋元日用类书〈事林广记〉研究》，上海师范大学人文与传播学院中国古代文学专业博士学位论文，2010 年。

王一帆：《清末地理大测绘：以光绪〈会典舆图〉为中心的研究》，复旦大学历史地理研究中心历史地理专业博士学位论文，2011 年。

杨帆：《明末清初经纬度测量在天文历法中的应用》，中国科学院大学人文学院科学技术史博士学位论文，2018 年。

张佳静：《西方近代地图绘制法在中国——以地貌表示法和地图投影法为例》，中国科学院自然科学史研究所科学技术史博士学位论文，2013 年。

赵现海：《明代九边军镇体制研究》，东北师范大学明清史专业博士学位论文，2005 年。

周赫：《屠寄与〈黑龙江舆图〉研究》，东北师范大学中国历史文献学硕士学位论文，2016 年。